AF125673

Brian Greene

DAS ELEGANTE UNIVERSUM

Superstrings, verborgene Dimensionen
und die Suche nach der Weltformel

Aus dem Amerikanischen
von Hainer Kober

Pantheon

Die Originalausgabe erschien 1999 unter dem Titel
»The Elegant Universe. Superstrings, Hidden Dimensions,
and the Quest for the Ultimate Theory«
bei W. W. Norton & Company, New York.

Penguin Random House Verlagsgruppe FSC® N001967

2. Auflage
Copyright © 2024 by Pantheon Verlag
in der Penguin Random House Verlagsgruppe GmbH,
Neumarkter Straße 28, 81673 München
produktsicherheit@penguinrandomhouse.de
(Vorstehende Angaben sind zugleich
Pflichtinformationen nach GPSR.)

www.pantheon-verlag.de

*Meiner Mutter
und dem Andenken meines Vaters
in Liebe und Dankbarkeit*

Inhalt

Vorwort zum
fünfundzwanzigjährigen Jubiläum von
Das elegante Universum

Es ist ein Sakrileg, wenn Eltern bekennen, dass sie ihre Kinder nicht alle gleich lieben, was jedoch nicht für Autoren gilt, die gestehen, dass sie Favoriten unter ihren Büchern haben. Zwar trug jedes meiner Bücher entscheidend zu meinen Ansichten über wichtige Aspekte meiner Disziplin bei – unter anderem die Raumzeit (*Der Stoff, aus dem der Kosmos ist*), das Multiversum (*Die verborgene Wirklichkeit*) und die Sinnsuche der Menschheit (*Bis zum Ende der Zeit*), doch mein erstes Buch – in erster Linie der Stringtheorie gewidmet – nimmt für mich eine Sonderstellung ein.

Ich muss zugeben, dass mein Herz einen Aussetzer tat, als sich die Erstauflage des *Eleganten Universums* zum fünfundzwanzigsten Mal jähren sollte. Nicht, weil mein erstes literarisches Erzeugnis der Welt noch einmal präsentiert werden sollte, sondern des beunruhigenden Umstands wegen, dass ein Vierteljahrhundert vergangen war seit jenem Schaffensrausch, in dem ich bis spät in die Nacht an den Berechnungen saß und die jugendliche Energie spürte, die die Begeisterung für den Schreibprozess befeuerte. Zwar zähle ich mich noch nicht zur alten Garde – eine Einordnung, gegen die ich mich entschieden wehren werde, bis ich, so Gott will, ein neues Vorwort für die Ausgabe zum fünfzigjährigen Jubiläum schreibe. Da meine erste Forschungsarbeit vor etwa vierzig Jahren erschien, habe ich mit dem *Eleganten Universum* erheblich mehr als die Hälfte meiner Zeit als Physiker gelebt, weit mehr als mit meiner Frau und meinen Kindern. Außerdem habe ich zwei Jahre lang eine Fernsehadaption von *Das elegante Universum* geschrieben und moderiert, Hunderte von öffentlichen Vorträgen über das Buch gehalten (einen besonders erwähnenswerten vor der Königin der Niederlande) und Zehntausende von Briefen und E-Mails zu dem Thema erhalten. Insofern besteht kein Zweifel daran, dass *Das elegante Universum* mein Leben nachhaltig geprägt hat.

Ursprünglich dachte ich daran, jedes Kapitel einer neuen Ausgabe auf den aktuellsten wissenschaftlichen Stand zu bringen, wobei ich alle Abschnitte neu schreiben wollte, die einem jungen Autor an der Wende zum 21. Jahrhundert gut zu Gesicht gestanden haben mochten, aber Jahrzehnte später anachronistisch wirken dürften. Als ich damit begann, bemerkte ich jedoch rasch, dass die wissenschaftlichen Ausführungen kaum einer Korrektur bedurften und die Unmittelbarkeit der Darstellung verloren zu gehen drohte. Daher beschloss ich, den ursprünglichen Text nicht zu verändern, sondern stattdessen ein zusätzliches Kapitel in Gestalt eines Nachworts hinzuzufügen, in dem ich die Hauptentwicklungen seit der Erstveröffentlichung des *Eleganten Universums* umreißen wollte.

Bei der Abfassung dieses Kapitels kristallisierte sich noch ein anderer Umstand heraus: Die vergangenen fünfundzwanzig Jahre waren eine so erstaunlich produktive Phase, dass eine vollständige Beschreibung der Fortschritte ein neues Buch erfordert hätte. Ja, ich bin in der Tat versucht, eine Fortsetzung des *Eleganten Universums* zu schreiben – und eines Tages mache ich es vielleicht auch –, aber in dieser Ausgabe zum fünfundzwanzigjährigen Jubiläum liefere ich dem Leser stattdessen eine straffere Zusammenfassung der wichtigsten Ereignisse, die ich auf drei grundlegende Entwicklungen beziehe.

Die erste Kategorie dieser Neuerungen umfasst Laborexperimente und astronomische Beobachtungen. Das erfreulichste Experimentalergebnis seit der Veröffentlichung des *Eleganten Universums* war die Entdeckung des Higgs-Boson – des letzten fehlenden Teils des Standardmodells der Teilchenphysik, ein beeindruckendes, wenn auch weithin erwartetes Resultat, das Peter Higgs und François Englert verdientermaßen den Nobelpreis eintrug. Hingegen war das bedeutendste negative Ereignis der erfolglose Versuch, Belege für eine hypothetische Eigenschaft der Natur zu finden, die wir als Supersymmetrie bezeichnen (wie in Kapitel 7 erörtert und im Nachwort rückblickend betrachtet). Da das »Super« in Superstringtheorie eine Abkürzung für Supersymmetrie ist, bedarf der Umstand, dass experimentelle Bestätigung bisher nicht gelungen ist, einer eingehenden Bewertung, die ich im Nachwort vornehme.

In der beobachtenden Astronomie waren der unerwartetste Fortschritt während des letzten Vierteljahrhunderts die Forschungsarbeiten von Saul Perlmutter, Adam Riess und Brian Schmidt und ihren jeweiligen Teams, in denen sich bei eingehender Beobachtung von Supernova-Explosionen zeigte, dass sich die Expansion des Weltraums nicht etwa, wie fast einhellig erwartet, verlangsamt, sondern beschleunigt. Zugegeben, die Bedeutung dieses Resultats für eine Theorie, die sich mit subatomaren Strings beschäftigt, ist nicht unbedingt ersichtlich, bezieht es sich doch auf kosmische Größenverhältnisse. Doch wie ich im Nachwort erläutere, steht die beschleunigte Expansion des Raums in enger Beziehung zu den Quantenmerkmalen der Mikrowelt und wirft verblüffende Fragen auf, für die die Stringtheorie eine neue, wenn auch umstrittene Antwort liefert.

Die zweite Entwicklung betrifft Einsteins philosophische Vorliebe für eine Realität, in der die Antwort auf seine zentrale Frage »Hatte Gott eine Wahl bei der Erschaffung des Universums?« Nein lauten würde – eines Universums nämlich, dessen Gesetze und Eigenschaften keine Willkür oder Flexibilität erlauben und daher so unausweichlich sind wie das U nach dem Q im traditionellen Schriftdeutsch. Die uralte Frage »Warum ist das Universum, wie es ist?« fände dann die bestechende Antwort: »Weil das Universum nicht anders hätte sein können.« In den frühen Tagen der Stringtheorie nahmen viele Forscher an, die Theorie werde diese Erwartung erfüllen. Schließlich weist die Stringtheorie viele unvermeidliche Aspekte auf: Materie- und Kraftteilchen werden nicht willkürlich in die Theorie eingegeben, sondern ergeben sich aus ein und derselben Quelle – schwingenden Strings. Außerdem werden die Eigenschaften von Teilchen nicht entsprechend der experimentellen Werte ausgewählt, sondern in allen Einzelheiten von den Schwingungsmustern bestimmt, zu denen die Strings fähig sind, wodurch die Merkmale dieser grundlegenden Bestandteile im Prinzip festgelegt werden.

Doch in der Praxis mussten die Forscher, als sie die Stringtheorie eingehender untersuchten, von der erwarteten Unausweichlichkeit einige Abstriche machen. Es begannen sich andere Gründe für größere Flexibilität zu zeigen (z.B. in Form der von der Theorie verlangten Extradimensionen, wie in Kapitel 8 erörtert). Und so zeichnete sich in den 2000er Jahren eine alternative Auffassung ab, die denkbar weit von Einzigartigkeit und Unvermeidlichkeit entfernt war. Demnach könnte unsere Wirklichkeit in Wahrheit Teil eines ausgedehnten Multiversums sein – eine Wirklichkeit also, die viele, vielleicht sogar unendlich viele, Universen umfasst. Unter diesem Aspekt wird aus der Frage »Warum ist das Universum, wie es ist?« die so ganz andere Aussage: »Dort draußen gibt es jedes mögliche Universum, und wir befinden uns in diesem, weil seine Merkmale die Existenz unserer Lebensform ermöglichen.« Im Nachwort werde ich diese Ideen erläutern, aber ich muss darauf hinweisen, dass das Konzept des Multiversums auch in der Stringtheorie strittig ist.

Die dritte Entwicklung, die wichtigste von allen, trägt die einschüchternde Bezeichnung AdS/CFT-Korrespondenz. Der Physiker

Juan Maldacena hat sie in einer Arbeit vorgeschlagen, die just zu dem Zeitpunkt erschien, als ich letzte Hand an *Das elegante Universum* legte. Damals habe ich das Papier in einer Endnote zu Kapitel 15 erwähnt, konnte aber die glorreiche Zukunft des Artikels nicht ahnen, die ihn zum meistzitierten Artikel der Physikgeschichte werden ließ. Im Nachwort werde ich Sie mit der Kernaussage und den umwälzenden Implikationen des Aufsatzes bekannt machen, doch hier soll die Feststellung genügen, dass die Arbeit eine grundlegende Neubewertung von Raum, Zeit, Gravitation und Stringtheorie liefert. Gar nicht so schlecht.

Schließen möchte ich dieses Vorwort mit zwei Bemerkungen, die als Richtlinien zu einer vernünftigen Bewertung aller wissenschaftlichen Unterfangen beitragen können, etwa der Stringtheorie, aber auch zur Klärung meiner Gedanken über die Rolle von Büchern wie dem *Eleganten Universum.*

Theoretische Forschung lässt sich nicht nach Zeitplan betreiben. Man kann nicht auf die Uhr blicken, ungeduldig mit dem Fuß wippen, jene Menschen zur Eile antreiben, die die Grenzen unseres Wissens entscheidend erweitern, und sie tadeln, weil ein revolutionärer Durchbruch auf sich warten lässt. Anders verhält es sich mit einem Teleskop oder einem Teilchenbeschleuniger. Dort ergeben sich aus gut durchdachten Plänen Zeitvorgaben (und Kostenrahmen), an die sich die Forscher zu halten haben. Zwar lassen sich auch einige theoretische Arbeiten planen (Software zu schreiben, um eine Simulation durchzuführen, oder eine bestimmte Anzahl von Quantenprozessen zu berechnen), aber die Fortschritte wirklich grundlegender Forschungsarbeiten (Suche nach den urzeitlichen Gesetzen des Universums, Beschaffenheit der Raumzeit und so fort) lassen sich beim besten Willen nicht vorhersagen. Dabei handelt es sich nicht allein um die Feststellung, dass die meisten von uns nicht angeben können, wann sie den nächsten guten Einfall zur Lösung dieses Problems oder zur Überwindung jener Hürde haben werden. Zwar trifft das sicherlich zu, aber mir geht es noch um einen anderen, charakteristischen Aspekt des Forschungsprozesses: Fortschritte erschließen häufig unbekannte Gebiete, die es zu vermessen gilt. Die Sichtung dieser neuen Forschungsbereiche ist zeitaufwendig und fördert im besten Fall noch weitere fruchtbare Felder zutage, die der weiteren Erkundung harren.

Der Aspekt ist so offensichtlich und wird trotzdem gelegentlich in der Bewertung der Stringtheorie übersehen. Es gibt eine kleine, aber lautstarke Gruppe von Kritikern der Stringtheorie, die in vollem Ernst Dinge sagen wie »Vor langer Zeit habt ihr Stringtheoretiker versprochen, alle grundlegenden Gesetze der Quantengravitation vorzulegen. Warum ist das noch nicht geschehen?« oder »Ihr Stringtheoretiker habt jetzt Richtungen eingeschlagen, mit denen ihr nie gerechnet habt«, worauf ich – in umgekehrter Reihenfolge – antworte: »Klar, die Erkundung des Unbekannten ist so spannend, weil man neue Richtungen entdeckt«, und: »Das ist doch nicht euer Ernst!«

Tatsächlich machten die Stringtheoretiker in den letzten Jahren eine Fülle von Entdeckungen, mit denen sie Riesenprobleme bewältigten und der Lösung lange bestehender Rätsel erheblich näher kamen. Deshalb erfreut sich das Thema bei Studierenden auch weiterhin großer Beliebtheit, während die Stringforscher nach wie vor zu neuen Ufern unterwegs sind. Wenn eine wissenschaftliche Disziplin ins Stocken gerät, machen sich natürlich Abnutzungserscheinungen bemerkbar, weil Spitzenforscher ihre Zeit nicht lange auf einem antriebslosen Schiff vergeuden werden. Zwar können Moden das wissenschaftliche Urteil eine Weile trüben, doch die Jahrzehnte, in denen sich die Stringtheorie dank der kreativsten, kritischsten und klügsten Köpfe des Planeten stürmisch entwickelte, sind das überzeugendste Maß für die Lebendigkeit der Disziplin. Wissenschaftler wählen mit dem kostbarsten Gut, das sie haben – ihrer Zeit. Daran gemessen und, entsprechend, an den faszinierenden neuen Ideen gemessen, die überwältigende neue Forschungsperspektiven eröffneten, bleibt die Stringtheorie eine Quelle für Inspiration, Erkenntnis und raschen Fortschritt.

Die zweite Bemerkung betrifft den Ausdruck »populärwissenschaftliches Schreiben«, eine Charakterisierung, für die ich mich nie habe erwärmen können. Gewiss, ein Ziel allgemein verständlicher Wissenschaftsbücher liegt darin, einige der erstaunlichsten wissenschaftlichen Erkenntnisse einem »Laienpublikum« zugänglich zu machen. Aber der Wunsch, dieses Bedürfnis zu befriedigen, dürfte nur teilweise erklären, warum manche Wissenschaftler sich einige Zeit eine Auszeit vom Lehr- oder Forschungsbetrieb nehmen, um Bücher für Nichtwissenschaftler zu schreiben. Denn es gibt noch ein zweites – und für mich wichtigeres – Ziel: meine Denkweise zu verändern. Durch die Wahl der richtigen Metapher oder des richtigen Bildes und deren Vermittlung durch die richtige Anekdote oder das richtige Narrativ kann ein Autor seine Leserschaft – Laien wie Forscher – über die Extreme des vagen Verstehens und des rein mathematischen Wissens hinausführen und ihnen stattdessen einen intuitiven Zugriff auf einen Gegenstand ermöglichen, der sonst eine verschwommene wissenschaftliche Entdeckung bliebe. Solch ein »Bauchverständnis« kann sich für junge Forscher und erfahrene Wissenschaftler als wesentliche Orientierungshilfe auf den Reisen durch spärlich erhellte Bereiche erweisen, in denen man bemüht ist, die Grenzen der Erkenntnis hinauszuschieben und gleichzeitig den Horizont des kulturellen Zeitgeistes so zu erweitern, dass Wissenschaft als erstaunlich kreatives, äußerst wirkungsvolles und zutiefst menschliches Bemühen um ein besseres Verständnis für unseren Platz in der kosmischen Ordnung begriffen wird.

Es ist nicht an mir, darüber zu urteilen, ob *Das elegante Universum* oder eines meiner anderen Bücher dieses hehre Ziel erreicht hat, aber zweifellos ist nach jedem Buch meine eigene Fähigkeit, höchst abstrakte Gegenstände zu reflektieren, auf eine neue Stufe gelangt. Etwas Ähnliches wünsche ich mir für alle meine Leserinnen und Leser.

Vorwort

Die letzten dreißig Jahre seines Lebens hat Albert Einstein damit verbracht, unablässig nach einer sogenannten einheitlichen Feldtheorie zu suchen – einer Theorie, die in der Lage sein sollte, die Naturkräfte in einem einzigen umfassenden und schlüssigen System zu beschreiben. Dabei ging es Einstein durchaus nicht um die Dinge, die wir häufig mit wissenschaftlichen Bemühungen verbinden, etwa den Versuch, dieses oder jenes experimentelle Ergebnis zu erklären. Vielmehr beseelte ihn die leidenschaftliche Überzeugung, das Universum werde, richtig verstanden, am Ende seine tiefste und wunderbarste Wahrheit offenbaren: die Einfachheit und Kraft der Prinzipien, auf denen es beruht. Einstein wollte die Gesetzmäßigkeit des Universums mit nie zuvor erreichter Klarheit beschreiben, damit es sich der staunenden Menschheit in seiner ganzen Schönheit und Eleganz erschließe.

Diesen Traum hat sich Einstein nicht erfüllen können, vor allem, weil er unter höchst ungünstigen Bedingungen antreten mußte: Damals wurden viele wichtige Eigenschaften der Materie und der Naturkräfte noch gar nicht oder bestenfalls unzulänglich verstanden. Doch in den letzten fünfzig Jahren hat jede neue Physikergeneration – über viele Umwege und Sackgassen – Entdeckung um Entdeckung zusammengetragen, die Arbeit der Vorgänger ergänzt und auf diese Weise die Voraussetzung zu einem immer vollständigeren Bild des Universums geschaffen. Heute, lange nachdem Einstein sich auf seine vergebliche Suche nach einer einheitlichen Theorie begeben hat, glauben Physiker, endlich ein System gefunden zu haben, mit dem sie diese Entdeckungen und Erkenntnisse zu einem bruchlosen Ganzen zusammenfügen können – einer einzigen Theorie, die im Prinzip fähig sein müßte, alle physikalischen Phänomene zu beschreiben. Um diese Theorie, die *Superstringtheorie,* geht es im vorliegenden Buch.

Ich habe *Das elegante Universum* geschrieben, um einer größeren Zahl von Lesern, vor allem solchen ohne mathematische oder physikalische Vorbildung, die Erkenntnisse zugänglich zu machen, die in jüngerer Zeit an vorderster Front der physikalischen Forschung gewonnen worden sind. Bei populärwissenschaftlichen Vorträgen über die Superstringtheorie ist mir in den letzten Jahren aufgefallen, wie groß das Interesse der Öffentlichkeit an vielen aktuellen Forschungsergebnissen ist – an den fundamentalen Gesetzmäßigkeiten des Universums, an den enormen Veränderungen, die wir aufgrund der neu entdeckten Gesetze in Hinblick auf unsere kosmologischen Vorstellungen vornehmen müssen, und an den Aufgaben, die bei der längst nicht abgeschlossenen Suche nach der letztgültigen Theorie noch auf uns warten. Ich hoffe, daß ich dieses Interesse beleben und befriedigen kann, wenn ich, mit Einstein und Heisenberg beginnend, die großen Entdeckungen der Physik erkläre und wenn ich beschreibe, wie sich der rote Faden ihrer Erkenntnisse durch die bahnbrechenden Forschungsergebnisse der heutigen Physik zieht.

Weiter hoffe ich, daß das *Elegante Universum* auch für Leser mit naturwissenschaftlichen Vorkenntnissen interessant ist. Physiklehrer und ihre Schüler können sich in dem Buch, denke ich, über Grundlagen der modernen Physik informieren, etwa die spezielle Relativitätstheorie, die allgemeine Relativitätstheorie und die Quantenmechanik. Gleichzeitig vermittelt es einen Eindruck von der anstekkenden Begeisterung, die die Forscher beseelt, während sich ihnen die lange gesuchte einheitliche Theorie allmählich offenbart. Dem begierigen Leser populärwissenschaftlicher Bücher versuche ich viele der aufregenden Entdeckungen zu erklären, die im Laufe der letzten zehn Jahre unser Verständnis des Kosmos vorangebracht haben. Den Kollegen anderer wissenschaftlicher Disziplinen wird das Buch, so hoffe ich, zutreffend und ohne Voreingenommenheit vor Augen führen, warum die Stringtheoretiker so begeistert über die Fortschritte sind, die bei der Suche nach der Weltformel erreicht worden sind.

Die Superstringtheorie wirft ihre Netze weit aus und zieht viele der Entdeckungen heran, die für die Physik von zentraler Bedeutung sind. Da die Theorie die Gesetze des Großen und des Kleinen in sich vereinigt, Gesetze, die die Physik an den äußersten Rändern des Kosmos ebenso bestimmen wie das Verhalten der kleinsten Materieteilchen, kann man sich ihr auf vielen Wegen nähern. Ich habe mich für unser sich entwickelndes Verständnis von Zeit und Raum entschieden. Hier bietet sich, wie ich finde, eine besonders faszinierende Perspektive, die alle wichtigen neueren Erkenntnisse erfaßt. Einstein hat gezeigt, daß sich Raum und Zeit erstaunlich merkwürdig verhalten.

Die neueste Forschung hat diese Entdeckungen in ein Quanten-universum eingefügt, dessen zahlreiche verborgene Dimensionen im Gefüge des Kosmos aufgewickelt sind – Dimensionen, deren kompli-ziert verflochtene Geometrie die Antwort auf einige der wichtigsten Fragen überhaupt enthalten könnte. Obwohl einige dieser Konzepte sehr abstrakt sind, lassen sie sich, wie wir sehen werden, durch sehr konkrete Beispiele veranschaulichen. Haben wir diese Ideen erst ein-mal verstanden, zeigen sie uns ein verblüffendes und revolutionäres Bild des Universums.

Überall in diesem Buch habe ich versucht, mich eng an die wissen-schaftlichen Fakten zu halten und dem Leser gleichzeitig – oft durch Vergleiche und Metaphern – ein intuitives Verständnis zu ermög-lichen. Obwohl ich auf wissenschaftliche Begriffe und Gleichungen verzichte, werden dem Leser viele Konzepte so neu und unvertraut sein, daß er hin und wieder wird innehalten müssen. Hier wird er über einen Abschnitt nachzudenken und sich dort eine Erklärung zu vergegenwärtigen haben, um dem weiteren Gedankengang folgen zu können. Einige Abschnitte in Teil IV (die sich mit den neuesten Ent-wicklungen befassen) sind etwas abstrakter als der Rest. Ich habe mich bemüht, den Leser auf diese Abschnitte hinzuweisen und den Text so anzulegen, daß er ohne Folgen für das weitere Verständnis des Buches überflogen oder ausgelassen werden kann. Außerdem habe ich ein Glossar der wissenschaftlichen Begriffe angefügt, in dem die wichtigsten Termini leicht verständlich erklärt werden. Die Anmerkungen sind zum Verständnis des Textes nicht erforderlich, doch der interessierte Leser findet hier genauere Ausführungen zu einigen Punkten des Textes, Erläuterungen zu Ideen, die im Text ver-einfacht dargestellt werden, und ein paar Hinweise, die mathemati-sche Vorkenntnisse voraussetzen.

Vielen Menschen schulde ich Dank für die Hilfe, die sie mir bei der Abfassung dieses Buchs zuteil werden ließen. David Steinhardt hat das Manuskript sorgsam gelesen, wußte klugen Rat und hat mich immer wieder ermutigt. David Morrison, Ken Vineberg, Raphael Kasper, Nicholas Boles, Steven Carlip, Arthur Greenspoon, David Mermin, Michael Popowits und Shani Offen haben das Ma-nuskript aufmerksam durchgesehen und detaillierte Vorschläge ge-macht, die der endgültigen Fassung sehr zugute gekommen sind. Zu denen, die das Manuskript ganz oder teilweise gelesen haben, denen ich wertvolle Ratschläge verdanke und die mich ermutigt und unterstützt haben, gehören außerdem Paul Aspinwall, Persis Drell, Michael Duff, Kurt Gottfried, Joshua Greene, Teddy Jefferson,

Marc Kamionkowski, Yakov Kanter, Andras Kovacs, David Lee, Megan McEwen, Nari Mistry, Hasan Padamsee, Ronen Plesser, Massimo Poratti, Fred Sherry, Lars Straeter, Steven Strogatz, Andrew Strominger, Henry Tye, Cumrun Vafa und Gabriele Veneziano. Besonder Dank gebührt Raphael Gunner (neben vielen anderen Dingen) für die verständnisvolle Kritik, die er zu einem frühen Zeitpunkt vorgebracht und die daher ganz wesentlich die Konzeption des Buches mitbestimmt hat, sowie Robert Malley für die unaufdringliche, aber hartnäckige Aufforderung, endlich damit aufzuhören, über das Buch nachzudenken, und es zu Papier zu bringen. Rat und Hilfe verdanke ich auch Steven Weinberg und Sidney Coleman. Mit Freude und Dankbarkeit denke ich an den regen Gedankenaustausch mit Carol Archer, Vicky Carstens, David Cassel, Anne Coyle, Michael Duncan, Jane Forman, Wendy Greene, Susan Greene, Erik Jendresen, Gary Kass, Shiva Kumar, Robert Mawhinney, Pam Morehouse, Pierre Ramond, Amanda Salles und Eero Simoncelli. Costas Efthimiou danke ich für die Hilfe bei der Überprüfung von Fakten und Literaturangaben sowie dafür, daß er meine flüchtigen Skizzen in Zeichnungen übersetzte, aus denen dann Tom Rockwell – mit übermenschlicher Geduld und meisterhaftem Kunstverstand – die Abbildungen des vorliegenden Buches schuf. Ferner habe ich Andrew Hanson und Jim Sethna für ihre Hilfe bei einigen Spezialabbildungen zu danken.

Für die Bereitschaft, sich interviewen zu lassen und ihre Auffassung zu einigen der behandelten Themen zu erläutern, danke ich Howard Georgi, Sheldon Glashow, Michael Green, John Schwarz, John Wheeler, Edward Witten und noch einmal Andrew Strominger, Cumrun Vafa und Gabriele Veneziano.

Sehr dankbar bin ich auch meinen Lektorinnen bei W. W. Norton, die beide entscheidend zur Klarheit der endgültigen Fassung beigetragen haben: Angela Von der Lippe durch ihre klugen und wertvollen Vorschläge und Traci Nagle durch ihr unbestechliches Auge fürs Detail. Meinen Literaturagenten John Brockman und Katinka Matson danke ich für die kenntnisreiche Betreuung des Buchs vom ersten Entwurf bis zur Veröffentlichung. Außerdem möchte ich meiner Lektorin bei Siedler, Andrea Böltken, meinem Übersetzer Hainer Kober und Markus Pössel, der die deutsche Übersetzung wissenschaftlich betreut hat, meinen Dank ausdrücken. Sie alle haben dafür gesorgt, daß die deutsche Ausgabe auf hervorragende Weise sowohl den Ton des englischen Originals trifft als auch dem wissenschaftlichen Gehalt gerecht wird.

Mit Dankbarkeit sei auch die großzügige Unterstützung durch die National Science Foundation, die Alfred P. Sloan Foundation und das amerikanische Energieministerium erwähnt, die ich seit fünfzehn Jahren für meine Arbeit auf dem Gebiet der theoretischen Physik erhalte. Es dürfte kaum überraschen, daß meine eigenen Forschungsarbeiten sich vor allem mit den Auswirkungen der Superstringtheorie auf unsere Vorstellungen von Raum und Zeit beschäftigen. In späteren Kapiteln werde ich auf einige Entdeckungen zu sprechen kommen, an denen mitzuwirken ich das Glück hatte. Wenn ich auch glaube, daß sich der Leser für solche »Insiderberichte« interessiert, befürchte ich doch, daß er dadurch eine etwas übertriebene Vorstellung von meiner Rolle bei der Entwicklung der Superstringtheorie gewinnen könnte. Daher möchte ich die Gelegenheit nutzen, den mehr als tausend Physikern in der ganzen Welt zu danken, die so entscheidend und so hingebungsvoll an dem Bemühen beteiligt sind, die endgültige Theorie des Universums, die sogenannte Weltformel, zu entwerfen. Meine Entschuldigung gilt all denen, deren Arbeit in diesem Bericht nicht erwähnt wird. Daran sind allein die besondere Perspektive schuld, die ich gewählt habe, und die Grenzen, die dem Umfang einer solchen allgemeinen Darstellung gezogen sind.

Ganz herzlich möchte ich zum Schluß Ellen Archer danken, ohne deren unerschütterliche Liebe und Unterstützung dieses Buch nicht hätte entstehen können.

Teil I

An vorderster Wissensfront

Kapitel 1

Von Strings gefesselt

Es als Vertuschung zu bezeichnen wäre stark übertrieben. Aber seit mehr als fünfzig Jahren – auch noch inmitten einiger der größten wissenschaftlichen Durchbrüche der Menschheitsgeschichte – waren sich die Physiker stets der dunklen Wolke bewußt, die am Horizont auf sie lauerte. Das Problem ist rasch beschrieben: Die moderne Physik ruht auf zwei Grundpfeilern. Der eine ist Albert Einsteins allgemeine Relativitätstheorie, die den theoretischen Rahmen zum Verständnis des extrem großräumigen Universums darstellt: der Sterne, Galaxien, Galaxienhaufen bis hin zu den ungeheuren Räumen des Universums selbst. Der andere Pfeiler ist die Quantenmechanik, die den theoretischen Rahmen zum Verständnis der kleinsten Größenverhältnisse liefert: der Moleküle, Atome bis hinab zu subatomaren Teilchen wie Elektronen und Quarks. Im Laufe vieler Jahre hat man fast alle Vorhersagen dieser beiden Theorien mit fast unvorstellbarer Genauigkeit experimentell bestätigen können. Doch genau diese theoretischen Werkzeuge führen auch zu einer sehr beunruhigenden Schlußfolgerung: So, wie sie gegenwärtig formuliert sind, können allgemeine Relativitätstheorie und Quantenmechanik *nicht beide richtig sein*. Die beiden Theorien, die für die immensen physikalischen Fortschritte der letzten hundert Jahre verantwortlich sind – Fortschritte, die erklären, wie der Himmel expandiert und wie die Materie im Innersten aufgebaut ist –, wollen partout nicht zueinander passen.

Sollten Sie bisher noch nichts von diesem unversöhnlichen Gegensatz gehört haben, fragen Sie sich vielleicht, wie das möglich war. Die Antwort ist einfach. Von ganz extremen Situationen abgesehen, untersuchen die an den Grundlagen unseres Universums interessierten Physiker Dinge, die entweder klein und leicht sind (etwa Atome und ihre Bestandteile), oder Dinge, die riesengroß und schwer sind (Sterne zum Beispiel und Galaxien), aber nicht beides zusammen. Sie halten sich also entweder nur an die Quantenmechanik oder nur an die allgemeine Relativitätstheorie und können sich mit einem flüchtigen Blick über den Zaun begnügen und mit einem Achselzucken über den strengen Tadel der jeweils anderen Theorie hinwegsetzen. Zwar ist diese Vorgehensweise, die seit fünfzig Jahren gang und gäbe ist, nicht aus seliger Unwissenheit geboren, aber auch nicht weit davon entfernt.

Doch das Universum kann *durchaus* extrem sein. In den zentralen Tiefen eines Schwarzen Lochs ist eine enorme Masse zu winziger Größe zusammengepreßt. Im Augenblick des Urknalls brach das ganze Universum aus einem mikroskopischen Klümpchen hervor, neben dem ein Sandkorn gigantisch gewirkt hätte. Das sind Bereiche, die winzig klein und doch unglaublich massereich sind und sich daher nur mit der Quantenmechanik *und* der allgemeinen Relativitätstheorie beschreiben lassen. Aus Gründen, die im Fortgang unserer Überlegungen klarer werden dürften, beginnen die Gleichungen der allgemeinen Relativitätstheorie und der Quantenmechanik, sobald man sie kombiniert, zu rattern und zu spucken wie ein Auto, das reif für den Schrottplatz ist. Weniger metaphorisch: Auf sinnvolle physikalische Fragen gibt die unglückliche Verbindung der beiden Theorien sinnlose Antworten. Selbst wenn man bereit ist, der innersten Zone eines Schwarzen Lochs und dem Anfang des Universums ihr Geheimnis zu lassen, kann man sich des Eindrucks nicht erwehren, daß die Feindseligkeit zwischen Quantenmechanik und allgemeiner Relativitätstheorie nach einer tieferen Verständnisebene verlangt. Ist es wirklich denkbar, daß das Universum auf seiner fundamentalsten Ebene geteilt ist, daß wir ein System von Gesetzen brauchen, wenn die Dinge groß sind, und ein anderes, wenn die Dinge klein sind? Und daß beide miteinander unverträglich sind?

Die Superstringtheorie, ein absoluter Neuling im Vergleich zu den ehrwürdigen Gebäuden der Quantenmechanik und der allgemeinen Relativitätstheorie, beantwortet diese Frage mit einem klaren und entschiedenen Nein. Seit zehn Jahren fördert die intensive Forschung von Physikern und Mathematikern in aller Welt zutage, daß die neue Methode zur Beschreibung von Materie auf ihrer fundamentalsten Ebene die Spannung zwischen allgemeiner Relativitätstheorie und Quantenmechanik aufzuheben vermag. Tatsächlich zeigt die Superstringtheorie noch mehr: In diesem neuen theoretischen Rahmen sind allgemeine Relativitätstheorie und Quantenmechanik *aufeinander angewiesen,* wenn die Theorie sinnvoll sein soll. Laut der Superstringtheorie ist die Ehe zwischen den Gesetzen des Großen und des Kleinen nicht nur glücklich, sondern unvermeidlich.

Damit noch nicht genug. Die Superstringtheorie – die Stringtheorie, wie ihre Kurzbezeichnung lautet – ist geeignet, diese Vereinigung einen gewaltigen Schritt voranzubringen. Dreißig Jahre lang suchte Einstein nach einer einheitlichen Theorie der Physik, einem System, das alle Naturkräfte und Bestandteile der Materie zu einem einzigen theoretischen Geflecht verknüpft. An der Schwelle des neuen Jahrtausends verkünden die Vertreter der Stringtheorie nun, die Fäden dieses so schwer faßbaren einheitlichen Flechtwerks seien endlich entdeckt. Die Stringtheorie könnte unsere Chance sein, zu zeigen, daß sich in all den wundersamen Vorgängen des Universums – vom hektischen Tanz der subatomaren Quarks bis hin zum gemessenen Walzer der Doppelsterne, vom Feuerball des Urknalls bis zum majestätischen Wirbel der kosmischen Galaxien – ein einziges, alles beherrschendes physikalisches Prinzip manifestiert, die Mutter aller Gleichungen.

Da diese Eigenschaften der Stringtheorie verlangen, daß wir unser Verständnis von Raum, Zeit und Materie gründlich verändern, wird es einige Zeit dauern, bis wir uns an sie gewöhnt haben und sie uns zur Selbstverständlichkeit geworden sind. Doch wie deutlich werden wird, ist die Stringtheorie, in den richtigen Zusammenhang gestellt, ein zwar spektakuläres, aber doch natürliches Ergebnis der revolutionären Entdeckungen, die der Physik in den letzten hundert Jahren gelungen sind. Tatsächlich werden wir sehen, daß der Konflikt zwischen allgemeiner Relativitätstheorie und Quantenmechanik nicht der erste, sondern der dritte in einer Folge von höchst bedeutsamen Auseinandersetzungen ist; und jedesmal hat ihre Lösung unser Verständnis des Universums am Ende auf staunenswerte Weise revidiert.

Die drei Konflikte

Der erste Konflikt reicht bis in die letzten Jahre des neunzehnten Jahrhunderts zurück und betrifft seltsame Eigenschaften der Bewegung von Licht. In kurzen Worten: Nach Isaac Newtons Bewegungsgesetzen können Sie einen davoneilenden Lichtstrahl einholen, wenn Sie schnell genug laufen, während Sie dazu nach James Clerk Maxwells Gesetzen des Elektromagnetismus nicht in der Lage sind. Wie wir in Kapitel zwei erörtern werden, hat Einstein diesen Konflikt durch seine spezielle Relativitätstheorie gelöst und damit unser Verständnis von Raum und Zeit völlig umgekrempelt. Nach der speziellen Relativitätstheorie dürfen wir uns Raum und Zeit nicht mehr als einen universell festgelegten Rahmen vorstellen, den jeder auf die gleiche Weise erlebt. Vielmehr sind sie nach Einsteins Interpretation veränderliche Konstrukte, deren Form und Erscheinung von dem Bewegungszustand des einzelnen abhängt.

Die Entwicklung der speziellen Relativitätstheorie löste augenblicklich den zweiten Konflikt aus. Unter anderem folgt aus Einsteins Arbeit nämlich, daß sich kein Objekt – überhaupt kein Einfluß und keine Störung irgendeiner Art – schneller als das Licht fortbewegen kann. Doch wie wir in Kapitel drei sehen werden, gibt es in Newtons experimentell erfolgreicher und intuitiv ansprechender universeller Gravitationstheorie Einflüsse, die über große räumliche Entfernung *instantan* übertragen werden. Abermals gelang es Einstein, den Konflikt zu lösen. 1915 legte er mit der allgemeinen Relativitätstheorie ein neues Gravitationskonzept vor. Wie die spezielle Relativitätstheorie ersetzte auch die allgemeine Relativitätstheorie bis dahin gültige Vorstellungen von Raum und Zeit durch neue Konzepte. Nun werden Raum und Zeit nicht mehr nur durch den eigenen Bewegungszustand beeinflußt, sondern können sich in Gegenwart von Materie oder Energie verzerren und krümmen. Solche Verzerrungen in der Struktur von Raum und Zeit übertragen, wie wir sehen werden, die Kraft der Gravitation von Ort zu Ort. Folglich können wir uns Raum und Zeit nicht mehr als passiven Hintergrund vorstellen, vor dem sich die Ereignisse des Universums abspielen. Durch die spezielle und die allgemeine Relativitätstheorie sind Raum und Zeit zu aktiven Mitspielern geworden.

Und das Muster wiederholt sich: Die Entdeckung der allgemeinen Relativitätstheorie löste den einen Konflikt, führte aber zu einem neuen. In den ersten drei Jahrzehnten des zwanzigsten Jahrhunderts hatte man die Quantenmechanik entwickelt. Wie wir in Kapitel vier sehen werden, reagierte die Physik damit auf eine Reihe schwerwiegender Probleme, die auftraten, als man versuchte, die physikalischen Konzepte des neunzehnten Jahrhunderts auf die mikroskopische Welt anzuwenden. Und aus der Unverträglichkeit von Quantenmechanik und allgemeiner Relativitätstheorie resultierte, wie erwähnt, der dritte und größte Konflikt. Kapitel fünf wird zeigen, daß die sanft gekrümmte geometrische Form des Raums, wie sie sich aus der allgemeinen Relativitätstheorie ergibt, auf dem Kriegsfuß steht mit dem hektischen, brodelnden Verhalten, welches das mikroskopische Universum der Quantenmechanik an den Tag legt. Da erst Mitte der achtziger Jahre mit der Stringtheorie eine Lösung in Sicht kam, wird dieser Konflikt zu Recht als das zentrale Problem der modernen Phy-

sik bezeichnet. Darüber hinaus verlangt die Stringtheorie, obwohl
sie auf der speziellen und allgemeinen Relativitätstheorie aufbaut,
ein erneutes und grundlegendes Umdenken in bezug auf unsere Vorstellungen von Raum und Zeit. Beispielsweise halten die meisten
Menschen es für selbstverständlich, daß unser Universum drei Dimensionen des Raums besitzt. Dagegen behauptet die Stringtheorie,
unser Universum habe sehr viel mehr Dimensionen, als das Auge
sieht – Dimensionen, die, eng aufgewickelt, die in sich gefaltete
Mikrostruktur unseres Kosmos ausmachen. Diese bemerkenswerten
Erkenntnisse über die Beschaffenheit von Zeit und Raum sind von
so zentraler Bedeutung, daß sie bei allen folgenden Ausführungen als
Leitmotiv dienen werden. In einem ganz konkreten Sinn ist die
Stringtheorie die Geschichte von Zeit und Raum seit Einstein.

Um die Stringtheorie richtig würdigen zu können, müssen wir
etwas ausholen und kurz beschreiben, was uns das letzte Jahrhundert an Erkenntnissen über die mikroskopische Struktur des Universums beschert hat.

Die Feinstruktur des Universums:
Was wir über die Materie wissen

Die alten Griechen nahmen an, das Universum bestehe aus winzigen
»unzerteilbaren« Bausteinen, die sie *Atome* nannten. Wie die ungeheure Zahl von Wörtern einer alphabetischen Sprache auf den vielfältigen Kombinationen einer kleinen Zahl von Buchstaben beruht,
so ergab sich nach Annahme der Griechen die gewaltige Vielfalt der
materiellen Objekte ebenfalls aus Kombinationen einer kleinen Anzahl verschiedener und elementarer Bestandteile. Das war eine außerordentlich weitsichtige Vermutung. Mehr als zweitausend Jahre später halten wir sie noch immer für wahr, wenn sich auch mehrfach
unsere Auffassung davon geändert hat, was denn nun die fundamentalen Bausteine sein sollen. Im neunzehnten Jahrhundert wiesen
Wissenschaftler nach, daß viele vertraute Stoffe wie Sauerstoff und
Kohlenstoff einen kleinsten erkennbaren Bestandteil besitzen. In der
Tradition der Griechen nannten sie diese Bausteine *Atome*. Der
Name blieb haften, doch die weitere Wissenschaftsgeschichte zeigte,
daß dies eine irreführende Bezeichnung war, denn Atome sind
durchaus »zerteilbar«. Anfang der dreißiger Jahre begründeten die
Arbeiten von J. J. Thomson, Ernest Rutherford, Niels Bohr und
James Chadwick das sonnensystemähnliche Atommodell, mit dem

die meisten von uns vertraut sind. Danach sind Atome keineswegs die fundamentalsten Bausteine der Materie, sondern Gebilde mit einem Kern, der seinerseits aus Protonen und Neutronen besteht und von einem Schwarm kreisender Elektronen umgeben ist.

Eine Zeitlang glaubten viele Physiker, Protonen, Neutronen und Elektronen seien nun wirklich die »Atome« der Griechen. Doch Experimentalphysiker am Stanford Linear Accelerator Center, die sich modernste technische Möglichkeiten zunutze machten, um die Tiefenstruktur der Materie zu erkunden, stellten 1968 fest, daß auch Protonen und Neutronen nicht fundamental sind. Vielmehr besteht jeder dieser Bausteine aus drei noch kleineren Teilchen, den *Quarks* – eine launige Bezeichnung, die der theoretische Physiker Murray Gell-Mann, nachdem er zuvor ihre Existenz postuliert hatte, einem Abschnitt aus dem Roman *Finnegan's Wake* von James Joyce entnommen hatte. Weiter stellten die Physiker am Teilchenbeschleuniger fest, daß die Quarks in zwei Spielarten auftreten, die man, nicht ganz so phantasievoll, *up* und *down* nannte. Ein Proton besteht aus zwei up-Quarks und einem down-Quark, ein Neutron aus zwei down-Quarks und einem up-Quark.

Alles, was wir in der irdischen Welt und im Himmel über uns erblicken, scheint aus Kombinationen von Elektronen, up-Quarks und down-Quarks zu bestehen. Es gibt keine experimentellen Ergebnisse, die darauf schließen lassen, daß irgendeines dieser Teilchen aus kleineren Bausteinen zusammengesetzt ist. Allerdings sprechen sehr viele Beweise dafür, daß das Universum selbst noch weitere Bestandteilchen aufzuweisen hat. Mitte der fünfziger Jahre fanden Frederick Reines und Clyde Cowan überzeugende experimentelle Hinweise auf eine vierte Art von fundamentalen Teilchen, das *Neutrino* – ein Teilchen, das bereits in den dreißiger Jahren von Wolfgang Pauli vorhergesagt worden war. Wie sich herausstellte, lassen sich Neutrinos sehr schwer nachweisen, weil sie geisterhafte Teilchen sind, die nur selten mit anderer Materie in Wechselwirkung treten: Ein Neutrino von durchschnittlicher Energie kann mühelos viele Billionen Kilometer Blei durchqueren, ohne in seiner Bewegung irgendwie beeinträchtigt zu werden. Das müßte Sie eigentlich sehr erleichtern, denn während Sie dies lesen, durchqueren Milliarden von Neutrinos, die von der Sonne ins All gesandt wurden, auf der einsamen Reise durch den Kosmos Ihren Körper und die Erde. Ende der dreißiger Jahre wurde von Physikern, die kosmische Strahlung (Teilchenschauer, die aus dem Weltall auf die Erde herabregnen) untersuchten, ein weiteres Teilchen entdeckt, das *Myon,* das mit dem

Elektron identisch ist, nur daß es rund 200mal so schwer ist. Da es nichts in der kosmischen Ordnung gab, kein ungelöstes Rätsel, keine maßgeschneiderte Nische, die die Existenz des Myons verlangt hätte, begrüßte der Teilchenphysiker und Nobelpreisträger Isidor Isaac Rabi die Entdeckung des Myons mit den wenig begeisterten Worten: »Wer hat denn das bestellt?« Indes, es war nun einmal da. Und weitere sollten folgen.

Mit immer leistungsfähigeren technischen Geräten ließen Experimentalphysiker Materieteilchen mit immer größeren Energien ineinanderkrachen, so daß vorübergehend Bedingungen entstanden, wie es sie seit dem Urknall nicht mehr gegeben hat. In den Trümmern dieser Kollisionen suchten sie nach neuen fundamentalen Bausteinen, die sie in die wachsende Liste der Teilchen eintragen konnten. Gefunden haben sie vier weitere Quarks – *charm, strange, bottom* und *top* –, außerdem einen noch schwereren Verwandten des Elektrons, das Tauon, und zwei weitere Teilchen mit ähnlichen Eigenschaften wie das Neutrino (das *Myon-Neutrino* und das *Tauon-Neutrino,* im Unterschied zum herkömmlichen Neutrino, das nun Elektron-Neutrino genannt wird). Diese Teilchen werden durch hochenergetische Kollisionen produziert, die meisten von ihnen haben nur eine sehr kurze Lebensdauer, und sie sind keine Bestandteile von Dingen, mit denen wir alltäglich zu tun haben. Doch selbst das ist noch nicht die ganze Geschichte. Jedes dieser Teilchen hat einen Antiteilchen-Partner – ein Teilchen, das die gleiche Masse hat, aber in anderer Hinsicht gegensätzliche Eigenschaften besitzt, zum Beispiel was die elektrische Ladung (aber auch die Ladungen in Hinblick auf andere noch zu erörternde Kräfte) angeht. So bezeichnet man das Antiteilchen eines Elektrons als *Positron:* Es hat haargenau die gleiche Masse wie ein Elektron, aber seine elektrische Ladung beträgt +1, während die des Elektrons −1 ist. Wenn sie zusammenkommen, können sich Materie und Antimaterie vernichten und dabei reine Energie erzeugen – das ist der Grund, warum es so außerordentlich wenig natürliche Antimaterie in der Welt um uns herum gibt.

Die Physiker haben erkannt, daß sich diese Teilchen zu einem bestimmten Muster anordnen; das zeigt die Tabelle 1.1. Die Materieteilchen gliedern sich säuberlich in drei Gruppen, die oft als *Familien* bezeichnet werden. Jede Familie enthält zwei Quarks, ein Elektron oder einen seiner Verwandten und eine Neutrinospielart. Die entsprechenden Teilchenarten haben in allen drei Familien gleiche Eigenschaften, ausgenommen die Masse, die von Familie zu Familie größer wird. Das Fazit lautet, daß die Physiker die Struktur der Materie jetzt bei Größenverhältnissen von ungefähr einem milliardstel milliardstel Meter erforscht haben und nachweisen können, daß *alles,* worauf sie dabei bislang gestoßen sind – egal, ob es natürlich vorkommt oder künstlich in riesigen Teilchenbeschleunigern erzeugt wird –, einer Kombination von Teilchen aus diesen drei Familien und ihren Antimaterie-Teilchen entspricht.

Familie 1		Familie 2		Familie 3	
Teilchen	Masse	Teilchen	Masse	Teilchen	Masse
Elektron	0,00054	Myon	0,11	Tauon	1,9
Elektron-Neutrino	< 10^{-8}	Myon-Neutrino	<0,0003	Tauon-Neutrino	<0,033
up-Quark*	0,0047	charm-Quark	1,6	top-Quark	189
down-Quark	0,0074	strange-Quark	0,16	bottom-Quark	5,2

* Die Quarkmassen sind im Gegensatz zu denen der anderen Teilchen nur indirekt (und modellabhängig) definiert, da Quarks in der Natur nicht als freie Teilchen auftreten.

Tabelle 1.1 *Die drei Familien von Elementarteilchen und ihre Massen (in Vielfachen der Protonenmasse). Die Werte der Neutrinomassen haben sich bisher jeder genaueren experimentellen Bestimmung entzogen.*

Wenn Sie einen Blick auf Tabelle 1.1 werfen, wird Ihre Verwirrung sicherlich noch größer sein als Rabis Befremden über die Entdeckung des Myons. Die Einteilung in Familien erweckt zumindest einen gewissen Anschein von Ordnung, ändert aber nichts daran, daß dem Betrachter zahllose »Warums« in den Sinn kommen. Warum gibt es so viele fundamentale Teilchen, obwohl die große Mehrheit der Dinge in der Welt um uns umher offenbar nur Elektronen, up-Quarks und down-Quarks braucht? Warum gibt es drei Familien? Warum nicht eine Familie oder vier oder irgendeine andere Zahl? Warum weisen die Teilchen eine scheinbar zufällige Streuung der Massen auf – warum wiegt beispielsweise das Tauon ungefähr 3520mal soviel wie ein Elektron? Und warum wiegt das top-Quark ungefähr 40 200mal soviel wie ein up-Quark? Das sind merkwürdige, scheinbar beliebige Zahlen. Sind sie dem Zufall zu verdanken, göttlichem Ratschluß, oder gibt es eine logische Erklärung für die fundamentalen Eigenschaften des Universums?

Die Kräfte oder Wo ist das Photon?

Noch komplizierter wird die Situation, wenn wir die Naturkräfte betrachten. In der Alltagswelt gibt es eine Fülle von Möglichkeiten, Einfluß auszuüben: Bälle können von Schlägern getroffen werden, Bungee-Fans können sich von hohen Standorten in die Tiefe stürzen, Magneten können superschnelle Züge knapp über den Metallschienen in der Schwebe halten, Geigerzähler können in Anwesenheit von radioaktivem Material ticken, Kernwaffen können explodieren. Wir können Objekte beeinflussen, indem wir kräftig an ihnen ziehen, sie stoßen oder schütteln, indem wir andere Objekte darauf werfen oder schießen, indem wir sie dehnen, verdrehen oder zermalmen, indem wir sie abkühlen, erwärmen oder verbrennen. In den letzten hundert Jahren haben Physiker eine Fülle von Forschungsergebnissen zusammengetragen, aus denen hervorgeht, daß sich alle diese Wechselwirkungen zwischen verschiedenen Objekten und Stoffen und die unzähligen anderen Vorgänge, die sich ereignen, wenn Dinge sich begegnen, auf Kombinationen von vier fundamentalen Kräften zurückführen lassen. Eine von ihnen ist die *Gravitationskraft*. Die anderen drei sind die *elektromagnetische Kraft*, die *schwache Kraft* und die *starke Kraft*.

Die Gravitation, die Schwerkraft, ist uns am vertrautesten, denn sie ist dafür verantwortlich, daß wir die Sonne umkreisen und mit beiden Beinen auf der Erde bleiben. Von der Masse eines Objektes hängt es ab, wie groß die Gravitationskraft ist, die es ausübt und der es unterworfen ist. Vertraut ist uns auch die elektromagnetische Kraft. Sie ist die Kraft, mit der die Annehmlichkeiten des modernen Lebens betrieben werden – Licht, Computer, Fernseher, Telefon –, und sie liegt der fürchterlichen Gewalt des Blitzes ebenso zugrunde wie der sanften Berührung einer menschlichen Hand. Auf mikroskopischer Ebene spielt die elektrische Ladung eines Teilchens die gleiche Rolle für die elektromagnetische Kraft wie die Masse für die Gravitation: Sie bestimmt, wie stark das Teilchen elektromagnetisch wirken und reagieren kann.

Die starke und die schwache Kraft sind weniger geläufig, weil ihre Stärke rasch nachläßt, sobald die Entfernungen subatomare Abstände überschreiten; sie sind die Kernkräfte. Aus diesem Grund wurden die beiden Kräfte auch erst sehr viel später entdeckt. Die starke Kraft hat die Aufgabe, die Quarks im Inneren von Protonen und Neutronen zu »verleimen« und die Protonen und Neutronen in Atomkernen fest zusammenzuhalten. Die schwache Kraft ist vor allem bekannt, weil sie den radioaktiven Zerfall von Substanzen wie Uran und Kobalt bewirkt.

In den letzten hundert Jahren wurden zwei Eigenschaften entdeckt, die allen diesen Kräften gemeinsam sind. Erstens ist ihnen allen, wie wir in Kapitel fünf erörtern werden, auf mikroskopischer Ebene ein Teilchen zugeordnet, das Sie sich als kleinstes Bündel oder Paket der betreffenden Kraft vorstellen können. Wenn Sie einen Laserstrahl abfeuern – eine »elektromagnetische Strahlenkanone« – dann schicken Sie einen Strom von *Photonen* los, Minimalpakete der elektromagnetischen Kraft. Die kleinsten Bestandteile von Feldern der schwachen und der starken Kraft heißen *schwache Eichbosonen* und *Gluonen*. (Der Name *Gluon* ist besonders anschaulich, steckt in ihm doch das englische Wort *glue* – Leim; Gluonen können Sie sich also als die mikroskopischen Bestandteile des starken Leims vorstellen, der die Atomkerne zusammenhält.) Bis 1984 hatte man in entsprechenden Experimenten endgültig die Existenz und alle Eigenschaften dieser drei Arten von Kraftteilchen nachgewiesen (vgl. Tabelle 1.2). Man nimmt an, auch der Gravitationskraft sei ein Teilchen zugeordnet – das Graviton –, aber seine Existenz konnte experimentell noch nicht bestätigt werden.

Kraft	Kraftteilchen	Masse
stark	Gluon	0
elektromagnetisch	Photon	0
schwach	schwache Eichbosonen	86 bzw. 97
Gravitation	Graviton	0

Tabelle 1.2 *Die vier Naturkräfte mit ihren zugeordneten Kraftteilchen und deren Massen als Vielfache der Protonenmasse. (Bei den schwachen Kraftteilchen gibt es zwei Spielarten mit verschiedenen Massen, wie die Tabelle zeigt. Aus theoretischen Studien geht hervor, daß das Graviton masselos sein müßte.*

Betrachten wir die zweite gemeinsame Eigenschaft der Kräfte: Wir haben gesehen, daß die Masse bestimmt, wie die Gravitation sich auf ein Teilchen auswirkt, und die elektrische Ladung festlegt, wie es die elektromagnetische Kraft erfährt; genauso sind Teilchen mit bestimmten Mengen »starker Ladung« und »schwacher Ladung« ausgestattet, die entscheiden, wie die starke und die schwache Kraft auf sie wirken. (Die Tabelle in den Anmerkungen zu diesem Kapitel führt diese Eigenschaften genauer auf.[1]) Doch wie für die Teilchenmassen gilt auch hier, daß die Experimentalphysiker die Eigenschaften zwar sorgfältig gemessen haben, aber niemand weiß, *warum* unser Universum aus diesen besonderen Teilchen mit diesen besonderen Massen und Kraftladungen besteht.

Ungeachtet ihrer gemeinsamen Merkmale führt eine genauere Untersuchung der fundamentalen Kräfte nur dazu, daß die Probleme noch komplizierter werden. Warum sind es beispielsweise vier fundamentale Kräfte? Warum nicht fünf oder drei oder vielleicht auch nur eine? Warum haben die Kräfte so verschiedene Eigenschaften? Warum wirken die starke und die schwache Kraft nur auf mikroskopischer Ebene, während Gravitation und elektromagnetische Kraft ihren Einfluß unbeschränkt entfalten können? Und warum ist die Stärke dieser Kräfte so außerordentlich unterschiedlich?

Stellen Sie sich zur Verdeutlichung der letzten Frage vor, Sie hielten ein Elektron in der linken und ein anderes Elektron in der rechten Hand und brächten diese beiden elektrisch geladenen Teilchen nun dicht zusammen. Ihre gegenseitige Gravitations- oder Massenanziehung würde den Versuch unterstützen, sie einander anzunähern, während die elektromagnetische Abstoßung sie auseinandertreiben würde. Welche Wirkung ist stärker? Daran gibt es keinen Zweifel: Die elektromagnetische Abstoßung ist ungefähr eine Million Milliarde Milliarde Milliarde Milliarde (10^{42}) mal so stark! Wenn Ihr rechter Bizeps für die Stärke der Gravitationskraft stünde, dann müßte sich Ihr linker Bizeps über die Grenzen des bekannten Universums ausdehnen, um der Stärke der elektromagnetischen Kraft zu entsprechen. Daß die elektromagnetische Kraft die Gravitation in der Welt um uns herum nicht zur völligen Bedeutungslosigkeit verurteilt, hat nur einen einzigen Grund – die meisten Dinge sind zu gleichen Anteilen aus positiven und negativen Ladungen zusammengesetzt, deren Kräfte sich gegenseitig aufheben. Da die Gravitation andererseits immer als Anziehungskraft wirkt, kennt sie eine solche Aufhebung nicht – mehr Materie bedeutet einfach größere Gravitationskraft. Doch grundsätzlich betrachtet, ist die Gravitation eine außerordentlich schwache Kraft. (Daher ist es auch so schwierig, die Existenz des Gravitons experimentell nachzuweisen. Die Suche nach dem kleinsten Paket der schwächsten Kraft ist eine ziemliche Herausforderung.) Aus Experimenten wissen wir ferner, daß die starke Kraft ungefähr hundertmal so stark wie die elektromagnetische und etwa hunderttausendmal so stark wie die schwache Kraft ist. Aber was für einen Sinn – was für eine Existenzberechtigung – haben diese Eigenschaften für unser Universum?

Das ist kein müßiges Philosophieren über die Frage, warum irgendwelche Einzelheiten zufällig so und nicht anders sind. Das Universum böte ein völlig anderes Bild, hätten die Materie und die Kraftteilchen auch nur geringfügig andere Eigenschaften. Zum Beispiel hängt die Existenz der rund hundert Elemente des Periodensystems von dem exakten Verhältnis zwischen der Stärke der starken und der der elektromagnetischen Kraft ab. Alle Protonen, die im Atomkern zusammengepreßt sind, stoßen sich elektromagnetisch ab. Zum Glück überwindet die starke Kraft, die zwischen den konstituierenden Quarks wirkt, diese Abstoßung und hält die Protonen fest zusammen. Doch schon eine kleine Veränderung in der relativen Stärke der beiden Kräfte würde das Gleichgewicht zwischen ihnen stören und einen Zerfall der meisten Atomkerne bewirken. Wäre ferner die Masse des Elektrons nur einige Male so groß, wie sie tatsächlich ist, würden sich Elektronen und Protonen vielfach zu Neutronen verbinden, dabei alle Wasserstoffkerne verbrauchen (Wasserstoff ist das einfachste Element im Kosmos, sein Kern enthält nur ein einziges Proton) und damit wiederum die Entstehung komplexerer Elemente verhindern. Sterne sind auf die Fusion stabiler Kerne angewiesen und könnten sich angesichts solcher Veränderungen der fundamentalen Physik nicht bilden. Auch die Stärke der Gravitationskraft ist von grundsätzlicher Bedeutung. Die alles zermalmende Materiedichte im Zentralkern eines Sterns sorgt für die Energie seines Kernbrennofens und ist für die blendende Helligkeit des Sternenlichts verantwortlich. Vergrößert man die Stärke der Gravitationskraft, würde der Sternklumpen noch dichter werden, wodurch sich die Geschwindigkeit der Kernreaktionen beträchtlich erhöhen würde. Doch wie ein leuchtender Lichtblitz seine Energie rascher verbraucht als eine langsam brennende Kerze, würde eine Zunahme der nuklearen Reaktionsrate Sterne wie die Sonne sehr viel rascher ausbrennen lassen, was für das Leben in der uns bekannten Form verheerende Auswirkungen hätte. Verringerte man auf der anderen Seite die Stärke der Gravitationskraft erheblich, dann würde Materie überhaupt nicht mehr zusammenklumpen und dadurch die Bildung von Sternen und Galaxien verhindern.

Wir könnten die Reihe der Beispiele fortsetzen, doch der Gedanke dürfte hinreichend klar geworden sein: Das Universum ist so, wie es ist, weil die Materie und die Kraftteilchen genau die Eigenschaften haben, die sie haben. Doch gibt es eine wissenschaftliche Erklärung dafür, *warum* sie diese Eigenschaften haben?

Stringtheorie: Die Grundidee

Die Stringtheorie liefert einen schlüssigen Rahmen, innerhalb dessen sich zum ersten Mal die Möglichkeit zur Beantwortung dieser Frage ergibt. Betrachten wir zunächst die Grundidee.

Die Teilchen in Tabelle 1.1 sind die »Buchstaben« der gesamten Materie. Wie ihre sprachlichen Pendants weisen sie scheinbar keine weitere innere Unterteilung auf. Das sieht die Stringtheorie anders. Wenn wir, so sagt sie, diese Teilchen genauer untersuchen könnten – mit einer Genauigkeit, die viele Größenordnungen über unseren gegenwärtigen Möglichkeiten liegt –, dann würden wir feststellen, daß sie nicht punktartig sind, sondern jeweils aus einer winzigen eindimensionalen *Schleife* bestehen. Jedes Teilchen wird durch einen schwingenden, oszillierenden, tanzenden Faden konstituiert, der einem unendlich dünnen Gummiband gleicht und von den Physikern, in Ermangelung von Gell-Manns Belesenheit, *String* – »Faden« oder »Saite« – genannt wurde. Diesen zentralen Gedanken der Stringtheorie soll Abbildung 1.1 zum Ausdruck bringen. Sie beginnt mit etwas so Alltäglichem wie einem Apfel und zeigt dessen Struktur

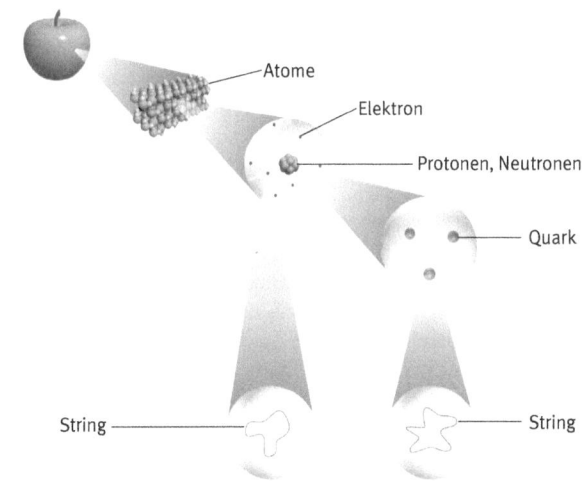

Abbildung 1.1 *Materie besteht aus Atomen, die ihrerseits aus Quarks und Elektronen zusammengesetzt sind. Nach der Stringtheorie sind alle diese Teilchen in Wirklichkeit winzige schwingende Stringschleifen.*

in immer weiter vergrößerten Ausschnitten, so daß sich seine Bestandteile auf immer fundamentaleren Ebenen offenbaren. Die bisher bekannte Abfolge von Atomen über Protonen, Neutronen und Elektronen bis hin zu Quarks ergänzt die Stringtheorie durch die neue mikroskopische Ebene einer schwingenden Schleife.[2]

Was hier natürlich noch nicht ersichtlich ist, wird Kapitel sechs zeigen: daß nämlich diese einfache Auswechslung der punktartigen Materiebausteine durch Strings der Unvereinbarkeit von Quantenmechanik und allgemeiner Relativitätstheorie ein Ende setzt. Damit durchtrennt die Stringtheorie den Gordischen Knoten der zeitgenössischen theoretischen Physik. Das ist eine gewaltige Leistung, trotzdem aber nur einer der Gründe für den Enthusiasmus, den die Stringtheorie in der Fachwelt ausgelöst hat.

Die Stringtheorie als Weltformel

Zu Einsteins Zeiten waren die starke und die schwache Kraft noch nicht einmal entdeckt, trotzdem fand er schon die Existenz von zwei verschiedenen Grundkräften – Gravitation und Elektromagnetismus – äußerst befremdend. Einstein wollte sich nicht damit abfinden, daß sich die Natur auf einen so extravaganten Entwurf gründet. Deshalb begann er seine dreißigjährige Suche nach einer sogenannten *einheitlichen Feldtheorie,* die, wie er hoffte, zeigen würde, daß diese beiden Kräfte in Wirklichkeit Manifestationen eines einzigen grundlegenden Prinzips sind. Diese Donquichotterie isolierte Einstein von der Hauptströmung der Physik, die verständlicherweise ein weit größeres Interesse daran hatte, sich in die neue Theorie der Quantenmechanik zu vertiefen. Anfang der vierziger Jahre schrieb er an einen Freund: »Ich bin ein einsamer alter Bursche, den man vor allem kennt, weil er keine Strümpfe trägt, und den man bei besonderen Gelegenheiten als Kuriosität zur Schau stellt.«[3]

Einstein war seiner Zeit einfach voraus. Mehr als fünfzig Jahre später ist sein Traum von einer einheitlichen Theorie zum Heiligen Gral der modernen Physik geworden. In großen Teilen der physikalischen und mathematischen Gemeinschaft wächst die Überzeugung, daß von der Stringtheorie die Lösung zu erwarten ist. Von einem Prinzip ausgehend – daß alles auf der fundamentalsten Ebene aus Kombinationen schwingender Fäden besteht –, liefert die Stringtheorie ein einziges Erklärungsmodell, das alle Materie und alle Kräfte einschließt.

So behauptet die Stringtheorie beispielsweise, daß sich in den beobachteten Teilcheneigenschaften, den Daten, die in Tabelle 1.1 und Tabelle 1.2 aufgeführt sind, die Arten und Weisen manifestieren, in denen ein String schwingen kann. Wie die Saiten einer Geige oder eines Klaviers Resonanzfrequenzen besitzen, bei denen sie bevorzugt schwingen – mit Mustern, die unsere Ohren als Töne und deren höhere Harmonien wahrnehmen –, haben auch die Schleifen der Stringtheorie bevorzugte Schwingungsfrequenzen. Doch wie wir sehen werden, erzeugt in der Stringtheorie das bevorzugte Schwingungsmuster eines Strings keinen Ton, sondern es tritt als Teilchen mit einer bestimmten Masse und Kraftladung in Erscheinung. Das Elektron ist ein String, der in bestimmter Weise schwingt, das up-Quark ein String, der auf andere Weise schwingt und so fort. In der Stringtheorie sind die Teilcheneigenschaften alles andere als eine Sammlung chaotischer Experimentaldaten, sondern die Erscheinungsformen eines einzigen physikalischen Merkmals: der charakteristischen Schwingungen – gewissermaßen der Musik – von fundamentalen Stringschleifen. Die gleiche Idee gilt auch für die Naturkräfte. Wir werden sehen, daß Kraftteilchen ebenfalls mit bestimmten Stringschwingungsmustern verknüpft sind und daß daher alles, alle Materie und alle Kräfte, in der gleichen Rubrik der mikroskopischen Stringschwingungen vereinigt ist – in den »Tönen«, die diese mikroskopischen Saiten erzeugen können.

Zum erstenmal in der Geschichte der Physik haben wir damit ein System, mit dessen Hilfe sich jede fundamentale Eigenschaft des Universums erklären läßt. Aus diesem Grund wird die Stringtheorie auch manchmal als *theory of everything* (TOE), als »allumfassende«, »endgültige« Theorie oder schlicht als »Weltformel« bezeichnet. Diese großartigen Bezeichnungen sollen zum Ausdruck bringen, daß es sich um die wirklich fundamentale Theorie der Physik handelt – eine Theorie, die allen anderen zugrunde liegt, eine Theorie, die auf keine tiefere Erklärungsebene mehr zurückgeführt werden kann. In der Praxis gehen viele Stringtheoretiker sehr viel nüchterner an die Sache heran und erwarten von der TOE lediglich, daß sie eine Erklärung liefert für die Eigenschaften der Elementarteilchen und die Eigenschaften der Grundkräfte, mittels deren die Teilchen wechselwirken und einander beeinflussen. Ein hartgesottener Reduktionist würde behaupten, das sei überhaupt keine Einschränkung. Im Prinzip lasse sich alles, vom Urknall bis zu Tagträumen, durch die grundlegenden physikalischen Prozesse der fundamentalen Materiebausteine erklären. Wenn man die Teile verstehe, so der Reduktionist, verstehe man auch das Ganze.

An der reduktionistischen Vorstellung scheiden sich die Geister. Viele finden es töricht und geradezu empörend, wenn jemand behauptet, die Wunder des Lebens und des Universums seien lediglich Ausdruck des sinnlosen Tanzes mikroskopischer Teilchen, die sich nach den Gesetzen der Physik richten. Ist es wirklich so, daß Gefühle wie Freude, Trauer oder Langeweile nichts als chemische Reaktionen im Gehirn sind – Reaktionen zwischen Molekülen und Atomen, die, auf noch fundamentaleren Ebenen, Reaktionen zwischen den Teilchen der Tabelle 1.1 oder gar zwischen schwingenden Strings sind? Zu dieser Art von Kritik meint der Nobelpreisträger Steven Weinberg in seinem Buch Der *Traum von der Einheit des Universums:*

> Am anderen Ende des Spektrums stehen die Gegner des Reduktionismus, die über die Trostlosigkeit der modernen Wissenschaft entsetzt sind. Gleichgültig, in welchem Ausmaß sie und ihre Welt sich auf Teilchen oder auf Felder und deren Wechselwirkung reduzieren lassen, sie fühlen sich durch dieses Wissen herabgesetzt ... Diesen Kritikern möchte ich nicht mit aufmunternden Worten über die Schönheit der modernen Wissenschaft antworten. Das reduktionistische Weltbild ist tatsächlich kalt und unpersönlich. Man muß es akzeptieren, wie es ist, nicht weil wir es mögen, sondern weil die Welt eben so beschaffen ist.[4]

Diese sehr entschiedene Auffassung hat ihre Anhänger und ihre Gegner.

Andere haben vorgebracht, mit Entwicklungen wie der Chaostheorie seien Gesetze neuer Art entdeckt worden, die Anwendung fänden, wenn die Komplexität eines Systems zunimmt. Das Verhalten eines Elektrons oder Quarks zu verstehen, sei eine Sache, anhand dieses Wissens das Verhalten eines Tornados zu verstehen, eine ganz andere. Darin sind sich die meisten Naturwissenschaftler einig. Auseinander gehen die Meinungen allerdings über die Frage, ob die verantwortlichen Prinzipien sich, wenn auch auf ungeheuer komplizierte Weise, aus den physikalischen Prinzipien herleiten, die das Verhalten der außerordentlich großen Zahl von Elementarteilchen bestimmen. Nach meiner Auffassung handelt es sich nicht um neue und unabhängige Naturgesetze. Zwar dürfte es schwierig sein, die Eigenschaften eines Tornados mit der Physik von Elektronen und Quarks zu erklären, doch halte ich das für ein rein rechnerisches Problem, nicht für ein Phänomen, das neue physikalische Gesetze verlangt. Aber diese Meinung, das sei noch einmal gesagt, ist nicht unumstritten.

Doch selbst wenn man die strittige Auffassung der hartgesottenen Reduktionisten teilt, so ist das Prinzip eine Sache und die Praxis eine ganz andere; das steht außer Zweifel und ist von großer Bedeutung für die Reise, auf die wir uns mit diesem Buch begeben wollen. Kaum einer glaubt, daß die Entdeckung der TOE alle Fragen der Psychologie, Biologie, Geologie, Chemie oder auch Physik beantworten könnte. Das Universum ist von so wunderbarer Vielfalt und Komplexität, daß die Entdeckung der endgültigen Theorie, wie wir sie hier beschreiben, nicht das Ende der Naturwissenschaft bedeuten würde. Ganz im Gegenteil: Die Entdeckung der Weltformel – der letztgültigen Erklärung des Universums auf fundamentalster Ebene, einer Theorie, die auf keine tiefere Erklärungsebene zurückgriffe – wäre das stabilste Fundament, auf dem unser Verständnis der Welt *aufbauen* könnte. Ihre Entdeckung wäre ein Anfang und kein Ende. Die endgültige Theorie wäre ein unmißverständliches Zeichen der Schlüssigkeit, ein Beweis dafür, daß wir das Universum im Prinzip tatsächlich verstehen können.

Der Stand der Dinge

In diesem Buch soll versucht werden, anhand der Stringtheorie die Gesetzmäßigkeiten des Universums zu erklären und dabei vor allem zu zeigen, welche Bedeutung diese Ergebnisse für unser Verständnis von Raum und Zeit haben. Im Unterschied zu vielen anderen Berichten über wissenschaftliche Entwicklungen behandelt dieses Buch keine Theorie, die vollständig ausgearbeitet, durch überzeugende Experimente bestätigt und von der wissenschaftlichen Gemeinschaft rückhaltlos akzeptiert worden ist. Das hat seine Gründe: Wie wir in späteren Kapiteln sehen werden, ist die Stringtheorie so kompliziert und raffiniert, daß wir trotz der eindrucksvollen Fortschritte, die wir in den letzten zwanzig Jahren erzielt haben, noch weit davon entfernt sind, sie wirklich zu beherrschen.

Daher ist diese Darstellung der Stringtheorie als Bericht über ein *laufendes Projekt* zu betrachten, dessen partielle Fertigstellung bereits erstaunliche Erkenntnisse über die Beschaffenheit von Raum, Zeit und Materie hervorgebracht hat. Die harmonische Vereinigung von allgemeiner Relativitätstheorie und Quantenmechanik ist ein großer Erfolg. Außerdem ist die Stringtheorie im Gegensatz zu allen vorhergehenden Theorien in der Lage, Antworten auf Urfragen zu geben, die die fundamentalen Bausteine und Kräfte der Natur betreffen. Von gleicher Bedeutung, wenn auch schwerer zu vermitteln, ist die bemerkenswerte Eleganz sowohl der Antworten als auch ihres theoretischen Rahmens. Beispielsweise lassen sich in der Stringtheorie viele Aspekte der Natur, die sonst als willkürlich erscheinen – etwa die Zahl der verschiedenen fundamentalen Teilchen und ihre Eigenschaften –, aus wesentlichen und greifbaren Eigenschaften der Geometrie des Universums ableiten. Wenn die Stringtheorie stimmt, ist die mikroskopische Struktur unseres Universums ein vielfältig verflochtenes, mehrdimensionales Labyrinth, in dem sich die Strings des Universums endlos drehen und schwingen und rhythmisch die Gesetze des Kosmos trommeln. So erweist sich, daß die Eigenschaften der fundamentalen Bausteine keineswegs zufällig sind, sondern in innigem Zusammenhang mit der Struktur von Raum und Zeit stehen.

Letztlich sind allerdings eindeutige, überprüfbare Vorhersagen durch nichts zu ersetzen, wenn wir feststellen wollen, ob die Stringtheorie tatsächlich den Schleier des Geheimnisses gelüftet hat, der die tiefsten Wahrheiten unseres Universums verbirgt. Es wird vielleicht noch einige Zeit vergehen, bis wir zu dieser Verständnisebene vordringen, obwohl, wie wir in Kapitel neun erörtern werden, schon in den nächsten zehn Jahren indirekte experimentelle Bestätigungen für die Stringtheorie zu erwarten sein könnten. Ferner werden wir in Kapitel dreizehn sehen, daß es vor kurzem gelungen ist, mit Hilfe der Stringtheorie ein höchst bedeutsames Rätsel Schwarzer Löcher zu lösen, das die sogenannte Bekenstein-Hawking-Entropie betrifft, ein Problem, das sich seit mehr als fünfundzwanzig Jahren hartnäckig jeder Lösung mit herkömmlichen Mitteln entzieht. Dieser Erfolg hat viele Physiker davon überzeugt, daß die Stringtheorie in der Lage ist, uns die elementarsten Gesetzmäßigkeiten des Universums zu enthüllen.

Edward Witten, der zu den Pionieren und führenden Fachleuten auf dem Gebiet der Stringtheorie gehört, faßt die Situation treffend zusammen, wenn er sagt: »Die Stringtheorie ist ein Teil der Physik des 21. Jahrhunderts, den es zufällig ins zwanzigste Jahrhundert verschlagen hat«, eine Auffassung, die als erster der namhafte italienische Physiker Daniele Amati geäußert hat.[5] Das ist so, als wären unsere Vorfahren im neunzehnten Jahrhundert auf einen modernen Supercomputer ohne Betriebsanleitung gestoßen. Durch Versuch und Irrtum wäre es ihnen zwar gelungen, Anhaltspunkte für die Möglichkeiten des Geräts zu gewinnen, doch um ihn wirklich zu beherrschen, hätte es energischer und ausdauernder Anstrengungen bedurft. Allerdings hätten die Hinweise auf die Leistungsfähigkeit des Rechners, wie unsere Indizien für das Erklärungsvermögen der Stringtheorie, überaus starke Beweggründe geliefert, den richtigen Umgang mit der Maschine herauszufinden. Ähnliche Beweggründe veranlassen heute eine Generation von theoretischen Physikern, sich um ein vollständiges und genaues Verständnis der Stringtheorie zu bemühen.

Die Äußerungen von Witten und anderen Fachleuten lassen darauf schließen, daß es noch Jahrzehnte oder gar Jahrhunderte dauern könnte, bis wir die Stringtheorie vollständig entwickelt und verstanden haben. Das könnte durchaus stimmen. Tatsächlich ist die Mathematik der Stringtheorie so kompliziert, daß bis heute niemand die exakten Gleichungen der Theorie kennt. Nur Näherungen liegen den Physikern vor, und selbst die Näherungsgleichungen sind so kompliziert, daß sie bis jetzt nur teilweise gelöst sind. Trotzdem könnte eine Reihe von verheißungsvollen Durchbrüchen aus der zweiten Hälfte der neunziger Jahre – Durchbrüchen, die theoretische Fragen von bislang unvorstellbarer Schwierigkeit beantwortet haben – durchaus bedeuten, daß wir dem vollständigen quantitativen Verständnis der Stringtheorie viel näher sind als ursprünglich angenommen. In aller Welt sind Physiker damit beschäftigt, leistungsfähige neue Techniken zu entwickeln, mit denen sich die Beschränkungen der zahlreichen bislang verwendeten Näherungsmethoden überwinden lassen. So fügen sie in kollektiver Arbeit die verstreuten Teile des Stringpuzzles in verheißungsvollem Tempo zusammen.

Aus diesen Entwicklungen ergaben sich überraschende Perspektiven zur Neuinterpretation einiger Grundannahmen der Theorie, die lange gültig waren. So ist Ihnen vielleicht bei einem Blick auf die Abbildung 1.1. die Frage in den Sinn gekommen: Warum Strings? Warum nicht kleine Frisbeescheiben? Oder mikroskopische tropfenförmige Klümpchen? Oder eine Kombination all dieser Möglichkeiten? Wie wir in Kapitel zwölf sehen werden, zeigen die jüngsten Erkenntnisse, daß solche Aspekte tatsächlich eine wichtige Rolle in der Stringtheorie spielen. Es hat sich herausgestellt, daß die Stringtheorie Teil einer noch größeren Synthese ist, die gegenwärtig den (mysteriösen) Namen M-Theorie trägt. Mit diesen allerneuesten Entwicklungen werden wir uns in den Schlußkapiteln dieses Buches beschäftigen.

Wissenschaftliche Fortschritte vollziehen sich sprunghaft. In einigen Perioden häufen sich die bahnbrechenden Fortschritte, dann wieder sind lange Durststrecken zu überwinden. Forscher legen theoretische und experimentelle Ergebnisse vor, und die wissenschaftliche Gemeinschaft diskutiert sie. Manchmal werden sie verworfen und manchmal modifiziert. Unter Umständen erweisen sie sich als inspirierende Ausgangspunkte für ein neues und besseres Verständnis des physikalischen Universums. Mit anderen Worten: Im Zickzackkurs nähert sich die Wissenschaft dem, was sich, wie wir hoffen, als endgültige Wahrheit herausstellen wird – ein Weg, der mit den frühesten Versuchen der Menschheit begann, das Geheimnis des Universums zu ergründen, und dessen Ende wir noch nicht voraussagen können. Ob die Stringtheorie nur eine unbedeutende Zwischenstation, ein entscheidender Wendepunkt oder das Ziel ist, wissen wir nicht. Doch die Forschungsarbeiten, die Hunderte von engagierten Wissenschaftlern in vielen Ländern der Erde seit zwanzig Jahren vorantreiben, wecken die begründete Hoffnung, daß wir auf dem richtigen und möglicherweise endgültigen Weg sind.

Ein beredtes Zeugnis für die vielschichtige und umfassende Natur der Stringtheorie ist, daß sie uns sogar auf unserer gegenwärtigen Verständnisebene verblüffende neue Einsichten in die Gesetzmäßigkeit des Universums eröffnet hat. Einen roten Faden der folgenden Ausführungen werden die Entdeckungen bilden, die unser Verständnis von Raum und Zeit immer wieder revolutioniert haben. Einstein hat mit der speziellen und allgemeinen Relativitätstheorie den Anfang dazu gemacht. Aber wenn die Stringtheorie stimmt, besitzt die Struktur unseres Universums, wie wir sehen werden, Eigenschaften, die wahrscheinlich sogar Einstein verblüfft hätten.

Teil II

Das Dilemma
von Raum, Zeit und Quanten

Kapitel 2

Raum, Zeit und das Auge des Betrachters

Im Juni 1905 reichte der sechsundzwanzigjährige Albert Einstein bei
der Zeitschrift *Annalen der Physik* einen wissenschaftlichen Artikel
ein, in dem er eine scheinbar paradoxe Eigenschaft der Lichtausbreitung erklärte, die ihn erstmals als Halbwüchsigen, zehn Jahre zuvor,
beschäftigt hatte. Nachdem Max Planck, der Herausgeber der Zeitschrift, die letzte Seite von Einsteins Manuskript gelesen hatte, war
ihm klar, daß die bis dahin gültige wissenschaftliche Ordnung umge-
stürzt worden war. In aller Stille hatte ein Angestellter des Patent-
amts in Bern die traditionellen Begriffe von Raum und Zeit vom
Sockel gestoßen und sie durch eine neue Vorstellung ersetzt, die allen
Erfahrungen unserer alltäglichen Welt zuwiderläuft.

Es ging um folgendes Paradoxon: Nachdem der schottische Physiker James Clerk Maxwell bestimmte Experimentalergebnisse des
englischen Physikers Michael Faraday einer genauen Analyse unterzogen hatte, gelang es ihm Mitte des neunzehnten Jahrhunderts,
Elektrizität und Magnetismus im Rahmen des *elektromagnetischen
Feldes* zu vereinigen. Wenn Sie schon einmal vor einem heftigen Gewitter auf einem Berggipfel gestanden oder sich dicht neben einem
Bandgenerator befunden haben, dann haben Sie ein instinktives Gefühl für elektromagnetische Felder, denn Sie haben schon einmal
eines am eigenen Leibe gespürt. Falls nicht, denken Sie sich ein
Auf und Ab von elektrischen und magnetischen Kraftlinien, die eine
Raumregion durchdringen. Verstreuen Sie beispielsweise in der
Nähe eines Magneten Eisenspäne, dann fügen sich diese zu einem
geordneten Muster, das einige der unsichtbaren magnetischen Kraftlinien nachzeichnet. Wenn Sie an einem besonders trockenen Tag
einen Wollpullover ausziehen und ein knisterndes Geräusch hören,
vielleicht auch ein oder zwei leichte elektrische Schläge verspüren, so
sind das Indizien für die Kraftlinien der elektrischen Ladungen, die
durch die Fasern Ihres Pullovers erzeugt werden. Abgesehen davon,
daß Maxwells Theorie diese und alle anderen elektrischen und magnetischen Phänomene in einem einzigen mathematischen System

vereinigte, zeigte sie auch – völlig unerwartet –, daß sich elektromagnetische Störungen mit einer bestimmten und unveränderlichen
Geschwindigkeit ausbreiten, einer Geschwindigkeit, die, wie sich
herausstellte, der des Lichts entspricht. Daraus schloß Maxwell, daß
das sichtbare Licht selbst lediglich eine elektromagnetische Welle
von bestimmter Art ist. Heute wissen wir, daß diese Welle mit che-
mischen Stoffen in der Netzhaut wechselwirkt und dergestalt die
Sinneserfahrungen des Sehens hervorruft. Außerdem (und das ist
von entscheidender Bedeutung) ging aus Maxwells Theorie ebenfalls
hervor, daß alle elektromagnetischen Wellen – unter ihnen auch das
sichtbare Licht – höchst ruhelose Geschöpfe sind. Sie halten niemals
an. Sie werden nie langsamer. Licht bewegt sich *immer* mit Lichtgeschwindigkeit fort.

Das ist alles gut und schön, bis wir, wie der sechzehnjährige Einstein, fragen: Was geschieht, wenn wir einen Lichtstrahl mit Lichtgeschwindigkeit verfolgen? Die intuitive Überlegung, an Newtons
Bewegungsgesetzen ausgerichtet, sagt uns, daß wir uns parallel zu
den Lichtwellen bewegen und sie uns daher ruhend erscheinen. Das
Licht würde stillstehen. Doch nach Maxwells Theorie und allen zu-
verlässigen Beobachtungen gibt es kein ruhendes Licht: Niemand
hat bisher einen ruhenden Lichtklumpen in seiner Handfläche gehalten. Darin liegt das Problem. Zum Glück wußte Einstein nicht, daß
sich viele der bekanntesten Physiker mit dieser Frage herumschlugen
(und dabei auf manchen Holzweg gerieten). So setzte er sich mit dem
Paradoxon, das sich durch Maxwells und Newtons Theorie ergab,
in der – weitgehenden – Unberührtheit seiner privaten Gedanken-
welt auseinander.

In diesem Kapitel wollen wir erörtern, wie Einstein den Konflikt
durch seine spezielle Relativitätstheorie gelöst und damit unsere
Vorstellung von Raum und Zeit unwiderruflich verändert hat. Vielleicht überrascht es den einen oder anderen Leser, daß es in der speziellen Relativitätstheorie vor allem darum geht, wie die Welt Individuen, oft »Beobachter« genannt, erscheint, die sich relativ zueinander bewegen. Das mag einem zunächst wie eine geistige Übung
ohne Bedeutung vorkommen. Doch das Gegenteil ist der Fall: Im
Bannkreis von Einsteins Überlegungen und seinen Vorstellungen von
Beobachtern, die hinter Lichtstrahlen herjagen, wird klar, daß ein
vollständiges Verständnis der Art und Weise, wie gegeneinander bewegte Beobachter sogar sehr einfache Situationen unterschiedlich
wahrnehmen, bedeutende Konsequenzen nach sich zieht.

Die Intuition und ihre Schwächen

Sogar die Alltagserfahrung zeigt, wie sich die Beobachtungen solcher Individuen unterscheiden. Beispielsweise scheinen sich die Bäume, die an einer Autostraße stehen, aus der Sicht eines Autofahrers zu bewegen, während sie für einen Tramper, der auf der Leitplanke sitzt, ruhen. Entsprechend das Armaturenbrett des Autos: Aus der Perspektive des Fahrers bewegt es sich (hoffentlich!) nicht, aus Sicht des Trampers aber doch. Das sind so grundlegende und intuitive Eigenschaften der Welt, daß wir von ihnen kaum Notiz nehmen.

Die spezielle Relativitätstheorie postuliert jedoch, daß die Beobachtungen unserer beiden Protagonisten Unterschiede aufweisen, die weit subtiler und grundlegender sind als unsere Alltagserfahrung. Sie stellt die seltsame Behauptung auf, daß Beobachter in Relativbewegung Entfernung und Zeit unterschiedlich wahrnehmen. Wie wir sehen werden, folgt daraus, daß identische Armbanduhren, die von zwei Menschen in relativer Bewegung getragen werden, mit *unterschiedlicher Geschwindigkeit* ticken und daher in Hinblick auf die Zeit, die zwischen gegebenen Ereignissen verstreicht, nicht übereinstimmen. Nach der speziellen Relativitätstheorie ist das kein Einwand gegen die Genauigkeit der Armbanduhren, sondern eine wahre Aussage über die Zeit selbst.

In ähnlicher Weise werden sich Beobachter in relativer Bewegung, die völlig gleiche Bandmaße mit sich führen, nicht über die Länge gemessener Entfernungen einigen können. Wiederum liegt das nicht an der Ungenauigkeit der Meßgeräte oder falscher Bedienung. Die genauesten Meßinstrumente der Welt bestätigen, daß Raum und Zeit – als Entfernung beziehungsweise Dauer gemessen – nicht von allen Beobachtern gleich erlebt werden. Genauso, wie Einstein es beschrieben hat, löst die spezielle Relativitätstheorie den Konflikt zwischen unserem intuitiven Bewegungsverständnis und den Eigenschaften des Lichts. Nur einen Haken hat die Sache: Menschen, die sich relativ zueinander bewegen, erzielen keine Übereinstimmung in Hinblick auf ihre Beobachtungen von Raum und Zeit.

Fast hundert Jahre sind vergangen, seit Einstein seine spektakuläre Entdeckung vorgelegt hat, trotzdem haben die meisten von uns noch eine absolute Vorstellung von Raum und Zeit. Wir haben die spezielle Relativitätstheorie nicht wirklich verinnerlicht – wir haben sie nicht im Gefühl. Ihre Folgen sind kein selbstverständlicher Bestandteil unserer Intuition. Das hat einen ganz einfachen Grund: Die Auswirkungen der speziellen Relativität hängen davon ab, wie

schnell man sich bewegt. Bei den Geschwindigkeiten von Autos, Flugzeugen und selbst Spaceshuttles sind diese Effekte äußerst geringfügig. Doch bei einer Reise mit einem Raumfahrzeug der Zukunft,
das einen erheblichen Bruchteil der Lichtgeschwindigkeit erreicht,
würden sich die relativistischen Effekte sehr deutlich zeigen. Natürlich gehört das heute noch ins Reich der Science-fiction. Trotzdem
werden wir in späteren Abschnitten sehen, daß kluge Experimente es
uns ermöglichen, die von Einstein vorhergesagten relativen Eigenschaften von Raum und Zeit klar und eindeutig zu beobachten.

Um einen Eindruck von den Größenverhältnissen zu bekommen,
um die es hier geht, können Sie sich vorstellen, wir würden das Jahr
1970 schreiben und große, schnelle Autos seien angesagt. Hans hat
alle seine Ersparnisse in einen neuen Sportwagen investiert und geht
mit seinem Bruder Franz auf die örtliche Dragster-Strecke, um die
Art von Testfahrt durchzuführen, die der Händler eigentlich verboten hat. Nachdem Hans das Auto auf Touren gebracht hat, rast er
die 1,5 Kilometer lange Strecke mit 180 Kilometern pro Stunde entlang, während Franz an der Seitenlinie steht und die Zeit nimmt.
Hans möchte das überprüfen und stoppt mit einer eigenen Uhr,
wie lange das neue Auto braucht, um die Strecke zu fahren. Vor
Einstein hätte niemand daran gezweifelt, daß Hans und Franz mit
einwandfrei gehenden Stoppuhren exakt die gleiche Zeit messen.
Doch nach der speziellen Relativitätstheorie ermittelt Franz, daß
exakt 30 Sekunden vergangen sind, Hans dagegen, daß es nur
29,99999999999958 Sekunden waren, also *eine Winzigkeit weniger*.
Natürlich ist dieser Unterschied so geringfügig, daß er nur durch
eine Messung entdeckt werden könnte, deren Genauigkeit die Möglichkeiten von normalen Stoppuhren, olympischen Zeitnahmesyste-
men und selbst ausgefeilten Atomuhren weit übertrifft. Wie sollte da
unsere alltägliche Erfahrung offenbaren, daß das Verstreichen der
Zeit von unserem Bewegungszustand abhängt?

Auch in der Längenmessung werden die beiden keine Einigung erzielen. Beispielsweise bedient sich Franz eines schlauen Tricks, um
die Länge von Hans' neuem Auto zu messen: Er setzt seine Stoppuhr
genau in dem Augenblick in Gang, als ihn die Spitze des Wagens erreicht, und hält sie an, als ihn das Ende passiert. Da Franz weiß, daß
Hans mit 180 Kilometern pro Stunde vorbeirast, kann er die Länge
des Wagens ausrechnen, indem er diese Geschwindigkeit mit der
Zeit multipliziert, die auf seiner Stoppuhr verstrichen ist. Auch in
diesem Fall hätte vor Einstein niemand bezweifelt, daß die Länge,
die Franz auf diese indirekte Weise gemessen hat, *exakt* mit der

Länge übereinstimmen würde, die Hans sorgfältig ermittelt hat, als das Auto noch bewegungslos in der Ausstellungshalle des Händlers stand. Ganz anders sieht es die spezielle Relativitätstheorie: Wenn Hans und Franz genaue Messungen vornehmen, jeder auf seine Weise, und Hans feststellt, daß das Auto, sagen wir, genau 5 Meter lang ist, dann ergibt Franz' Messung eine Länge von 4,99999999999993 Metern – also *eine Winzigkeit weniger*. Wie bei der Zeitmessung handelt es sich auch hier um einen so minimalen Unterschied, daß normale Instrumente einfach nicht genau genug sind, um ihn benennen zu können.

Obwohl die Differenzen außerordentlich gering sind, offenbaren sie doch eine entscheidende Schwäche in der allgemeinen Auffassung, nach der Raum und Zeit universell und unveränderlich sind. Wenn die relative Geschwindigkeit zunimmt, tritt diese Schwäche deutlicher zutage. Um merkliche Unterschiede zu erreichen, müssen die Geschwindigkeiten einen beträchtlichen Bruchteil der größtmöglichen Geschwindigkeit – der des Lichts – erreichen, die nach Maxwells Theorie und experimentellen Messungen bei rund 300 000 Kilometern pro Sekunde oder 1080 Millionen Kilometern pro Stunde liegt. Das bedeutet, die Erde mehr als siebenmal pro Sekunde zu umkreisen. Würde sich Hans beispielsweise nicht mit 200 Kilometern pro Stunde, sondern mit 940 Millionen Kilometern pro Stunde (rund 87 Prozent der Lichtgeschwindigkeit) bewegen, dann sagt die Mathematik der speziellen Relativitätstheorie vorher, daß Franz nur noch eine Autolänge von ungefähr 2,5 Metern messen würde, womit sich ein beträchtlicher Unterschied zu Hans' Messung (und zu den Angaben im Handbuch) ergibt. Entsprechend wäre die Zeit, die das Auto nach Franz' Uhr braucht, um die Dragster-Strecke entlangzurasen, etwas mehr als *doppelt* so lang wie die von Hans gemessene Zeit.

Da solche enormen Geschwindigkeiten weit jenseits aller unserer heutigen Möglichkeiten liegen, sind die Effekte der »Zeitdilatation« und der »Lorentz-Kontraktion«, wie diese Phänomene von Physikern genannt werden, im Alltag außerordentlich geringfügig. Lebten wir in einer Welt, in der sich die Dinge üblicherweise mit Geschwindigkeiten nahe der des Lichts fortbewegten, wären uns diese Eigenschaften von Raum und Zeit so selbstverständlich – denn wir würden sie ständig erleben –, daß wir ihnen genausowenig Aufmerksamkeit schenken würden wie der scheinbaren Bewegung der Bäume am Straßenrand, von der am Anfang dieses Kapitels die Rede war. Doch da wir nicht in einer solchen Welt leben, sind uns diese Eigenschaften fremd. Wie wir sehen werden, können wir sie nur dann verstehen und akzeptieren, wenn wir unser Weltbild gründlich umkrempeln.

Das Relativitätsprinzip

Es gibt zwei einfache, jedoch weitreichende Konzepte, die die Grundlage der speziellen Relativitätstheorie bilden. Das eine betrifft, wie erwähnt, die Eigenschaften des Lichts; davon soll im nächsten Abschnitt noch ausführlicher die Rede sein. Das andere ist abstrakter. Es hat nicht mit einem bestimmten physikalischen Gesetz zu tun, sondern mit allen physikalischen Gesetzen und wird als *Relativitätsprinzip* bezeichnet. Es beruht auf einer einfachen Tatsache: Immer wenn wir über Geschwindigkeit (Geschwindigkeitsbetrag und Bewegungsrichtung eines Objekts zusammengefaßt) sprechen, müssen wir genau angeben, wer oder was die Messung vornimmt.

Um den Sinn und die Bedeutung dieser Aussage zu verstehen, brauchen wir nur die folgende Situation zu betrachten.

Stellen wir uns vor, daß Hänsel, gekleidet in einen Raumanzug mit einer kleinen rotblinkenden Lampe, durch die absolute Dunkelheit des vollkommen leeren Alls schwebt, in weiter Entfernung von allen Planeten, Sternen und Galaxien. Aus seiner Perspektive ist er vollkommen in Ruhe, umgeben von der gleichförmigen, schweigenden Schwärze des Kosmos. In der Ferne erblickt Hänsel ein winziges grünblinkendes Licht, das anscheinend immer näher kommt. Als es nahe genug ist, erkennt Hänsel, daß das Licht von einer Lampe kommt, die am Raumanzug eines weiteren Raumbewohners befestigt ist. Es ist Gretel. Langsam schwebt sie vorbei. Sie winkt im Vorbeifliegen, und Hänsel winkt zurück. Dann entfernt sich Gretel. Mit gleichem Wahrheitsgehalt läßt sich die Geschichte aus Gretels Perspektive erzählen. Sie beginnt wie oben: Gretel ist vollkommen allein in der unendlichen, schweigenden Dunkelheit des Weltalls. In der Ferne erblickt sie ein rotblinkendes Licht, das immer näher zu kommen scheint. Als es nahe genug ist, erkennt Gretel, daß das Licht von einer Lampe stammt, die am Raumanzug eines anderen Raumbewohners befestigt ist. Es ist Hänsel. Langsam schwebt er vorbei. Er winkt im Vorbeifliegen, und Gretel winkt zurück. Dann entfernt sich Hänsel.

Beide Geschichten beschreiben ein und dieselbe Situation von zwei verschiedenen, aber gleichermaßen gültigen Standpunkten. Jeder Beobachter hat das Gefühl, in Ruhe zu sein, und sieht den anderen in Bewegung. Jede Perspektive ist verständlich und berechtigt. Da Symmetrie zwischen den beiden Raumfahrern herrscht, läßt sich aus ganz prinzipiellen Gründen nicht sagen, die eine Perspektive sei »richtig« und die andere »falsch«. Jede Perspektive hat den gleichen Anspruch auf Wahrheit.

Das Beispiel führt uns die Bedeutung des Relativitätsprinzips vor Augen: Der Bewegungsbegriff ist relativ. Wir können über die Bewegung eines Objekts sprechen, aber nur relativ oder im Vergleich zu einem anderen Objekt. Folglich ist die Aussage »Hänsel bewegt sich mit zehn Kilometern pro Stunde« sinnlos, weil wir kein anderes Objekt zum Vergleich genannt haben. Sinnvoll dagegen ist die Aussage: »Hänsel bewegt sich mit zehn Kilometern pro Stunde an Gretel vorbei«, denn damit haben wir Gretel als Bezugspunkt angegeben. Wie unser Beispiel zeigt, ist diese Aussage vollkommen gleichwertig mit der Äußerung »Gretel bewegt sich mit zehn Kilometern pro Stunde an Hänsel (in entgegengesetzter Richtung) vorbei«. Mit anderen Worten, es gibt keinen »absoluten« Bewegungsbegriff. Bewegung ist relativ.

An dieser Geschichte ist ein entscheidender Aspekt, daß weder Hänsel noch Gretel gestoßen oder gezogen werden oder in anderer Weise einer Kraft oder einem Einfluß unterworfen sind, der ihren gelassenen Zustand einer kräftefreien Bewegung von konstanter Geschwindigkeit stören könnte. Genauer ist also die Aussage, daß eine *kräftefreie* Bewegung Bedeutung nur im Vergleich mit anderen Objekten hat. Das ist eine wichtige Klarstellung, denn wenn Kräfte beteiligt sind, können sie die Geschwindigkeit der Beobachter verändern – den Geschwindigkeitsbetrag und/oder die Bewegungsrichtung. Und diese Veränderungen sind wahrnehmbar. Trüge Hänsel beispielsweise einen Düsenantrieb auf den Rücken geschnallt, dann würde er eindeutig spüren, daß er sich bewegt. Das sagt ihm sein Gleichgewichtssinn. Wenn der Antrieb arbeitet, *weiß* Hänsel, daß er sich bewegt, selbst wenn er die Augen geschlossen hält und daher keinen Vergleich zu anderen Objekten anstellen kann. Auch ohne solche Vergleiche wird er jetzt wohl kaum noch behaupten, er befinde sich in Ruhe und »der Rest der Welt bewege sich an ihm vorbei«. Die Bewegung mit konstanter Geschwindigkeit ist relativ. Anders die Bewegung mit nichtkonstanter Geschwindigkeit oder, was das gleiche heißt, die *beschleunigte Bewegung*. (Auf diese Aussage kommen wir im nächsten Kapitel zurück, wenn wir uns mit beschleunigter Bewegung beschäftigen und Einsteins allgemeine Relativitätstheorie erörtern.)

Wenn wir diese Geschichten in die Dunkelheit des leeren Alls verlagern, erleichtern wir uns das Verständnis, weil wir auf so vertraute
Dinge wie Straßen und Gebäude verzichten, denen wir in der Regel,
wenn auch ungerechtfertigt, einen »ruhenden« Status zuschreiben.
Trotzdem gilt das gleiche Prinzip auch für irdische Situationen und
wird in ihnen auch häufig erlebt.[1] Stellen Sie sich beispielsweise vor,
Sie wären in einem Zug eingeschlafen und wachen in dem Moment
auf, wo Ihr Zug an einem anderen Zug auf einem Parallelgleis vor-
beifährt. Da Ihnen der Blick auf die Umgebung vollständig von dem
anderen Zug verstellt wird und Sie daher keine anderen Objekte
sehen können, wissen Sie im Augenblick vielleicht nicht genau, ob
sich Ihr Zug bewegt oder der andere oder beide. Gewiß, wenn Ihr
Zug ruckt oder rüttelt oder wenn er die Richtung ändert, weil das
Gleis eine Biegung macht, dann können Sie spüren, daß Sie sich bewegen. Doch wenn die Fahrt vollkommen gleichmäßig verläuft –
wenn die Geschwindigkeit des Zugs konstant bleibt –, dann beobachten Sie eine Relativbewegung zwischen den Zügen, ohne mit
Sicherheit entscheiden zu können, welcher sich bewegt.

Gehen wir noch einen Schritt weiter. Nehmen Sie an, Sie sitzen in
einem solchen Zug und ziehen die Rouleaus herunter, so daß die
Fenster vollständig bedeckt sind. Wenn Sie außerhalb des eigenen
Abteils nichts sehen können und wir davon ausgehen, daß sich der
Zug mit absolut konstanter Geschwindigkeit fortbewegt, gibt es für
Sie keine Möglichkeit, Ihren Bewegungszustand zu bestimmen. Ihr
Abteil bietet *exakt* den gleichen Anblick, egal ob der Zug stillsteht
oder mit hoher Geschwindigkeit fährt. Diese Vorstellung, die ursprünglich auf Galilei zurückgeht, hat Einstein in theoretisch schlüssige Form gebracht, indem er erklärte, es sei für Sie oder einen
Mitreisenden unmöglich, im geschlossenen Abteil ein Experiment
durchzuführen, mit dessen Hilfe sich entscheiden lasse, ob sich der
Zug bewegt oder nicht. Auch hier begegnen wir wieder dem Relativitätsprinzip: Da kräftefreie Bewegung stets relativ ist, hat sie Bedeutung nur im Vergleich zu anderen Objekten oder Menschen, die
sich in kräftefreier Bewegung befinden. Sie haben keine Möglichkeit,
etwas über Ihren Bewegungszustand herauszufinden, ohne einen
direkten oder indirekten Vergleich mit Objekten »draußen« anzu-
stellen. Den Begriff einer »absoluten« Bewegung mit konstanter Geschwindigkeit gibt es einfach nicht; nur Vergleiche haben physikalische Bedeutung.

Tatsächlich hat Einstein erkannt, daß das Relativitätsprinzip
einen noch größeren Anspruch erhebt: Die physikalischen Gesetze

müssen – ganz gleich, wie sie beschaffen sind – für alle Beobachter, die sich in einer Bewegung mit konstanter Geschwindigkeit befinden, absolut identisch sein. Wenn Hänsel und Gretel nicht isoliert durchs All schweben, sondern beide die gleichen Experimente in ihrer jeweiligen, ebenfalls durch den Weltraum treibenden Raumstation durchführen, erzielen sie gleiche Ergebnisse. Wieder nimmt jeder von beiden vollkommen zu Recht an, daß sich seine Station in Ruhe befindet, obwohl sich beide Stationen tatsächlich relativ zueinander bewegen. Wenn sie vollkommen identische Geräte haben, gibt es keinen Unterschied zwischen den beiden Versuchsanordnungen – sie sind vollkommen symmetrisch. Auch die physikalischen Gesetze, die die beiden aus ihren Experimenten ableiten, werden identisch sein. Weder sie noch ihre Experimente spüren die Bewegung mit konstanter Geschwindigkeit – das heißt, sind in irgendeiner Weise von ihr abhängig. Dieses einfache Konzept stellt eine vollkommene Symmetrie zwischen solchen Beobachtern her; es ist im Relativitätsprinzip verkörpert. In Kürze werden wir von diesem Prinzip Gebrauch machen – mit weitreichenden Folgen.

Lichtgeschwindigkeit

Der zweite entscheidende Aspekt der speziellen Relativität betrifft das Licht und die Eigenschaften seiner Bewegung. Im Gegensatz zu unserer Behauptung, die Aussage »Hänsel bewegt sich mit zehn Kilometern pro Stunde« sei ohne Bezugspunkt bedeutungslos, zeigen die rastlosen Bemühungen ausgezeichneter Experimentalphysiker seit fast hundert Jahren, daß sich alle Beobachter, unabhängig von irgendeinem *Bezugssystem,* über die Lichtgeschwindigkeit einig wären: 1080 Millionen Kilometer pro Stunde.

Diese Tatsache hat unsere Auffassung vom Universum revolutioniert. Versuchen wir zunächst, uns eine Vorstellung von ihrer Bedeutung zu verschaffen, indem wir sie mit ähnlichen Aussagen über alltäglichere Objekte vergleichen. Stellen Sie sich einen schönen Sommertag vor, an dem Sie im Freien mit einer Freundin Ball spielen. Eine Zeitlang vergnügen Sie sich damit, den Ball mit einer Geschwindigkeit von, sagen wir, 6 Metern pro Sekunde hin- und herzuwerfen. Plötzlich bricht ein Gewitter los, und Sie stürzen beide davon, um sich einen Unterschlupf zu suchen. Als das Unwetter vorbei ist, finden Sie sich wieder ein, um weiterzuspielen, aber Sie bemerken, daß sich etwas verändert hat. Das Haar Ihrer Freundin steht nach allen Seiten ab, und der Ausdruck in ihren Augen ist wild und seltsam. Ein Blick auf ihre Hand zeigt Ihnen, daß sie nicht mehr vorhat, mit Ihnen Ball zu spielen, sondern eine Handgranate nach Ihnen zu werfen. Verständlicherweise tut das Ihrer Freude am Ballspielen erheblichen Abbruch. Sie machen kehrt und laufen davon. Wenn Ihre Begleiterin nun die Handgranate wirft, fliegt sie zwar auch jetzt noch auf Sie zu, aber da Sie laufen, nähert sie sich Ihnen mit einer Geschwindigkeit, die geringer ist als 6 Meter pro Sekunde. Wenn Sie, sagen wir, mit einer Geschwindigkeit von 3,5 Metern pro Sekunde laufen, dann nähert sich Ihnen die Handgranate, wie uns die Alltagserfahrung sagt, mit (6 – 3,5 =) 2,5 Metern pro Sekunde. Oder ein anderes Beispiel: Wenn Sie in den Bergen sind und eine Schneelawine auf Sie herabdonnert, verspüren Sie den Impuls, kehrtzumachen und davonzulaufen, weil Sie damit die Geschwindigkeit, mit der der Schnee Ihnen auf die Pelle rückt, vermindern – und das ist, prinzipiell, eine gute Sache. Noch einmal: Ein ruhendes Individuum sieht den Schnee mit einer höheren Geschwindigkeit herannahen als ein Individuum, das sich auf der Flucht befindet.

Vergleichen wir diese grundlegenden Beobachtungen an Bällen, Handgranaten und Lawinen mit dem, was wir über das Licht wissen. Der Vergleich fällt leichter, wenn wir uns vorstellen, der Lichtstrahl setze sich aus winzigen »Paketen« oder »Bündeln« zusammen, den Photonen (eine Eigenschaft des Lichts, auf die wir in Kapitel vier genauer eingehen werden). Wenn wir eine Taschenlampe oder einen Laser anstellen, dann schießen wir im Grunde einen Photonenstrom in die Richtung, in die das Gerät zeigt. Wie im Fall der Handgranaten und Lawinen wollen wir betrachten, wie die Bewegung eines Photons jemandem erscheint, der selbst in Bewegung ist. Stellen wir uns vor, Ihre durchgeknallte Freundin hätte die Handgranate mit einem leistungsstarken Laser vertauscht. Wenn sie nun einen Laserstrahl auf Sie abschießt – und wenn Sie über geeignete Meßgeräte verfügten –, würden Sie feststellen, daß die Annäherungsgeschwindigkeit der Photonen 1080 Millionen Kilometer pro Stunde beträgt. Doch wie sieht es aus, wenn Sie davonlaufen, wie Sie es taten, als man Ihnen zugemutet hat, eine Handgranate zu fangen? Was für eine Annäherungsgeschwindigkeit der Photonen werden Sie unter diesen Umständen messen? Um die Situation etwas anschaulicher zu machen, wollen wir annehmen, daß es Ihnen gelungen ist, einen Platz auf dem Raumschiff *Enterprise* zu ergattern, und daß Sie Ihrer Freundin nun mit einer Geschwindigkeit von, sagen wir, 200 Millionen Kilometern pro Stunde enteilen. Nach den Gesetzen des traditionellen Newtonschen Weltbilds müßten Sie jetzt, da Sie sich mit hoher Geschwindigkeit entfernen, für die Photonen eine *langsamere* Annäherungsgeschwindigkeit messen. Genauer gesagt, Sie müßten feststellen, daß die Lichtteilchen mit (1080 Millionen Kilometern pro Stunde – 200 Millionen Kilometer pro Stunde =) 880 Millionen Kilometern pro Stunde näher rücken.

Doch eine Vielzahl von Daten aus Experimenten, die bis in die achtziger Jahre des neunzehnten Jahrhunderts zurückreichen, und die sorgfältige Analyse und Interpretation von Maxwells elektromagnetischer Theorie des Lichts haben die wissenschaftliche Gemeinschaft allmählich davon überzeugt, daß Sie in der geschilderten Situation *nicht* zu diesem Ergebnis kämen. *Auch auf Ihrer schnellen Flucht würden Sie für die Photonen eine Annäherungsgeschwindigkeit von 1080 Millionen Kilometern pro Stunde messen und keinen Deut weniger.* So lächerlich das zunächst auch klingen mag, im Gegensatz zu dem, was geschieht, wenn Sie vor Bällen, Handgranaten oder Lawinen davonlaufen, beträgt die Geschwindigkeit von herannahenden Photonen immer 1080 Millionen Kilometer pro Stunde. Dabei ist es völlig egal, ob Sie den näherkommenden Photonen entgegenlaufen oder vor ihnen flüchten – die Geschwindigkeit, mit der die Lichtteilchen auf Sie zu- oder von Ihnen wegfliegen, bleibt unverändert. Stets scheinen sie sich mit 1080 Millionen Kilometern pro Stunde zu bewegen. Egal, welche relative Geschwindigkeit zwischen der Photonenquelle und dem Beobachter vorliegt, die Lichtgeschwindigkeit ist immer gleich.[2]

Unsere technischen Möglichkeiten sind allerdings zu beschränkt, um derartige »Experimente« mit dem Licht tatsächlich durchzuführen. Doch vergleichbare Experimente sind durchaus machbar. Beispielsweise hat 1913 der holländische Physiker Willem de Sitter vorgeschlagen, anhand von Doppelsternen (zwei einander umkreisenden Sternen), die sich in rascher Bewegung befinden, die Auswirkung einer bewegten Quelle auf die Lichtgeschwindigkeit zu messen. Verschiedene Experimente dieser Art haben im Laufe von mehr als achtzig Jahren bestätigt, daß die Geschwindigkeit von Licht, das ein bewegter Stern abstrahlt, *gleich* der Geschwindigkeit des Lichts von einem ruhenden Stern ist: 1080 Millionen Kilometer pro Stunde, ein Ergebnis, das auch von der beeindruckenden Genauigkeit immer besserer Meßgeräte bestätigt wird. Hinzu kommt eine Fülle weiterer exakter Experimente, die in den letzten hundert Jahren durchgeführt wurden, Experimente, die die Lichtgeschwindigkeit unter verschiedenen Umständen direkt messen und, wie wir gleich erörtern werden, viele der Konsequenzen überprüfen, die sich aus dieser Eigenschaft des Lichts ergeben. Sie alle haben die Konstanz der Lichtgeschwindigkeit bestätigt.

Sollten Sie Schwierigkeiten haben, sich mit dieser Eigenschaft des Lichts abzufinden, trösten Sie sich: Das geht Ihnen nicht alleine so. Um die Jahrhundertwende haben Physiker große Anstrengungen unternommen, um diese Behauptung zu widerlegen. Vergebens. Einstein dagegen begrüßte die Konstanz der Lichtgeschwindigkeit, weil sie das Paradoxon löste, mit dem er sich seit Jugendtagen herumgeschlagen hatte: Egal, wie schnell Sie hinter einem Lichtstrahl herjagen, er entzieht sich Ihnen mit Lichtgeschwindigkeit. Sie können die relative Geschwindigkeit, mit der das Licht davoneilt, nicht im mindesten verringern – sie bleibt unverändert bei 1080 Millionen Kilometern pro Stunde – und schon gar nicht so verlangsamen, daß sie unbewegt erschiene. Über diesen Konflikt zu triumphieren war kein geringer Sieg. Einstein erkannte, daß die Konstanz der Lichtgeschwindigkeit den Zusammenbruch der Newtonschen Physik bedeutete.

Wahrheit und Wirkungen

Die Geschwindigkeit gibt an, wie weit sich ein Objekt während einer gegebenen Zeitdauer bewegen kann. Fahren wir in einem Auto mit 100 Kilometern pro Stunde, so heißt das natürlich, daß wir 100 Kilometer zurücklegen, wenn wir eine Stunde lang in diesem Bewegungszustand bleiben. So gesehen, ist Geschwindigkeit ein ziemlich alltägliches Konzept, und Sie fragen sich vielleicht, warum wir soviel Wirbel um die Geschwindigkeit von Bällen, Lawinen und Photonen gemacht haben. Wir sollten jedoch bedenken, daß *Entfernung* ein Begriff ist, der den Raum betrifft – genauer, sie ist ein Maß dafür, wieviel Raum zwischen zwei Punkten liegt. Genauso gilt, daß *Dauer* ein Begriff ist, der die Zeit betrifft – der angibt, wieviel Zeit zwischen zwei Ereignissen verstrichen ist. Folglich ist Geschwindigkeit eng mit unseren Vorstellungen von Zeit und Raum verbunden. Nun sehen wir, daß jedes Untersuchungsergebnis, das, wie die Konstanz der Lichtgeschwindigkeit, unser normales Geschwindigkeitsverständnis in Frage stellt, in der Lage ist, auch unsere Alltagsvorstellungen von Raum und Zeit zu untergraben. Deshalb müssen wir diese merkwürdige Eigenschaft des Lichts genauestens untersuchen – so genau, wie es Einstein tat, als er zu seinen bemerkenswerten Schlußfolgerungen gelangte.

Die Auswirkung auf die Zeit: Teil I

Leicht können wir mit der Konstanz der Lichtgeschwindigkeit nachweisen, daß unser alltäglicher Zeitbegriff vollkommen falsch ist. Stellen Sie sich vor, die politischen Führer zweier kriegführender Staaten sitzen sich an den entgegengesetzten Enden eines langen Verhandlungstisches gegenüber und haben sich soeben auf ein Waffenstillstandsabkommen geeinigt, doch keiner von beiden möchte das Abkommen vor dem anderen unterzeichnen. Da unterbreitet der Generalsekretär der Vereinten Nationen einen brillanten Vorschlag. Man werde in der Mitte zwischen beiden Präsidenten eine Glühlampe plazieren, die zunächst ausgeschaltet sei. Wenn sie eingeschaltet werde, erreiche das von ihr ausgestrahlte Licht beide Präsidenten gleichzeitig, da sie sich in gleicher Entfernung von der Glühlampe befänden. Beide Präsidenten erklären sich einverstanden, ein Exemplar des Abkommens zu unterschreiben, sobald sie das Licht sehen. Der Plan wird ausgeführt, das Abkommen unterzeichnet, und beide Seiten sind zufrieden.

Beflügelt von diesem Erfolg, wendet der Generalsekretär das gleiche Verfahren bei zwei anderen kriegführenden Nationen an, die sich ebenfalls auf ein Waffenstillstandsabkommen geeinigt haben. Der einzige Unterschied besteht darin, daß die Präsidenten, die diese Verhandlung führen, an den gegenüberliegenden Enden eines Tisches in einem Zug sitzen, der mit konstanter Geschwindigkeit fährt. Passenderweise sitzt der Präsident von Vorwärtsland in Fahrtrichtung, während der Präsident von Rückwärtsland mit dem Rücken zur Bewegungsrichtung des Zuges sitzt. Da der Generalsekretär weiß, daß die physikalischen Gesetze vom Bewegungszustand des Beobachters unabhängig sind, solange sich die Bewegung nicht verändert, schenkt er diesem Umstand keine Beachtung. Die von der Glühlampe eingeleitete Unterzeichnungszeremonie wird wie oben durchgeführt. Beide Präsidenten unterzeichnen das Abkommen und feiern mit ihren Beratern das Ende der Feindseligkeiten.

Da trifft die Nachricht ein, daß die Kämpfe zwischen den Bürgern beider Länder, die die Unterzeichnungszeremonie von einem Bahnsteig neben dem bewegten Zug beobachtet haben, erneut ausgebrochen sind. Alle Reisenden im Verhandlungszug sind entsetzt, als sie hören, daß der Grund für die erneuten Feindseligkeiten die Behauptung der vorwärtsländischen Bürger ist, sie seien betrogen worden, da ihr Präsident das Abkommen vor dem Präsidenten von Rückwärtsland unterzeichnet habe. Nun sind aber alle Mitreisenden im

Zug – egal aus welchem Land – übereinstimmend der Meinung,
daß das Abkommen gleichzeitig unterzeichnet worden ist. Wie können die Beobachter außerhalb des Zugs da etwas anderes gesehen
haben?

Betrachten wir die Perspektive eines Beobachters auf dem Bahnsteig etwas genauer. Ursprünglich ist die Glühlampe im Zug dunkel.
Zu einem bestimmten Zeitpunkt geht sie an und sendet Lichtstrahlen aus, die sich auf beide Präsidenten zubewegen. Aus der Perspektive eines Beobachters auf dem Bahnsteig fährt der Präsident von
Vorwärtsland auf das emittierte Licht zu, während sich der Präsident
von Rückwärtsland von ihm entfernt. Das bedeutet für die Beobachter auf dem Bahnsteig, daß der Lichtstrahl, der sich auf den ihm ent-
gegenfahrenden Präsidenten von Vorwärtsland zubewegt, eine kürzere Strecke zurücklegen muß als der Lichtstrahl, der dem von ihm
fortfahrenden Präsidenten von Rückwärtsland hinterhereilt. Das ist
keine Aussage über die *Geschwindigkeit* des Lichtes, das sich auf
die beiden Präsidenten zubewegt – wie bereits festgestellt, bleibt
die Lichtgeschwindigkeit unabhängig vom Bewegungszustand der
Quelle oder des Beobachters immer gleich. Hier beschreiben wir
lediglich, wie *weit* sich der ursprüngliche Lichtstrahl aus der Sicht
der Bahnsteig-Beobachter bewegen muß, um den einen und den anderen Präsidenten zu erreichen. Da die Entfernung zum Präsidenten
von Vorwärtsland kürzer als zum Präsidenten von Rückwärtsland
ist und da die Lichtgeschwindigkeit für beide gleich ist, muß das
Licht den Präsidenten von Vorwärtsland zuerst erreichen. Deshalb
behaupten die Einwohner von Vorwärtsland, sie seien betrogen
worden.

Als das Fernsehen die Augenzeugenberichte sendet, wollen der
Generalsekretär, die beiden Präsidenten und sämtliche Berater ihren
Ohren nicht trauen. Sie sind sich alle einig, daß die Glühlampe genau auf halber Strecke zwischen den beiden Präsidenten angebracht
wurde und nicht verrutschen konnte und daß das emittierte Licht
daher ohne Wenn und Aber die *gleiche* Entfernung zurückgelegt hat,
um jeden der beiden Präsidenten zu erreichen. Da das emittierte
Licht mit gleicher Geschwindigkeit nach links und nach rechts ausgestrahlt wurde, sind sie der Überzeugung – und haben auch tatsächlich beobachtet –, daß das Licht die beiden Präsidenten exakt zur
gleichen Zeit erreicht hat.

Wer hat recht, die Beobachter im Zug oder die auf dem Bahnsteig? Die Beobachtungen beider Gruppen und die zur Bekräftigung
ihrer Auffassungen gelieferten Erklärungen sind einwandfrei. Die

Antwort lautet, daß *beide* recht haben. Wie bei unseren Raumreisenden Hänsel und Gretel kann jede Perspektive mit gleichem Recht die Wahrheit für sich beanspruchen. Das einzige Problem liegt darin, daß die beiderseitigen Wahrheiten einander zu widersprechen scheinen. Es geht um eine höchst bedeutsame politische Frage: Haben die Präsidenten das Abkommen gleichzeitig unterzeichnet? Die obigen Beobachtungen und Überlegungen führen uns unausweichlich zu dem Schluß, daß *sie es nach den Beobachtern im Zug getan haben,* während *sie es nach den Beobachtern auf dem Bahnsteig nicht getan haben.* Mit anderen Worten: Dinge, die sich aus dem Blickwinkel einiger Beobachter gleichzeitig ereignen, tun es aus dem Blickwinkel anderer nicht, wenn sich beide Gruppen in relativer Bewegung befinden.

Das ist eine überraschende Schlußfolgerung. Sie enthält eine der tiefsten Einsichten, die wir jemals in das Wesen der Wirklichkeit gewonnen haben. Sollten Sie, lange nachdem Sie dieses Buch zugeschlagen haben, von diesem Kapitel nichts anderes in Erinnerung behalten als den gescheiterten Entspannungsversuch, dann ist Ihnen damit immer noch der Kern der Einsteinschen Entdeckung im Gedächtnis geblieben. Ohne hochkomplizierte Mathematik und verwickelte logische Argumentation ergibt sich diese vollkommen unerwartete Eigenschaft der Zeit direkt aus der Konstanz der Lichtgeschwindigkeit, wie das geschilderte Szenario zeigt. Wäre die Geschwindigkeit des Lichts nicht konstant, sondern verhielte sich gemäß unserer Intuition, die auf der langsamen Bewegung von Bällen und Lawinen beruht, wären die Beobachter auf dem Bahnsteig zum gleichen Ergebnis gekommen wie die Beobachter im Zug. Zwar würden die Bahnsteig-Beobachter nach wie vor behaupten, die Photonen müßten zum Präsidenten von Rückwärtsland eine größere Strecke als zum Präsidenten von Vorwärtsland zurücklegen, doch die natürliche Intuition würde uns zu der Annahme führen, das Licht, das sich dem Präsidenten von Rückwärtsland nähere, erhielte vom vorwärtsfahrenden Zug einen »Schubs« nach vorne. Entsprechend sähen diese Beobachter, wie das Licht, das sich dem Präsidenten von Vorwärtsland näherte, langsamer vorankäme, weil es von der Zugbewegung »abgebremst« würde. Wie die Beobachter auf dem Bahnsteig wahrnehmen könnten, würden diese (irreführenden) Effekte bewirken, daß die Lichtstrahlen beide Präsidenten gleichzeitig erreichen. Nun wird in der wirklichen Welt aber das Licht weder schneller noch langsamer. Man kann es nicht zu höherer Geschwindigkeit anschubsen oder auf eine langsamere abbremsen. Daher können die Bahnsteig-Beobachter zu Recht behaupten, das Licht habe den Präsidenten von Vorwärtsland zuerst erreicht.

Die Konstanz der Lichtgeschwindigkeit verlangt von uns, die uralte Vorstellung aufzugeben, Gleichzeitigkeit sei ein universeller Begriff, auf den sich alle Beobachter, unabhängig von ihrem Bewegungszustand, einigen könnten. Die universelle Uhr, von der man einst meinte, sie würde mit eherner Objektivität die Sekunden hier auf der Erde, auf dem Mars, dem Jupiter, in der Andromeda-Galaxie und in jedem Winkel des Kosmos auf die gleiche Weise messen, diese Uhr gibt es nicht. Ganz im Gegenteil, Beobachter in Relativbewegung erzielen keine Einigung darüber, welche Ereignisse gleichzeitig passieren. Noch einmal, diese Schlußfolgerung – die eine wirkliche Eigenschaft unserer Welt betrifft – ist uns so fremd, weil die Effekte bei den Geschwindigkeiten, mit denen wir in alltäglichen Situationen zu tun haben, außerordentlich gering sind. Wäre der Verhandlungstisch 30 Meter lang und würde sich der Zug mit 15 Kilometern pro Stunde bewegen, dann »sähen« die Bahnsteig-Beobachter, daß das Licht den Präsidenten von Vorwärtsland ein paar millionstel milliardstel Sekunden früher als den Präsidenten von Rückwärtsland erreichte. Zwar handelt es sich um einen echten Unterschied, doch ist er menschlicher Sinneserfahrung nicht auf direktem Wege zugänglich. Würde sich der Zug erheblich schneller bewegen, sagen wir, mit 270 000 Kilometern pro Sekunde, dann würde das Licht aus der Perspektive eines Bahnsteig-Beobachters den Präsidenten von Rückwärtsland etwa 20mal später erreichen als den Präsidenten von Vorwärtsland. Bei hohen Geschwindigkeiten treten die ungewöhnlichen Effekte der speziellen Relativitätstheorie immer deutlicher zutage.

Die Auswirkung auf die Zeit: Teil II

Es ist schwierig, eine abstrakte Definition der Zeit zu finden – entsprechende Versuche enden oft damit, daß man sich auf das Wort »Zeit« selbst beruft oder es durch sprachliche Klimmzüge zu vermeiden trachtet. Statt uns auf ein so schwieriges Unterfangen einzulassen, können wir einen pragmatischen Standpunkt einnehmen und Zeit als das definieren, was durch Uhren gemessen wird. Natürlich verlagern wir damit den Definitionsbedarf auf das Wort »Uhr«. Hier soll uns genügen, wenn wir uns eine Uhr als ein Gerät denken, das vollkommen regelmäßige Bewegungszyklen durchläuft. Wir messen also die Zeit, indem wir zählen, wie viele Zyklen unsere Uhr durchläuft. Übliche Uhren wie etwa Armbanduhren erfüllen diese Definition. Sie haben Zeiger, die regelmäßige Bewegungszyklen absolvieren, und wir messen die verstrichene Zeit in der Tat, indem wir die Zahl der Zyklen (oder ihrer Bruchteile) ermitteln, die die Zeiger zwischen zwei gegebenen Ereignissen durchmessen.

Natürlich schließt die Bedeutung von »vollkommen regelmäßige Bewegungszyklen« implizit einen Zeitbegriff ein, da »regelmäßig« eine gleiche Zeitdauer für jeden Zyklus bezeichnet. Praktisch gehen wir dieses Problem dadurch an, daß wir Uhren aus einfachen physikalischen Bestandteilen herstellen, von denen wir aus prinzipiellen Gründen erwarten, daß sie Zyklen durchlaufen, die sich in jeder Hinsicht unverändert wiederholen. Einfache Beispiele dafür sind Standuhren, deren Pendel hin- und herschwingen, und Atomuhren, die auf periodischen atomaren Prozessen beruhen.

Wir möchten verstehen, wie Bewegung das Verstreichen der Zeit beeinflußt. Da wir die Zeit operativ durch Uhren definiert haben, können wir unsere Frage neu formulieren: Wie wirkt sich Bewegung auf das »Ticken« von Uhren aus? Dabei sei klargestellt, daß es nicht darum geht, wie die mechanischen Elemente einer bestimmten Uhr auf das Schütteln und Rütteln durch eine ruckartige Bewegung reagieren. Tatsächlich wollen wir uns nur mit der einfachsten und ruhigsten Bewegungsart beschäftigen – der Bewegung mit absolut konstanter Geschwindigkeit, ohne das geringste Rütteln oder Schütteln. Vielmehr interessieren wir uns für die grundsätzliche Frage, wie Bewegung sich auf das Verstreichen der Zeit auswirkt, das heißt, wie sie das Ticken *aller* Uhren, unabhängig von der besonderen Konstruktion, beeinflußt.

Abbildung 2.1 *Eine Lichtuhr besteht aus zwei parallelen Spiegeln, zwischen denen ein Photon hin- und herläuft. Die Uhr »tickt« jedesmal, wenn das Photon eine Rundreise abschließt.*

Zu diesem Zweck entscheiden wir uns für die von ihrem Prinzip her einfachste (wenn auch unpraktischste) Uhr der Welt. Sie heißt »Lichtuhr« und besteht aus zwei kleinen Spiegeln, die so an einem Träger befestigt sind, daß sie sich genau gegenüberliegen. Ein einziges Photon – ein einziges »Lichtteilchen« – läuft, immer wieder reflektiert zwischen ihnen hin und her (vgl. Abbildung 2.1). Wenn die Spiegel einen Abstand von rund fünfzehn Zentimetern aufweisen, braucht das Photon ungefähr eine milliardstel Sekunde für eine Rundreise. Ein »Tick« auf der Lichtuhr erfolgt, wenn das Photon eine vollständige Rundreise abgeschlossen hat – eine Milliarde Ticks bedeuten dann, daß eine Sekunde verstrichen ist.

Nun können wir mit unserer Lichtuhr wie mit einer Stoppuhr messen, wieviel Zeit zwischen zwei Ereignissen vergangen ist: Wir zählen einfach, wie viele Ticks in diesem Intervall stattgefunden haben und multiplizieren die betreffende Zahl mit der Zeit, die einem Tick entspricht. Wenn wir beispielsweise die Zeit eines Pferderennens nehmen und zählen, daß zwischen Start und Ziel die Zahl der Photon-Rundreisen 55 Milliarden beträgt, dann wissen wir: Das Rennen hat 55 Sekunden gedauert.

Wir haben uns dazu entschlossen, unsere Überlegungen am Beispiel einer Lichtuhr zu erläutern, weil ihre mechanische Einfachheit alle überflüssigen Details ausspart und deutlich erkennen läßt, wie Bewegung den Zeitablauf beeinflußt. Stellen wir uns also vor, wir betrachten in aller Muße eine Lichtuhr, die auf einem Tisch in unserer Nähe vor sich hintickt. Plötzlich gleitet auf dem Tisch eine zweite Lichtuhr vorbei, die sich mit konstanter Geschwindigkeit bewegt (vgl. Abbildung 2.2). Wir fragen uns, ob die bewegte Lichtuhr genauso tickt wie die ruhende Lichtuhr.

Um diese Frage zu beantworten, betrachten wir den Weg, den Photonen in der gleitenden Uhr aus unserer Perspektive zurücklegen

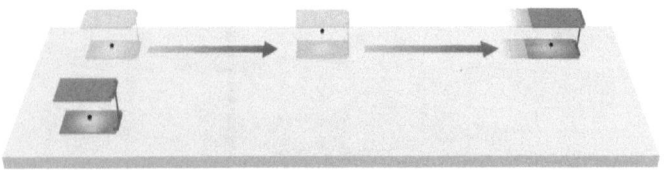

Abbildung 2.2 *Eine stationäre Lichtuhr befindet sich im Vordergrund, während eine zweite im Hintergrund mit konstanter Geschwindigkeit vorbeigleitet.*

müssen, um einen Tick zu produzieren. Das Photon beginnt seinen
Weg auf dem unteren Spiegel der gleitenden Uhr (Abbildung 2.2)
und wandert zunächst zum oberen Spiegel. Da sich die Uhr aus unserer Perspektive bewegt, legt das Photon seinen Weg in einem bestimmten Winkel zurück, wie in Abbildung 2.3 dargestellt. Schlüge
das Photon diesen Weg nicht ein, würde es den oberen Spiegel ver-
fehlen und ins All entweichen. Da die gleitende Uhr, wäre sie denn
belebt, mit gutem Recht behaupten könnte, sie sei ruhend und alles
andere bewegt, wissen wir, daß das Photon den oberen Spiegel treffen *wird*. Folglich ist der von uns gezeichnete Weg richtig. Das Photon wird am oberen Spiegel reflektiert und durchläuft abermals eine
diagonale Bahn, um auf den unteren Spiegel zu treffen und einen
Tick der gleitenden Uhr auszulösen. Der einfache, aber entscheidende Punkt ist, daß die doppelte diagonale Bahn, die das Photon
aus unserer Sicht durchmißt, *länger* ist als der direkte Weg nach
oben und nach unten, den das Photon in der ruhenden Uhr zurücklegt. Zusätzlich zu dem Abstand zwischen oben und unten muß sich
das Photon in der gleitenden Uhr aus unserer Perspektive auch noch
nach rechts bewegen. Außerdem folgt aus der Konstanz der Lichtgeschwindigkeit, daß das Photon in der gleitenden Uhr mit genau der
gleichen Geschwindigkeit vorankommt wie das Photon in der ruhenden Uhr. Doch da es einen weiteren Weg zurücklegen muß, um
einen Tick hervorzurufen, tickt es *weniger häufig*. Diese einfache
Beweisführung zeigt, daß die bewegte Lichtuhr aus unserer Perspektive langsamer tickt als die ruhende Lichtuhr. Und da wir übereinge-
kommen sind, daß die Zahl der Ticks direkt wiedergibt, wieviel Zeit
verstrichen ist, können wir erkennen, daß sich der Zeitverlauf bei
der bewegten Uhr verlangsamt hat.

   Vielleicht fragen Sie sich, ob darin einfach eine besondere Eigenschaft von Lichtuhren zum Ausdruck kommt, die nicht für Stand-
oder Rolexuhren gilt. Würde sich die Zeit, wenn sie von diesen
vertrauteren Uhren gemessen würde, ebenfalls verlangsamen? Die
Antwort ist ein entschiedenes Ja, wie sich aus einer Anwendung des

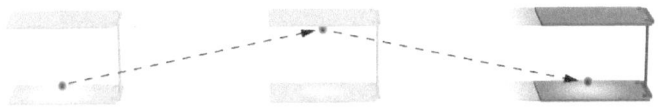

Abbildung 2.3 *Von uns aus gesehen, legt das Photon in der bewegten Uhr
einen diagonalen Weg zurück.*

Relativitätsprinzips ergibt. Wir befestigen oben auf unseren Lichtuhren je eine Rolex und führen dann das beschriebene Experiment
noch einmal durch. Wie dargelegt, messen die ruhende Lichtuhr und
die auf ihr befestigte Rolex identische Zeitdauern, wobei während
jeder von der Rolex gemessenen Sekunde eine Milliarde Ticks auf
der Lichtuhr stattfinden. Doch wie sieht es mit der bewegten
Lichtuhr und der auf ihr befestigten Rolex aus? Verlangsamt sich
das Ticken der bewegten Rolex, so daß sie mit der Lichtuhr, auf der
sie befestigt ist, synchron bleibt? Sie können sich das Problem besonders deutlich vor Augen führen, wenn Sie sich vorstellen, daß sich
die Lichtuhr-Rolex-Kombination bewegt, weil sie auf dem Boden
eines fensterlosen Zugabteils festgenietet ist, das auf vollkommen geraden und glatten Schienen mit gleichbleibender Geschwindigkeit
dahingleitet. Nach dem Relativitätsprinzip hat ein Beobachter in diesem Zug keine Möglichkeit, irgendeinen Einfluß der Zugbewegung
festzustellen. Würden Lichtuhr und Rolex aber von der Synchronisa-
tion abweichen, wäre das zweifellos ein erkennbarer Einfluß. Daher
müssen die bewegte Lichtuhr und die an ihr befestigte Rolex gleiche
Zeitdauern messen. Die Rolex *muß* haargenau die gleiche Verlangsamung erfahren wie die Lichtuhr. Unabhängig von Marke, Typ
oder Konstruktionsweise messen also Uhren, die sich relativ zueinander bewegen, das Verstreichen der Zeit mit unterschiedlichen Geschwindigkeiten.

Die Überlegungen zur Lichtuhr zeigen auch, daß der genaue Zeitunterschied zwischen ruhenden und bewegten Uhren davon abhängt, wieviel länger der Weg ist, den das Photon der gleitenden
Uhr zurücklegen muß, um eine Rundreise zu absolvieren. Das wiederum richtet sich danach, wie rasch sich die gleitende Uhr bewegt.
Je rascher die Uhr aus Sicht eines ruhenden Beobachters vorankommt, desto weiter muß sich das Photon nach rechts bewegen. Im
Vergleich zu einer ruhenden Uhr wird das Ticken der gleitenden Uhr
also um so langsamer, je schneller sie sich bewegt.[3]

Um ein Gefühl für die Größenverhältnisse zu bekommen, müssen
Sie sich vor Augen halten, daß das Photon für eine Rundreise ungefähr eine milliardstel Sekunde braucht. Will die Uhr also in der Zeit,
die für einen Tick erforderlich ist, eine nennenswerte Entfernung
zurücklegen, muß sie sich außerordentlich rasch bewegen – das heißt
mit einem beträchtlichen Bruchteil der Lichtgeschwindigkeit. Bewegt sie sich hingegen mit alltäglicheren Geschwindigkeiten, zum
Beispiel 16 Kilometer pro Stunde, ist die Entfernung, um die sie sich
nach rechts bewegen kann, bevor ein Tick abgeschlossen ist, mini-

mal – rund die Hälfte eines millionstel Zentimeters. Die zusätzliche Entfernung, die das gleitende Photon zurücklegen muß, ist winzig und hat einen entsprechend geringfügigen Effekt auf die Tickgeschwindigkeit der bewegten Uhr. Abermals gilt dies aufgrund des Relativitätsprinzips für alle Uhren – das heißt, für die Zeit selbst. Aus diesem Grund sind sich Wesen wie wir, die sich mit außerordentlich geringen Geschwindigkeiten relativ zueinander bewegen, gewöhnlich der Verzerrungen im Zeitablauf nicht bewußt. Die Effekte sind natürlich vorhanden, aber unglaublich klein. Wenn wir dagegen in der Lage wären, uns an der gleitenden Uhr festzuhalten, während sie, sagen wir, mit drei Vierteln der Lichtgeschwindigkeit dahinrast, ließe sich mit den Gleichungen der speziellen Relativitätstheorie zeigen, daß für ruhende Beobachter unsere bewegte Uhr nur zwei Drittel so schnell wie ihre eigene ticken würde. Das wäre wahrlich ein beträchtlicher Effekt!

Leben im Eiltempo

Wie gesehen, folgt aus der Konstanz der Lichtgeschwindigkeit, daß eine bewegte Lichtuhr langsamer tickt als eine ruhende. Nach dem Relativitätsprinzip ist das nicht nur für Lichtuhren gültig, sondern für alle Uhren und für die Zeit selbst. Für einen Menschen in Bewegung verstreicht die Zeit langsamer als für einen ruhenden Menschen. Wenn die ziemlich einfache Überlegung, die uns zu dieser Schlußfolgerung geführt hat, richtig ist, müßte dann nicht jemand, der in Bewegung ist, länger leben als jemand, der ruhend ist? Denn wenn die Zeit für einen Menschen in Bewegung langsamer verstreicht als für einen unbewegten, dann müßte dieser Unterschied nicht nur für die Zeit gelten, die man mit Uhren mißt, sondern auch für die Zeit, die durch den Herzschlag und den Zerfall von Körperteilen gemessen wird. Das ist direkt bestätigt worden – nicht mit der Lebenserwartung von Menschen, sondern mit bestimmten Teilchen aus der Mikrowelt: Myonen. Die Sache hat allerdings einen Haken, der uns leider daran hindert, die Entdeckung des Jungbrunnens bekanntzugeben.

Wenn sich Myonen unbewegt in einem Labor befinden, zerfallen sie in einem Prozeß, der dem radioaktiven Zerfall ähnelt, und zwar im Durchschnitt nach zwei millionstel Sekunden. Dieser Zerfall ist ein Untersuchungsergebnis, das durch eine Fülle von Daten gestützt wird. Es ist, als würde ein Myon mit einem Revolverlauf an der

Schläfe leben. Wenn es ein Alter von zwei millionstel Sekunden erreicht hat, zieht es den Abzug durch und zerbirst in Elektronen und Neutrinos. Doch wenn sich diese Myonen nicht unbewegt im Labor befinden, sondern durch eine Anlage jagen, die man als Teilchenbeschleuniger bezeichnet, und dabei fast auf Lichtgeschwindigkeit beschleunigt werden, nimmt ihre durchschnittliche Lebenserwartung beträchtlich zu. Das geschieht *tatsächlich*. Bei 99,5 Prozent der Lichtgeschwindigkeit, ungefähr 1074 Millionen Kilometern pro Stunde, nimmt die Lebensdauer des Myons um einen Faktor von zehn zu. Die Erklärung der speziellen Relativitätstheorie besagt, daß »Armbanduhren«, die von den Myonen getragen werden, sehr viel langsamer ticken als die Uhren im Labor. Daher zeigen die Armbanduhren der bewegten Myonen noch lange nicht die kritische Zeit an, wenn die Laboruhren ihren Myonen längst mitgeteilt haben, daß es an der Zeit ist, den Abzug zu ziehen und zu zerbersten. Das ist ein sehr direkter und spektakulärer Beweis für die Auswirkung der Bewegung auf den Zeitverlauf. Würden die Menschen so rasch herumrasen wie diese Myonen, nähme ihre Lebenserwartung um den gleichen Faktor zu – von 70 auf 700 Jahre.[4]

Nun zum Haken. Zwar nehmen Laborbeobachter wahr, daß Myonen in rascher Bewegung weit länger leben als ihre ruhenden Vettern, doch liegt das daran, daß für die Myonen in Bewegung *die Zeit sehr viel langsamer verstreicht*. Diese Verlangsamung der Zeit gilt nicht nur für umgeschnallte Armbanduhren, sondern auch für alle Aktivitäten. Wenn beispielsweise ein ruhendes Myon in seiner kurzen Lebensdauer 100 Bücher lesen kann, vermag auch sein Vetter in rascher Bewegung nicht mehr als diese 100 Bücher zu lesen. Zwar lebt es länger als das unbewegte Myon, doch sein Lesetempo – wie die Geschwindigkeit aller anderen seiner Handlungen – verlangsamt sich entsprechend. Aus der Laborperspektive sieht es so aus, als lebte das bewegliche Myon sein Leben in Zeitlupe. So gesehen, lebt das bewegte Myon zwar länger als ein ruhendes, doch die »Lebensmenge«, die beiden Myonen zuteil wird, ist haargenau die gleiche. Die Schlußfolgerung gilt natürlich auch für Menschen in rascher Bewegung. Aus *ihrer* Perspektive liefe das Leben – über Jahrhunderte gestreckt – vollkommen normal ab. Aus unserer Perspektive lebten sie ein Leben in Superzeitlupe. Einer ihrer normalen Lebenszyklen erstreckte sich über eine enorme Dauer *unserer* Zeit.

Wer bewegt sich überhaupt?

Die Relativität der Bewegung ist ein Schlüssel zum Verständnis von Einsteins Theorie und zugleich eine Quelle der Verwirrung. Vielleicht ist Ihnen aufgefallen, daß sich durch Umkehrung der Perspektive die Rollen der »bewegten« Myonen und ihrer »ruhenden« Vettern vertauschen lassen. So wie Hänsel und Gretel beide mit gleichem Recht für sich in Anspruch nehmen konnten, selbst ruhend zu sein, während der andere sich bewegt, könnten die Myonen, die wir als bewegt beschrieben haben, mit gutem Grund von sich behaupten, aus ihrer Perspektive seien sie bewegungslos, während sich die »ruhenden« Myonen in entgegengesetzter Richtung in Bewegung befinden. Die genannten Argumente lassen sich mit gleichem Recht aus dieser Perspektive vorbringen und führen zu der anscheinend entgegengesetzten Schlußfolgerung, daß die Armbanduhren der ruhend genannten Myonen langsam gehen im Vergleich zu denen der Myonen, die als bewegt beschrieben wurden.

Wir haben bereits eine Situation kennengelernt – die Unterzeichnungszeremonie mit der Glühlampe –, in der verschiedene Standpunkte zu scheinbar vollkommen unvereinbaren Ergebnissen führen. In diesem Fall sahen wir uns durch grundlegende Schlußfolgerungen aus der speziellen Relativitätstheorie dazu gezwungen, die tiefverwurzelte Vorstellung aufzugeben, daß alle Beteiligten, unabhängig von ihrem Bewegungszustand, Einigung darüber erzielen können, welche Ereignisse gleichzeitig stattfinden. Die gegenwärtige Inkongruenz scheint jedoch noch gewichtiger zu sein. Wie können zwei Beobachter behaupten, die Uhr des jeweils anderen gehe langsamer? Noch schlimmer: Die ganz andere, aber ebenso gültige Myonen-Perspektive führt uns offenbar zu der Schlußfolgerung, jede Gruppe werde behaupten, daß die eigene Gruppe zuerst stirbt. So erfahren wir, daß die Welt einige unerwartet merkwürdige Eigenschaften besitzt, hoffen aber, daß die Grenze zur logischen Absurdität nicht überschritten wird. Also, was geht hier vor?

Wie bei allen scheinbaren Paradoxa, die sich aus der speziellen Relativitätstheorie ergeben, lösen sich auch hier bei näherer Betrachtung die logischen Widersprüche auf und führen zu neuen Erkenntnissen über die Gesetzmäßigkeiten des Universums. Um nicht noch weiter Menschliches auf Nichtmenschliches zu übertragen, wollen wir uns, statt mit Myonen, wieder mit Hänsel und Gretel beschäftigen, die jetzt neben ihren Blinklampen auch leuchtende Digitaluhren an ihren Raumanzügen tragen. Betrachten wir die Situation aus

Hänsels Perspektive, so ist er selbst ruhend, während Gretel mit ihrer blinkenden grünen Lampe und großen Digitaluhr in der Ferne erscheint und dann in der Schwärze des leeren Weltalls an ihm vorbeischwebt. Hänsel bemerkt, daß Gretels Uhr langsam geht im Vergleich zu seiner (wobei das Ausmaß der Verlangsamung davon abhängt, wie schnell sie aneinander vorbeifliegen). Wäre er ein bißchen klüger, würde er außerdem bemerken, daß nicht nur der Zeitverlauf auf Gretels Uhr verlangsamt ist, sondern alles, was Gretel betrifft – wie sie im Vorbeischweben winkt, blinzelt und so fort. Aus Gretels Perspektive gelten haargenau die gleichen Beobachtungen für Hänsel.

Auch wenn es paradox erscheint, wollen wir versuchen, ein Experiment zu entwerfen, das eine logische Absurdität zutage fördern kann. Am einfachsten ist es, wenn Hänsel und Gretel in dem Augenblick, wo sie aneinander vorbeikommen, ihre Uhren auf 12:00 stellen. Während sie sich voneinander entfernen, werden beide behaupten, die Uhr des anderen gehe langsamer. Um diese Uneinigkeit aus der Welt zu schaffen, müssen Hänsel und Gretel wieder zusammenkommen und die Zeiten, die auf ihren Uhren verstrichen sind, direkt vergleichen. Doch wie soll das geschehen? Nun, Hänsel hat einen Düsenantrieb auf den Rücken geschnallt, mit dessen Hilfe er, aus seiner Perspektive, Gretel einholen kann. Doch wenn er das tut, erleidet die Symmetrie ihrer beider Perspektiven – der Grund für das scheinbare Paradoxon – einen Bruch, weil Hänsel dann einer *beschleunigten* – und keiner kräftefreien – Bewegung unterworfen ist. Wenn sie auf diese Weise wieder zusammenkommen, ist auf Hänsels Uhr tatsächlich weniger Zeit verstrichen, weil er jetzt definitiv behaupten kann, daß er in Bewegung war, denn er hat sie ja spüren können. Hänsels und Gretels Perspektiven unterliegen nicht mehr den gleichen Bedingungen. Durch Einschalten des Düsenantriebs gibt Hänsel seinen Anspruch auf, sich in Ruhe zu befinden.

Wenn Hänsel auf diese Weise hinter Gretel herjagt, ist der Zeitunterschied auf ihren Uhren abhängig von ihrer Relativgeschwindigkeit und der Art und Weise, wie Hänsel seinen Düsenantrieb benutzt. Wie wir nun schon zur Genüge erfahren haben, ist der Unterschied winzig klein bei geringen Geschwindigkeiten. Doch wenn es sich um erhebliche Bruchteile der Lichtgeschwindigkeit handelt, können die Unterschiede auf Minuten, Tage, Jahre, Jahrhunderte und mehr anwachsen. Betrachten wir ein konkretes Beispiel – wir stellen uns vor, die relative Geschwindigkeit von Hänsel und Gretel beträgt zum Zeitpunkt ihrer Begegnung 99,5 Prozent der Lichtgeschwindigkeit. Nehmen wir weiterhin an, Hänsel wartet nach seiner Uhr drei Jahre, bis er seinen Düsenantrieb einen Augenblick lang zündet, um sich Gretel mit der gleichen Geschwindigkeit zu nähern, mit der sie zuvor auseinandergedriftet sind: 99,5 Prozent der Lichtgeschwindigkeit. Als er Gretel erreicht, sind auf seiner Uhr sechs Jahre vergangen, hat er doch drei weitere Jahre gebraucht, um Gretel wieder einzuholen. Nun geht aber aus den Gleichungen der speziellen Relativitätstheorie hervor, daß auf Gretels Uhr *60* Jahre verstrichen sind. Das ist kein Taschenspielertrick: Gretel muß lange in ihrem Gedächtnis suchen, bis sie sich ganz schwach daran erinnert, daß vor 60 Jahren Hänsel vorbeikam. Für Hänsel dagegen ist es nur sechs Jahre her. In einem ganz konkreten Sinne ist Hänsel durch seine Bewegung zum Zeitreisenden geworden, wenn auch auf sehr spezielle Weise: Er ist in Gretels Zukunft gereist.

Die Zusammenführung der beiden Uhren zum direkten Vergleich mag dem Leser als rein logistisches Problem erscheinen, tatsächlich aber ist sie ein zentraler Punkt. Wir können uns viele Tricks einfallen lassen, um dieses Paradoxon zu vermeiden, doch letztlich sind sie alle zum Scheitern verurteilt. Was wäre beispielsweise, wenn die Uhren nicht wieder zusammengebracht würden, sondern Hänsel und Gretel ihre Uhren per Handy verglichen? Würde die Nachrichtenübertragung ohne Zeitverzögerung erfolgen, sähen wir uns einem unüberwindlichen logischen Widerspruch gegenüber: Aus Gretels Perspektive geht Hänsels Uhr langsamer und muß daher anzeigen, daß weniger Zeit vergangen ist; aus Hänsels Perspektive geht Gretels Uhr langsamer und muß daher weniger vergangene Zeit anzeigen. Beide *können* sie nicht recht haben, und wir wären erledigt. Entscheidend ist natürlich, daß Handys wie alle Mittel der Nachrichtenübertragung ihre Signale nicht ohne Zeitverzögerung übertragen. Handys arbeiten mit Funkwellen, einer Form des Lichts; daher breiten sich ihre Signale mit Lichtgeschwindigkeit aus. Die Signale werden also erst nach einer gewissen Zeit empfangen – und diese Zeit reicht aus, um die Perspektiven miteinander verträglich zu machen.

Betrachten wir die Situation zunächst aus Hänsels Perspektive. Stellen wir uns vor, Hänsel ruft zu jeder vollen Stunde in sein Handy: »Es ist zwölf Uhr und alles im Lot«, »Es ist ein Uhr und alles im Lot« und so fort. Da aus Hänsels Perspektive Gretels Uhr langsamer geht, denkt er zunächst, sie wird seine Nachrichten erhalten, bevor ihre Uhr die entsprechenden vollen Stunden anzeigt. Folglich wird Gretel zugeben müssen, so denkt Hänsel, daß ihre Uhr tatsächlich langsamer geht. Dann aber überlegt sich Hänsel: »Da Gretel sich von mir entfernt, muß das Signal, das ich ihr über Handy schicke, eine weitere Entfernung zurücklegen, um sie zu erreichen. Vielleicht hebt diese zusätzliche Übermittlungszeit die Saumseligkeit ihrer Uhr auf.« Die Erkenntnis, daß hier gegensätzliche Effekte am Werk sind – die Langsamkeit von Gretels Uhr auf der einen Seite und die Übermittlungszeit des Signals auf der anderen –, veranlassen Hänsel, den zusammengesetzten Effekt quantitativ zu bestimmen. Das überraschende Ergebnis seiner Berechnungen besagt, daß seine Signale, die das Verstreichen einer Stunde auf seiner Uhr verkünden, von Gretel empfangen werden, *nachdem* die betreffende Stunde auf ihrer Uhr angezeigt worden ist. Nun weiß Hänsel, daß Gretel eine richtige Physikexpertin ist. Sie wird also die Übermittlungszeit der Signale berücksichtigen, wenn sie anhand seiner Handy-Nachrichten Schlüsse hinsichtlich *seiner* Uhr zieht. Einige weitere quantitative Berechnungen ergeben, daß Gretel, selbst wenn sie die Reisezeit des Signals berücksichtigt, bei ihrer Analyse der Signale zu dem Schluß kommen wird, daß Hänsels Uhr langsamer tickt als die ihre.

Genau die gleiche Überlegung gilt, wenn wir Gretels Perspektive einnehmen und sie ebenfalls stündliche Handy-Zeitdurchsagen an Hänsel schicken lassen. Zunächst bringt die Langsamkeit von Hänsels Uhr sie auf den Gedanken, er werde ihre stündlichen Nachrichten empfangen, bevor er die eigenen übermittelt. Doch unter Einbeziehung der immer längeren Entfernungen, die ihr Signal zurücklegen muß, um Hänsel zu erreichen, während er in die Dunkelheit des Alls entweicht, wird ihr klar, daß Hänsel ihre Signale tatsächlich empfängt, *nachdem* er die eigenen abgeschickt hat. Selbst wenn Hänsel die Reisezeit des Signals berücksichtigt, muß er aus ihren Handy-Mitteilungen schließen, daß ihre Uhr langsamer geht als seine.

Solange weder Hänsel noch Gretel beschleunigt werden, sind ihre Perspektiven exakt den gleichen Bedingungen unterworfen. So überraschend es auch erscheinen mag, auf diese Weise erkennen sie, daß es logisch völlig widerspruchsfrei ist anzunehmen, die Uhr des jeweils anderen gehe langsamer.

Auswirkung der Bewegung auf den Raum

Wie diese Erörterung zeigt, ticken für Beobachter bewegte Uhren langsamer als ihre eigenen – das heißt, die Zeit ist dem Einfluß der Bewegung unterworfen. Von dort aus ist es nur ein kleiner Schritt zu der Erkenntnis, daß die Bewegung sich ebenso nachhaltig auf den Raum auswirkt. Kehren wir zu Hans und Franz und ihrer Dragster-Strecke zurück. Wie erwähnt, hat Hans im Ausstellungsraum die Länge seines neuen Autos sorgfältig mit einem Bandmaß gemessen. Während Hans die Rennstrecke entlangrast, kann Franz nicht auf diese Methode zurückgreifen, um die Länge des Autos zu messen. Er muß also ein indirektes Verfahren wählen, indem er, wie bereits geschildert, seine Stoppuhr genau in dem Augenblick in Gang setzt, da ihn die vordere Stoßstange erreicht, und abstoppt, wenn ihn die hintere Stoßstange passiert. Durch Multiplikation der verstrichenen Zeit mit der Geschwindigkeit des Autos kann Franz die Autolänge bestimmen.

Nach allem, was wir über das komplizierte Wesen der Zeit erfahren haben, ist uns klar, daß Hans aus seiner Perspektive in Ruhe ist, Franz dagegen in Bewegung. Hans sieht also, daß Franz' Uhr langsam geht. Infolgedessen ist Hans bewußt, daß Franz' indirekte Messung der Autolänge einen *geringeren* Wert ergeben muß als den, den er, Hans, im Ausstellungsraum gemessen hat. Denn Franz stützt seine Rechnung (Länge gleich Geschwindigkeit mal verstrichene Zeit) auf die Zeitmessung mit seiner langsam gehenden Uhr. Wenn aber die Uhr langsam geht, wird er ermitteln, daß weniger Zeit verstrichen ist, und in seiner Berechnung daher auch auf eine kürzere Länge kommen.

Folglich erhält Franz, wenn er die Länge von Hans' bewegtem Auto mißt, eine geringere Länge, als wenn er das ruhende Auto vermißt – ein Beispiel für das generelle Phänomen, daß Beobachter ein bewegtes Objekt in Richtung der Bewegung verkürzt wahrnehmen. Beispielsweise zeigen die Gleichungen der speziellen Relativitätstheorie, daß Objekte, die sich mit ungefähr 98 Prozent der Lichtgeschwindigkeit bewegen, einem ruhenden Beobachter 80 Prozent kürzer erscheinen als in Ruhe. Das Phänomen ist in Abbildung 2.4 dargestellt.[5]

Abbildung 2.4 *Ein bewegtes Objekt wird in Richtung seiner Bewegung verkürzt.*

Bewegung durch die Raumzeit

Die Konstanz der Lichtgeschwindigkeit ist schuld daran, daß das traditionelle Bild von Raum und Zeit als unveränderliche und objektive Strukturen durch eine neue Vorstellung ersetzt worden ist, die entscheidend von der Relativbewegung zwischen Beobachter und Beobachtungsobjekt abhängt. Hier könnten wir unsere Erörterung beenden, haben wir uns doch klargemacht, daß bewegte Objekte sich in Zeitlupe entwickeln und verkürzt werden. Doch die spezielle Relativitätstheorie liefert eine stärker vereinheitlichte Perspektive, die diese Phänomene einschließt.

Um diese Perspektive zu verstehen, wollen wir uns ein ziemlich unpraktisches Automobil vorstellen, daß seine Reisegeschwindigkeit von 200 Kilometern pro Stunde rasch erreicht und dann exakt bei dieser Geschwindigkeit bleibt, bis der Motor abgestellt wird und das Fahrzeug ausrollt. Stellen wir uns weiterhin vor, man habe Hans, der inzwischen als hervorragender Testfahrer gilt, gebeten, das Fahrzeug auf einer langen, geraden und breiten Strecke mitten in der Wüste zu erproben. Da der Abstand zwischen Start und Ziellinie 20 Kilometer beträgt, müßte das Auto diese Entfernung in einer zehntel Stunde oder sechs Minuten zurücklegen. Franz, der inzwischen einer Schwarzarbeit als Automechaniker nachgeht, prüft die Daten von Dutzenden von Testfahrten und stellt betroffen fest, daß die meisten zwar mit sechs Minuten gestoppt worden sind, die letzten aber erheblich länger dauern: sechseinhalb, sieben und sogar siebeneinhalb Minuten. Zunächst denkt er an ein mechanisches Problem, denn diese Zeiten legen den Schluß nahe, das Auto sei während der letzten drei Fahrten langsamer gefahren. Doch nachdem er das Auto eingehend untersucht hat, kommt er zu dem Ergebnis, daß es in ausgezeichnetem Zustand ist. Da er sich die ungewöhnlich schlechten Zeiten nicht erklären kann, fragt er Hans nach den letzten Fahrten. Hans hat eine einfache Erklärung. Er weist Franz darauf hin, daß die Strecke von Osten nach Westen verläuft. Je später es werde, desto stärker blende ihn die Sonne. Während der letzten drei Testfahrten habe ihn dieser Umstand so behindert, daß er den Weg vom Start zur Ziellinie etwas schräg zurückgelegt habe. Die grobe Skizze, die er von seinen letzten drei Testfahrten angefertigt hat, ist in Abbildung 2.5 zu sehen. Damit haben wir eine eindeutige Erklärung für die drei schlechteren Zeiten: Wenn man schräg fährt, ist der Weg vom Start bis zum Ziel länger. Fährt man mit einer gleichbleibenden Geschwindigkeit von 200 Kilometern pro Stunde, dann braucht man mehr

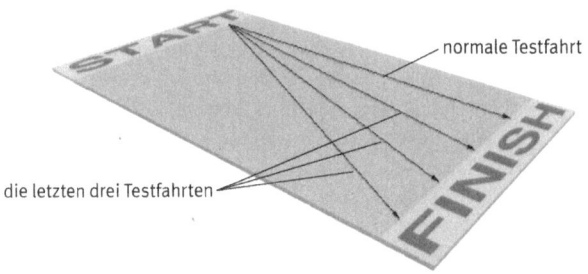

Abbildung 2.5 *Weil ihn die Abendsonne blendete, legte Hans bei den letzten drei Testfahrten immer schrägere Wege zurück.*

Zeit, um ihn zurückzulegen. Anders gesagt, wenn man schräg fährt, verwendet man einen Teil der 200 Kilometer pro Stunde, um von Süden nach Norden zu gelangen, so daß etwas weniger für die Fahrt von Osten nach Westen zur Verfügung steht. Daraus folgt, daß es ein bißchen länger dauert, die Teststrecke zu durchmessen.

Hans' Erklärung ist leicht zu verstehen. Doch für den kühnen gedanklichen Sprung, den wir vorhaben, sollten wir sie etwas umformulieren. Die Nord-Süd- und die Ost-West-Richtung sind zwei unabhängige räumliche Dimensionen, in denen ein Auto fahren kann. (Es kann sich auch in der Vertikalen bewegen, etwa wenn es eine Paßstraße überwindet, aber diese Fähigkeit brauchen wir hier nicht.) Hans' Erklärung macht deutlich, daß das Auto zwar bei jeder Fahrt mit 200 Kilometern pro Stunde gefahren ist, daß diese Geschwindigkeit aber während der letzten Fahrten zwischen zwei Dimensionen aufgeteilt worden und folglich langsamer erschienen ist als die 200 Kilometer pro Stunde in ostwestlicher Richtung. Während der vorhergehenden Fahrten haben die gesamten 200 Kilometer pro Stunde ausschließlich für die ostwestliche Richtung zur Verfügung gestanden; während der letzten drei Testfahrten ist ein Teil dieser Geschwindigkeit auch für die nordsüdliche Richtung verwandt worden.

Einstein hat herausgefunden, daß genau diese Idee – eine Bewegung, die zwischen verschiedenen Dimensionen aufgeteilt wird – der bemerkenswerten Physik der speziellen Relativitätstheorie zugrunde liegt, sofern wir erkennen, daß nicht nur räumliche Dimensionen an der Bewegung eines Objekts teilhaben können, sondern auch die *Zeitdimension*. Tatsächlich vollzieht sich in der Mehrheit der Fälle der *größte* Teil einer Objektbewegung in der Zeit und nicht im Raum. Schauen wir uns an, was das bedeutet.

Bewegung im Raum ist ein Begriff, den wir schon früh im Leben lernen. Obwohl wir uns selten darüber klar sind, lernen wir aber auch, daß sich alles *durch die Zeit bewegt* – wir, unsere Freunde, unsere Besitztümer, einfach alles. Selbst wenn wir faul vor dem Fernseher sitzen, zeigt ein Blick auf die Uhr, daß sich ihre Angabe ständig verändert: Unablässig »bewegen wir uns vorwärts in der Zeit«. Wir altern und mit uns alles, was uns umgibt – unaufhaltsam schreiten wir von einem Moment in der Zeit zum nächsten fort. Tatsächlich hat der Mathematiker Hermann Minkowski, und nach ihm Einstein, dafür plädiert, wir sollten uns die Zeit als eine weitere Dimension des Universums denken – die vierte, die den drei uns umgebenden räumlichen Dimensionen sehr ähnlich ist. Auch wenn die Behauptung, die Zeit sei eine Dimension, vielleicht abstrakt klingt, so handelt es sich doch um einen ganz konkreten Aspekt. Wenn wir uns mit jemandem verabreden, sagen wir ihm, wo wir ihn »im Raum« treffen wollen – beispielsweise im 8. Stock des Gebäudes Ecke 53rd Street und 7th Avenue. Damit haben wir drei Informationen (8. Stock, 53rd Street, 7th Avenue), die eine bestimmte Lokalisierung in den drei räumlichen Dimensionen des Universums zum Ausdruck bringen. Genauso wichtig ist allerdings die Angabe, *wann* wir ihn treffen wollen – beispielsweise um 15 Uhr. Diese Information gibt an, wo »in der Zeit« das Treffen stattfinden soll. Also werden Ereignisse durch *vier* Informationen bestimmt: drei im Raum und eine in der Zeit. Derartige Angaben bestimmen den Ort des Ereignisses in Raum und Zeit oder, wie man kürzer sagt, in der *Raumzeit*. So gesehen, ist die Zeit eine weitere Dimension.

Können wir, da nach dieser Auffassung Raum und Zeit vergleichbare Dimensionen sind, von der Geschwindigkeit eines Objekts in der Zeit sprechen und sie uns vorstellen wie seine Geschwindigkeit im Raum? Durchaus.

Das hat ganz wesentlich mit einer wichtigen Information zu tun, auf die wir oben bereits gestoßen sind. Wenn sich ein Objekt relativ zu uns durch den Raum bewegt, geht seine Uhr langsam im Vergleich zu der unseren. Das heißt, die Geschwindigkeit seiner *Bewegung durch die Zeit verlangsamt sich.* Jetzt kommt der wirklich kühne Gedanke: Einstein hat postuliert, daß alle Objekte im Universum sich *stets* mit unveränderlicher Geschwindigkeit durch die Raumzeit bewegen – und zwar mit Lichtgeschwindigkeit. Das ist eine merkwürdige Idee, sind wir doch an die Vorstellung gewöhnt, daß Objekte mit Geschwindigkeiten unterwegs sind, die erheblich geringer sind als die des Lichts. Wiederholt haben wir mit diesem Umstand begründet, daß unserer Alltagswelt relativistische Effekte so fremd sind. Und das ist auch vollkommen zutreffend. Doch im Augenblick sprechen wir von der zusammengesetzten Geschwindigkeit eines Objekts in *allen vier* Dimensionen – drei des Raums und einer der Zeit. In diesem verallgemeinerten Sinn ist die Geschwindigkeit des Objekts gleich der des Lichts. Um diese Tatsache richtig zu verstehen und ihre Bedeutung zu erfassen, müssen wir uns klarmachen, daß sich diese eine unveränderliche Geschwindigkeit, wie bei dem unpraktischen Auto mit einer einzigen Reisegeschwindigkeit, zwischen verschiedenen Dimensionen aufteilen läßt – das heißt verschiedenen Dimensionen des Raumes *und* der Zeit. Wenn ein Objekt (relativ zu uns) ruht und sich folglich überhaupt nicht durch den Raum bewegt, dann wird, wie bei den ersten Testläufen des Autos, die ganze Geschwindigkeit des Objekts für die Bewegung in einer Dimension verwendet – in diesem Falle der zeitlichen Dimension. Darüber hinaus bewegen sich alle Objekte, die relativ zu uns und zueinander in Ruhe sind, mit exakt der gleichen Geschwindigkeit durch die Zeit – sie altern. Doch wenn sich ein Objekt durch den Raum bewegt, folgt daraus, daß ein Teil der bisherigen Bewegung durch die Zeit für die Bewegung durch den Raum abgezweigt werden muß. Wie beim Auto, das einer schrägen Bahn folgt, ergibt sich aus dieser Teilung der Bewegung, daß sich das Objekt langsamer durch die Zeit bewegt als seine ruhenden Gegenstücke, da ein Teil seiner Bewegung jetzt von der Fortbewegung im Raum aufgezehrt wird. Das heißt, seine Uhr tickt langsamer, wenn es sich durch den Raum bewegt. Genau das haben wir oben festgestellt. Wir sehen jetzt, daß sich die Zeit verlangsamt, wenn sich ein Objekt relativ zu uns bewegt, weil dadurch ein Teil seiner Bewegung durch die Zeit in eine Bewegung durch den Raum umgewandelt wird. Die Geschwindigkeit eines Objekts durch den Raum bringt einfach zum Ausdruck, wieviel von seiner Bewegung durch die Zeit für die Bewegung durch den Raum verwendet wird.[6]

Wir sehen auch, daß sich mit diesem Konzept mühelos begründen läßt, warum die räumliche Geschwindigkeit eines Objekts begrenzt ist: Die Höchstgeschwindigkeit im Raum ist erreicht, wenn die *gesamte* Bewegung eines Objekts durch die Zeit zur Bewegung durch den Raum geworden ist. Doch wenn das Objekt all seine Bewegung durch die Zeit aufgebraucht hat, erreicht es damit die *höchste* Geschwindigkeit durch den Raum, die es selbst – oder irgendein anderes Objekt – erreichen kann. Das entspricht einer Situation, in der unser Testauto direkt von Norden nach Süden gefahren wird. Wie dem Auto keine Geschwindigkeit für die Bewegung in der Ost-West-Dimension bleibt, so hat ein Objekt, daß sich mit Lichtgeschwindigkeit durch den Raum bewegt, keine Geschwindigkeit mehr für die Bewegung durch die Zeit übrig. Deshalb altert das Licht nicht: Ein Photon, das aus dem Urknall hervorgegangen ist, ist heute genauso alt wie damals. Bei Lichtgeschwindigkeit gibt es kein Verstreichen der Zeit.

Was ist mit $E = mc^2$?

Obwohl Einstein gar nicht dafür plädierte, seiner Theorie den Namen »Relativität« zu geben (und statt dessen »Invarianztheorie« vorschlug, um unter anderem die Unveränderlichkeit der Lichtgeschwindigkeit zum Ausdruck zu bringen), dürfte die Bedeutung des Ausdrucks jetzt klargeworden sein. Einsteins Arbeit zeigte, daß Begriffe wie Raum und Zeit, die bis dahin separat und absolut zu sein schienen, tatsächlich miteinander verknüpft und relativ sind. Einstein legte anschließend dar, daß auch andere physikalische Eigenschaften der Welt überraschenderweise miteinander verknüpft sind. Seine berühmteste Gleichung ist eines der wichtigsten Beispiele dafür. Mit ihr brachte Einstein zum Ausdruck, daß die Energie *(E)* eines Objekts und seine Masse *(m)* keine unabhängigen Größen sind; wir können die Energie bestimmen, wenn wir die Masse kennen (indem wir letztere zweimal mit der Lichtgeschwindigkeit, c^2, multiplizieren), oder wir können die Masse bestimmen, wenn wir die Energie kennen (indem wir letztere zweimal durch die Lichtgeschwindigkeit teilen). Mit anderen Worten, Energie und Masse sind – wie D-Mark und Dollar – konvertierbare Währungen. Im Unterschied zum Währungswesen ist jedoch der Wechselkurs, der durch den Faktor der quadrierten Lichtgeschwindigkeit bestimmt wird, ein für allemal festgelegt. Da der Faktor des Wechselkurses außerordentlich groß ist (c^2 ist eine enorme Zahl), kann schon aus einer kleinen Masse eine gewaltige Energie werden. In Hiroshima hat die Welt begriffen, was für eine entsetzliche Zerstörungsgewalt entfesselt wird, wenn noch nicht einmal ein Prozent von zwei Pfund Uran in Energie umgewandelt wird. Eines Tages werden uns vielleicht Kernfusionskraftwerke in die Lage versetzen, Einsteins Formel produktiv zu nutzen und mit dem unerschöpflichen

Vorrat an Meerwasser den gesamten Energiebedarf der Erde zu decken.

Ausgehend von den Begriffen, mit denen wir uns in diesem Kapitel beschäftigt haben, liefert uns Einstein die konkreteste Erklärung für den Aspekt, der von zentraler Bedeutung ist: daß sich nichts schneller als mit Lichtgeschwindigkeit bewegen kann. So fragen Sie sich vielleicht, ob man nicht irgendein Objekt doch auf eine höhere Geschwindigkeit beschleunigen kann. Nehmen wir beispielsweise ein Myon, das in einem Teilchenbeschleuniger eine Geschwindigkeit von rund 1074 Millionen Kilometern pro Stunde erreicht hat – 99,5 Prozent der Lichtgeschwindigkeit –, dann beschleunigen wir es noch ein bißchen, so daß es auf 99,9 Prozent der Lichtgeschwindigkeit kommt, und investieren unsere letzten Energiereserven, woraufhin das Myon die Schranke der Lichtgeschwindigkeit überwindet. Einsteins Formel erklärt, warum solche Versuche zum Scheitern verurteilt sein müssen. Je rascher sich etwas bewegt, desto mehr Energie besitzt es, und aus Einsteins Formel ersehen wir, daß etwas um so mehr Masse besitzt, je mehr Energie es hat. Myonen, die sich mit 99,9 Prozent der Lichtgeschwindigkeit fortbewegen, wiegen erheblich mehr als ihre ruhenden Vettern. Tatsächlich sind sie ungefähr 22mal so schwer. (Die in Tabelle 1.1 aufgeführten Massen gelten für ruhende Teilchen.) Doch je mehr Masse ein Objekt besitzt, desto schwieriger wird es, seine Geschwindigkeit zu erhöhen. Ein Kind auf einem Fahrrad zu schieben, ist eine Sache, einen vollbeladenen Lastzug zu schieben, eine ganz andere. Je schneller sich das Myon also bewegt, desto größere Probleme haben wir, seine Geschwindigkeit noch weiter zu erhöhen. Bei 99,999 Prozent der Lichtgeschwindigkeit hat die Masse eines Myons um einen Faktor von 224 zugenommen; bei 99,99999999 Prozent der Lichtgeschwindigkeit ist es schon ein Faktor von 70 000. Da sich die Masse des Myons bei weiterer Annäherung an die Lichtgeschwindigkeit unbegrenzt erhöht, bedürfte es eines Anstoßes von *unendlicher* Energie, um die Schranke der Lichtgeschwindigkeit zu erreichen oder zu überwinden. Das ist natürlich unmöglich, folglich kann sich nichts schneller als mit Lichtgeschwindigkeit fortbewegen.

Wie wir im nächsten Kapitel sehen werden, trägt diese Schlußfolgerung schon den Keim für den zweiten großen Konflikt in sich, mit dem sich die Physik des vergangenen Jahrhunderts konfrontiert sah. Und dieser besiegelte letztlich das Schicksal einer anderen ehrwürdigen und liebgewonnenen Theorie – Newtons allgemeiner Gravitationstheorie.

Kapitel 3

Von Krümmungen und Kräuselwellen

Durch die spezielle Relativitätstheorie löste Einstein den Konflikt zwischen dem »herkömmlichen intuitiven Verständnis« von der Bewegung einerseits und der Konstanz der Lichtgeschwindigkeit andererseits. Die Lösung ist, kurzgefaßt: Unsere Intuition ist falsch – sie beruht auf Bewegungen, die im Vergleich zur Lichtgeschwindigkeit außerordentlich langsam sind. So geringe Geschwindigkeiten verschleiern den wahren Charakter von Raum und Zeit. Die spezielle Relativitätstheorie offenbart deren wirkliche Beschaffenheit und zeigt, daß sie sich von früheren Vorstellungen grundsätzlich unterscheidet. Doch derart in unser Verständnis von Zeit und Raum einzugreifen, war kein ganz harmloses Unterfangen. Einstein stellte schon bald fest, daß unter den zahlreichen Konsequenzen, die sich aus der speziellen Relativitätstheorie ergaben, eine von besonderer Bedeutung war: Die Behauptung, daß nichts schneller als das Licht sein könne, erweist sich als unvereinbar mit der allgemeinen Gravitationstheorie, die Newton in der zweiten Hälfte des siebzehnten Jahrhunderts aufgestellt hat. Also löste die spezielle Relativitätstheorie zwar den einen Konflikt, beschwor dafür aber einen neuen herauf. Nach zehn Jahren intensiver und manchmal auch qualvoller Studien löste Einstein dieses Dilemma mit seiner allgemeinen Relativitätstheorie und revolutionierte unser Verständnis von Raum und Zeit erneut, indem er zeigte, daß Raum und Zeit sich krümmen und verzerren, um die Gravitationskraft zu übertragen.

Newtons Gravitationsbegriff

Isaac Newton, der 1642 in Lincolnshire geboren wurde, hat die Art, in der wissenschaftliche Forschung betrieben wird, verändert, indem er wie kein anderer vor ihm die enormen Möglichkeiten der Mathematik in den Dienst physikalischen Forschens stellte. Newton verfügte über so außergewöhnliche Verstandeskräfte, daß er beispielsweise die mathematischen Verfahren einfach erfand, die er für einige seiner Untersuchungen brauchte. Fast drei Jahrhunderte sollten vergehen, bis ein Wissenschaftler von vergleichbarer Begabung geboren wurde. Von Newtons zahlreichen Erkenntnissen über die Gesetzmäßigkeiten des Universums interessiert uns hier in erster Linie seine allgemeine Gravitationstheorie.

Die Gravitationskraft durchdringt unseren Alltag. Sie hält uns und alle Gegenstände um uns herum an der Erdoberfläche fest. Sie verhindert, daß die Luft, die wir atmen, in den Weltraum entweicht. Sie sorgt dafür, daß der Mond die Erde und die Erde die Sonne auf regelmäßiger Bahn umkreisen. Die Gravitation gibt den Rhythmus des kosmischen Tanzes vor, der unablässig und minuziös von Milliarden und Abermilliarden Allbewohnern ausgeführt wird – Asteroiden, Planeten, Sternen, Galaxien. Newtons seit mehr als dreihundert Jahren währender Einfluß veranlaßt uns, als selbstverständlich hinzunehmen, daß eine einzige Kraft – die Gravitation – für diese Vielzahl von irdischen und außerirdischen Ereignissen verantwortlich ist. Doch vor Newton wußte niemand, daß ein Apfel, der von einem Baum fällt, von dem gleichen physikalischen Prinzip Zeugnis ablegt, das auch die Planeten um die Sonne kreisen läßt. Mit einem kühnen Schritt, der die Vorherrschaft der Naturwissenschaften entscheidend voranbrachte, vereinigte Newton die physikalischen Gesetze, die für Himmel und Erde zuständig sind, und erklärte die Gravitations- oder Schwerkraft zur unsichtbaren Hand, die in beiden Bereichen wirke.

Newtons Gravitationsbegriff könnte man als den großen Gleichmacher bezeichnen. Der englische Physiker erklärte, daß absolut alles eine Gravitationskraft oder Massenanziehung auf absolut alles andere ausübe. *Alles und jedes,* ganz gleich, wie es physikalisch zusammengesetzt ist, übt die Gravitationskraft aus und erfährt sie. Nachdem sich Newton eingehend mit Johannes Keplers Arbeiten über die Planetenbewegung beschäftigt hatte, gelangte er zu dem Schluß, daß die Stärke der Massenanziehung zwischen zwei Körpern von *genau* zwei Dingen abhängt: der Materialmenge, aus der die Körper bestehen, und dem Abstand zwischen ihnen. »Material« bedeutet Materie und umfaßt die Gesamtzahl von Protonen, Neutronen und Elektronen, die ihrerseits die *Masse* des Objekts bestimmen. Newtons allgemeine Gravitationstheorie besagt, daß die Stärke der Anziehung zwischen Objekten größer ist bei Objekten mit großer Masse und kleiner bei Objekten mit kleiner Masse. Ferner ist laut dieser Theorie die Stärke der Anziehung größer bei kleineren Abständen zwischen den Objekten und kleiner bei größeren Abständen.

Doch Newton ging über diese qualitative Beschreibung hinaus. Er stellte Gleichungen auf, die die Stärke der Gravitationskraft zwischen zwei Objekten quantitativ beschreiben. In Worten: Diese Gleichungen bringen zum Ausdruck, daß die Gravitationskraft zwischen zwei Körpern dem Produkt ihrer Massen proportional und dem Quadrat der Entfernung zwischen ihnen umgekehrt proportional ist. Mit diesem »Gravitationsgesetz« läßt sich die Bewegung der Planeten und Kometen um die Sonne, des Mondes um die Erde und von Raketen vorhersagen, die zur Erkundung von Planeten ins All geschossen werden. Das Gesetz findet aber auch irdischere Anwendungen, etwa wenn es um die Bewegung von Bällen geht, die durch die Luft fliegen, oder von Turmspringern, die mit einem Schraubensalto ins Wasser segeln. Die Übereinstimmung zwischen den Vorhersagen und der tatsächlich beobachteten Bewegung solcher Objekte ist ganz außerordentlich. Dieser Erfolg sorgte für die unangefochtene Gültigkeit der Newtonschen Theorie bis zum Anfang des zwanzigsten Jahrhunderts. Doch Einsteins Entdeckung der speziellen Relativitätstheorie warf Fragen auf, die sich für Newtons Theorie als unüberwindliches Hindernis erweisen sollten.

Die Unvereinbarkeit von Newtons Gravitationstheorie und der speziellen Relativitätstheorie

Ein wesentlicher Aspekt der speziellen Relativitätstheorie ist die absolute Geschwindigkeitsbarriere, die das Licht vorgibt. Dabei müssen wir uns vor Augen halten, daß diese Grenze nicht nur für materielle Objekte, sondern auch für Signale und Einflüsse anderer Art gilt. Es gibt einfach keine Möglichkeit, eine Information oder Störung schneller als mit Lichtgeschwindigkeit von einem Ort an einen anderen zu übertragen. Natürlich ist die Welt voller Beispiele für Übertragungen von Störungen, die *langsamer* erfolgen. Das, was Sie sagen, und alle anderen Schallphänomene werden beispielsweise durch Schwingungen befördert, die sich mit rund 1200 Kilometern pro Stunde ausbreiten – ein klägliches Tempo im Vergleich zu den 1080 Millionen Kilometern pro Stunde, die das Licht zurücklegt. Erkennbar wird der Geschwindigkeitsunterschied, wenn Sie zum Beispiel beobachten, wie ein Arbeiter in einiger Entfernung einen Holzpflock einschlägt. Jedesmal, wenn er zuschlägt, erreicht Sie das

Geräusch einen Augenblick *später* als der Anblick des getroffenen Pfahls. Ähnliches geschieht beim Gewitter. Obwohl Blitz und Donner gleichzeitig entstehen, sehen Sie den Blitz, bevor Sie den Donner hören. Auch darin zeigt sich der beträchtliche Geschwindigkeitsunterschied zwischen Licht und Schall. Die erfolgreiche Bestätigung der speziellen Relativitätstheorie macht uns klar, daß die umgekehrte Situation – daß uns also ein Signal vor dem von ihm emittierten Licht erreicht – unter keinen Umständen möglich ist.

Nun kommt das Problem. In Newtons Gravitationstheorie wird die Stärke der Massenanziehung, die ein Körper auf einen anderen ausübt, ausschließlich von der Masse der beteiligten Körper und ihrem Abstand zueinander bestimmt. Völlig unerheblich für die Stärke der Kraft ist es, wie lange sich die Objekte in ihrer beiderseitigen Gegenwart befinden. Das heißt, wenn sich ihre Masse oder ihr Abstand ändert, dann müssen sie nach Newton eine *instantane* Veränderung ihrer Massenanziehung erfahren. Wenn beispielsweise die Sonne plötzlich explodiert, dann müßte die – rund 150 Millionen Kilometer entfernte – Erde nach Newtons Gravitationstheorie eine augenblickliche Abweichung von ihrer üblichen elliptischen Umlaufbahn erfahren. Obwohl das Licht der Explosion für die Strecke von der Sonne zur Erde acht Minuten braucht, würde nach Newtons Theorie das Wissen von der Explosion der Sonne durch die plötzliche Veränderung der für die Erdbewegung verantwortlichen Gravitationskraft sofort auf die Erde übertragen werden.

Diese Schlußfolgerung befindet sich in direktem Konflikt mit der speziellen Relativitätstheorie, denn diese behauptet, keine Information lasse sich schneller als mit Lichtgeschwindigkeit übertragen – die sofortige Übertragung bedeutet einen entscheidenden Verstoß gegen diese Bedingung.

Anfang des zwanzigsten Jahrhunderts wurde Einstein daher klar, daß die ungeheuer erfolgreiche Gravitationstheorie von Newton nicht mit der speziellen Relativitätstheorie zu vereinbaren war. Im Vertrauen auf den Wahrheitsgehalt der speziellen Relativitätstheorie und ungeachtet der gewaltigen experimentellen Evidenz, die für Newtons Theorie sprach, suchte Einstein nach einer neuen Gravitationstheorie, die sich mit der speziellen Relativitätstheorie vertrug. Das führte ihn letztlich zur Entwicklung der allgemeinen Relativitätstheorie, in der die Grundeigenschaften von Raum und Zeit eine weitere bemerkenswerte Umgestaltung erfuhren.

Einsteins glücklichster Gedanke

Noch vor der Entdeckung der speziellen Relativitätstheorie wies Newtons Gravitationstheorie einen wesentlichen Mangel auf. Zwar läßt sich mit ihrer Hilfe sehr genau vorhersagen, wie sich Objekte unter dem Einfluß der Gravitation bewegen, sie erklärt aber nicht, was Gravitation eigentlich ist. Wie kommt es, daß zwei Körper, die viele hundert Millionen Kilometer oder mehr voneinander entfernt sind, ihre beiderseitige Bewegung beeinflussen? Wodurch wirkt die Gravitation? Das ist ein Problem, dessen sich Newton selbst durchaus bewußt war. Hören wir ihn selbst:

> Es ist undenkbar, daß unbelebte, rohe Materie ohne die Vermittlung eines anderen, welches nicht von materieller Beschaffenheit ist, und ohne gegenseitige Berührung auf andere Materie einwirken sollte. Daß Gravitation der Materie eigen, innerlich und wesentlich sein sollte, so daß ein Körper auf einen anderen aus der Ferne durch ein Vakuum einwirken könnte, und dies ohne die Vermittlung von etwas anderem, durch das ihre Wirkung und Kraft übertragen würde, will mir als eine so große Absurdität erscheinen, daß kein Mensch, denke ich, dessen Verstand in philosophischen Angelegenheiten bewandert ist, ihr jemals wird anhängen können. Die Gravitation muß durch ein Wirkendes verursacht werden, das sich beständig nach bestimmten Gesetzen richtet; doch ob dieses Wirkende von materieller oder immaterieller Natur ist, überlasse ich den Überlegungen meiner Leser.[1]

Mit anderen Worten: Newton setzte die Existenz der Gravitation als gegeben voraus und wandte sich der Entwicklung von Gleichungen zu, die die Wirkungsweise der Gravitation exakt beschreiben, aber er hat nie versucht zu erklären, worauf ihre Wirkung tatsächlich beruht. Er gab der Welt eine »Bedienungsanleitung« für die Gravitation, in der steht, wie man sie »verwendet« – eine Anleitung, deren sich Physiker, Astronomen und Ingenieure mit Erfolg bedient haben, um die Bahn von Raketen zum Mond, Mars und anderen Planeten des Sonnensystems zu berechnen, um Sonnen- und Mondfinsternisse vorherzusagen, um die Bewegung von Kometen zu bestimmen und so fort. Doch der inneren Gesetzmäßigkeit – der »Black Box« der Gravitation – ließ er ihr Geheimnis. Wenn Sie Ihren CD-Spieler oder Ihren PC verwenden, befinden Sie sich in Hinblick auf die inneren Abläufe womöglich in einem ähnlichen Zustand der Unwissenheit. Solange Sie wissen, wie Sie das Gerät zu bedienen haben, müssen weder Sie noch andere wissen, *wie* es die Aufgaben erledigt, die Sie von ihm verlangen. Doch geht Ihr CD-Spieler oder PC kaputt, hängt seine Reparatur wesentlich davon ab, daß der Techniker weiß, wie das Gerät funktioniert. Wie Einstein erkannte, folgte aus der speziellen Relativitätstheorie, daß Newtons Theorie trotz fast dreihundertjähriger experimenteller Erfolge auf ähnliche, wenn auch weniger offensichtliche Weise »kaputtgegangen« war und sich nur reparieren ließ, wenn es gelang, die Frage nach der Beschaffenheit der Gravitation richtig und vollständig zu beantworten.

Als Einstein 1907 über diese Dinge an seinem Schreibtisch im Berner Patentamt nachdachte, hatte er den entscheidenden Einfall, der ihn Stück für Stück zu einer vollkommen neuen Gravitationstheorie führen sollte. Dieser Entwurf schloß nicht nur die Lücke in Newtons Theorie, sondern entwickelte auch einen vollkommen neuen Gravitationsbegriff, der – und das war besonders wichtig – in keinem Widerspruch zur speziellen Relativitätstheorie steht.

Einsteins Einfall hat mit einer Frage zu tun, die Sie vielleicht schon in Kapitel zwei beschäftigt hat. Dort haben wir gesagt, daß wir verstehen wollen, wie die Welt Individuen erscheint, die sich in Relativbewegung mit konstanter Geschwindigkeit befinden. Indem wir die Beobachtungen solcher Individuen sorgfältig verglichen haben, gelangten wir zu spektakulären Schlußfolgerungen hinsichtlich der Eigenschaften von Raum und Zeit. Doch was ist mit Individuen, die sich in *beschleunigter* Bewegung befinden? Die Beobachtungen solcher Individuen sind schwieriger zu analysieren als die von Beobachtern mit konstanter Geschwindigkeit, deren Bewegung ruhiger verläuft. Trotzdem können wir fragen, ob es eine Möglichkeit gibt, diese Komplexität in den Griff zu bekommen, und die beschleunigte Bewegung unserem neuen Verständnis von Raum und Zeit einzuverleiben.

Einsteins »glücklichster Gedanke« zeigte, wie sich das bewerkstelligen läßt. Versetzen Sie sich, um diese Einsicht zu begreifen, in das Jahr 2050. Sie leiten die Sprengstoffabteilung des FBI und haben gerade einen aufgeregten Anruf erhalten. Offenbar hat man mitten im Herzen von Washington eine höchst raffinierte Bombe angebracht. Nachdem Sie zum Ort des Geschehens geeilt sind und den verdächtigen Gegenstand untersucht haben, sehen Sie ihre schlimmsten Befürchtungen bestätigt: Es handelt sich um eine Kernwaffe von solcher Sprengkraft, daß sie, selbst wenn sie tief in der Erdkruste vergraben oder auf dem Grund des Ozeans liegen würde, noch immer verheerende Schäden anrichten könnte. Nachdem Sie sich den Zünder mit größter Vorsicht angesehen haben, ist Ihnen klar, daß er sich unter keinen Umständen entschärfen läßt, denn es handelt sich außerdem um einen neuen Mechanismus. Die Bombe ist auf eine Waage montiert. Wenn die Anzeige der Waage vom gegenwärtigen

Wert um mehr als 50 Prozent abweicht, explodiert die Bombe. Auf dem ebenfalls vorhandenen Zeitzünder erkennen Sie, daß Sie noch genau eine Woche Zeit haben. Die Verantwortung für das Leben von Millionen lastet auf Ihren Schultern. Was können Sie tun?

Nachdem Sie erkannt haben, daß es weder auf noch in der Erde einen Ort gibt, wo man die Waffe gefahrlos zur Explosion bringen könnte, scheint Ihnen nur noch eine Wahl zu bleiben: Sie müssen die Bombe ins All schießen, wo sie explodieren kann, ohne Schaden anzurichten. Bei einer Besprechung Ihres Teams in der FBI-Zentrale erläutern Sie Ihr Vorhaben, doch sofort werden alle Ihre Hoffnungen von einem jungen Assistenten zunichte gemacht. »Ihr Plan hat einen entscheidenden Haken«, erklärt Ihr Assistent Isaac. »Wenn sich das Gerät weiter von der Erde entfernt, verringert sich sein Gewicht, weil die Massenanziehung der Erde kleiner wird. Daraus folgt, daß die Anzeige der Waage im Inneren der Bombe nach unten abweicht und die Explosion der Bombe hervorruft, bevor sie weit genug entfernt ist.« Bevor Sie Zeit haben, sich über diesen Einwand klarzuwerden, meldet sich ein anderer junger Assistent zu Wort. »Überlegen Sie, da gibt es noch ein weiteres Problem«, sagt Ihr Assistent Albert, »ein Problem, das so wichtig ist wie Isaacs Einwand, aber nicht ganz so offensichtlich, also haben Sie etwas Geduld mit mir, während ich es erkläre.« Sie möchten sich erst einmal Isaacs Einwand zu Gemüte führen, daher versuchen Sie, Albert zum Schweigen zu bringen, doch wie gewöhnlich ist er nicht zu bremsen, nachdem er erst einmal losgelegt hat.

»Um die Bombe in den Weltraum zu befördern, müssen wir sie auf eine Rakete montieren. Wenn nun die Rakete auf ihrem Weg nach oben ins All *beschleunigt,* wird die Anzeige auf der Waage *zunehmen,* was ebenfalls eine vorzeitige Explosion der Bombe bewirkt. Wie Sie hier sehen, wird die Unterseite der Bombe – die auf der Waage aufliegt – unter diesen Umständen stärker auf die Waage drücken, als wenn die Bombe ruht. Genauso wie Sie in den Sitz eines beschleunigenden Autos gepreßt werden. Die Bombe wird die Waage ›zusammenpressen‹, wie Ihr Rücken den Autositz zusammenpreßt. Wird eine Waage zusammengepreßt, zeigt sie natürlich mehr an – was die Bombe zur Explosion bringt, sobald der jetzige Wert der Anzeige um mehr als 50 Prozent überschritten ist.«

Sie danken Albert für seine Ausführungen, doch da Sie ihm gar nicht richtig zugehört haben, weil Sie noch mit Isaacs Einwand beschäftigt waren, meinen Sie nur mutlos, es bedürfe nur eines Todesstreichs, um einer Idee den Garaus zu machen, und das habe Isaacs

offenkundig richtiger Einwand schon zur Genüge besorgt. Um eine
Hoffnung ärmer erbitten Sie neue Vorschläge. In diesem Augenblick
hat Albert eine verblüffende Idee. »Wenn ich es richtig bedenke«,
fährt er fort, »dann glaube ich, daß Ihr Plan noch keineswegs gestorben ist. Isaacs Feststellung, nach der die Gravitation geringer wird,
wenn die Bombe in den Weltraum befördert wird, bedeutet, daß die
Anzeige auf der Waage einen *kleineren* Wert angibt. Meine Überlegung, nach der die Aufwärtsbeschleunigung der Rakete bewirkt,
daß die Bombe stärker auf die Waage drückt, bedeutet, daß die Anzeige einen *größeren* Wert zeigt. Unter dem Strich heißt das: Wenn
wir die Beschleunigung der Rakete auf ihrem Weg nach oben von
Augenblick zu Augenblick sorgfältig berechnen, können wir dafür
sorgen, daß sich diese beiden Effekte *aufheben!* Vor allem in der ersten Phase nach dem Start, wenn noch die unverminderte Schwerkraft der Erde auf die Rakete wirkt, darf sie nicht zu sehr beschleunigt werden, damit wir in dem 50-Prozent-Bereich bleiben. Wenn
sich die Rakete nun immer weiter von der Erde entfernt – und damit
die Schwerkraft der Erde immer weniger erfährt –, müssen wir zum
Ausgleich ihre Aufwärtsbeschleunigung erhöhen. Die durch die Aufwärtsbeschleunigung erhöhte Waagenanzeige kann genau gleich der
durch die geringere Gravitationskraft verminderten Anzeige sein, so
daß wir eine tatsächliche Veränderung der Anzeige auf der Waage
vollständig verhindern können!«
    Nach und nach begreifen Sie Alberts Vorschlag. »Mit anderen
Worten«, antworten Sie, »eine Aufwärtsbeschleunigung kann die
Gravitation in dieser Situation ersetzen, vertreten. Wir können den
Gravitationseffekt durch eine entsprechend beschleunigte Bewegung
nachahmen.«
    »Genau«, erwidert Albert.
    »Dann können wir die Bombe also ins All schicken«, fahren Sie
fort, »und durch vorsichtige Anpassung der Beschleunigung dafür
sorgen, daß sich die Anzeige auf der Waage nicht verändert. So vermeiden wir die Explosion, bis die Bombe sich in sicherer Entfernung
von der Erde befindet.« Indem Sie Gravitation und beschleunigte Bewegung gegeneinander ausspielen – wofür Sie auf das exakte Instru-
mentarium der modernen Raumfahrttechnik zurückgreifen können –, sind Sie in der Lage, die Katastrophe abzuwenden.
    Die Erkenntnis, daß Gravitation und beschleunigte Bewegung
aufs engste miteinander verknüpft sind, ist der entscheidende Gedanke, der Einstein eines glücklichen Tages im Berner Patentamt
kam. Zwar illustriert die Geschichte mit der Bombe die wichtigsten

Aspekte seiner Idee, doch empfiehlt es sich, sie mit einer ähnlichen Methode zu beschreiben, wie wir sie in Kapitel zwei benutzt haben. Wie Sie sich vielleicht erinnern, haben Sie in einem verschlossenen, fensterlosen Abteil, das *nicht* beschleunigt wird, keine Möglichkeit, Ihre Geschwindigkeit zu bestimmen. Egal, wie schnell Sie sich bewegen, stets sieht das Abteil gleich aus, und ein beliebiges Experiment, das Sie durchführen, fördert bei allen diesen verschiedenen Geschwindigkeiten identische Ergebnisse zutage. Ohne einen Bezugspunkt außerhalb des Abteils läßt sich Ihrem Bewegungszustand keine Geschwindigkeit zuweisen. Wenn Sie dagegen beschleunigt werden, dann *spüren* Sie, daß eine Kraft auf Ihren Körper wirkt, obwohl Ihre Wahrnehmung auf das verschlossene Abteil beschränkt ist. Wenn beispielsweise Ihr Sitz in Fahrtrichtung auf dem Fußboden verschraubt ist und Ihr Abteil vorwärts beschleunigt wird, spüren Sie, daß Ihr Sitz, genau wie in dem von Albert beschriebenen Auto, mit einer Kraft auf Ihren Rücken wirkt. Entsprechend spüren Sie, wenn das Abteil nach oben beschleunigt wird, die Kraft des Bodens an Ihren Füßen. Einstein erkannte nun, daß Sie in Ihrem winzigen Abteil solche beschleunigten Situationen nicht von Situationen *ohne Beschleunigung,* aber *mit Gravitation* unterscheiden können: Bei sorgfältig abgestimmten Größenverhältnissen erfahren Sie die Kraft, mit der ein Gravitationsfeld auf Sie wirkt, genauso wie die Kraft einer beschleunigten Bewegung. Das ist haargenau die Äquivalenz, die sich Albert zunutze gemacht hat, um die Terroristenbombe ins All zu schießen. Wenn Ihr Abteil auf seiner rückwärtigen Wand liegt, spüren Sie die Kraft des Sitzes im Rücken (was Sie vor dem Fallen bewahrt) auf die gleiche Weise, als würden Sie horizontal beschleunigt. Einstein hat die Ununterscheidbarkeit von beschleunigter Bewegung und Gravitation als *Äquivalenzprinzip* bezeichnet. In der allgemeinen Relativitätstheorie spielt es eine zentrale Rolle.[2]

Aus dieser Beschreibung geht hervor, daß die allgemeine Relativitätstheorie eine Aufgabe vollendet, die von der speziellen Relativitätstheorie begonnen wurde. Durch ihr Relativitätsprinzip ruft die spezielle Relativitätstheorie eine Demokratie der Beobachter-Perspektiven aus: Die physikalischen Gesetze erscheinen allen Beobachtern identisch, die sich in einer Bewegung mit konstanter Geschwindigkeit befinden. Doch das ist wahrlich eine begrenzte Demokratie, schließt sie doch eine enorme Zahl von anderen Standpunkten aus – die Standpunkte all der Beobachter, die beschleunigt werden. Mit Einsteins Einsicht aus dem Jahr 1907 können wir nun *alle* Standpunkte – konstante Geschwindigkeit und Beschleunigung –

innerhalb eines egalitären Systems zusammenfassen. Da es keinen Unterschied zwischen einem beschleunigten Standpunkt *ohne* Gravitationsfeld und einem nichtbeschleunigten Standpunkt *mit* Gravitationsfeld gibt, berufen wir uns auf letztere Perspektive und erklären: *Alle Beobachter, unabhängig von ihrem Bewegungszustand, können behaupten, daß sie in Ruhe sind und »der Rest Welt sich an ihnen vorbeibewegt«, solange sie ein angemessenes Gravitationsfeld in die Beschreibung ihrer Umgebung aufnehmen.* Durch die Berücksichtigung der Gravitation sorgt die allgemeine Relativitätstheorie dafür, daß alle Beobachtungs-Standpunkte gleichberechtigt sind. (Wie wir unten sehen werden, folgt daraus, daß genau solche Effekte, wie wir sie in Kapitel zwei für den Fall beschleunigter Bewegung kennengelernt haben – als Hänsel seinen Düsenantrieb zündete, hinter Gretel herjagte und am Ende weniger gealtert war als sie –, auftreten, wenn Gravitationsfelder anwesend sind.)

Diese tiefreichende Verbindung zwischen Gravitation und beschleunigter Bewegung ist sicherlich eine bemerkenswerte Erkenntnis, aber warum hat sie Einstein so glücklich gemacht? Schlicht und einfach, weil die Gravitation so rätselhaft ist. Sie ist eine gewaltige Kraft, die den gesamten Kosmos durchdringt, aber gleichzeitig ätherisch und nicht greifbar ist. Andererseits ist beschleunigte Bewegung aber durchaus konkret und greifbar, wenn auch nicht ganz so leicht zu beschreiben wie Bewegung mit konstanter Geschwindigkeit. Als Einstein eine fundamentale Verbindung zwischen den beiden entdeckte, wurde ihm klar, daß er dieses Verständnis der Bewegung nutzen konnte, um zu einem ähnlichen Verständnis der Gravitation zu gelangen. Sein Vorhaben in die Tat umzusetzen war keine geringe Aufgabe, selbst für Einsteins genialen Verstand nicht, doch am Ende waren seine Bemühungen von Erfolg gekrönt, und der Erfolg hieß allgemeine Relativitätstheorie. Um dahin zu kommen, mußte Einstein für die Kette, die Gravitation und beschleunigte Bewegung verbindet, noch ein zweites Glied schmieden: die *Krümmung* von Raum und Zeit, der wir uns nun zuwenden wollen.

Beschleunigung und die Krümmung von Raum und Zeit

Dem Problem der Gravitation widmete sich Einstein mit einer extremen, fast besessenen Ausschließlichkeit. Etwa fünf Jahre nach der glücklichen Offenbarung im Berner Patentamt schrieb er an den Physiker Arnold Sommerfeld: »Ich beschäftige mich jetzt ausschließlich

mit dem Gravitationsproblem ... Aber das eine ist sicher, daß ich
mich im Leben noch nicht annähernd so geplagt habe ... Gegen dies
Problem ist die ursprüngliche [spezielle] Relativitätstheorie eine Kin-
derei.«[3]

Offenbar ist ihm der nächste entscheidende Durchbruch, eine einfache, aber raffinierte Konsequenz aus der Anwendung der speziellen Relativitätstheorie auf die Verbindung zwischen Gravitation und
beschleunigter Bewegung, im Jahr 1912 gelungen. Um diesen Schritt
in Einsteins Überlegungen zu verstehen, sollten wir uns, wie er es
offenbar auch getan hat, auf ein besonderes Beispiel der beschleunigten Bewegung beschränken.[4] Erinnern wir uns daran, daß ein Objekt beschleunigt wird, wenn sich entweder der Geschwindigkeitsbetrag oder die Richtung seiner Bewegung verändert. Aus Gründen der
Einfachheit wollen wir uns auf eine beschleunigte Bewegung konzentrieren, bei der sich *nur* die Bewegungsrichtung unseres Objekts
verändert, während der Geschwindigkeitsbetrag konstant bleibt.
Insbesondere wollen wir die kreisförmige Bewegung betrachten, wie
sie beispielsweise in einem Vergnügungspark der Fahrgast eines Karussells erlebt, das man bei uns Galactica 2000 nennt. Falls Sie Ihre
Belastbarkeit noch nie auf diese Art getestet haben: Sie stehen mit
dem Rücken an der Innenseite einer Plexiglaskonstruktion, die mit
hoher Geschwindigkeit rotiert. Wie jede beschleunigte Bewegung, so
können Sie auch diese spüren – Sie merken, wie Ihr Körper radial
vom Mittelpunkt des Rads weggezogen wird und wie die Plexiglaswand gegen Ihren Rücken drückt, während Sie im Kreis herumge-
wirbelt werden. (Tatsächlich wird Ihr Körper, was für unseren Zusammenhang allerdings ohne Bedeutung ist, durch die Rotationsbewegung mit solcher Kraft an der Plexiglaswand »festgenagelt«, daß
Sie nicht nach unten rutschen, wenn das Gesims, auf dem Sie stehen,
nach unten weggezogen wird.) Wenn die Karussellbewegung außerordentlich gleichmäßig ist und Sie die Augen schließen, kann Ihnen
der Druck an Ihrem Rücken – wie die Unterlage eines Betts – fast
den Eindruck vermitteln, Sie würden liegen. Das »fast« rührt daher, daß Sie noch immer die gewöhnliche »vertikale« Schwerkraft
spüren, deshalb kann Ihr Gehirn nicht ganz getäuscht werden. Doch
würden Sie Ihre Karussellfahrt im Weltraum absolvieren und würde
sich das Gerät mit der richtigen Geschwindigkeit drehen, hätten Sie
genau das gleiche Empfinden wie in einem ruhenden Bett auf der
Erde. Falls Sie sich entschlössen, »aufzustehen« und im Inneren der
rotierenden Plexiglaskonstruktion umherzugehen, würden sich Ihre
Füße auf die gleiche Weise dagegen pressen wie gegen einen Fuß-

boden auf der Erde. Tatsächlich plant man Raumstationen, die in dieser Weise rotieren, damit bei ihren Bewohnern ein künstliches Schweregefühl hervorgerufen wird.

Nachdem wir mit Hilfe der beschleunigten Bewegung eines rotierenden Karussells die Gravitation nachgeahmt haben, können wir nun mit Einstein betrachten, wie Raum und Zeit einem Beobachter erscheinen, der sich auf einer solchen Karussellfahrt befindet. Als ruhende Beobachter können wir Umfang und Radius des rotierenden Karussells problemlos messen. Um beispielsweise den Umfang zu ermitteln, können wir mit einem Lineal sorgfältig die rotierende Außenseite des Karussells vermessen, wobei wir immer wieder den Anfang unseres Meßstabs an den letzten Endpunkt legen. Auf die gleiche Weise vermessen wir die Strecke von der Mittelachse des Karussells bis zu seinem äußeren Rand. Wie wir aus der einfachen Schulgeometrie wissen, kommen wir auf ein Verhältnis der beiden Zahlen, das dem Doppelten der Zahl Pi – rund 6,28 – entspricht, was auch für jeden Kreis gilt, der auf ein Blatt Papier gezeichnet wird. Doch wie sehen die Dinge aus der Perspektive eines Fahrgastes auf dem Karussell aus?

Um das festzustellen, bitten wir Hans und Franz, die sich gerade auf einem solchen Karussell amüsieren, ein paar Messungen für uns durchzuführen. Eines unserer Lineale werfen wir Hans zu, der sich anschickt, den Umfang des Karussells zu messen, und ein anderes Franz, der sich daranmacht, den Radius zu ermitteln. Um einen möglichst guten Überblick zu haben, betrachten wir das Ganze aus der Vogelperspektive (Abbildung 3.1). Diese Momentaufnahme des Karussells haben wir mit einem Pfeil versehen, um in jedem Punkt die augenblickliche Bewegungsrichtung anzugeben. Als Hans sich anschickt, den Umfang zu messen, sehen wir aus unserer Vogelperspektive sofort, daß er einen anderen Wert erhalten wird als wir. Während er mit seinem Lineal den Umfang vermißt, fällt uns an dem Lineal auf, daß seine *Länge verkürzt ist.* Das ist nichts anderes als die in Kapitel zwei erörterte Lorentz-Kontraktion, bei der einem Beobachter in Ruhe die Länge eines Objekts in Richtung seiner Bewegung verkürzt erscheint. Ein kürzeres Lineal bedeutet, daß Hans es *öfter* anlegen muß – Anfangs- an Endpunkt –, um den gesamten Umfang zu erfassen. Allerdings meint Hans noch immer, das Lineal sei dreißig Zentimeter lang (da es keine Relativbewegung zwischen Hans und seinem Lineal gibt, besitzt es für ihn nach wie vor seine ursprüngliche Länge), daher mißt er einen längeren Umfang als wir.

Abbildung 3.1 *Hans' Lineal ist verkürzt, weil es in Richtung der Karussellbewegung liegt, während Franz' Lineal der Länge nach auf einer Radialver-
strebung liegt, also senkrecht zur Richtung der Karussellbewegung, und
daher keine Längenkontraktion erleidet.*

Wie steht es mit dem Radius? Nun, Franz mißt auf die gleiche Methode wie sein Freund die Länge einer radialen Verstrebung, und aus
unserer Vogelperspektive ist ersichtlich, daß er zum gleichen Ergebnis kommen wird wie wir. Diesmal zeigt das Lineal nämlich nicht in
Richtung der Momentanbewegung des Karussells (wie es der Fall ist,
wenn Hans den Umfang mißt). Vielmehr wird es von Franz in einem
Winkel von 90 Grad zur Bewegung angelegt und erfährt daher *keine*
Längenkontraktion. Folglich wird Hans die gleiche Radiuslänge ermitteln wie wir.

Wenn Hans und Franz nun das Verhältnis aus Kreisumfang und
Radius des Karussells errechnen, kommen sie auf eine Zahl, die
größer ist als unser Ergebnis von zwei mal Pi, denn der Umfang ist
länger, während der Radius gleich bleibt. Das ist seltsam. Wie in
aller Welt kann etwas von der Form eines Kreises gegen jene Gesetzmäßigkeit verstoßen, die schon die alten Griechen erkannt haben,
daß nämlich für jeden Kreis dieses Verhältnis *genau* zwei mal Pi ist?

Dafür fand Einstein folgende Erklärung: Das Ergebnis der alten
Griechen ist gültig für Kreise, die auf eine ebene Fläche gezeichnet
werden. Doch wie die gewölbten oder gekrümmten Spiegel im Lach-

kabinett eines Jahrmarktes die normalen räumlichen Beziehungen unseres Spiegelbilds verzerren, so werden auch die üblichen räumlichen Beziehungen verzerrt, wenn ein Kreis auf eine gewölbte oder gekrümmte Fläche gezeichnet wird: Das Verhältnis von Umfang zu Radius wird im allgemeinen *nicht* zwei mal Pi sein.

In Abbildung 3.2 werden beispielsweise drei Kreise mit gleicher Radiuslänge verglichen. Hingegen sind ihre Umfänge *nicht* gleich. Der Umfang des Kreises in (b), der auf die gekrümmte Fläche einer Kugel gezeichnet wurde, ist kleiner als der Umfang des Kreises auf der ebenen Fläche in (a), obwohl sie den gleichen Radius haben. Die Krümmung der Kugeloberfläche veranlaßt die Radiallinien, etwas aufeinander zuzulaufen, so daß es zu einer leichten Verringerung des Kreisumfangs kommt. Der Umfang des Kreises in (c), der wiederum auf eine gekrümmte Fläche gezeichnet wurde – diesmal aber eine sattelförmige –, ist *größer* als der eines Kreises auf ebener Fläche. Die Krümmung der Sattelfläche läßt die Radiallinien des Kreises etwas auseinanderlaufen, was zu einer geringfügigen Zunahme des Kreisumfangs führt. Aus diesen Beobachtungen folgt, daß das Verhältnis von Kreisumfang zu Radius des Kreises in (b) kleiner als zwei mal Pi ist, während das gleiche Verhältnis in (c) größer als zwei mal Pi sein wird. Nun entspricht diese Art der Abweichung von zwei mal Pi, genauer: der größere Wert in (c), dem, was die Messung des rotierenden Karussells ergeben hat. Das brachte Einstein auf die Idee, die Raumkrümmung als Erklärung für die Verletzung der »normalen« euklidischen Geometrie vorzuschlagen. Die ebene Geometrie der Griechen, wie sie Schulkindern seit Tausenden von Jahren beigebracht wird, hat auf einem rotierenden Karussell einfach keine Gültigkeit. An ihre Stelle tritt ein verallgemeinerter gekrümmter Raum, wie er in Teil (c) der Abbildung 3.2 wiedergegeben ist.[5]

So gewann Einstein die Erkenntnis, daß die vertrauten räumlichen Beziehungen der Geometrie, wie sie von den Griechen niedergelegt worden sind – Beziehungen, die für Figuren des ebenen Raums gelten, beispielsweise für einen Kreis auf einer flachen Tischplatte –, aus der Perspektive eines beschleunigten Beobachters *nicht gültig sind*. Zwar haben wir nur eine bestimmte Art von beschleunigter Bewegung erörtert, doch Einstein hat nachgewiesen, daß sich ein entsprechendes Ergebnis – eine Krümmung des Raums – in allen Fällen von beschleunigter Bewegung ergibt.

Tatsächlich bewirkt eine beschleunigte Bewegung nicht nur eine Verzerrung des Raums, sondern auch eine analoge Verzerrung der Zeit. (Eigentlich hat sich Einstein sogar zuerst mit der Zeitverzer-

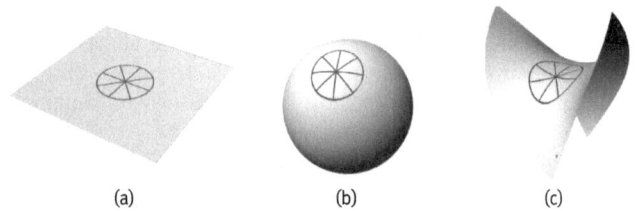

(a)   (b)   (c)

Abbildung 3.2 *Ein Kreis auf einer Kugel (b) hat einen kürzeren Umfang als auf einem flachen Blatt Papier (a), während ein Kreis auf einer Sattelfläche (c) einen längeren Umfang hat, obwohl alle drei den gleichen Radius besitzen.*

rung befaßt und dann erst die Bedeutung der Raumverzerrung begriffen.[6]) Einerseits sollte es keine allzu große Überraschung sein, daß auch die Zeit betroffen ist, haben wir doch bereits in Kapitel zwei gesehen, daß die spezielle Relativitätstheorie die Einheit von Raum und Zeit verkündet. Diese Verschmelzung brachte Minkowski in höchst poetischen Worten zum Ausdruck, als er 1908 in einem Vortrag über die spezielle Relativitätstheorie sagte: »Von Stund an sollten Raum für sich und Zeit für sich völlig zu Schatten herabsinken, und nur noch eine Art Union der beiden soll Selbständigkeit bewahren.«[7] In etwas nüchterneren, aber ähnlich unscharfen Worten erklärt die spezielle Relativitätstheorie, indem sie Raum und Zeit zur Raumzeit verknüpft: »Was für den Raum gilt, gilt auch für die Zeit.« Doch das bringt uns zu einer weiteren Frage: Den verzerrten Raum können wir als Krümmung darstellen, aber was meinen wir eigentlich mit verzerrter Zeit?

Um einen Eindruck von der Antwort zu bekommen, wollen wir noch einmal Hans und Franz auf dem Karussell bemühen und sie bitten, das folgende Experiment auszuführen: Hans steht mit dem Rücken gegen die Plexiglaswand gelehnt am Ende einer radialen Verstrebung des Karussells, während Franz auf dieser Verstrebung von der Mitte aus langsam auf Hans zukriecht. Alle ein oder zwei Meter hält Franz inne, und die beiden Brüder vergleichen die Anzeige auf ihren Uhren. Was werden sie feststellen? Aus unserer ruhenden Vogelperspektive können wir abermals die Antwort vorhersagen: Ihre Uhren werden nicht übereinstimmen. Wir gelangen zu dieser Schlußfolgerung, weil wir erkennen, daß sich Hans und Franz mit verschiedenen Geschwindigkeiten bewegen – je weiter außen Sie

sich auf einer radialen Verstrebung befinden, desto länger ist der
Weg, den Sie zurücklegen müssen, um eine Drehung zu vollenden,
und desto schneller bewegen Sie sich. Nun folgt aber aus der speziellen Relativitätstheorie, daß Ihre Uhr um so langsamer tickt, je
schneller Sie sich bewegen, daher wissen wir, daß Hans' Uhr langsamer tickt als Franz' Uhr. Ferner werden Hans und Franz feststellen, daß das Ticken von Franz' Uhr um so langsamer – also der Tickgeschwindigkeit von Hans' Uhr um so ähnlicher – wird, je näher
Franz an Hans heranrückt. Darin kommt zum Ausdruck, daß Franz'
Geschwindigkeit zunimmt und damit der Geschwindigkeit von
Hans angleicht.

Wir gelangen zu dem Schluß, daß für Beobachter auf dem rotierenden Karussell, wie beispielsweise Hans und Franz, die Frage, wie
schnell die Zeit verstreicht, von ihrer exakten Position abhängt – in
diesem Fall von ihrer Entfernung zum Mittelpunkt des Karussells.
Das Beispiel soll zeigen, was wir unter gekrümmter Zeit verstehen:
Die Zeit ist gekrümmt, wenn sie an verschiedenen Orten verschieden
schnell verstreicht. Von besonderer Bedeutung für unsere augenblickliche Diskussion ist außerdem, daß Franz noch etwas anderes
bemerkt, während er auf der Verstrebung nach außen kriecht. Er
spürt einen immer stärkeren Zug nach außen, denn mit wachsender
Entfernung vom rotierenden Mittelpunkt des Karussells nimmt
nicht nur die Geschwindigkeit zu, sondern auch die Beschleunigung.
Wir sehen also, daß auf unserem Karussell größere Geschwindigkeit
mit langsamer gehenden Uhren verknüpft ist – das heißt, eine
größere Beschleunigung bewirkt eine stärkere Zeitverzerrung.

Diese Überlegungen führten Einstein zum entscheidenden Schritt.
Da er bereits gezeigt hatte, daß Gravitation und beschleunigte Bewegung tatsächlich ununterscheidbar sind, und da ihm nun der Nachweis gelungen war, daß beschleunigte Bewegung mit der Krümmung
von Raum und Zeit verknüpft ist, machte er den folgenden Vorschlag, um die »Black Box« der Gravitation zu erklären – den Mechanismus, durch den die Gravitation wirkt: Die Gravitation *ist* die
Krümmung von Raum und Zeit. Schauen wir, was das bedeutet.

Grundlagen der allgemeinen Relativitätstheorie

Um eine Vorstellung von diesem neuen Gravitationsbegriff zu bekommen, wollen wir eine ganz typische Situation betrachten: Ein
Planet wie die Erde umkreist einen Stern wie die Sonne. Nach der

Newtonschen Gravitationstheorie zwingt die Sonne die Erde durch
ein nicht näher bestimmtes gravitatives »Halteseil« auf ihre Umlaufbahn, wobei sie über riesige Entfernungen nach der Erde greift und
ihrer augenblicklich habhaft wird (in gleicher Weise greift die Erde
nach der Sonne und wird ihrer instantan habhaft). Einstein entwickelte eine neue Vorstellung von dem, was tatsächlich geschieht.
Es wird uns die Erörterung von Einsteins neuem Entwurf erleichtern, wenn wir dabei ein konkretes visuelles Modell der Raumzeit
vor Augen haben. Dazu vereinfachen wir die Verhältnisse in zweierlei Hinsicht: Erstens lassen wir für den Augenblick die Zeit außer
acht und beschränken uns auf ein visuelles Modell des Raums. Doch
keine Angst, wir werden die Zeit schon bald wieder in unsere
Überlegungen einbeziehen. Zweitens greifen wir, um auf den Seiten
dieses Buches mit visuell anschaulichen Vorstellungen und Abbildungen operieren zu können, häufig auf eine *zweidimensionale* Analogie des dreidimensionalen Raums zurück. Die meisten Erkenntnisse, die wir im Umgang mit diesem zweidimensionalen Modell
gewinnen, sind unmittelbar auf die Physik dreidimensionaler Verhältnisse anwendbar, daher erweist sich das einfachere Modell als
leistungsfähiges didaktisches Instrument.

In Abbildung 3.3 gelangen wir mit Hilfe dieser Vereinfachung zu
einem zweidimensionalen Modell einer Raumregion unseres Universums. Die gitterartige Struktur ist ein bequemes Mittel zur Positionsbestimmung, genauso wie das Gitter eines Straßennetzes der Ortsbestimmung in einer Stadt dient. Bekanntlich gibt man in der Stadt eine
Adresse an, indem man den entsprechenden Ort auf dem zwei-

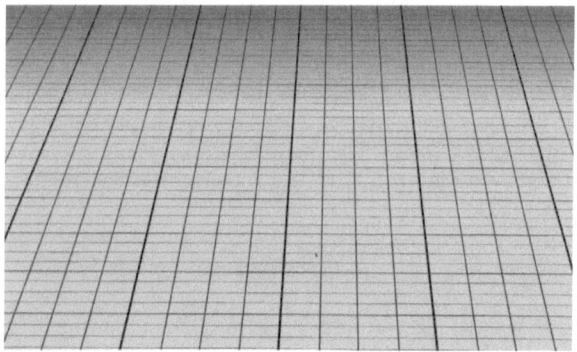

Abbildung 3.3 *Eine schematische Darstellung des flachen Raums.*

dimensionalen Straßengitter bestimmt und gegebenenfalls noch eine Angabe in vertikaler Richtung hinzufügt, etwa die Stockwerkszahl. Letztere Information, die Lokalisierung in der dritten, räumlichen Dimension unterschlägt unsere zweidimensionale Analogie aus Gründen der Übersichtlichkeit.

In Abwesenheit von Materie oder Energie ist der Raum nach Einstein *flach*. In unserem zweidimensionalen Modell heißt das, der Raum sieht aus wie die Oberfläche eines ebenen Tisches (Abbildung 3.3). Diese Vorstellung vom räumlichen Universum hatte viele tausend Jahre lang allgemeine Geltung. Doch was geschieht mit dem Raum in Gegenwart eines massereichen Objekts wie der Sonne? Vor Einstein lautete die Antwort: *nichts*. Man meinte, der Raum (und die Zeit) sei einfach ein passiver Schauplatz – die Bühne, auf der sich die Ereignisse des Universums abspielen. Doch Einsteins Gedankengang, dem wir hier folgen, führt zu einer anderen Schlußfolgerung.

Ein massereicher Körper wie die Sonne – und jeder andere Körper – übt eine Gravitationskraft auf andere Körper aus. In dem Beispiel mit der Terroristenbombe haben wir erfahren, daß Gravitationskräfte von beschleunigter Bewegung nicht zu unterscheiden sind. Das Beispiel des Karussells hat uns klargemacht, daß eine mathematische Beschreibung der beschleunigten Bewegung eine Krümmung des Raums *verlangt*. Diese Verbindungen zwischen Gravitation, beschleunigter Bewegung und gekrümmtem Raum veranlaßten Einstein zu der bemerkenswerten Auffassung, die Anwesenheit einer

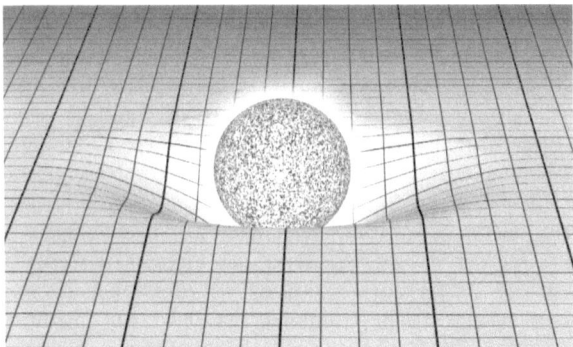

Abbildung 3.4 *Ein massebehafteter Körper wie die Sonne bewirkt eine Krümmung der Raumzeit, in gewisser Weise ähnlich einer Bowlingkugel, die auf ein Gummituch gelegt wird.*

Masse wie der Sonne bewirke in der Struktur der Raumzeit eine *Verzerrung*, eine Art »Delle«, wie sie die Abbildung 3.4 zeigt. Eine nützliche und häufig verwendete Analogie ist der Vergleich mit einem Gummituch, auf dem eine Bowlingkugel liegt. Auf vergleichbare Weise zerrt sich die Raumstruktur in Gegenwart eines massereichen Objekts wie der Sonne. Nach diesem radikalen Vorschlag ist der Raum also nicht der passive Schauplatz für die Geschehnisse des Universums, sondern er *reagiert* mit seiner Form auf die Objekte in seiner Umgebung.

Die Krümmung wiederum wirkt sich auf andere Objekte in der Nachbarschaft der Sonne aus, die diese Verwerfung der Raumstruktur durchqueren müssen. Kehren wir zu unserem Vergleich mit dem Gummituch und der Bowlingkugel zurück: Wenn wir eine kleine Kugellagerkugel auf das Tuch legen und sie mit einer Anfangsgeschwindigkeit versehen, hängt ihr Weg davon ab, ob die Bowlingkugel in der Mitte des Tuchs vorhanden ist oder nicht. Wenn die Bowlingkugel nicht anwesend ist, dann ist das Gummituch eben und die Kugellagerkugel bewegt sich in gerader Linie. Ist die Bowlingkugel hingegen da, dellt sie das Tuch entsprechend ein, so daß die Kugellagerkugel einer gekrümmten Bahn folgt. Lassen wir die Reibung außer acht und setzen wir die Kugellagerkugel mit genau dem richtigen Geschwindigkeitsbetrag und der richtigen Richtung in Bewegung, dann umkreist sie die Bowlingbahn auf immer gleichem Weg, das heißt, sie geht auf eine »Umlaufbahn«. In der Sprache ist die Übertragung dieses Vergleichs auf die Gravitation schon vorgezeichnet.

Wie die Bowlingkugel erzeugt die Sonne in der Raumstruktur ihrer Umgebung eine Verzerrung, und die Bewegung der Erde wird wie die der Kugellagerkugel durch die Form dieser Verzerrung bestimmt. Wie die Kugellagerkugel umkreist die Erde die Sonne auf einer Umlaufbahn, weil der Geschwindigkeitsbetrag und die Bewegungsrichtung unseres Planeten genau die richtigen Werte besitzen. Diese Wirkung auf die Erdbewegung wird gewöhnlich als Gravitationseinfluß der Sonne bezeichnet und ist in Abbildung 3.5 dargestellt. Der Unterschied liegt darin, daß Einstein im Gegensatz zu Newton den *Mechanismus* angegeben hat, durch den die Gravitation übertragen wird: die Krümmung der Raumzeit. Nach Einsteins Auffassung ist das Gravitationsseil, das die Erde in ihrer Umlaufbahn hält, keine geheimnisvolle instantane Wirkung der Sonne, sondern die Verzerrung des Raumes, die durch die Anwesenheit der Sonne verursacht wird.

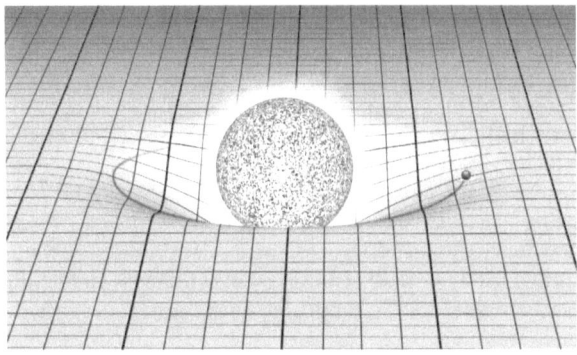

Abbildung 3.5 *Die Erde wird auf ihrer Bahn um die Sonne gehalten, weil sie in einem Tal des gekrümmten Raums entlangrollt. Etwas genauer ausgedrückt: Sie folgt einem »Weg des geringsten Widerstands« in der gekrümmten Region nahe der Sonne.*

Dank dieses Vergleichs erschließt sich uns ein neues Verständnis zweier wichtiger Eigenschaften der Gravitation. Erstens, je massereicher die Bowlingkugel, desto größer die Delle, die sie im Gummituch erzeugt. Entsprechend besagt Einsteins Gravitationstheorie, die Verzerrung, die ein Objekt im umgebenden Raum verursacht, ist um so größer, je mehr Masse es besitzt. Je massereicher ein Objekt also ist, desto stärkeren Gravitationseinfluß kann es auf andere Körper ausüben, was sich mit unserer Erfahrung vollkommen deckt. Zweitens: Wie die durch die Bowlingkugel hervorgerufene Verwerfung im Gummituch um so geringer wird, je weiter man sich von der Kugel entfernt, so nimmt auch die Raumkrümmung, die durch einen massereichen Körper entsteht, ab, wenn der Abstand zu ihm anwächst. Auch das entspricht unserer Vorstellung von Gravitation, deren Einfluß schwächer wird, wenn der Abstand zwischen Objekten zunimmt.

Wichtig ist, daß die Kugellagerkugel das Gummituch ebenfalls eindellt, wenn auch nur geringfügig. Entsprechend ist auch die Erde ein massebehafteter Körper, der eine Krümmung der Raumstruktur bewirkt, allerdings in weit geringerem Maße als die Sonne. Diesem Umstand ist es nach der allgemeinen Relativitätstheorie zu verdanken, daß die Erde den Mond in seiner Umlaufbahn hält und daß wir an ihrer Oberfläche haften. Wenn ein Fallschirmspringer zur Erde segelt, gleitet er eine Vertiefung hinab, die durch die Masse der Erde in der Raumstruktur hervorgerufen wird. Überdies bewirkt jeder Mensch – wie alle massebehafteten Objekte – eine Krümmung der Raumstruktur in unmittelbarer Nachbarschaft seines Körpers, wenngleich die vergleichsweise geringe Masse des menschlichen Körpers nur eine winzige Eindellung hervorruft.

Alles in allem stimmte Einstein also völlig überein mit Newtons Äußerung »Die Gravitation muß durch ein Wirkendes verursacht werden« und nahm sich dessen Hinweis – er überlasse die Natur dieses Wirkenden »den Überlegungen meiner Leser« – zu Herzen. Die wirkende Ursache der Gravitation ist nach Einstein die Struktur des Kosmos.

Einige Einschränkungen

Der Vergleich mit Gummituch und Bowlingkugel ist nützlich, weil er uns eine anschauliche Vorstellung von dem vermittelt, was wir unter einer Krümmung des Raums verstehen. Physiker machen häufig von diesen und ähnlichen Analogien Gebrauch, um ihrer eigenen intuitiven Anschauung von Gravitation und Krümmung auf die Sprünge zu helfen. Doch ungeachtet seiner Nützlichkeit ist der Vergleich mit Gummituch und Bowlingkugel nicht vollkommen. Um Mißverständnisse zu vermeiden, möchten wir auf einige seiner Mängel hinweisen.

Erstens, wenn die Sonne den Raum in ihrer Umgebung krümmt, dann liegt das nicht daran, daß sie von der Gravitation »nach unten gezogen« wird wie die Bowlingkugel, die das Gummituch eindellt, weil sie von der Schwerkraft zur Erde gezogen wird. Im Fall der Sonne gibt es kein anderes Objekt, welches »das Ziehen besorgt«. Vielmehr hat Einstein uns gelehrt, daß die Raumkrümmung die Gravitation ist. Die bloße Anwesenheit eines massebehafteten Objekts veranlaßt den Raum, mit einer Krümmung zu reagieren. Entsprechend wird die Erde nicht in ihrer Umlaufbahn gehalten, weil die Massenanziehung eines anderen externen Objekts sie durch die Täler in der eingedellten Raumumgebung führt, wie es für die Kugellagerkugel des eingedellten Gummituchs gilt. Statt dessen hat Einstein gezeigt, daß sich Objekte durch den Raum (genauer: die Raumzeit) auf dem kürzesten möglichen Weg bewegen – dem »bequemsten möglichen Weg« oder dem »Weg des geringsten Widerstands«. Wenn der Raum gekrümmt ist, sind solche Wege keine Geraden

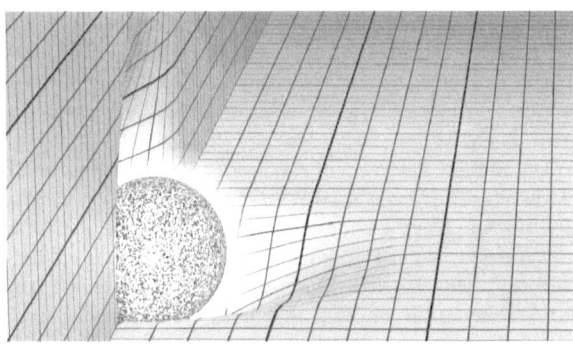

Abbildung 3.6 *Zweidimensionale Ausschnitte aus dem gekrümmten drei-dimensionalen Raum in der Umgebung der Sonne.*

mehr. Zwar ist das Modell von Gummituch und Bowlingkugel eine gute visuelle Analogie für die Art, wie ein Objekt den Raum in seiner Umgebung krümmt und dadurch die Bewegung anderer Körper be-einflußt, doch der physikalische Mechanismus, durch den diese Ver-zerrungen in Wirklichkeit zustande kommen, ist von ganz anderer Art. Das Modell wendet sich an unsere intuitive Anschauung von Gravitation im traditionellen Newtonschen System, während dieser Mechanismus auf einem neuen Gravitationsbegriff beruht, der von einem gekrümmten Raum ausgeht.

Ein zweiter Mangel der Analogie erwächst aus der Zweidimensio-nalität des Gummituchs. In Wirklichkeit krümmt die Sonne (wie jedes andere massebehaftete Objekt) die dreidimensionale Raumzeit in ihrer Umgebung, was allerdings schwieriger zu visualisieren ist. Der *ganze* die Sonne umgebende Raum – »unten«, »an den Seiten« und »oben« – erfährt die gleiche Art von Verzerrung. Abbildung 3.6 zeigt uns dies in einem Ausschnitt. Ein Körper wie die Erde bewegt sich durch die von der Sonne hervorgerufene dreidimensionale Raumkrümmung. Die Abbildung ist vielleicht etwas verwirrend. Warum kracht die Erde nicht gegen den »senkrechten Teil« des ge-krümmten Raums? Sie dürfen beim Anblick dieses Bildes nicht ver-gessen, daß der Raum im Gegensatz zum Gummituch kein unüber-windliches Hindernis ist. Vielmehr sind die gewölbten Gitter der Zeichnung nur zwei dünne Scheiben des vollständigen dreidimensio-nalen gekrümmten Raums, in den Sie, die Erde und alles andere vollständig eintauchen und sich frei bewegen. Möglicherweise finden Sie, daß das Problem dadurch nur noch schwieriger wird. Warum *spüren* wir den Raum nicht, wenn er uns so vollständig umgibt? Wir spüren ihn ja. Wir spüren die Gravitation, also die Schwerkraft, und der Raum ist das Medium, durch das die Gravitation übertragen wird. Wenn der namhafte Physiker John Wheeler die Gravitation beschreibt, sagt er häufig: »Die Masse hat den Raum im Griff, indem sie ihm vorschreibt, wie er sich zu krümmen hat, und der Raum hat die Masse im Griff, indem er ihr vorschreibt, wie sie sich zu bewegen hat.«[8]

Ein dritter, ganz ähnlicher Mangel der Analogie liegt darin, daß wir die Zeitdimension unterschlagen haben. Auch das ist aus Gründen der Anschaulichkeit geschehen. Obwohl die spezielle Relativitätstheorie verlangt, wir sollten uns die Zeitdimension genauso vorstellen wie die drei uns vertrauten Dimensionen des Raums, ist es erheblich schwieriger, die Zeit zu visualisieren. Doch wie das Beispiel des Karussells gezeigt hat, krümmt Beschleunigung – und damit auch Gravitation – *sowohl den Raum als auch die Zeit.* (Tatsächlich zeigt die Mathematik der allgemeinen Relativitätstheorie, daß sich bei einem Körper in relativ langsamer Bewegung – wie zum Beispiel der Erde, die um einen typischen Stern wie die Sonne kreist – die Zeitverzerrung weit stärker auf die Erdbewegung auswirkt als die Raumkrümmung.) Auf die Zeitverzerrung werden wir im Anschluß an den nächsten Abschnitt zurückkommen.

Zwar sind diese drei Einschränkungen sehr wichtig, doch solange Sie sie im Hinterkopf haben, dürfen Sie sich getrost an den Vergleich mit Bowlingkugel und Gummituch halten, denn er vermittelt eine anschauliche Vorstellung von Einsteins neuem Gravitationsbegriff.

Konfliktlösung

Durch Einführung von Raum und Zeit als dynamischen Mitspielern hat Einstein uns einen klaren Begriff von der Wirkungsweise der Gravitation gegeben. Die zentrale Frage lautet allerdings, ob diese Neuformulierung der Gravitationskraft den Konflikt zwischen spezieller Relativitätstheorie und der Gravitationstheorie in der von Newton gefundenen Form zu lösen vermag. Das ist der Fall. Abermals liefert uns die Gummituch-Analogie den entscheidenden Hinweis. Stellen wir uns vor, eine Kugellagerkugel rollt in Abwesenheit einer Bowlingkugel in gerader Linie auf dem ebenen Tuch entlang. Wenn wir jetzt die Bowlingkugel auf das Tuch legen, wird ein Einfluß auf die Kugellagerkugel ausgeübt, aber *nicht instantan*. Würden wir den Ablauf der Ereignisse filmen und in Zeitlupe betrachten, dann könnten wir sehen, daß sich die durch die Bowlingkugel verursachte Störung ausbreitet wie Wellen in einem Teich und schließlich die Kugellagerkugel erreicht. Nach kurzer Zeit legen sich die vorübergehenden Schwingungen, und wir blicken auf ein statisch eingedelltes Tuch.

Gleiches gilt für die Raumstruktur. Wenn keine Masse anwesend ist, ist der Raum flach, und ein kleines Objekt kann unbehelligt ruhen oder sich mit konstanter Geschwindigkeit bewegen. Erscheint aber eine große Masse auf der Bildfläche, verformt sich der Raum – doch wie bei dem Gummituch ist die Verzerrung nicht instantan, sondern breitet sich von dem massereichen Körper aus und ergibt schließlich eine Verzerrung, die die Massenanziehung des neuen Körpers überträgt. In unserem vereinfachten Modell breiten sich Störungen auf dem Gummituch mit einer Geschwindigkeit aus, die von seiner materiellen Beschaffenheit bestimmt wird. Für die realen Verhältnisse der allgemeinen Relativitätstheorie konnte Einstein berechnen, wie schnell sich Störungen in der Grundstruktur des Universums ausbreiten, und kam zu dem Ergebnis, daß sie sich *exakt mit Lichtgeschwindigkeit* bewegen. Daraus folgt beispielsweise, daß in dem hypothetischen Beispiel, von dem oben die Rede war – wo es um die explodierende Sonne und ihre Wirkung auf die Erde durch Veränderung der gegenseitigen Massenanziehung ging –, der Einfluß nicht instantan spürbar wird. Wenn ein Objekt seine Position verändert oder auch explodiert, verursacht es eine Verzerrung der Raumzeitstruktur, die sich mit Lichtgeschwindigkeit ausbreitet und sich damit genau an die kosmische Geschwindigkeitsgrenze der speziellen Relativität hält. Mit anderen Worten, wir Erdbewohner würden die Vernichtung der Sonne genau in dem Augenblick erblicken, da wir auch ihre gravitativen Konsequenzen spüren würden – ungefähr acht Minuten nach der Explosion. So löst Einsteins Theorie den Konflikt: Gravitationsstörungen halten Schritt mit Photonen, aber sie überholen sie nicht.

Die Zeitkrümmung in neuer Sicht

Darstellung, wie sie die Abbildungen 3.2, 3.4 und 3.6 zeigen, bringen zum Ausdruck, was wir uns unter »gekrümmtem Raum« vorstellen müssen. Eine Krümmung ist eine bestimmte Verformung des Raums.

Ähnliche Vergleichsbilder haben Physiker entwickelt, um die Bedeutung von »verzerrter Zeit« zu vermitteln, doch die sind erheblich schwieriger zu verstehen, daher wollen wir hier auf sie verzichten. Statt dessen werden wir es machen wie Hans und Franz auf dem Karussell, das heißt, wir wollen versuchen, ein Gefühl für die Erfahrung zu bekommen, die eine gravitativ verursachte Zeitverzerrung vermittelt.

Dazu suchen wir Hänsel und Gretel noch einmal auf, die nicht mehr durch die Dunkelheit des leeren Alls schweben, sondern die Außenbezirke des Sonnensystems erreicht haben. Beide tragen sie an ihren Raumanzügen noch immer große Digitaluhren, die am Anfang synchron gehen. Aus Gründen der Einfachheit lassen wir die Effekte der Planeten außer acht und betrachten nur das Gravitationsfeld der Sonne. Stellen wir uns weiterhin vor, in der Nähe der beiden schwebe ein Raumschiff und habe ein langes Seil herabgelassen, das nahe an die Sonnenoberfläche heranreicht. An diesem Seil läßt sich Hänsel langsam zur Sonne hinab. Dabei hält er in regelmäßigen Abständen inne, damit Gretel und er vergleichen können, wie schnell die Zeit auf ihren Uhren vergeht. Die Zeitverzerrung, die aus Einsteins allgemeiner Relativitätstheorie folgt, bewirkt, daß Hänsels Uhr im Vergleich zu Gretels Uhr immer langsamer gehen wird, und zwar um so langsamer, je stärker das Gravitationsfeld der Sonne wird. Das heißt, je näher er der Sonne kommt, desto langsamer geht seine Uhr. In diesem Sinne bewirkt die Gravitation genauso eine Verzerrung der Zeit wie des Raums.

Anzumerken ist, daß im Gegensatz zu der Situation, die wir in Kapitel zwei betrachtet haben, wo Hänsel und Gretel sich im leeren All mit konstanter Geschwindigkeit relativ zueinander bewegten, unter den gegenwärtigen Verhältnissen keine Symmetrie zwischen ihnen besteht. Anders als Gretel *spürt* Hänsel, daß die Gravitationskraft stärker und stärker wird – mit wachsender Sonnennähe muß er sich immer fester an das Seil klammern, um nicht hinabgezogen zu werden. Übereinstimmend kommen sie zu dem Ergebnis, daß Hänsels Uhr langsam geht. Es gibt keine »ebenso gültige Perspektive«, die die Rollen der beiden vertauscht und die Schlußfolgerung umkehrt. Zu genau diesem Schluß kamen wir auch in Kapitel zwei, als Hänsel eine Beschleunigung erfuhr, nachdem er seinen Düsenantrieb gezündet hatte, um Gretel einzuholen. Die Beschleunigung, die Hänsel spürte, führte dazu, daß seine Uhr definitiv langsamer ging als Gretels Uhr. Da wir nun wissen, daß es keinen prinzipiellen Unterschied macht, ob wir eine beschleunigte Bewegung oder eine Gravitationskraft erfahren, liegt Hänsels gegenwärtiger Situation am Seil das gleiche Prinzip zugrunde. Abermals sehen wir, daß Hänsels Uhr und alles andere in seinem Leben in Zeitlupe abläuft, vergleicht man es mit Gretels Situation.

In einem Gravitationsfeld, wie es an der Oberfläche eines gewöhnlichen Sterns, also zum Beispiel der Sonne, vorliegt, ist die Verlangsamung von Uhren sehr gering. Wenn Gretel in einem Sonnenabstand von einer Milliarde Kilometern verharrt, während Hänsel sich der Sonnenoberfläche bis auf wenige Kilometer nähert, tickt seine Uhr ungefähr mit 99,9998 Prozent der Geschwindigkeit von Gretels Uhr. Langsamer zwar, aber kaum merklich.[9] Ließe sich Hänsel aber an seinem Seil bis fast auf die Oberfläche eines Neutronensterns hinab, dessen Masse in etwa der der Sonne entspräche, dessen Dichte aber um einen Faktor von einer Million Milliarden größer wäre als die Dichte der Sonne, dann würde das stärkere Gravitationsfeld seine Uhr veranlassen, mit rund 76 Prozent der Geschwindigkeit von Gretels Uhr zu ticken. Noch stärkere Gravitationsfelder, wie sie in der unmittelbaren Umgebung eines Schwarzen Lochs anzutreffen sind (wir werden gleich darauf zurückkommen), verlangsamen den Ablauf der Zeit in noch höherem Maße.

Experimentelle Bestätigung der allgemeinen Relativitätstheorie

Die meisten Menschen, die sich gründlich mit der allgemeinen Relativitätstheorie befassen, sind von ihrer ästhetischen Eleganz fasziniert. Einstein hat Newtons kalte, mechanistische Auffassung von Raum, Zeit und Gravitation durch eine dynamische und geometrische Beschreibung ersetzt, die eine Krümmung der Raumzeit berücksichtigt. Auf diese Weise hat er die Gravitation mit der Grundstruktur der Raumzeit verwoben. Statt dem Universum als zusätzliche Struktur übergestülpt zu werden, wird die Gravitation auf fundamentalster Ebene zu einem integralen Bestandteil des Kosmos. Das Leben, das hier Raum und Zeit eingehaucht wird, indem man ihnen gestattet, sich zu krümmen, zu verzerren und zu kräuseln, erzeugt das, was wir gemeinhin Gravitation nennen.

Doch ungeachtet aller ästhetischen Vorzüge ist der entscheidende Test einer physikalischen Theorie ihre Fähigkeit, physikalische Phänomene genau zu erklären und vorherzusagen. Von ihren Anfängen Ende des siebzehnten Jahrhunderts bis zum Beginn des zwanzigsten hat Newtons Gravitationstheorie diesen Test mit Glanz und Glorie bestanden. Egal, worauf sie angewandt wurde – auf Kugeln, die man in die Luft warf, auf Gegenstände, die man von schiefen Türmen herabfallen ließ, auf Kometen, die um die Sonne herumsausen, oder Planeten auf ihren Umlaufbahnen –, stets lieferte Newtons Theorie außerordentlich genaue Erklärungen aller Beobachtungen und machte Vorhersagen, die unzählige Male in den verschiedensten Situationen bestätigt worden sind. Der Grund, diese experimentell so erfolgreiche Theorie in Frage zu stellen, war, wie erläutert, die von ihr postulierte instantane Übertragung der Gravitationskraft, die mit der speziellen Relativitätstheorie nicht zu vereinbaren ist.

So entscheidend die Effekte der speziellen Relativität auch für das Verständnis von Raum, Zeit und Bewegung sind, so außerordentlich klein fallen sie aus bei den langsamen Geschwindigkeiten der Welt, in der wir normalerweise leben. Entsprechend sind in den meisten alltäglichen Situationen die Unterschiede zwischen Einsteins Relativitätstheorie – einer Gravitationstheorie, die sich mit der speziellen Relativitätstheorie verträgt – und Newtons Gravitationstheorie extrem gering. Das ist gut und schlecht zugleich. Es ist gut, weil jede Theorie, die sich anheischig macht, Newtons Gravitationstheorie zu ersetzen, gut daran tut, in all den Bereichen, in denen Newtons Theorie experimentell bestätigt worden ist, hinreichend genaue Übereinstimmung zu zeigen. Es ist schlecht, weil es den Versuch erschwert, eine experimentelle Entscheidung zwischen den beiden Theorien herbeizuführen. Wer Newtons von Einsteins Theorie unterscheiden will, muß außerordentlich genaue Meßmethoden verwenden und Experimente entwickeln, die besonders empfindlich auf die Arten und Weisen reagieren, in denen die beiden Theorien voneinander abweichen. Wenn Sie einen Ball werfen, läßt sich sowohl mit Newtons wie mit Einsteins Gravitationstheorie vorhersagen, wo der Ball herunterkommt, und die Antworten unterscheiden sich zwar, doch die Unterschiede sind so geringfügig, daß sie in der Regel unsere experimentellen Möglichkeiten weit überfordern. Wir brauchen also ein raffinierteres Experiment. Einstein selbst hat ein solches vorgeschlagen.[10]

Die Sterne am Himmel sehen wir zwar nur in der Nacht, aber natürlich sind sie auch tagsüber da. Dann erblicken wir sie in der Regel nicht, weil ihre fernen, winzigen Lichtpunkte vom Sonnenlicht überlagert werden. Doch während einer Sonnenfinsternis verdeckt der Mond vorübergehend das Licht der Sonne, so daß auch ferne Sterne sichtbar werden. Trotzdem wirkt sich die Gegenwart der

Sonne noch aus. Das Licht einiger der Sterne muß auf dem Weg zur Erde nahe an der Sonne vorbei. Nun sagt Einsteins allgemeine Relativitätstheorie vorher, daß die Sonne Raum und Zeit in ihrer Umgebung krümmt und daß diese Verzerrung *den Weg beeinflußt, den das Sternenlicht nimmt*. Denn die Photonen bewegen sich von ihrem fernen Ursprungsort aus in der Raumzeit des Universums fort; ist diese gekrümmt, beeinflußt das die Bewegung der Photonen genauso wie die Bewegung massebehafteter Körper. Je näher das Licht auf dem Weg zur Erde an der Sonne vorbeikommt, desto stärker ist seine Bahn gekrümmt. Erst bei einer Sonnenfinsternis ist es möglich, dieses dicht an der Sonne vorbeistreichende Sternenlicht zu sehen, weil es sonst vom Sonnenlicht vollkommen überstrahlt wird.

Der Winkel, um den das Sternenlicht abgelenkt wird, läßt sich messen. Die Krümmung des Lichtstrahls führt zu einer Verschiebung der scheinbaren Position des Sterns. Die Verschiebung läßt sich genau messen, indem man diese *scheinbare* Position mit dem *tatsächlichen* Standort des Sterns vergleicht, den man aus nächtlichen Beobachtungen kennt (wenn sich der Krümmungseinfluß der Sonne nicht bemerkbar macht). Die Messungen müssen durchgeführt werden, wenn sich die Erde in einer geeigneten Position befindet, etwa sechs Monate vor oder nach der Sonnenfinsternis. Im November 1915 rechnete Einstein mit seiner neuen Gravitationstheorie den Winkel aus, um den die unmittelbar an der Sonne vorbeistreichenden Sternensignale abgelenkt werden. Das Ergebnis lautete 0,00049 Grad (1,75 Bogensekunden, wobei eine Bogensekunde gleich 1/3600 Grad ist). Dieser winzige Winkel entspricht demjenigen, unter dem ein Markstück erscheint, welches aufrecht hingestellt und aus einer Entfernung von knapp drei Kilometern betrachtet wird. Die Messung eines so kleinen Winkels lag aber durchaus im Bereich der damaligen technischen Möglichkeiten. Auf Drängen von Sir Frank Dyson, dem Leiter des Greenwich-Observatoriums, organisierte Sir Arthur Eddington, ein namhafter Astronom und Sekretär der Royal Astronomical Society in England, eine Expedition zur Insel Principe vor der Westküste Afrikas, um Einsteins Vorhersage während der Sonnenfinsternis vom 29. Mai 1919 zu überprüfen.

Nach fünfmonatiger Analyse der Photos, die während der Sonnenfinsternis auf Principe aufgenommen worden waren (und weiterer Photos der Sonnenfinsternis, die von einem zweiten englischen Team unter Leitung von Charles Davidson und Andrew Crommelin in Sobral, Brasilien, gemacht worden waren), wurde am 6. November 1919 auf einer gemeinsamen Sitzung der Royal Society und der

Royal Astronomical Society erklärt, die Vorhersage, die Einstein anhand seiner allgemeinen Relativitätstheorie getroffen habe, sei bestätigt worden. Es dauerte nicht lange, bis die Nachricht von diesem Erfolg – der alle bisherigen Vorstellungen von Raum und Zeit umkrempelte – über die Grenzen der physikalischen Gemeinschaft hinausdrang und Einstein Weltruhm verschaffte. Am 7. November 1919 titelte die Londoner *Times:* »REVOLUTION IN SCIENCE – NEW THEORY OF THE UNIVERSE – NEWTONIAN IDEAS OVERTHROWN« (Wissenschaftliche Revolution – Neue Theorie des Universums – Newtons Ideen gestürzt).[11] Damit war Einsteins Triumph besiegelt.

In den Jahren nach diesem Experiment wurde Eddingtons Bestätigung der allgemeinen Relativitätstheorie einer kritischen Überprüfung unterzogen. Verschiedene schwierige und komplizierte Aspekte der Messung erschwerten eine Wiederholung und ließen Zweifel an der Verläßlichkeit des ursprünglichen Experiments aufkommen. Doch in den letzten vierzig Jahren sind zahlreiche Aspekte der allgemeinen Relativitätstheorie in einer Vielzahl von Experimenten mit modernsten Methoden überprüft worden, und in allen Fällen konnten die Vorhersagen der Theorie bestätigt werden. Heute besteht kein Zweifel mehr daran, daß Einsteins Beschreibung der Gravitation nicht nur mit der speziellen Relativitätstheorie vereinbar ist, sondern Vorhersagen liefert, die sich besser mit allen experimentellen Ergebnissen decken als Newtons Theorie.

Schwarze Löcher, Urknall und die Expansion des Raums

Während die Effekte der speziellen Relativitätstheorie am deutlichsten in Erscheinung treten, wenn sich die Dinge schnell bewegen, zeigen sich die Effekte der allgemeinen Relativitätstheorie am offenkundigsten, wenn die Dinge sehr viel Masse besitzen und die Krümmung von Raum und Zeit entsprechend ausgeprägt ist. Betrachten wir zwei Beispiele.

Das erste ist eine Entdeckung, die der deutsche Astronom Karl Schwarzschild 1916 während des Ersten Weltkriegs gemacht hat. Schwarzschild war an der Ostfront stationiert und hatte dort die Aufgabe, Flugbahnen zu berechnen. Dazwischen befaßte er sich mit Einsteins Gravitationsgleichungen und bestimmte mit Hilfe der Theorie vollständig und genau, wie sich Raum und Zeit in der Nähe eines vollkommen kugelsymmetrischen Sterns krümmen. Seine Er-

gebnisse schickte er an Einstein, der sie in Schwarzschilds Namen
der Preußischen Akademie der Wissenschaften vortrug.

Abgesehen davon, daß Schwarzschilds Arbeit – bekanntgeworden
unter dem Namen »Schwarzschildlösung« – die Krümmung, die in
Abbildung 3.5 schematisch dargestellt ist, bestätigte und auf mathematisch exakte Weise beschrieb, offenbarte sie auch eine verblüffende Konsequenz der allgemeinen Relativitätstheorie. Wenn die
Masse eines Sterns in einer sphärischen Region konzentriert ist – so
Schwarzschilds Ergebnis –, die so klein ist, daß die Masse geteilt
durch den Radius einen bestimmten kritischen Wert übersteigt, ist
die resultierende Raumzeitkrümmung so stark, daß *alles,* auch das
Licht, sich der Gravitationsanziehung nicht mehr entziehen kann.
Da noch nicht einmal Licht solchen »komprimierten Sternen« zu
entweichen vermag, wurden sie ursprünglich als *dunkle* oder *gefro-*
rene Sterne bezeichnet. Jahre später prägte John Wheeler eine grif-
figere Bezeichnung: *Schwarze Löcher* – schwarz, weil sie kein Licht
emittieren können; Löcher, weil alles, was ihnen zu nahe kommt,
auf Nimmerwiedersehen in sie hineinfällt. Der Name blieb haften.

Wir stellen die Schwarzschild-Lösung in Abbildung 3.7 schematisch dar. Obwohl Schwarze Löcher in dem Ruf unersättlicher Ge-
fräßigkeit stehen, werden Objekte, die sie in »sicherem« Abstand

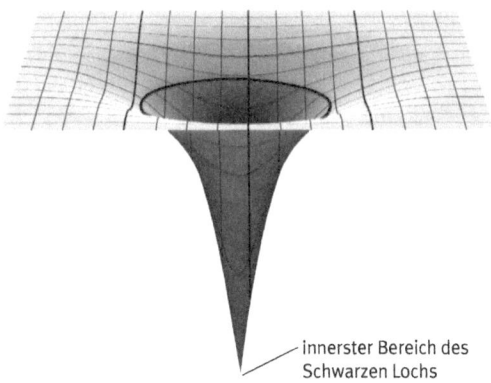

innerster Bereich des
Schwarzen Lochs

Abbildung 3.7 *Ein Schwarzes Loch krümmt die umgebende Raumzeit so*
stark, daß sich alles, was seinen »Ereignishorizont« – durch den dunklen
Kreis dargestellt – überschreitet, dem Zugriff seiner Gravitation nicht mehr
entziehen kann. Niemand weiß, was im Innersten eines Schwarzen Lochs
tatsächlich geschieht.

passieren, zwar auf ganz ähnliche Weise abgelenkt wie durch einen gewöhnlichen Stern, können ihren Weg aber ansonsten unbehelligt fortsetzen. Doch Objekte, gleich welcher Beschaffenheit, die zu nahe herankommen – näher als der sogenannte *Ereignishorizont* –, sind verloren: Unaufhaltsam werden sie ins Zentrum des Schwarzen Lochs gezogen und sind einer immer stärkeren und letztlich vernichtenden Gravitationskraft ausgesetzt. Fielen Sie beispielsweise mit den Füßen voran durch den Ereignishorizont, würde Ihre Situation bald äußerst ungemütlich werden. Die Gravitationskraft des Schwarzen Lochs wüchse nämlich so extrem an, daß die auf Ihre Füße wirkende Zugkraft erheblich stärker wäre als die Zugkraft an Ihrem Kopf (denn bei einem Sturz mit den Füßen voran wären Ihre Füße dem Zentrum des Schwarzen Lochs immer ein bißchen näher als Ihr Kopf). Tatsächlich würden Sie dadurch mit einer solchen Kraft in die Länge gezogen, daß es Ihren Körper in Stücke reißen würde.

Würden Sie hingegen größere Vorsicht walten lassen und bei Ihren Erkundungen in der Nähe eines Schwarzen Lochs sorgfältig darauf achten, daß Sie den Ereignishorizont nicht überschreiten, könnten Sie das Schwarze Loch für ein verblüffendes Kunststück nutzen. Stellen Sie sich beispielsweise vor, Sie würden ein Schwarzes Loch entdecken, dessen Masse ungefähr 1000 Sonnenmassen entspricht, und sich, ganz ähnlich, wie es Hänsel in der Nähe der Sonne tat, an einem Seil herunterlassen, bis Sie sich knapp drei Zentimeter über dem Ereignishorizont des Schwarzen Lochs befinden. Wie oben dargelegt, rufen Gravitationsfelder eine Verzerrung der Zeit hervor, und das bedeutet, Ihre Bewegung durch die Zeit würde sich verlangsamen. Da Schwarze Löcher sehr starke Gravitationsfelder besitzen, würde sich Ihre Bewegung durch die Zeit sogar *über alle Maßen* verlangsamen. Ihre Uhr würde ungefähr zehntausendmal langsamer ticken als die Ihrer Freunde auf der Erde. Wenn Sie ein Jahr lang in dieser Weise über dem Ereignishorizont des Schwarzen Lochs verharrten, dann am Seil in das oben wartende Raumschiff kletterten und sich auf die kurze, aber ruhige Heimreise begäben, würden Sie bei der Ankunft auf der Erde feststellen, daß seit Ihrem Aufbruch mehr als zehntausend Jahre vergangen sind. Sie hätten das Schwarze Loch als eine Art Zeitmaschine verwendet und wären mit seiner Hilfe in die ferne Zukunft der Erde gereist.

Um Ihnen einen Eindruck von den extremen Größenverhältnissen zu vermitteln, die im Spiel sind: Ein Stern mit der Masse der Sonne wäre ein Schwarzes Loch, wenn sein Radius nicht deren tatsächlichen Wert aufwiese (700 000 Kilometer), sondern statt dessen rund drei Kilometer betrüge. Stellen Sie sich das vor: Die ganze Sonne so zusammengepreßt, daß sie bequem in den Innenstadtbereich von Hamburg passen würde. Ein Teelöffel voll einer derart komprimierten Sonnensubstanz wöge soviel wie der Mount Everest. Um aus der Erde ein Schwarzes Loch zu machen, müßten wir sie zu einer Kugel mit einem Radius von weniger als einem Zentimeter zusammenquetschen. Lange Zeit waren die Physiker skeptisch, ob solche extremen Materiezustände in unserer Wirklichkeit überhaupt existieren könnten. Viele meinten daher, Schwarze Löcher seien lediglich der überreizten Phantasie theoretischer Physiker entsprungen.

In den letzten zehn Jahren hat man indes eine wachsende Zahl von experimentellen Hinweisen auf die Existenz von Schwarzen Löchern zusammengetragen. Da sie schwarz sind, lassen sie sich natürlich nicht direkt beobachten, indem man den Himmel mit Teleskopen absucht. Statt dessen halten Astronomen nach anomalen Verhaltensweisen gewöhnlicher, lichtemittierender Sterne Ausschau, die sich möglicherweise ganz in der Nähe des Ereignishorizonts eines Schwarzen Lochs befinden. Wenn zum Beispiel Staub und Gas aus den äußeren Schichten eines benachbarten Sterns auf den Ereignishorizont eines Schwarzen Lochs zustürzen, werden sie nahezu auf Lichtgeschwindigkeit beschleunigt. Bei solchen Geschwindigkeiten erzeugt die Reibung in dem Mahlstrom des abwärts wirbelnden Materials eine enorme Hitze, die das Staub-Gas-Gemisch zum »Glühen« bringt, so daß es sowohl normales sichtbares Licht als auch Röntgenstrahlen emittiert. Da die Strahlung unmittelbar außerhalb des Ereignishorizonts erzeugt wird, kann sie dem Schwarzen Loch entweichen und sich im Weltraum ausbreiten, so daß sie direkter Beobachtung und Untersuchung zugänglich ist. Die allgemeine Relativitätstheorie macht detaillierte Vorhersagen über die Eigenschaften solcher Röntgenemissionen. Die Beobachtung der vorhergesagten Eigenschaften liefert überzeugende, wenn auch indirekte Anhaltspunkte für die Existenz Schwarzer Löcher. Beispielsweise gibt es immer mehr Hinweise, die darauf schließen lassen, daß sich ein sehr massereiches Schwarzes Loch – mit rund zweieinhalb Millionen Sonnenmassen – im Zentrum unserer Galaxis, der Milchstraße, befindet. Und sogar dieses scheinbar gigantische Schwarze Loch verblaßt im Vergleich zu den Gebilden, die Astronomen im Kern der erstaunlich hellen, über den ganzen Kosmos verstreuten Quasare vermuten: Schwarze Löcher, die durchaus einige *Milliarden* Sonnenmassen besitzen könnten.

Schwarzschild starb nur wenige Monate, nachdem er seine Lösung gefunden hatte, an einer Hautkrankheit, die er sich an der Front zugezogen hatte. Er war 42 Jahre alt. Seine tragisch kurze Begegnung mit Einsteins Gravitationstheorie brachte die Entdeckung einer höchst verblüffenden und geheimnisvollen Facette der natürlichen Welt.

Das zweite Beispiel für das außerordentliche Leistungsvermögen der allgemeinen Relativitätstheorie betrifft den Ursprung und die Evolution des ganzen Universums. Wie wir gesehen haben, hat Einstein gezeigt, daß Raum und Zeit auf die Anwesenheit von Masse und Energie reagieren. Diese Verzerrung der Raumzeit wirkt sich auf die Bewegung anderer kosmischer Körper aus, die sich innerhalb der resultierenden Krümmung bewegen. Die Bewegung dieser Körper hat infolge ihrer eigenen Masse und Energie wiederum Auswirkungen auf die Krümmung der Raumzeit, die dann ihrerseits wieder die Bewegung der Körper beeinflußt und so weiter und so fort in einem Tanz kosmischer Wechselbeziehungen. Die Gleichungen der allgemeinen Relativitätstheorie beruhen auf der Geometrie des gekrümmten Raums, deren Beschreibung im wesentlichen Georg Bernhard Riemann, einem bedeutenden Mathematiker des neunzehnten Jahrhunderts, zu verdanken ist (wir kommen später auf ihn zurück). Mit Hilfe dieser Gleichungen konnte Einstein die Entwicklung von Raum, Zeit und Materie quantitativ beschreiben. Wenn man die Gleichungen nicht auf einen isolierten Kontext innerhalb des Universums anwendet, etwa einen Planeten oder Kometen, der einen Stern umkreist, sondern auf das Universum als Ganzes, ergibt sich, wie Einstein zu seiner großen Überraschung feststellte, eine bemerkenswerte Schlußfolgerung: *Die Gesamtgröße des räumlichen Universums muß sich im Laufe der Zeit verändern.* Das heißt, entweder dehnt sich das Universum aus, oder es schrumpft, keinesfalls aber bleibt es einfach, wie es ist. Das geht aus den Gleichungen der Relativitätstheorie eindeutig hervor.

Diese Schlußfolgerung war selbst für Einstein zuviel. Er hatte die kollektive Auffassung von Raum und Zeit gründlich verändert, die sich auf eine vieltausendjährige Alltagserfahrung stützte, aber die Vorstellung eines ewig existierenden, unveränderlichen Universums war selbst in diesem radikalen Denker so tief verwurzelt, daß er sie nicht einfach aufgeben konnte. Aus diesem Grund sah sich Einstein seine Gleichungen noch einmal genauer an und veränderte sie, indem er die sogenannte *kosmologische Konstante* einführte, einen Zusatzterm, der ihm diese Vorhersage ersparte und ihm den Verbleib in dem gewohnten, statischen Universum ermöglichte. Doch zwölf Jahre später lieferte der amerikanische Astronom Edwin Hubble durch detaillierte Messungen ferner Galaxien den experimentellen Beweis für die *tatsächliche Expansion* des Universums. Was folgte, ist in die Annalen der Wissenschaftsgeschichte eingegangen: Einstein kehrte zur ursprünglichen Form seiner Gleichungen zurück und bezeichnete ihre vorübergehende Abänderung als »die größte Dummheit« seines Lebens.[12] Ungeachtet seiner anfänglichen Abneigung, die Schlußfolgerung zu akzeptieren, hatte Einsteins Theorie die Expansion des Universums vorhergesagt. Tatsächlich hatte schon Anfang der zwanziger Jahre – lange vor Hubbles Messungen – der russische Meteorologe Alexander Friedmann mit Hilfe von Einsteins ursprünglichen Gleichungen detailliert nachgewiesen, daß die Galaxien auf dem Substrat des expandierenden Raums so davongetragen werden, daß sie sich alle mit großer Geschwindigkeit voneinander entfernen. Hubbles Beobachtungen und viele spätere astronomische Daten haben diese erstaunliche Schlußfolgerung aus der allgemeinen Relativitätstheorie gründlich bestätigt. Mit der Erklärung der Expansion des Universums hat Einstein eine der größten intellektuellen Leistungen aller Zeiten vollbracht.

Wenn sich der Raum ausdehnt und dadurch den Abstand zwischen den im kosmischen Strom treibenden Galaxien vergrößert, können wir uns auch vorstellen, daß wir diese Entwicklung in der Zeit rückwärts laufen lassen, um etwas über den Ursprung des Universums zu erfahren: Das schrumpfende Universum preßt die Galaxien zusammen, wie in einem Dampfkochtopf steigt die Temperatur extrem an, die Sterne verlieren ihre Identität, und es bildet sich ein heißes Plasma aus den elementaren Bausteinen der Materie. Wenn die Struktur weiter schrumpft, hält der Temperaturanstieg unvermindert an, und auch die Dichte des Urplasmas nimmt weiter zu. Stellen wir uns vor, wir lassen die Uhr von der Gegenwart des jetzt beobachteten Universums ungefähr fünfzehn Milliarden Jahre zurücklaufen, dann wird das Universum zu immer kleineren Ausmaßen zusammengepreßt. Die Materie, aus der *alles* besteht – jedes Auto, Haus, Gebäude, jeder Berg auf der Erde, die Erde selbst, der Mond, Saturn, Jupiter und jeder andere Planet, die Andromeda-Galaxie mit ihren hundert Milliarden Sternen und jede einzelne der anderen mehr als hundert Milliarden Galaxien –, wird von einem kosmischen Schraubstock zu unvorstellbarer Dichte zusammengequetscht. Wenn wir die Uhr noch weiter zurückdrehen, schrumpft der gesamte Kosmos auf die Größe einer Orange, einer Zitrone, einer Erbse, eines Sandkorns und auf noch winzigere Ausmaße. Wenn wir den ganzen Weg bis zurück zum »Anfang« extrapolieren, stellen wir fest, daß das Universum offenbar als *Punkt* begonnen hat – eine Vorstellung, mit der wir uns in späteren Kapiteln noch kritisch auseinandersetzen werden –, als ein Punkt, in dem alle Materie und Energie zu unvorstellbarer Dichte und Temperatur zusammengepreßt ist. Man nimmt an, daß ein kosmischer Feuerball, der Urknall, aus dieser flüchtigen Mischung hervorgebrochen ist und die Keime ausgespieen hat, aus denen sich das Universum in der uns bekannten Form entwickelt hat.

Der Gedanke, daß der Urknall eine kosmische Explosion war, die die materiellen Inhalte des Universums wie die Splitter einer explodierenden Bombe in alle Richtungen verstreute, ist eine nützliche Vorstellungshilfe, wenn auch ein wenig irreführend. Wenn eine Bombe explodiert, so geschieht das an einem bestimmten Ort *im Raum* und zu einem bestimmten Augenblick *in der Zeit.* Ihre Inhalte werden in den umgebenden Raum verstreut. Beim Urknall gibt es keinen umgebenden Raum. Wenn wir die Entwicklung des Universums rückwärts bis zum Anfang ablaufen lassen, dann wird der gesamte Materie-Inhalt zusammengepreßt, weil der *ganze Raum* schrumpft. Die Rückwärtsentwicklung zur Orangen-, Erbsen-, Sandkorngröße beschreibt die *Gesamtheit* des Universums – nicht einen Vorgang innerhalb des Universums. Wenn wir bis zum Anfang zurückgehen, gibt es einfach keinen Raum außerhalb der winzigen Urgranate. Vielmehr ist der Urknall der Ausbruch komprimierten Raums, dessen Entfaltung bis auf den heutigen Tag Materie und Energie wie eine Flutwelle mit sich führt.

Hat die allgemeine Relativitätstheorie recht?

Auch mit modernsten technischen Mitteln sind bis auf den heutigen Tag keine Abweichungen von den Vorhersagen der allgemeinen Relativitätstheorie entdeckt worden. Die Zukunft wird erweisen, ob es bei noch größerer experimenteller Genauigkeit am Ende doch möglich sein wird, solche Abweichungen nachzuweisen und damit zu zeigen, daß auch diese Theorie nur eine approximative Beschreibung für die tatsächlichen Gesetzmäßigkeiten der Natur liefert. Die systematische Überprüfung unserer Theorien mit immer größerer Genauigkeit ist zweifellos eines der Gleise, auf denen sich der Fortschritt der Naturwissenschaft vollzieht, aber sie ist nicht das einzige. Das hat sich auch im Verlaufe unserer Darlegungen schon gezeigt: Die Suche nach einer neuen Gravitationstheorie ist nicht durch eine experimentelle Widerlegung der Newtonschen Theorie ausgelöst worden, sondern durch den Konflikt der Newtonschen Gravitation mit einer anderen *Theorie* – der speziellen Relativitätstheorie. Erst nachdem die allgemeine Relativitätstheorie als konkurrierende Gravitationstheorie entdeckt worden war, hat man experimentelle Mängel in Newtons Theorie gefunden, weil man nach winzigen, aber meßbaren Unterschieden der beiden Theorien gesucht hat. Daher können innere theoretische Widersprüche genauso zum Fortschritt der Wissenschaft beitragen wie experimentelle Daten.

Seit fünfzig Jahren sieht sich die Physik einem anderen theoretischen Konflikt gegenüber, der genauso schwerwiegend ist wie der zwischen spezieller Relativität und Newtonscher Gravitation. Die allgemeine Relativitätstheorie scheint prinzipiell unvereinbar zu sein mit einer anderen gründlich überprüften Theorie: der *Quantenmechanik*. Bezogen auf die Dinge, die wir in diesem Kapitel erfahren haben, hindert der Konflikt die Physiker an der Erkenntnis dessen, was wirklich mit Raum, Zeit und Materie geschieht, wenn sie im Augenblick des Urknalls oder im Inneren eines Schwarzen Lochs vollkommen zusammengepreßt sind. Allgemeiner betrachtet, macht uns der Konflikt auf eine fundamentale Schwäche unseres Naturverständnisses aufmerksam. Nachdem einige der fähigsten und bedeutendsten theoretischen Physiker an dem Versuch gescheitert sind, den Konflikt zu lösen, steht er wohl zu Recht in dem Ruf, *das* zentrale Problem der modernen theoretischen Physik zu sein. Um den Konflikt zu verstehen, müssen wir uns mit einigen grundlegenden Aspekten der Quantentheorie vertraut machen. Damit wollen wir uns jetzt beschäftigen.

Kapitel 4

Mikroskopische Mysterien

Ein bißchen erschöpft von ihrer interstellaren Expedition kehren Hänsel und Gretel zur Erde zurück und begeben sich direkt in die Planck-Bar, um sich bei ein paar Drinks von ihren Weltraumabenteuern zu erholen. Hänsel bestellt das Übliche – Maracujasaft auf Eis für sich selbst und einen Wodka Tonic für Gretel – und lehnt sich behaglich in seinem Barhocker zurück, die Hände hinterm Kopf verschränkt, um die gerade angezündete Zigarre zu genießen. Doch als er sich anschickt, den ersten tiefen Zug aus ihr zu nehmen, stellt er zu seiner Verblüffung fest, daß die Zigarre, die eben noch zwischen seinen Zähnen war, plötzlich verschwunden ist. In dem Glauben, die Zigarre müsse ihm irgendwie aus dem Mund gerutscht sein, beugt er sich nach vorn und macht sich darauf gefaßt, sie zu entdecken, wie sie ihm ein Loch in das Hemd oder die Hose brennt. Aber da ist sie auch nicht. Er kann die Zigarre beim besten Willen nicht finden. Gretel, durch Hänsels hektische Unruhe aufmerksam geworden, blickt herüber und sieht die Zigarre auf der Theke direkt *hinter* Hänsels Hocker. »Merkwürdig«, sagt Hänsel, »wie zum Teufel ist sie dahin gekommen? Als wenn sie direkt durch meinen Kopf gefallen wäre – aber meine Zunge ist nicht verbrannt und neue Löcher scheine ich auch nicht zu haben.« Gretel untersucht Hänsel und bestätigt widerstrebend, daß seine Zunge und sein Kopf offenbar vollkommen in Ordnung sind. Doch da ihre Drinks gerade gekommen sind, zucken Hänsel und Gretel mit den Achseln und haken die so merkwürdig gefallene Zigarre unter den kleinen Rätseln des Lebens ab. Doch die mysteriösen Ereignisse in der Planck-Bar nehmen ihren Fortgang.

Hänsel blickt in sein Glas und stellt fest, daß die Eiswürfel darin klirrend umherrasen – sie stoßen zusammen und prallen von den Seiten des Glases ab wie durchgeknallte Autoscooter. Und diesmal ergeht es ihm nicht allein so. In Gretels Glas, das nur halb so groß ist wie Hänsels, rasen die Eiswürfel noch verrückter herum. Die einzelnen Würfel sind kaum noch zu erkennen; sie verschwimmen zu einem einzigen schemenhaften Eisgebilde. Doch das ist noch nichts im Vergleich zu dem, was nun folgt. Während Hänsel und Gretel mit offenem Mund auf Gretels klirrenden Drink starren, sehen sie, wie ein einzelner Eiswürfel durch die Wand des Glases auf die Theke fällt. Als sie das Glas untersuchen, müssen sie feststellen, daß es völlig heil ist. Irgendwie ist der Eiswürfel *durch* das feste Glas gelangt, ohne die geringste Beschädigung zu hinterlassen. »Muß sich um post-astronautische Halluzinationen handeln«, meint Hänsel. Mit der gebotenen Vorsicht – wegen der wild umherschießenden Eiswürfel – kippen sie ihre Getränke herunter und eilen nach Hause, um sich zu erholen. Bei ihrem überhasteten Aufbruch merken Hänsel und Gretel gar nicht, daß sie irrtümlich eine als Dekoration auf die Wand gemalte Tür für den richtigen Ausgang der Bar halten. Doch die Gäste der Planck-Bar sind an Leute gewöhnt, die durch Wände gehen, und kümmern sich nicht weiter um den plötzlichen Abgang der beiden.

Als Freud und Conrad vor einem Jahrhundert ein Licht auf die Seele und auf das Herz der Finsternis warfen, ließ der deutsche Physiker Max Planck einen ersten Lichtstrahl auf die Quantenmechanik fallen, ein theoretisches System, das unter anderem erklärt, daß die Erlebnisse von Hänsel und Gretel – wenn man sie auf die mikroskopische Ebene verlagerte – nicht unbedingt auf einen beeinträchtigten Geisteszustand schließen lassen müßten. Solche fremdartigen und bizarren Geschehnisse sind typisch für das tatsächliche Verhalten unseres Universums bei extrem kleinen Abständen.

Die Quantentheorie

Die Quantenmechanik ist ein theoretischer Rahmen zum Verständnis der mikroskopischen Eigenschaften des Universums. Wie die spezielle und die allgemeine Relativitätstheorie eine gründliche Veränderung unseres Weltbilds verlangen, wenn die Dinge sich sehr rasch bewegen oder wenn sie sehr große Masse besitzen, so zeigt die Quantenmechanik, daß das Universum ebensolche oder noch verblüffendere Eigenschaften an den Tag legt, wenn wir es bei atomaren oder subatomaren Abständen betrachten. 1965 schrieb Richard Feynman, einer der gründlichsten Kenner der Quantenmechanik:

> Früher einmal konnte man in den Zeitungen lesen, es gebe nur zwölf Menschen, die die Relativitätstheorie verstünden. Das glaube ich nicht. Wohl mag eine Zeitlang nur ein Mensch sie verstanden haben, weil er als

einziger überhaupt auf den Gedanken verfallen war. Nachdem er aber seine Theorie zu Papier gebracht und veröffentlicht hatte, waren es gewiß mehr als zwölf. Andererseits kann ich mit Sicherheit behaupten, daß niemand die Quantenmechanik versteht.[1]

Obwohl Feynmans Äußerung mehr als dreißig Jahre alt ist, ist sie so aktuell wie je. Gemeint ist: Zwar verlangen die spezielle und die allgemeine Relativitätstheorie eine gründliche Revision des früheren Weltbilds, doch wenn man die Prinzipien akzeptiert, die ihnen zugrunde liegen, dann ergeben sich die neuen und ungewohnten Vorstellungen von Raum und Zeit direkt aus sorgfältigem logischem Denken. Wenn Sie gründlich über Einsteins Arbeit, wie wir sie in den letzten beiden Kapiteln beschrieben haben, nachdenken, dann wird Ihnen – wenn vielleicht auch nur einen Augenblick lang – klarwerden, wie unvermeidlich die Schlußfolgerungen sind, die wir gezogen haben. Anders verhält es sich mit der Quantenmechanik. So um das Jahr 1928 hatte man viele der mathematischen Formeln und Gesetze der Quantenmechanik entdeckt. Seither gewinnt man aus ihnen die exaktesten und erfolgreichsten numerischen Vorhersagen in der Geschichte der Naturwissenschaft. Tatsächlich aber halten sich alle, die die Quantenmechanik verwenden, an die Regeln und Formeln, die die »Gründerväter« der Theorie niedergelegt haben – Rechenverfahren, die sich leicht ausführen lassen –, ohne wirklich zu verstehen, *warum* die Verfahren klappen oder was sie im Grunde bedeuten. Im Gegensatz zur Relativitätstheorie wird die Quantenmechanik, wenn überhaupt, nur von wenigen »aus dem Bauch heraus« begriffen.

Was folgt für uns daraus? Heißt es, daß für das Universum auf mikroskopischer Ebene Gesetzmäßigkeiten gelten, die so unverständlich und fremd sind, daß der Geist des Menschen, den die Evolution in Jahrmillionen für den Umgang mit Phänomenen von alltäglichen Größenverhältnissen geformt hat, nicht vollständig erfassen kann, »was wirklich vor sich geht«? Oder hat ein historischer Zufall dafür gesorgt, daß die Physiker eine extrem ungeschickte Formulierung der Quantenmechanik entwickelt haben, die, obwohl quantitativ erfolgreich, die wahre Natur der Wirklichkeit verschleiert? Niemand weiß es. Vielleicht wird eines schönen Tages ein kluger Mensch eine neue Formulierung entdecken, die auch in das »Was« und »Warum« der Quantenmechanik Klarheit bringt. Aber auch hier gilt: Niemand weiß es. Mit Sicherheit wissen wir lediglich eines: Die Quantenmechanik zeigt uns klar und eindeutig, daß zahlreiche Grundbegriffe, die entscheidend für unser Verständnis der vertrauten Alltagswelt sind, *jegliche Bedeutung verlieren,* wenn wir uns auf mikroskopische Ebenen einlassen. Infolgedessen müssen wir sowohl unsere Sprache wie unser Denken erheblich verändern, wenn wir versuchen wollen, das Universum auf atomarer und subatomarer Ebene zu verstehen und zu erklären.

In den folgenden Abschnitten möchte ich diese Sprache skizzieren und einige der bemerkenswerten Überraschungen schildern, die sie birgt. Sollte Ihnen im Verlauf dieser Ausführungen die Quantenmechanik vollkommen bizarr oder sogar lächerlich erscheinen, dann sollten Sie sich zwei Dinge vor Augen halten: Erstens, abgesehen davon, daß die Quantenmechanik eine mathematisch schlüssige Theorie ist, besteht der einzige Grund, warum wir an sie glauben, darin, daß sie Vorhersagen liefert, die mit erstaunlicher Genauigkeit bestätigt worden sind. Wenn Ihnen jemand eine Fülle von Einzelheiten aus Ihrer Kindheit erzählt, die kein Außenstehender wissen kann, werden Sie sich kaum der Überzeugung verschließen, daß es sich um Ihre lange verloren geglaubte Schwester handelt. Zweitens, Sie stehen nicht allein mit dieser Reaktion auf die Quantenmechanik. Mehr oder minder wird Ihre Auffassung von einigen der bedeutendsten Physiker aller Zeiten geteilt. Einstein weigerte sich, die Quantenmechanik mit all ihren Konsequenzen zu akzeptieren. Sogar Niels Bohr, ein Pionier der Quantenmechanik und einer ihrer überzeugtesten Fürsprecher, hat einmal gesagt, wem nicht schwindelig im Kopf werde, wenn er über die Quantenmechanik nachdenke, der habe sie nicht wirklich verstanden.

Es ist zu heiß in der Küche

Die Entwicklung der Quantenmechanik begann mit einem schwierigen Problem. Stellen Sie sich vor, Ihr Backofen ist vollkommen isoliert, Sie stellen eine bestimmte Temperatur ein, sagen wir, 200 Grad, und lassen ihm eine ausreichende Vorwärmzeit. Selbst wenn Sie vor dem Einschalten alle Luft aus dem Backofen abgesaugt hätten, würden Sie durch die Erwärmung seiner Wände Strahlungswellen in seinem Inneren erzeugen. Das ist die gleiche Strahlung – Licht und Wärme in Form von elektromagnetischen Wellen –, die von der Sonnenoberfläche oder einem glühendheißen Feuerhaken ausgesandt wird.

Dabei ergab sich folgendes Problem: Elektromagnetische Wellen transportieren Energie – beispielsweise ist das Leben auf der Erde entscheidend von der Energie abhängig, die durch elektromagnetische Wellen von der Sonne zur Erde getragen wird. Zu Beginn des zwanzigsten Jahrhunderts berechneten Physiker die Gesamtenergie, die die elektromagnetische Strahlung im Inneren eines Backofens bei einer gewählten Temperatur trägt. Anhand bewährter Rechenverfahren kamen sie auf ein absurdes Ergebnis: Bei jeder gewählten Temperatur ist die Gesamtenergie im Backofen *unendlich*.

Allen war klar, daß dieses Ergebnis unsinnig war – ein heißer Backofen beherbergt beträchtliche Mengen an Energie, aber sicherlich keine unendliche Menge. Um die Lösung zu verstehen, die Planck vorgeschlagen hat, müssen wir eine etwas klarere Vorstellung von dem Problem gewinnen. Wenn man Maxwells Theorie des Elektromagnetismus auf die Strahlung in einem Backofen anwendet, zeigt sich, daß die von den heißen Wänden erzeugten Wellen *ganze* Zahlen von Wellenbergen und -tälern haben müssen, die genau zwischen die gegenüberliegenden Wände passen. Einige Beispiele sind in Abbildung 4.1 dargestellt. Physiker beschreiben einfache Wellen mit drei Begriffen: Wellenlänge, Frequenz und Amplitude. Die *Wellenlänge* ist der Abstand zwischen aufeinanderfolgenden Bergen oder Tälern der Welle (Abbildung 4.2). Mehr Berge und Täler bedeuten für die Wellen im Ofen eine kürzere Wellenlänge, denn die Berge und Täler müssen alle zwischen die feststehenden Wände des Backofens gedrängt werden. Die *Frequenz* bezeichnet die Zahl der aufwärts- und abwärtsführenden Schwingungszyklen, die eine Welle pro Sekunde durchläuft. Wie sich herausstellt, wird die Frequenz durch die Wellenlänge bestimmt und umgekehrt: Größere Wellenlängen be-

Abbildung 4.1 *Aus Maxwells Theorie folgt, daß die Strahlungswellen in einem Backofen ganze Zahlen von Wellenbergen und -tälern aufweisen – sie durchlaufen vollständige Wellenzyklen.*

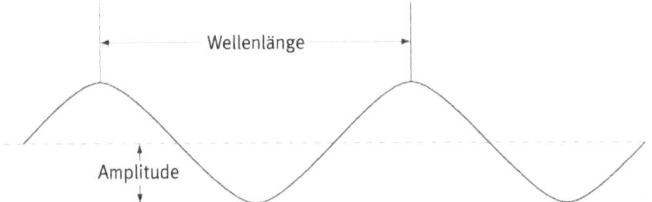

Abbildung 4.2 *Die Wellenlänge ist der Abstand zwischen aufeinander-folgenden Wellenbergen oder Wellentälern. Die Amplitude ist die maximale Höhe oder Tiefe, welche die Welle während eines Schwingungszyklus auf-weist.*

deuten geringere Frequenz, kleinere Wellenlängen höhere Frequenz. Das ist eigentlich ganz einleuchtend; überlegen Sie, was geschieht, wenn Sie Wellen erzeugen, indem Sie ein langes Seil schütteln, das an einem Ende festgebunden ist. Um eine große Wellenlänge zu erzeu-gen, bewegen Sie Ihr Seilende gemächlich auf und ab. Die Frequenz der Wellen entspricht der Zahl der Zyklen pro Sekunde, die Ihr Arm durchläuft, und ist folglich ziemlich niedrig. Um kleine Wellenlängen hervorzurufen, schütteln Sie Ihren Arm heftiger – häufiger –, und das ergibt eine hochfrequente Welle. Mit dem Begriff *Amplitude* be-schreiben Physiker schließlich die maximale Höhe oder Tiefe einer Welle, wie in Abbildung 4.2 dargestellt.

Falls Ihnen elektromagnetische Wellen zu abstrakt erscheinen, sind die Wellen, die entstehen, wenn Sie eine Geigensaite zupfen, eine sehr anschauliche Analogie. Verschiedene Wellenfrequenzen entsprechen verschiedenen musikalischen Tönen: je höher die Fre-quenz, desto höher der Ton. Die Amplitude einer Welle auf einer Geigensaite hängt davon ab, wie stark Sie zupfen. Stärkeres Zupfen bedeutet, daß Sie die Welle mit größerer Energie ausstatten, daher entspricht mehr Energie einer größeren Amplitude. Das können Sie hören, denn der Ton wird lauter. Umgekehrt entspricht weniger Energie einer kleineren Amplitude und einer geringeren Lautstärke.

Gestützt auf die Thermodynamik des neunzehnten Jahrhunderts, konnten die Physiker bestimmen, mit wieviel Energie die heißen Wände des Backofens die elektromagnetischen Wellen jeder erlaub-ten Wellenlänge ausstatten würden – um bei unserem Bild zu blei-ben: wie stark die Wände jede Welle »zupfen« würden. Das Ergeb-nis, auf das sie stießen, ist leicht wiederzugeben: Auf jede der erlaub-

ten Wellen entfällt – *unabhängig von ihrer Wellenlänge* – die gleiche
Energiemenge (wobei die exakte Menge von der Temperatur des
Ofens bestimmt wird). Mit anderen Worten: Alle im Ofen möglichen Wellenmuster sind sich hinsichtlich der Energie, die sie tragen,
vollkommen gleich.

Auf den ersten Blick sieht das aus wie ein zwar interessantes, aber
doch recht harmloses Ergebnis. Doch der Eindruck täuscht. Es bewirkte den Zusammenbruch dessen, was man später die klassische
Physik nennen sollte. Das hat folgenden Grund: Obwohl die Bedingung, daß alle Wellen ganze Zahlen von Bergen und Tälern haben
müssen, eine enorme Vielfalt von in dem Backofen denkbaren Wel-
lenmustern ausschließt, bleibt immer noch eine unendliche Zahl von
möglichen Mustern – mit einer wachsenden Zahl von immer enger
zusammenliegenden Bergen und Tälern. Da jedes Wellenmuster die
gleiche Energiemenge trägt, ist bei einer unendlichen Zahl der Wellen von einer unendlichen Energiemenge auszugehen. Um die Jahrhundertwende schwamm also ein gigantisches Haar in der theoretischen Suppe.

Pakete schnüren um die Jahrhundertwende

1900 stellte Planck eine hellsichtige Hypothese auf, die einen Ausweg
aus diesem Dilemma eröffnete und ihm 1918 den Nobelpreis für Physik eintrug.[2] Um seine Lösung besser zu verstehen, können Sie sich
vorstellen, daß Sie mit einer riesigen Menschenmenge – »unendlich«
an der Zahl – in einem großen, kalten Lagerhaus eingepfercht sind,
das einem geizigen Hauswirt gehört. Die Temperatur wird von
einem aufwendigen digitalen Thermostat an der Wand gesteuert.
Allerdings sind Sie entsetzt, als Sie feststellen, welche Gebühren der
Hauswirt für Heizwärme erhebt. Wird der Thermostat auf 10 Grad
gestellt, muß jeder an den Hauswirt 20 Mark entrichten, also pro
Grad Celsius 2 Mark. Wird der Thermostat auf 12 Grad gestellt,
muß jeder 24 Mark bezahlen und so fort. Da Sie das Lagerhaus mit
einer unendlichen Zahl von Mitbewohnern teilen, wird der Hauswirt, wie Sie rasch erkennen, eine unendliche Geldsumme verdienen,
wenn Sie die Heizung überhaupt anstellen.

Doch als Sie sich die Zahlungsbedingungen des Hauswirts genauer anschauen, finden Sie ein Schlupfloch. Da der Hauswirt ein
sehr beschäftigter Mann ist, möchte er kein Wechselgeld herausge-
ben, vor allem nicht einer unendlichen Zahl von einzelnen Mietern.

Deshalb hat er ein Gentlemen's Agreement getroffen. Wer genau bezahlen kann, was er schuldet, tut es. Ansonsten zahlt er genau so viel, wie er kann, ohne daß Wechselgeld fällig wird. In dem Bestreben, einerseits alle zu beteiligen, andererseits aber die übermäßigen Heizgebühren zu vermeiden, veranlassen Sie Ihre Schicksalsgenossen, das Vermögen der Gruppe wie folgt zu organisieren: Einer nimmt alle Pfennige, der nächste alle Zweipfennigstücke, der dritte alle Fünfpfennigstücke, dann alle Groschen, alle Fünfzigpfennigstücke und so fort bis zu den Zehnmarkscheinen, Zwanzigmarkscheinen, den Fünfzig-, Hundert-, Zweihundert-, Fünfhundert-, Tausendmarkscheinen. Unverfroren stellen Sie den Thermostat auf 25 Grad ein und warten auf die Ankunft des Hauswirts. Als er da ist, geht der Mitbewohner mit Pfennigen hin und übergibt 5000 Münzen, der mit Zweipfennigstücken 2500 Münzen, der mit Fünfpfennigstücken 1000 Münzen, der mit Groschen 500 Münzen, der mit Fünfzigpfennigstücken 100 Münzen, der mit Markstücken 50 Münzen, der mit Zweimarkstücken 25 Münzen, der mit Fünfmarkstücken 10 Münzen, der mit Zehnmarkscheinen 5 Banknoten, der mit Zwanzigmarkscheinen 2 Banknoten (weil 3 Zwanzigmarkscheine die erforderliche Summe überschreiten und damit die Herausgabe von Wechselgeld erforderlich machen würden), der mit Fünfzigmarkscheinen 1 Note. Alle anderen Bewohner befinden sich im Besitz von Geldscheinen – kleinsten »Geldpaketen« –, deren Notenwert die geforderte Geldsumme überschreitet. Daher können sie den Hauswirt nicht bezahlen, der also anstelle des unendlichen Geldbetrags lumpige DM 540 einstreicht.

Mit einer ganz ähnlichen Strategie reduzierte Planck das absurde Ergebnis von unendlicher Gesamtenergie auf ein Resultat von endlicher Energie, und zwar auf folgende Weise: Planck ging von der kühnen Vermutung aus, daß die Energie, die von einer elektromagnetischen Welle im Backofen befördert wird, nur in Paketen vorkommt. Die Energie kann das Einfache eines bestimmten fundamentalen »Energiewerts« aufweisen, das Zweifache, Dreifache und so fort – aber keine anderen Beträge annehmen. Sowenig wie Sie einen drittel Pfennig oder zweieinhalb Fünfpfennigstücke besitzen können. Planck erklärte, in Sachen Energie seien keine Brüche erlaubt. Nun werden unsere Münz- und Notenwerte von der Deutschen Bundesbank festgelegt. Auf der Suche nach einer fundamentaleren Erklärung nahm Planck an, der Energiewert einer bestimmten Welle – das kleinste Energiepaket, das sie tragen kann – werde von ihrer Frequenz bestimmt. Insbesondere postulierte er, die *kleinste* Energie, die eine Welle aufweisen könne, sei *ihrer Frequenz proportional*: Danach ist höhere Frequenz (kleinere Wellenlänge) mit einer größeren Minimalenergie, niedrigere Frequenz (größere Wellenlänge) mit einer kleineren Minimalenergie verknüpft. Wie sanftere Meereswellen lang und weich sind, rauhe Wellen dagegen kurz und abgehackt, so ist langwellige Strahlung gleichsam »von Hause aus« energieärmer als kurzwellige Strahlung.

Die Pointe: Plancks Berechnungen zeigten, daß diese gebündelte Form der erlaubten Energie in jeder Welle das absurde Ergebnis der unendlichen Gesamtenergie beseitigte. Der Grund ist nicht schwer zu erkennen. Wenn ein Backofen auf eine eingestellte Temperatur erwärmt wird, kommen Berechnungen, die von der Thermodynamik des neunzehnten Jahrhunderts ausgehen, zu dem Ergebnis, daß vermutlich jede Welle gleich viel zur Gesamtenergie beiträgt. Doch wie die Hausgenossen, die nichts zum gemeinsamen Betrag beisteuern können, den sie dem Hauswirt schulden, weil der ihnen zugewiesene Notenwert zu hoch ist, so kann auch eine gegebene Welle, deren kleinste mögliche Energie den von ihr erwarteten Energiebeitrag übersteigt, keinen Beitrag leisten und bleibt untätig. Da nach Planck die kleinste Energie, die eine Welle befördern kann, ihrer Frequenz proportional ist, stoßen wir, wenn wir im Backofen Wellen von immer höherer Frequenz (kleinerer Wellenlänge) untersuchen, früher oder später auf Wellen, deren Minimalenergie größer als der erwartete Energiebeitrag ist. Wie die Schicksalsgenossen im Lagerhaus, denen Notenwerte über fünfzig Mark zugeteilt worden sind, können diese Wellen mit immer höheren Frequenzen nicht die von der Physik des neunzehnten Jahrhunderts verlangte Energiemenge beitragen. Und wie nur eine endliche Zahl von Mitbewohnern in der Lage ist, sich an den Gesamtheizkosten zu beteiligen – so daß am Ende eine endliche Gesamtsumme herauskommt –, so ist nur eine endliche Zahl von Wellen in der Lage, zur Gesamtenergie des Backofens beizutragen, was auch hier zu einer endlichen Gesamtenergiemenge führt. Egal, ob Energie oder Geld, die Bündelung der fundamentalen Einheiten – und die stetig wachsende Größe dieser Pakete, wenn wir es mit höheren Frequenzen oder größeren Geldwerten zu tun haben – verwandelt eine unendliche Antwort in eine endliche.[3]

Als Planck die offenkundige Unsinnigkeit eines unendlichen Resultats beseitigte, tat er einen wichtigen Schritt. Ihren Erfolg in der Fachwelt verdankte seine Hypothese aber dem Umstand, daß das endliche Ergebnis, das sein neues Verfahren für die Energie in einem Backofen lieferte, auf sensationelle Weise mit den Experimental-

daten übereinstimmte. Insbesondere vermochte Planck durch Anpassung *eines* Parameters, der in seine neuen Berechnungen Eingang
fand, die gemessene Energie für jede beliebige Temperatureinstellung
des Backofens exakt vorherzusagen. Es handelt sich um den Proportionalitätsfaktor zwischen der Frequenz einer Welle und dem kleinsten Energiebündel, das sie tragen kann. Wie Planck feststellte, ist
dieser Proportionalitätsfaktor – heute als *Plancksche Konstante* bezeichnet und durch *h* wiedergegeben – in alltäglichen Einheiten ein
milliardstel milliardstel Milliardstel groß.[4] Aus diesem winzigen
Wert der Planckschen Konstante folgt, daß die Energiebündel in der
Regel sehr klein sind. Daher haben wir beispielsweise den *Eindruck,*
wir könnten die Energie einer Welle auf einer Geigensaite – und
daher die von ihr verursachte Lautstärke – kontinuierlich verändern.
Tatsächlich durchläuft die Energie der Welle jedoch diskrete Schritte
à la Planck, nur sind diese Schritte so klein, daß die diskreten
Sprünge von einer Lautstärke zur nächsten fließend zu sein scheinen.
Nach der Planckschen Hypothese nimmt die Größe dieser Energiesprünge mit der Frequenz der Wellen zu (während ihre Wellenlänge
immer kleiner und kleiner wird). Das ist der entscheidende Faktor,
der das Paradoxon der unendlichen Energie löst.

Wie wir sehen werden, ermöglicht uns die Plancksche Quantenhypothese nicht nur, den Energiegehalt eines Backofens zu verstehen, sondern hat noch viel spektakulärere Auswirkungen: Sie stellt
viele Aspekte der Welt, die wir für selbstverständlich halten, grundsätzlich in Frage. Die Winzigkeit von *h* sorgt dafür, daß viele dieser
radikalen Abweichungen vom gewohnten Erscheinungsbild der
Wirklichkeit auf den mikroskopischen Bereich beschränkt bleiben,
doch wenn *h* zufällig erheblich größer wäre, als es ist, wären die
merkwürdigen Ereignisse aus der Planck-Bar alltäglich. Wie wir
sehen werden, gilt das mit Gewißheit für die mikroskopische Ebene.

Was sind das für Pakete?

Planck hatte eigentlich keine Rechtfertigung für die folgenreiche Einführung der Energiebündelung. Von dem Umstand abgesehen, daß
sie funktionierte, konnte weder er noch jemand anders einen überzeugenden Grund für ihre Daseinsberechtigung angeben. Sehr anschaulich hat das einmal der Physiker George Gamow beschrieben:
Es sei, als erlaube die Natur uns, einen halben Liter Bier oder gar
kein Bier zu trinken, aber nichts dazwischen.[5] 1905 fand Einstein

eine Erklärung dafür (die ihm 1921 den Nobelpreis für Physik ein-
brachte).

Auf diese Erklärung stieß Einstein, als er sich den Kopf über ein
physikalisches Phänomen zerbrach, das man als Photoeffekt bezeichnet. 1887 hatte der deutsche Physiker Heinrich Hertz entdeckt,
daß bestimmte Metalle Elektronen emittieren, wenn man sie mit
elektromagnetischer Strahlung – Licht – beschießt. An sich ist das
nicht besonders bemerkenswert. Metalle haben die Eigenschaft, daß
einige ihrer Elektronen nur lose mit den Atomen verbunden sind
(daher ihre elektrische Leitfähigkeit). Wenn Licht auf die Oberfläche
des Metalls fällt, setzt das Licht seine Energie frei. Das gleiche geschieht, wenn Licht auf Ihre Haut trifft und dort das Gefühl von
Wärme hervorruft. Diese übertragene Energie kann die Elektronen
im Metall anregen und dadurch einige der lockersitzenden Elektronen aus der Oberfläche herausschlagen.

Doch der merkwürdige Charakter des Photoeffekts wird offenkundig, wenn man die Eigenschaften der herausgelösten Elektronen
etwas genauer betrachtet. Zunächst sollte man meinen, daß bei
wachsender Lichtintensität – Helligkeit – auch die Geschwindigkeit
der herausgeschlagenen Elektronen zunimmt, da die einwirkende
elektromagnetische Welle mehr Energie besitzt. Doch das ist *nicht*
der Fall. Vielmehr nimmt die *Zahl* der herausgelösten Elektronen zu,
während ihre Geschwindigkeit unverändert bleibt. Andererseits hat
man in Experimenten beobachtet, daß die Geschwindigkeit der herausgeschlagenen Elektronen *tatsächlich* zunimmt, wenn sich die *Frequenz* des einwirkenden Lichts erhöht, und, entsprechend, daß sich
ihre Geschwindigkeit verringert, wenn die Frequenz des Lichts
zurückgeht. (Bei elektromagnetischen Wellen im sichtbaren Teil des
Spektrums entspricht eine Frequenzerhöhung einer Veränderung der
Farbe von Rot über Orange, Gelb, Grün, Blau bis hin zu Violett.
Höhere Frequenzen als Violett sind nicht sichtbar; sie entsprechen
ultraviolettem Licht und, bei noch höheren Frequenzen, Röntgenstrahlen. Niedrigere Frequenzen als Rot sind ebenfalls nicht sichtbar
und entsprechen Infrarotstrahlung.) Wenn man die Frequenz des
verwendeten Lichts absenkt, erreicht man einen Punkt, wo die Geschwindigkeit der emittierten Elektronen auf Null sinkt und sie nicht
mehr aus der Oberfläche herausgelöst werden, *egal, wie intensiv die
Lichtquelle ist.* Aus unbekannten Gründen entscheidet die Farbe des
einwirkenden Lichtstrahls – nicht seine Gesamtenergie – darüber, ob
Elektronen herausgeschlagen werden oder nicht, und wenn, wieviel
Energie sie besitzen.

Um zu verstehen, wie Einstein diese rätselhaften Umstände erklärt hat, wollen wir uns noch einmal in das Lagerhaus begeben, das jetzt auf wohlige 25 Grad erwärmt worden ist. Stellen Sie sich vor, der Hausbesitzer kann Kinder nicht ausstehen und verlangt, daß sich alle Bewohner unter fünfzehn Jahren in dem tieferliegenden Kellergeschoß des Lagerhauses aufzuhalten haben, das die Erwachsenen von einer riesigen umlaufenden Galerie aus einsehen können. Jedes der ungeheuer vielen im Keller eingesperrten Kinder kann das Lagerhaus nur verlassen, wenn es der Wache am Ausgang eine Gebühr von 8,50 Mark entrichtet. (Die Geldgier dieses Hauswirts ist *unersättlich.*) Die Erwachsenen, die das kollektive Guthaben auf Ihr Drängen in der oben beschriebenen Weise nach Münz- und Notenwerten aufgeteilt haben, können den Kindern Geld nur zukommen lassen, indem sie es von der Galerie herabwerfen. Schauen wir, was geschieht.

Der Mitbewohner mit den Pfennigen wirft einige hinab, doch ist diese Summe so armselig, daß kein Kind genügend zusammenkratzen kann, um sich freizukaufen. Da es eine »unendliche« Zahl von Kindern gibt, kämpfen sie alle erbittert in einem wilden Durcheinander um die fallenden Münzen. Selbst wenn der mit den Pfennigen ausgestattete Erwachsene enorme Mengen hinabwirft, hat keines der Kinder auch nur eine entfernte Chance, die 850 Münzen zu sammeln, die es braucht, um die Wache zu bezahlen. Das gleiche gilt für die Erwachsenen mit den Zwei- und Fünfpfennigstücken, den Groschen, den Ein-, Zwei- und Fünfmarkmünzen. Obwohl sie alle gewaltige Geldsummen hinabwerfen, kann sich jedes Kind glücklich schätzen, wenn es auch nur eine Münze ergattert (die meisten bekommen gar keine); ganz gewiß rafft keines die 8,50 Mark zusammen, die es braucht, um seine Freiheit zu erkaufen. Doch als dann der Erwachsene mit den Zehnmarkscheinen anfängt, seine Banknoten herabflattern zu lassen – obwohl nur in vergleichsweise geringen Mengen, Zehnmarkschein um Zehnmarkschein –, sind die Kinder, denen es gelingt, eine Banknote zu erhaschen, in der glücklichen Lage, das Lagerhaus augenblicklich verlassen zu können. Anzumerken ist allerdings, daß selbst, wenn sich dieser Erwachsene einen innerlichen Ruck gibt und große Mengen von Zehnmarkscheinen hinabwirft, die Zahl der Kinder, die hinausdürfen, zwar enorm anwächst, daß jedes aber genau 1,50 Mark übrigbehält, nachdem es die Wache bezahlt hat. Das gilt unabhängig von der Gesamtzahl der hinabgeworfenen Zehnmarkscheine.

Was hat das alles mit dem Photoeffekt zu tun? Ausgehend von den oben beschriebenen Untersuchungsergebnissen schlug Einstein vor, Plancks Bündelung der Wellenenergie in eine neue Beschreibung des Lichts aufzunehmen. Danach muß man sich einen Lichtstrahl als einen *Strom winziger Pakete* – winziger Lichtteilchen – vorstellen, denen der Chemiker Gilbert Lewis dann den Namen *Photonen* gegeben hat (wir haben uns diesen Umstand schon bei der Lichtuhr in Kapitel zwei zunutze gemacht). Um einen Eindruck von der Größenordnung zu vermitteln: Nach dieser Teilchenhypothese des Lichts emittiert eine Hundert-Watt-Glühlampe rund hundert Milliarden Milliarden (10^{20}) Photonen pro Sekunde. Von der neuen Vorstellung ausgehend, hat Einstein postuliert, daß dem Photoeffekt der folgende mikroskopische Mechanismus zugrunde liegt: Aus der metallischen Oberfläche wird ein Elektron herausgeschlagen, wenn es von einem Photon getroffen wird, das genügend Energie besitzt. Und was bestimmt die Energie eines einzelnen Photons? Zur Erklärung der Experimentalergebnisse hielt sich Einstein an die Plancksche Hypothese und schlug vor, die Energie *jedes* Photons sei der Frequenz der Lichtwelle proportional (wobei als Proportionalitätsfaktor die Plancksche Konstante dienen sollte).

Entsprechend der kleinsten Auslösesumme, die die Kinder brauchen, müssen die Elektronen in einem Metall, um aus der Oberfläche herausgeschlagen zu werden, von einem Photon angestoßen werden, das eine bestimmte Mindestenergie besitzt. (Wie bei den Kindern, die um die Münzen raufen, ist es extrem unwahrscheinlich, daß irgendein Elektron von mehr als einem Photon getroffen wird – die meisten werden gar nicht getroffen.) Doch wenn die Frequenz des einwirkenden Lichtstrahls zu niedrig ist, fehlt den einzelnen Photonen die Kraft, die erforderlich ist, um Elektronen herauszuschlagen. Wie kein Kind in der Lage ist, die für den Freikauf nötige Summe zusammenzuraffen, solange die Erwachsenen Münzen herabregnen lassen – und mögen es noch so viele sein –, so wird kein Elektron herausgelöst, egal, wie groß die Gesamtenergie des einwirkenden Lichtstrahls ist, wenn seine Frequenz (und damit die Energie seiner einzelnen Photonen) zu niedrig ist.

Aber genauso, wie einige der Kinder in der Lage sind, das Lagerhaus zu verlassen, sobald der Notenwert des auf sie herabregnenden Geldes groß genug wird, so werden auch Elektronen aus der Oberfläche herausgeschlagen, sobald die Frequenz des einwirkenden Lichts – sein Energiewert – hoch genug wird. Ferner erhöht man die Gesamtintensität eines Lichtstrahls von gegebener Frequenz, indem man die Zahl der in ihm enthaltenen Photonen erhöht, so wie der mit den Zehnmarkscheinen ausgestattete Erwachsene die Gesamt-

summe des herabgeworfenen Geldes erhöht, indem er die Zahl der
herabgeworfenen Zehnmarkscheine erhöht. Und so, wie mehr Zehnmarkscheine bewirken, daß mehr Kinder freikommen, so bewirken
mehr Photonen, daß mehr Elektronen getroffen und aus der Oberfläche herausgeschlagen werden. Anzumerken ist, daß die Restener-
gie, über die jedes dieser Elektronen verfügt, nachdem es sich aus der
Oberfläche gelöst hat, einzig und allein von der Energie des Photons
abhängt, von dem es getroffen worden ist – und diese wiederum
wird von der Frequenz des Lichts und nicht von seiner Gesamtintensität bestimmt. Wie jedes Kind den Keller mit 1,50 Mark in der
Tasche verläßt, egal, wie viele Zehnmarkscheine niedergegangen
sind, so verläßt auch jedes Elektron die Oberfläche mit der gleichen
Energie – und damit der gleichen Geschwindigkeit –, egal, welche
Gesamtintensität das einwirkende Licht besitzt. Eine größere Gesamtsumme bedeutet einfach, daß mehr Kinder freikommen; eine
größere Gesamtenergie im Lichtstrahl bedeutet einfach, daß mehr
Elektronen herausgeschlagen werden. Wenn wir wollen, daß die frei-
kommenden Kinder den Keller mit mehr Geld in der Tasche verlassen, müssen wir den Geldwert der hinabgeworfenen Banknoten erhöhen; wenn wir möchten, daß die Elektronen die Oberfläche mit
größerer Geschwindigkeit verlassen, müssen wir die Frequenz des
einwirkenden Lichtstrahls erhöhen – das heißt, wir müssen den
Energiewert der Photonen erhöhen, mit denen wir die Metalloberfläche beschießen.

Das deckt sich exakt mit den experimentellen Daten. Die Frequenz des Lichts (seine Farbe) bestimmt die Geschwindigkeit der
herausgeschlagenen Elektronen; die Gesamtintensität des Lichts bestimmt die Zahl der herausgeschlagenen Elektronen. Damit hat Einstein nachgewiesen, daß die Plancksche Hypothese von der Bündelung der Energie tatsächlich eine fundamentale Eigenschaft elektromagnetischer Wellen zum Ausdruck bringt: Sie bestehen aus
Teilchen – Photonen –, die kleine Pakete oder *Quanten* des Lichts
sind. Die Bündelung der Energie, die in solchen Wellen vorliegt,
resultiert daraus, daß sie aus Bündeln oder Paketen bestehen.

Einsteins Erkenntnis bedeutete einen großen Fortschritt, doch leider sind die Verhältnisse nicht ganz so übersichtlich, wie sie auf den
ersten Blick erscheinen.

Welle oder Teilchen?

Jeder weiß, daß Wasser – und damit eine Wasserwelle – aus einer riesigen Zahl von Wassermolekülen besteht. Ist es da so verwunderlich, daß auch Lichtwellen aus einer riesigen Zahl von Teilchen, den Photonen, bestehen? Das ist es. Allerdings steckt die Überraschung im Detail. Schon vor mehr als dreihundert Jahren hat Newton erklärt, das Licht bestehe aus einem Teilchenstrom. So ganz neu ist der Gedanke also nicht. Doch einige von Newtons Kollegen, vor allem der holländische Physiker Christian Huygens, waren anderer Meinung und behaupteten, Licht sei eine Welle. Eine heftige Debatte entbrannte, doch am Ende zeigten die Experimente, die der englische Physiker Thomas Young Anfang des neunzehnten Jahrhunderts durchführte, daß Newton unrecht gehabt hatte.

Eine Version der Youngschen Versuchsanordnung – das sogenannte Doppelspaltexperiment – ist schematisch in Abbildung 4.3 dargestellt. Feynman sagte gern, die ganze Quantenmechanik könne man ableiten, indem man sich die Bedeutung dieses einen Experiments gründlich vor Augen führe. Also lohnt es sich, daß wir etwas ausführlicher darauf eingehen. Wie die Abbildung 4.3 zeigt, wird Licht auf eine dünne, undurchsichtige Trennwand geworfen, die zwei Spalte aufweist. Eine photographische Platte zeichnet das Licht auf, das durch die Spalte gelangt – hellere Bereiche der Photographie bezeichnen mehr einfallendes Licht. Ziel des Experiments ist der Vergleich der Bilder auf den photographischen Platten, die sich ergeben, wenn bei eingeschalteter Lichtquelle entweder ein Spalt oder beide in der Trennwand geöffnet sind.

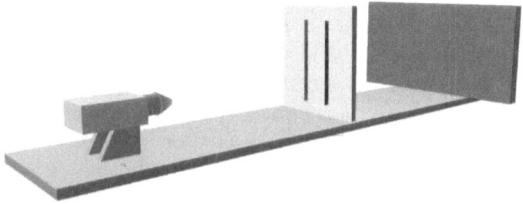

Abbildung 4.3 *Beim Doppelspaltexperiment wird ein Lichtstrahl auf eine Trennwand geworfen, in der sich zwei Spalte befinden. Das Licht, das durch die Trennwand gelangt, wird von einer photographischen Platte aufgezeichnet, wenn ein Spalt oder beide offen sind.*

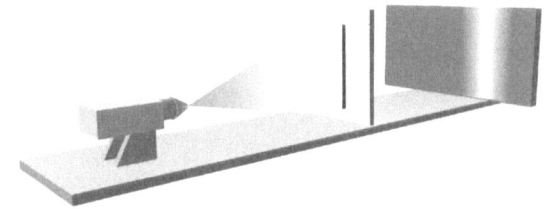

Abbildung 4.4 *In diesem Experiment ist der rechte Spalt offen, was auf der photographischen Platte das dargestellte Bild hervorruft.*

Wenn der linke Spalt bedeckt und der rechte offen ist, sieht die Photographie aus wie in der Abbildung 4.4. Was durchaus einleuchtet, denn das Licht, das auf die photographische Platte trifft, muß durch den einzigen offenen Spalt hindurch und sollte sich daher im rechten Teil der Photographie konzentrieren. Wenn umgekehrt der rechte Spalt bedeckt ist und der linke offenbleibt, sieht das Photo aus, wie in Abbildung 4.5 wiedergegeben. Sind *beide* Spalte geöffnet, führt Newtons Teilchenhypothese des Lichts zu der Vorhersage, daß die photographische Platte aussehen sollte wie in der Abbildung 4.6, eine Kombination aus Abbildung 4.4 und 4.5. Im Prinzip können Sie sich Newtons Lichtkorpuskeln vorstellen, als wären sie kleine Geschosse, die Sie auf die Trennwand abfeuern: Diejenigen, die hindurch gelangen, müßten sich in den beiden Bereichen hinter den Spalten konzentrieren. Die Wellenhypothese des Lichts dagegen führt zu einer ganz anderen Vorhersage hinsichtlich dessen, was bei offenen Spalten geschieht. Schauen wir uns das an.

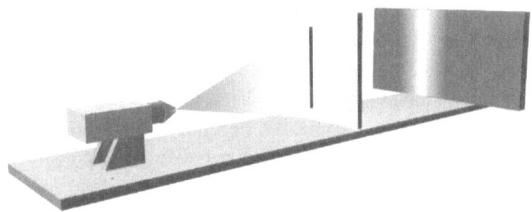

Abbildung 4.5 *Wie Abbildung 4.4, nur daß jetzt lediglich der linke Spalt offen ist.*

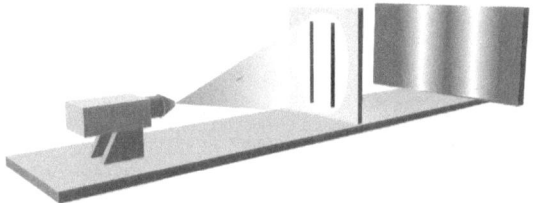

Abbildung 4.6 *Newtons Teilchenhypothese des Lichts sagt voraus, daß die photographische Platte, wenn beide Spalte offen sind, die Summe der Helligkeiten zeigt, die in Abbildungen 4.4 und 4.5 zu sehen sind.*

Stellen wir uns einen Augenblick vor, wir hätten es nicht mit Lichtwellen, sondern mit Wasserwellen zu tun. Das Ergebnis ist in beiden Fällen das gleiche, nur sind Wasserwellen leichter vorstellbar. Wenn Wasserwellen auf die Trennwand treffen, kommen aus jedem Spalt kreisförmige Wellen hervor, ähnlich denen, die man hervorruft, wenn man einen Stein in einen Teich wirft, wie in Abbildung 4.7 dargestellt. (Das läßt sich leicht ausprobieren, indem man eine Trennwand mit zwei Spalten in eine flache Schale Wasser stellt.) Wenn die aus jedem Spalt hervordringenden Wellen einander überlagern, passiert etwas Interessantes. Dort, wo sich zwei Wellenberge überlagern, nimmt die Höhe der Wasserwelle zu: Die Höhen zweier individueller Kämme addieren sich. Überlagern sich zwei Wellentäler, dann vertieft sich entsprechend die Wasserabsenkung an diesem Punkt. Wenn sich schließlich ein Wellenberg, der aus dem einen Spalt kommt, mit einem Wellental aus dem anderen Spalt überlagert, *heben sie einander auf.* (Dieses Prinzip liegt übrigens der elektronischen Unterdrückung von Umgebungsgeräuschen bei modernen Kopfhörern zugrunde – sie messen die Form der von außen eintreffenden Schallwelle und erzeugen dann eine »Negativform«, die zur Auslöschung der unerwünschten Nebengeräusche führt.) Zwischen diesen extremen Überlagerungen – Wellenberge mit Wellenbergen und Täler mit Tälern – gibt es eine Vielzahl von partiellen Erhöhungen und Auslöschungen. Wenn Sie sich mit vielen Freunden in einer langen Reihe kleiner Boote parallel zur Trennwand aufreihen und jeder von Ihnen genau angibt, wie stark er von der resultierenden Wasserwelle geschaukelt worden ist, sieht das Ergebnis in etwa aus wie die äußerste rechte Seite der Abbildung 4.7. Orte, wo es stark schaukelt, liegen dort, wo Wellenberge (oder Täler) aus beiden Spal-

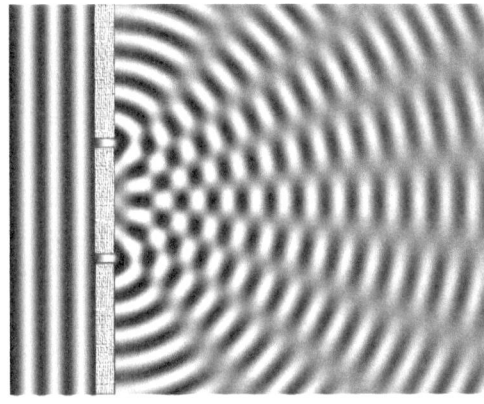

Abbildung 4.7 *Kreisförmige Wasserwellen, die aus jedem Spalt hervorkommen, überlagern sich, was zur Folge hat, daß die Amplitude der resultierenden Welle an einigen Stellen größer und an anderen Stellen kleiner als die der Teilwellen ist.*

ten zusammenfallen. Regionen, wo es kaum oder gar nicht schaukelt, ergeben sich an Stellen, wo Berge aus einem Spalt auf Täler aus dem anderen treffen und ausgelöscht werden.

Da die photographische Platte aufzeichnet, wie sehr sie vom eintreffenden Licht »geschaukelt« wird, können wir, wenn wir die Wellenhypothese des Lichts zugrunde legen, davon ausgehen, daß ein Lichtstrahl, der durch beide Spalten fällt, ein Muster auf der Platte hinterläßt, wie es die Abbildung 4.8 zeigt. Die hellsten Regionen finden sich in Abbildung 4.8 dort, wo Wellenberge aus einem Spalt mit Wellenbergen aus dem anderen Spalt oder -täler mit -tälern zusammenfallen. Dunkle Bereiche ergeben sich, wo Wellenberge aus einem Spalt Wellentäler aus dem anderen überlagern, so daß es zu einer Auslöschung kommt. Die Sequenz von hellen und dunklen Streifen bezeichnet man als *Interferenzmuster*. Dieses Photo unterscheidet sich erheblich von dem der Abbildung 4.6. Folglich handelt es sich um ein konkretes Experiment, um zwischen der Teilchen- und der Wellenhypothese des Lichts zu unterscheiden. Young führte eine Version dieses Experiments durch; sein Ergebnis entsprach der Abbildung 4.8 und bestätigte damit die Wellenhypothese. Newtons Korpuskulartheorie war widerlegt (obwohl es einige Zeit dauerte, bis sich die physikalische Gemeinschaft damit abfand). Die herr-

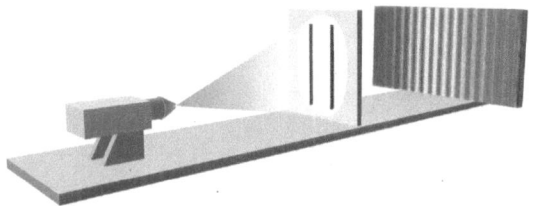

Abbildung 4.8 *Wenn Licht eine Welle ist, dann müßte bei zwei offenen Spalten zwischen den Teilwellen, die aus den beiden Spalten dringen, eine Interferenz stattfinden.*

schende Wellentheorie des Lichts wurde von Maxwell anschließend auf eine solide mathematische Grundlage gestellt.

Doch ausgerechnet Einstein, der Mann, der Newtons hochgeschätzter Gravitationstheorie den Todesstoß versetzt hatte, schickte sich nun an, Newtons Teilchenhypothese des Lichts durch die Einführung der Photonen zu rehabilitieren. Natürlich stehen wir noch immer vor der gleichen Frage: Wie kann eine Teilchenhypothese das in Abbildung 4.8 gezeigte Interferenzmuster erklären? Zunächst einmal könnten Sie folgende Überlegung anstellen. Wasser besteht aus H_2O-Molekülen – den »Wasserteilchen«: Gleichwohl können sie, wenn viele dieser Moleküle miteinander dahinfließen, Wasserwellen hervorrufen, die Interferenzeigenschaften besitzen, wie sie in Abbildung 4.7 zu sehen sind. Daher erscheint die Annahme durchaus vernünftig, daß Welleneigenschaften wie etwa Interferenzmuster auch möglich sind, wenn das Licht Teilchencharakter hat, vorausgesetzt, wir haben es mit einer sehr großen Zahl von Photonen – Lichtteilchen – zu tun.

Tatsächlich ist die mikroskopische Welt viel komplizierter. Selbst wenn wir die Intensität der Lichtquelle in Abbildung 4.8 so weit verringern, daß am Ende nur noch *einzelne* Photonen *eines nach dem anderen* auf die Trennwand abgefeuert werden – mit einer Rate von, sagen wir, einem Photon alle zehn Sekunden –, bietet die photographische Platte nach Abschluß des Experiments *noch immer* den gleichen Anblick wie in Abbildung 4.8. Wenn wir lange genug warten, bis eine große Zahl dieser separaten Lichtbündel ihren Weg durch die Spalte genommen haben und sie alle dort, wo sie auf die photographische Platte treffen, als Einzelpunkte aufgezeichnet worden sind, dann ordnen sich diese Punkte zu dem Bild eines Interferenzmusters wie in Abbildung 4.8 an. Das ist erstaunlich. Wie können *einzelne* Photonen, die den Schirm nacheinander durchqueren und mit deutlichem zeitlichem Abstand auf die photographische Platte treffen, so zusammenwirken, daß die hellen und dunklen Streifen eines Interferenzmusters entstehen? Nach herkömmlicher Vorstellung gelangt jedes Photon entweder durch den linken oder den rechten Spalt, so daß eigentlich das Muster der Abbildung 4.6 zu erwarten wäre. Doch das ist nicht der Fall.

Wenn Ihnen dieses Verhalten der Natur nicht die Sprache verschlägt, dann haben Sie es entweder schon einmal gesehen und sind an den Anblick gewöhnt, oder unsere Beschreibung ist nicht anschaulich genug gewesen. Sollte letzteres der Fall sein, wollen wir es noch einmal etwas anders versuchen. Sie verschließen den linken Spalt und schießen die Photonen eins nach dem anderen auf die Trennwand ab. Einige kommen durch, andere nicht. Die Photonen, die es bis zur photographischen Platte schaffen, erzeugen dort Punkt für Punkt ein Bild wie das Muster in Abbildung 4.4. Nun wiederholen Sie das Experiment mit einer neuen photographischen Platte, wobei jetzt allerdings beide Spalte offen sind. Selbstverständlich meinen Sie, daß sich dadurch die Zahl der Photonen erhöhen wird, die durch die Spalte in der Trennwand gelangen und auf die photographische Platte treffen, und daß der Film dadurch insgesamt stärker belichtet wird als im ersten Versuch. Doch als Sie später das Photo untersuchen, stellen Sie fest, daß es nicht nur Stellen gibt, die wie erwartet im ersten Versuch dunkel waren und nun hell sind, sondern umgekehrt auch Stellen, die im ersten Versuch hell waren und nun dunkel sind und so das Muster der Abbildung 4.8 hervorrufen. Dadurch, daß Sie die Zahl der einzelnen Photonen *erhöht* haben, die auf die photographische Platte getroffen sind, haben Sie die Helligkeit in bestimmten Bereichen *vermindert*. Irgendwie gelingt es den zeitlich getrennten, einzelnen und korpuskularen Photonen, einander auszulöschen. Machen Sie sich klar, wie verrückt das ist: Photonen, die eigentlich den rechten Spalt durchqueren und im Bereich einer der dunklen Streifen der Abbildung 4.8 auf den Film treffen müßten, können das nicht, wenn der *linke* Spalt offen ist (denn aus diesem Grund ist der Streifen jetzt dunkel). Doch wie in aller Welt kann ein winziges Lichtbündel, das einen Spalt durchquert, davon beeinflußt werden, ob der *andere* Spalt offen ist oder nicht? Wie Feynman einmal gesagt hat, ist das genauso merkwürdig, als feuerten Sie mit einer Maschinenpistole auf die Trennwand und einzelne, in zeitlichem Abstand abgefeuerte Kugeln würden sich irgendwie aufheben, wenn beide Spalte offen sind, so daß sich auf dem Zielschirm völlig unversehrte Stellen zeigen – und zwar an Orten, die *getroffen werden*, wenn nur ein Spalt der Trennwand offen ist.

Solche Experimente zeigen, daß Einsteins Lichtteilchen etwas ganz anderes sind als Newtons Lichtkorpuskeln. Irgendwie verkörpern Photonen – obwohl sie Teilchen sind – auch die Wellennatur des Lichts. Der Umstand, daß die Energie dieser Teilchen durch eine wellenartige Eigenschaft bestimmt wird – die Frequenz –, ist ein erster Hinweis darauf, daß hier eine merkwürdige Vereinigung stattfindet. Doch erst der Photoeffekt und das Doppelspaltexperiment liefern uns den konkreten Beweis. Der Photoeffekt zeigt, daß Licht Teilcheneigenschaften besitzt. Das Doppelspaltexperiment beweist, daß Licht die Interferenzeigenschaften von Wellen manifestiert. Gemeinsam führen sie uns vor Augen, daß Licht *sowohl wellenartige als auch teilchenartige Eigenschaften* besitzt. Die mikroskopische Welt verlangt von uns, die intuitive Vorstellung aufzugeben, etwas könne nur ein Teilchen oder nur eine Welle sein, und uns mit der Möglichkeit abzufinden, daß es *beides* ist. An dieser Stelle begreifen wir, was Feynman meint, wenn er sagt: »Niemand versteht die Quantenmechanik.« Wir können Worte aussprechen wie »Welle-Teilchen-Dualismus«. Wir können diese Worte in einen mathematischen Formalismus übersetzen, der reale Experimente mit verblüffender Genauigkeit beschreibt. Aber es ist außerordentlich schwierig, diese verwirrende Eigenschaft der mikroskopischen Welt auf einer tieferen, intuitiven Ebene zu verstehen.

Auch Materieteilchen sind Wellen

In den ersten Jahrzehnten des zwanzigsten Jahrhunderts haben sich viele der fähigsten theoretischen Physiker rastlos bemüht, eine mathematisch vernünftige und physikalisch begreifbare Theorie dieser bislang verborgenen mikroskopischen Eigenschaften der Wirklichkeit zu entwickeln. Beispielsweise machte man unter der Leitung von Niels Bohr in Kopenhagen erhebliche Fortschritte bei der Erklärung der Eigenschaften von Licht, das von glühendheißen Wasserstoffatomen emittiert wird. Doch diese und andere Arbeiten, die vor den zwanziger Jahren des zwanzigsten Jahrhunderts entstanden, waren eher eine improvisierte Verschmelzung von Begriffen des neunzehnten Jahrhunderts mit den neuentdeckten Quantenkonzepten als ein schlüssiger theoretischer Rahmen zum Verständnis des physikalischen Universums. Im Vergleich zum klaren, logischen System der Newtonschen Bewegungsgesetze oder Maxwells elektromagnetischer Theorie befand sich die erst teilweise entwickelte Quantentheorie in einem chaotischen Zustand.

1923 fügte der junge französische Aristokrat Prinz Louis de Broglie der verwirrenden Quantenwelt ein neues Element hinzu, das schon bald dazu beitragen sollte, die mathematische Theorie der modernen Quantenmechanik zu entwickeln. Für die Entdeckung dieses Phänomens hat er 1929 den Nobelpreis für Physik erhalten. Ausgehend von Überlegungen, die sich aus Einsteins spezieller Relativitätstheorie ergaben, äußerte de Broglie die Hypothese, daß der Welle-Teilchen-Dualismus nicht nur für Licht, sondern auch für Materie gelte. Sehr vereinfacht dargestellt, ging er davon aus, daß Einsteins Formel $E = mc^2$ eine Beziehung zwischen Masse und Energie herstellt, daß Planck und Einstein eine Beziehung zwischen Energie und der Frequenz von Wellen geknüpft hatten und daß eine Verbindung beider Beziehungen auch eine wellenartige Eigenschaft der Masse vermuten läßt. Nachdem er diese Überlegungen sorgfältig ausgearbeitet hatte, lautete seine Hypothese: Wie das Licht ein Wellenphänomen ist, das sich im Rahmen der Quantentheorie genauso gültig durch Teilcheneigenschaften beschreiben läßt, könnte es für das Elektron – das wir uns normalerweise als Teilchen vorstellen – eine genauso gültige Beschreibung durch Welleneigenschaften geben. Einstein fand augenblicklich Gefallen an de Broglies Ideen, da sie sich an seine eigenen Arbeiten über Relativität und Photonen anlehnten. Trotzdem kann nichts den experimentellen Beweis ersetzen. Der sollte schon bald durch die Arbeit von Clinton Davisson und Lester Germer geliefert werden.

Mitte der zwanziger Jahre untersuchten Davisson und Germer, zwei Experimentalphysiker in Diensten der Bell-Telefongesellschaft, wie ein Elektronenstrahl von einem Stück Nickel zurückgeworfen wird. Dabei ist für uns lediglich von Interesse, daß die Nickelkristalle in einem solchen Experiment ganz ähnlich wirken wie die beiden Spalte in dem Experiment, das die Abbildungen des letzten Abschnitts zeigen. Die Ähnlichkeit ist so groß, daß wir uns dieses Experiment getrost genau so vorstellen können, nur daß hier anstelle des Lichtstrahls ein Elektronenstrahl verwendet wird. Genau das wollen wir tun. Als Davisson und Germer den Weg der Elektronen durch die beiden Spalte der Trennwand bis zu einem phosphoreszierenden Schirm verfolgten, der den Aufschlag jedes Elektrons durch einen hellen Fleck aufzeichnete – nach dem gleichen Prinzip, das unseren

Fernsehapparaten zugrunde liegt –, stießen sie auf ein bemerkenswertes Phänomen. Es ergab sich ein ganz ähnliches Muster wie in
Abbildung 4.8. Damit hatte ihr Experiment nachgewiesen, daß auch
bei Elektronen Interferenzphänomene, das Erkennungszeichen von
Wellen, auftreten. An den dunklen Stellen des phosphoreszierenden
Schirms »löschten« sich die Elektronen irgendwie aus, genau wie die
überlappenden Berge und Täler der Wasserwellen. Sogar wenn man
den Elektronenstrahl »ausdünnte«, so daß beispielsweise nur alle
zehn Sekunden ein Elektron abgeschossen wurde, ließen diese ver-
einzelten Elektronen – Fleck um Fleck – die hellen und dunklen
Streifen erscheinen. Wie Photonen gelingt es auch einzelnen Elektronen irgendwie, mit sich selbst zu »interferieren«, das heißt, einzelne
Elektronen lassen im Laufe der Zeit das Interferenzmuster entstehen,
das mit Wellen verknüpft ist. So sind wir unausweichlich zu dem
Schluß gezwungen, daß jedes Elektron neben seinem teilchenartigen
Charakter auch eine wellenartige Natur besitzt.

Zwar haben wir uns bei unserer Beschreibung auf die Elektronen
beschränkt, doch ähnliche Experimente führten zu der Erkenntnis,
daß *alle* Materie diesen wellenartigen Charakter hat. Wie paßt das
aber zu unserer Alltagserfahrung, in der uns Materie nur in fester
und robuster Form, aber nie in wellenartiger Gestalt begegnet? Nun,
de Broglie hat eine Formel für die Wellenlänge von Materiewellen
entwickelt, aus der hervorgeht, daß die Wellenlänge der Planckschen
Konstante h proportional ist. (Genauer, die Wellenlänge ist gegeben
durch h geteilt durch den Impuls des materiellen Körpers). Da h so
klein ist, sind die resultierenden Wellenlängen entsprechend winzig
im Vergleich zu alltäglichen Größenverhältnissen. Daher wird der
wellenartige Charakter der Materie unmittelbar nur bei sorgfältigen
mikroskopischen Untersuchungen sichtbar. Wie durch den enormen
Wert von c, der Lichtgeschwindigkeit, die wahre Natur von Raum
und Zeit unserem Blick weitgehend entzogen bleibt, so verbirgt die
Winzigkeit von h die wellenartigen Aspekte der Materie in der Alltagswelt.

Wellen wovon?

Das von Davisson und Germer entdeckte Interferenzphänomen ver-
lieh der Wellennatur der Elektronen greifbare Realität. Doch Wellen
wovon? Eine frühe Hypothese stammt von dem österreichischen
Physiker Erwin Schrödinger, der meinte, es handle sich um »ver-

schmierte« Elektronen. Das war eine »impressionistische« Beschreibung des Eindrucks, den eine Elektronenwelle vermittelte, aber sie
war viel zu grob. Wenn man eine Sache verschmiert, ist ein Teil von
ihr hier und ein Teil von ihr dort. Doch Sie werden niemals auf ein
halbes oder ein drittel Elektron oder irgendeinen anderen Bruchteil
eines solchen Teilchens stoßen. Daher ist schwer zu begreifen, was
man sich unter einem verschmierten Elektron vorstellen soll. 1926
lieferte der deutsche Physiker Max Born einen entschiedenen Gegenentwurf zu Schrödingers Verständnis der Elektronenwelle. Borns Interpretation – von Bohr und seinen Kollegen erweitert – ist heute
noch gültig. Borns Hypothese postuliert eine höchst merkwürdige
Eigenschaft der Quantentheorie, kann sich aber auf einen umfangreichen Bestand an Untersuchungsdaten stützen. Born behauptete,
die mit dem Elektron assoziierte Welle müsse vom Standpunkt der
Wahrscheinlichkeit aus interpretiert werden. Orte, wo die Wellengröße (ein bißchen genauer: das Quadrat der Wellengröße) der Welle
beträchtlich ist, sind Orte, wo das Elektron mit *größerer Wahrscheinlichkeit* anzutreffen ist; Orte, *wo sie gering* ist, sind Orte, wo das
Elektron mit *geringerer Wahrscheinlichkeit* anzutreffen ist. Ein Beispiel zeigt die Abbildung 4.9.

Das ist nun wirklich eine seltsame Idee. Was hat die Wahrscheinlichkeit in der Formulierung fundamentaler physikalischer Gesetzmäßigkeiten zu suchen? Wir sind daran gewöhnt, es mit Wahrschein-

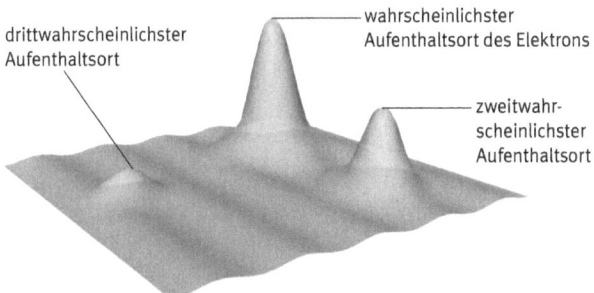

Abbildung 4.9 *Die Amplitude der mit einem Elektron assoziierten Welle ist
dort am größten, wo das Elektron mit höchster Wahrscheinlichkeit zu finden ist, und wird zunehmend kleiner an Aufenthaltsorten, wo das Elektron
mit geringerer Wahrscheinlichkeit anzutreffen ist.*

lichkeiten in Pferderennen, bei Münzwürfen und am Roulettetisch zu tun zu bekommen, aber in solchen Fällen kommt darin lediglich unser *unvollständiges* Wissen zum Ausdruck. Hätten wir unbeschränkt *genaue* Kenntnis von der Geschwindigkeit der Roulettescheibe, dem Gewicht und der Härte der weißen Kugel, der Position und Geschwindigkeit der Kugel, wenn sie auf die Scheibe fällt, den genauen Merkmalen des Materials, aus dem die Fächer bestehen, und so fort, und stünden uns hinreichend leistungsfähige Computer zur Verfügung, um unsere Berechnungen durchzuführen, dann wären wir nach der klassischen Physik in der Lage vorherzusagen, wie die Kugel fällt. Spielkasinos vertrauen darauf, daß Sie unfähig sind, sich alle diese Informationen zu verschaffen und die notwendigen Berechnungen vorzunehmen, bevor Sie Ihre Chips setzen. Aber wir sehen, daß in der Wahrscheinlichkeit, wie sie uns am Roulettetisch begegnet, keine grundsätzliche Gesetzmäßigkeit der Welt zum Ausdruck kommt. Hingegen führt die Quantenmechanik den Wahrscheinlichkeitsbegriff auf einer viel tieferen Ebene ein. Nach Born und einer Vielzahl von Experimenten, die in den folgenden mehr als fünfzig Jahren durchgeführt worden sind, folgt aus der Wellennatur der Materie, daß zu ihrer vollständigen Beschreibung ein probabilistischer, also die Wahrscheinlichkeit einbeziehender Ansatz erforderlich ist. Für makroskopische Objekte wie Kaffeetassen oder Roulettetische besagt de Broglies Beziehung, daß der Wellencharakter praktisch nicht zu bemerken ist, daher läßt sich die mit ihm verknüpfte quantenmechanische Wahrscheinlichkeit vollständig vernachlässigen. Doch auf mikroskopischer Ebene können wir, wie sich zeigt, bestenfalls angeben, daß ein Elektron mit einer bestimmten Wahrscheinlichkeit an einem gegebenen Ort anzutreffen ist.

Die Wahrscheinlichkeitsinterpretation hat einen entscheidenden Vorteil: Wenn eine Elektronenwelle sich verhält wie andere Wellen – beispielsweise auf ein Hindernis stößt und sich in kleine Kräuselwellen aufteilt –, dann heißt das nicht, daß das Elektron selbst in kleine Einzelteile zerborsten ist, sondern nur, daß es eine Anzahl von Orten gibt, wo das Elektron mit einer nicht vernachlässigbaren Wahrscheinlichkeit gefunden werden *könnte*. In der Praxis bedeutet das: Wenn wir ein bestimmtes Experiment mit einem Elektron viele Male auf absolut identische Weise wiederholen, erhalten wir nicht wieder und wieder das gleiche Ergebnis für, sagen wir, den Ort, an dem sich das Elektron befindet. Vielmehr werden die Wiederholungen des Experiments zu verschiedenen Resultaten führen, die sich dadurch auszeichnen, daß die Form der Wahrscheinlichkeitswelle darüber entscheidet, wie häufig das Elektron an einem bestimmten Ort gefunden wird. Wenn die Wahrscheinlichkeitswelle (genauer, das Quadrat der Wahrscheinlichkeitswelle) am Ort A doppelt so groß ist wie am Ort B, dann sagt die Theorie voraus, daß das Elektron bei vielen Wiederholungen des Experiments am Ort A doppelt so häufig anzutreffen ist wie am Ort B. Exakt lassen sich die Ergebnisse von Experimenten nicht voraussagen. Allenfalls kann man angeben, mit welcher Wahrscheinlichkeit ein Resultat auftreten *kann*.

Immerhin, solange wir in der Lage sind, die genaue Form von Wahrscheinlichkeitswellen mathematisch zu bestimmen, *können* wir ihre probabilistischen Vorhersagen überprüfen, indem wir ein gegebenes Experiment hinreichend oft wiederholen. Auf diese Weise messen wir experimentell die Wahrscheinlichkeit, daß ein bestimmtes Resultat oder ein anderes eintritt. Nur wenige Monate nach de Broglies Hypothese gelang Schrödinger der entscheidende Schritt, der diese Umsetzung in die Praxis ermöglichte: Er entwickelte eine Gleichung, welche die Form und Entwicklung von Wahrscheinlichkeitswellen – oder, wie man dann sagte, *Wellenfunktionen* – bestimmt. Schon bald darauf gelangen mit Hilfe von Schrödingers Gleichung und der Wahrscheinlichkeitsinterpretation Vorhersagen von wunderbarer Genauigkeit. 1927 hatte die Physik also ihre klassische Unschuld verloren. Vorbei war die Zeit des Uhrwerk-Universums, für dessen Teile sich ein unausweichliches und ein für allemal festgelegtes Schicksal erfüllte, wenn sie zu einem bestimmten Zeitpunkt in der Vergangenheit in Bewegung gesetzt wurden. Laut der Quantenmechanik entwickelt sich das Universum nach einem strengen und präzisen mathematischen Formalismus, allerdings bestimmt dieser nur die Wahrscheinlichkeit, mit der sich irgendeine bestimmte Zukunft ereignen wird – nicht aber, welche Zukunft tatsächlich eintritt.

Viele haben ihre Schwierigkeiten mit dieser Schlußfolgerung oder finden sie schlechthin unerträglich. Einstein gehörte zu ihnen. Mahnend prägte er für die Gralshüter der Quantentheorie eine Formulierung, die zu einem der berühmtesten Zitate aus der Physik geworden ist: »Gott würfelt nicht mit dem Universum.« Nach seiner Auffassung taucht die Wahrscheinlichkeit in der Grundlagenphysik aus ganz ähnlichen, wenn auch komplizierteren Gründen auf wie am Roulettetisch: weil unser Wissen beklagenswert lückenhaft ist. Für ihn hatte eine Zukunft, die vom Zufall bestimmt wird, keinen Platz im Universum. Die Physik sollte vorhersagen, wie sich das Universum entwickelt, nicht lediglich die Wahrscheinlichkeit angeben, mit der eine bestimmte Entwicklung stattfinden könnte. Doch Experiment um Experiment – von denen einige der überzeugendsten erst nach Einsteins Tod durchgeführt wurden – belegte unzweifelhaft, daß Einstein unrecht hatte. Wie der englische Physiker Stephen Hawking einmal gesagt hat: »Einstein war konfus, nicht die Quantentheorie.«[6]

Trotzdem hält die Debatte über die Frage, was die Quantenmechanik in Wirklichkeit bedeutet, unvermindert an. Alle sind sich einig, daß sich mit den Gleichungen der Quantentheorie exakte Vorhersagen machen lassen. Doch strittig ist, was es tatsächlich heißt, wenn man sagt, ein Teilchen habe eine Wahrscheinlichkeitswelle oder »entscheide« sich für eine seiner vielen Zukünfte – ja, es entscheide sich möglicherweise gar nicht, sondern verzweige sich, weil es in einer ständig expandierenden Zahl von Paralleluniversen alle seine möglichen Zukünfte ausleben müsse. Über diese Interpretationsfragen ließe sich ein eigenes Buch schreiben. Tatsächlich gibt es viele ausgezeichnete Bücher, in denen die eine oder andere Auffassung der Quantentheorie dargelegt wird. Doch ganz gleich, wie Sie die Quantenmechanik interpretieren, eines scheint sicher zu sein: In jedem Falle erweist sich, daß das Universum auf Prinzipien beruht, die gemessen an unseren Alltagserfahrungen bizarr sind.

Aus den Relativitätstheorien wie der Quantenmechanik ergibt sich eine Meta-Erkenntnis: Je genauer wir uns mit den fundamentalen Gesetzmäßigkeiten des Universums beschäftigen, desto häufiger stoßen wir auf Aspekte, die erheblich von unseren Erwartungen abweichen. Wenn wir die Kühnheit aufbringen, radikale Fragen zu stellen, müssen wir vielleicht ein unerwartetes Maß an Flexibilität aufbringen, um die Antworten zu akzeptieren.

Feynmans Perspektive

Richard Feynman war einer der fähigsten theoretischen Physiker seit Einstein. Die probabilistische Kernlehre der Quantenmechanik erkannte er rückhaltlos an, entwickelte aber in den Jahren nach dem Zweiten Weltkrieg eine leistungsfähige neue Methode für den Umgang mit der Theorie. Gemessen an den numerischen Vorhersagen, deckt sich Feynmans Perspektive *exakt* mit den Verfahren seiner Vorgänger. Doch seine Formulierung schlägt einen ganz anderen Weg ein. Beschreiben wir sie im Kontext des Elektronen-Doppelspaltexperiments.

Verwirrend an Abbildung 4.8 ist der Umstand, daß nach unserer Vorstellung jedes Elektron entweder durch den linken oder durch den rechten Spalt gelangt und wir daher als Ergebnis eine Vereinigung der Abbildungen 4.4 und 4.5 erwarten, wie sie Abbildung 4.6 zeigt. Einem Elektron, das den rechten Spalt durchquert, sollte es egal sein, daß es auch einen linken Spalt gibt, und umgekehrt. Doch aus irgendeinem Grund ist das nicht der Fall. Das hervorgerufene Interferenzmuster läßt darauf schließen, daß sich *etwas, das auf die* Existenz beider Spalte reagiert, überlagert und vermischt, selbst wenn wir die Elektronen einzeln abfeuern. Schrödinger, de Broglie und Born haben dieses Phänomen erklärt, indem sie jedem Elektron eine Wahrscheinlichkeitswelle zuordneten. Wie die Wasserwellen in Abbildung 4.7 »sieht« die Wahrscheinlichkeitswelle des Elektrons beide Spalte und ist durch Mischung der gleichen Art von Interferenz unterworfen. Orte, wo die Wahrscheinlichkeit im Zuge der Vermischung verstärkt wird, sind, wie die Stellen vermehrten Schaukelns in Abbildung 4.7, Orte, wo die Elektronen mit höherer Wahrscheinlichkeit anzutreffen sind. Orte, wo sich die Wahrscheinlichkeit bei Mischung verringert, sind, wie die Stellen schwachen oder völlig aufgehobenen Schaukelns in Abbildung 4.7, Orte, wo das Elektron mit geringer Wahrscheinlichkeit oder gar nicht zu finden ist. Die Elektronen treffen eines nach dem anderen auf den phosphoreszierenden Schirm, verteilen sich gemäß diesem Wahrscheinlichkeitsprofil und formen so das Interferenzmuster, das in Abbildung 4.8 wiedergegeben ist.

Feynman wählte einen anderen Ansatz. Er stellte die fundamentale klassische Annahme in Frage, nach der jedes Elektron entweder durch den linken oder den rechten Spalt gelangt. Vielleicht ist das für Sie eine so selbstverständliche Eigenschaft unserer Welt, daß es Ihnen lächerlich erscheint, sie in Zweifel zu ziehen. Kann man denn nicht in den Bereich zwischen Spalte und phosphoreszierendem Schirm *blicken,* um zu entscheiden, durch welchen Spalt das Elektron gelangt? Man kann, aber damit *verändert* man das Experiment. Um das Elektron zu *sehen,* müssen Sie etwas *tun* – beispielsweise können Sie Licht darauf werfen, das heißt, es mit Photonen beschießen. In alltäglichen Größenverhältnissen sind Photonen vernachlässigbare kleine Sonden, die von Bäumen, Bildern und Menschen abprallen und dabei praktisch keine Auswirkungen auf den Bewegungszustand dieser vergleichsweise großen materiellen Körper haben. Doch Elektronen sind extrem winzige Materieportiönchen. Egal, wie behutsam Sie bestimmen, welchen Spalt das Elektron durchquert, die Photonen, die vom Elektron abprallen, wirken sich zwangsläufig auf seine anschließende Bewegung aus. Und diese Veränderung der Bewegung verändert die Ergebnisse unseres Experiments. Wenn Sie das Experiment gerade so weit stören, daß Sie bestimmen können, durch welchen Spalt der Weg des Elektrons führt, verändern sich die Ergebnisse: Sie zeigen nicht mehr den Anblick der Abbildung 4.8, sondern der Abbildung 4.6! In der Quantenwelt ist sichergestellt, daß in jeder Situation, in der eindeutig feststellbar ist, daß das Elektron entweder den linken oder den rechten Spalt passiert hat, die Interferenz zwischen den beiden Spalten verschwindet.

Daher war Feynman berechtigt, diese Zweifel zu äußern. Obwohl nach unserer Alltagserfahrung der Weg jedes Elektrons durch den einen oder den anderen Spalt führen müßte, wurde den Physikern Ende der zwanziger Jahre klar, daß jeder Versuch, diese scheinbar grundlegende Eigenschaft der Wirklichkeit zu bestätigen, das Experiment scheitern läßt.

Feynman erklärte, jedes Elektron, das eine Spur auf dem phosphoreszierenden Schirm hinterlasse, durchquere *beide* Spalte. Das klingt schon verrückt genug, aber warten Sie ab: Es kommt noch schlimmer. Tatsächlich legt jedes einzelne Elektron laut Feynman auf dem Weg von der Quelle zu einem gegebenen Punkt auf dem phosphoreszierenden Schirm *jede mögliche Bahn gleichzeitig* zurück.

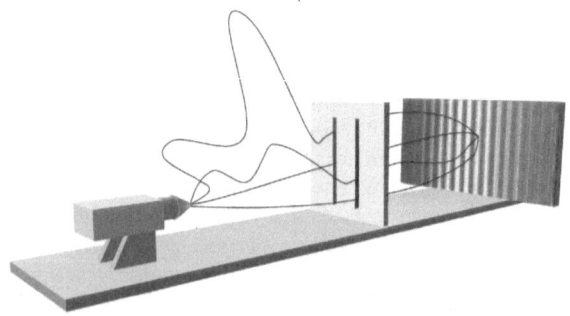

Abbildung 4.10 *Nach Feynmans Formulierung der Quantenmechanik müssen wir uns vorstellen, daß Teilchen von einem Ort zu einem anderen gelangen, indem sie jeden möglichen Weg einschlagen. Hier sind einige wenige der unendlich vielen Bahnen abgebildet, die für ein einzelnes Elektron von der Quelle zum phosphoreszierenden Schirm führen. Beachten Sie, daß dieses eine Elektron beide Spalte durchquert.*

Einige der Bahnen sind in Abbildung 4.10 wiedergegeben. Das Elektron bewegt sich auf hübscher gerader Bahn durch den linken Spalt. Gleichzeitig bewegt es sich auf hübscher gerader Bahn durch den rechten Spalt. Gleichzeitig hält es auf den linken Spalt zu, ändert aber plötzlich die Richtung und durchquert den rechten Spalt. Gleichzeitig schlägt es auf dem Weg zum Sichtschirm zuerst die lange Reise zur Andromeda-Galaxie ein, bevor es umkehrt und den linken Spalt passiert. Und so geht es endlos fort – nach Feynman ist es so, daß das Elektron *jede* mögliche Bahn zwischen Ausgangs- und Endpunkt »ausprobiert«.

Feynman hat gezeigt, daß man jeder der Bahnen oder Pfade eine Zahl dergestalt zuweisen kann, daß die Summation dieser Beiträge genau das gleiche Wahrscheinlichkeitsergebnis ergibt wie die Berechnung mittels der Wellenfunktion. Aus Feynmans Perspektive ist es nicht erforderlich, dem Elektron eine Wahrscheinlichkeitswelle zuzuordnen. Statt dessen müssen wir uns etwas genauso Seltsames oder noch Merkwürdigeres vorstellen. Die Wahrscheinlichkeit, daß das Elektron – immer unbedingt als Teilchen verstanden – an einem gegebenen Punkt auf dem Schirm erscheint, ergibt sich aus den aufsummierten Beiträgen aller möglichen dorthin führenden Wege. Dieses Verfahren wird als die Feynmansche »Pfadintegralmethode« bezeichnet.[7]

An diesem Punkt meldet sich Ihre klassische Sozialisation zu Wort: Wie kann ein Elektron *gleichzeitig* verschiedene Bahnen einschlagen – und noch dazu eine unendliche Zahl von Bahnen? Dieser Einwand scheint einiges für sich zu haben, aber die Quantenmechanik – die Physik unserer Welt – verlangt von Ihnen, daß Sie auf so prosaische Argumente verzichten. Die Ergebnisse der Feynmanschen Methode decken sich mit denen der herkömmlichen Wellenfunktionsrechnungen, die ihrerseits mit den Experimenten übereinstimmen. Das Urteil darüber, was vernünftig ist und was nicht, müssen Sie der Natur überlassen. Dazu Feynman: »Die Natur, wie sie die [Quantenmechanik] beschreibt, erscheint dem gesunden Menschenverstand absurd. Dennoch decken sich Theorie und Experiment. Und so hoffe ich, daß Sie die Natur akzeptieren können, wie sie ist – absurd.«[8]

Doch egal, wie absurd die Natur erscheint, wenn wir sie auf mikroskopischer Ebene untersuchen, alle ihre Eigenschaften müssen so zusammenwirken, daß sie auf makroskopischer Ebene wieder die vertrauten prosaischen Vorgänge unserer Welt der alltäglichen Größenverhältnisse hervorbringen. Wenn wir die Bewegungen von großen Objekten untersuchen – beispielsweise Bällen, Flugzeugen oder Planeten, die alle groß sind im Vergleich zu subatomaren Teilchen –, dann stellt die Feynmansche Methode, bei der jeder Bahn Zahlen zugewiesen werden, sicher, daß *sich die Beiträge aller Bahnen bei der Summation aufheben – bis auf den Beitrag einer einzigen Bahn.* Aus der unendlichen Zahl von Bahnen hat, soweit es die Bewegung des Objekts betrifft, nur eine einzige Bedeutung. Und das ist genau diejenige, die sich aus Newtons Bewegungsgesetzen ergibt. Deshalb haben wir in der Alltagswelt den *Eindruck,* daß Objekte – wie zum Beispiel ein Ball, der in die Luft geworfen wird – vom Ausgangs- bis zum Endpunkt einer einzigen festgelegten und vorhersagbaren Bahn folgen. Doch bei mikroskopischen Objekten zeigt Feynmans Methode, daß viele verschiedene Wege zur Bewegung eines Objekts beitragen können und dies in der Regel auch tun. Im Doppelspaltexperiment führen beispielsweise einige dieser Wege durch verschiedene Spalte und rufen die beobachteten Interferenzmuster hervor. Im Reich mikroskopischer Größenverhältnisse können wir also nicht behaupten, ein Elektron passiere nur den einen oder den anderen Spalt. Das Interferenzmuster und Feynmans alternative Formulierung der Quantenmechanik sprechen mit Nachdruck für das Gegenteil.

Wie uns unterschiedliche Interpretationen eines Buchs oder Films unter Umständen dabei helfen, verschiedene Aspekte des Werks zu verstehen, so können unterschiedliche Methoden der Quantenmechanik unserem Verständnis mikroskopischer Ereignisse auf die Sprünge helfen. Obwohl ihre Vorhersagen stets vollkommen übereinstimmen, liefern uns die herkömmliche Wellenfunktion und das Feynmansche Pfadintegral unterschiedliche Vorstellungsmuster zum Verständnis quantenmechanischer Vorgänge. Wie wir noch sehen werden, erweist sich jede Methode, je nach Anwendungssituation, als unentbehrliches Erklärungssystem.

Quantenmysterien

Inzwischen dürften Sie schon ein Gespür dafür entwickelt haben, auf welch radikal neue Weise sich das Universum gemäß der Quantenmechanik verhält. Wenn Sie das von Bohr prophezeite Schwindelgefühl bislang noch nicht heimgesucht hat, dann wird das spätestens bei den Quantenmysterien geschehen, denen wir uns jetzt zuwenden wollen.

Mit der Quantenmechanik tut sich die Intuition noch schwerer als mit den Relativitätstheorien – es ist nicht leicht, zu denken wie ein hypothetisches Miniaturgeschöpf, das in der mikroskopischen Welt geboren und aufgewachsen ist. Einen Aspekt weist die Theorie jedoch auf, der Ihrer Intuition als Richtschnur dienen kann. Zugleich handelt es sich um eine charakteristische Eigenschaft, die die Quantentheorie grundsätzlich vom klassischen Denken unterscheidet. Gemeint ist die *Unschärferelation,* die der deutsche Physiker Werner Heisenberg 1927 entdeckt hat.

Das Prinzip der Unschärfe ergibt sich aus einem Einwand, auf den Sie vielleicht schon früher gekommen sind. Wenn wir den Spalt (den Ort) bestimmen, durch den ein Elektron gelangt, dann, so haben wir oben gesagt, stören wir zwangsläufig seine weitere Bewegung (Geschwindigkeit). Doch wie wir uns von der Gegenwart eines Menschen überzeugen können, indem wir ihn entweder sanft berühren oder ihm einen heftigen Schlag auf den Rücken versetzen, so müßten wir doch eigentlich auch den Ort des Elektrons durch eine »immer sanftere« Lichtquelle bestimmen können, um in immer geringerem Maße auf seine Bewegung einzuwirken. In der Physik des neunzehnten Jahrhunderts könnte uns dies gelingen. Wenn wir eine immer schwächere Lampe (und einen immer empfindlicheren Lichtdetektor) verwenden, dann, so das neunzehnte Jahrhundert, können wir unsere Wirkung auf die Bewegung des Elektrons verschwindend geringfügig machen. Doch die Quantenmechanik zeigt den Fehler in dieser Argumentation. Wenn wir die Intensität der Lichtquelle vermindern, dann verringern wir, wie wir jetzt wissen, die Zahl der emittierten Photonen. Sobald wir das Licht so weit heruntergedreht haben, daß nur noch einzelne Photonen emittiert werden, können wir die Lichtquelle nicht mehr weiter dämpfen, ohne sie ganz auszuschalten. Für die »Sanftheit« unserer Sonde gibt es eine fundamentale quantenmechanische Grenze. Wenn wir den Ort des Elektrons messen, verursachen wir daher stets eine minimale Störung in seiner Geschwindigkeit.

Nun, das ist fast richtig. Das Plancksche Gesetz sagt uns aber, daß die Energie eines einzelnen Photons seiner Frequenz proportional (und seiner Wellenlänge umgekehrt proportional) ist. Wenn wir Licht von immer niedrigerer Frequenz (immer größerer Wellenlänge) verwenden, können wir folglich immer sanftere einzelne Photonen erzeugen. Aber da ist auch der Haken. Wenn wir eine Welle von einem Objekt abprallen lassen, bewegt sich die Information, die wir erhalten, um den Ort des Objekts zu bestimmen, in einer *Fehler-*

grenze, die gleich der Wellenlänge der Welle ist. Sie können sich das ungefähr so vorstellen, als würden Sie versuchen, den Ort eines großen, leicht überspülten Felsens dadurch zu bestimmen, daß Sie beobachten, wie er die über ihn hinwegrollenden Meereswellen beeinflußt. Bei Annäherung an den Felsen bilden sie eine geordnete Sequenz, in der das Auf und Ab eines Wellenzyklus auf das des nächsten folgt. Nach Passieren des Felsens sind die einzelnen Wellenzyklen gestört – das verräterische Anzeichen für das Vorhandensein des Unterwasserriffs. Eine ganz allgemeine Eigenschaft solcher Wellen ist nun aber, daß wir den Ort des Felsens, wenn wir als Anhaltspunkt nur die Störung der Wellen haben, lediglich innerhalb einer Fehlergrenze bestimmen können, die ungefähr gleich der Länge der Wellenzyklen ist, das heißt der Wellenlänge der Welle. Auch durch ein Photon bestimmter Wellenlänge läßt sich der Ort eines Objekts nur mit der Genauigkeit einer Wellenlänge bestimmen. Als Gedächtnisstütze können Sie sich die einzelnen Kämme und Täler, die kleinsten Einheiten des Wellenzugs, wie die kleinsten Striche auf einem Lineal vorstellen. (Sie sollten diesem Bild aber keine physikalische Aussagekraft zumessen.)

Wir haben es folglich mit einem quantenmechanischen Balanceakt zu tun. Wenn wir hochfrequentes (kurzwelliges) Licht verwenden, können wir ein Elektron mit größerer Genauigkeit lokalisieren. Doch hochfrequente Photonen sind sehr energiereich und bewirken daher eine massive Störung in der Geschwindigkeit des Elektrons. Verwenden wir niederfrequentes (langwelliges) Licht, minimieren wir seinen Einfluß auf die Bewegung des Elektrons, da die konstituierenden Photonen vergleichsweise wenig Energie besitzen, aber wir verzichten auf Genauigkeit bei der Ortsbestimmung des Elektrons. Heisenberg quantifizierte dieses Konkurrenzverhältnis und entdeckte eine mathematische Beziehung zwischen der Genauigkeit, mit der man den Ort eines Elektrons messen kann, und der Genauigkeit, mit der man seine Geschwindigkeit messen kann. Er entdeckte – was schon unsere Überlegung zeigte –, daß sie sich umgekehrt proportional verhalten: Größere Genauigkeit bei der Positionsbestimmung bedeutet notwendigerweise größere Ungenauigkeit bei der Geschwindigkeitsbestimmung und umgekehrt. Obwohl wir unsere Erläuterungen an einem bestimmten Mittel zur Messung des Aufenthaltsorts eines Elektrons festgemacht haben, hat Heisenberg gezeigt – und das ist von höchster Bedeutung –, daß dieser Kompromiß zwischen der Orts- und der Geschwindigkeitsbestimmung eine fundamentale Einschränkung ist, die unabhängig von der verwendeten

Ausrüstung oder Methode gilt. Anders als in Newtons oder auch Einsteins System, in denen die Bewegung eines Teilchens durch Angabe seines Ortes und seiner Geschwindigkeit beschrieben wird, zeigt die Quantenmechanik, daß wir auf mikroskopischer Ebene *diese beiden Eigenschaften unmöglich mit absoluter Genauigkeit kennen können*. Mehr noch, je genauer wir die eine kennen, desto ungenauer kennen wir die andere. Und wenn wir diese Beziehung hier auch nur am Beispiel der Elektronen beschrieben haben, so gilt sie doch für *alle* Bausteine der Natur.

Einstein versuchte diese Abkehr von der klassischen Physik dadurch einzugrenzen, daß er erklärte, die Quantentheorie schränke zwar unser *Wissen* vom Ort und der Geschwindigkeit ein, trotzdem *habe* aber das Elektron einen bestimmten Ort und eine bestimmte Geschwindigkeit, genau so, wie wir uns das immer vorgestellt hätten. Doch in den letzten zwanzig Jahren haben Fortschritte im Verständnis der Quantentheorie, für die vor allem der inzwischen verstorbene irische Physiker John Bell verantwortlich war, und experimentelle Ergebnisse von Alain Aspect und seinen Mitarbeitern überzeugend unter Beweis gestellt, daß Einstein unrecht hatte. Für Elektronen – und alle anderen Elementarteilchen – läßt sich keine Beschreibung liefern, die gleichzeitig angibt, an welchem Ort sie sich befinden *und* mit welcher Geschwindigkeit sie sich bewegen. Die Quantenmechanik zeigt, daß sich eine solche Aussage nicht nur – wie oben erläutert – unter keinen Umständen experimentell bestätigen läßt, sondern daß sie sich auch in direktem Widerspruch zu anderen, in jüngerer Zeit gewonnenen Versuchsergebnissen befindet.

Wenn es Ihnen gelänge, ein einzelnes Elektron in einer großen, festen Schachtel einzufangen, und wenn Sie dann die Wände der Schachtel immer enger zusammenrücken ließen, um den Ort des Teilchens mit immer größerer Genauigkeit zu bestimmen, würden Sie feststellen, daß sich das Elektron immer hektischer verhielte. Das Teilchen würde völlig verrückt spielen, als litte es unter einem Anfall von Klaustrophobie – das heißt, es würde mit immer wahnwitzigerer und unvorhersagbarerer Geschwindigkeit von den Wänden der Schachtel abprallen. Die Natur läßt nicht zu, daß wir ihre Bausteine in die Enge treiben. In der Planck-Bar, wo wir uns vorgestellt haben, *h* sei *viel* größer als in der Wirklichkeit, und dadurch Alltagsobjekte dem direkten Einfluß von Quanteneffekten unterworfen haben, rasen die Eiswürfel in Hänsels und Gretels Getränken so wild herum, weil auch sie unter der Quantenklaustrophobie leiden. Wenn die Planck-Bar auch im Reich der Phantasie angesiedelt ist – in

Wirklichkeit ist *h* unvorstellbar klein –, so ist doch diese Art von
Quantenklaustrophobie eine universelle Eigenschaft der mikroskopischen Welt. Die Bewegung mikroskopischer Teilchen wird um so
hektischer, je kleiner die Raumregionen sind, in die man sie einsperrt
oder auf die man sie bei einer Messung festlegen will.

Die Unschärferelation bewirkt einen verblüffenden Effekt, den
man als *Quantentunneln* bezeichnet. Wenn Sie eine Plastikkugel gegen eine drei Meter dicke Betonmauer schießen, dann bestätigt die
klassische Physik, was Ihnen Ihr Instinkt sagt: Die Kugel wird abprallen und in Ihre Richtung fliegen. Sie hat einfach nicht genügend
Energie, um ein so gewaltiges Hindernis zu durchschlagen. Doch auf
der Ebene der fundamentalen Teilchen zeigt die Quantenmechanik
eindeutig, daß die Wellenfunktionen – das heißt die Wahrscheinlichkeitswellen – der Teilchen, aus denen die Kugel besteht, winzige An-
teile besitzen, die durch die Mauer *hindurchschwappen.* Das heißt,
es besteht eine geringe Wahrscheinlichkeit – die nicht null ist –, daß
die Kugel die Mauer tatsächlich durchdringen und an der Rückseite
austreten *kann.* Wie ist das möglich? Die Ursache ist wiederum Heisenbergs Unschärferelation.

Stellen Sie sich vor, Sie seien vollkommen mittellos und würden
plötzlich erfahren, ein entfernter Verwandter sei in einem fernen
Land gestorben und habe ein Riesenvermögen hinterlassen, auf das
Sie Anspruch erheben können. Das einzige Problem liegt darin, daß
Sie nicht das Geld haben, um dorthin zu fliegen. Sie erklären Ihren
Freunden die Situation: Wenn sie Ihnen ermöglichen würden, das
Hindernis zwischen Ihnen und dem in der Ferne winkenden Reich-
tum zu überwinden, indem sie Ihnen kurzfristig das Geld für ein
Flugticket leihen würden, dann könnten Sie es ihnen nach Ihrer
Rückkehr mühelos zurückzahlen. Doch niemand kann Ihnen etwas
leihen. Da erinnern Sie sich an einen alten Freund, der bei einer Luft-
fahrtgesellschaft arbeitet; an den treten Sie mit der gleichen Bitte
heran. Auch er kann Ihnen nichts leihen, aber er weiß eine Lösung.
Wenn Sie das Geld für Ihr Ticket innerhalb von 24 Stunden nach
Ihrer Ankunft am Bestimmungsort telegraphisch überweisen, dann
läßt das Buchhaltungssystem der Fluggesellschaft nicht erkennen,
daß der Kaufpreis nicht vor dem Abflug entrichtet worden ist. Auf
diese Weise können Sie Anspruch auf Ihr Erbe erheben.

Das Buchhaltungsverfahren der Quantenmechanik ist ganz ähnlich. Heisenberg hat nicht nur gezeigt, daß es eine Konkurrenz
zwischen der Genauigkeit der Orts- und der Geschwindigkeitsbestimmung gibt, sondern auch, daß es sich mit der Genauigkeit von

Energiemessungen und der *Dauer* dieser Messungen ganz ähnlich verhält. Wie aus der Quantenmechanik folgt, läßt sich nicht angeben, daß ein Teilchen zu genau diesem oder jenem Zeitpunkt genau diese oder jene Energie hat. Je genauer die Energiemessung ist, desto mehr Zeit muß für die Messung aufgewandt werden. Das heißt, grob gesagt, daß die Energie eines Teilchens erhebliche Schwankungen aufweisen kann, solange diese Schwankungen auf Zeiträume von hinreichend kurzer Dauer beschränkt sind. Wie das Buchhaltungssystem der Fluggesellschaft Ihnen »erlaubt«, das Geld für ein Flugticket »auszuleihen«, vorausgesetzt, Sie zahlen den Kaufpreis rasch genug zurück, so erlaubt die Quantenmechanik einem Teilchen, sich Energie zu »borgen«, solange es diese in einem von Heisenbergs Unschärferelation bestimmten Zeitrahmen wieder abgibt.

Die Mathematik der Quantenmechanik zeigt, daß die Wahrscheinlichkeit dieser kreativen mikroskopischen Buchhaltung um so geringer wird, je höher die Energieschwelle ist. Doch mikroskopische Teilchen, die sich einer solchen Betonwand gegenübersehen, können leisten – und tun es auch gelegentlich –, was vom Standpunkt der klassischen Physik aus unmöglich ist: Sie leihen sich genügend Energie, um in Regionen zu tunneln, in die zu gelangen ihre ursprüngliche Energie nicht ausreicht. Wenn die Objekte, die wir untersuchen, komplizierter werden, das heißt, wenn die Zahl der Teilchen, aus denen sie bestehen, größer wird, kann es zwar immer noch zu diesem Tunneleffekt kommen, aber er ist doch sehr unwahrscheinlich, weil *alle* einzelnen Teilchen zufällig zur gleichen Zeit tunneln müßten. Doch so schockierende Vorfälle wie das Verschwinden von Hänsels Zigarre, der Eiswürfel, der durch das Glas fällt, und der Abgang von Hänsel und Gretel durch die Wand der Bar *können* sich ereignen. In einem Phantasieland wie der Planck-Bar, wo wir uns *h* sehr viel größer vorstellen, wären solche Tunneleffekte an der Tagesordnung. Doch aus den Wahrscheinlichkeitsgesetzen der Quantenmechanik – und vor allem der tatsächlichen Winzigkeit von *h* in der wirklichen Welt – geht hervor, daß Sie, wenn Sie einmal pro Sekunde gegen eine feste Mauer anrennen würden, länger als die bisherige Lebensdauer des Universums abwarten müßten, um eine gute Chance zu haben, bei einem Ihrer Versuche hindurchzugelangen. Doch mit ewiger Geduld (und Langlebigkeit und jemandem, der Sie immer dann zusammenflickt, wenn nur Teile von Ihnen durch die Wand tunneln) könnten Sie – früher oder später – auf der anderen Seite auftauchen.

Die Unschärferelation erfaßt einen zentralen Aspekt der Quantenmechanik. Eigenschaften, die wir normalerweise für selbstverständlich halten – daß Objekte bestimmte Orte und bestimmte Geschwindigkeiten haben und daß sie zu bestimmten Zeitpunkten bestimmte Energien besitzen –, führt man heute einfach auf den Umstand zurück, daß die Plancksche Konstante, gemessen an den Größenverhältnissen der Alltagswelt so winzig ist. Besondere Bedeutung gewinnt dieser Quantenaspekt, wenn man ihn auf die Struktur der Raumzeit anwendet. Dann zeigen sich nämlich fatale Mängel in der »Beschaffenheit der Gravitation«, was uns zu dem dritten und wichtigsten Konflikt in der Physikgeschichte der letzten hundert Jahre führt.

Kapitel 5

Notwendigkeit einer neuen Theorie: Allgemeine Relativitätstheorie versus Quantenmechanik

In den letzten hundert Jahren hat sich unser Verständnis des physikalischen Universums erheblich vertieft. Die Werkzeuge der Quantenmechanik und der Relativitätstheorien ermöglichen uns physikalische Erklärungen und überprüfbare Vorhersagen in Größenverhältnissen, die von atomaren und subatomaren Abständen über die großräumigen Abmessungen von Galaxien und Galaxienhaufen bis hin zur Struktur des gesamten Universums reichen. Das ist eine gewaltige Leistung. Es ist ein wirklich erhebender Gedanke, daß Geschöpfe auf einem Planeten, der einen höchst durchschnittlichen Stern in den Außenbezirken einer ziemlich gewöhnlichen Galaxie umkreist, kraft ihres Denkens und ihrer Experimente fähig waren, einige der rätselhaftesten Eigenschaften des physikalischen Universums zu begreifen. Trotzdem liegt es in der Natur der Sache und der Physiker, daß sie erst zufrieden sein werden, wenn sie das Gefühl haben, das Universum auf seiner tiefsten und fundamentalsten Ebene verstanden zu haben. Das hat Stephen Hawking wohl gemeint, als er in Aussicht stellte, daß wir eines Tages den »Plan Gottes« erkennen könnten.[1]

Es gibt viele Hinweise darauf, daß Quantenmechanik und allgemeine Relativitätstheorie diese tiefste Verständnisebene nicht erschließen. Da sich ihre üblichen Anwendungsbereiche so gründlich unterscheiden, ist in den meisten Situationen die Verwendung der Quantenmechanik oder der allgemeinen Relativitätstheorie erforderlich, aber nicht beider. Doch unter bestimmten extremen Bedingungen, unter denen die Dinge sehr massereich *und* sehr klein werden – nahe dem Zentrum von Schwarzen Löchern oder dem Universum im Augenblick des Urknalls –, brauchen wir zu einem angemessenen Verständnis sowohl die allgemeine Relativitätstheorie als auch die Quantenmechanik. Doch sobald wir versuchen, Quantenmechanik und allgemeine Relativitätstheorie zu kombinieren, kommt es, wie bei der Mischung von Feuer und Schießpulver, zu einer heftigen Katastrophe. Vernünftig formulierte physikalische Probleme führen zu unvernünftigen Antworten, wenn man die Gleichungen der beiden Theorien miteinander vereinigt. Häufig äußert sich die Unsinnigkeit in Form der Vorhersage, die quantenmechanische Wahrscheinlichkeit für einen gegebenen Prozeß sei nicht 20 oder 73 oder 91 Prozent, sondern *unendlich*. Was in aller Welt sollen wir mit einer Wahrscheinlichkeit anfangen, die größer als eins ist, nicht zu reden von einer, die unendlich ist? So sind wir zu dem Schluß gezwungen, daß es einen prinzipiellen Fehler geben muß. Wo er liegt, zeigt uns eine Analyse der Grundeigenschaften von allgemeiner Relativitätstheorie und Quantenmechanik.

Das Herz der Quantenmechanik

Mit der Entdeckung der Unschärferelation hat Heisenberg die Physik unwiderruflich auf einen Weg gebracht, der keine Rückkehr zu alten Denkweisen erlaubt. Wahrscheinlichkeiten, Wellenfunktionen, Interferenz und Quanten – sie alle bedeuteten vollkommen neue Arten, die Wirklichkeit zu beschreiben. Trotzdem konnte sich ein Physiker »konservativ-klassischer« Provenienz noch immer an die Hoffnung klammern, daß sich am Ende alle diese Neuerungen zu einem System fügen würden, das gar nicht soviel anders als die alten Vorstellungen wäre. Doch die Unschärferelation machte ein für allemal Schluß mit allen Versuchen, in dieser Weise auf die Vergangenheit zu setzen.

Die Unschärferelation sagt uns, daß das Universum ein hektischer Ort ist, wenn wir es bei immer kleineren Abständen und immer kürzeren Zeitintervallen untersuchen. Das wurde bereits im letzten Kapitel erkennbar, als wir versucht haben, den Ort von Elementarteilchen wie Elektronen zu bestimmen. Wenn wir Licht von immer höherer Frequenz auf Elektronen fallen lassen, messen wir ihren Ort mit immer größerer Genauigkeit, müssen dafür aber einen entsprechenden Preis bezahlen, denn unsere Beobachtungen wirken sich auch immer störender auf unseren Untersuchungsgegenstand aus. Hochfrequenzphotonen sind sehr energiereich und versetzen den Elektronen daher einen heftigen »Tritt«, wodurch sie deren Geschwindigkeit nachhaltig verändern. Es ist wie in einem Raum voll ausgelassener Kinder, deren augenblickliche Positionen wir genau kennen, auf deren Geschwindigkeiten – Geschwindigkeitsbeträge und Richtungen der Bewegung – wir aber fast keinen Einfluß haben: Unsere Unfähigkeit, gleichzeitig den Ort und die Geschwindigkeit von Elementarteilchen zu kennen, hat zur Folge, daß es in der mikroskopischen Welt von Natur aus sehr lebhaft zugeht.

Zwar verdeutlicht dieses Beispiel die grundsätzliche Beziehung zwischen Unschärferelation und hektischem mikroskopischem Geschehen, doch zeigt es nur einen Teil der Wahrheit. Es könnte Sie beispielsweise auf den Gedanken bringen, daß sich die Unschärfe oder Unbestimmtheit nur zeigt, wenn wir als grobschlächtige Beobachter der Natur auf der Bildfläche erscheinen. Das stimmt *nicht*. Mit dem Beispiel eines Elektrons, das auf die Enge in einer kleinen Schachtel heftig reagiert, indem es wild herumzurasen beginnt, kommen wir der Wahrheit schon ein Stück näher. Auch ohne »direkte Treffer« durch die störenden Photonen des Experimentators verändert sich die Geschwindigkeit des Elektrons von Augenblick zu Augenblick auf massive und unvorhersehbare Weise. Doch selbst dieses Beispiel vermittelt noch kein ganz wahrheitsgetreues Bild von den verblüffenden mikroskopischen Eigenschaften, die die Natur im Zeichen von Heisenbergs Entdeckung offenbart. Selbst unter den denkbar friedlichsten Umständen, etwa in einer leeren Raumregion, entfaltet sich aus mikroskopischer Sicht eine ungeheuer intensive Aktivität, die sich um so heftiger gebärdet, je kleiner die Abstände und Zeitintervalle werden.

Verstehen läßt sich das nur mit Hilfe der Quantentheorie. Wie Sie sich vorübergehend Geld borgen können, um ein größeres finanzielles Hindernis zu überwinden, so kann sich, wie wir im vorigen Kapitel gesehen haben, ein Teilchen wie ein Elektron vorübergehend Energie borgen, um eine konkrete materielle Barriere zu überwinden. Das ist richtig. Doch die Quantenmechanik zwingt uns, den Vergleich noch einen wichtigen Schritt weiterzuführen. Stellen Sie sich einen pathologischen Schuldenmacher vor, der von Freund zu Freund geht, um sich Geld zu beschaffen. Je kürzer die Laufzeit ist, desto höher die Summe, um die er bittet. Borgen und Rückzahlen, Borgen und Rückzahlen – unermüdlich leiht er sich Geld aus, um es gleich darauf zurückzuerstatten. Wie die Aktienkurse an einem hektischen Tag an der Wall Street ist die Summe, in deren Besitz sich unser Schuldenmacher von Augenblick zu Augenblick befindet, extremen Schwankungen unterworfen, doch am Ende zeigt eine Bilanz seiner Finanzen, daß er nicht besser dasteht als am Anfang.

Aus der Heisenbergschen Unschärferelation geht hervor, daß unser Universum bei mikroskopischen Abständen und Zeitintervallen ständig der Schauplatz eines ähnlich wilden Hin und Hers von Energie und Impuls ist. Sogar in einer leeren Raumregion – beispielsweise in einer völlig leeren Schachtel – sind nach der Unschärferelation Energie und Impuls *unbestimmt*. Sie schwanken oder fluktuieren zwischen Extremen hin und her, die um so größer werden, je kleiner die Schachtel und der betrachtete Zeitraum werden. Als wäre die Raumregion in der Schachtel eine pathologische »Schuldenmacherin« in Sachen Energie und Impuls, als erhielte sie ständig »Kredite« vom Universum und »zahlte« sie anschließend zurück. Doch wer ist zum Beispiel in einer ruhigen Raumregion an diesen Transaktionen beteiligt? Alles. Buchstäblich. Energie (und Impuls genauso) ist die konvertierbare Leitwährung schlechthin. Aus $E = mc^2$ folgt, daß Energie sich in Materie umwandeln läßt und umgekehrt. Wenn also eine Energiefluktuation groß genug ist, kann sie vorübergehend bewirken, daß sich ein Elektron und sein Antimaterie-Partner, das Positron, in einer Eruption bilden, obwohl die Region ursprünglich leer war! Da diese Energie rasch zurückgezahlt werden muß, vernichten oder annihilieren sich diese Teilchen schon im nächsten Augenblick wieder, wobei sie die Energie freisetzen, die sie bei ihrer Entstehung ausgeborgt haben. Gleiches gilt für alle anderen Formen, die Energie und Impuls annehmen können – Eruption und Annihilation anderer Teilchen, heftige Schwingungen elektromagnetischer Felder, Fluktuationen schwacher und starker Kraftfelder. Die quantenmechanische Unschärfe zeigt uns, daß das Universum auf mikroskopischen Ebenen zum wimmelnden, brodelnden, chaotischen Hexenkessel wird. Ein Umstand, der einst Feynmans Spott herausforderte: »Entstehung und Vernichtung, Entstehung und Vernichtung – was für eine Zeitverschwendung!«[2] Da sich Kredite und Rückzahlungen im Durchschnitt ausgleichen, macht eine leere Raumregion einen ruhigen und friedlichen Eindruck, wenn man sie nicht mit mikroskopischer Genauigkeit ins Auge faßt. Die Unschärferelation offenbart jedoch, daß der makroskopische Durchschnitt eine Fülle von mikroskopischen Aktivitäten verschleiert.[3] Wie wir in Kürze sehen werden, ist dieses hektische Geschehen das *entscheidende* Hindernis für die Verschmelzung von allgemeiner Relativitätstheorie und Quantenmechanik.

Quantenfeldtheorie

Während der dreißiger und vierziger Jahre des zwanzigsten Jahrhunderts waren die theoretischen Physiker unter Führung so namhafter Vertreter ihres Fachs wie Paul Dirac, Wolfgang Pauli, Julian Schwinger, Freeman Dyson, Sin-Itiro Tomonaga und Feynman – um nur einige wenige zu nennen – unablässig bemüht, eine mathematische Theorie zu finden, die diese mikroskopische Ungebärdigkeit in den Griff bekommen konnte. Wie sie feststellten, war Schrödingers quantenmechanische Wellengleichung (von der in Kapitel vier die Rede war) eine approximative Beschreibung der mikroskopischen Physik – eine Näherung, die sich außerordentlich gut bewährt, wenn man (experimentell oder theoretisch) nicht zu tief in die hektische Aktivität der mikroskopischen Welt eintaucht, die aber unausweichlich zum Scheitern verurteilt ist, wenn man es doch tut.

Der zentrale physikalische Aspekt, den Schrödinger in seiner Formulierung der Quantenmechanik nicht berücksichtigte, war die spezielle Relativitätstheorie. Anfänglich hat er es zwar versucht, doch aus der Quantengleichung, die er daraufhin fand, ergaben sich Vorhersagen, die im Widerspruch zu experimentellen Messungen des Wasserstoffs standen. Das veranlaßte Schrödinger, auf die althergebrachte physikalische Tradition des *Teile und herrsche* zurückzugreifen: Statt bei der Entwicklung einer neuen Theorie den Versuch zu unternehmen, gleich alles einzubeziehen, was wir über das physikalische Universum wissen, kommt man oft viel weiter, wenn man viele kleine Schritte macht, die nacheinander die neuesten Entdeckungen von der vordersten Front der Forschung berücksichtigen. Schrödinger suchte und fand ein mathematisches System, das den experimentell entdeckten Welle-Teilchen-Dualismus umfaßte, doch es gelang ihm in dieser Frühphase der Theoriebildung nicht, die spezielle Relativitätstheorie mit einzubauen.[4]

Schon bald wurde jedoch deutlich, daß die spezielle Relativitätstheorie unbedingt in ein geeignetes quantenmechanisches Erklärungssystem hineingehört. Das Verständnis der wilden mikroskopischen Aktivität setzt nämlich die Erkenntnis voraus, daß Energie sich auf äußerst vielfältige Weise manifestieren kann – eine Einsicht, die sich aus der bekannten Formel der speziellen Relativitätstheorie ergibt: $E = mc^2$. Da Schrödingers Ansatz die spezielle Relativitätstheorie außer acht ließ, konnte er auch die Wandlungsfähigkeit von Materie, Energie und Bewegung nicht berücksichtigen.

Bei ihren anfänglich sehr erfolgreichen Versuchen, die spezielle Relativitätstheorie mit Quantenkonzepten zu verschmelzen, richteten die Physiker ihre Aufmerksamkeit zunächst auf die elektromagnetische Kraft und ihre Wechselwirkungen mit Materie. In einer Folge von wegweisenden Schritten entwickelten sie die *Quantenelektrodynamik*. Sie ist ein Beispiel für das, was später als *relativistische Quantenfeldtheorie* oder einfach *Quantenfeldtheorie* bezeichnet werden sollte. Quantenmechanischen Charakter hat sie, weil alle Wahrscheinlichkeits- und Unschärfeaspekte von Anfang an berücksichtigt sind; eine Feldtheorie ist sie, weil sie Quantenprinzipien mit dem einst klassischen Begriff des Kraftfeldes verbindet – in diesem Fall mit Maxwells elektromagnetischem Feld. Und relativistisch ist sie schließlich, weil auch die spezielle Relativitätstheorie von Anfang an einbezogen ist. (Wenn Sie sich an eine visuelle Metapher für ein Quantenfeld halten möchten, dann stellen Sie sich ein klassisches Feld vor – sagen wir ein Meer von unsichtbaren Feldlinien, die den Raum durchdringen. Doch Sie sollten zwei Ergänzungen an diesem Vorstellungsbild vornehmen: Erstens sollten Sie visualisieren, daß ein Quantenfeld aus Teilchen besteht – das elektromagnetische Feld beispielsweise aus Photonen. Zweitens sollten Sie sich Energie in Form von Teilchenmassen und -bewegungen vergegenwärtigen, die sich bei ihren unablässigen Schwingungen durch Raum und Zeit endlos zwischen Quantenfeldern hin- und herbewegt.)

Die Quantenelektrodynamik ist vermutlich die genaueste Naturerscheinungen beschreibende Theorie, die jemals vorgelegt worden ist. Welches Maß an Genauigkeit sie verkörpert, zeigt die Arbeit von Toichiro Kinoshita, einem Teilchenphysiker an der Cornell University, der in den letzten dreißig Jahren mit Hilfe dieser Theorie in minuziösen Berechnungen die Eigenschaften von Elektronen bestimmt hat. Seine Arbeiten füllen Tausende von Seiten und waren auf die leistungsfähigsten Computer der Welt angewiesen. Doch die Anstrengungen haben sich allemal gelohnt: Die Berechnungen liefern Vorhersagen über Elektronen, die in Experimenten mit einer Genauigkeit von eins zu einer Milliarde und mehr bestätigt worden sind. Das ist eine wahrhaft erstaunliche Übereinstimmung zwischen abstrakten theoretischen Berechnungen und der Wirklichkeit. Mit der Quantenelektrodynamik steht den Physikern ein mathematisch vollständiges, vorhersagefähiges und überzeugendes System zur Verfügung, das sie in die Lage versetzt hat, die Rolle der Photonen als »kleinstmögliche Lichtpakete« zu konkretisieren und ihre Wechselwirkungen mit elektrisch geladenen Teilchen wie Elektronen zu erhellen.

Der Erfolg der Quantenelektrodynamik veranlaßte andere Physiker in den sechziger und siebziger Jahren zu dem Versuch, ähnliche quantenmechanische Beschreibungen der schwachen Kraft, der starken Kraft und der Schwerkraft zu entwickeln. Bei der schwachen und der starken Kraft erwies sich der Ansatz als äußerst fruchtbar. Analog zur Quantenelektrodynamik ließen sich Quantenfeldtheorien der starken und der schwachen Kraft entwickeln, die *Quantenchromodynamik* und die *Quantenfeldtheorie der elektroschwachen Kraft.* »Quantenchromodynamik« ist ein farbigerer Name als die logischere Bezeichnung »Quantendynamik der starken Kraft«, doch es ist nur ein Name ohne tiefere Bedeutung, während der Begriff »elektroschwach« einen wichtigen Schritt auf unserem Weg zum Verständnis der Naturkräfte bezeichnet:

In einer Arbeit, für die sie den Nobelpreis erhielten, haben Sheldon Glashow, Abdus Salam und Steven Weinberg gezeigt, daß die schwache und die elektromagnetische Kraft in ihrer quantenfeldtheoretischen Beschreibung von Natur aus *vereinigt* sind, obwohl die Manifestationen dieser Kräfte in der Welt um uns herum von einer grundlegenden Trennung zu künden scheinen. So geht die Stärke von Feldern der schwachen Kraft bis zur völligen Bedeutungslosigkeit zurück, sobald die Abstände subatomarer Größenverhältnisse überschritten werden, während elektromagnetische Felder – sichtbares Licht, Radio- und Fernsehsignale, Röntgenstrahlen – von unübersehbarer makroskopischer Präsenz sind. Dennoch haben Glashow, Salam und Weinberg nachgewiesen, daß bei hinreichend hoher Energie und Temperatur – wie sie Sekundenbruchteile nach dem Urknall herrschten – die Felder der elektromagnetischen und der schwachen Kraft zu einem einzigen *verschmelzen,* ununterscheidbare Merkmale annehmen und zutreffender als *elektroschwaches* Feld zu beschreiben wären. Wenn die Temperatur fällt, wie sie es seit dem Urknall stetig getan hat, *kristallisieren* sich die elektromagnetische und schwache Kraft bei einem bestimmten Temperaturgrenzwert heraus und nehmen – in einem Prozeß, den man als *Symmetriebrechung* bezeichnet und auf den wir später ausführlich zurückkommen – ganz andere Eigenschaften an, als sie in ihrer gemeinsamen Hochtemperaturform besessen haben. Daher erscheinen sie in dem kalten Universum, das wir gegenwärtig bewohnen, so verschiedenartig.

Wenn wir Bilanz ziehen, so hatten die Physiker Ende der siebziger Jahre eine vernünftige und erfolgreiche quantenmechanische Beschreibung von dreien der vier Naturkräfte entwickelt (der starken, schwachen und elektromagnetischen Kraft) und nachgewiesen, daß zwei dieser drei Kräfte (die schwache und die elektromagnetische) einen gemeinsamen Ursprung haben (die elektroschwache Kraft). In den letzten zwanzig Jahren haben die Physiker diese quantenmechanische Beschreibung der drei nichtgravitativen Kräfte – die mit sich selbst und den in Kapitel eins vorgestellten Materieteilchen wechselwirken – einer Vielzahl gründlicher Experimente unterworfen. Die Theorie hat sich in allen Fällen hervorragend bewährt. Experimentalphysiker können 19 Parameter messen (die Massen der Teilchen aus Tabelle 1.1, ihre Kraftladungen, wie sie in der Tabelle der Anmerkung 1 zu Kapitel eins angegeben sind, die Stärke der drei nichtgravitativen Kräfte aus Tabelle 1.2 sowie einige andere Zahlen, auf die wir hier nicht einzugehen brauchen). Wenn nun theoretische Physiker diese Zahlen in die Quantenfeldtheorien der Materieteilchen und der starken, schwachen und elektromagnetischen Kraft einsetzen, dann ergeben sich aus der Theorie Vorhersagen im mikrokosmischen Bereich, die eine spektakuläre Übereinstimmung mit den Experimentaldaten aufweisen. Das gilt bis hin zu den Energien, welche die Materie in Bruchstücke von einem milliardstel milliardstel Meter zertrümmern können – das ist die Grenze, an die unsere technischen Möglichkeiten gegenwärtig stoßen. Aus diesem Grund bezeichnet man die Theorie der drei nichtgravitativen Kräfte und die drei Familien von Materieteilchen als Standardtheorie oder (häufiger) als *Standardmodell* der Teilchenphysik.

Botenteilchen

Wie das Photon der kleinste Baustein des elektromagnetischen Feldes ist, so besitzen nach dem Standardmodell auch die Felder der starken und der schwachen Kraft kleinste Bausteine. Die kleinsten Pakete der starken Kraft werden, wie in Kapitel eins kurz erwähnt, als *Gluonen* bezeichnet und die der schwachen Kraft als *schwache Eichbosonen* (oder, genauer, als W- und Z-Bosonen). Nach dem Standardmodell haben wir uns diese Kraftteilchen als bar aller inneren Struktur vorzustellen – in dieser Theorie sind sie ebenso elementar wie die Teilchen der drei Materiefamilien.

Die Photonen, Gluonen und schwachen Eichbosonen liefern die mikroskopischen Mechanismen zur Übertragung der entsprechenden Kräfte, die sie konstituieren. Beispielsweise stößt ein elektrisch geladenes Teilchen ein anderes von gleicher Ladung ab. In grober

Annäherung können Sie sich vorstellen, daß jedes Teilchen von einem elektrischen Feld umgeben ist – einer »Elektrowolke« oder einem »Elektronebel« – und daß die Kraft, die jedes Teilchen erfährt, aus der Reaktion seiner Ladung mit dem Feld des jeweils anderen Teilchens erwächst. Die exakte mikroskopische Beschreibung ihrer Abstoßungskräfte ist etwas anders. Ein elektromagnetisches Feld setzt sich aus einer Heerschar von Photonen zusammen; die Wechselwirkung zwischen zwei geladenen Teilchen ergibt sich tatsächlich daraus, daß sie Photonen zwischen sich »hin- und herschießen«. Stellen Sie sich vor, Sie laufen mit einem Freund Schlittschuh. Auf ähnliche Weise, wie Sie seine und Ihre Bewegung beeinflussen können, indem Sie eine Reihe von Bowlingkugeln nach ihm schleudern, beeinflussen sich elektrisch geladene Teilchen gegenseitig, indem sie diese kleinsten Lichtpakete austauschen.

Eine entscheidende Schwäche des Schlittschuhvergleichs liegt darin, daß der Austausch von Bowlingkugeln immer »abstoßend« ist – er treibt die Schlittschuhläufer stets auseinander. Im Gegensatz dazu wechselwirken auch zwei entgegengesetzt geladene Teilchen durch den Austausch von Photonen, obwohl die resultierende elektromagnetische Kraft anziehend ist. Es ist, als wäre das Photon nicht so sehr der Überträger der Kraft an sich, sondern vielmehr der Überträger einer *Botschaft*, die dem Empfänger mitteilt, wie er auf die betreffende Kraft zu reagieren habe. Für Teilchen mit gleicher Ladung trägt das Photon die Botschaft »bewegt euch auseinander«, für Teilchen mit entgegengesetzter Ladung die Botschaft »kommt zusammen«. Aus diesem Grund wird das Photon auch manchmal als Botenteilchen der elektromagnetischen Kraft bezeichnet. Entsprechend sind die Gluonen und schwachen Eichbosonen die Botenteilchen der starken beziehungsweise der schwachen Kernkraft. Die starke Kraft, die die Quarks im Inneren von Protonen und Neutronen zusammenhält, entsteht dadurch, daß einzelne Quarks Gluonen austauschen. Die Gluonen liefern also sozusagen den *Glue*, den »Leim«, der diese subatomaren Teilchen aneinander haften läßt. Die schwache Kraft, die für bestimmte Arten von Teilchenverwandlungen bei radioaktivem Zerfall verantwortlich ist, wird durch die schwachen Eichbosonen vermittelt.

Eichsymmetrie

Ihnen ist vielleicht aufgefallen, daß wir, als wir die Quantentheorie der Naturkräfte erörtert haben, die Gravitation außer acht gelassen haben. Angesichts der Erfolge, die die Methode bei den anderen drei Kräften gezeitigt hat, sollte man meinen, daß die Physiker nun nach der Quantenfeldtheorie der Gravitation suchen sollten – nach einer Theorie, bei der das kleinste Paket des gravitativen Kraftfelds, das *Graviton,* das Botenteilchen wäre. Auf den ersten Blick ist diese Hypothese, wie wir gleich feststellen werden, außerordentlich naheliegend, weil die Quantenfeldtheorie der drei nichtgravitativen Kräfte eine vielversprechende Ähnlichkeit mit einem Aspekt der Gravitation zeigt, den wir in Kapitel drei kennengelernt haben.

Wie Sie sich sicher erinnern, erlaubt uns die Gravitation, alle Beobachter – unabhängig von ihrem Bewegungszustand – als absolut gleichberechtigt anzusehen. Sogar diejenigen, die wir normalerweise als beschleunigt ansehen würden, dürfen behaupten, in Ruhe zu sein, da sie die Kraft, die sie erfahren, auf die Anwesenheit eines Gravitationsfelds zurückführen können. Insofern erzwingt Gravitation diese Symmetrie – sie sorgt für die Gleichberechtigung aller Standpunkte, aller Bezugssysteme. Die Ähnlichkeit mit der starken, schwachen und elektromagnetischen Kraft beruht darauf, daß auch sie alle mit gebieterischen Symmetrien einhergehen. Allerdings sind diese viel abstrakter als diejenige, die mit der Gravitation verbunden ist.

Damit wir eine ungefähre Vorstellung von diesen ziemlich komplizierten Symmetrieprinzipien bekommen, wollen wir uns ein wichtiges Beispiel anschauen. Wie die Tabelle in der Anmerkung 1 zu Kapitel eins zeigt, kommt jedes Quark in drei »Farben« vor (die höchst phantasievoll und völlig beliebig als Rot, Grün und Blau bezeichnet werden, denn sie haben überhaupt keine Beziehung zu Farben im üblichen Sinne). Auf die gleiche Weise, wie ihre elektrische Ladung ihre Reaktion auf die elektromagnetische Kraft bestimmt, legen die »Farben« fest, wie die Quarks auf die starke Kraft reagieren. Alle Untersuchungsdaten belegen, daß zwischen den Quarks insofern eine Symmetrie vorliegt, als die Wechselwirkungen zwischen zwei beliebigen Quarks gleicher Farbe (Rot mit Rot, Grün mit Grün oder Blau mit Blau) identisch sind. Genauso gleichen sich auch die Wechselwirkungen zwischen zwei beliebigen Quarks ungleicher Farbe (Rot mit Grün, Grün mit Blau oder Blau mit Rot). Die Daten zeigen sogar einen noch verblüffenderen Tatbestand: Wenn die drei Farben – die drei starken Ladungen –, die ein Quark besitzen kann, alle in einer bestimmten Weise verschoben würden (wenn also, um in unserer phantasiereichen Farbsprache zu bleiben, Rot, Grün und Blau zu Gelb, Indigo und Violett verschoben würden) und selbst wenn sich die Einzelheiten dieser Verschiebung von Augenblick zu Augenblick oder von Ort zu Ort veränderten, dann blieben die Wechselwirkungen zwischen den Quarks trotzdem vollkommen unverändert. Wie wir sagen, daß sich in einer Kugel Rotationssymmetrie manifestiert, weil sie immer gleich aussieht, egal, wie wir sie in der Hand drehen oder aus welchem Winkel wir sie betrachten, so sagen wir, daß sich im Universum die für die *starke Kraft charakteristische Symmetrie* manifestiert. Die Physik ist vollkommen unempfindlich gegenüber diesen Verschiebungen der Ladungen der starken Kraft. Aus historischen Gründen sagen Physiker auch, die Symmetrie der starken Kraft sei ein Beispiel für eine *Eichsymmetrie*.[5]

Nun kommen wir zum entscheidenden Punkt. Wie die Symmetrie zwischen allen möglichen Beobachter-Standpunkten in der allgemeinen Relativitätstheorie die Existenz der Gravitation voraussetzt, so haben Entwicklungen, die auf der Arbeit von Hermann Weyl in den zwanziger Jahren sowie Chen-Ning Yang und Robert Mills in den fünfziger Jahren aufbauten, gezeigt, daß auch die abstrakteren Eichsymmetrien auf die Existenz charakteristischer Kräfte angewiesen sind. Einem empfindlichen Regelsystem für Umgebungsbedingungen vergleichbar, das Temperatur, Luftdruck und Feuchtigkeit in einem Bereich vollständig konstant hält, indem es jede Veränderung äußerer Einflüsse auffängt und ausgleicht, so sorgen nach Yang und Mills bestimmte Arten von Kraftfeldern für einen vollkommenen Ausgleich der Verschiebungen der Kraftladungen und sorgen so dafür, daß die physikalischen Wechselwirkungen zwischen Teilchen vollkommen gleich bleiben. Im Falle der Eichsymmetrie, die mit Verschiebungen der Quarkfarbladungen verknüpft ist, handelt es sich bei der erforderlichen Kraft um die starke Kraft selbst. Das heißt, ohne die starke Kraft würden sich die physikalischen Verhältnisse bei den oben beschriebenen Verschiebungen der Farbladungen *durchaus* verändern. Das zeigt uns, daß die Gravitationskraft und die starke Kraft zwar sehr verschiedene Eigenschaften besitzen (denken Sie beispielsweise daran, daß die Gravitation viel schwächer ist als die starke Kraft und über unvergleichlich größere Entfernungen wirkt), daß sie aber eine ähnliche Funktion haben: Beide sind erforderlich, damit das Universum bestimmte Symmetrien aufweisen kann. Ähnliches gilt für die schwache und die elektromagnetische Kraft: Auch ihre Existenz ist an bestimmte Eichsymmetrien gebunden – die sogenannte schwache und die elektromagnetische Symmetrie. Alle vier Kräfte sind also unmittelbar mit bestimmten Symmetrieprinzipien verknüpft.

Diese gemeinsame Eigenschaft der vier Kräfte spricht also eigentlich für die Hypothese, die zu Beginn dieses Abschnitts aufgestellt wurde: daß sich nämlich zur Eingliederung der Quantenmechanik in die allgemeine Relativitätstheorie eine Quantenfeldtheorie der Gravitationskraft finden lassen müßte, ganz so, wie erfolgreiche Quantenfeldtheorien der anderen drei Kräfte entdeckt worden sind. Im Laufe der Jahre hat diese Überlegung viele hochbegabte und namhafte Physiker veranlaßt, die Suche nach einer solchen Theorie mit allen Kräften voranzutreiben, doch das Gelände hat sich als so tückisch erwiesen, daß es noch niemandem gelungen ist, es ganz zu durchqueren. Das hat seine Gründe.

Allgemeine Relativitätstheorie versus Quantenmechanik

Die üblichen Anwendungsbereiche der allgemeinen Relativitätstheorie sind Situationen mit großräumigen, astronomischen Größenverhältnissen. Bei solchen Entfernungen folgt aus Einsteins Theorie, daß der Raum bei Abwesenheit von Masse flach ist, wie es die Abbildung 3.3 zeigt. Bei dem Versuch, die allgemeine Relativitätstheorie mit der Quantenmechanik zu verschmelzen, müssen wir unsere Blickrichtung nun radikal verändern und die *mikroskopischen* Eigenschaften des Raums untersuchen. Das illustriert die Abbildung 5.1, indem sie nacheinander immer kleinere Ausschnitte einer Raumregion in den Blick faßt und sie in immer stärkerer Vergrößerung zeigt. Bei den ersten Vergrößerungen geschieht nicht viel. Wie die unteren drei Vergrößerungsebenen der Abbildung 5.1 erkennen lassen, behält die Raumstruktur im wesentlichen ihre ursprüngliche Gestalt. Würden wir einen rein klassischen Standpunkt einnehmen, könnten wir erwarten, daß dieses friedliche und flache Bild des Raums auch bei beliebig kleinen Abständen erhalten bleibt. Mit der Quantenmechanik ändert sich das gründlich. *Alles* ist den Quantenfluktuationen unterworfen, die die Unschärferelation impliziert – auch das Gravitationsfeld. Während aus der klassischen Physik folgt, daß das Gravitationsfeld im leeren Raum null ist, zeigt die Quantenmechanik, daß es zwar im Durchschnitt null ist, sein tatsächlicher Wert aber infolge von Quantenfluktuationen nach oben und nach unten abweicht. Darüber hinaus entnehmen wir der Un-

Abbildung 5.1 *Durch sukzessive Vergrößerung dessen, was wir von einer Raumregion sehen, können wir ihre ultramikroskopischen Eigenschaften sichtbar machen. Alle Versuche, allgemeine Relativitätstheorie und Quantenmechanik zu verschmelzen, scheitern an der heftigen Aktivität des Quantenschaums, der auf der höchsten Vergrößerungsebene sichtbar wird.*

schärferelation, daß diese Ausschläge nach oben und nach unten um so größer werden, je kleinere Raumregionen wir betrachten. Die Quantenmechanik zeigt, daß nichts sich gern in die Enge treiben läßt. Eine immer stärkere Einengung des Blickfelds führt zu immer größeren Schwankungen.

Da Gravitationsfelder sich als Krümmung der Raumzeit manifestieren, treten diese Quantenfluktuationen als immer heftigere Verzerrungen des umgebenden Raums in Erscheinung. Die Andeutungen solcher Verzerrungen sind auf der vierten Vergrößerungsebene der Abbildung 5.1 zu erkennen. Wenn wir uns noch kleinere Abstände vornehmen, wie auf der fünften Ebene der Abbildung 5.1, sehen wir, daß es sich bei den quantenmechanischen Zufallsschwankungen des Gravitationsfeldes um heftige Raumkrümmungen handelt, die keinerlei Ähnlichkeit mehr mit einem sanft gewölbten geometrischen Objekt aufweisen, wie zum Beispiel dem Gummituch, das wir bei unserer Erörterung in Kapitel drei zum Vergleich herangezogen haben. Vielmehr nimmt der Raum eine flockige, aufgewühlte und verformte Gestalt an, wie sie der oberste Teil der Abbildung zeigt. John Wheeler hat zur Beschreibung des heftigen Aufruhrs, der bei der ultramikroskopischen Untersuchung von Raum (und Zeit) zutage tritt, die Bezeichnung *Quantenschaum* geprägt. Es handelt sich um einen fremdartigen Bereich des Universums, in dem die herkömmlichen Begriffe »links« und »rechts«, »hinten« und »vorn«, »oben« und »unten« (und sogar »vorher« und »nachher«) ihre Bedeutung verlieren. Bei diesen kleinen Abständen stoßen wir auf die fundamentale Unvereinbarkeit von allgemeiner Relativitätstheorie und Quantenmechanik. *Die Vorstellung einer glatten räumlichen Geometrie, das zentrale Prinzip der allgemeinen Relativitätstheorie, wird durch die heftigen Fluktuationen der Quantenwelt bei kleinen Abständen zerstört.* Bei ultramikroskopischen Größenskalen befindet sich der entscheidende Aspekt der Quantenmechanik – die Unschärferelation – in direktem Konflikt mit dem entscheidenden Aspekt der allgemeinen Relativitätstheorie – dem glatten geometrischen Modell von Raum (und Raumzeit).

In der Praxis macht sich dieser Konflikt sehr konkret bemerkbar. Berechnungen, die die Gleichungen der allgemeinen Relativitätstheorie mit denen der Quantenmechanik verbinden, liefern uns immer wieder die gleiche absurde Antwort: ein unendliches Ergebnis. Ein solches Ergebnis hat die gleiche Funktion wie der schmerzhafte Schlag, den der Schulmeister früherer Zeiten seinen Schülern auf die Hände gab: Es teilt uns mit, daß wir etwas Grundfalsches getan

haben.[6] Die Gleichungen der allgemeinen Relativitätstheorie sind
dem tobenden Aufruhr des Quantenschaums nicht gewachsen.

Wenn wir jedoch zu alltäglicheren Abständen zurückkehren (indem wir die Bildsequenz der Abbildung 5.1 in umgekehrter Reihenfolge betrachten), dann heben sich die heftigen mikroskopischen
Verwerfungen gegenseitig im Mittel auf – genauso, wie das Bank-
konto unseres obsessiven Schuldenmachers im Durchschnitt keinen
Hinweis auf seine Obsession erkennen läßt – und das Konzept einer
glatten Geometrie der Raumstruktur trifft wieder zu. Sie können es
mit dem Anblick eines Punktrasterbildes vergleichen: Von weitem
betrachtet, verschwimmen die Punkte, aus denen das Bild besteht,
miteinander und rufen den Eindruck eines glatten Bildes hervor, dessen Helldunkeltöne scheinbar fließend ineinander übergehen. Doch
wenn Sie sich das Bild von nahem ansehen, bemerken Sie, daß es sich
von seiner glatten, aus der Ferne wahrgenommenen Erscheinungsform erheblich unterscheidet. Jetzt ist es nur noch eine Ansammlung
diskreter Punkte, einer von dem anderen getrennt. Allerdings bemerken Sie diese diskrete Beschaffenheit des Bildes nur, wenn Sie es aus
kürzestem Abstand betrachten. Aus der Ferne sieht es völlig glatt
aus. Genauso wirkt die Struktur der Raumzeit glatt, solange wir sie
nicht mit ultramikroskopischer Genauigkeit in Augenschein nehmen. Aus diesem Grund bewährt sich die allgemeine Relativitätstheorie bei hinreichenden Größenskalen von Raum (und Zeit) – den
Größenskalen, die vielen typischen astronomischen Anwendungen
zugrunde liegen –, wird aber widersprüchlich, wenn die Abstände
(und Zeitintervalle) schrumpfen. Die zentrale These von einer glatten und sanft gekrümmten Geometrie ist im Großen gerechtfertigt,
verliert aber im Kleinen infolge von Quantenfluktuationen ihre Gültigkeit.

Aus der allgemeinen Relativitätstheorie und der Quantenmechanik können wir ungefähr errechnen, auf welche Größe wir schrumpfen müßten, um das wüste Geschehen der Abbildung 5.1 zu Gesicht
zu bekommen. Die Winzigkeit der Planckschen Konstante – die
die Stärke der Quanteneffekte bestimmt – und die charakteristische
Schwäche der Gravitationskraft ergeben, in geeigneter Weise kombiniert, eine Größe, die man als *Plancklänge* bezeichnet und die so
klein ist, daß es die Vorstellungskraft fast sprengt: ein millionstel
milliardstel milliardstel milliardstel Zentimeter (10^{-33} Zentimeter).[7]
Die fünfte Ebene der Abbildung 5.1 zeigt also schematisch die ultramikroskopische Landschaft des Universums unterhalb der Plancklänge. Um Ihnen eine Vorstellung von den Größenverhältnissen zu

vermitteln: Wenn wir ein Atom auf die Ausmaße des bekannten Universums vergrößerten, würde die Plancklänge kaum die Höhe eines durchschnittlichen Baums erreichen.

Die Unvereinbarkeit zwischen allgemeiner Relativitätstheorie und Quantenmechanik tritt also nur in einem extremen Größenbereich des Universums auf. Daher könnten Sie natürlich fragen, ob man soviel Aufhebens von der Frage machen muß. Tatsächlich ist sich die physikalische Gemeinschaft in diesem Punkt durchaus nicht einig. Auf der einen Seite gibt es die Vertreter der Zunft, die das Problem zwar zur Kenntnis nehmen, aber sich unbekümmert der Quantenmechanik und allgemeinen Relativitätstheorie bedienen, um im Rahmen ihrer jeweiligen Forschungsprojekte Probleme zu lösen, deren Größenverhältnisse weit über der Plancklänge liegen. Doch es gibt auch andere Physiker, die tief beunruhigt sind von dem Umstand, daß die beiden Grundpfeiler der Physik in der uns bekannten Form prinzipiell unvereinbar sind. Dabei kann sie auch nicht trösten, daß sich das Problem erst bei ultramikroskopischen Abständen zeigt. Diese Unvereinbarkeit läßt nach ihrer Ansicht auf einen grundsätzlichen Mangel in unserem Verständnis des physikalischen Universums schließen. Dem liegt die nicht beweisbare, aber tiefverwurzelte Überzeugung zugrunde, daß sich das Universum, wenn wir es auf seiner tiefsten und fundamentalsten Ebene verstanden haben, durch eine logisch schlüssige Theorie beschreiben läßt, deren Teile harmonisch ineinandergreifen. Natürlich können die meisten Physiker, unabhängig von der Frage, wieweit ihre eigene Forschung von dieser Unvereinbarkeit berührt ist, nicht recht glauben, daß unser theoretisches Verständnis des Universums auf tiefster Ebene ein Flickwerk aus zwei leistungsfähigen, aber mathematisch widersprüchlichen Erklärungsmodellen sein soll.

Die Zunft hat zahlreiche Versuche unternommen, die allgemeine Relativitätstheorie oder die Quantenmechanik so abzuändern, daß der Konflikt vermieden wird, doch die Versuche, so kühn und einfallsreich sie oft auch waren, sind immer wieder gescheitert ... bis zur Entdeckung der Superstringtheorie.[8]

Teil III

Kosmische Symphonie

Kapitel 6

Nichts als Musik:
Die Grundlagen der Superstringtheorie

Seit langem schon dient die Musik den Philosophen und Naturfor-
schern, die sich über die Rätsel des Kosmos den Kopf zerbrechen, als
Lieblingsmetapher. Von den »Sphärenklängen« der Pythagoreer im
antiken Griechenland bis zu den »Harmonien der Natur«, die jahr-
hundertelang das Leitmotiv der Forschung waren – immer wieder
haben wir im majestätischen Gang der Himmelskörper wie im aus-
gelassenen Treiben der subatomaren Teilchen das Lied der Natur gesucht. Mit der Entdeckung der Superstringtheorie gewinnen diese
musikalischen Metaphern eine verblüffende Realität, denn die Theorie geht davon aus, daß die mikroskopische Landschaft mit winzigen
Saiten – den Strings – gefüllt ist, aus deren Schwingungsmustern die
Evolution des Universums komponiert ist. Nach der Superstringtheorie bringt der Wind der Veränderung das ganze Universum wie
eine riesige Äolsharfe zum Klingen.

Im Gegensatz dazu versteht das Standardmodell die elementaren
Bausteine des Universums als punktförmige Elemente ohne innere
Struktur. Zwar ist dieser Ansatz außerordentlich leistungsfähig (wie
erwähnt, ist fast jede Vorhersage des Standardmodells über die Mikrowelt bis zu Abständen von einem milliardstel milliardstel Meter,
der heutigen technischen Grenze, bestätigt worden), trotzdem kann
das Standardmodell keine vollständige oder endgültige Theorie sein,
weil es die Gravitation nicht einbezieht. Alle Versuche, die Gravitation in das quantenmechanische System einzugliedern, sind gescheitert, weil bei ultramikroskopischen Abständen – das heißt, bei Abständen, die kürzer als die Plancklänge sind – heftige Fluktuationen
in der Raumstruktur auftreten. Der ungelöste Konflikt hat gleichsam dazu aufgerufen, nach einem noch besseren Verständnis der Natur zu suchen. 1984 lieferten die Physiker Michael Green vom Queen
Mary College und John Schwarz vom California Institute of Technology einen ersten überzeugenden Beleg dafür, daß die *Superstringtheorie* (oder, abgekürzt, die Stringtheorie) der Weg zu diesem Verständnis sein könnte.

Die Stringtheorie ist ein neuer, ganz andersartiger Ansatz zur theoretischen Beschreibung der ultramikroskopischen Eigenschaften des Universums – eine Modifikation, die, wie die Physiker allmählich erkannten, Einsteins allgemeine Relativitätstheorie in einer Art und Weise abändert, daß sie mit den Gesetzen der Quantenmechanik vollständig vereinbar ist. Nach der Stringtheorie sind die elementaren Bausteine des Universums *keine* punktförmigen Teilchen, sondern winzige, eindimensionale Filamente, gewissermaßen unendlich dünne Gummibänder, die hin und her schwingen. Aber lassen Sie sich von der Bezeichnung nicht irreführen: Im Unterschied zur normalen Saite eines Streichinstruments, die aus Molekülen und Atomen besteht, haben wir uns die Strings tief im Innersten der Materie vorzustellen. Laut der Theorie sind sie die ultramikroskopischen Bestandteile der Elementarteilchen, aus denen Atome bestehen. Die Strings der Stringtheorie sind so klein – im Durchschnitt ungefähr so lang wie die Plancklänge –, daß sie punktförmig *erscheinen,* selbst wenn wir sie mit unseren leistungsfähigsten Geräten untersuchen.

Dadurch, daß wir die punktförmigen Teilchen als fundamentale Bausteine der gesamten Materie einfach durch fadenförmige Strings ersetzen, erzielen wir weitreichende Konsequenzen. Zuerst und vor allem scheint die Stringtheorie den Konflikt zwischen allgemeiner Relativitätstheorie und Quantenmechanik zu lösen. Wie wir sehen werden, ist die räumlich ausgedehnte Beschaffenheit eines Strings das entscheidende neue Element, das die Entwicklung eines einzigen, die beiden Theorien harmonisch umschließenden Systems erlaubt. Zweitens steht uns mit der Stringtheorie eine wirklich vereinheitlichte Theorie zur Verfügung, weil nach ihr alle Materie und alle Kräfte aus einem einzigen Grundelement hervorgehen: schwingenden Strings. Von diesen bemerkenswerten Leistungen abgesehen, führt die Stringtheorie, wie wir in den folgenden Kapiteln eingehend untersuchen werden, noch einmal zu einem völlig neuen Verständnis der Raumzeit.[1]

Eine kurze Geschichte der Stringtheorie

1968 bemühte sich der junge theoretische Physiker Gabriele Veneziano, einen Sinn in verschiedene experimentell beobachtete Eigenschaften der starken Kernkraft hineinzulesen. Veneziano, der damals einen Forschungsauftrag am CERN, dem europäischen Kernforschungszentrum in Genf, hatte, arbeitete schon seit Jahren an verschiedenen Aspekten dieses Problems, bis er eines Tages eine verblüffende Entdeckung machte. Zu seiner großen Überraschung stellte er fest, daß eine eher »abgehobene« Funktion, die etwa zweihundert Jahre zuvor von dem namhaften Schweizer Mathematiker Leonhard Euler als Teil rein mathematischer Forschungen entwickelt worden war – die Eulersche Beta-Funktion –, zahlreiche Eigenschaften stark wechselwirkender Teilchen sozusagen in einem Aufwasch zu beschreiben schien. Venezianos Beobachtung lieferte eine leistungsfähige mathematische Zusammenfassung vieler Eigenschaften der starken Kraft und löste eine hektische Forschungstätigkeit aus. Man versuchte, mit Hilfe der Eulerschen Beta-Funktion und verschiedenen Erweiterungen die Flut von Daten zu beschreiben, die an verschiedenen Beschleunigern in der ganzen Welt gesammelt worden waren. Doch in einer Hinsicht war Venezianos Beobachtung unvollständig. Wie die auswendig gelernten Formeln, die ein Schüler verwendet, ohne ihre Bedeutung zu verstehen oder sie herleiten zu können, so schien Eulers Beta-Funktion zu funktionieren, ohne daß irgend jemand wußte, warum. Venezianos Ansatz war eine Formel, die nach einer Erklärung verlangte. Das änderte sich 1970, als die Arbeiten von Yoichiro Nambu von der University of Chicago, Holger Nielsen vom Niels-Bohr-Institut und Leonard Susskind von der Stanford University offenbarten, welche bislang unbekannten physikalischen Gesetzmäßigkeiten sich hinter Venezianos Formel verbargen. Wenn man Elementarteilchen als kleine, schwingende und eindimensionale Saiten oder Strings darstellt, lassen sich ihre Kernkraft-Wechselwirkungen, wie diese Physiker zeigten, exakt durch die Eulersche Funktion beschreiben. Falls die Strings klein genug sind, so ihre Überlegung, sehen sie wie punktförmige Teilchen aus, und ihre Eigenschaften decken sich daher mit den Experimentalbeobachtungen.

So intuitiv ansprechend und einfach die Theorie auch erschien, schon bald zeigte sich, daß die Stringbeschreibung der starken Kraft schwerwiegende Mängel aufwies. Anfang der siebziger Jahre belegten Hochenergieexperimente, die tiefer in die subatomare Welt eindrangen, daß das Stringmodell zahlreiche Vorhersagen machte, die in direktem Widerspruch zu den Beobachtungen standen. Gleichzeitig wurde die von punktförmigen Teilchen ausgehende Quantenfeldtheorie der Quantenchromodynamik entwickelt, und ihre eindrucksvollen Erfolge bei der Beschreibung der starken Kraft führten zum Verzicht auf die Stringtheorie.

Die meisten Teilchenphysiker glaubten, die Stringtheorie sei damit endgültig im Mülleimer der Wissenschaftsgeschichte gelandet, doch ein paar Unentwegte hielten an ihr fest. »Die mathematische Struktur der Stringtheorie war so schön und hatte so viele wunderbare Eigenschaften«, so glaubte beispielsweise Schwarz, »daß sie auf irgendeine tiefere Wahrheit hindeuten mußte.«[2] Zu den Problemen, die die Physiker mit der Stringtheorie hatten, gehörte auch eine verwirrende Vielfalt von Eigenschaften. Die Theorie wies schwingende Stringkonfigurationen mit Merkmalen auf, die denen der Gluonen ähneln, womit sie ihren ursprünglichen Anspruch bekräftigte, eine Theorie der starken Kraft zu sein. Doch daneben enthielt sie *zusätzliche* botenartige Teilchen, die keinerlei Ähnlichkeit mit experimentellen Beobachtungen der starken Kraft aufwiesen. 1974 entschlossen sich Schwarz und Joël Scherk von der École Normale Supérieure zu einem kühnen Schritt, der die scheinbare Untugend in eine Tugend verwandelte. Nachdem sie die verwirrenden botenartigen Muster von Stringschwingungen eingehend untersucht hatten, wurde ihnen klar, daß deren Eigenschaften haargenau den Merkmalen des hypothetischen Botenteilchens der Gravitationskraft – des Gravitons – entsprachen. Obwohl diese »kleinsten Pakete« der Gravitation bislang noch nicht beobachtet worden sind, können Theoretiker zuverlässig bestimmte Grundeigenschaften vorhersagen, die diese Teilchen aufweisen müssen. Und wie Scherk und Schwarz feststellten, werden diese Eigenschaften durch bestimmte Schwingungsmuster exakt verkörpert. Aufgrund dieser Entdeckung nahmen Scherk und Schwarz an, der erste Versuch mit der Stringtheorie sei fehlgeschlagen, weil man ihren Anwendungsbereich ohne Not eingegrenzt hatte. Es handle sich um eine Quantentheorie, so die beiden Forscher, die auch die *Gravitation einschließe*.[3]

Diese Eröffnung wurde von der Gemeinschaft der Physiker nicht gerade begeistert aufgenommen. »Unsere Arbeit blieb weitgehend unbeachtet«, berichtet Schwarz.[4] Die Wege des Fortschritts waren bereits mit zahlreichen fehlgeschlagenen Versuchen zur Vereinigung von Gravitation und Quantenmechanik gepflastert. Der erste Versuch, mit Hilfe der Stringtheorie die starke Kraft zu beschreiben, war gescheitert, und viele Forscher meinten, es habe keinen Zweck, mit der Theorie ein noch höher gestecktes Ziel anzuvisieren. Noch entmutigender war der Umstand, daß Stringtheorie und Quantenmechanik ihre eigenen, weniger offensichtlichen Konflikte hatten, wie Untersuchungen Ende der siebziger und Anfang der achtziger Jahre zeigten. Offenbar war es der Gravitation ein weiteres Mal gelungen, sich der Einbindung in die mikroskopische Beschreibung des Universums zu entziehen.

Das war der Stand der Dinge bis zum Jahr 1984, als Green und Schwarz in einem wegweisenden Aufsatz mehr als ein Dutzend Jahre intensiver Forschung zusammenfaßten, die von den meisten Physikern nicht zur Kenntnis genommen und oft sogar offen abgelehnt worden war. Hier wiesen Green und Schwarz nun nach, daß der versteckte Quantenkonflikt, der die Stringtheorie heimsuchte, durchaus lösbar war. Ferner zeigten sie, daß die resultierende Theorie vielseitig genug war, um alle vier Kräfte und die gesamte Materie einzubeziehen. Als sich die Kunde von diesem Erfolg in der weltweiten Gemeinschaft der Physiker verbreitete, unterbrachen Hunderte von Teilchenphysikern ihre aktuellen Forschungsprojekte, um sich mit ganzer Kraft der neuen Aufgabe zu widmen, die allem Anschein nach die letzte Schlacht war, die es in dem uralten Ringen um die tiefsten Geheimnisse des Universums zu schlagen galt.

Ich habe mein Hauptstudium im Oktober 1984 an der Oxford University aufgenommen. Zwar beschäftigte ich mich begeistert mit Dingen wie der Quantenfeldtheorie, der Eichtheorie und der allgemeinen Relativitätstheorie, doch herrschte bei den Studenten höherer Semester der Eindruck vor, daß die Teilchenphysik keine große oder gar keine Zukunft habe. Das Standardmodell war weitgehend abgeschlossen, und die bemerkenswerten Erfolge, die es bei der Vorhersage von Experimentalergebnissen erzielte, ließen darauf schließen, daß seine Bestätigung nur eine Frage der Zeit und der Einzelheiten sei. Über das Standardmodell hinauszugehen trauten sich nur die kühnsten Physiker zu, denn darüber hinauszugehen, das hieß, die Gravitation einzuschließen und möglicherweise den experimentellen Input zu *erklären,* auf dem es beruht: die 19 Zahlen, die die Massen der Teilchen, ihre Kraftladungen und die relative Stärke der Kräfte zusammenfassen, Zahlen, die aus Experimenten bekannt sind, deren Herkunft aber theoretisch nicht verstanden ist. Doch sechs Monate später war die Stimmung vollständig umgeschlagen. Der Erfolg von Green und Schwarz sprach sich schließlich selbst bei den Studenten im ersten Jahr des Hauptstudiums herum, und an die Stelle der bisherigen Langeweile trat das elektrisierende Gefühl, einen überaus wichtigen Augenblick der Physikgeschichte persönlich mitzuerleben. Viele von uns arbeiteten bis tief in die Nacht, um sich die weitläufigen Gebiete der theoretischen Physik und abstrakten Mathematik anzueignen, die erforderlich sind, um die Stringtheorie zu verstehen.

Der Zeitraum von 1984 bis 1986 hat die Bezeichnung »erste Superstringrevolution« erhalten. In diesen drei Jahren sind von Physikern in aller Welt mehr als tausend Forschungsarbeiten zur Stringtheorie geschrieben worden. Wie diese Arbeiten schlüssig zeigten, ergeben sich zahlreiche Eigenschaften des Standardmodells – Eigenschaften, die in Jahrzehnten experimenteller Forschung mühsam entdeckt wurden – *natürlich und einfach* aus den Grundzügen der Stringtheorie. Dazu Michael Green: »In dem Augenblick, wo Sie sich mit der Stringtheorie befassen und feststellen, daß sich fast alle großen Entdeckungen, die während der letzten hundert Jahre in der Physik gemacht wurden, aus einem einfachen Ausgangspunkt ergeben – und das auf so elegante Weise –, da wird Ihnen klar, daß diese unglaublich zwingende Theorie eine Klasse für sich ist.«[5] Mehr noch: Für viele dieser Eigenschaften liefert die Stringtheorie, wie wir noch sehen werden, eine weit vollständigere und befriedigendere Erklärung als das Standardmodell. Diese Entwicklungen überzeugten viele Physiker davon, daß die Stringtheorie auf dem besten Weg war, ihr Versprechen wahr zu machen: sich als die endgültige, vereinheitlichte Theorie zu erweisen.

Doch immer wieder stießen die Stringtheoretiker auf ein sehr unangenehmes Hindernis. In der theoretischen Physik bekommt man es häufig mit Gleichungen zu tun, die so schwierig sind, daß man sie einfach nicht vollständig verstehen oder exakt analysieren kann. In der Regel werfen die Forscher dann die Flinte nicht gleich ins Korn, sondern versuchen die Gleichungen näherungsweise zu lösen. Doch in der Stringtheorie ist die Situation noch schwieriger. Sogar die Bestimmung der *Gleichungen* hat sich als so kompliziert erwiesen, daß man sie bisher nur in Näherungsform abgeleitet hat. So müssen sich Stringtheoretiker damit zufriedengeben, approximierte Lösungen für approximative Gleichungen zu finden. Nachdem die Physiker in den Jahren der ersten Superstringrevolution einige aufsehenerregende Erfolge erzielt hatten, stellten sie fest, daß die Näherungen, die sie verwendeten, nicht ausreichten, um zahlreiche Fragen zu beantworten, die für alle weiteren Fortschritte von entscheidender Bedeutung waren. Ohne konkrete Hinweise auf eine Überwindung der Näherungsmethoden zeigten sich viele Physiker zunehmend frustriert von der Arbeit an der Stringtheorie und kehrten zu ihren früheren Forschungsprojekten zurück. Für diejenigen, die der Theorie treu blieben, kamen mit dem Ende der achtziger und dem Beginn der neunziger Jahre harte Zeiten. Wie ein schimmernder Goldschatz, der sicher in einer Stahlkammer verschlossen und nur durch ein kleines Schlüsselloch sehnsüchtig zu betrachten ist, lockten Schönheit und Verheißung der Stringtheorie, doch niemand hatte den Schlüssel, um die Kammer aufzuschließen. Lange Durststrecken wurden hin und wieder von wichtigen Entdeckungen unterbrochen, doch allen Beteiligten war klar, daß neue Methoden erforderlich waren, wollte man über die bisherigen Näherungen hinausgelangen.

1995 hielt Edward Witten auf der Stringkonferenz an der University of Southern California einen sensationellen Vortrag, der die erlesene Schar seiner Zuhörer, einige der bedeutendsten Physiker der Welt, völlig verblüffte. Witten erläuterte einen Plan für die nächste Stufe der Entwicklung, mit dem er die »zweite Superstringrevolution« lostrat. Gegenwärtig sind Stringtheoretiker in aller Welt fieberhaft damit beschäftigt, eine Reihe neuer Methoden zu perfektionieren, die die Hoffnung nähren, mit ihnen ließen sich die bisher so hartnäckigen theoretischen Hindernisse überwinden. Die Schwierigkeiten, mit denen die Stringtheoretiker auf dem Weg dahin noch zu tun bekommen werden, dürften ihre Fähigkeiten auf eine harte Probe stellen, aber das Licht am Ende des Tunnels könnte sich schließlich doch noch zeigen.

In diesem und den folgenden Kapiteln werden wir die Grundlagen der Stringtheorie beschreiben, wie sie sich aus der ersten Superstringrevolution und den Arbeiten bis zur zweiten Revolution ergaben. Von Zeit zu Zeit werden wir auf neue Erkenntnisse verweisen, die im Zuge der zweiten Superstringrevolution gewonnen wurden. Die eingehende Erörterung dieser jüngsten Fortschritte heben wir uns aber für die Kapitel zwölf und dreizehn auf.

Schon wieder die Atome der Griechen?

Wie zu Anfang dieses Kapitels erwähnt und in Abbildung 1.1 dargestellt, behauptet die Stringtheorie: Wenn wir die im Standardmodell zugrundegelegten Punktteilchen weit genauer untersuchen könnten, als es unsere gegenwärtigen Möglichkeiten zulassen, würde sich herausstellen, daß jedes Teilchen aus einer einzigen winzigen, schwingenden Stringschleife besteht.

Aus Gründen, über die wir uns noch Klarheit verschaffen werden, entspricht die Länge einer typischen Stringschleife ungefähr der Plancklänge, ist also um einen Faktor von rund hundert milliardstel Milliardstel kleiner als ein Atomkern. Kein Wunder, daß unsere heutigen Experimente nicht in der Lage sind, die mikroskopische String-

beschaffenheit der Materie zu offenbaren: Strings sind selbst nach
den Maßstäben von subatomaren Teilchen winzig. Wir brauchten
einen Beschleuniger, der die Materieteilchen mit Energien aufeinan-
derkrachen ließe, die mehrere Millionen Milliarden mal stärker als
die Energien gegenwärtiger Beschleuniger wären, um nachzuweisen,
daß ein String kein Punktteilchen ist.

In Kürze werden wir uns mit den verblüffenden Konsequenzen
beschäftigen, die sich ergeben, wenn wir Punktteilchen durch Strings
ersetzen, doch zunächst wollen wir uns einer grundsätzlicheren
Frage zuwenden: Woraus bestehen Strings?

Es gibt zwei mögliche Antworten auf diese Frage. Erstens, Strings
sind wirklich fundamental – sie sind »Atome«, *unteilbare Bausteine,*
in der usprünglichen Bedeutung des Wortes, wie es die alten Griechen gemeint hatten. Als die absolut kleinsten Bausteine von allem
und jedem markieren sie das Ende der Reihe – die kleinste der russischen Puppen –, die letzte Schicht der zahlreichen mikroskopischen
Unterstrukturen. So gesehen ist die Frage nach der Zusammensetzung von Strings, trotz ihrer räumlichen Ausdehnung, ohne Belang.
Würden Strings aus etwas anderem bestehen, das kleiner wäre als sie
selbst, wären sie nicht fundamental. Egal, woraus Strings bestünden,
dieses »Es« würde sie sogleich ersetzen und Anspruch darauf erheben, der kleinste Baustein des Universums zu sein. Um noch einmal
auf unseren Vergleich mit der geschriebenen Sprache zurückzukommen: Absätze bestehen aus Sätzen, Sätze bestehen aus Wörtern,
Wörter bestehen aus Buchstaben, Buchstaben bestehen aus Graphe-
men. Woraus bestehen Grapheme? Graphologisch gesehen, sind sie
das letzte Glied in der Reihe. Grapheme sind Grapheme, – sie sind
die fundamentalen Bausteine der geschriebenen Sprache; eine weitere Unterstruktur gibt es nicht. Nach ihrer Zusammensetzung zu
fragen ist sinnlos. Entsprechend ist ein String einfach ein String; da
es keinen fundamentaleren Baustein gibt, kann er auch nicht aus
einem anderen Stoff zusammengesetzt sein.

Das ist die erste Antwort. Die zweite stützt sich auf den einfachen
Tatbestand, daß wir noch nicht wissen, ob die Stringtheorie wirklich
die richtige oder endgültige Theorie der Natur ist. Sollte sich die
Stringtheorie als Irrtum erweisen, dann spielt die Frage nach der Beschaffenheit der Strings natürlich überhaupt keine Rolle. Zwar läßt
sich das noch nicht ganz ausschließen, doch seit der Mitte der achtziger Jahre lassen alle Forschungsergebnisse darauf schließen, daß es
sich um eine außerordentlich unwahrscheinliche Möglichkeit handelt. Allerdings hat uns die Geschichte gelehrt, daß wir jedesmal,

wenn sich uns eine tiefere Verständnisebene des Universums erschließt, auf noch kleinere Bestandteile stoßen, die eine noch fundamentalere Schicht der Materie konstituieren. Daher wäre eine andere Möglichkeit, daß die Strings, sollten sie doch nicht endgültige Theorie sein, einfach eine weitere Schicht der kosmischen Zwiebel sind, eine Schicht, die bei der Plancklänge sichtbar wird, aber noch nicht die endgültige Schicht ist. In diesem Fall könnten die Strings aus noch kleineren Gebilden bestehen. Die Stringtheoretiker haben diese Möglichkeit immer wieder ins Auge gefaßt und beschäftigen sich auch weiter damit. Gegenwärtig gibt es in theoretischen Untersuchungen faszinierende Hinweise, daß Strings aus noch kleineren Unterstrukturen bestehen könnten. Einen eindeutigen Beweis gibt es aber bislang nicht. Eine Antwort auf diese Frage kann nur die Zeit – und intensive Forschung – geben.

Von einigen Spekulationen in den Kapiteln zwölf und fünfzehn abgesehen, wollen wir hier bei unserer Erörterung der Strings nach Maßgabe der ersten Antwort verfahren – das heißt davon ausgehen, daß die Strings die fundamentalsten Bestandteile der Natur sind.

Vereinheitlichung durch die Stringtheorie

Neben der Unfähigkeit, die Gravitation einzubeziehen, hat das Standardmodell noch eine weitere Schwäche: Es gibt für viele Einzelheiten seines Aufbaus keine Erklärung. Warum hat sich die Natur gerade für die Teilchen und Kräfte entschieden, die wir in den vorhergehenden Kapiteln beschrieben und in den Tabellen 1.1 und 1.2 aufgelistet haben? Warum haben die 19 Parameter, die diese Bausteine quantitativ beschreiben, ausgerechnet diese Werte und keine anderen? Man kann sich des Eindrucks nicht erwehren, daß Zahl und Eigenschaften dieser Teilchen sehr willkürlich sind. Verbirgt sich hinter diesen scheinbar zufälligen Bausteinen irgendein tieferes Verständnis? Oder sind die physikalischen Eigenschaften des Universums einfach ein Zufallsprodukt?

Vom Standardmodell ist eine solche Erklärung nicht zu erwarten, denn es verwendet die Teilchen und ihre Eigenschaften als experimentell ermittelten *Input*. Wie sich mit den aktuellen Börsendaten der Wert unseres Wertpapierbestands nicht ohne die Inputdaten unserer ursprünglichen Investition beurteilen läßt, so lassen sich aus dem Standardmodell ohne die Inputdaten der fundamentalen Teilcheneigenschaften keine Vorhersagen ableiten.[6] Nachdem Teilchenphysiker diese Daten sorgfältig ermittelt haben, können Theoretiker aus dem Standardmodell überprüfbare Vorhersagen ableiten – etwa was geschehen müßte, wenn man bestimmte Teilchen in einem Beschleuniger miteinander kollidieren läßt. Doch das Standardmodell kann die fundamentalen Teilcheneigenschaften der Tabellen 1.1 und 1.2 ebensowenig erklären wie der DAX von heute den Wert Ihrer Aktienkäufe von vor zehn Jahren.

Hätten die Experimente eine etwas andere Teilchenzusammensetzung der mikroskopischen Welt und eine Wechselwirkung mit geringfügig verschiedenen Kräften offenbart, dann hätten sich diese Daten dem Standardmodell ziemlich leicht einverleiben lassen, indem man die Theorie einfach mit anderen Inputparametern versehen hätte. Insofern ist die Struktur des Standardmodells zu flexibel, um damit die Eigenschaften der Elementarteilchen erklären zu können, denn das Modell ließe sich einem sehr breiten Spektrum von Möglichkeiten angleichen.

Ganz anders die Stringtheorie. Sie ist ein einheitliches und wenig flexibles Gebäude. Sie braucht keinen Input, von einer einzigen Zahl abgesehen, die unten erläutert wird und die die Bezugsgröße für Messungen abgibt. Das Erklärungsvermögen der Theorie wird allen Eigenschaften der Mikrowelt gerecht. Um diesen Umstand zu verstehen, lassen Sie uns zunächst an die Verwandten der Strings denken, die Saiten auf Musikinstrumenten, einer Geige zum Beispiel. Jede solche Saite kann eine große Vielfalt (tatsächlich eine unendliche Zahl) von Schwingungsmustern aufweisen, sogenannte *Resonanzen,* wie sie die Abbildung 6.1 zeigt. Das sind die Wellenmuster, deren Berge und Täler regelmäßige Abstände haben und genau zwischen die beiden festen Endpunkte der Saite passen. Unser Ohr nimmt die verschiedenen charakteristischen Schwingungsmuster als jeweils andere musikalische Töne wahr. Die Stringtheorie besitzt ähnliche Eigenschaften. Es gibt charakteristische Schwingungsmuster, die ein String aufweisen kann, weil die abstandsgleichen Berge und Täler des Schwingungsmusters genau in die räumliche Ausdehnung des Strings passen. Einige Beispiele sind in Abbildung 6.2 angegeben. Entscheidend ist folgendes: Wie die verschiedenen Schwingungsmuster einer Violinsaite zur Entstehung verschiedener musikalischer Töne führen, *führen die verschiedenen Schwingungsmuster eines fundamentalen Strings zur Entstehung verschiedener Massen und Ladungen.* Da das ein ganz entscheidender Punkt ist, sei es noch einmal gesagt. Gemäß der Stringtheorie werden die Eigenschaften eines Elementar-»Teilchens« – seine Masse und seine Ladungen bezüglich

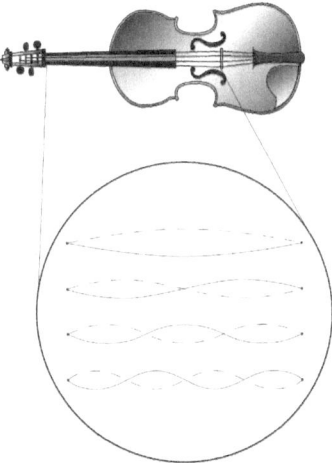

Abbildung 6.1 *Die Saiten einer Geige können in charakteristischen Mustern schwingen, bei denen jeweils eine ganze Zahl von Wellenbergen und -tälern genau zwischen die beiden Enden passen.*

der verschiedenen Kräfte – davon bestimmt, welches der möglichen charakteristischen Schwingungsmuster der ihm zugrundeliegende String ausführt.

Dieser Zusammenhang läßt sich am ehesten anhand der Masse eines Teilchens verstehen. Die Energie eines bestimmten Schwingungsmusters hängt ab von seiner Amplitude – dem maximalen Höhen-

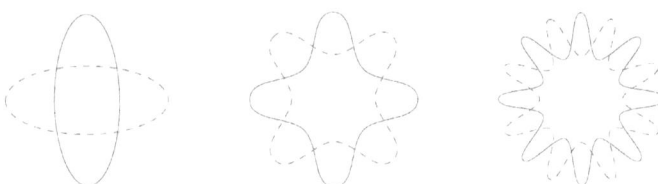

Abbildung 6.2 *Die Schleifen in der Stringtheorie können in charakteristischen Mustern schwingen – ganz ähnlich wie Violinsaiten –, die sich dadurch auszeichnen, daß eine ganze Zahl von Wellenbergen und -tälern auf die Länge des Strings passen.*

unterschied zwischen Bergen und Tälern – und seiner Wellenlänge – dem Abstand zwischen einem Wellenberg und dem nächsten. Je größer die Amplitude und je kleiner die Wellenlänge, desto größer die Energie. Das dürfte Ihren intuitiven Erwartungen entsprechen: Heftigere Schwingungsmuster besitzen mehr Energie, während weniger heftige auch weniger Energie aufweisen. Zwei Beispiele finden Sie in Abbildung 6.3. Auch das ist ein vertrautes Phänomen. Violinsaiten, die stark gezupft werden, schwingen kräftiger, während sie bei vorsichtigerem Zupfen sanfter schwingen. Nun wissen wir aus der speziellen Relativitätstheorie, daß Energie und Masse nur zwei Seiten der gleichen Medaille sind: Höhere Energie bedeutet größere Masse und umgekehrt. Daher wird nach der Stringtheorie die *Masse* eines Elementarteilchens durch die *Energie* des Schwingungsmusters des ihm zugrundeliegenden Strings bestimmt. Schwerere Teilchen beruhen auf Strings, die mit höherer Energie schwingen, während leichteren Teilchen Strings zugrunde liegen, die mit geringerer Energie schwingen.

Da die Masse eines Teilchens seine gravitativen Eigenschaften bestimmt, sehen wir, daß es eine direkte Verbindung zwischen dem Muster einer Stringschwingung und einer bestimmten Reaktion auf die Gravitationskraft gibt. Durch Überlegungen, die etwas abstrakter sind, haben die Stringtheoretiker herausgefunden, daß ein ähnlicher Zusammenhang zwischen weiteren Aspekten des Schwingungsmusters eines Strings und seinen Eigenschaften hinsichtlich anderer Kräfte besteht. Beispielsweise werden die elektrische, die schwache und die starke Ladung, die ein bestimmter String besitzt, durch die besondere Art seiner Schwingung bestimmt. Im übrigen gilt genau die gleiche Überlegung auch für die Botenteilchen selbst. Teilchen wie Photonen, schwache Eichbosonen und Gluonen sind

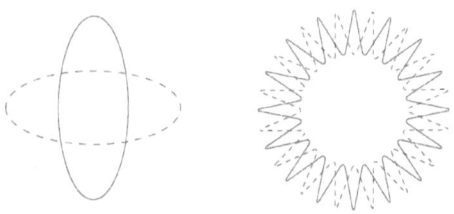

Abbildung 6.3 *Heftige Schwingungsmuster haben mehr Energie als weniger heftige.*

ebenfalls Strings, die wieder andere Schwingungsmuster als bei Materieteilchen ausführen. Von besonderer Bedeutung ist der Umstand, daß es ein Schwingungsmuster des Strings gibt, welches genau den Eigenschaften des Gravitons entspricht, woraus folgt, daß die Gravitation ein integraler Bestandteil der Stringtheorie ist.[7]

Wir sehen also, daß nach der Stringtheorie die beobachteten Eigenschaften jedes Elementarteilchens zustande kommen, weil der ihm zugrundeliegende String ein bestimmtes charakteristisches Schwingungsmuster aufweist. Diese Sicht der Dinge unterscheidet sich ganz entschieden von der Auffassung, welche die Physiker vor der Entdeckung der Stringtheorie vertraten. Früher erklärte man die Unterschiede zwischen den fundamentalen Teilchen, indem man annahm, jede Teilchenart sei aus »anderem Stoff gemacht«. Zwar verstand man alle Teilchen als elementar, doch hielt man den »Stoff«, aus dem sie bestanden, für unterschiedlich. Danach besitzt beispielsweise der »Elektronenstoff« eine negative elektrische Ladung, während »Neutrinostoff« keine elektrische Ladung hat. Dieses Bild wird durch die Stringtheorie radikal verändert, denn diese erklärt, der »Stoff«, aus dem alle Materie und alle Kräfte bestehen, sei *ein und derselbe*. Der neuen Theorie zufolge besteht jedes Elementarteilchen aus einem einzelnen String – das heißt, jedes Teilchen *ist* ein einzelner String –, und alle Strings sind absolut identisch. Zu den Unterschieden zwischen den Teilchen kommt es, weil ihre jeweiligen Strings anderen charakteristischen Schwingungsmustern unterworfen sind. Die vielen scheinbar verschiedenen Elementarteilchen sind tatsächlich die verschiedenen »Töne« eines fundamentalen Strings. Das Universum – zusammengesetzt aus einer ungeheuren Zahl schwingender Strings – ähnelt einer kosmischen Symphonie.

Dieser Überblick zeigt uns, was für einen wunderbar einheitlichen Rahmen die Stringtheorie liefert. Jedes Materieteilchen und jeder Kraftüberträger besteht aus einem String, dessen Schwingungsmuster sein »Fingerabdruck« ist. Da sich jedes Ereignis, jeder Prozeß und jedes Vorkommnis im physikalischen Universum auf fundamentalster Ebene durch Kräfte beschreiben läßt, die zwischen diesen elementaren Materiebausteinen wirken, enthält die Stringtheorie das Versprechen auf eine einzige, allumfassende, einheitliche Beschreibung des physikalischen Universums: die allumfassende Theorie, die Weltformel.

Die Musik der Stringtheorie

Obwohl die Stringtheorie mit der bisherigen Vorstellung von strukturlosen Elementarteilchen aufräumt, sind alte Sprachgewohnheiten
hartnäckig, besonders wenn sie bis hin zu winzigen Abständen eine
genaue Beschreibung der Wirklichkeit liefern. Wir werden uns daher
an die übliche Praxis halten und weiterhin von »Elementarteilchen«
sprechen, doch darunter immer verstehen: »Dinge, die wie Elementarteilchen erscheinen, tatsächlich aber winzige schwingende Strings
sind«. Im letzten Abschnitt haben wir gesagt, die Massen und Kraftladungen solcher Elementarteilchen ergäben sich aus der Art und
Weise, wie ihre jeweiligen Strings schwingen. Das führt uns zu folgendem Schluß: Wenn wir die erlaubten Schwingungsmuster der
fundamentalen Strings – gewissermaßen die »Töne«, die sie hervorbringen können – genau erarbeiten können, dann müßten wir in der
Lage sein, die beobachteten Eigenschaften der Elementarteilchen zu
erklären. Damit bietet die Stringtheorie also erstmals ein System, mit
dem sich die Eigenschaften der in der Natur beobachteten Teilchen
erklären lassen.

An diesem Punkt unserer Überlegungen sollten wir zusehen, daß
wir eines Strings »habhaft« werden und ihn auf jede denkbare Weise
»zupfen«, um festzustellen, zu welchen charakteristischen Schwingungsmustern er fähig ist. Wenn die Stringtheorie recht hat, müßten
wir zu dem Ergebnis kommen, daß die möglichen Muster genau
die beobachteten Eigenschaften von Materie und Kraftteilchen der
Tabellen 1.1 und 1.2 liefern. Natürlich ist ein String viel zu klein,
als daß man das beschriebene Experiment tatsächlich ausführen
könnte. Doch mit Hilfe von geeigneten mathematischen Beschreibungen können wir ihn immerhin theoretisch zupfen. Mitte der
achtziger Jahre waren viele String-Adepten der Meinung, die entsprechende mathematische Analyse sei im Begriff, ausnahmslos jede
der mikroskopischen Eigenschaften des Universums erklären zu
können. Einige überenthusiastische Physiker verkündeten, die Weltformel sei endlich entdeckt. Nach mehr als einem Jahrzehnt ist aus
der Rückschau ersichtlich, daß die Euphorie verfrüht war. Die
Stringtheorie hat das Zeug zur Weltformel, doch bleiben noch et-
liche Hindernisse, die uns daran hindern, das Spektrum der Stringschwingungen so genau abzuleiten, daß wir sie mit experimentellen
Ergebnissen vergleichen können. Daher wissen wir zum gegenwärtigen Zeitpunkt noch nicht, ob sich die grundlegenden Eigenschaften
unseres Universums, wie sie in den Tabellen 1.1 und 1.2 zusammen-

gefaßt sind, durch die Stringtheorie erklären lassen. Wie wir in Kapitel neun erläutern werden, ist die Stringtheorie wirklich bei bestimmten Annahmen, die wir genau spezifizieren werden, in der Lage, ein Universum mit Eigenschaften zu entwerfen, die sich in qualitativer Übereinstimmung mit den bekannten Teilchen und Kräften befinden, doch sind wir gegenwärtig noch nicht fähig, detaillierte numerische Vorhersagen mit Hilfe der Theorie zu liefern. Obwohl also die Stringtheorie im Gegensatz zum Standardmodell mit seinen Punktteilchen prinzipiell *in der Lage ist* zu erklären, warum die Teilchen und Kräfte ihre und keine anderen Eigenschaften besitzen, ist es uns bisher nicht gelungen, diese auch wirklich abzuleiten. Doch bemerkenswerterweise ist die Stringtheorie so vielfältig und weitreichend, daß wir, obschon wir ihre Eigenschaften im einzelnen noch nicht bestimmen können, *doch* in der Lage sind, die Vielfalt der neuen physikalischen Phänomene zu erkennen, die sich aus der Theorie ergeben. Das werden die folgenden Kapitel zeigen.

Dort werden wir uns auch etwas genauer mit den Hindernissen befassen, denen sich die Theorie gegenübersah und -sieht, doch an dieser Stelle sollten wir uns erst einmal um ein generelles Verständnis bemühen. Die makroskopischen Verwandten der Strings – die Saiten und Schnüre in der Welt um uns herum – besitzen höchst unterschiedliche Spannungen. Schuhbänder sind beispielsweise ziemlich schlaff im Vergleich zu der Saite, die vom einen Ende der Geige zum anderen gespannt ist. Beide stehen wiederum unter weit geringerer Spannung als die Stahlsaiten eines Klaviers. Die eine Vorgabe, die man in der Stringtheorie braucht, um eine allgemeine Skala festzulegen, ist die Spannung der Stringschleifen. Wie wird diese Spannung bestimmt? Wenn wir einen fundamentalen String zupfen könnten, würden wir etwas über seine Spannung erfahren, die wir auf diese Weise genauso messen könnten, wie wir es bei seinen makroskopischen Verwandten tun. Doch da fundamentale Strings über alle Maßen winzig sind, verbietet sich diese Methode, und wir müssen auf indirektere Verfahren zurückgreifen. 1974, als Scherk und Schwarz vorschlugen, ein bestimmtes Muster von Stringschwingungen sei das Gravitationsteilchen, das Graviton, haben sie sich einer solchen indirekten Methode bedient und mit ihrer Hilfe die Spannung der Strings vorhergesagt. Wie ihre Berechnungen ergaben, ist die Stärke der Kraft, die von dem vorgeschlagenen Gravitonmuster der Stringschwingung übertragen wird, der Spannung des Strings umgekehrt proportional. Und da das Graviton schließlich die Gravitationskraft übertragen soll – eine Kraft, die von Natur aus ziemlich schwach ist –, gelangten sie zu dem Ergebnis, daß daraus die gewaltige Spannung von tausend Milliarden Milliarden Milliarden Milliarden (10^{39}) Tonnen folge, die sogenannte *Planckspannung*. Folglich sind fundamentale Strings im Vergleich zu ihren alltäglichen Vettern – Saiten und Schnüren – außerordentlich straff gespannt. Das hat drei wichtige Konsequenzen.

Drei Konsequenzen straff gespannter Strings

Erstens: Während die Enden einer Violin- oder Klaviersaite befestigt werden, so daß sie eine bestimmte Länge haben, gibt es keine vergleichbaren äußeren Einschränkungen, die die Größe eines fundamentalen Strings begrenzen. Vielmehr veranlaßt die gewaltige Stringspannung die Schleifen der Stringtheorie, sich zu winzigen Ausmaßen zusammenzuziehen. Wie eingehende Berechnungen zeigen, bewirkt die Planckspannung, daß ein typischer String die Plancklänge – 10^{-33} Zentimeter – annimmt, wie oben erwähnt.[8]

Zweitens: Infolge der enormen Spannung ist die typische Energie einer schwingenden Schleife in der Stringtheorie extrem hoch. Dazu müssen wir wissen, daß ein String oder eine Saite um so schwerer in Schwingung zu versetzen ist, je größer seine Spannung ist. Beispielsweise läßt sich eine Violinsaite viel leichter zupfen und in Schwingung versetzen als eine Klaviersaite. Wenn also zwei Strings unter unterschiedlicher Spannung stehen, aber haargenau die gleiche Schwingung ausführen, besitzen sie nicht die gleiche Energie. Der String mit höherer Spannung besitzt mehr Energie als der String mit geringerer Spannung, da mehr Energie erforderlich ist, um ersteren in Bewegung zu versetzen.

Das führt uns vor Augen, daß die Energie eines schwingenden Strings durch zwei Dinge bestimmt wird: die Art, wie er schwingt (bewegtere Muster entsprechen höherer Energie), und seine Spannung (höhere Spannung entspricht höherer Energie). Auf den ersten Blick wird Sie diese Beschreibung vielleicht zu der Annahme veranlassen, ein String könnte dadurch, daß er immer sanftere Schwingungsmuster annimmt – Muster mit immer kleineren Amplituden und weniger Wellenbergen und -tälern –, immer weniger und weniger Energie verkörpern. Wie uns Kapitel vier in einem anderen Zusammenhang gezeigt hat, ist solch eine Argumentation im Rahmen der Quantenmechanik aber nicht zulässig. Für alle Schwingungen oder wellenartigen Störungen legt die Quantenmechanik fest, daß sie nur in diskreten Einheiten vorkommen können. Es ist in etwa so wie bei den Bewohnern des Lagerhauses: Jeder kann nur eine Summe besitzen, die einem *ganzzahligen* Vielfachen des ihm anvertrauten Geldwerts entspricht; genauso ist die Energie, die sich im Schwingungsmuster des Strings verkörpert, ein ganzzahliges Vielfaches des kleinsten Energiewerts. Insbesondere ist dieser kleinste Energiewert der Spannung des Strings proportional (und auch der Zahl von Bergen und Tälern in seinem Schwingungsmuster), während das ganzzahlige Vielfache von der Amplitude des Schwingungsmusters bestimmt wird.

Der entscheidende Punkt unserer Überlegungen ist folgender: Da die kleinsten Energiewerte der Stringspannung proportional sind und diese Spannung enorm ist, sind die fundamentalen Mindestenergien, gemessen an den Verhältnissen in der herkömmlichen Elementarteilchenphysik, ähnlich gewaltig. Sie sind Vielfache dessen, was man als *Planckenergie* bezeichnet. Um Ihnen eine Vorstellung von den Größenverhältnissen zu geben: Wenn wir die Planckenergie mit Hilfe von Einsteins berühmter Formel $E = mc^2$ in eine Masse übersetzen, dann ist diese um einen Faktor von zehn Milliarden Milliarden (10^{19}) größer als die Masse eines Protons. Diese – nach teilchenphysikalischen Maßstäben – ungeheure Masse bezeichnet man als *Planckmasse*. Sie entspricht etwa der Masse eines Staubkorns oder einer Ansammlung von einer Million durchschnittlicher Bakterien. Das typische Masseäquivalent einer schwingenden Schleife in der Stringtheorie ist also im allgemeinen ein ganzzahliges (1, 2, 3, ...) Vielfaches der Planckmasse. Häufig bringen Physiker diesen Sachverhalt zum Ausdruck, indem sie erklären, die »natürliche« oder »typische« Energieskala (und damit auch Massenskala) der Stringtheorie sei die Planckskala.

Das wirft eine entscheidende Frage auf, die in unmittelbarem Zusammenhang mit unserem Ziel steht, die Teilcheneigenschaften aus den Tabellen 1.1 und 1.2 zu reproduzieren: Wenn die typischen Energien der Stringtheorie um einen Faktor von einigen zehn Milliarden Milliarden größer als die eines Protons sind, wie kann die Stringtheorie dann die weit leichteren Teilchen erklären – Elektronen, Quarks, Photonen und so fort –, aus denen die Welt um uns herum besteht?

Die Antwort liefert ein weiteres Mal die Quantenmechanik. Die Unschärferelation sorgt dafür, daß sich nichts jemals wirklich in Ruhe befindet. Alle Objekte sind der Quantenhektik unterworfen, denn wären sie es nicht, wüßten wir, wo sie sich befinden und wie schnell sie sich bewegen; damit wären sie dem Heisenbergschen Verdikt entzogen. Das gilt auch für die Schleifen der Stringtheorie; egal, wie friedlich ein String erscheint, er ist stets einem gewissen Maß an Quantenschwingung unterworfen. Wie man in den siebziger Jahren festgestellt hat, heben sich die Energien dieser Quantenbewegungen und die der anschaulicheren Stringschwingungen, die wir oben erörtert und in den Abbildungen 6.2 und 6.3 dargestellt haben, zum Teil gegenseitig auf. Tatsächlich bewirkt das mysteriöse Geschehen der Quantenmechanik, daß die mit den Quantenbewegungen eines Strings verknüpfte Energie eines Strings *negativ* ist. Das *reduziert* den Energiegesamtgehalt eines schwingenden Strings um einen Betrag, der ungefähr gleich der Planckenergie ist. Das heißt, die energieärmsten Schwingungsmuster des Strings, von deren Energien wir naiv erwarten würden, daß sie in etwa gleich der Planckenergie wären (also einmal die Planckenergie besäßen), werden weitgehend ausgelöscht, so daß diese tatsächlich relativ geringe Energien besitzen – Energien, deren entsprechende Masseäquivalente sich den Massen der Materie- und Kraftteilchen in den Tabellen 1.1 und 1.2 annähern. Von diesen *energieärmsten* Schwingungsmustern ist also zu erwarten, daß sie die Verbindung zwischen der theoretischen Beschreibung der Strings und der experimentell zugänglichen Welt der Teilchenphysik herstellen. Ein wichtiges Beispiel dafür ist die Entdeckung von Scherk und Schwarz, daß bei dem Schwingungsmuster, dessen Eigenschaften es zu einem geeigneten Kandidaten für das Graviton machen, die Energieaufhebungen *vollkommen* sind, so daß sich ein masseloses Teilchen der Gravitationskraft ergibt. Genau das entspricht den Erwartungen, die an das Graviton gestellt werden: Die Gravitationskraft wird mit Lichtgeschwindigkeit übertragen, und nur masselose Teilchen können sich mit dieser maximalen Geschwindigkeit fortbewegen. Doch solche energiearmen Schwingungskombinationen sind viel eher die Ausnahme als die Regel. Typischere Schwingungen des fundamentalen Strings entsprechen Teilchen, deren Masse viele milliardenmal größer als die des Protons ist.

Daraus können wir ersehen, daß die vergleichsweise leichten fundamentalen Teilchen der Tabellen 1.1 und 1.2 gewissermaßen aus der feinen Gischt stammen, die sich über der tobenden See von hochenergetischen Strings bildet. Sogar ein so schweres Teilchen wie das top-Quark, dessen Masse 189mal so groß wie die des Protons ist, kann aus einem schwingenden String nur dann entstehen, wenn dessen enorme nach der Planckskala bemessene Energie durch die Bewegungen der Quantenunbestimmtheit in einem Verhältnis von mindestens eins zu hundert Millionen Milliarden gelöscht wird. Stellen Sie sich vor, Sie sind in der Fernsehshow *Der Preis ist heiß* und der Moderator gibt Ihnen zehn Milliarden Milliarden Mark und verlangt von Ihnen, Waren zu kaufen, deren Wert die Ihnen zur Verfügung stehende Summe so weit aufbraucht – sozusagen *weghebt* –, daß Ihnen nur noch 189 Mark zur Verfügung stehen, keine Mark mehr oder weniger. Eine so enorme und zugleich so exakte Ausgabe vorzunehmen, ohne die genauen Preise der einzelnen Waren zu kennen, würde wohl die Kenntnisse selbst der erfahrensten Käufer im Lande überfordern. In der Stringtheorie, wo die Währung Energie und nicht Geld ist, haben Näherungsrechnungen schlüssig ergeben, daß analoge Energieaufhebungen stattfinden *können,* daß es aber aus Gründen, mit denen wir uns in den folgenden Kapiteln näher auseinandersetzen werden, gegenwärtig unsere theoretischen Möglichkeiten übersteigt, diese Aufhebungen mit einer solchen Genauigkeit zu bestätigen. Doch wie erwähnt, lassen sich auch unter den derzeitigen Bedingungen viele andere Eigenschaften der Stringtheorie, die nicht auf eine so große Genauigkeit angewiesen sind, sehr zuverlässig ableiten und verstehen.

Damit kommen wir zur dritten Konsequenz der enormen Stringspannung. Strings können eine unendliche Zahl verschiedener Schwingungsmuster ausführen. So haben wir in Abbildung 6.2 die Anfänge einer unendlichen Folge von Möglichkeiten dargestellt, die durch eine wachsende Zahl von Bergen und Tälern gekennzeichnet sind. Folgt daraus nicht, daß es auch eine entsprechend unendliche Folge von Elementarteilchen geben muß, was scheinbar im Konflikt zu der in den Tabellen 1.1 und 1.2 zusammengefaßten Experimentalsituation steht?

Die Antwort lautet Ja: Wenn die Stringtheorie stimmt, müßte jedes der unendlich vielen Resonanzmuster von Stringschwingungen einem Elementarteilchen entsprechen. Dabei gibt es jedoch einen entscheidenden Aspekt: Die hohe Stringspannung sorgt dafür, daß diese Schwingungsmuster, von wenigen Ausnahmen abgesehen, außerordentlich schweren Teilchen zuzuordnen sind (wobei die Ausnahmen die energieärmsten Schwingungen sind, deren Energie fast vollkommen durch die Quantenbewegungen aufgehoben wird). Es sei noch einmal gesagt, der Begriff »schwer« bedeutet hier: viele Male schwerer als die Planckmasse. Da unsere leistungsfähigsten Teilchenbeschleuniger nur Energien erreichen können, die etwa tausend Protonenmassen entsprechen, weniger als einem Millionstel eines Milliardstel der Planckenergie, liegt die Möglichkeit, nach irgendeinem dieser neuen, von der Stringtheorie vorhergesagten Teilchen im Labor zu suchen, für uns noch in weiter Ferne.

Doch wir können versuchen, sie auf indirektem Wege zu entdecken. Beispielsweise müßten die Energien, die an der Entstehung des Universums beteiligt waren, groß genug gewesen sein, um diese Teilchen in Hülle und Fülle zu erzeugen. Im allgemeinen wäre nicht zu erwarten, daß sie bis auf den heutigen Tag überlebt haben, denn solche überschweren Teilchen sind meist instabil und befreien sich von ihrer gewaltigen Masse, indem sie in eine Kaskade immer leichterer Teilchen zerfallen, bis sie am Ende die Gestalt der uns vertrauten, relativ leichten Teilchen angenommen haben. Indes, ganz auszuschließen ist es nicht, daß ein solcher superschwerer Stringzustand – ein Relikt des Urknalls – bis in die Gegenwart überlebt hat. Die Entdeckung eines solchen Teilchens wäre, wie wir in Kapitel neun ausführlicher erörtern werden, vorsichtig ausgedrückt, von enormer Bedeutung.

Gravitation und Quantenmechanik in der Stringtheorie

Das einheitliche System, das die Stringtheorie entwirft, ist sehr überzeugend. Doch sein eigentlicher Vorzug ist die Fähigkeit, die Feindseligkeiten zwischen Gravitationskraft und Quantenmechanik zu schlichten. Erinnern wir uns: Das Problem bei der Verschmelzung von allgemeiner Relativitätstheorie und Quantenmechanik zeigt sich, wenn die zentrale These der allgemeinen Relativitätstheorie – daß Raum und Zeit eine glatt gekrümmte geometrische Struktur bilden – mit dem entscheidenden Aspekt der Quantentheorie kollidiert – daß alles im Universum, auch das Gewebe von Zeit und Raum, Quantenfluktuationen unterworfen ist, die um so heftiger werden, je kleiner die Abstände sind, bei denen man sie betrachtet. Bei Abständen unterhalb der Plancklänge wird das Quantenbrodeln so heftig, daß sich die Vorstellung eines glatt gekrümmten Raums nicht mehr aufrechterhalten läßt. Damit büßt die allgemeine Relativitätstheorie ihre Gültigkeit ein.

Die Stringtheorie besänftigt die heftigen Quantenfluktuationen, indem sie Eigenschaften »verschmiert«, die der Raum bei diesen kleinen Abständen offenbart. Es gibt eine ungefähre und eine präzisere Antwort auf die Frage, was das wirklich heißt und wie der beschriebene Konflikt dadurch gelöst wird. Wir wollen die beiden Antworten nacheinander betrachten.

Die ungefähre Antwort

Vielleicht hört es sich ein bißchen primitiv an, aber eine Methode, etwas über die Struktur eines Gegenstands zu erfahren, besteht darin, ihn mit anderen Dingen zu bewerfen und genau zu beobachten, wie sie abgelenkt werden. Beispielsweise sind wir in der Lage, Dinge zu *sehen*, weil wir bestimmte Informationen, deren Träger die von den gesehenen Objekten abprallenden Photonen sind, mit den Augen aufnehmen und mit dem Gehirn decodieren. Auf dem gleichen Prinzip beruhen Teilchenbeschleuniger: Sie schleudern Materiebestandteile wie Elektronen und Protonen mit hoher Geschwindigkeit aufeinander oder auf andere Targets (Ziele), während hochempfindliche Detektoren aus der resultierenden Gischt von Trümmern die Architektur der beteiligten Objekte erschließen.

Grundsätzlich setzt die *Größe des als Sonde dienenden Teilchens (der Teilchensonde)* der Länge, die wir erfassen können, eine untere Grenze. Stellen Sie sich zur Verdeutlichung vor, Hans und Franz hätten ihr Interesse für Kultur entdeckt und sich für einen Zeichenkurs eingeschrieben. Im Verlauf des Semesters ärgert sich Franz darüber, daß Hans sich als der weit begabtere Zeichner herausstellt, und fordert ihn zu einem ungewöhnlichen Wettkampf heraus: Jeder solle einen Pfirsichkern in eine Schraubzwinge spannen und ein möglichst naturgetreues »Stilleben« davon anfertigen. Ungewöhnlich an Franz' Herausforderung ist, daß weder er noch Hans die Pfirsichkerne ansehen dürfen. Um etwas über die Größe, Form und Eigenheit des Pfirsichkerns in Erfahrung zu bringen, müssen beide irgendwelche Dinge (ausgenommen Photonen!) auf den Kern schießen und beobachten, wie diese abgelenkt werden (Abbildung 6.4). Von Hans unbemerkt füllt Franz die Schießvorrichtung seines Freundes mit Murmeln (Abbildung 6.4[a]), die eigene aber mit viel kleineren Fünf-Millimeter-Plastikkügelchen (Abbildung 6.4[b]). Beide setzen sie ihre Schießvorrichtungen in Gang, und der Wettkampf beginnt.

Nach einer Weile stellt sich heraus, daß Hans lediglich eine Zeichnung zustande bringt, wie sie die Abbildung 6.4(a) zeigt. Wenn er die Bahnen der abgelenkten Murmeln beobachtet, kann er erkennen, daß der Kern ein kleines Gebilde mit harter Oberfläche ist. Mehr vermag er nicht in Erfahrung zu bringen. Murmeln sind einfach zu groß, um die fein gerunzelte Oberflächenstruktur des Pfirsichkerns zu erfassen. Als Hans einen Blick auf Franz' Zeichnung wirft (Abbildung 6.4[b]), stellt er zu seiner Überraschung fest, daß deren Detailgenauigkeit die seiner eigenen weit übertrifft. Ein rascher Blick auf

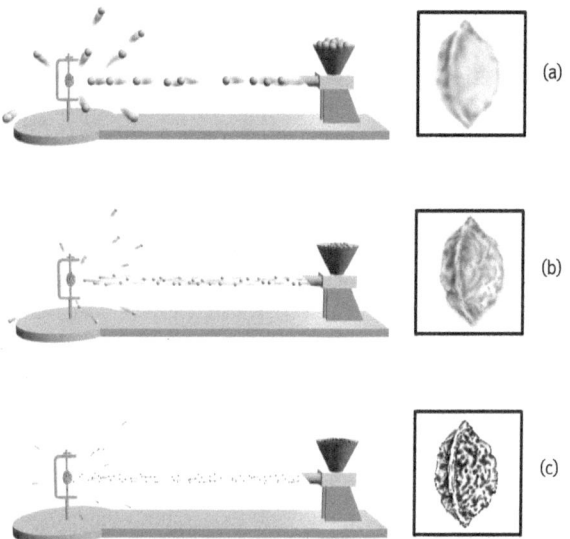

(a)

(b)

(c)

Abbildung 6.4 *Wir spannen einen Pfirsichkern in eine Schraubzwinge ein und zeichnen ihn dann, indem wir lediglich beobachten, wie die Dinge – »Sonden« –, mit denen wir ihn bewerfen, abgelenkt werden. Durch die Verwendung immer kleinerer Sonden – (a) Murmeln, (b) Fünf-Millimeter-Kügelchen, (c) Halb-Millimeter-Kügelchen – können wir immer genauere Wiedergaben zeichnen.*

Franz' Schießvorrichtung offenbart ihm den Grund: Franz hat so kleine Teilchensonden verwendet, daß ihr Ablenkwinkel zumindest von einigen der gröberen Merkmale des Oberflächenreliefs beeinflußt wurde. Da Franz viele Fünf-Millimeter-Kügelchen auf den Kern abgeschossen und ihre abgelenkten Bahnen beobachtet hat, konnte er ein genaueres Bild zeichnen. Um den Wettkampf nicht zu verlieren, geht Hans daraufhin zu seiner Schießvorrichtung und füllt sie mit noch kleineren Sonden-Teilchen – Halb-Millimeter-Kügelchen –, die so winzig sind, daß sie auch in die kleinsten Rillen des Kerns eindringen und entsprechend abgelenkt werden können. Als er die Ablenkung dieser Teilchensonden beobachtet, ist er in der Lage, die Zeichnung anzufertigen, mit der er den Sieg davonträgt (Abbildung 6.4[c]).

Was uns dieser kleine Wettkampf lehrt, ist klar: Nützliche Teilchensonden müssen den physikalischen Eigenschaften, die untersucht werden, in der Größe angemessen sein, sonst können sie die Strukturen, für die wir uns interessieren, nicht erfassen.

Das gilt natürlich auch dann, wenn wir es noch ein wenig genauer wissen wollen und die Absicht haben, die atomare und subatomare Struktur des Kerns zu erfassen. Von Halb-Millimeter-Kügelchen können wir dann keine nützlichen Informationen mehr erwarten. Sie sind viel zu groß, um auf Strukturen atomaren Maßstabs zu reagieren. Deshalb nimmt man in Teilchenbeschleunigern Protonen oder Elektronen als Sonden, die sich wegen ihrer geringen Größe gut für diese Aufgabe eignen. Bei subatomaren Größenskalen, wo Quantenkonzepte die klassischen Begriffe ersetzen, ist die beste Richtschnur für die Sondierungsempfindlichkeit eines Teilchens seine Quantenwellenlänge, die ein Maß für die Unschärfe oder Unbestimmtheit seiner Position angibt. Das deckt sich mit unserer Erörterung der Heisenbergschen Unschärferelation in Kapitel vier, wo wir zu dem Ergebnis kamen, daß die Fehlerspanne von Punktteilchen-Sonden (in unserem Beispiel waren es Photonensonden, doch die Überlegung trifft genauso auf alle anderen Teilchen zu) ungefähr gleich der Quantenwellenlänge der Teilchensonde ist. Etwas umgangssprachlicher: Die Sondierungsempfindlichkeit eines Teilchens wird durch die nervösen Fluktuationen der Quantenmechanik verschmiert, ganz ähnlich wie die Präzision des Skalpells darunter leidet, daß die Hand des Chirurgen zittert. In Kapitel vier wurde aber auch erwähnt, daß die Quantenwellenlänge eines Teilchens seinem Impuls umgekehrt proportional ist, der eng mit der Energie seiner Bewegung zusammenhängt. Dadurch, daß man die Energie eines Punktteilchens erhöht, kann man seine Quantenwellenlänge immer kürzer werden lassen – die Quantenverschmierung immer stärker reduzieren – und damit zur Sondierung immer feinerer physikalischer Strukturen verwenden. Das entspricht unserer intuitiven Vorstellung: Energiereichere Teilchen haben ein größeres Eindringungsvermögen und können daher winzigere Merkmale sondieren.

Hier wird der Unterschied zwischen Punktteilchen und Stringfäden faßbar. Wie bei den Plastikkügelchen, die die Oberflächenmerkmale eines Pfirsichkerns sondieren, ist es dem String aufgrund seiner räumlichen Ausdehnung unmöglich, die Struktur von Objekten zu sondieren, die erheblich kleiner sind als er selbst – also von Strukturen, die kürzer als die Plancklänge sind. Genauer gesagt, David Gross, damals an der Princeton University, und sein Student

Paul Mende haben folgendes nachgewiesen: Wenn man die Energie
eines Strings kontinuierlich erhöht, führt das unter Berücksichtigung
der Quantenmechanik *nicht* zu einer kontinuierlichen Steigerung seiner Fähigkeit, immer feinere Strukturen zu sondieren, was in direktem Gegensatz zum Verhalten von Punktteilchen steht. Erhöht man
die Energie eines Strings, so ist er zunächst, genau wie ein energie-
reiches Punktteilchen, in der Lage, kürzere Strukturen zu sondieren.
Doch wenn seine Energie über den Wert erhöht wird, der für die
Sondierung im Bereich der Plancklänge erforderlich ist, verbessert
die zusätzliche Energie nicht die Empfindlichkeit der Stringsonde,
sondern veranlaßt den String zum *Größenwachstum,* womit sich
seine Fähigkeit, kurze Abstände zu sondieren, *verringert.* Obwohl
die Größe eines typischen Strings der Plancklänge entspricht, können wir ihn, wenn wir ihn mit genügend Energie ausstatten – einer
Energie, die unsere kühnsten Vorstellungen übertrifft, beim Urknall
aber wahrscheinlich erreicht worden ist –, auf *makroskopische*
Größe anwachsen lassen, womit wir wahrlich eine sehr plumpe
Sonde zur Erforschung des Mikrokosmos hätten! Es ist, als hätte ein
String im Unterschied zu einem Punktteilchen *zwei* Verschmierungs-
ursachen: die nervösen Quantenbewegungen, wie bei einem Punktteilchen, aber dann auch die eigene räumliche Ausdehnung. Wenn
wir die Energie eines Strings erhöhen, verringern wir die Verschmierung der ersten Art, verstärken aber letztlich die der zweiten Art.
Egal, wieviel Mühe wir uns geben, die ausgedehnte Beschaffenheit
eines Strings hindert uns daran, mit ihm Phänomene bei Abständen
unterhalb der Plancklänge zu untersuchen.

Nun erwächst aber der gesamte Konflikt zwischen allgemeiner
Relativitätstheorie und Quantenmechanik aus Eigenschaften der
Raumzeit bei Größenskalen unterhalb der Plancklänge. *Wenn die
elementaren Bausteine des Universums nicht in der Lage sind, in Abstände unterhalb der Plancklänge vorzudringen, dann können weder
sie noch irgend etwas, das aus ihnen besteht, von den vermeintlich
katastrophalen Quantenfluktuationen bei winzigen Abständen beeinflußt werden.* Etwas Ähnliches geschieht, wenn wir mit der Hand
über die glattgeschliffene Oberfläche von Granit fahren. Obwohl
Granit auf mikroskopischer Ebene rissig, körnig und höckrig ist,
können unsere Finger diese winzigen Unebenheiten nicht ertasten.
Für sie fühlt sich die Fläche vollkommen glatt an. Unsere plumpen,
räumlich ausgedehnten Finger »verschmieren« die mikroskopische
Diskretheit. Entsprechend ist die Empfindlichkeit des Strings bei
kurzen Abständen durch seine räumliche Ausdehnung begrenzt. Un-

ebenheiten bei Abständen unterhalb der Plancklänge kann er nicht entdecken. Wie unsere Finger auf der Granitoberfläche verschmiert der String die hektischen ultramikroskopischen Fluktuationen des Gravitationsfeldes. Zwar sind die verbleibenden Fluktuationen immer noch erheblich, doch werden sie durch diese Verschmierung hinlänglich geglättet, damit die Unvereinbarkeit von allgemeiner Relativitätstheorie und Quantenmechanik aufgehoben wird. Vor allem aber räumt die Stringtheorie mit den (im vorigen Kapitel erörterten) häßlichen Unendlichkeiten auf, die sich bei dem Versuch ergeben, von Punktteilchen ausgehend eine Quantentheorie der Gravitation zu entwickeln.

Ein entscheidender Unterschied zwischen der Granit-Analogie und der Realität der Raumstruktur liegt darin, daß es *durchaus* Möglichkeiten gibt, die mikroskopische Diskretheit der Granitoberfläche offenzulegen: Wir können feinere und genauere Sonden als unsere Finger verwenden. Ein Elektronenmikroskop zeigt Oberflächenmerkmale mit einer Auflösung von weniger als einem millionstel Zentimeter. Das reicht, um die vielen Unebenheiten sichtbar zu machen. Im Gegensatz dazu gibt es in der Stringtheorie keine Möglichkeit, die »Unebenheiten« in der Raumstruktur unterhalb der Planckskala ans Licht zu bringen. In einem Universum, das von den Gesetzen der Stringtheorie bestimmt wird, trifft die herkömmliche Vorstellung, wir könnten die Natur in immer kleinere Abstände unterteilen, nicht mehr zu. Es *gibt* eine Grenze, und sie kommt ins Spiel, bevor wir es mit dem verheerenden Quantenschaum der Abbildung 5.1 zu tun bekommen. In einem bestimmten Sinn, den wir in den kommenden Kapiteln noch näher erläutern werden, können wir sogar sagen, daß die vermeintlichen Quantenfluktuationen unterhalb der Plancklänge *nicht* existieren. Ein Positivist würde sagen, etwas existiere nur dann, wenn es – zumindest prinzipiell – sondiert und gemessen werden könne. Da wir von der Annahme ausgehen, daß der String das fundamentalste Objekt im Universum ist, und da er zu groß ist, um von den Wallungen der Raumstruktur bei Abständen unterhalb der Plancklänge in Mitleidenschaft gezogen zu werden, lassen sich diese Fluktuationen nicht messen und können daher, nach der Stringtheorie, auch gar nicht vorkommen.

Ein Taschenspielertrick?

Vielleicht haben Sie die vorstehenden Überlegungen nicht ganz befriedigt. Statt den Nachweis zu führen, daß die Stringtheorie die Quantenwallungen des Raums bei Abständen unterhalb der Plancklänge zähmt, haben wir die räumliche Ausdehnung des Strings dazu benutzt, das ganze Problem einfach zu umgehen. Haben wir überhaupt irgend etwas gelöst? Durchaus. Die beiden folgenden Punkte sollen es belegen.

Erstens, aus der vorgelegten Argumentation folgt, daß die vermeintlich so problematischen Raumfluktuationen bei Abständen unterhalb der Plancklänge ein Artefakt des Versuchs sind, die allgemeine Relativitätstheorie und die Quantenmechanik auf der Basis von Punktteilchen zu formulieren. So gesehen sind wir für den zentralen Konflikt der zeitgenössischen Physik selbst verantwortlich. Da wir uns bisher alle Materie- und Kraftteilchen als punktförmige Objekte vorgestellt haben, buchstäblich ohne räumliche Ausdehnung, waren wir gezwungen, Eigenschaften des Universums zu berücksichtigen, die es bei beliebig kurzen Abständen an den Tag legt. Und bei winzigsten Abständen stießen wir auf scheinbar unüberwindliche Probleme. Die Stringtheorie sagt uns nun, wir hätten es mit diesen Problemen nur zu tun bekommen, weil wir die Spielregeln nicht richtig verstanden hätten. Den neuen Regeln entnehmen wir, daß wir das Universum nicht bei beliebig kleinen Abständen sondieren können – und daß damit der Anwendung unseres konventionellen Abstandsbegriffs auf die ultramikroskopische Struktur des Kosmos eine ganz reale Grenze gezogen ist. Danach sind die fatalen Raumfluktuationen aus unseren Theorien erwachsen, weil wir uns dieser Grenzen nicht bewußt waren und uns durch unseren Punktteilchen-Ansatz verführen ließen, die Grenzen der physikalischen Wirklichkeit weit zu überschreiten.

Wenn sich für die Probleme zwischen allgemeiner Relativitätstheorie und Quantenmechanik eine scheinbar so einfache Lösung finden läßt, fragen Sie sich vielleicht, warum es so lange gedauert hat, bis jemand auf die Idee gekommen ist, daß die auf Punktteilchen beruhende Beschreibung einfach eine Idealisierung ist und daß in der wirklichen Welt Elementarteilchen eine gewisse räumliche Ausdehnung besitzen. Damit kommen wir zum zweiten Punkt. Vor langer Zeit haben einige der klügsten Köpfe unter den theoretischen Physikern – Pauli, Heisenberg, Dirac, Feynman und andere – *tatsächlich* die Hypothese geäußert, die Bausteine der Natur seien möglicherweise keine Punkte, sondern kleine wellenförmige »Tröpfchen« oder »Klümpchen«. Allerdings stellten sie und andere fest, daß es sehr schwierig ist, eine Theorie zu entwickeln, deren fundamentaler Baustein kein Punktteilchen ist und die trotzdem mit den grundlegenden physikalischen Prinzipien konsistent ist, etwa der Erhaltung der quantenmechanischen Wahrscheinlichkeit (die dafür sorgt, daß physikalische Objekte nicht einfach spurlos aus dem Universum verschwinden) und der Unmöglichkeit, daß Information schneller als das Licht übertragen wird. Ihre Untersuchungen zeigten immer wieder aus einer Vielzahl von Perspektiven, daß eines oder beide Prinzipien verletzt wurden, wenn man das Punktteilchen-Paradigma aufgab. Daher erschien es lange Zeit unmöglich, eine vernünftige Quantentheorie zu finden, die auf etwas anderem als Punktteilchen beruhte. Die Stringtheorie hingegen hat in den zwanzig Jahren, in denen sie eingehend untersucht wurde, die wirklich eindrucksvolle Eigenschaft bewiesen, daß sie ungeachtet einiger fremdartiger Merkmale *alle* Bedingungen erfüllt, die an eine vernünftige physikalische Theorie gestellt werden. Überdies erweist sich die Stringtheorie durch das Schwingungsmuster, das dem Graviton entspricht, als eine Quantentheorie, die die Gravitation einschließt.

Die genauere Antwort

Die ungefähre Antwort nennt den entscheidenden Grund, warum die Stringtheorie sich behauptet, wo die bisherigen Punktteilchen-Theorien versagt haben. Daher können Sie, wenn Sie möchten, zum nächsten Abschnitt übergehen, ohne den Anschluß an unseren Gedankengang zu verlieren. Doch nachdem wir in Kapitel zwei die wichtigsten Ideen der speziellen Relativitätstheorie erörtert haben, verfügen wir bereits über die Werkzeuge, die wir brauchen, um genauer zu beschreiben, wie es der Stringtheorie gelingt, die nervösen Wallungen der Quantenwelt zu besänftigen.

In der genaueren Antwort gehen wir von demselben Grundgedanken aus wie in der ungefähren Antwort, formulieren sie aber unmittelbar auf der Stringebene. Dies geschieht, indem wir Punktteilchen- und Stringsonden einem eingehenderen Vergleich unterziehen. Wir werden sehen, wie die räumliche Ausdehnung des Strings die Information verschmiert, die durch Punktteilchensonden zu beschaffen wäre, und uns damit – wie oben – jenes Verhalten bei ultrakurzen Abständen erspart, das für das entscheidende Dilemma der zeitgenössischen Physik verantwortlich ist.

Abbildung 6.5 *Zwei Teilchen wechselwirken – sie »stoßen zusammen« – und bewirken, daß sich ihrer beider Bahnen verändern.*

Zunächst einmal betrachten wir die Art und Weise, wie Punktteilchen wechselwirken würden, wenn sie tatsächlich existieren sollten, und wie man sie unter diesen Umständen als physikalische Sonden verwenden könnte. Die fundamentalste Wechselwirkung findet zwischen zwei Punktteilchen statt, die sich auf Kollisionskurs befinden, das heißt, deren Bahnen sich kreuzen wie in Abbildung 6.5. Wären diese Teilchen Billardkugeln, würden sie kollidieren und beide auf neue Bahnen gelenkt werden. Die auf Punktteilchen basierende Quantenfeldtheorie zeigt, daß bei der Kollision von Elementarteilchen im wesentlichen das gleiche geschieht – sie prallen voneinander ab und setzen ihren Weg auf veränderten Bahnen fort. Allerdings sehen die Einzelheiten etwas anders aus.

Stellen Sie sich aus Gründen der Anschaulichkeit und Einfachheit vor, das eine Teilchen wäre ein Elektron und das andere sein Antiteilchen, das Positron. Wenn Materie und Antimaterie kollidieren, können sie sich in einem Blitz aus reiner Energie vernichten, indem sie beispielsweise ein Photon erzeugen.[9] Um die resultierende Bahn des Photons graphisch von den vorhergehenden Bahnen des Elektrons und Positrons zu unterscheiden, folgen wir der physikalischen Tradition und stellen sie durch eine Schlangenlinie dar. In der Regel legt das Photon eine kleine Strecke zurück und setzt dann die von dem ursprünglichen Elektron-Positron-Paar bezogene Energie frei, indem es ein weiteres Elektron-Positron-Paar erzeugt, wie die rechte Seite der Abbildung 6.6 zeigt. So ergibt sich folgendes Bild: Zwei Teilchen werden aufeinandergeschossen, sie wechselwirken durch die elektromagnetische Kraft und zeigen sich am Ende wieder auf veränderten Bahnen – eine Ereignisfolge, die eine gewisse Ähnlichkeit mit unserer Beschreibung kollidierender Billardkugeln aufweist.

Wie verändert sich diese Beschreibung, wenn sich die Objekte, die wir für nulldimensionale Punkte hielten, bei näherer Untersuchung als eindimensionale Strings herausstellen? Der prinzipielle Wechsel-

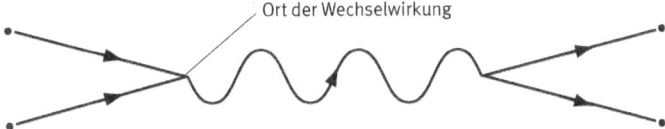

Ort der Wechselwirkung

Abbildung 6.6 *In der Quantenfeldtheorie können sich ein Teilchen und sein Antiteilchen vorübergehend vernichten und ein Photon erzeugen. Anschließend kann dieses Photon ein weiteres Teilchen-Antiteilchen-Paar erzeugen. Die Bahnen der neu erzeugten Teilchen sind dabei im allgemeinen nicht dieselben, auf denen sich die ursprünglichen Teilchen weiterbewegt hätten, hätte keine Wechselwirkung stattgefunden.*

wirkungsprozeß bleibt gleich, doch nun sind die auf Kollisionskurs befindlichen Objekte oszillierende Schleifen, wie in Abbildung 6.7 dargestellt. Wenn diese Schleifen in genau den passenden Resonanzmustern schwingen, entsprechen sie einem Elektron und einem Positron auf Kollisionskurs, nicht anders als in der Abbildung 6.6. Nur wenn wir sie bei kleinsten Abständen untersuchen, weit kleiner als alles, was unsere heutige Technik zugänglich machen kann, tritt ihr wahrer stringartiger Charakter zutage. Wie im Falle der Punktteilchen stoßen die beiden Strings zusammen und vernichten sich in einem Energieblitz. Der Blitz, ein Photon, ist selbst ein String mit einem bestimmten Schwingungsmuster. Die beiden ankommenden Strings wechselwirken miteinander, indem sie zu einem dritten String verschmelzen (Abbildung 6.7). Wie in der Punktteilchen-Beschreibung legt dieser String eine gewisse Strecke zurück und setzt dann die von den beiden ursprünglichen Strings erhaltene Energie frei, indem er sich in zwei Strings teilt, die ihren Weg allein fortsetzen. Auch das sieht wieder, wenn wir es nicht aus einer extrem mikroskopischen Perspektive betrachten, wie die punktförmige Wechselwirkung der Abbildung 6.6 aus.

Es gibt jedoch einen entscheidenden Unterschied zwischen den beiden Beschreibungen. Wie wir deutlich gemacht haben, findet die Punktteilchen-Wechselwirkung an einem lokalisierbaren Punkt in der Raumzeit statt, über dessen Identität sich alle Beobachter einig werden können. Wie wir gleich sehen werden, gilt das *nicht* für die Wechselwirkungen zwischen Strings. Das wollen wir zeigen, indem wir vergleichen, wie Hänsel und Gretel, zwei Beobachter, die sich wie in Kapitel zwei in Relativbewegung befinden, die Wechselwirkung beschreiben würden. Wir werden sehen, daß sie sich nicht eini-

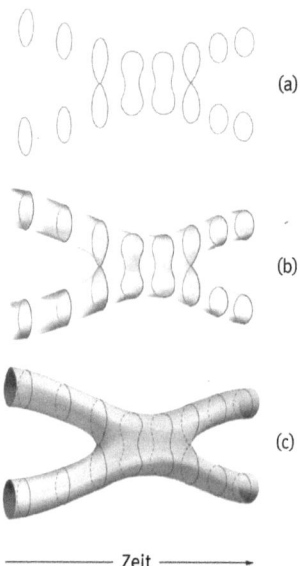

(a)

(b)

(c)

——————— Zeit ———————➤

Abbildung 6.7 (a) Zwei Strings auf Kollisionskurs können zu einem dritten
String verschmelzen; der teilt sich anschließend wieder in zwei Strings auf,
die ihren Weg auf veränderten Bahnen fortsetzen. (b) Der gleiche Prozeß
wie in (a), diesmal unter Betonung der Stringbewegung. (c) Zwei wechsel-
wirkende Strings, die eine »Weltfläche« überstreichen – gewissermaßen ein
Photo in »Langzeitbelichtung«.

gen können, wo und wann sich die beiden Strings zum erstenmal
berühren.

Stellen Sie sich dazu vor, daß wir die Wechselwirkung zwischen
beiden Strings mit einem Photoapparat aufnehmen, dessen Ver-
schluß offen bleibt, so daß die ganze Geschichte des Prozesses auf
einer einzigen Aufnahme festgehalten wird.[10] Das Ergebnis – eine
Stringweltfläche – zeigen wir in Abbildung 6.7(c). Wenn wir die
Weltfläche in parallele Stücke »schneiden« – ganz so, wie wir ein
Brot in Scheiben schneiden –, können wir die Geschichte der String-
wechselwirkung von Augenblick zu Augenblick rekonstruieren. Ein
Beispiel für dieses Aufschneiden zeigen wir in Abbildung 6.8. In Abbildung 6.8(a) ist Hänsel auf zwei ankommende Strings konzen-

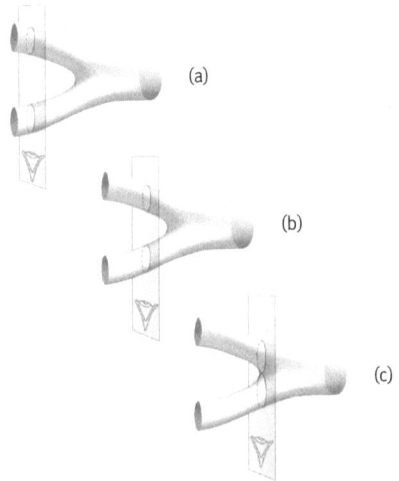

Abbildung 6.8 *Die beiden ankommenden Strings aus Hänsels Perspektive zu drei aufeinanderfolgenden Zeitpunkten. In (a) und (b) nähern sich die Strings einander an; in (c) berühren sie sich aus seinem Blickwinkel zum ersten Mal.*

triert. Aus Hänsels Perspektive durchschneidet eine Ebene *alle Ereignisse im Raum, die zum gleichen Zeitpunkt stattfinden.* Wie schon oft in den vorangegangenen Kapiteln haben wir auch in diesem Diagramm im Interesse der Übersichtlichkeit eine Dimension des Raums fortgelassen. In Wirklichkeit handelt es sich natürlich um eine dreidimensionale Konfiguration von Ereignissen, die für jeden Beobachter gleichzeitig stattfinden. Abbildung 6.8(b) und 6.8(c) liefern zwei Schnappschüsse zu zwei aufeinanderfolgenden Zeitpunkten – zwei aufeinanderfolgende »Scheiben« der Weltfläche. Sie zeigen, wie sich die beiden Strings aus Hänsels Sicht einander nähern. Ganz wichtig ist Abbildung 6.8(c), denn dort zeigen wir den Zeitpunkt, wo sich die beiden Strings aus Hänsels Perspektive zum erstenmal berühren, miteinander verschmelzen und so den dritten String erzeugen.

Betrachten wir nun den gleichen Vorgang aus Gretels Sicht. Wie in Kapitel zwei erörtert, folgt aus der Relativbewegung von Hänsel und Gretel, daß sie keine Einigung erzielen in der Frage, welche Ereignisse zur gleichen Zeit stattfinden. Aus Gretels Perspektive liegen

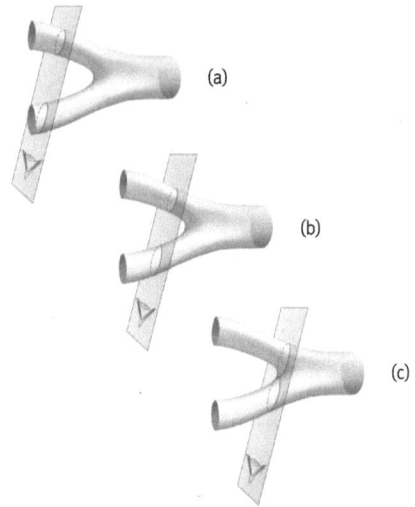

Abbildung 6.9 *Die beiden ankommenden Strings aus Gretels Perspektive zu drei aufeinanderfolgenden Zeitpunkten. In (a) und (b) nähern sich die Strings einander an; in (c) berühren sie sich aus ihrem Blickwinkel zum ersten Mal.*

die räumlichen Ereignisse, die sich zur gleichen Zeit ereignen, auf einer anderen Ebene, wie die Abbildung 6.9 zeigt. Das heißt, aus Gretels Sicht muß die Weltfläche der Abbildung 6.7(c) in einem etwas anderen Winkel in »Scheiben« geschnitten werden, um den Ablauf der Wechselwirkung von Augenblick zu Augenblick zu zeigen.

In den Abbildungen 6.9(b) und 6.9(c) zeigen wir nun sukzessive Zeitpunkte aus Gretels Sicht, unter anderem auch den Augenblick, wo die beiden ankommenden Strings sich berühren und den dritten String erzeugen.

Wenn wir Abbildungen 6.8(c) und 6.9(c) vergleichen, wie in Abbildung 6.10 dargestellt, sehen wir, daß sich Hänsel und Gretel noch nicht einmal darüber einigen können, an welchem Punkt die Wechselwirkung stattgefunden hat – wenn Sie sie bitten, Ihnen diesen Punkt zu zeigen, dann werden die beiden auf verschiedene Punkte auf der Stringfläche weisen.

Wenn wir die gleiche Überlegung auf die Wechselwirkung von Punktteilchen übertragen (Abbildung 6.11), gelangen wir dagegen zu der gleichen Schlußfolgerung wie oben: Fragen wir zwei Beobachter, an welchem Punkt des Liniendiagramms die Wechselwirkung stattfand, werden beide auf dieselbe Stelle im Diagramm zeigen – bei Punktteilchen ist die gesamte Wechselwirkung an einem Raumzeitpunkt »zusammengepfercht«.

Wenn die an der Wechselwirkung beteiligte Kraft die Gravitation ist – das heißt, wenn das an der Wechselwirkung beteiligte Botenteilchen das Graviton und nicht das Photon ist –, hat diese Konzentration des gesamten Kraftaufwands auf einen einzigen Punkt katastrophale Folgen, zum Beispiel die unendlichen Resultate, von denen oben die Rede war. Strings dagegen »verschmieren« den Ort, wo Wechselwirkungen stattfinden. Da die Wechselwirkung aus der Sicht verschiedener Beobachter an jeweils anderen Orten auf der linken Seite der Fläche von Abbildung 6.10 stattfindet, heißt das ganz real, daß der Ort der Wechselwirkung zwischen ihnen allen verschmiert wird. Das streut die Kraftwirkung. Im Falle der Gravitationskraft führt die Verschmierung dazu, daß die ultramikroskopischen Eigenschaften der Gravitation erheblich entschärft werden – so sehr, daß die Berechnungen vernünftige endliche Resultate ergeben anstelle der früheren Unendlichkeiten. Das ist eine exaktere Version der Verschmierung, die wir in der ungefähren Antwort des letzten Abschnitts beschrieben haben. Aber auch hier führt die Verschmierung zu einer Glättung der ultramikroskopischen Raumverzerrungen, da die Abstände unterhalb der Plancklänge miteinander verschwimmen.

Es ist, als würden wir die Welt durch eine zu starke oder zu schwache Brille betrachten: Feinste Einzelheiten – kleiner als die Plancklänge –, die eine Punktteilchensonde erfassen könnte, werden von der Stringtheorie verschmiert und entschärft. Wenn die Stringtheorie im Unterschied zu unserem Beispiel mit der Augenschwäche

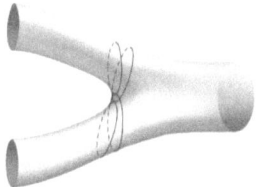

Abbildung 6.10 *Hänsel und Gretel sind sich nicht einig darüber, an welchem Raumzeitpunkt die Wechselwirkung stattfindet.*

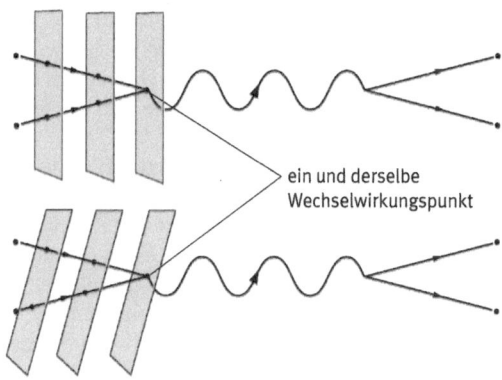

ein und derselbe
Wechselwirkungspunkt

Abbildung 6.11 *Beobachter in Relativbewegung sind sich einig, an welchem Raumzeitpunkt zwei Punktteilchen miteinander wechselwirken.*

die endgültige Beschreibung des Universums ist, gibt es keine optischen Kunstgriffe mehr, die die vermeintlichen Fluktuationen unterhalb der Plancklänge in den Blick bringen können. Die Unvereinbarkeit von allgemeiner Relativitätstheorie und Quantenmechanik – die sich erst bei Abständen unterhalb der Plancklänge offenbaren würde – wird vermieden in einem Universum, das sich nicht mehr bei so winzigen Abständen erschließen läßt. Im herkömmlichen Sinne gibt es diese Unvereinbarkeit dann auch nicht mehr. Dergestalt ist also das von der Stringtheorie beschriebene Universum, wo sich vor unseren Augen die Gesetze des Großen und Kleinen harmonisch verbinden, während sich die bei ultramikroskopischen Abständen vermutete Katastrophe auf Nimmerwiedersehen verabschiedet.

Jenseits der Strings?

Strings besitzen zwei Besonderheiten. Erstens: Sie lassen sich, obwohl sie räumlich ausgedehnt sind, widerspruchsfrei im Rahmen der Quantentheorie beschreiben. Zweitens: Unter den charakteristischen Schwingungsmustern gibt es eines, das genau die Eigenschaften des Gravitons aufweist und daher dafür sorgt, daß die Gravitation ein integraler Bestandteil der Theorie ist. Doch wenn die Stringtheorie zeigt, daß der herkömmliche Begriff der nulldimensionalen

Punktteilchen offenbar eine mathematische Idealisierung ist, die in der realen Welt nicht vorkommt, könnte dann nicht ein unendlich dünner eindimensionaler Faden eine ähnliche mathematische Idealisierung sein? Ist es denkbar, daß Strings doch eine gewisse Dicke haben, wie die zweidimensionale Oberfläche eines Fahrradschlauchs oder, realistischer, wie ein dünner, aber solider dreidimensionaler Doughnut? Die scheinbar unüberwindlichen Schwierigkeiten, auf die Heisenberg, Dirac und andere bei ihren Versuchen stießen, eine Quantentheorie zu entwickeln, die auf dreidimensionalen Klümpchen basiert, haben auch die Forscher, die sich auf den oben skizzierten Gedankengang einließen, immer wieder scheitern lassen.

Ziemlich überraschend bemerkten dann aber einige Stringtheoretiker Mitte der neunziger Jahre im Zuge sehr indirekter und komplizierter Überlegungen, daß solche höherdimensionalen fundamentalen Objekte tatsächlich eine wichtige und hintergründige Rolle in der Stringtheorie spielen. Nach und nach wurde den Forschern klar, daß die Stringtheorie nicht *nur* Strings enthält. Von zentraler Bedeutung für die zweite Superstringrevolution, die von Witten und anderen 1995 eingeleitet wurde, ist die Beobachtung, daß die Stringtheorie tatsächlich Objekte mit einer Vielzahl verschiedener Dimensionen einschließt: zweidimensionale frisbeescheibenähnliche Elemente, dreidimensionale tröpfchenartige Elemente und noch weitere exotische Möglichkeiten. Auf diese neuesten Erkenntnisse werden wir in den Kapiteln zwölf und dreizehn zu sprechen kommen. Im Augenblick wollen wir uns weiter an den Gang der Geschichte halten und uns etwas eingehender mit den verblüffenden neuen Eigenschaften eines Universums beschäftigen, das aus eindimensionalen Strings statt aus nulldimensionalen Punktteilchen besteht.

Kapitel 7

Das »Super« in Superstrings

Nachdem Eddington 1919 mit seiner Expedition den Beweis erbracht hatte, daß das Sternenlicht tatsächlich, wie Einstein vorhergesagt hatte, von der Sonne gekrümmt wird, teilte der holländische Physiker Hendrik Lorentz Einstein die frohe Botschaft in einem Telegramm mit. Als sich diese Nachricht von der Bestätigung der allgemeinen Relativitätstheorie herumsprach, wurde Einstein von einem Studenten gefragt, was er gedacht hätte, wenn Eddingtons Experiment nicht die vorhergesagte Krümmung des Sternenlichts bestätigt hätte. Einstein erwiderte: »Da könnt mir halt der liebe Gott leid tun. Die Theorie stimmt doch.«[1] Hätten die Experimente Einsteins Vorhersagen wirklich nicht bestätigt, dann hätte die Theorie natürlich nicht gestimmt, und die allgemeine Relativitätstheorie wäre heute nicht eine der Säulen der modernen Physik. Doch diese Theorie beschreibt die Gravitation mit einer so wunderbaren Eleganz, mit so einfachen, aber weitreichenden Ideen, daß Einstein sich schwer vorstellen konnte, wie die Natur ohne sie auskommen könnte. Die allgemeine Relativitätstheorie war nach Einsteins Ansicht einfach zu schön, um unwahr zu sein.

Nun entscheiden aber ästhetische Urteile nicht über den wissenschaftlichen Diskurs. Letztlich steht und fällt eine Theorie mit der Frage, wie sie sich angesichts kalter, harter Experimentaldaten bewährt. Allerdings gilt für diese letzte Feststellung eine außerordentlich wichtige Einschränkung. Während eine Theorie entwickelt wird, ist sie definitionsgemäß unvollständig, so daß sich oft keine detaillierten Aussagen ableiten lassen, die man experimentell überprüfen könnte. Trotzdem müssen die beteiligten Physiker anhand ihrer erst partiell abgeschlossenen Theorie entscheiden, welche Forschungsrichtung sie im Fortgang einschlagen wollen. Einige dieser Entscheidungen werden von der inneren Logik der Theorie diktiert. Sicherlich können wir verlangen, daß eine vernünftige Theorie keine logischen Widersprüche aufweist. Andere Entscheidungen treffen die Forscher, indem sie die experimentellen Implikationen des einen theoretischen Konstrukts mit denen eines anderen vergleichen. Im allgemeinen sind wir nicht an einer Theorie interessiert, die nach menschlichem Ermessen keinerlei Ähnlichkeit mit den Phänomenen unserer Alltagswelt hat. Richtig ist aber auch, daß sich die eine oder andere Entscheidung theoretischer Physiker auf ein ästhetisches Urteil gründet – welche Theorien in ihrem Aufbau ähnliche Eleganz und Schönheit besitzen, wie sie unserere Erfahrungswelt aufweist. Natürlich gibt es keine Gewähr dafür, daß diese Strategie zur Wahrheit führt. Vielleicht hat das Universum ja in seinem Innersten einen weit weniger eleganten Aufbau, als wir aufgrund unserer Erfahrung vermuten. Oder wir finden heraus, daß wir unsere gegenwärtigen ästhetischen Kriterien grundlegend verändern müssen, wenn wir sie in immer unvertrauteren Kontexten anwenden. Trotzdem, wenn wir in Bereiche vordringen, wo unsere Theorien Aspekte des Universums beschreiben, die sich unserem experimentellen Zugriff weitgehend entziehen, orientieren wir theoretischen Physiker uns zunehmend an solchen ästhetischen Gesichtspunkten, um Holzwege und Sackgassen zu vermeiden, in die wir uns sonst vielleicht verirren würden. Bislang hat sich diese Methode als nützliches und erkenntnisförderndes Hilfsmittel erwiesen.

In der Physik – wie in der Kunst – ist die Symmetrie ein entscheidender Aspekt der Ästhetik. Doch anders als in der Kunst hat die Symmetrie in der Physik eine sehr konkrete und exakte Bedeutung. Indem die Physiker dem Symmetriebegriff bis in seine letzten mathematischen Verästelungen gefolgt sind, konnten sie im Laufe der letzten Jahrzehnte Theorien entwickeln, in denen Materieteilchen und Botenteilchen weit enger miteinander verflochten sind, als irgend jemand vorher für möglich gehalten hätte. Solche Theorien, die nicht nur die Naturkräfte, sondern auch die Bausteine der Materie vereinigen, weisen eine in bestimmtem Zusammenhang größtmögliche Symmetrie auf und werden deshalb als *supersymmetrisch* bezeichnet. Wie wir gleich sehen werden, ist die Superstringtheorie zugleich die Stammutter und das vorzüglichste Beispiel einer supersymmetrischen Theorie.

Vom Wesen physikalischer Gesetze

Stellen Sie sich ein Universum vor, in dem die Gesetze der Physik so kurzlebig wären wie der Geschmack der Mode – das heißt, in dem sie sich von Jahr zu Jahr, von Woche zu Woche oder sogar von

Augenblick zu Augenblick veränderten. Vorausgesetzt, die Veränderungen würden die grundlegenden Lebensprozesse nicht beeinträchtigen, gäbe es für Sie, um es vorsichtig auszudrücken, nicht einen Augenblick der Langeweile. Die einfachsten Tätigkeiten würden zum Abenteuer, da Zufallsveränderungen Sie und alle anderen Bewohner dieses Universums daran hindern würden, anhand von früheren Erfahrungen irgendwelche zukünftigen Ereignisse vorherzusagen.

Ein solches Universum wäre der Alptraum eines Physikers. Physiker – und mit ihnen die meisten anderen Menschen – verlassen sich fest auf die Stabilität des Universums: Die Gesetze, die heute gültig sind, waren gestern gültig und werden auch noch morgen gültig sein (selbst wenn wir nicht intelligent genug gewesen sind, sie alle herauszufinden). Was hätte das Wort »Gesetz« schließlich für einen Sinn, wenn es sich plötzlich ändern könnte? Das soll nicht heißen, daß das Universum statisch ist. Ganz gewiß verändert sich das Universum auf unzählige Weisen von einem Augenblick zum nächsten. Es heißt vielmehr, daß die Gesetze, die diese Veränderung bestimmen, fest und unveränderlich sind. Vielleicht fragen Sie sich, ob wir das wirklich wissen. Sie haben recht, wir wissen es nicht. Doch die Tatsache, daß es uns gelungen ist, so viele Eigenschaften des Universums zu beschreiben, von einem Zeitpunkt kurz nach dem Urknall bis zur Gegenwart, gibt uns die Gewißheit, daß die Gesetze, wenn sie sich denn ändern, es nur langsam tun. Die naheliegendste Annahme, die sich mit allem deckt, was wir wissen, besagt, daß die Gesetze unveränderlich sind.

Nun stellen Sie sich ein Universum vor, in dem die physikalischen Gesetze kommunalen Charakter haben und den engstirnigen Einflüssen der jeweiligen Kirchturmpolitik unterworfen sind: Sie verändern sich von Ort zu Ort und widersetzen sich hartnäckig allen Einflüssen von außen. Wie Gulliver wären Sie auf Ihren Reisen durch eine solche Welt einer unvorstellbaren Vielfalt von unvorhersehbaren Erlebnissen ausgesetzt. Doch aus der Sicht des Physikers wäre auch das ein Alptraum. Es ist schon schwer genug, sich darauf einzustellen, daß die politischen Gesetze eines Landes – oder sogar eines Bundeslandes – in einem anderen unter Umständen keine Gültigkeit haben. Doch stellen Sie sich einmal vor, wie es wäre, wenn die Gesetze der *Natur* derart unbeständig wären. In einer solchen Welt hätten Experimente, die an einem Ort ausgetragen werden, keinen Einfluß auf die physikalischen Gesetze, die irgendwo anders gelten würden. Vielmehr müßten die Physiker ihre Experimente immer wieder an verschiedenen Orten wiederholen, um die jeweils gültigen

Naturgesetze herauszufinden. Glücklicherweise spricht alles, was wir wissen, dafür, daß die physikalischen Gesetze überall gleich sind. Die Experimente an jedem Punkt der Erde lassen sich mit einem einzigen Bestand an fundamentalen physikalischen Erklärungen verstehen. Mehr noch, unsere Fähigkeit, eine große Zahl von astrophysikalischen Beobachtungen ferner Regionen des Kosmos mit einem einzigen, unveränderlichen System physikalischer Prinzipien zu erklären, bringt uns zu der Überzeugung, daß überall *tatsächlich* die gleichen Gesetze gültig sind. Da wir aber noch nie zum anderen Ende des Universums gereist sind, können wir nicht mit letzter Sicherheit ausschließen, daß irgendwo eine vollkommen andere Physik herrscht, doch alles spricht dagegen.

Wir betonen nochmals: Damit soll nicht gesagt sein, daß das Universum an verschiedenen Orten gleich aussieht – oder haargenau die gleichen Eigenschaften aufweist. Ein Astronaut, der mit einem Hüpfball auf dem Mond herumspränge, könnte dort alle möglichen Kunststücke vollführen, die ihm auf der Erde unmöglich wären. Doch uns ist klar, daß der Unterschied zustande kommt, weil der Mond weit weniger Masse besitzt als die Erde. Daraus folgt nicht, daß sich das Schwerkraftgesetz von Ort zu Ort verändert. Newtons oder, genauer, Einsteins Gravitationsgesetz ist auf dem Mond nicht anders als auf der Erde. Der Unterschied in der Erfahrung des Astronauten ist durch die Veränderung eines Umweltmerkmals bedingt, nicht durch einen Wandel des physikalischen Gesetzes.

Physiker bezeichnen diese beiden Eigenschaften physikalischer Gesetze – daß sie nicht davon abhängen, wann oder wo man sie verwendet – als *Symmetrien* der Natur. Damit meinen sie, daß die Natur jeden Augenblick in der Zeit und jeden Ort im Raum gleich – symmetrisch – behandelt, indem sie dafür sorgt, daß die gleichen fundamentalen Gesetze zur Anwendung kommen. Die Wirkung dieser Symmetrien äußert sich in der Physik ganz ähnlich wie in der Malerei und Musik: als ein Gefühl tiefer Befriedigung. Die Symmetrien zeigen, daß Ordnung und Folgerichtigkeit in den Gesetzmäßigkeiten der Natur herrschen. Die Eleganz, mit der höchst vielfältige und komplexe Phänomene aus einer geringen Zahl von universellen Gesetzen hervorgehen, ist zumindest teilweise das, was Physiker mit dem Begriff »schön« meinen.

Bei der Erörterung der speziellen und allgemeinen Relativitätstheorie sind wir noch auf andere Symmetrien der Natur gestoßen. Wie dargelegt, folgt aus dem Relativitätsprinzip, welches den Kern der speziellen Relativitätstheorie bildet, daß alle physikalischen Gesetze gleich sein müssen, unabhängig von der Relativbewegung mit konstanter Geschwindigkeit, in der sich einzelne Beobachter befinden. Hier handelt es sich um eine Symmetrie, weil daraus folgt, daß die Natur alle Beobachter gleich – symmetrisch – behandelt. Jeder der Beobachter ist berechtigt, sich selbst als ruhend anzusehen. Aber auch hier gilt, daß Beobachter in Relativbewegung nicht zu identischen Ergebnissen gelangen. Wie oben gezeigt, weisen ihre Beobachtungen eine Vielzahl verblüffender *Unterschiede* auf. Wie in den unvereinbaren Erfahrungen des Hüpfball-Fans auf der Erde und auf dem Mond kommen in den Beobachtungsunterschieden Umwelteigenschaften zum Ausdruck – die Beobachter befinden sich in Relativbewegung –, was aber nichts daran ändert, daß ihre Beobachtungen den gleichen *Gesetzen* gehorchen.

Durch das Äquivalenzprinzip der allgemeinen Relativitätstheorie hat Einstein diese Symmetrie beträchtlich erweitert, indem er gezeigt hat, daß die Gesetze der Physik tatsächlich für alle Beobachter gleich sind, selbst wenn sie einer komplizierten beschleunigten Bewegung unterworfen sind. Wie wir uns erinnern, hat Einstein nämlich erkannt, daß auch ein beschleunigter Beobachter vollkommen berechtigt ist, sich als ruhend anzusehen und zu behaupten, die Kraft, die er erfahre, werde durch ein Gravitationsfeld erzeugt. Sobald die Gravitation einbezogen wird, sind alle denkbaren Beobachter-Standpunkte vollkommen gleichberechtigt. Abgesehen von dem ästhetischen Reiz dieser gleichberechtigten Behandlung aller Bewegung, haben diese Symmetrieprinzipien, wie wir sahen, auch eine entscheidende Rolle bei Einsteins verblüffenden Schlußfolgerungen in bezug auf die Gravitation gespielt.

Gibt es noch irgendwelche anderen Symmetrieprinzipien, die die Naturgesetze im Hinblick auf Raum, Zeit und Bewegung beachten sollten? Wenn Sie darüber nachdenken, könnten Sie auf eine weitere Möglichkeit stoßen. Die Gesetze der Physik sollten sich nicht um den *Winkel* kümmern, unter dem Sie Ihre Beobachtungen machen. Wenn Sie beispielsweise ein Experiment durchführen und dann beschließen, Ihre gesamte Versuchsanordnung zu drehen, und danach das Experiment zu wiederholen, sollten die gleichen Gesetze gültig sein. Das bezeichnet man als Rotationssymmetrie. Wir verstehen darunter, daß die Gesetze der Physik alle denkbaren *Ausrichtungen* gleichberechtigt behandeln. Dieses Symmetrieprinzip ergänzt die vorher erörterten Symmetrien.

Gibt es noch andere? Haben wir irgendwelche Symmetrien übersehen? Vielleicht denken Sie an die Eichsymmetrien, die, wie in

Kapitel fünf erörtert, mit den nichtgravitativen Kräften verknüpft sind. Auch das sind natürlich Symmetrien der Natur, aber sie sind von abstrakterer Art. Wir beschäftigen uns hier mit Symmetrien, die direkt mit Raum, Zeit oder Bewegung zu tun haben. Unter dieser Bedingung werden Ihnen wahrscheinlich keine weiteren Möglichkeiten einfallen. Tatsächlich konnten 1967 die Physiker Sidney Coleman und Jeffrey Mandula beweisen, daß man keine weiteren auf Raum, Zeit oder Bewegung bezogenen Symmetrien mit den soeben erörterten Symmetrien verbinden und eine Theorie erhalten kann, die irgendeine Ähnlichkeit mit unserer Welt aufweist.

Anschließend ließ jedoch eine eingehende Untersuchung dieses Theorems, die sich auf die Erkenntnisse zahlreicher Physiker stützte, ein kleines Schlupfloch erkennen: Der Coleman-Mandula-Beweis hat nicht alle Symmetrien berücksichtigt, die mit einem Phänomen namens *Spin* zu tun haben.

Spin

Ein Elementarteilchen wie beispielsweise ein Elektron kann einen Atomkern in etwa der gleichen Weise umkreisen, wie sich die Erde um die Sonne bewegt. Doch nach der herkömmlichen punktförmigen Beschreibung eines Elektrons könnte der Eindruck entstehen, es gebe keine Entsprechung zur Rotation der Erde um die eigene Achse. Bei jedem Objekt, das sich um sich selbst dreht, sind die Punkte auf der Rotationsachse selbst – wie der *Mittelpunkt* einer rotierenden Frisbeescheibe – unbewegt. Doch wenn etwas wirklich punktförmig ist, besitzt es keine »anderen Punkte«, die nicht auf der angenommenen Rotationsachse liegen. Folglich könnte es den Anschein haben, als wäre es sinnlos, von einem rotierenden Punktobjekt zu sprechen. Vor vielen Jahren fiel dieses Argument einer weiteren Quantenüberraschung zum Opfer.

1925 erkannten die holländischen Physiker George Uhlenbeck und Samuel Goudsmit, daß sich eine Vielzahl von verwirrenden Daten über das Licht, das von Atomen emittiert und absorbiert wird, erklären läßt, wenn man annimmt, daß Elektronen ganz bestimmte *magnetische* Eigenschaften besitzen. Mehr als hundert Jahre zuvor hatte der Franzose André-Marie Ampère nachgewiesen, daß Magnetismus aus der Bewegung elektrischer Ladungen entsteht. Uhlenbeck und Goudsmit folgten diesem Hinweis und fanden heraus, daß nur eine bestimmte Elektronenbewegung zu den magneti-

schen Eigenschaften führen konnte, auf die die Daten schließen
ließen: eine Eigenrotation des Elektrons, das heißt, ein *Spin*. Daher
behaupteten Uhlenbeck und Goudsmit, daß Elektronen, im Gegensatz zur klassischen Erwartung, ähnlich wie die Erde *sowohl* um-
laufen *als auch* rotieren.

Sind Uhlenbeck und Goudsmit buchstäblich so zu verstehen, daß
Elektronen rotieren? Ja und nein. Auf jeden Fall hat ihre Arbeit gezeigt, daß es einen quantenmechanischen Rotations- oder Spinbe-
griff gibt, der eine gewisse Ähnlichkeit mit der üblichen Vorstellung
hat, aber doch spezifisch quantenmechanisch ist. Es handelt sich um
eine jener Eigenschaften der mikroskopischen Welt, die in klassischen Ideen auftreten, aber eine experimentell verifizierte quantenmechanische Wendung erhalten. Stellen Sie sich beispielsweise eine
Eisläuferin vor, die eine Pirouette beschreibt. Wenn sie die Arme
anzieht, dreht sie sich rascher; wenn sie die Arme ausstreckt, rotiert
sie langsamer. Früher oder später, je nachdem, wie kraftvoll sie die
Pirouette angesetzt hat, wird sie immer langsamer und kommt endlich ganz zum Stillstand. Anders bei dem Spin, den Uhlenbeck und
Goudsmit entdeckt haben. Ihrer Arbeit und allen späteren Untersuchungen zufolge rotiert jedes Elektron im Universum immer und
ewig *mit festgesetzter und unveränderlicher Drehgeschwindigkeit.*
Der Spin eines Elektrons ist kein vorübergehender Bewegungszustand wie bei alltäglicheren Objekten, die aus dem einen oder anderen Grund rotieren. Vielmehr ist der Spin eines Elektrons eine *innere* Eigenschaft, ganz ähnlich wie seine Masse oder seine elektrische
Ladung. Hätte ein Elektron keinen Spin, wäre es kein Elektron.

Obwohl diese Untersuchung zunächst am Elektron vorgenommen wurde, haben spätere Arbeiten gezeigt, daß Gleiches auf alle
Materieteilchen der drei Familien aus Tabelle 1.1 zutrifft. Das gilt bis
hin zur letzten Einzelheit: *Alle* Materieteilchen (genauso wie ihre
Antimaterie-Partner) haben den gleichen Spin wie das Elektron. Im
physikalischen Jargon sagt man, Materieteilchen hätten »Spin $1/2$«,
wobei der Wert einhalb, grob gesagt, ein quantenmechanisches Maß
für die Rotationsgeschwindigkeit von Teilchen ist.[2] Ferner hat man
gezeigt, daß die Träger der nichtgravitativen Kräfte – Photonen,
schwache Eichbosonen und Gluonen – ebenfalls ein inneres Spin-
merkmal besitzen, das sich aber als *doppelt so groß* wie das der
Materieteilchen erweist. Sie haben alle »Spin 1«.

Wie steht es mit der Gravitation? Noch vor der Entwicklung der
Stringtheorie konnten die Forscher bestimmen, welchen Spin das
hypothetische Graviton besitzen müßte, um die Gravitation zu über-

tragen. Die Antwort lautet: den doppelten Spin von Photonen, schwachen Eichbosonen und Gluonen – also »Spin 2«.

Im Kontext der Stringtheorie ist Spin – wie Masse und Kraftladungen – mit dem Schwingungsmuster des Strings verknüpft. Wie bei Punktteilchen ist die Vorstellung, der Spin eines Strings entstehe buchstäblich dadurch, daß er im Raum rotiert, ein bißchen irreführend, trotzdem ist das eine ganz anschauliche Idee, von der Sie bei den weiteren Überlegungen getrost ausgehen können. Übrigens können wir jetzt eine wichtige Frage klären, auf die wir oben gestoßen sind. Als Scherk und Schwarz 1974 erklärten, man habe sich die Stringtheorie als Quantentheorie vorzustellen, die die Gravitationskraft einbeziehe, war der Grund ihre Entdeckung, daß Strings *notwendigerweise* ein Schwingungsmuster in ihrem Repertoire haben, das *masselos ist und Spin 2 hat* – die charakteristischen Eigenschaften des Gravitons. Wo ein Graviton ist, da ist auch Gravitation.

Mit diesem Wissen um den Spin wollen wir nun untersuchen, welche Rolle er bei dem Schlupfloch in dem oben erwähnten Coleman-Mandula-Beweis spielt, in dem es um die Frage geht, welche mit der Raumzeit verknüpften Symmetrien in der Natur möglich sind.

Supersymmetrie und Superpartner

Trotz seiner oberflächlichen Ähnlichkeit mit einem rotierenden Kreisel weicht das Spinkonzept, wie erläutert, in wesentlichen Aspekten von dieser Vorstellung ab, was an seiner quantenmechanischen Natur liegt. Seine Entdeckung im Jahr 1925 zeigte, daß es noch eine weitere Art von Rotationsbewegung gibt, die – nach der klassischen Physik – im Universum nicht existieren könnte.

Daraus ergibt sich folgende Frage: Die gewöhnliche Rotationsbewegung führt zum Symmetrieprinzip der Drehinvarianz (»Die Physik behandelt alle räumlichen Ausrichtungen gleichberechtigt«) – könnte da nicht auch die kompliziertere Rotationsbewegung, die mit dem Spin verknüpft ist, eine weitere Symmetrie der Naturgesetze aufzeigen? Um das Jahr 1971 wurde der Nachweis erbracht. Es handelt sich um eine ziemlich komplizierte Beweisführung, im Prinzip geht es aber um folgendes: Wenn wir den Spin betrachten, dann gibt es noch genau *eine weitere mit den Raumzeitsymmetrien verknüpfte Symmetrie der Naturgesetze*, die mathematisch möglich ist. Man bezeichnet sie als *Supersymmetrie*.[3]

Die Supersymmetrie läßt sich auf eine einfache und intuitiv einleuchtende Veränderung des Beobachter-Standpunkts zurückführen. Die Möglichkeiten der Beobachter sind mit Veränderungen in der Zeit, im Raum, im Blickwinkel und in der Geschwindigkeit der Bewegung erschöpfend aufgezählt. Wenn der Spin »wie eine Rotationsbewegung mit einer quantenmechanischen Besonderheit ist«, dann können wir uns die Supersymmetrie vorstellen als eine Veränderung des Beobachter-Standpunkts in einer »quantenmechanischen Erweiterung von Raum und Zeit«. Diese Formulierungen sollen nur eine ungefähre Vorstellung davon vermitteln, wie sich die Supersymmetrie in den größeren Rahmen der Symmetrieprinzipien einfügt.[4] Zwar ist der Ursprung der Supersymmetrie kompliziert, doch wir wollen uns hier nur mit einer ihrer wichtigsten *Konsequenzen* beschäftigen – vorausgesetzt natürlich, die Naturgesetze schließen ihre Prinzipien tatsächlich ein –, und die ist sehr viel leichter zu verstehen.

Anfang der siebziger Jahre wurde den Physikern klar, daß die Teilchen der Natur in *Paaren* vorkommen müssen, deren Spins sich jeweils um eine halbe Einheit unterscheiden, wenn das Universum supersymmetrisch ist. Solche Teilchenpaare – egal, ob man sie sich punktförmig vorstellt (wie im Standardmodell) oder als winzige schwingende Schleifen – bezeichnet man als *Superpartner*. Da Materieteilchen den Spin $1/2$ haben, während einige der Botenteilchen den Spin 1 besitzen, führt die Supersymmetrie offenbar zur Paarung – einer Partnerzusammenstellung – von Materie- und Kraftteilchen. Insofern scheint dies ein wunderbar vereinheitlichendes Konzept zu sein. Doch der Teufel steckt wie immer im Detail.

Mitte der siebziger Jahre, als die Physiker versuchten, die Supersymmetrie in das Standardmodell einzugliedern, stellten sie fest, daß *keines* der bekannten Teilchen – aus den Tabellen 1.1 und 1.2 – als Superpartner für eines der anderen Teilchen in Frage kam. Wenn das Universum die Supersymmetrie verkörpert, dann muß jedes bekannte Teilchen, wie eingehende theoretische Analysen zeigten, einen bisher noch unentdeckten Superteilchen-Partner besitzen, dessen Spin um eine halbe Einheit kleiner ist als der seines bekannten Pendants. So müßte es beispielsweise einen Spin-0-Partner des Elektrons geben; diesem hypothetischen Teilchen hat man den Namen *Selektron* gegeben (ein Kurzwort aus supersymmetrisches Elektron). Das gleiche müßte auch für die anderen Materieteilchen gelten; so heißen die hypothetischen Spin-0-Superpartner der Neutrinos und Quarks *Sneutrinos* und *Squarks*. Entsprechend müßten die Kraftteilchen Spin-$1/2$-Superpartner besitzen: Bei den Photonen wären es die *Pho-*

tinos, bei den Gluonen die *Gluinos*, bei den W- und Z-Bosonen die *Winos* und *Zinos*.

Bei genauerer Betrachtung scheint die Supersymmetrie also ein höchst unökonomisches System zu sein. Sie verlangt ein ganzes Sortiment zusätzlicher Teilchen, so daß sich am Ende die Liste der fundamentalen Bausteine verdoppelt hat. Da bisher noch keines der Superpartner-Teilchen entdeckt worden ist, hätten Sie vollkommen recht, wenn Sie in Abwandlung der Rabi-Äußerung aus Kapitel eins erklärten: »Niemand hat die Supersymmetrie bestellt« und dieses Symmetrieprinzip grundsätzlich verwerfen würden. Es gibt jedoch drei Gründe, die viele Physiker zu der festen Überzeugung gebracht haben, daß eine solche kategorische Ablehnung der Supersymmetrie ziemlich übereilt wäre. Lassen Sie uns diese Gründe näher betrachten.

Gründe für die Supersymmetrie: Ohne Berücksichtigung der Stringtheorie

Erstens: Es ist für Physiker aus ästhetischen Gründen schwer vorstellbar, daß die Natur die allermeisten, aber nicht alle Symmetrien verwirklicht, die mathematisch möglich sind. Natürlich ist es denkbar, daß tatsächlich nicht alle Symmetrien realisiert sind, aber es wäre jammerschade. Stellen Sie sich vor, Bach hätte zahlreiche Stimmen zu einem wunderbaren musikalischen Symmetriemuster verflochten und dann den letzten, auflösenden Takt fortgelassen.

Zweitens: Selbst innerhalb des Standardmodells, einer Theorie, die die Gravitation außer acht läßt, kann man bestimmte schwierige technische Probleme, die mit Quantenprozessen verknüpft sind, rasch lösen, wenn die Theorie supersymmetrisch ist. Das Grundproblem liegt darin, daß jede einzelne Teilchenart ihren eigenen Beitrag zur mikroskopischen Quantenunruhe leistet. Wie man herausgefunden hat, bleiben in diesem Hexenkessel bestimmte auf Teilchenwechselwirkungen beruhende Prozesse *nur dann* konsistent, wenn die numerischen Parameter im Standardmodell so genau – besser als eins zu einer Million Milliarden – abgestimmt sind, daß sie die meisten fatalen Quanteneffekte aufheben. Um sich einen Eindruck von dieser Genauigkeit zu verschaffen, müssen Sie sich vorstellen, Sie würden den Abschußwinkel einer Kugel, die Sie aus einem Riesengewehr abfeuern, so präzise einstellen, daß sie ein bestimmtes Ziel auf dem Mond höchstens um die Dicke einer Amöbe verfehlt. Zwar läßt sich im Standardmodell durchaus eine derartige numerische Exaktheit erzielen, doch viele Physiker sind sehr skeptisch gegenüber einer Theorie, die so empfindlich ist, daß sie die Waffen streckt, sobald man eine Zahl in der fünfzehnten Dezimalstelle verändert.[5]

Diese Situation wird durch die Supersymmetrie grundsätzlich verändert, weil *Bosonen* – Teilchen, deren Spin eine ganze Zahl ist (und die nach dem indischen Physiker Satyendra Nath Bose benannt worden sind) – und *Fermionen* – Teilchen, deren Spin die Hälfte einer ganzen (ungeraden) Zahl beträgt (und die nach dem italienischen Physiker Enrico Fermi benannt worden sind) – dazu neigen, bestimmte ihrer quantenmechanischen Effekte gegenseitig auszulöschen. Sie sind wie die entgegengesetzten Enden einer Wippe: Wenn bestimmte Quantenbeiträge eines Bosons positiv sind, erweisen sich die entsprechenden Beiträge eines Fermions als negativ und umgekehrt. Da die Supersymmetrie dafür sorgt, daß Bosonen und Fermionen paarweise auftreten, kommt es von Anfang an zu erheblichen Aufhebungen – Aufhebungen, die einige der wilden Quanteneffekte erheblich dämpfen. Dadurch ist die Konsistenz des *supersymmetrischen Standardmodells* – das Standardmodell, erweitert um alle Superpartnerteilchen – nicht mehr darauf angewiesen, daß die Zahlenwerte des gewöhnlichen Standardmodells dieser unbequemen, übergenauen Abstimmung unterzogen werden. Das ist zwar ein ausgesprochen technischer Aspekt, doch viele Teilchenphysiker finden die Supersymmetrie aus diesem Grund sehr attraktiv.

Das dritte Indiz, das für die Supersymmetrie spricht, liefert der Begriff der *großen Vereinigung*. Eine der verwirrenden Eigenschaften, die die vier Naturkräfte besitzen, ist das ungeheuer breite Spektrum ihrer inneren Stärke. Die elektromagnetische Kraft verfügt über weniger als ein Prozent von der Stärke der starken Kraft, die schwache Kraft ist rund tausendmal schwächer und die Gravitationskraft gar um einen Faktor von ungefähr hundert Millionen Milliarden Milliarden Milliarden (10^{35}). Nachdem Glashow zusammen mit Salam und Weinberg in einer wegweisenden und mit dem Nobelpreis ausgezeichneten Arbeit die enge Verbindung zwischen elektromagnetischer und schwacher Kraft nachgewiesen hatte (Kapitel fünf), schlug er 1974 zusammen mit seinem Harvardkollegen Howard Georgi eine Hypothese vor, die eine ähnliche Verbindung mit der starken Kraft herstellte. Ihre Arbeit, die eine »große Vereinigung« von dreien der vier Kräfte vorsah, unterschied sich in einem wichtigen Aspekt von der elektroschwachen Theorie: Während sich die elektromagnetische und die schwache Kraft aus einer eher symmetrischen Vereinigung herauskristallisierten, als sich die Temperatur des Universums auf rund eine Million Milliarden Grad über dem absoluten Nullpunkt (10^{15} Kelvin) abgekühlt hatte, könnte es, wie Georgi und Glashow zeigten, zur Vereinigung mit der starken Kraft nur bei einer Temperatur kommen, die um einen Faktor von rund zehn Billionen höher liegt – rund zehn Milliarden Milliarden Milliarden Grad über dem absoluten Nullpunkt (10^{28} Kelvin). In eine Energie umgerechnet, sind das rund eine Million Milliarden Protonenmassen – ungefähr vier Größenordnungen weniger als die Planckmasse. Mutig führten Georgi und Glashow die theoretische Physik in Energiebereiche, die um viele Größenordnungen jenseits aller Regionen lagen, in die man sich bis dahin vorgewagt hatte.

In einer anschließenden Arbeit an der Harvard University verdeutlichten Georgi, Helen Quinn und Weinberg die potentielle Einheit der nichtgravitativen Kräfte im Rahmen der großen vereinheitlichten Theorie. Da ihre Arbeit nach wie vor ein wichtiger Beitrag zur Vereinheitlichung der Kräfte ist und unterstreicht, wie wichtig die Supersymmetrie für die natürliche Welt ist, wollen wir einen Augenblick bei ihr verweilen.

Wie wir alle wissen, wird die elektrische Anziehung zwischen entgegengesetzt geladenen Teilchen oder die Gravitationsanziehung zwischen zwei massebehafteten Körpern stärker, wenn der Abstand zwischen ihnen abnimmt. Das sind simple und allgemein bekannte Sachverhalte aus der klassischen Physik. Allerdings ergibt sich eine Überraschung, wenn wir untersuchen, wie sich die Quantenphysik auf die Stärke der Kräfte auswirkt. Warum sollte die Quantenmechanik überhaupt einen Effekt haben? Die Erklärung liefern wieder einmal die Quantenfluktuationen. Wenn wir beispielsweise die elektrische Feldkraft eines Elektrons untersuchen, nehmen wir diese Untersuchung tatsächlich im »Nebel« momentaner Eruptionen und Vernichtungen von Teilchen und Antiteilchen vor, die überall in der umgebenden Raumregion stattfinden. Den Physikern ist schon seit einiger Zeit klar, daß diese brodelnde Gischt aus mikroskopischen Fluktuationen die tatsächliche Stärke des Elektronenkraftfelds verschleiert, ähnlich wie ein dünner Nebel den Lichtstrahl eines Leuchtturms dämpft. Wenn wir uns dem Elektron nähern, durchdringen wir einen Teil des verhüllenden Teilchen-Antiteilchen-Dunstes und sind daher seinem dämpfenden Einfluß in geringerem Maße unterworfen. Daraus folgt, daß die Stärke des elektrischen Feldes eines Elektrons schneller als den klassischen Kraftgesetzen zufolge *zunimmt*, wenn wir uns dem Teilchen nähern.

Physiker grenzen diese quantenmechanische Zunahme bei Annäherung an das Elektron von der klassischen Zunahme des Feldes ab und reden davon, die *innere* Stärke der elektromagnetischen Kraft wachse bei kleineren Abständen an. Dadurch soll zum Ausdruck gebracht werden, daß es hier nicht um die klassische Abstandsabhängigkeit des Kraftfeldes geht, sondern darum, daß mehr vom »inneren« elektrischen Feld des Elektrons sichtbar wird. Zwar haben wir uns hier auf das Elektron beschränkt, doch sind unsere Überlegungen genauso auf alle elektrisch geladenen Teilchen anzuwenden und lassen sich in der Feststellung zusammenfassen, daß Quanteneffekte die Stärke der elektromagnetischen Kraft anwachsen lassen, wenn wir diese Kraft bei kürzeren Abständen betrachten.

Was ist mit den anderen Kräften des Standardmodells? Wie verändern sich ihre inneren Stärken mit dem Abstand? 1973 haben sich Gross und Frank Wilczek an der Princeton University und unabhängig von ihnen David Politzer an der Harvard University mit dieser Frage beschäftigt und sind auf eine überraschende Antwort gestoßen: Die Quantenwolke der Teilcheneruptionen und -vernichtungen *verstärkt* die starke und die schwache Kraft. Wenn wir sie bei kürzeren Abständen untersuchen, dringen wir tiefer in die brodelnde Wolke ein und sind, so folgt aus diesem Ergebnis, ihrer Verstärkung in geringerem Maße unterworfen. Folglich wird die Stärke dieser Kräfte *geringer*, wenn wir sie bei kürzeren Abständen untersuchen.

Von diesem Resultat ausgehend, gelangten Georgi, Quinn und Weinberg zu einer bemerkenswerten Erkenntnis. Wenn man die Effekte der Quantenfluktuationen sorgfältig berücksichtigt, nähern sich, wie die Forscher zeigten, die Stärken aller drei nichtgravitativen Kräfte bei sehr kleinen Abständen *einander an*. Zwar sind sie in den Größenbereichen, die der heutigen Beschleunigertechnik offenstehen, sehr verschieden, doch geht nach Auffassung von Georgi, Quinn und Weinberg der Unterschied auf die unterschiedliche Wirkung zurück, die der Dunst der mikroskopischen Quantenaktivität auf die einzelnen Kräfte ausübt. Wenn es gelingt, in diesen Dunst einzudringen, indem man die Kräfte nicht bei alltäglichen Größenverhältnissen untersucht, sondern bei Abständen von rund einem hundertstel milliardstel milliardstel millardstel (10^{-29}) Zentimeter (also nur um einen Faktor zehntausend größer als die Plancklänge), dann, so zeigten die Berechnungen der drei Forscher, scheinen die Stärken der drei nichtgravitativen Kräfte gleich zu werden.

Die ungeheure Energie, die erforderlich ist, um so kleine Abstände zu erfassen, ist zwar der Welt unserer alltäglichen Erfahrung

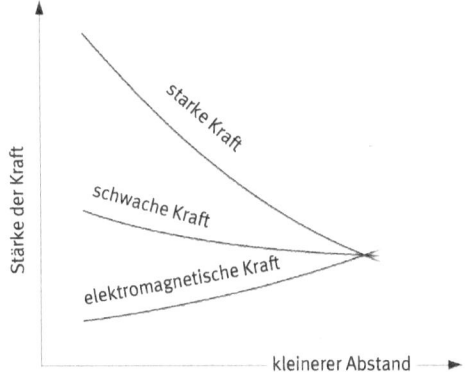

Abbildung 7.1 *Die Stärken der fundamentalen Kräfte – außer der Gravitation – bei immer kleineren Abständen, gleichbedeutend mit ihrer Wirkung bei immer energiereicheren Prozessen.*

weit entrückt, war aber charakteristisch für das brodelnde, heiße Universum, als es ungefähr eine tausendstel billionstel billionstel billionstel (10^{-39}) Sekunde alt war und seine Temperatur, wie oben erwähnt, rund 10^{28} Kelvin betrug. Wie völlig verschiedene Stoffe – Metallstücke, Holz, Steine, Mineralien und so fort – miteinander verschmelzen und zu einem gleichförmigen, homogenen Plasma werden, wenn man sie stark genug erhitzt, so verschmelzen die starke, die schwache und die elektromagnetische Kraft, wie aus diesen theoretischen Arbeiten hervorgeht, bei den beschriebenen ungeheuren Temperaturen zu einer einzigen großen Kraft. Das ist schematisch in Abbildung 7.1 dargestellt.[6]

Obwohl uns unsere technischen Möglichkeiten nicht erlauben, so winzige Abstände zu erfassen oder so extreme Temperaturen zu erzeugen, messen die Experimentalphysiker heute die Stärken der drei nichtgravitativen Kräfte unter Alltagsbedingungen mit weit besseren Methoden als 1974. Diese Daten – die Ausgangspunkte der Kurven, die die Stärke der drei Kräfte in Abhängigkeit von der Energie zeigen (Abbildung 7.1) – sind die Inputdaten für die quantenmechanischen Extrapolationen von Georgi, Quinn und Weinberg. 1991 haben Ugo Amaldi vom CERN sowie Wim de Boer und Hermann Fürstenau von der Universität Karlsruhe die Extrapolationen von Georgi, Quinn und Weinberg anhand der verbesserten experimentellen Daten

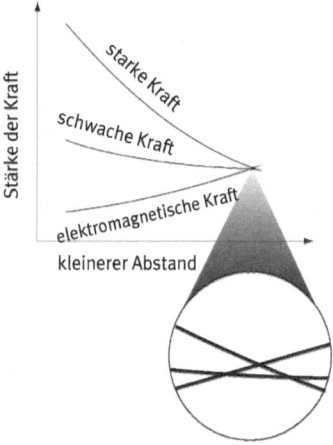

Abbildung 7.2 *Bei genauerer Berechnung der Kraftstärken zeigt sich, daß sie ohne Supersymmetrie fast, aber nicht ganz zusammenlaufen.*

neu berechnet und zwei wichtige Dinge herausgefunden. Erstens: Die Stärken der drei nichtgravitativen Kräfte stimmen bei winzigen Abständen (und entsprechend hoher Energie/Temperatur) *fast überein, aber nicht ganz*, wie die Abbildung 7.2 zeigt. Zweitens, diese winzige, aber nicht zu leugnende Diskrepanz ihrer Stärken verschwindet, wenn man die Supersymmetrie einbezieht. Die neuen Superpartnerteilchen, die von der Supersymmetrie verlangt werden, steuern nämlich zusätzliche Quantenfluktuationen bei; und diese Fluktuationen sind genau so beschaffen, daß sie die Stärken der Kräfte zur Deckung bringen.

Viele Physiker können sich nur schwer mit der Vorstellung abfinden, die Natur habe ihre Kräfte so gewählt, daß sie *fast*, aber nicht ganz die Stärken besitzen, die für eine mikroskopische Vereinigung erforderlich sind – das heißt, die auf mikroskopischer Ebene gleich werden. Das ist so, als würden Sie ein Puzzle zusammenlegen, dessen letztes Teil leicht verformt ist und nicht recht in die vorgesehene Lücke paßt. Die Supersymmetrie korrigiert seine Form dergestalt, daß es sich exakt einfügt.

Die Entdeckung liefert auch eine mögliche Antwort auf die Frage: Warum haben wir noch keines der Superpartnerteilchen entdeckt? Die Berechnungen, die zur Konvergenz der Kraftstärken führten, sowie andere Aspekte, die von zahlreichen Physikern untersucht wurden, lassen darauf schließen, daß die Superpartner-Teilchen erheblich schwerer sein müssen als die bekannten Teilchen. Zwar sind noch keine definitiven Vorhersagen möglich, doch die Untersuchungen machen deutlich, daß die Superpartner-Teilchen tausend Protonenmassen oder mehr aufweisen könnten. Unter Umständen sind diese Teilchen nur deshalb noch nicht entdeckt worden, weil sogar unsere modernsten Beschleuniger solche Energien nicht ganz erreichen. In Kapitel neun werden wir erörtern, wie die Aussichten sind, experimentell zu entscheiden, ob die Supersymmetrie tatsächlich eine Eigenschaft unserer Welt ist.

Natürlich sind die genannten Gründe für die Akzeptanz der Supersymmetrie – oder zumindest für die Vertagung ihrer Ablehnung – alles andere als wasserdicht. Wir haben beschrieben, wie die Supersymmetrie unseren Theorien zu ihrer symmetrischsten Form verhilft – aber Sie könnten einwenden, daß dem Universum möglicherweise gar nicht daran gelegen ist, die symmetrischste Form anzunehmen, die mathematisch möglich ist. Wir haben auf den wichtigen technischen Aspekt hingewiesen, daß die Supersymmetrie uns von der mühsamen Aufgabe befreit, numerische Parameter im Standardmodell minuziös abzustimmen, um komplizierte Quantenprobleme zu vermeiden, doch Sie können die Auffassung vertreten, die Theorie, die eine zutreffende Beschreibung der Natur leistet, könne sich sehr wohl auf diese Art Gratwanderung zwischen Scharfsinn und Unsinn einlassen. Wir haben erläutert, wie die Supersymmetrie die inneren Stärken der drei nichtgravitativen Kräfte bei winzigen Abständen auf genau die richtige Weise modifiziert, so daß sie zu einer großen vereinheitlichten Kraft verschmelzen können – aber auch hier können Sie einwenden, die Ordnung der Dinge müsse nicht unbedingt vorschreiben, daß sich die Stärken dieser Kräfte bei mikroskopischen Größenskalen decken. Schließlich können Sie noch vorbringen, daß es vielleicht eine viel einfachere Erklärung dafür gibt, daß die Superpartnerteilchen bisher nicht gefunden worden sind: die schlichte Tatsache nämlich, daß unser Universum nicht supersymmetrisch ist und daß die Superpartner aus diesem Grunde nicht existieren.

Bislang kann niemand diese Einwände entkräften. Doch die Gründe, die für die Supersymmetrie sprechen, gewinnen außerordentlich an Überzeugungskraft, wenn wir sie im Kontext der Stringtheorie betrachten.

Die Supersymmetrie in der Stringtheorie

Die Stringtheorie in ihrer ursprünglichen Form, wie sie Veneziano Ende der sechziger Jahre entwickelt hat, schloß alle zu Anfang dieses Kapitels erörterten Symmetrien ein, berücksichtigte aber nicht die Supersymmetrie (die man damals noch gar nicht entdeckt hatte). Die erste Theorie, die das Stringkonzept zugrunde legte, war, genauer gesagt, eine *bosonische Stringtheorie*. Die Bezeichnung *bosonisch* bringt zum Ausdruck, daß alle Schwingungsmuster des bosonischen Strings ganzzahlige Spins haben – es gibt keine fermionischen Muster, das heißt keine Muster mit Spins, die um eine halbe Einheit von einer ganzen Zahl abweichen. Das führte zu zwei Problemen.

Erstens: Wenn die Stringtheorie tatsächlich alle Kräfte und alle Materie beschreibt, dann muß sie in irgendeiner Weise auch fermionische Schwingungsmuster einbeziehen, da die bekannten Materieteilchen alle den Spin $1/2$ besitzen. Zweitens: Weit beunruhigender war die Erkenntnis, daß es ein Schwingungsmuster in der bosonischen Stringtheorie gibt, dessen Masse (genauer, dessen quadrierte Masse) *negativ* ist – das sogenannte *Tachyon*. Schon vor der Stringtheorie hatte man sich mit der Möglichkeit beschäftigt, daß es neben all den vertrauten Teilchen mit positiven Massen auch Tachyonen geben könnte, doch alle Arbeiten zeigten, daß es eine solche Theorie nur schwer, wenn überhaupt, zu logischer Schlüssigkeit bringt. Entsprechend versuchten die Physiker im Kontext der bosonischen Stringtheorie, der bizarren Vorhersage eines tachyonischen Schwingungsmusters mit den ausgefallensten Kunstgriffen einen Sinn abzuringen, doch vergeblich. So wurde immer deutlicher, daß der bosonischen Stringtheorie, so interessant sie war, etwas Wichtiges fehlte.

1971 machte sich Pierre Ramond von der University of Florida an die schwierige Aufgabe, die bosonische Stringtheorie so abzuändern, daß auch fermionische Schwingungsmuster berücksichtigt wurden. Aus seiner Arbeit und nachfolgenden Untersuchungen von Schwarz und André Neveu entstand allmählich eine neue Version der Stringtheorie. Zur allgemeinen Überraschung schienen in dieser neuen Theorie die bosonischen und fermionischen Schwingungsmuster paarweise aufzutreten. Für jedes bosonische Muster gab es ein fermionisches und umgekehrt. 1977 rückten Fernando Gliozzi von der Universität Turin sowie Scherk und David Olive vom Imperial College diese Paarbildung ins rechte Licht. Die neue Stringtheorie schloß die Supersymmetrie ein, und die beobachtete Paarbildung von bosonischen und fermionischen Schwingungsmustern brachte diesen hochsymmetrischen Charakter zum Ausdruck. Die supersymmetrische Stringtheorie – mit anderen Worten, die Superstringtheorie – war geboren. Noch ein weiteres wichtiges Ergebnis brachte die Arbeit von Gliozzi, Scherk und Olive: Sie zeigte, daß die störende tachyonische Schwingung des bosonischen Strings beim Superstring gar nicht auftreten kann. Langsam fügten sich die Teile des Stringpuzzles zusammen.

Allerdings entfalteten die Arbeiten von Ramond sowie von Neveu und Schwarz ihre Wirkung zunächst weniger im Umfeld der Stringtheorie. 1973 erkannten die Physiker Julius Wess und Bruno Zumino nämlich, daß sich die Supersymmetrie – die Symmetrie, die bei der Neuformulierung der Stringtheorie auftauchte – auch auf Theorien anwenden läßt, denen Punktteilchen zugrunde liegen. Sie machten rasche Fortschritte bei der Eingliederung der Supersymmetrie in die auf Punktteilchen basierende Quantenfeldtheorie. Da das Hauptinteresse der Teilchenphysiker damals der Quantenfeldtheorie galt – während die Stringtheorie eher eine Randexistenz fristete –, lösten die Befunde von Wess und Zumino eine fieberhafte Forschungstätigkeit auf einem Gebiet aus, das man später als *supersymmetrische Quantenfeldtheorie* bezeichnete. Das im vorangehenden Abschnitt erörterte supersymmetrische Standardmodell gehört zu den stolzesten theoretischen Leistungen dieser Bemühungen. Wie wir sehen, haben sogar die auf Punktteilchen basierenden Theorien durch mancherlei historische Verwicklungen und Wendungen der Stringtheorie viel zu verdanken.

Mit der Renaissance der Superstringtheorie Mitte der achtziger Jahre hat die Supersymmetrie wieder in den Kontext ihrer ursprünglichen Entdeckung zurückgefunden. Und in diesem Rahmen lassen sich weit gewichtigere Gründe für die Supersymmetrie finden als im vorangehenden Abschnitt. Die Stringtheorie ist die einzige uns bekannte Methode zur Verschmelzung von allgemeiner Relativitätstheorie und Quantenmechanik. Doch nur die supersymmetrische Version der Stringtheorie umgeht das fatale Tachyonenproblem und kann mit ihrem fermionischen Schwingungsmuster die Materieteilchen erklären, die die Welt um uns herum aufbauen. So hat die Supersymmetrie wesentlichen Anteil an dem stringtheoretischen Entwurf einer Quantentheorie der Gravitation und an dem kühnen Vorsatz, alle Kräfte und alle Materie zu vereinigen. Wenn die Stringtheorie richtig ist, dann ist es, so erwarten die Physiker, auch die Supersymmetrie.

Doch bis zur Mitte der neunziger Jahre litt die supersymmetrische Stringtheorie unter einem außerordentlich störenden Aspekt.

Zuviel ist zuviel

Wenn Ihnen jemand erzählt, er habe das Rätsel um Amelia Earharts* Schicksal gelöst, dann sind Sie vielleicht zunächst etwas skeptisch, doch wenn er eine ausreichend dokumentierte, vernünftige Erklärung vorzuweisen hat, dann hören Sie sich sicherlich an, was er zu sagen hat, und lassen sich gegebenenfalls sogar überzeugen. Doch was ist, wenn er Ihnen im gleichen Atemzug mitteilt, er habe noch eine zweite Erklärung? Geduldig lauschen Sie ihm und stellen zu Ihrer Überraschung fest, daß die Alternativerklärung genauso gut belegt und durchdacht ist wie die erste. Nachdem er die zweite beendet hat, liefert er Ihnen eine dritte, vierte und sogar fünfte Erklärung – jede anders als die vorhergehenden, aber genauso überzeugend. Kein Zweifel, nach Anhörung aller Erklärungen werden Sie nicht das Gefühl haben, Sie wüßten nun auch nur einen Deut besser über das wahre Schicksal der Amelia Earhart Bescheid als am Anfang. Was die fundamentalen Erklärungen angeht, so ist mehr eindeutig weniger.

Um das Jahr 1985 bewies die Stringtheorie – trotz der berechtigten Begeisterung, die sie auslöste – eine verdächtige Ähnlichkeit mit unserem übereifrigen Earhart-Experten. 1985 stellte man nämlich fest, daß die Supersymmetrie, die inzwischen zu einem zentralen Element der Stringtheorie geworden war, der Stringtheorie nicht auf eine, sondern auf *fünf* verschiedene Weisen einverleibt werden kann. Jede Methode führt zu einer Paarbildung von bosonischen und fermionischen Schwingungsmustern, doch die Einzelheiten dieser Paarung sowie zahlreiche andere Eigenschaften der resultierenden Theorien unterscheiden sich erheblich. Obwohl die Namen nicht besonders wichtig sind, sei doch erwähnt, daß diese fünf supersymmetrischen Stringtheorien folgendermaßen heißen: *Theorie vom Typ I, Theorie vom Typ IIA, Theorie vom Typ IIB, heterotische Theorie mit Eichgruppe O(32)* (gesprochen »O zweiunddreißig«), *heterotische Theorie mit Eichgruppe $E_8 \times E_8$* (gesprochen »E-acht kreuz E-acht«). Alle

---

* Amerikanische Fliegerin, die 1937 zu einem Flug um die Welt aufbrach und seitdem verschollen ist. Bis heute wurde ihr Flugzeug nicht gefunden. (A. d. Ü.)

bisher erörterten Eigenschaften der Stringtheorie gelten auch für diese Theorien – sie unterscheiden sich nur im Detail.

Die fünf verschiedenen Versionen der vermeintlichen Weltformel – der endgültigen vereinheitlichten Theorie – brachten die Stringtheoretiker in ziemliche Verlegenheit. Wie das tatsächliche Schicksal von Amelia Earhart nur eine einzige richtige Erklärung haben kann (egal, ob wir sie jemals finden), so erwarten wir, daß es auch nur eine Erklärung für die tiefste und fundamentalste Gesetzmäßigkeit der Welt gibt.

Ein möglicher Vorschlag zur Lösung des Problems könnte darin bestehen, daß man die Entscheidung zwischen den fünf verschiedenen Superstringtheorien dem Experiment überläßt. Vier würden auf diese Weise ausgeschlossen, so daß nur noch das eine wahre und zutreffende Erklärungsmodell übrigbliebe. Doch selbst wenn das der Fall wäre, bliebe die Frage, warum es die anderen Theorien überhaupt gibt. Wittens trockener Kommentar dazu: »Wenn eine der fünf Theorien unser Universum beschreibt, wer lebt dann in den anderen vier Welten?«[7] Die Physiker träumen davon, daß die Suche nach der letztgültigen Antwort zu einer einzigen, absolut unausweichlichen Schlußfolgerung führt. Im Idealfall sollte die endgültige Theorie – ob nun die Stringtheorie oder eine andere – so sein, wie sie ist, weil es einfach keine andere Möglichkeit gibt. Falls wir entdecken würden, daß es nur eine einzige logisch vernünftige Theorie gibt, die die Grundelemente von Relativitätstheorie und Quantenmechanik in sich vereinigt, dann hätten wir nach Meinung vieler auf der tiefsten Verständnisebene erfaßt, warum unser Universum genau diese Eigenschaften besitzt und keine anderen. Kurzum, wir wären im gelobten Land der vereinheitlichten Theorie.[8]

Wie Kapitel zwölf zeigen wird, hat die jüngste Forschung die Superstringtheorie um einen gewaltigen Schritt näher an dieses vereinigte Utopia herangeführt, indem sie nämlich gezeigt hat, daß die fünf verschiedenen Theorien in Wahrheit nur fünf verschiedene Arten sind, *ein und dieselbe übergreifende Theorie* zu beschreiben. Die Superstringtheorie trägt das Signum der Einheitlichkeit.

Alle Teile scheinen sich zusammenzufügen, dennoch verlangt, wie wir im nächsten Kapitel erörtern werden, die Vereinheitlichung durch die Stringtheorie, daß wir uns noch in einem weiteren wichtigen Punkt von herkömmlichen Denkweisen befreien.

Kapitel 8

Mehr Dimensionen, als das Auge sieht

Einstein hat durch die spezielle und die allgemeine Relativitätstheorie zwei zentrale wissenschaftliche Konflikte der letzten hundert Jahre gelöst. Obwohl er ursprünglich ganz anderes im Sinn hatte, haben beide Lösungen unser Verständnis von Raum und Zeit gründlich verändert. Die Stringtheorie löst den dritten großen Konflikt der letzten hundert Jahre und verwandelt dabei unsere Vorstellung von Raum und Zeit so radikal, daß wohl selbst Einstein erstaunt gewesen wäre. So nachdrücklich erschüttert die Stringtheorie die Grundlagen der modernen Physik, daß sogar die allgemein anerkannte Zahl von Dimensionen unseres Universums – ein Aspekt, den Sie möglicherweise für unumstößlich halten – auf spektakuläre, aber überzeugende Weise revidiert wird.

Die Illusion des Vertrauten

Erfahrung speist die Intuition. Aber sie leistet noch mehr: Erfahrung liefert den Rahmen, in dem wir analysieren und deuten, was wir wahrnehmen. So vermuten Sie sicherlich, daß ein »Wolfskind« die Welt aus einer Perspektive interpretieren würde, die sich von der Ihren erheblich unterscheidet. Sogar weniger krasse Vergleiche, etwa der zwischen Menschen, die in unterschiedlichen kulturellen Traditionen aufgewachsen sind, unterstreichen, wie sehr unsere Deutungsmuster von unserer Erfahrung bestimmt werden.

Und doch gibt es bestimmte Dinge, die wir *alle* erfahren. Oft sind diese Überzeugungen und Erwartungen, die aus unseren universellen Erfahrungen erwachsen, am schwersten zu erkennen und in Frage zu stellen. Ein einfaches, aber in seiner Bedeutung weitreichendes Beispiel ist die folgende Überlegung. Wenn Sie die Lektüre dieses Buchs unterbrechen und aufstehen, können Sie sich in drei unabhängige Richtungen bewegen – das heißt durch drei unabhängige räumliche Dimensionen. Absolut jeder Weg, den Sie einschlagen – egal, wie

kompliziert er ist –, ergibt sich aus irgendeiner Kombination von
Bewegungen durch diese Dimensionen, nennen wir sie die »Links-
rechts-Dimension«, »Vorwärts-rückwärts-Dimension« und »Aufwärts-abwärts-Dimension«. Bei jedem Schritt treffen Sie implizit
drei separate Entscheidungen, die bestimmen, wie Sie sich durch
diese drei Dimensionen bewegen.

Gleichbedeutend war eine Aussage, der wir in unserer Erörterung
der speziellen Relativitätstheorie begegnet sind – daß nämlich jeder
Ort im Universum durch drei verschiedene Daten hinreichend bestimmt werden kann: wo er sich relativ zu diesen drei räumlichen
Dimensionen befindet. In der Alltagssprache können Sie in einer
Stadt – insbesondere, wenn sie, wie bei amerikanischen Städten
üblich, im Schachbrettmuster gebaut ist – eine Adresse angeben, indem Sie eine Straße nennen (die Lokalisierung in der »Links-rechts-
Dimension«), eine Querstraße (die Lokalisierung in der »Vorwärts-
rückwärts-Dimension«) und eine Stockwerkszahl (die Lokalisierung
in der »Aufwärts-abwärts-Dimension«). Wie wir gesehen haben, hat
uns Einstein gelehrt, die Zeit als eine weitere Dimension zu betrachten (die »Zukunft-Vergangenheits-Dimension«), so daß wir insgesamt auf vier Dimensionen kommen (drei des Raumes und eine der
Zeit). Wir können Ereignisse im Universum eindeutig beschreiben,
indem wir angeben, wo und wann sie stattfinden.

Diese Eigenschaft des Universums ist so grundlegend, so beständig
und so allgegenwärtig, daß sie wirklich über jeden Zweifel erhaben
scheint. Trotzdem besaß 1919 der wenig bekannte polnische Mathematiker Theodor Kaluza von der Universität Königsberg die Kühnheit, diese Selbstverständlichkeit in Frage zu stellen. Seine Hypothese
lautete, das Universum habe möglicherweise *nicht nur drei* räumliche Dimensionen, sondern *mehr*. Manchmal sind töricht klingende
Hypothesen genau das: schlicht und einfach töricht. Und manchmal
erschüttern sie die Grundlagen der Physik. Zwar brauchte Kaluzas
Hypothese einige Zeit, um sich durchzusetzen, doch dann hat sie unsere physikalischen Ansichten gründlich revolutioniert. Das Nachbeben dieser ungeheuer hellsichtigen Idee spüren wir noch immer.

Kaluzas Idee und Kleins Weiterentwicklung

Die These, daß unser Universum möglicherweise mehr als drei räumliche Dimensionen hat, mag absurd, bizarr oder mystisch klingen.
Tatsächlich aber ist sie konkret und durchaus plausibel. Um das zu

verstehen, sollten wir das Universum in seiner Gesamtheit eine Zeitlang vergessen und uns an ein alltäglicheres Objekt halten, zum Beispiel einen langen, dünnen Gartenschlauch.

Stellen Sie sich einen Gartenschlauch von hundert Meter Länge
vor, der eine Schlucht überspannt. Sie sehen ihn aus einer Entfernung von, sagen wir, fünfhundert Metern, wie die Abbildung 8.1(a)
zeigt. Aus diesem Abstand können Sie die lange, strichartige und
horizontale Ausdehnung des Schlauchs gut wahrnehmen, doch
wenn Sie nicht ganz ungewöhnlich scharfe Augen haben, werden Sie
die *Dicke* des Schlauchs kaum erkennen können. Von Ihrem fernen
Standpunkt aus würden Sie meinen, eine Ameise, die auf dem
Schlauch leben müßte, hätte nur *eine* Dimension, in der sie gehen
könnte – die Links-rechts-Dimension, der Länge des Schlauchs
folgend. Wenn Sie jemand auffordern würde, den Aufenthaltsort der
Ameise zu einem bestimmten Zeitpunkt anzugeben, brauchten Sie
nur eine *einzige* Angabe: den Abstand der Ameise vom linken (oder
rechten) Ende des Schlauchs. Wir sehen also, daß uns ein langer
Gartenschlauch aus einer Entfernung von fünfhundert Metern wie
ein eindimensionales Objekt erscheint.

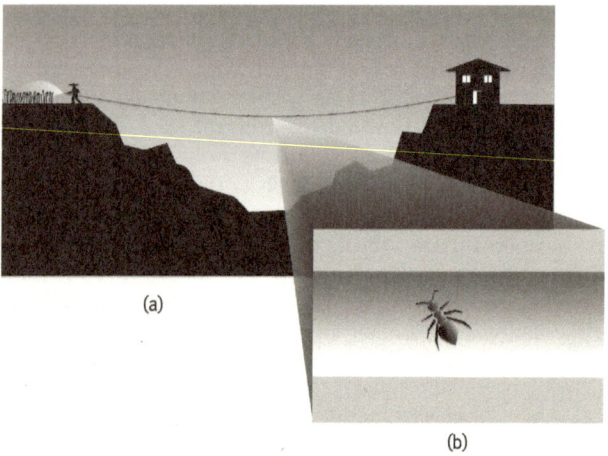

(a)

(b)

Abbildung 8.1 *(a) Aus einiger Entfernung betrachtet, sieht ein Gartenschlauch wie ein eindimensionales Objekt aus. (b) Bei entsprechender Vergrößerung wird eine zweite Dimension sichtbar – eine Dimension, die die
Form eines Kreises hat und um den Schlauch gewickelt ist.*

In Wirklichkeit wissen wir natürlich, daß der Schlauch *doch* Dicke besitzt. Ihnen fällt es vielleicht schwer, dies aus einer Entfernung von fünfhundert Metern zu erkennen, doch mit einem Fernglas können Sie sich den Gartenschlauch näher heranholen und seinen Umfang direkt wahrnehmen, wie die Abbildung 8.1(b) zeigt. Bei dieser Vergrößerung sehen Sie, daß eine kleine Ameise, die auf dem Schlauch lebt, tatsächlich *zwei* unabhängige Richtungen hat, in die sie gehen kann: entlang der Links-rechts-Dimension, die sich, wie auch ohne Fernglas zu erkennen, in Richtung der Länge des Schlauchs erstreckt, *und* entlang der »Dimension im Uhrzeigersinn/gegen den Uhrzeigersinn«, also um den kreisförmigen Teil des Schlauchs. Wie Sie jetzt sehen, müssen Sie, um anzugeben, wo sich die winzige Ameise zu einem gegebenen Zeitpunkt befindet, *zwei* Angaben nennen: wo sich die Ameise in Richtung der Schlauchlänge und wo sie sich entlang des kreisförmigen Umfangs befindet. Darin kommt die Tatsache zum Ausdruck, daß die Oberfläche des Gartenschlauchs zweidimensional ist.[1]

Trotzdem gibt es einen eindeutigen Unterschied zwischen diesen beiden Dimensionen. Die Richtung, die der Länge des Schlauchs folgt, ist gestreckt, ausgedehnt und leicht erkennbar. Die Richtung, welche die Dicke des Schlauchs kreisförmig umgibt, ist kurz, »aufgewickelt« und schwerer zu erkennen. Natürlich bedurfte es in diesem Beispiel keiner großen Mühe, die »aufgewickelte« Dimension zu entdecken, die kreisförmig um die Dicke des Schlauchs verläuft. Sie mußten sich einfach mit einem Fernglas bewaffnen. Doch hätten Sie es mit einem sehr dünnen Gartenschlauch zu tun gehabt – so dünn wie ein Haar oder ein Kapillargefäß –, dann wäre die aufgewickelte Dimension weit schwerer zu bemerken gewesen.

In einem Aufsatz, den Kaluza 1919 an Einstein schickte, machte er einen erstaunlichen Vorschlag. Möglicherweise, so führte er aus, verfüge der Raum des Universums über mehr als die drei Dimensionen unserer Alltagserfahrung. Wie wir gleich sehen werden, hatte Kaluza nämlich erkannt, daß sich unter diesen Umständen eine elegante und überzeugende Möglichkeit eröffnete, Einsteins allgemeine Relativitätstheorie und Maxwells elektromagnetische Theorie zu einem einzigen, einheitlichen Begriffssystem zu verflechten. Zunächst aber stellt sich natürlich die Frage, wie sich diese Hypothese mit der offenkundigen Tatsache vereinbaren läßt, daß wir lediglich drei räumliche Dimensionen *sehen*?

Die Antwort, die implizit in Kaluzas Arbeit enthalten ist und 1926 von dem schwedischen Mathematiker Oskar Klein in expliziter und erweiterter Form dargelegt wurde, lautet: *Die Raumstruktur unseres Universums besitzt möglicherweise nicht nur ausgedehnte, sondern auch aufgewickelte Dimensionen.* Das heißt, unser Universum hat Dimensionen, die, wie die horizontale Ausdehnung des Gartenschlauchs, makroskopisch und gut sichtbar sind – die drei räumlichen Dimensionen der Alltagserfahrung. Möglicherweise besitzt das Universum aber auch zusätzliche räumliche Dimensionen, die, wie der kreisförmige Umfang unseres Gartenschlauchs, in einem winzigen Raum eng aufgewickelt sind – einem Raum, der so winzig ist, daß er dem Zugriff selbst unserer modernsten Geräte bei weitem entzogen ist.

Um eine klarere Vorstellung von diesem bemerkenswerten Vorschlag zu gewinnen, wollen wir uns noch einmal einen Augenblick dem Gartenschlauch zuwenden. Stellen Sie sich vor, der Schlauch ist in dichten Abständen mit schwarzen Kreisen bemalt, die seine Rundung umgeben. Aus der Ferne sieht der Gartenschlauch immer noch wie eine dünne, eindimensionale Linie aus. Doch im Fernglas können Sie die aufgewickelte Dimension sehen, die nach der Bemalung sogar noch leichter zu erkennen ist. Sie haben das Bild vor Augen, das die Abbildung 8.2 zeigt. Diese Abbildung unterstreicht die Tatsache, daß der Gartenschlauch zweidimensional ist, mit einer großen, ausgedehnten Dimension und einer kleinen, kreisförmigen. Nach der Hypothese von Kaluza und Klein ist unser räumliches Universum ganz ähnlich aufgebaut, nur daß es drei große, ausgedehnte Raum-

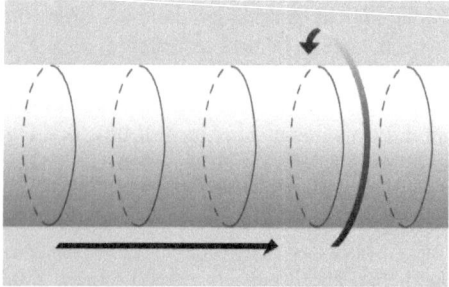

Abbildung 8.2 *Die Oberfläche des Gartenschlauchs ist zweidimensional: eine Dimension (ihre horizontale Ausdehnung), verdeutlicht durch den geraden Pfeil, ist lang und ausgedehnt, die andere Dimension (der kreisförmige Umfang des Schlauchs), verdeutlicht durch den kreisförmigen Pfeil, ist kurz und aufgewickelt.*

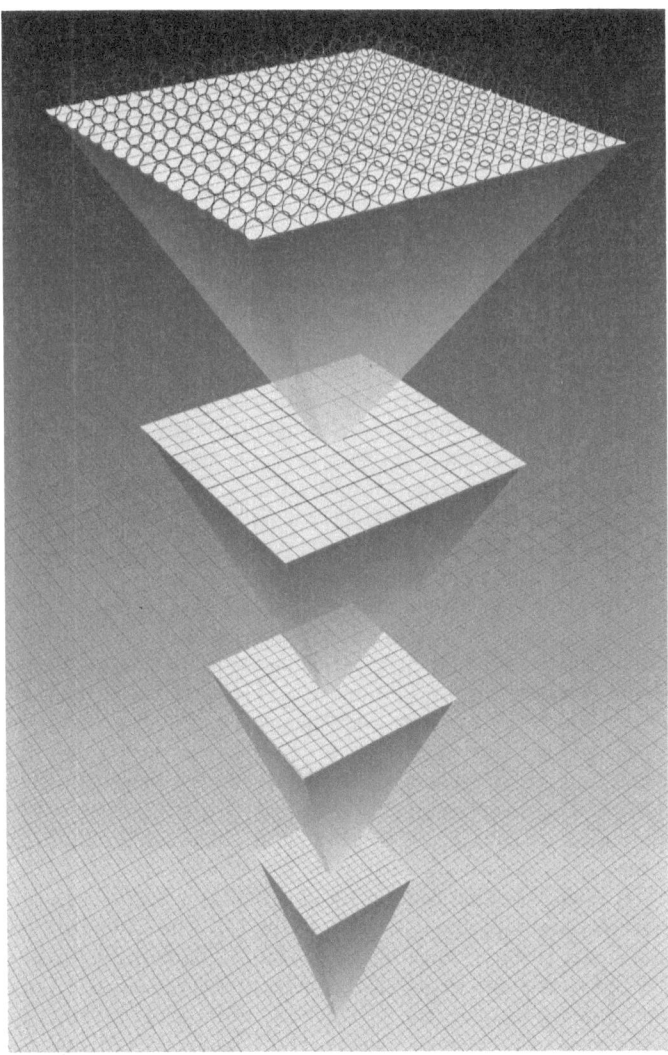

Abbildung 8.3 *Wie in Abbildung 5.1 bedeutet jede der neuen Ebenen eine enorme Vergrößerung des auf der vorhergehenden Ebene visualisierten Raums. Unser Universum besitzt unter Umständen Zusatzdimensionen – wie sie die vierte Vergrößerungsebene zeigt. Allerdings müßten sie so klein aufgewickelt sein, daß man sie bislang nicht entdecken konnte.*

dimensionen hat und eine kleine, kreisförmige – so daß sich insgesamt vier Dimensionen des Raums ergeben. Ein Gebilde mit so vielen Dimensionen zu zeichnen, ist schwierig, daher müssen wir uns zur Veranschaulichung mit einer Darstellung zufriedengeben, die zwei große Dimensionen und eine kleine, kreisförmige enthält. Wir zeigen sie in Abbildung 8.3, wobei wir die Raumstruktur auf ganz ähnliche Weise vergrößern wie die Oberfläche des Gartenschlauchs.

Die unterste Ebene der Abbildung zeigt die scheinbare Raumstruktur – den Anblick unserer Alltagswelt – bei den uns vertrauten Abständen, Metern zum Beispiel. Diese Abstände werden durch das größte Gitter dargestellt. Auf den folgenden Ebenen richten wir unsere Aufmerksamkeit auf immer kleinere Raumausschnitte, die wir nacheinander vergrößern, um sie sichtbar zu machen. Wenn wir die Raumstruktur bei etwas kleineren Abständen betrachten, geschieht zunächst noch nicht viel. Auf den ersten drei Vergrößerungsebenen behält sie im wesentlichen die gleiche Gestalt wie auf der makroskopischen Ebene. Doch wenn wir unsere Reise in die mikroskopischen Tiefen des Raumes fortsetzen – bis zur vierten Vergrößerungsebene der Abbildung 8.3 –, zeigt sich eine neue Dimension, die aufgewickelt und kreisförmig ist, ähnlich wie die kreisförmigen Fadenschlaufen, die das Gewebe eines dicht geknüpften Teppichs bilden. Nach der Hypothese von Kaluza und Klein gibt es die zusätzliche kreisförmige Dimension an *jedem* Punkt der ausgedehnten Dimensionen, wie der kreisförmige Umfang des Gartenschlauchs an jedem Punkt seiner horizontalen Ausdehnung existiert. (Im Interesse größerer Anschaulichkeit haben wir Beispiele für die kreisförmige Dimension nur in regelmäßigen Abständen an bestimmten Punkten der ausgedehnten Dimensionen wiedergegeben.) Eine stark vergrößerte Kaluza-Klein-Ansicht von der mikroskopischen Struktur des Raums zeigen wir in Abbildung 8.4.

Die Ähnlichkeit mit dem Gartenschlauch ist unübersehbar, wenn es auch einige wichtige Unterschiede gibt. Das Universum hat drei große, ausgedehnte Dimensionen des Raums (von denen wir nur zwei gezeichnet haben), der Gartenschlauch dagegen nur eine, und, was noch wichtiger ist, wir beschreiben jetzt die Raumstruktur des *Universums* selbst, nicht nur ein Objekt wie den Gartenschlauch, der *innerhalb* des Universums existiert. Die Grundidee aber ist die gleiche: Wenn die aufgewickelte, kreisförmige Zusatzdimension des Universums außerordentlich klein ist, dann ist sie sehr viel schwerer zu entdecken als die makroskopischen, ausgedehnten Dimensionen. Sie kann so klein sein, daß sie selbst unseren besten Vergrößerungs-

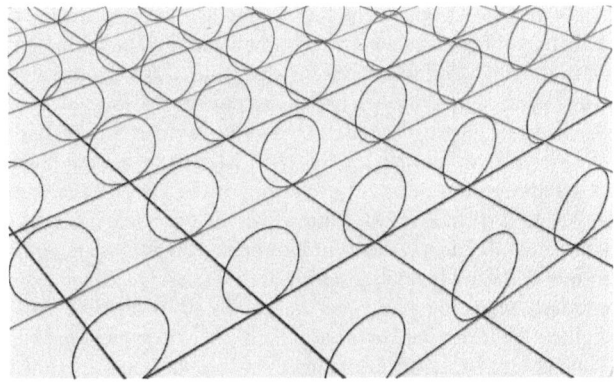

Abbildung 8.4 *Die Gitterlinien stellen die ausgedehnten Dimensionen der Alltagserfahrung dar, während die Kreise eine neue Dimension repräsentieren, die winzig und aufgewickelt ist. Wie die kreisförmigen Fadenschlaufen, die das Gewebe eines dicht geknüpften Teppichs bilden, existieren die Kreise an jedem Punkt der ausgedehnten Dimensionen unserer Alltagswelt – doch aus Gründen der Anschaulichkeit bilden wir sie nur an den Schnittpunkten der Gitterlinien ab.*

geräten verborgen bleibt. Ganz wichtig auch: Die kreisförmige Dimension ist *nicht* bloß eine kreisförmige Ausstülpung in den ausgedehnten Alltagsdimensionen, wie man aufgrund der Abbildung vielleicht meinen könnte, sondern eine *neue* Dimension, die an jedem Punkt der alltäglichen Dimensionen existiert, genauso wie die Aufwärts-abwärts-, Links-rechts- und Vorwärts-rückwärts-Dimension an jedem Punkt vorhanden ist. Es handelt sich um eine neue und unabhängige Richtung, in die sich eine Ameise, wäre sie klein genug, bewegen könnte. Um den räumlichen Aufenthaltsort einer solchen mikroskopischen Ameise anzugeben, müßten wir sagen, wo sie sich in den drei ausgedehnten (durch das Gitter dargestellten) Alltagsdimensionen befindet, und *zusätzlich* mitteilen, wo sie sich in der kreisförmigen Dimension aufhält. Wir brauchten also *vier* räumliche Informationen. Nehmen wir noch die Zeit hinzu, kommen wir insgesamt auf fünf Raumzeitinformationen – eine mehr, als wir normalerweise erwarten würden.

So stellen wir zu unserer Überraschung fest, daß wir zwar nur drei ausgedehnte räumliche Dimensionen wahrnehmen, daß deshalb aber, wie die Überlegungen von Kaluza und Klein zeigen, die Existenz zusätzlicher aufgewickelter Dimensionen nicht ausgeschlossen ist, zumindest dann nicht, wenn sie sehr klein sind. Das Universum kann sehr wohl mehr Dimensionen haben, als das Auge sieht.

Wie klein ist »klein«? Modernste Geräte können Strukturen von der Größe eines milliardstel milliardstel Meters entdecken. Solange eine Extradimension zu einer Größe aufgewickelt ist, die diesen winzigen Abstand nicht erreicht, können wir sie gegenwärtig nicht entdecken. 1926 hat Klein Kaluzas ursprüngliche Hypothese mit einigen Ideen aus der damals noch jungen Disziplin der Quantenmechanik verbunden. Seine Berechnungen ließen darauf schließen, daß die zusätzliche kreisförmige Dimension möglicherweise nicht größer als die Plancklänge ist, also viel zu klein, um von unseren Experimenten erfaßt zu werden. Seither heißt die Möglichkeit, daß es winzige zusätzliche Raumdimensionen gibt, bei Physikern *Kaluza-Klein-Theorie*.[2]

Kommen und Gehen auf einem Gartenschlauch

Das anschauliche Beispiel des Gartenschlauchs und die Abbildung 8.3 sollen Ihnen eine Ahnung davon vermitteln, wie es möglich ist, daß unser Universum räumliche Zusatzdimensionen hat. Doch sogar die Forscher selbst haben Schwierigkeiten, sich eine bildliche Vorstellung von einem Universum zu machen, das mehr als drei räumliche Dimensionen besitzt. Aus diesem Grund helfen Physiker ihrem Vorstellungsvermögen häufig dadurch auf die Sprünge, daß sie sich – nach dem Vorbild von Edwin Abbotts geistreicher Erzählung *Flächenland*[3] – ausmalen, wie das Leben wäre, wenn wir in einem imaginären niedrigerdimensionalen Universum leben würden, in dem uns nur langsam klar würde, daß das Universum mehr Dimensionen hat, als wir unmittelbar wahrnehmen. Versuchen wir es also, indem wir uns ein zweidimensionales Universum vorstellen, das die gleiche Form hat wie unser Gartenschlauch. Dazu müssen Sie die Perspektive des »Außenstehenden« aufgeben, der das Universum als ein Objekt in unserem Universum sieht. Vielmehr müssen Sie die Welt, wie wir sie kennen, verlassen und in ein neues Gartenschlauchuniversum eintreten, in dem die Oberfläche eines sehr langen Gartenschlauchs (denken Sie ihn sich ruhig als unendlich) *alles* ist, was es an räumlicher Ausdehnung gibt. Stellen Sie sich vor, Sie würden als winzige Ameise auf seiner Oberfläche leben.

Fangen wir damit an, daß wir die Verhältnisse noch ein bißchen extremer gestalten. Nehmen wir an, die Länge der kreisförmigen Dimension im Gartenschlauchuniversum ist sehr klein – so klein, daß weder Sie noch einer Ihrer Schlauchmitbewohner etwas von der Existenz dieser Dimension ahnen. Für Sie und alle anderen Geschöpfe des Gartenschlauchuniversums zählt zu den Grundtatsachen der Existenz, die man nicht weiter zu hinterfragen braucht, die Überzeugung: Das Universum hat nur *eine* räumliche Dimension. (Wenn das Gartenschlauchuniversum seinen eigenen Ameisen-Einstein hervorbringt, dann erklären die Schlauchbewohner, das Universum habe eine räumliche und eine zeitliche Dimension.) Tatsächlich ist diese Eigenschaft so selbstverständlich, daß die englischsprachigen Schlauchbewohner ihr Habitat *Line-Land* getauft haben. Damit unterstreichen sie, daß ihre Welt nur eine Dimension besitzt.

Das Leben in Line-Land ist ganz anders als das unsere. Beispielsweise sind Sie mit dem Körper, der Ihnen vertraut ist, nicht für Line-Land geeignet. Egal, wieviel Mühe Sie sich geben, an einer Tatsache kommen Sie nicht vorbei: Sie haben nun einmal Länge, Höhe und Breite – räumliche Ausdehnung in drei Dimensionen. In Line-Land ist für derart extravagante Körperformen kein Platz. Denken Sie daran, auch wenn sich Ihr Vorstellungsbild von Line-Land noch immer an langen, fadenartigen Objekten orientiert, die in unserem Raum existieren, daß Sie sich Line-Land als *Universum* vorstellen müssen – darüber hinaus gibt es nichts. Als Bewohner von Line-Land müssen Sie in seine räumliche Ausdehnung passen. Versuchen Sie, sich das vorzustellen. Quetschen Sie Ihren Ameisenkörper so zusammen, daß er aussieht wie ein Wurm, und dann quetschen Sie weiter, bis er überhaupt keine Dicke mehr hat. Um in Line-Land zu passen, müssen Sie ein Geschöpf sein, daß *lediglich* Länge besitzt.

Stellen Sie sich weiter vor, Sie hätten ein Auge an jedem Ende des Körpers. Im Gegensatz zu Ihren menschlichen Augen, die Sie drehen können, um in alle drei Dimensionen zu blicken, sind Ihre Augen als Linien-Geschöpf ewig in der gleichen Position fixiert. Jedes starrt in die eindimensionale Ferne. Das ist *keine* anatomische Beschränkung Ihres neuen Körpers. Vielmehr wissen Sie genauso wie alle Ihre Landsleute, daß es einfach keine anderen Richtungen gibt, in die Ihre Augen blicken können, weil Line-Land eben nur eine Dimension hat. Vorwärts und rückwärts – damit ist die Ausdehnung von Line-Land erschöpft.

Wenn wir versuchen, uns noch weitere Einzelheiten des Lebens in Line-Land auszumalen, stellen wir sehr rasch fest, daß es nicht viel mehr darüber zu sagen gibt. Befindet sich beispielsweise ein anderer Line-Länder vor oder hinter Ihnen, dann vergegenwärtigen Sie sich, wie er Ihnen erscheint: Sie sehen eines seiner Augen – das, welches Sie anblickt –, doch im Unterschied zu menschlichen Augen besteht es aus einem einzigen Punkt. Augen in Line-Land haben keine Eigenschaften und lassen keine Gefühle erkennen – es ist kein Platz für diese vertrauten Merkmale. Vor allem müssen Sie sich auf ewig mit diesem punktförmigen Erscheinungsbild des nachbarlichen Auges zufriedengeben. Wenn Sie an ihm vorbeiwollen, um Line-Land auf der anderen Seite seines Körpers zu erkunden, dann wartet eine große Enttäuschung auf Sie. *Sie kommen nicht an ihm vorbei.* Er versperrt Ihnen den Weg, und zwar vollständig. In Line-Land gibt es keinen Platz, ihn zu umgehen. Die Reihenfolge der Linien-Geschöpfe, in der sie über die Ausdehnung von Line-Land verteilt sind, ist ein für allemal festgelegt. Was für ein Stumpfsinn.

Ein paar tausend Jahre nach dem Auftreten eines Religionsstifters in Line-Land bringt ein Line-Länder namens Kaluza K. Line etwas Hoffnung in die Tristesse des Line-länder Alltags. Entweder hat er eine göttliche Eingebung oder einfach die Nase voll, Jahr um Jahr in das Punktauge seines Nachbarn zu starren – jedenfalls äußert er die Hypothese, Line-Land sei möglicherweise gar nicht eindimensional. Was, so seine Überlegung, wenn Line-Land in Wirklichkeit zweidimensional wäre, wobei die zweite Raumdimension eine sehr kleine kreisförmige Richtung sein könnte, von so geringer räumlicher Ausdehnung, daß man sie bisher eben noch nicht entdeckt habe. Das nimmt er als Ausgangspunkt, um die Möglichkeit eines vollkommen neuen Lebens zu entwerfen. Dazu sei lediglich erforderlich, die aufgewickelte unabhängige Raumrichtung entsprechend zu vergrößern – was nach der neuesten Arbeit seines Kollegen Linestein zumindest möglich sei. Kaluza K. Line beschreibt ein Universum, das Sie und Ihre Schicksalsgenossen verblüfft und große Hoffnungen weckt – ein Universum, in dem sich Linien-Geschöpfe ungehindert aneinander vorbeibewegen können, indem sie sich die zweite Dimension zunutze machen: das Ende der räumlichen Versklavung. Wir erkennen, daß Kaluza K. Line das Leben in einem »vergrößerten« Gartenschlauchuniversum beschreibt.

Tatsächlich würde sich Ihr Leben grundlegend verändern, wenn es gelänge, die kreisförmige Dimension zu vergrößern und Line-Land zu einem Gartenschlauchuniversum »aufzublähen«. Betrachten Sie beispielsweise Ihren Körper. Alles, was zwischen Ihren Augen liegt, bildet bei Ihnen als Linien-Geschöpf das Innere Ihres Körpers.

Daher haben Ihre Augen für Ihren Linien-Körper die gleiche Funktion wie die Haut für einen gewöhnlichen menschlichen Leib: Sie sind die Schranke zwischen dem Inneren des Körpers und der Außenwelt. Ein Arzt in Line-Land kann ins Innere Ihres Linien-Körpers nur gelangen, indem er durch dessen Oberfläche dringt – mit anderen Worten, »chirurgische Eingriffe« finden in Line-Land durch die Augen statt.

Nun stellen Sie sich aber vor, was geschieht, wenn Kaluza K. Line recht hat, Line-Land tatsächlich eine versteckte, aufgewickelte Dimension besitzt und sich diese Dimension zu beobachtbarer Größe ausweitet. Fortan kann ein anderes Linien-Geschöpf Ihren Körper schräg von der Seite erblicken und damit direkt in Ihr Inneres sehen, wie es die Abbildung 8.5 zeigt. Unter Zuhilfenahme dieser zweiten Dimension vermag ein Arzt Sie zu operieren, indem er einfach in Ihren exponierten Körper hineingreift. Merkwürdig! Zweifellos würden die Linien-Geschöpfe rasch eine hautähnliche Schutzhülle entwickeln, um ihr plötzlich offen zugängliches Körperinneres vor dem Kontakt mit der Außenwelt zu schützen. Außerdem würden sie sicherlich in die Breite gehen, so daß sie neben der Länge noch eine zweite Dimension hätten: Flächengeschöpfe, die durch ihr zweidimensionales Gartenschlauchuniversum glitten, wie es die Abbildung 8.6 zeigt. Sollte die kreisförmige Dimension makroskopische Ausmaße annehmen, könnte diese zweidimensionale Welt große Ähnlichkeit mit Abbotts *Flächenland* gewinnen – eine fiktive zweidimensionale Welt, die der Autor nicht nur mit einer vielfältigen kulturellen Tradition ausgestattet hat, sondern auch mit einem satirischen Kastensystem, das von der geometrischen Form der Flächenländer bestimmt wird. Während kaum vorstellbar ist, daß *irgend etwas* Interessantes in Line-Land geschieht – dafür bietet es einfach nicht genügend Platz –, häufen sich die Möglichkeiten auf einem Gartenschlauch. Die Entwicklung von einer zu zwei beobachtbaren makroskopischen Raumdimensionen hat spektakuläre Konsequenzen.

Und nun unser Refrain: Warum hier haltmachen? Das zweidimensionale Universum könnte doch sehr gut noch eine aufgewickelte Dimension besitzen und damit dreidimensional sein, ohne daß es jemand bemerkt. Wir können das mit Abbildung 8.4 veranschaulichen, müssen uns dabei aber vor Augen halten, daß wir es jetzt nur mit zwei ausgedehnten Raumdimensionen zu tun haben (während wir bei Einführung der Abbildung von der Vorstellung ausgegangen sind, das flache Gitter stehe für drei ausgedehnte Dimensionen). Bei Ausdehnung der kreisförmigen Dimension würde

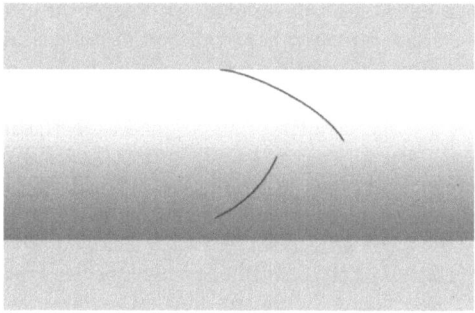

Abbildung 8.5 *Ein Liniengeschöpf kann direkt in das Körperinnere eines anderen blicken, wenn Line-Land zum Gartenschlauchuniversum expandiert.*

sich ein zweidimensionales Geschöpf in einer weitgehend neuen Welt befinden. Seine Bewegungen wären nicht mehr auf links-rechts und vorwärts-rückwärts beschränkt, sondern könnten jetzt auch eine dritte Dimension nutzen – die »Aufwärts-abwärts«-Richtung entlang des Kreises. Würde diese kreisförmige Dimension auf hinreichende Größe anwachsen, könnte dabei sogar unser dreidimensionales Universum herauskommen. Gegenwärtig wissen wir nämlich noch nicht, ob sich alle unsere drei räumlichen Dimensionen unbegrenzt nach außen erstrecken; vielleicht krümmt sich ja eine in Gestalt eines ungeheuren Kreises, dem Blick auch unserer leistungsfähigsten Teleskope entzogen, in sich selbst zurück. Wenn wir uns die kreisförmige Dimension in Abbildung 8.4 groß genug vorstellen – mit einer Ausdehnung von Milliarden Lichtjahren –, könnte die Darstellung durchaus ein Bild unserer Welt sein.

Nun wieder unser Refrain: Warum hier haltmachen? So kommen wir zu Kaluzas und Kleins Hypothese: daß nämlich unser dreidimensionales Universum eine aufgewickelte räumliche Dimension besitzen könnte, von der wir bisher nichts geahnt haben. Falls diese verblüffende Annahme oder ihre Erweiterung auf zahlreiche aufgewickelte Dimensionen (wir kommen gleich dazu) zutreffen sollte und falls sich diese zusammengerollten Dimensionen zu makroskopischer Größe aufblähen würden, wäre unser Leben, das dürften die Beispiele aus niedrigerdimensionalen Welten gezeigt haben, nicht mehr das, was es jetzt ist.

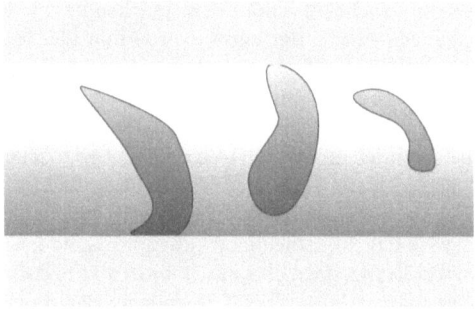

Abbildung 8.6 *Im Gartenschlauchuniversum leben flache, zweidimensionale Geschöpfe.*

Überraschenderweise hat die Existenz von Zusatzdimensionen aber selbst dann, wenn sie stets klein und aufgewickelt bleiben sollten, weitreichende Konsequenzen.

Vereinigung in höheren Dimensionen

Obwohl Kaluzas Hypothese aus dem Jahr 1919, unser Universum könnte mehr räumliche Dimensionen besitzen, als wir direkt wahrnehmen, schon an sich eine bemerkenswerte Möglichkeit darstellte, verdankte sie ihre wirkliche Bedeutung erst einem weiteren Umstand. Einstein hatte die allgemeine Relativitätstheorie in den vertrauten Verhältnissen eines Universums mit drei räumlichen und einer zeitlichen Dimension formuliert. Der mathematische Formalismus dieser Theorie läßt sich jedoch ziemlich direkt zu analogen Gleichungen für ein Universum mit zusätzlichen Raumdimensionen erweitern. Mit der »bescheidenen« Annahme einer einzigen zusätzlichen Raumdimension führte Kaluza diese mathematische Analyse durch und leitete so explizit die neuen Gleichungen ab.

Wie er feststellte, waren in der neuen Formulierung die drei Gleichungen, welche die drei Alltagsdimensionen betrafen, im wesentlichen identisch mit Einsteins Gleichungen. Doch da Kaluza noch eine zusätzliche Raumdimension einführte, hat er, wie nicht anders zu erwarten, auch Gleichungen gefunden, die bei Einstein ursprünglich nicht vorkamen. Nachdem Kaluza sich eingehender mit den zusätzlichen Gleichungen beschäftigt hatte, wurde ihm klar, daß er einen höchst erstaunlichen Fund gemacht hatte. Bei den Zusatzgleichungen handelte es sich exakt um diejenigen, mit denen Maxwell in den achtziger Jahren des neunzehnten Jahrhunderts die elektromagnetische Kraft beschrieben hatte. Durch Hinzufügen einer weiteren Raumdimension hatte Kaluza Einsteins Gravitationtheorie mit Maxwells Lichttheorie vereinigt.

Vor Kaluzas Hypothese hielt man Gravitation und Elektromagnetismus für zwei Kräfte, die nichts miteinander zu tun haben. Es hatte nicht den geringsten Hinweis auf irgendeine Beziehung zwischen ihnen gegeben. Durch den kühnen Einfall, daß unser Universum möglicherweise eine zusätzliche Raumdimension haben könnte, war Kaluza auf eine tiefere Verbindung gestoßen. Nach seiner Theorie sind sowohl Gravitation wie Elektromagnetismus mit Krümmungen in der Raumstruktur verknüpft. Die Gravitation wird durch Krümmungen in den vertrauten drei Raumdimensionen übertragen, während der Elektromagnetismus von Krümmungen übertragen wird, die die neue, aufgewickelte Dimension einbeziehen.

Kaluza schickte seinen Artikel Einstein, und zunächst war Einstein sehr interessiert. Am 21. April 1919 teilte er Kaluza brieflich mit, er wäre nie darauf gekommen, daß die Vereinigung »durch eine fünfdimensionale Zylinderwelt [vier Dimensionen des Raums und eine der Zeit] zu erzielen« sei. Und er fügte hinzu: »Ihr Gedanke gefällt mir zunächst außerordentlich ... «[4] Doch ungefähr eine Woche später äußerte er sich in einem zweiten Brief an Kaluza etwas skeptischer: »Ich habe Ihre Arbeit durchgelesen und finde sie wirklich interessant. Nirgends sehe ich bis jetzt eine Unmöglichkeit, aber andererseits muß ich gestehen, daß die bis jetzt beigebrachten Argumente noch gar zu wenig überzeugend erscheinen.«[5] Am 14. Oktober 1921 schließlich, mehr als zwei Jahre später, schrieb Einstein erneut an Kaluza. Nachdem er genügend Zeit gehabt hatte, sich gründlicher mit Kaluzas vollkommen neuem Ansatz vertraut zu machen, meinte er: »Ich mache mir Gedanken darüber, daß ich Sie vor zwei Jahren von der Publikation Ihrer Idee über die Vereinigung von Gravitation und Elektrizität abgehalten habe ... wenn Sie wollen, lege ich Ihre Arbeit doch der Akademie vor ... «[6] Endlich, wenn auch verspätet, war Kaluza die Billigung des Meisters zuteil geworden.

Die Idee war an sich sehr schön, doch als man Kaluzas Hypothese, nebst ihrer Erweiterung durch Kleins Beiträge, eingehender untersuchte, stellte sich heraus, daß sie sich nicht mit den experimentellen Daten vertrug. Die einfachsten Versuche, das Elektron in die Theorie einzugliedern, sagten Beziehungen zwischen seiner Masse und seiner Ladung voraus, die weit von den beobachteten Werten abwichen. Da nicht zu erkennen war, wie sich das Problem überwinden ließ, verloren viele Physiker, die an Kaluzas Idee zunächst Gefallen gefunden hatten, das Interesse. Zwar spielten Einstein und andere noch hin und wieder durch, wie es wäre, wenn es aufgewickelte Zusatzdimensionen gäbe, doch war die Theorie schon bald zu einem Mauerblümchen der theoretischen Physik geworden.

In einem ganz konkreten Sinn war Kaluzas Idee ihrer Zeit voraus. Die zwanziger Jahre erwiesen sich für die theoretischen und Experimentalphysiker, die bemüht waren, die fundamentalen Gesetze der Mikrowelt zu ergründen, als ein wahres Eldorado. Die Theoretiker hatten alle Hände voll zu tun, die Struktur der Quantenmechanik und der Quantenfeldtheorie zu entwickeln, während die Experimentalphysiker die genauen Eigenschaften der Atome sowie zahlreicher Elementarteilchen entdecken konnten. In den folgenden fünfzig Jahren bestimmte die Theorie die Experimente, und die Experimente vervollkommneten die Theorie. Das Ergebnis dieses unaufhaltsamen Fortschritts war das Standardmodell. Kein Wunder, daß in diesen produktiven und optimistischen Zeiten alle Spekulationen über Extradimensionen in den Hintergrund traten. Während man leistungsfähige Quantenmethoden entwickelte, aus denen sich experimentell überprüfbare Vorhersagen ableiten ließen, herrschte nur geringes Interesse an der höchst abstrakten Möglichkeit, das Universum könne bei Längenskalen, die dem Zugriff der leistungsfähigsten Geräte bei weitem entzogen waren, ein ganz anderes Erscheinungsbild präsentieren.

Doch früher oder später mußte das Forschungs-Eldorado seinen Glanz verlieren. Ende der sechziger und Anfang der siebziger Jahre hatte das Standardmodell seine heute noch gültige Form erreicht. Ende der siebziger und Anfang der achtziger Jahre waren viele seiner Vorhersagen experimentell bestätigt worden, und die meisten Teilchenphysiker waren der Überzeugung, es sei nur noch eine Frage der Zeit, bis sich auch die restlichen Vorhersagen bewahrheitet hätten. Zwar blieben noch einige wichtige Einzelheiten ungelöst, doch viele Forscher gingen davon aus, daß die entscheidenden Fragen im Hinblick auf die starke, die schwache und die elektromagnetische Kraft beantwortet seien.

Endlich war die Zeit reif, sich auf die Frage aller Fragen zu besinnen: den rätselhaften Konflikt zwischen allgemeiner Relativitäts-

theorie und Quantenmechanik. Der Erfolg bei der Formulierung
einer Quantentheorie der drei Naturkräfte ermutigte die Physiker zu
dem Versuch, auch die Gravitation im Kreis dieser drei Kräfte heimisch zu machen. Nachdem zahlreiche Ideen gescheitert waren,
wuchs die Bereitschaft in der Gemeinschaft der Physiker, ihr Glück
auch mit vergleichsweise radikalen Ansätzen zu probieren. Nachdem man die Kaluza-Klein-Theorie Ende der zwanziger Jahre tot-
gesagt hatte, schickte man sich jetzt an, sie wiederzubeleben.

Die moderne Kaluza-Klein-Theorie

Das physikalische Verständnis hatte sich in den sechs Jahrzehnten,
seit Kaluza seine Theorie vorschlug, erheblich verändert und beträchtlich vertieft. Die Quantenmechanik war ausformuliert und
experimentell bestätigt worden. Die starken und die schwachen
Kräfte, in den zwanziger Jahren noch unbekannt, waren entdeckt
und weitgehend erklärt worden. Einige Fachleute schlugen vor,
Kaluzas ursprüngliche Hypothese sei nur deshalb gescheitert, weil er
diese anderen Kräfte nicht gekannt habe und daher bei der dimensionalen Aufrüstung des Raums zu *vorsichtig* vorgegangen sei. Mehr
Kräfte bedeuteten, daß man mehr Dimensionen brauche. Die Einführung einer einzigen neuen, kreisförmigen Dimension habe zwar
Hinweise auf einen Zusammenhang zwischen allgemeiner Relativitätstheorie und Elektromagnetismus liefern können, sei aber einfach nicht genug gewesen.

Mitte der siebziger Jahre entfaltete sich eine intensive Forschungstätigkeit, die sich auf höherdimensionale Theorien mit zahlreichen
aufgewickelten Raumrichtungen konzentrierte. Abbildung 8.7 zeigt
ein Beispiel, wo zwei zusätzliche Dimensionen so aufgewickelt sind,
daß sich die Oberfläche einer Kugel ergibt. Wie die eine kreisförmige
Dimension sind auch diese Zusatzdimensionen mit *jedem Punkt* der
ausgedehnten Alltagsdimensionen verknüpft. (Aus Gründen der
Anschaulichkeit haben wir wieder nur eine Auswahl der sphärischen
Dimensionen an regelmäßigen Gitterpunkten der ausgedehnten
Dimensionen abgebildet.) Außer eine andere Zahl von zusätzlichen
Dimensionen vorzuschlagen, kann man sich auch eine Vielfalt von
Formen für diese Dimensionen vorstellen. Beispielsweise zeigt Abbil-
dung 8.8 eine Möglichkeit, in der wir wieder zwei Extradimensionen
haben, aber nun in Form eines hohlen Doughnuts – also eines Torus.
Auch wenn sie unsere zeichnerischen Fähigkeiten überfordern, so

Abbildung 8.7 *Zwei Zusatzdimensionen, aufgewickelt in Form einer Kugel.*

lassen sich doch noch kompliziertere Möglichkeiten denken, in denen wir es mit drei, vier, fünf, im Prinzip jeder beliebigen Zahl von zusätzlichen räumlichen Dimensionen zu tun haben – aufgewickelt in einer Vielzahl exotischer Formen. Die entscheidende Voraussetzung ist wiederum, daß die Ausdehnung aller Dimensionen weit kürzer ist als die kleinsten Abstände, die wir mit unseren Versuchsgeräten erfassen können, denn die Existenz dieser Dimensionen hat sich noch in keinem Experiment gezeigt.

Unter den höherdimensionalen Ansätzen hatten sich diejenigen als besonders verheißungsvoll erwiesen, die auch die Supersymmetrie einbezogen. Die Physiker hatten die Hoffnung, die partielle Aufhebung der schlimmsten Quantenfluktuationen durch die Paarung der Superpartner-Teilchen könnte die Unverträglichkeit von Gravitation und Quantenmechanik lindern. So prägten sie die Bezeichnung *höherdimensionale Supergravitation* für Theorien, die Gravitation, zusätzliche Dimensionen und Supersymmetrie umfassen.

Wie Kaluzas ursprünglicher Entwurf, so sahen auch verschiedene Versionen der höherdimensionalen Supergravitation zunächst sehr vielversprechend aus. Die neuen Gleichungen, die sich aus den Extradimensionen ergaben, hatten eine verblüffende Ähnlichkeit mit den Gleichungen, die zur Beschreibung des Elektromagnetismus, der schwachen und der starken Kraft dienten. Doch eine eingehendere Prüfung zeigte, daß die alten Probleme fortbestanden. Insbesondere

Abbildung 8.8 *Zwei Zusatzdimensionen, aufgewickelt in Form eines hohlen Doughnuts, eines Torus.*

gelang es der Supersymmetrie zwar, die fatalen Quanteneffekte bei kleinen Abständen etwas zu dämpfen, aber nicht weit genug, um eine sinnvolle Theorie zu produzieren. Die Physiker hatten Schwierigkeiten, in einer einzigen, sinnvollen und höherdimensionalen Theorie alle Eigenschaften der Kräfte und der Materieteilchen zu vereinigen.[7]

Allmählich erkannte man, daß sich hier und da Teile und Bruchstücke einer einheitlichen Theorie zeigten, daß aber das entscheidende Element, das in der Lage gewesen wäre, sie alle in einer quantenmechanisch schlüssigen Weise zu verbinden, noch fehlte. 1984 hatte dann das fehlende Glied in der Kette – die Stringtheorie – seinen dramatischen Auftritt und beherrschte zunächst einmal das Geschehen.

Mehr Dimensionen und Stringtheorie

Inzwischen sollten Sie sich eigentlich davon überzeugt haben, daß unser Universum zusätzliche aufgewickelte Raumdimensionen haben *kann*. Solange sie klein genug sind, sind sie jedenfalls nicht auszuschließen. Vielleicht aber kommt Ihnen die Annahme von Extradimensionen reichlich künstlich vor. Die Tatsache, daß wir nicht in der Lage sind, Abstände zu erfassen, die kleiner als ein milliardstel milliardstel Meter sind, läßt nicht nur die Möglichkeit von winzigen Zusatzdimensionen zu, sondern auch von einer unendlichen Zahl abenteuerlichster Eventualitäten – etwa einer mikroskopischen Zivilisation, die von noch winzigeren grünen Menschen bevölkert ist. Mag die erste Vorstellung sich auch auf rationalere Gründe berufen können als die zweite, das Postulat dieser experimentell unbestätigten – und gegenwärtig auch nicht zu bestätigenden – Möglichkeiten könnte gleichermaßen willkürlich erscheinen.

Das war die Situation, bis die Stringtheorie ins Spiel kam. Mit ihr steht uns nun eine Theorie zur Verfügung, die das zentrale Dilemma der zeitgenössischen Physik löst – die Unverträglichkeit von Quantenmechanik und allgemeiner Relativitätstheorie – und die unserem Verständnis der fundamentalen Bausteine der Natur und ihrer Kräfte einen einheitlichen Rahmen liefert. Wie sich herausstellt, kann die Stringtheorie dies aber *nur* leisten, wenn das Universum zusätzliche Raumdimensionen besitzt.

Das hat folgenden Grund: Eine wichtige Erkenntnis der Quantenmechanik besagt, daß unser Vorhersagevermögen in einer entscheidenden Hinsicht eingeschränkt ist. Wir können lediglich behaupten, daß dieses oder jenes Ergebnis mit dieser oder jener Wahrscheinlichkeit eintritt. Obwohl Einstein das für einen unerträglichen Zustand hielt – und Sie ihm darin vielleicht beipflichten –, haben wir es hier eindeutig mit einer Tatsache zu tun. Akzeptieren wir sie also. Nun wissen wir, daß Wahrscheinlichkeiten immer eine Zahl zwischen 0 und 1 annehmen oder, wenn wir sie in Prozentsätzen ausdrücken, eine Zahl zwischen 0 und 100. Wie die physikalische Erfahrung zeigt, sind »Wahrscheinlichkeiten«, die sich *nicht* in diesem erlaubten Bereich bewegen, untrügliche Anzeichen dafür, daß eine quantenmechanische Theorie aus dem Ruder läuft. Wie oben erwähnt, zeigt sich die eklatante Unverträglichkeit zwischen allgemeiner Relativitätstheorie und einer Quantenmechanik, deren elementare Bestandteile Punktteilchen sind, wenn die Rechnungen unendliche Wahrscheinlichkeiten ergeben. Diese Unendlichkeiten beseitigt die Stringtheorie – das haben wir geschildert. Nicht erwähnt haben wir allerdings, daß ein weniger offensichtliches Problem bleibt. In der Frühzeit der Stringtheorie ergaben bestimmte Berechnungen *negative* Wahrscheinlichkeiten, die natürlich auch nicht im erlaubten Bereich liegen. So schien die Stringtheorie zunächst ihre eigenen Tücken zu haben.

Mit hartnäckigem Bemühen fand man schließlich die Ursache dieser untragbaren Eigenschaft. Die Erklärung beginnt mit einer einfachen Beobachtung. Wenn ein String auf eine zweidimensionale

Fläche beschränkt ist – etwa die Oberfläche eines Tischs oder eines
Gartenschlauchs –, reduziert sich die Zahl der unabhängigen Richtungen, in denen er schwingen kann, auf *zwei*: die Links-rechts- und
die Vorwärts-rückwärts-Dimension auf der Fläche. Jedes Schwingungsmuster, das auf der Fläche bleibt, umfaßt eine Kombination
von Schwingungen in diesen beiden Richtungen. Entsprechend ist
natürlich klar, daß ein String im Flächenland, dem Gartenschlauchuniversum oder in jedem anderen zweidimensionalen Universum
ebenfalls auf Schwingungen in lediglich diesen beiden unabhängigen
Richtungen festgelegt ist. Ist es dem String jedoch erlaubt, die Fläche
zu verlassen, erhöht sich die Zahl der unabhängigen Schwingungs-
richtungen auf drei, da der String jetzt auch in der »Aufwärts-
abwärts-Richtung« schwingen kann. Entsprechend vermag ein
String in einem Universum mit drei räumlichen Dimensionen in drei
unabhängigen Richtungen zu schwingen. Auch wenn das bildliche
Vorstellungsvermögen auf eine harte Probe gestellt wird, das Muster
läßt sich fortsetzen: In einem Universum mit immer mehr räumlichen Dimensionen gibt es immer mehr unabhängige Richtungen, in
denen der String schwingen kann.

Wir legen soviel Wert auf diesen Aspekt der Stringschwingungen,
weil sich herausgestellt hat, daß die problematischen Rechnungen
sehr empfindlich auf die Zahl der unabhängigen Richtungen reagieren, in denen ein String schwingen kann. Die negativen Wahrscheinlichkeiten erwuchsen aus einem *Mißverhältnis* zwischen dem, was
die Theorie verlangte, und dem, was die Wirklichkeit anzubieten
schien: Die Rechnungen zeigten, daß sich alle negativen Wahrscheinlichkeiten wegheben, wenn die Strings in *neun* unabhängigen Raumrichtungen schwingen können. Das mag ja in der Theorie sehr schön
sein, aber was bringt uns das? Wenn die Stringtheorie unsere Welt
mit ihren drei räumlichen Dimensionen beschreiben soll, stecken wir
offenbar immer noch in Schwierigkeiten.

Tatsächlich? Wenn wir uns an die mittlerweile mehr als fünfzig
Jahre alten Überlegungen von Kaluza und Klein halten, entdecken
wir einen Ausweg. Dank ihrer Winzigkeit können Strings nicht nur
in großen, ausgedehnten Dimensionen schwingen, sondern auch in
Dimensionen, die klein und aufgewickelt sind. Damit sind wir in der
Lage, die Bedingung von neun Raumdimensionen, die die String-
theorie stellt, in *unserem* Universum zu erfüllen, wenn wir – mit
Kaluza und Klein – annehmen, daß es neben den uns vertrauten drei
ausgedehnten Raumdimensionen noch sechs weitere aufgewickelte
Raumdimensionen gibt. Auf diese Weise ist die Stringtheorie, die

drauf und dran war, sich ganz aus dem Bewußtsein der Gemeinschaft der Physiker zu verabschieden, doch noch zu retten. Mehr
noch, statt wie Kaluza, Klein und ihre Nachfolger die Existenz von
zusätzlichen Dimensionen nur zu postulieren, *verlangt* die Stringtheorie sie. Die Stringtheorie ist nur dann sinnvoll, wenn das Universum neun Dimensionen des Raums und eine der Zeit besitzt, also
insgesamt zehn Dimensionen. Auf diese Weise hat Kaluzas Hypothese aus dem Jahr 1919 ihre überzeugendste und wirksamste Platt-
form gefunden.

Einige Fragen

Das wirft eine Anzahl von Fragen auf. Erstens: Warum verlangt die
Stringtheorie ausgerechnet neun Raumdimensionen, um unsinnige
Wahrscheinlichkeiten zu vermeiden? Das ist wahrscheinlich die
stringtheoretische Frage, die sich am schwersten beantworten läßt,
ohne auf den mathematischen Formalismus zurückzugreifen. Eine
einfache stringtheoretische Berechnung offenbart die Antwort, doch
niemand weiß eine anschauliche, nichtmathematische Erklärung
dafür, daß sich diese besondere Zahl und keine andere ergibt. Der
Physiker Ernest Rutherford hat einmal sinngemäß gesagt, wenn man
ein Ergebnis nicht in einfachen, nichtwissenschaftlichen Worten erklären könne, dann habe man es nicht wirklich verstanden. Er hat
damit nicht gemeint, das Ergebnis sei falsch, sondern man habe
seinen Ursprung, seine Bedeutung oder seine Konsequenzen nicht
richtig begriffen. Vielleicht gilt das auch für den höherdimensionalen
Charakter der Stringtheorie. (Benutzen wir die Gelegenheit, beiläu-
fig auf einen zentralen Aspekt der zweiten Superstring-Revolution
hinzuweisen, auf den wir in Kapitel zwölf zu sprechen kommen
werden. Die Rechnung, aus der hervorgeht, daß es zehn Raumzeitdimensionen gibt – neun des Raums und eine der Zeit –, erweist sich
als *approximativ*. Ausgehend von eigenen Erkenntnissen und bereits
vorliegenden Arbeiten von Michael Duff von der Texas A&M University sowie Chris Hull und Paul Townsend von der Cambridge
University, hat Witten Mitte der neunziger Jahre überzeugend dargelegt, daß die Näherungsrechnung tatsächlich eine Raumdimension
außer acht läßt. Die Stringtheorie, so brachte er zur Verblüffung der
meisten Stringtheoretiker vor, verlange in Wahrheit *zehn* räumliche
Dimensionen und eine zeitliche, was also eine Gesamtzahl von *elf*
Dimensionen ergibt. Mit diesem wichtigen Resultat werden wir uns

allerdings erst in Kapitel zwölf befassen, da es wenig Einfluß auf die Dinge hat, die wir bis dahin erörtern.)

Zweitens: Wenn die Gleichungen der Stringtheorie (oder, genauer, die approximativen Gleichungen, an denen wir uns bei unseren Erörterungen bis Kapitel zwölf orientieren) zeigen, daß das Universum neun Raumdimensionen und eine Zeitdimension besitzt, warum sind dann drei Raumdimensionen (und die Zeitdimension) groß und ausgedehnt, während alle anderen winzig und aufgewickelt sind? Warum sind sie nicht *alle* ausgedehnt oder alle aufgewickelt oder in irgendeinem anderen Verhältnis ausgedehnt und aufgewickelt? Im Augenblick weiß niemand die Antwort auf diese Fragen. Wenn die Stringtheorie stimmt, müßten wir irgendwann in der Lage sein, die Antwort zu finden, doch bis jetzt verstehen wir die Theorie einfach nicht hinreichend, um das zu leisten. Das soll nicht heißen, es habe keine mutigen Versuche einer Erklärung gegeben. Kosmologisch betrachtet, können wir uns beispielsweise vorstellen, daß alle Dimensionen anfangs eng aufgewickelt sind und sich dann in einer urknallartigen Explosion abwickeln und zu ihrer gegenwärtigen Ausdehnung expandieren, während die anderen räumlichen Dimensionen klein bleiben. Wie wir in Kapitel vierzehn zeigen werden, hat man versucht zu erklären, warum sich nur drei Raumdimensionen ausdehnen, aber wir sollten aus Gründen der Ehrlichkeit hinzufügen, daß diese Erklärungen über das Stadium der Vorläufigkeit noch nicht hinausgelangt sind. In den folgenden Ausführungen werden wir daher annehmen, daß in Übereinstimmung mit dem Erscheinungsbild, das uns die Alltagswelt präsentiert, alle Raumdimensionen bis auf drei aufgewickelt sind. Ein vordringliches Ziel der modernen Forschung ist der Beweis, daß sich diese Annahme aus der Theorie selbst ableiten läßt.

Drittens: Wenn die Theorie zahlreiche Extradimensionen verlangt, wer sagt dann, daß es nur zusätzliche Raumdimensionen sind? Könnten einige nicht auch zusätzliche *Zeitdimensionen* sein? Wenn Sie diesen Gedanken einen Augenblick auf sich wirken lassen, müssen Sie zugeben, daß das eine wirklich bizarre Möglichkeit wäre. Wir alle können uns intuitiv vorstellen, was es für das Universum hieße, mehrere Raumdimensionen zu haben, denn wir leben in einer Welt, in der wir ständig mit einer solchen Pluralität zu tun haben; wir sprechen von den drei vertrauten Raumdimensionen. Doch was würde es bedeuten, mehrere Zeiten zu haben? Wäre die eine wie die Zeit, die wir augenblicklich psychologisch erleben, während die anderen irgendwie »anders« wären?

Noch merkwürdiger wird die Sache, wenn Sie sich eine aufgewickelte Zeitdimension ausmalen. Durchmißt beispielsweise eine
winzige Ameise eine zusätzliche Raumdimension, die kreisförmig
aufgerollt ist, dann kommt sie immer wieder an ihren Ausgangspunkt zurück, sobald sie einen vollständigen Kreis beschrieben hat.
Das erscheint uns ganz natürlich, sind wir doch vertraut mit der
Möglichkeit, an denselben Ort im Raum zurückkehren zu können,
sooft wir wollen. Doch würde es sich um eine aufgewickelte Zeitdimension handeln, so bedeutete das, daß wir nach einem bestimmten
Zeitablauf zu *einem früheren Augenblick in der Zeit* zurückkehren
würden. Ein solcher Vorgang liegt natürlich weit jenseits unseres
Erfahrungshorizontes. Die Zeit, wie wir sie kennen, ist eine Dimension, in der wir uns mit absoluter Unvermeidlichkeit nur in eine
Richtung bewegen können: Unter keinerlei Umständen sind wir in
der Lage, zu irgendeinem Augenblick zurückzukehren, nachdem er
verstrichen ist. Natürlich könnten aufgewickelte Zeitdimensionen
ganz andere Eigenschaften haben als die vertraute, ausgedehnte
Zeitdimension, die nach unserer Auffassung von der Entstehung des
Universums bis zum gegenwärtigen Augenblick reicht. Doch im Gegensatz zu zusätzlichen Raumdimensionen würden neue und bisher
unbekannte zeitliche Dimensionen zweifellos eine noch radikalere
Umgestaltung unserer intuitiven Vorstellungen erforderlich machen.
Einige Theoretiker untersuchen, ob sich zusätzliche Zeitdimensionen in die Stringtheorie einbauen lassen, doch bislang ist die Situation
unklar. Bei unserer Erörterung der Stringtheorie halten wir uns an
den »konventionelleren« Ansatz, in dem alle aufgewickelten Dimensionen räumlicher Natur sind. Es ist jedoch nicht auszuschließen,
daß in künftigen Entwicklungen die faszinierende Möglichkeit neuer
Zeitdimensionen eine Rolle spielt.

Die physikalischen Konsequenzen
von zusätzlichen Dimensionen

Die Forschung seit der Veröffentlichung von Kaluzas ursprüng-
lichem Aufsatz hat gezeigt, daß die vorgeschlagenen zusätzlichen
Dimensionen zwar zu klein sind, um sich dem Zugriff unserer
Geräte direkt zu offenbaren (schließlich haben wir sie noch nicht
entdeckt), daß sie aber wichtige *indirekte* Auswirkungen auf die physikalischen Verhältnisse haben, die wir beobachten. In der Stringtheorie wird dieser Zusammenhang zwischen den mikroskopischen

Eigenschaften des Raums und den physikalischen Gesetzmäßigkeiten, die wir beobachten, besonders deutlich.

Um das zu verstehen, müssen Sie sich ins Gedächtnis rufen, daß die Massen und Ladungen der Teilchen in der Stringtheorie von den möglichen Schwingungsmustern des Strings bestimmt werden. Vergegenwärtigen Sie sich einen winzigen String, der sich bewegt und schwingt, und Sie werden begreifen, daß die charakteristischen Muster von seiner räumlichen Umgebung beeinflußt werden. Denken Sie beispielsweise an Meereswellen. In der unendlichen Weite der offenen See können sich isolierte Wellenmuster relativ ungehindert bilden und sich in diese oder jene Richtung ausbreiten. Das Bild weist große Ähnlichkeit mit den charakteristischen Schwingungsmustern eines Strings auf, der sich durch große, ausgedehnte Raumdimensionen bewegt. Wie in Kapitel sechs beschrieben, kann ein String nach Belieben jederzeit in jeder der ausgedehnten Richtungen schwingen. Doch wenn der Weg einer Meereswelle durch eine engere räumliche Umgebung führt, wird ihre Wellenbewegung sicherlich auf bestimmte Weise beeinflußt werden – zum Beispiel durch die Tiefe des Wassers, die Lage und Form der Felsen, die Kanäle, durch die das Wasser geleitet wird, und so fort. Sie können auch an eine Orgelpfeife oder ein Waldhorn denken. Die Töne, die diese Instrumente erzeugen können, ergeben sich unmittelbar aus den charakteristischen Mustern der schwingenden Luftströme in ihrem Inneren. Sie werden bestimmt durch die Größe und Form der räumlichen Umgebung im Inneren des Instruments, durch das die Luftströme geleitet werden. Aufgewickelte Raumdimensionen wirken sich ganz ähnlich auf die möglichen Schwingungsmuster eines Strings aus. Da winzige Strings in allen Raumdimensionen schwingen, hat die Art und Weise, wie die zusätzlichen Dimensionen aufgewickelt und miteinander verflochten sind, großen Einfluß auf die möglichen Schwingungsmuster. Diese charakteristischen Muster, die weitgehend von der Geometrie der zusätzlichen Dimensionen festgelegt werden, konstituieren die möglichen Teilcheneigenschaften, die wir in den ausgedehnten Alltagsdimensionen beobachten. Mit anderen Worten, *die Geometrie der zusätzlichen Dimensionen bestimmt die fundamentalen physikalischen Eigenschaften wie Teilchenmassen und -ladungen, die wir in den drei ausgedehnten Raumdimensionen der Alltagserfahrung beobachten.*

Das ist ein Punkt von so weitreichender Bedeutung, daß er noch einmal unterstrichen sei: Nach der Stringtheorie besteht das Universum aus winzigen Strings, deren charakteristische Schwingungsmuster der mikroskopische Ursprung von Teilchenmassen und -ladungen sind. Außerdem verlangt die Stringtheorie zusätzliche Raumdimensionen, die zu sehr geringer Größe aufgewickelt sein müssen, um sich mit der Tatsache zu vertragen, daß wir sie nie gesehen haben. Doch ein winziger String kann selbst auf die Anwesenheit eines winzigen Raums empfindlich reagieren: Wenn sich der String schwingend fortbewegt, spielt die geometrische Form der Extradimensionen eine entscheidende Rolle bei der Festlegung seiner charakteristischen Schwingungsmuster. Da uns die Muster der Stringschwingungen als die Massen und Ladungen der Elementarteilchen erscheinen, gelangen wir zu dem Schluß, daß diese fundamentalen Eigenschaften des Universums weitgehend von der geometrischen Größe und Form der zusätzlichen Dimensionen bestimmt werden. Das ist eine der weitestreichenden Einsichten der Stringtheorie.

Da die Extradimensionen die grundsätzlichen physikalischen Eigenschaften des Universums so nachhaltig beeinflussen, sollten wir uns nun – mit unverminderter Energie – um eine Vorstellung vom Aussehen dieser aufgewickelten Dimensionen bemühen.

Wie sehen die aufgewickelten Dimensionen aus?

Die zusätzlichen Raumdimensionen der Stringtheorie lassen sich nicht beliebig »zusammenknüllen«. Die Gleichungen, die sich aus der Theorie ergeben, schränken die möglichen geometrischen Formen der Dimensionen erheblich ein. 1984 zeigten Philip Candelas von der University of Texas in Austin, Gary Horowitz und Andrew Strominger von der University of California in Santa Barbara sowie Edward Witten, daß eine bestimmte Klasse von sechsdimensionalen geometrischen Formen diese Bedingungen erfüllt. Man bezeichnet sie als *Calabi-Yau-Räume* oder auch *Calabi-Yau-Mannigfaltigkeiten,* zu Ehren der Mathematiker Eugenio Calabi von der University of Pennsylvania und Shing-Tung Yau von der Harvard University, deren Untersuchungen auf einem verwandten Gebiet, aber zu einem Zeitpunkt, als es die Stringtheorie noch nicht gab, einen entscheidenden Beitrag zum Verständnis dieser Räume geleistet haben. Obwohl die mathematischen Verfahren zur Beschreibung von Calabi-Yau-Räumen kompliziert und raffiniert sind, können wir mit Hilfe eines Bildes einen Eindruck von ihrem Aussehen gewinnen.[8]

In Abbildung 8.9 zeigen wir ein Beispiel für einen Calabi-Yau-Raum.[9] Wenn Sie diese Abbildung betrachten, müssen Sie bedenken,

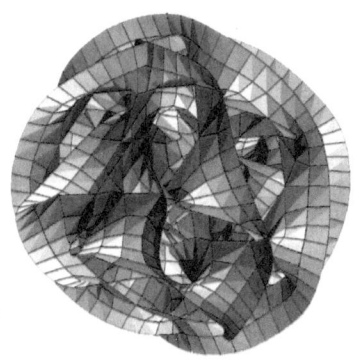

Abbildung 8.9 *Ein Beispiel für einen Calabi-Yau-Raum.*

daß die bildliche Darstellung bestimmten Einschränkungen unterworfen ist. Wir versuchen, eine sechsdimensionale Form auf einem zweidimensionalen Stück Papier wiederzugeben; das führt naturgemäß zu erheblichen Verzerrungen. Trotzdem vermittelt das Bild eine ungefähre Vorstellung vom Aussehen eines Calabi-Yau-Raums.[10] Die Form der Abbildung 8.9 ist nur eine von vielen zehntausend Beispielen für Calabi-Yau-Räume, die die strengen, aus der Stringtheorie erwachsenden Bedingungen für Extradimensionen erfüllen. Es hört sich vielleicht nicht sehr exklusiv an, wenn jemand einem Club mit Zehntausenden von Mitgliedern angehört, doch müssen Sie diese Aussage daran messen, daß mathematisch unendlich viele Formen möglich sind. So gesehen, sind Calabi-Yau-Räume in der Tat selten.

Um eine Ahnung von den tatsächlichen Verhältnissen zu bekommen, müßten Sie nun versuchen, in Ihrer Vorstellung jede der Kugeln aus Abbildung 8.7 – die zwei aufgewickelte Dimensionen darstellen – durch einen Calabi-Yau-Raum zu ersetzen. Das heißt, an jedem Punkt der drei ausgedehnten Alltagsdimensionen befinden sich laut Stringtheorie sechs bislang unbeobachtete Dimensionen, eng aufgewickelt zu einer dieser ziemlich kompliziert aussehenden Formen, wie sie Abbildung 8.10 zeigt. Diese Dimensionen sind ein integraler und allgegenwärtiger Bestandteil der Raumstruktur; sie sind überall vorhanden. Wenn Sie beispielsweise mit Ihrer Hand in einem großen Bogen durch die Luft fahren, dann bewegen Sie sich nicht nur durch die drei ausgedehnten Dimensionen, sondern auch durch diese auf-

Abbildung 8.10 *Nach der Stringtheorie hat das Universum Zusatzdimensionen, aufgewickelt in einen Calabi-Yau-Raum.*

gewickelten Dimensionen. Da diese jedoch extrem klein sind, umfahren Sie sie natürlich ungeheuer oft, wobei Sie jedesmal an Ihren Ausgangspunkt zurückkehren. Die winzige Ausdehnung der Extradimensionen bedeutet, daß sie für ein großes Objekt wie Ihre Hand nicht viel Bewegungsraum bieten und daher auch keine spürbaren Konsequenzen für Ihre Hand haben. Ihnen ist deshalb nach Beendigung der Armbewegung überhaupt nicht bewußt, daß Sie eine Reise durch die aufgewickelten Calabi-Yau-Dimensionen absolviert haben.

Die zusätzlichen Dimensionen sind eine verblüffende Eigenschaft der Stringtheorie. Doch wenn Sie praktisch gesinnt sind, dürften Sie daran interessiert sein, daß sich die Erörterung wieder einer wichtigen und konkreten Frage zuwendet: Da wir nun eine etwas klarere Vorstellung von der Beschaffenheit der Extradimensionen haben, können wir uns überlegen, was für physikalische Eigenschaften von Strings erzeugt werden, die in diesen Dimensionen schwingen, und wie sich diese Eigenschaften mit den experimentellen Beobachtungen vertragen. Das ist die 100 000-Dollar-Frage der Stringtheorie.

Kapitel 9

Der unwiderlegbare Beweis: Experimentalspuren

Nichts würde den Stringtheoretikern besser gefallen, als der Welt voller Stolz eine Liste mit detaillierten, experimentell überprüfbaren Vorhersagen zu präsentieren. Natürlich läßt sich von keiner Theorie beweisen, daß sie unsere Welt beschreibt, wenn man ihre Vorhersagen nicht experimentellen Tests unterwirft. Egal, wie faszinierend das Bild ist, das die Stringtheorie entwirft – wenn sie unser Universum nicht genau beschreibt, dann hat sie nicht mehr Bedeutung als ein phantasievoll ersonnenes Abenteuerspiel.

Edward Witten erklärt gern, die Stringtheorie habe bereits eine spektakuläre und experimentell bestätigte Vorhersage gemacht: »Die Stringtheorie hat die bemerkenswerte Eigenschaft, die *Gravitation vorherzusagen.*«[1] Damit meint Witten, daß sowohl Newton als auch Einstein Gravitationstheorien entwickelt haben, weil ihre Beobachtungen der Welt ihnen deutlich die Existenz der Gravitation vor Augen führten, für die dann eben eine genaue und schlüssige Erklärung erforderlich war. Dagegen würde ein Physiker, der sich mit der Stringtheorie auseinandersetzt – selbst wenn er nichts von der allgemeinen Relativitätstheorie wüßte – zwangsläufig auf die Gravitation stoßen. In Form des Schwingungsmusters des masselosen Spin-2-Gravitons ist bei der Stringtheorie die Gravitation untrennbar mit dem Grundmuster des Theoriegeflechts verwoben. Dazu Witten: »Der Umstand, daß die Gravitation eine Konsequenz aus der Stringtheorie ist, kann als eine der großartigsten theoretischen Erkenntnisse überhaupt gewertet werden.«[2] Witten leugnet zwar nicht, daß man diese »Vorhersage« besser als »Nachhersage« bezeichnen müßte, weil die Physiker ihre theoretischen Beschreibungen der Gravitation natürlich schon längst entwickelt hatten, bevor sie auf die Stringtheorie stießen, doch weist er darauf hin, daß dies ein bloßer Zufall der irdischen Geschichte sei. Es sei durchaus denkbar, daß man in anderen fortgeschrittenen Zivilisationen des Universums, so Witten mit viel Phantasie, die Stringtheorie zuerst entdeckt und aus ihr eine Gravitationstheorie als verblüffende Konsequenz abgeleitet hätte.

Doch da wir uns an die Wissenschaftsgeschichte auf unserem Planeten zu halten haben, finden viele Forscher diese Nachhersage der Gravitation wenig überzeugend als experimentelle Bestätigung der Stringtheorie. Weit glücklicher wären die Physiker mit einer von zwei anderen Möglichkeiten: einer konkreten Vorhersage der Stringtheorie, die Experimentalphysiker bestätigen könnten, oder der Nachhersage irgendeiner Eigenschaft der Welt (etwa der Masse des Elektrons oder der Existenz der drei Teilchenfamilien), für die es gegenwärtig keine Erklärung gibt. In diesem Kapitel werden wir erörtern, wie nahe die Stringtheoretiker diesem Ziel bisher gekommen sind.

Wir werden sehen, daß der Situation eine gewisse Ironie innewohnt: Obwohl die Stringtheorie die Voraussetzungen hat, zur *vorhersagefähigsten* Theorie zu werden, die es jemals in der Physik gegeben hat – eine Theorie, die in der Lage ist, die fundamentalsten Eigenschaften der Natur zu erklären –, ist es bisher nicht gelungen, aus ihr Vorhersagen abzuleiten, die so genau sind, daß man sie mit experimentellen Daten konfrontieren könnte. Wie ein Kind, das ein heißersehntes Geschenk zu Weihnachten bekommt, aber nicht damit spielen kann, weil ein paar Seiten in der Betriebsanleitung fehlen, besitzen die Physiker heute etwas, was man durchaus den Heiligen Gral der modernen Naturwissenschaft nennen könnte, aber sie sind nicht in der Lage, sein enormes Vorhersagevermögen zu mobilisieren, weil es ihnen nicht gelingt, die vollständige Bedienungsanleitung zu *schreiben*. Trotzdem könnte mit ein bißchen Glück, wie wir in diesem Kapitel erörtern werden, ein zentraler Aspekt der Stringtheorie in den nächsten zehn Jahren experimentell bestätigt werden. Und mit erheblich mehr Glück könnten wir jederzeit auf indirekte Spuren der Theorie stoßen.

Im Kreuzfeuer der Kritik

Hat die Stringtheorie recht? Wir wissen es nicht. Wenn Sie auch der Meinung sind, daß die Gesetze der Physik nicht aufgeteilt werden sollten in solche, die das Große, und andere, die das Kleine bestimmen, und wenn Sie ebenfalls der Auffassung sind, daß wir nicht ruhen sollten, bis wir eine Theorie gefunden haben, die unbeschränkt anwendbar ist, dann bietet sich nur die Stringtheorie an. Sie können

natürlich einwenden, darin komme nur die mangelnde Kreativität
der Physiker zum Ausdruck und nicht irgendeine grundsätzliche Einzigartigkeit der Stringtheorie. Vielleicht haben Sie recht. Sie könnten
auch vorbringen, die Physiker seien wie der Mann, der seine verlore-
nen Schlüssel nur im Lichtkreis der Straßenlaterne sucht: Sie stürzten
sich mit solcher Vehemenz auf die Stringtheorie, weil ein Zufall der
Wissenschaftsgeschichte es gewollt habe, daß ein Lichtstrahl der Erkenntnis ausgerechnet in diese Richtung gefallen ist. Vielleicht. Sollten Sie etwas konservativ sein oder gerne den Advocatus Diaboli
spielen, dann könnten Sie auch vorbringen, daß es nicht die Aufgabe von Physikern sein kann, ihre Zeit mit einer unbeweisbaren
Theorie zu verschwenden, postuliert sie doch eine Eigenschaft der
Natur, die um einen Faktor von hundert Millionen Milliarden kleiner ist als alles, was unserem direkten experimentellen Zugriff zugänglich ist.

Hätten Sie diese Einwände in den achtziger Jahren geäußert, als
die Stringtheorie zum ersten Mal Furore machte, dann hätten Sie
einige der namhaftesten Physiker unserer Zeit auf Ihrer Seite gehabt.
Beispielsweise haben Mitte der achtziger Jahre der Nobelpreisträger
Sheldon Glashow, ein Harvard-Physiker, und Paul Ginsparg, damals
gleichfalls an der Harvard University, der Stringtheorie ihren Mangel an experimenteller Überprüfbarkeit öffentlich vorgeworfen:

> Statt sich um die traditionelle Gegenüberstellung von Theorie und Expe-
> riment zu bemühen, suchen Superstringtheoretiker nach innerer Harmo-
> nie, wobei Eleganz, Besonderheit und Schönheit zur Definition der Wahr-
> heit dienen. Die Existenz dieser Theorie beruht auf magischen Koinziden-
> zen, wundersamen Aufhebungen und der Beziehung zwischen scheinbar
> beziehungslosen (und möglicherweise noch unentdeckten) Feldern der
> Mathematik. Sind diese Eigenschaften Gründe, die Wirklichkeit der
> Superstrings zu akzeptieren? Können Mathematik und Ästhetik das
> krude Experiment ersetzen und überwinden?[3]

Andernorts hat Glashow geschrieben:

> Die Superstringtheorie ist so ehrgeizig, daß sie nur entweder vollkommen
> richtig oder vollkommen falsch sein kann. Allerdings gibt es ein Problem:
> Ihre Mathematik ist so neu und so schwierig, daß die Frage auf Jahr-
> zehnte offenbleiben wird.[4]

Er stellte sogar die Frage, ob es rechtens sei, daß Stringtheoretiker
»von physikalischen Fachbereichen bezahlt werden, damit sie leicht
zu beeindruckenden Studenten den Kopf verdrehen«. Die Stringtheorie untergrabe die Wissenschaft auf die gleiche Weise, so warnte
er, wie einst die mittelalterliche Theologie.[5]

Kurz vor seinem Tod hat Richard Feynman klargestellt, daß seiner Meinung nach die Stringtheorie nicht das *einzige* Heilmittel für die Probleme sei – die fatalen Unendlichkeiten –, die einer harmonischen Vereinigung von Gravitation und Quantenmechanik im Wege stehen:

> Ich habe jedoch das Gefühl – vielleicht irre ich mich –, daß viele Wege nach Rom führen. Ich glaube nicht, daß es nur eine Möglichkeit gibt, die Unendlichkeiten loszuwerden, und daß die Forderung nach ihrem Verschwinden eindeutig zur String-Theorie führt.[6]

Auch Howard Georgi, Glashows namhafter Harvard-Kollege und Mitarbeiter, profilierte sich Ende der achtziger Jahre als wortgewaltiger Stringkritiker:

> Wenn wir uns betören lassen vom Sirenengesang der »endgültigen« Vereinigung bei Abständen, die so klein sind, daß unsere experimentellen Freunde passen müssen, dann geraten wir in ernsthafte Schwierigkeiten, weil wir dann auf den entscheidenden Prozeß verzichten: die Ausmerzung irrelevanter Ideen, wodurch sich die Physik von so vielen anderen weniger interessanten Betätigungen des Menschen unterscheidet.[7]

Wie bei vielen anderen Kontroversen von großer Bedeutung gibt es für jeden Neinsager einen begeisterten Fürsprecher. Witten sagt, der Augenblick, als er erkannt habe, wie die Stringtheorie Gravitation und Quantenmechanik in sich vereinigt, sei das »intellektuell spannendste Erlebnis« seines Lebens gewesen.[8] Cumrun Vafa, ein führender Stringtheoretiker von der Harvard University, hat erklärt: »Die Stringtheorie vermittelt uns zweifellos das tiefste Verständnis des Universums, das uns je zuteil wurde.«[9] Der Nobelpreisträger Murray Gell-Mann schließlich hat gemeint, die Stringtheorie sei eine »phantastische Sache«. Er erwarte, daß irgendeine Version der Stringtheorie eines Tages die Weltformel liefern werde.[10]

Wie Sie sehen, wird die Debatte über die Frage, wie physikalische Forschung zu betreiben sei, teils mit physikalischen und teils mit eindeutig philosophischen Argumenten bestritten. Die »Traditionalisten« möchten die theoretische Arbeit eng an die experimentelle Beobachtung binden und sich dabei weitgehend an das erfolgreiche Modell der letzten Jahrhunderte halten. Andere hingegen sind der Meinung, es sei an der Zeit, daß wir Fragen angehen, deren direkte Überprüfung mit unseren gegenwärtigen technischen Mitteln nicht möglich ist.

Trotz der unterschiedlichen philosophischen Standpunkte ist in den letzten zehn Jahren die Kritik an der Stringtheorie sehr viel leiser geworden. Das führt Glashow auf zwei Dinge zurück. Erstens hätten Mitte der achtziger Jahre die Stringtheoretiker enthusiastisch und etwas vollmundig erklärt, sie würden in Kürze alle Fragen der Physik beantworten. Da sie in ihrer Begeisterung jetzt deutlich gezügelter sind, entfallen viele Kritikpunkte der achtziger Jahre.[11]

Zweitens führt er aus:

> Wir Nicht-Stringtheoretiker haben in den letzten zehn Jahren nicht den geringsten Fortschritt gemacht. Daher ist das Argument, daß die String-theorie unser einziges Eisen im Feuer sei, kaum zu widerlegen. Es gibt Fragen, die sich nicht auf dem Boden der konventionellen Quantenfeld-theorie beantworten lassen. Die Antworten muß etwas anderes liefern, und das einzige etwas andere, das ich kenne, ist die Stringtheorie.[12]

Ganz ähnlich fällt Georgis Rückblick auf die achtziger Jahre aus:

> Anfangs ist die Stringtheorie verschiedentlich hochgejubelt worden. In den Jahren, die seither vergangen sind, habe ich festgestellt, daß einige Ideen der Stringtheorie zu interessanten physikalischen Denkansätzen führen, die sich auch in meiner eigenen Arbeit als nützlich erwiesen haben. Heute kann ich viel gelassener beobachten, daß Leute ihre Zeit der Stringtheorie widmen, sehe ich doch, daß dabei etwas Nützliches her-auskommt.[13]

Der theoretische Physiker David Gross, der Bedeutendes sowohl auf dem Gebiet der konventionellen Physik als auch auf dem der String-physik geleistet hat, faßte die Situation in einer hübschen Metapher zusammen:

> Einst gingen die Experimentalphysiker bei der Besteigung des Bergs Natur voraus. Wir faulen Theoretiker hinkten weit hinter ihnen her. Von Zeit zu Zeit traten sie einen Experimentalstein los, der uns auf den Kopf fiel. Dann begriffen wir, was es damit auf sich hatte, und folgten dem Pfad, den sie für uns gebahnt hatten. Wenn wir unsere Freunde erreicht hatten, erklärten wir ihnen die Aussicht und wie sie dorthin gelangt waren. Das war die alte und (zumindest für Theoretiker) leichte Me-thode, den Berg zu erklimmen. Wir sehnen uns alle nach den alten Zeiten zurück. Doch heute müssen möglicherweise die Theoretiker die Führung übernehmen. Das ist ein sehr viel einsameres Unterfangen.[14]

Die Stringtheoretiker haben kein Verlangen danach, den Berg Natur im Alleingang zu bezwingen. Viel lieber würden sie die Last und das Abenteuer mit ihren Experimentalkollegen teilen. Es beschreibt le-diglich ein technologisches Mißverhältnis unserer augenblicklichen Situation – eine historische Störung des Gleichklangs von Theorie und Empirie –, daß die theoretischen Seile und Felshaken für den

Gipfelversuch zumindest teilweise schon gefertigt sind, während es die experimentellen noch nicht gibt. Doch damit ist *nicht* gesagt, daß es eine prinzipielle Trennung von Stringtheorie und Experiment gibt. Vielmehr sind die Stringtheoretiker guten Mutes, daß es ihnen gelingt, »einen *Theoriestein*« auf dem extrem energiereichen Gipfel loszutreten, der dann den Experimentalphysikern im Basislager vor die Füße rollt. Richtige Steine konnten bislang nicht aus dem Gipfel gelöst und auf ihre Reise talwärts geschickt werden, doch ein paar vielversprechende Kieselsteinchen haben sich, wie wir jetzt erörtern wollen, schon auf den Weg gemacht.

Der Weg zum Experiment

Ohne spektakuläre technische Fortschritte werden wir nie in der Lage sein, die winzigen Längenskalen in den Blick zu bekommen, die wir erfassen müssen, um einen String direkt beobachten zu können. Gegenwärtig dringen Physiker mit Beschleunigern, die mehrere Kilometer lang sind, bis zu Größenskalen von einem milliardstel milliardstel Meter vor. Noch kleinere Abstände verlangen höhere Energien, und die lassen sich nur mit noch größeren Maschinen erreichen, die in der Lage sein müssen, ihre Energien auf ein einziges Teilchen zu konzentrieren. Da die Plancklänge um etwa siebzehn Größenordnungen kleiner ist als die Abstände, auf die wir gegenwärtig Zugriff haben, würden wir beim Stand der heutigen Technik einen Beschleuniger von der Größe der *Milchstraße* brauchen, um einzelne Strings sehen zu können. Shmuel Nussinov von der Universität Tel Aviv hat sogar gezeigt, daß diese grobe Schätzung, die naiv davon ausgeht, daß die Beschleunigergröße genauso schnell anwachsen dürfte, wie der Abstand kleiner wird, überaus optimistisch ist. Seine weit sorgfältigere Untersuchung läßt darauf schließen, daß wir einen Beschleuniger von der Größe des ganzen *Universums* benötigten. (Die Energie, die wir brauchen, um Materie bei den Größenskalen der Plancklänge zu beobachten, beträgt ungefähr tausend Kilowattstunden – die Energie, die erforderlich ist, um eine durchschnittliche Klimaanlage rund hundert Stunden zu betreiben – und ist damit gar nicht so ungewöhnlich hoch. Die scheinbar unüberwindliche technische Schwierigkeit besteht jedoch darin, diese Energie auf ein einziges Teilchen, das heißt, einen einzigen String zu konzentrieren.) Nachdem der amerikanische Kongreß die Mittel für den supraleitenden Supercollider (SSC) endgültig gestrichen hat – einen

Beschleuniger von »lediglich« 86 Kilometer Umfang –, sollten Sie
daher nicht allzu ungeduldig auf das Geld für einen Beschleuniger
warten, der die Plancklänge in Angriff nehmen kann. Ein experimenteller Test der Stringtheorie kann nur von indirekter Art sein. Wir
werden physikalische Konsequenzen der Stringtheorie bestimmen
müssen, die sich bei weit größeren Abständen als der Stringgröße
selbst beobachten lassen.[15]

In ihrem wegweisenden Aufsatz haben Candelas, Horowitz, Strominger und Witten erste Schritte auf dem Weg zu diesem Ziel vorgezeichnet. Sie haben nicht nur herausgefunden, daß die zusätzlichen
Dimensionen der Stringtheorie in Form eines Calabi-Yau-Raums
aufgewickelt sein müssen, sondern auch einige der Konsequenzen
herausgearbeitet, die dieser Umstand für die möglichen Schwingungsmuster des Strings hat. Ein zentrales Ergebnis ihrer Arbeit
unterstreicht, welche unerwarteten Lösungen die Stringtheorie für
Probleme anbietet, die den Teilchenphysikern schon lange zu schaffen machen.

Wie Sie sich vielleicht erinnern, verteilen sich die beobachteten
Elementarteilchen auf drei identisch gegliederte Familien, wobei die
Teilchen von Familie zu Familie massereicher werden. Die schwierige Frage, auf die es vor der Stringtheorie keine Antwort gab, lautet:
Warum *Familien* und warum *drei*? Es folgt der Vorschlag der Stringtheorie: Ein typischer Calabi-Yau-Raum enthält *Löcher*, ähnlich
denen, die sich in der Mitte von Schallplatten, Doughnuts oder
»mehrhenkligen Doughnuts« (Abbildung 9.1) befinden. Tatsächlich
tritt im Kontext höherdimensionaler Calabi-Yau-Räume eine Vielfalt verschiedener Locharten auf – und die Löcher selbst können eine

Abbildung 9.1 *Ein Doughnut oder Torus und seine mehrhenkligen Vettern.*

Vielzahl von Dimensionen besitzen (»mehrdimensionale Löcher«) –, aber die Grundidee ist in Abbildung 9.1 zu erkennen. Candelas, Horowitz, Strominger und Witten haben eingehend untersucht, wie sich diese Löcher auf die möglichen Schwingungsmuster des Strings auswirken. Entdeckt haben sie folgendes:

Es gibt ganze *Familien* von energieärmsten Stringschwingungen, wobei jede Familie mit einem *Loch* im Calabi-Yau-Anteil des Raums assoziiert ist. Da die vertrauten Elementarteilchen den energieärmsten Schwingungsmustern entsprechen sollten, bedeutet die Existenz mehrerer Löcher – vergleichbar denen im mehrhenkligen Doughnut –, daß sich die Muster der Stringschwingungen in mehrere Familien aufgliedern lassen. Wenn der aufgewickelte Calabi-Yau-Raum drei Löcher hat, dann haben wir es mit drei Familien von Elementarteilchen zu tun.[16] Deshalb behauptet die Stringtheorie, daß die experimentell beobachtete Familienorganisation kein unerklärliches Produkt des Zufalls oder göttlicher Einwirkung ist, sondern ein Abbild der Löcherzahl in der geometrischen Form der Extradimensionen umfaßt! Das ist eines jener Ergebnisse, die das Herz eines Physikers höher schlagen lassen.

Nun könnten Sie auf den Gedanken kommen, die Zahl der Löcher in den aufgewickelten Dimensionen bei Größenskalen der Plancklänge – Gipfelphysik *par excellence* – hätte damit schon einen experimentell überprüfbaren Stein in die Regionen technisch erreichbarer Energien hinabgeschickt. Tatsächlich können Experimentalphysiker die Zahl der Teilchenfamilien verifizieren – und haben es bereits getan. Ihr Ergebnis: 3. Leider fällt die Zahl der Löcher, die in den Zehntausenden von bekannten Calabi-Yau-Räumen enthalten sind, sehr verschieden aus. Einige haben 3. Doch andere haben 4, 5, 25 und so fort – einige haben sogar bis zu 480 Löcher. *Das Problem liegt darin, daß gegenwärtig niemand weiß, wie sich aus den Gleichungen der Stringtheorie ableiten läßt, welcher der Calabi-Yau-Räume die zusätzlichen Raumdimensionen verkörpert.* Wenn wir das Prinzip entdecken könnten, daß uns die Auswahl eines Calabi-Yau-Raums aus den zahlreichen zur Verfügung stehenden Möglichkeiten gestattete, dann würde tatsächlich ein Stein vom Gipfel in das Lager der Experimentalphysiker hinabpoltern. Wenn der Calabi-Yau-Raum, der von den Gleichungen der Theorie herausgefiltert würde, drei Löcher aufwiese, dann hätten wir wirklich eine eindrucksvolle Nachhersage aus der Stringtheorie abgeleitet, die uns eine ansonsten vollkommen rätselhafte Eigenschaft unserer Welt erklären könnte. Doch bis jetzt hat noch niemand das Prinzip ent-

deckt, von dem wir bei der Auswahl von Calabi-Yau-Räumen ausgehen könnten. Gleichwohl – und das ist der entscheidende Punkt –
sehen wir, daß die Stringtheorie die Voraussetzungen besitzt, dieses
entscheidende Rätsel der Teilchenphysik zu lösen, und das allein ist
schon ein beachtlicher Fortschritt.

Die Zahl der Familien ist nur eine der experimentellen Konse-
quenzen, die sich aus den geometrischen Formen der Extradimensio-
nen ergeben. Zu den anderen Konsequenzen gehören die exakten
Eigenschaften der Kraft- und Materieteilchen, denn die zusätzlichen
Dimensionen wirken sich auf die möglichen Schwingungsmuster der
Strings aus. Ein wichtiges Beispiel zeigte sich in einer nachfolgenden
Arbeit von Strominger und Witten: Die Massen der Teilchen in jeder
Familie hängen davon ab – lassen Sie sich nicht entmutigen, das ist
jetzt ein bißchen knifflig –, wie sich die Grenzen der verschiedenen
mehrdimensionalen Löcher des Calabi-Yau-Raums überschneiden
und überlappen. Man kann sich nur schwer ein Bild davon machen,
aber der Grundgedanke ist, daß die Art, wie die verschiedenen
Löcher angeordnet sind und wie die Faltungen des Calabi-Yau-
Raums sie umgeben, einen direkten Einfluß auf die möglichen
Schwingungsmuster der Strings hat, die in den aufgewickelten Extradimensionen schwingen. Die Einzelheiten sind schwierig und nicht
übermäßig wichtig. Entscheidend ist, daß uns die Stringtheorie, genau wie mit der Zahl der Familien, im Prinzip die Möglichkeit bietet,
Fragen zu beantworten – etwa warum das Elektron und andere Teilchen genau die beobachteten Massen haben und keine anderen –, bei
denen frühere Theorien passen mußten. Doch es sei noch einmal gesagt: Solche Berechnungen lassen sich nur durchführen, wenn wir
wissen, welchen Calabi-Yau-Raum wir für die Extradimensionen
auszuwählen haben.

Die vorstehende Erörterung vermittelt eine gewisse Vorstellung
davon, wie die Stringtheorie eines Tages die Eigenschaften der in
Tabelle 1.1 aufgeführten Materieteilchen erklären könnte. Die
Stringtheoretiker vertreten die Auffassung, daß sich eines Tages auf
ähnliche Weise auch die Eigenschaften der Botenteilchen erklären
lassen müßten, die die fundamentalen Kräfte übertragen und die in
Tabelle 1.2 aufgelistet sind. Das heißt, während sich die drehenden
und schwingenden Strings durch die ausgedehnten und aufgewickelten Dimensionen schlängeln, besteht ein kleiner Teil ihres oszillatori-
schen Repertoires aus Schwingungen mit dem Spin 1 oder 2. Das
sind die Kandidaten für Schwingungszustände, die kraftübertragen-
den Teilchen entsprechen. Unabhängig von der Form des Calabi-

Yau-Raums gibt es immer ein Schwingungsmuster, das masselos ist und den Spin 2 hat. In diesem Muster erkennen wir das Graviton. Allerdings hängt die exakte Liste der Spin-1-Botenteilchen – ihre Zahl, die Stärke der von ihnen übertragenen Kraft, die Eichsymmetrien, denen sie unterworfen sind – entscheidend von der genauen geometrischen Form der aufgewickelten Dimensionen ab. Abermals gelangen wir also zu der Erkenntnis, daß die Stringtheorie die Voraussetzungen schafft, die in unserem Universum beobachteten Botenteilchen zu erklären, das heißt, die Eigenschaften der fundamentalen Kräfte zu erklären, doch wiederum gilt: Ohne genau zu wissen, zu welchem Calabi-Yau-Raum die zusätzlichen Dimensionen aufgewickelt sind, können wir keine eindeutigen Vorhersagen oder Nachhersagen machen (abgesehen von Wittens Bemerkung über die Nachhersage der Gravitation).

Warum sind wir nicht in der Lage, den »richtigen« Calabi-Yau-Raum zu bestimmen? Die meisten Stringtheoretiker machen dafür die Unzulänglichkeit der theoretischen Werkzeuge verantwortlich, mit denen in der Stringtheorie gegenwärtig gearbeitet wird. Wie wir in Kapitel zwölf etwas eingehender erörtern werden, ist der mathematische Formalismus der Stringtheorie so kompliziert, daß die Physiker nur Näherungsrechnungen vornehmen können. Dazu bedienen sie sich eines Verfahrens, das man als *Störungstheorie* bezeichnet. Im Rahmen dieser Näherungsmethode scheint es, als sei jeder mögliche Calabi-Yau-Raum gleichberechtigt mit jedem anderen; keiner wird von den Gleichungen prinzipiell ausgeschlossen. Da aber die physikalischen Konsequenzen der Stringtheorie wesentlich von der exakten Form der aufgewickelten Dimensionen abhängen, lassen sich ohne die Möglichkeit, aus den vielen Calabi-Yau-Räumen einen bestimmten auszuwählen, keine eindeutigen und experimentell überprüfbaren Schlußfolgerungen ziehen. So ist ein wichtiger Impuls der heutigen Forschung die Hoffnung, theoretische Methoden zu entwickeln, die über das Näherungsverfahren hinausgelangen und neben anderen Vorzügen die Fähigkeit besitzen, einen Calabi-Yau-Raum zu bestimmen, der als einziger für die Extradimensionen in Frage kommt. In Kapitel dreizehn wollen wir betrachten, welche Fortschritte in dieser Hinsicht erzielt worden sind.

Eine Überfülle an Möglichkeiten

Sie könnten fragen: Auch wenn wir noch nicht bestimmen können, welchen Calabi-Yau-Raum die Stringtheorie auswählt, stoßen wir dann wenigstens bei *irgendeiner* Wahl auf physikalische Eigenschaften, die sich mit unseren Beobachtungen decken? Mit anderen Worten, wenn wir ausarbeiten würden, welche physikalischen Eigenschaften mit jedem Calabi-Yau-Raum verknüpft sind, und sie in einem gigantischen Katalog zusammenstellen würden, ließen sich dann Eigenschaften finden, die der Wirklichkeit entsprechen? Das ist eine wichtige Frage, auf die sich aber nur schwer eine erschöpfende Antwort geben läßt; das hat vor allem zwei Gründe.

Ein vernünftiger Ausgangspunkt wäre, daß wir uns nur auf die Calabi-Yau-Räume konzentrieren, die drei Familien ergeben. Das schränkt die Liste der Wahlmöglichkeiten erheblich ein, obwohl auch dann noch eine stattliche Anzahl von Formen übrigbleibt. Beispielsweise können wir einen mehrhenkligen Doughnut aus einer bestimmten Form in eine ganze Reihe anderer verwandeln – um genau zu sein, in eine unendliche Vielfalt –, ohne die Zahl der darin enthaltenen Löcher zu verändern. In Abbildung 9.2 demonstrieren wir eine solche Verformung anhand der untersten Form aus Abbildung 9.1. Ganz ähnlich können wir mit einem Calabi-Yau-Raum beginnen, der drei Löcher enthält, und seine Form allmählich verwandeln, ohne die Zahl der Löcher zu verändern. Dabei ergibt sich wieder eine unendliche Folge von Formen. (Wenn wir oben gesagt haben, es gebe Zehntausende Calabi-Yau-Formen, so haben wir bereits all jene Formen zusammengefaßt, die sich mittels derartiger stetiger Verformungen ineinander verwandeln lassen, und die ganze Gruppe als einen Calabi-Yau-Raum gezählt.) Das Problem liegt darin, daß die exakten physikalischen Eigenschaften der Stringschwingungen, ihre Massen und ihre Reaktionen auf Kräfte, von solchen geringfügigen Formveränderungen *sehr* stark beeinflußt werden. Und abermals müssen wir eingestehen, daß wir keine Möglichkeit haben, unter den vielen Formen eine auszuwählen. Egal, wie viele Doktoranden von Physikprofessoren darauf angesetzt werden, es ist unmöglich, die physikalischen Eigenschaften zu bestimmen, die einer unendlichen Liste verschiedener Formen entsprechen.

Diese Erkenntnis hat die Stringtheoretiker veranlaßt, sich mit der Physik zu beschäftigen, die sich aus einer Stichprobe möglicher Calabi-Yau-Räume ergibt. Doch selbst das ist nicht so ganz einfach. Die Näherungsgleichungen, mit denen die Stringtheoretiker gegen-

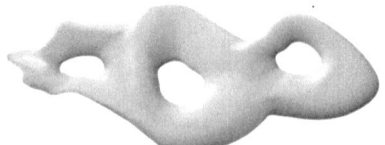

Abbildung 9.2 *Ein mehrhenkliger Doughnut läßt sich vielfältig verformen, ohne die Zahl der in ihm enthaltenen Löcher zu verändern. Eine der Möglichkeiten zeigen wir hier.*

wärtig arbeiten, sind nicht leistungsfähig genug, um aus einer gegebenen Auswahl von Calabi-Yau-Räumen die resultierenden physikalischen Eigenschaften abzuleiten. Wir können mit Hilfe dieser Gleichungen in etwa schätzen, welche Eigenschaften von Stringschwingungen mit welchen beobachteten Teilchen gleichzusetzen sein dürften. Aber exakte und eindeutige physikalische Schlußfolgerungen, beispielsweise bezüglich der Masse des Elektrons oder der Stärke der schwachen Kraft, sind auf Gleichungen angewiesen, die weit exakter sind als die gegenwärtigen Näherungsmethoden. Erinnern Sie sich an Kapitel sechs – das Beispiel aus der Fernsehshow *Der Preis ist heiß*. Dort haben wir gezeigt, daß die »natürliche« Energieskala der Stringtheorie die Planckenergie ist und daß es der Theorie nur durch außerordentlich empfindliche Aufhebungen gelingt, Schwingungsmuster hervorzubringen, deren Massen mit denen der bekannten Materie- und Kraftteilchen vergleichbar sind. Empfindliche Aufhebungen setzen exakte Rechnungen voraus, weil sich unter diesen Umständen selbst kleine Fehler erheblich auf die Genauigkeit auswirken. Wie wir in Kapitel zwölf erörtern werden, sind Mitte der neunziger Jahre bemerkenswerte Fortschritte zur Überwindung der gegenwärtigen Näherungsgleichungen gemacht worden, wenn wir auch noch weit von unserem Ziel entfernt sind.

Also, wo stehen wir? Ungeachtet des Stolpersteins, daß wir keine fundamentalen Kriterien haben, um unter verschiedenen Calabi-Yau-Räumen auswählen zu können, und ungeachtet der Tatsache, daß wir nicht über alle theoretischen Werkzeuge verfügen, die wir brauchen, um die beobachtbaren Konsequenzen einer solchen Wahl vollständig abzuleiten, können wir immerhin fragen, ob *irgendeine* Wahl aus dem Angebot des Calabi-Yau-Katalogs eine Welt entstehen läßt, die auch nur ungefähr mit unseren Beobachtungen übereinstimmt. Die Antwort auf diese Frage ist recht ermutigend. Zwar haben die meisten Posten im Calabi-Yau-Katalog beobachtbare Konsequenzen, die sich erheblich von unserer Welt unterscheiden (andere Zahlen von Teilchenfamilien, andere Zahlen und Arten von fundamentalen Kräften und weitere bedeutsame Abweichungen), doch einige wenige Katalogposten lassen auf physikalische Eigenschaften schließen, die tatsächlich eine große Verwandtschaft mit unseren konkreten Beobachtungen zeigen. Das heißt, einige Calabi-Yau-Räume führen, wenn sie für die von der Stringtheorie verlangten aufgewickelten Dimensionen ausgewählt werden, durchaus zu Stringschwingungen, die große Ähnlichkeit mit den Teilchen des Standardmodells aufweisen. Und, was von erheblicher Bedeutung ist, es gelingt der Stringtheorie, die Gravitationskraft in dieses quantenmechanische Modell einzugliedern.

Mehr können wir bei unserem heutigen Erkenntnisstand nicht verlangen. Wenn sich viele der Calabi-Yau-Räume in grober Übereinstimmung mit unseren Experimenten befinden, ist die Verbindung zwischen einer bestimmten Wahl und den physikalischen Eigenschaften, die wir beobachten, weniger zwingend. Viele ausgewählte Calabi-Yau-Räume würden unsere Bedingungen erfüllen, daher ließe sich keiner endgültig herausfiltern, auch nicht auf der Grundlage von Experimenten. Würde andererseits keiner der Calabi-Yau-Räume physikalische Eigenschaften liefern, die auch nur entfernte Ähnlichkeit mit unseren Beobachtungen aufweisen, dann wäre daraus zu schließen, daß die Stringtheorie zwar ein theoretischer Entwurf von großem ästhetischem Reiz ist, aber keine Bedeutung für unser Universum hat. Insofern ist die Entdeckung einer kleinen Anzahl von Calabi-Yau-Räumen, deren Konsequenzen – soweit wir es angesichts unserer beschränkten Fähigkeit zur Ableitung exakter physikalischer Eigenschaften beurteilen können – im Rahmen des Möglichen liegen, ein außerordentlich ermutigendes Ergebnis.

Wenn es gelänge, die Eigenschaften der elementaren Materie- und Kraftteilchen zu erklären, wäre das eine der größten wissenschaftlichen Leistungen überhaupt – wenn nicht sogar *die* größte. Trotzdem fragen Sie sich vielleicht, ob es nicht irgendwelche stringtheoretischen *Vorher*sagen – und nicht *Nachher*sagen – gibt, die die Experimentalphysiker jetzt oder in absehbarer Zukunft bestätigen könnten. Die gibt es durchaus.

Superteilchen

Die theoretischen Hindernisse, die uns gegenwärtig verbieten, aus der Stringtheorie exakte Vorhersagen abzuleiten, zwingen uns, nicht nach den spezifischen Eigenschaften eines aus Strings bestehenden Universums zu suchen, sondern in gewisser Weise nach seinen Gattungsmerkmalen. Damit sind in diesem Zusammenhang Eigenschaften gemeint, die so wesentlich zur Stringtheorie gehören, daß sie von den detaillierten, äußerlichen Merkmalen der Theorie, die gegenwärtig unserem theoretischen Zugriff entzogen sind, weitgehend unberührt bleiben, wenn nicht sogar vollkommen unabhängig sind. Über solche Eigenschaften können wir verläßliche Erkenntnisse gewinnen, auch wenn wir die Theorie noch nicht vollständig verstanden haben. In den folgenden Kapiteln kehren wir zu anderen Beispielen zurück, doch hier wollen wir uns auf eines konzentrieren: die Supersymmetrie.

Wie dargelegt, ist eine prinzipielle Eigenschaft der Stringtheorie, daß sie hochsymmetrisch ist, das heißt, sie verkörpert nicht nur die unmittelbar erkennbaren Symmetrieprinzipien der Raumzeit, sondern auch die maximale mathematische Erweiterung dieser Prinzipien – die Supersymmetrie. Daraus folgt, wie in Kapitel sieben erörtert, daß die Schwingungsmuster der Strings paarweise auftreten – als Paare von Superpartnern –, wobei sich jedes vom anderen durch eine halbe Spineinheit unterscheidet. Wenn die Stringtheorie stimmt, dann entsprechen einige der Stringschwingungen den bekannten Elementarteilchen. Und infolge der supersymmetrischen Paarbildung macht die Stringtheorie die *Vorhersage*, daß jedes bekannte Teilchen einen Superpartner hat. Wir können bestimmen, welche Ladungen jedes dieser Superpartner-Teilchen bezüglich der nichtgravitativen Grundkräfte besitzen sollte, aber wir haben gegenwärtig nicht die Möglichkeit, ihre Massen vorherzusagen. Trotzdem, die Vorhersage, daß es diese Superpartner *gibt*, ist ein Gattungsmerkmal der Stringtheorie, eine Eigenschaft, die wahr ist, unabhängig von den Aspekten der Theorie, die wir noch nicht entdeckt haben.

Bisher sind noch keine Superpartner der bekannten Elementarteilchen beobachtet worden. Daraus könnte man folgern, daß es sie nicht gibt und daß die Stringtheorie falsch ist. Doch nach Ansicht vieler Teilchenphysiker liegt es daran, daß die Superteilchen sehr schwer sind und sich daher unseren bisherigen experimentellen Möglichkeiten entziehen. Gegenwärtig wird am europäischen Kernforschungszentrum CERN in Genf ein gewaltiger Beschleuniger ge-

baut, der Large Hadron Collider (großer Hadronen-Speicherring).
Man hofft sehr, daß sich bei den Energien, die diese Anlage erreicht,
die Superpartner-Teilchen entdecken lassen. Der Beschleuniger soll
noch vor 2010 in Betrieb genommen werden. Kurz darauf könnte die
Supersymmetrie experimentell bestätigt sein. Dazu Schwarz: »Die
Supersymmetrie dürfte in nicht allzu langer Zeit entdeckt werden,
und wenn das passiert, wird es viel Aufsehen geben.«[17]

Allerdings sollten Sie zwei Dinge im Gedächtnis behalten. Selbst
wenn die Superpartner-Teilchen entdeckt werden, beweist diese
Tatsache allein noch nicht, daß die Stringtheorie richtig ist. Wie erwähnt, ist die Supersymmetrie zwar bei den Arbeiten an der Stringtheorie entdeckt worden; sie wurde aber auch erfolgreich in Theorien
eingegliedert, die auf Punktteilchen beruhen, und ist folglich keine
Besonderheit der Stringtheorie. Wenn umgekehrt der Large Hadron
Collider keine Superpartner-Teilchen finden sollte, dann bedeutete
dieser Umstand allein noch nicht das Todesurteil für die Stringtheorie, denn es könnte durchaus sein, daß die Superpartner zu schwer
sind, um selbst von dieser Anlage aufgespürt zu werden.

Doch ungeachtet dieser Einschränkungen bleibt festzuhalten, daß
die Entdeckung der Superpartner-Teilchen tatsächlich ein starkes
und spektakuläres Indiz für die Richtigkeit der Stringtheorie wäre.

Teilchen mit nichtganzzahliger Ladung

Ein weiterer experimenteller Anhaltspunkt für die Stringtheorie, der
mit der elektrischen Ladung zu tun hat, ist zwar nicht ganz so zu den
Gattungsmerkmalen zu zählen wie die Superpartner-Teilchen, wäre
aber nicht weniger spektakulär, wenn er entdeckt würde. Die Elementarteilchen des Standardmodells weisen ein sehr begrenztes Repertoire an elektrischen Ladungen auf. Die Quarks und Antiquarks
haben elektrische Ladungen von $1/3$ und von $2/3$ beziehungsweise von
$-1/3$ und $-2/3$, während die anderen Teilchen elektrische Ladungen
von 0, 1 oder − 1 haben. Kombinationen dieser Teilchen erklären alle
bekannte Materie unseres Universums. In der Stringtheorie gibt es
jedoch Schwingungsmuster, die Teilchen mit ganz anderen elektrischen Ladungen entsprechen. Beispielsweise kann die elektrische Ladung eines Teilchens so exotische nichtganzzahlige Werte wie $1/5$,
$1/11$, $1/13$ oder $1/53$ annehmen – um nur einige wenige aus einer großen
Vielfalt von Möglichkeiten zu nennen. Diese ungewöhnlichen Ladungen können sich ergeben, wenn die aufgewickelten Dimensionen

eine bestimmte geometrische Eigenschaft aufweisen: Löcher mit der höchst merkwürdigen Eigenschaft, daß Strings, die sie einmal umschlingen, sich nicht von den Löchern befreien können, während dies Strings, die in charakteristischer Weise mehrmals um solch ein Loch gewickelt sind, durchaus gelingt.[18] Die Einzelheiten sind nicht besonders wichtig. Festzuhalten ist lediglich, daß sich die Zahl der Windungen, die die Strings benötigen, um sich zu befreien, in den erlaubten Schwingungsmustern manifestiert, indem sie den Nenner der nichtganzzahligen Ladungen bestimmt.

Einige Calabi-Yau-Räume haben diese geometrische Eigenschaft, andere dagegen nicht, und aus diesem Grund ist die Möglichkeit von elektrischen Ladungen mit ungewöhnlichen nichtganzzahligen Werten kein Gattungsmerkmal im gleichen Sinne wie die Existenz von Superpartnern. Doch während die Vorhersage von Superpartnern keine besondere Eigenschaft der Stringtheorie ist, hat man in Jahrzehnten keinen überzeugenden Grund gefunden, warum elektrische Ladungen von so exotischen nichtganzzahligen Werten in *irgendeiner* auf Punktteilchen basierenden Theorie vorkommen sollten. Man könnte sie mit Zwang in eine Punktteilchentheorie einführen, sie wären dort aber sowenig zu Hause wie der sprichwörtliche Elefant im Porzellanladen. Dagegen ergeben sie sich ganz selbstverständlich aus einfachen geometrischen Eigenschaften, welche die Extradimensionen besitzen können, und daher wären diese ungewöhnlichen elektrischen Ladungen natürliche Experimentalspuren, die auf die Stringtheorie schließen ließen.

Es ist die gleiche Situation wie bei den Superpartnern: Bislang ist noch kein solches Teilchen mit exotischer Ladung entdeckt worden. Gegenwärtig läßt sich in der Stringtheorie bei Zusatzdimensionen mit den Merkmalen, die geeignet sind, solche Ladungen zu erzeugen, noch keine eindeutige Vorhersage der entsprechenden Massen ableiten. Eine Möglichkeit wäre wieder, daß es diese Teilchen zwar gibt, daß aber ihre Massen dem Zugriff unserer technischen Möglichkeiten bei weitem entzogen sind – tatsächlich spricht einiges dafür, daß ihre Massen im Größenbereich der Planckmasse liegen. Sollte man aber in künftigen Experimenten auf solche exotischen elektrischen Ladungen stoßen, wären sie ein sehr starkes Indiz für die Stringtheorie.

Entferntere Möglichkeiten

Es könnten noch weitere Anhaltspunkte für die Stringtheorie gefunden werden. Beispielsweise hat Witten auf die vage Möglichkeit hingewiesen, daß Astronomen eines Tages ein direktes Anzeichen für die Stringtheorie in den Daten entdecken, die sie bei der Beobachtung des Kosmos sammeln. Wie in Kapitel sechs dargelegt, entspricht die Größe eines Strings in der Regel der Plancklänge, doch energiereiche Strings können erheblich größer werden. Tatsächlich hätte die Energie des Urknalls ausgereicht, um einige makroskopische Strings zu erzeugen, die durch die allgemeine kosmische Expansion zu astronomischer Größe angewachsen sein könnten. Es läßt sich vorstellen, daß jetzt oder irgendwann in der Zukunft ein String dieser Art über den Nachthimmel wandert und eine unmißverständliche und meßbare Spur in den Daten der Astronomen hinterläßt (etwa eine kleine Verschiebung in der Temperatur der kosmischen Hintergrundstrahlung, vgl. Kapitel vierzehn). Dazu erklärt Witten: »Das ist zwar ein bißchen phantastisch, aber mein Lieblingsszenario für die Bestätigung der Stringtheorie, denn nichts würde die Streitfrage so spektakulär entscheiden wie der Anblick eines Strings in einem Teleskop.«[19]

Für irdischere Verhältnisse ist eine Reihe weiterer Möglichkeiten denkbar, wie sich die Stringtheorie in den Daten der Experimentalphysiker niederschlagen könnte. Es folgen fünf Beispiele. Erstens: In Tabelle 1.1 haben wir angemerkt, daß wir nicht wissen, ob Neutrinos nur sehr leicht oder tatsächlich masselos sind. Nach dem Standardmodell sind sie masselos, allerdings ohne daß es dafür einen tieferen Grund gibt. Daher stellt sich der Stringtheorie die Aufgabe, eine schlüssige Erklärung für vorliegende und künftige Neutrinodaten zu liefern, vor allem wenn die Experimente letztlich zeigen sollten, daß Neutrinos doch eine winzige Masse besitzen. Zweitens: Es gibt bestimmte hypothetische Prozesse, die nach dem Standardmodell verboten, nach der Stringtheorie aber unter Umständen erlaubt sind. Dazu gehören der mögliche Zerfall des Protons (keine Sorge, wenn es ihn gibt, dann vollzieht er sich sehr langsam) und eventuelle Umwandlungs- und Zerfallsprozesse verschiedener Quarkkombinationen, die bestimmte, als unumstößlich geltende Eigenschaften der auf Punktteilchen basierenden Quantenfeldtheorie verletzen würden.[20] Prozesse dieser Art sind besonders interessant, weil der Umstand, daß sie in der konventionellen Theorie nicht vorkommen, auf physikalische Sachverhalte schließen läßt, die sich nicht erklären lassen, ohne daß man neue theoretische Konzepte bemüht. Alle diese Prozesse wären, wenn man sie denn beobachtete, auf das Erklärungspotential der Stringtheorie angewiesen. Drittens: Durch die Wahl gewisser Calabi-Yau-Räume ergeben sich bestimmte Schwingungsmuster der Strings, die neue, geringe, aber weitreichende Feldkräfte erzeugen können. Sollte man die Effekte einer dieser neuen Kräfte entdecken, könnte das auf die neuen physikalischen Gesetzmäßigkeiten der Stringtheorie zurückzuführen sein. Viertens: Wie wir im nächsten Kapitel schildern werden, haben Astronomen Anhaltspunkte dafür, daß unsere Galaxis und möglicherweise das ganze Universum in ein Meer von *dunkler Materie* getaucht ist, deren Identität noch nicht geklärt ist. Mit ihren vielen möglichen Schwingungsmustern bietet die Stringtheorie eine ganze Anzahl von Kandidaten für die dunkle Materie an. Das Urteil über diese Kandidaten muß warten, bis künftige Experimente genauere Eigenschaften der dunklen Materie ermittelt haben.

Die fünfte Möglichkeit schließlich, die Stringtheorie mit Beobachtungen zu verknüpfen, hat mit der kosmologischen Konstante zu tun. Wie Sie sich vielleicht erinnern, haben wir in Kapitel drei erörtert, daß Einstein den ursprünglichen Gleichungen der allgemeinen Relativitätstheorie diese Konstante zwischenzeitlich hinzugefügt hatte, um ein statisches Universum zu garantieren. Zwar hat die nachfolgende Entdeckung, daß das Universum expandiert, Einstein veranlaßt, die Veränderung rückgängig zu machen, doch wie man inzwischen festgestellt hat, gibt es keinen Grund, *warum* die kosmologische Konstante tatsächlich null sein müßte. Die kosmologische Konstante läßt sich nämlich als Ausdruck einer Art Energie interpretieren, die dem Vakuum, dem leeren Raum innewohnt. Daher müßte ihr Wert theoretisch zu berechnen und experimentell zu messen sein. Doch gegenwärtig führen solche Berechnungen und Messungen zu einem kolossalen Mißverhältnis: Die Beobachtungen zeigen, daß die kosmologische Konstante entweder null (wie Einstein letztlich gemeint hat) oder sehr klein ist; die Berechnungen lassen darauf schließen, daß die quantenmechanischen Fluktuationen im Vakuum dazu neigen, eine kosmologische Konstante zu *erzeugen*, die keineswegs gleich null ist, sondern deren Wert etwa um 120 Größenordnungen (eine 1 gefolgt von 120 Nullen) größer ist, als die Experimente zeigen! Das ist eine wunderbare Herausforderung und Gelegenheit für Stringtheoretiker: Können Rechnungen in der Stringtheorie dieses Mißverhältnis verringern und erklären, warum die kosmologische Konstante gleich null ist, oder aber erklären, warum der Wert der Konstante zwar klein ist, aber doch ein wenig von Null abweicht, falls dies die Experimente letztlich zeigen sollten? Wenn sich die Stringtheoretiker dieser Aufgabe gewachsen zeigten – bislang sind sie es nicht –, wäre das ein überzeugendes Indiz für die Richtigkeit der Theorie.

Ein Fazit

In der Geschichte der Physik begegnen wir vielen Ideen, die völlig unüberprüfbar erschienen, als sie zum ersten Mal vorgetragen wurden, dann aber durch verschiedene unerwartete Entwicklungen schließlich doch in den Bereich experimenteller Verifizierbarkeit rückten. Die Vorstellung, daß Materie aus Atomen besteht, Paulis Hypothese, daß es geisterhafte Neutrinoteilchen gibt, und die Möglichkeit, daß der Kosmos übersät ist mit Neutronensternen und Schwarzen Löchern, sind drei sehr bekannte Ideen mit genau dieser Eigenschaft. Heute gehören sie zum festen Bestand des physikalischen Wissens, doch als sie zum ersten Mal vorgebracht wurden, ließen sie eher an die Phantasiegebilde von Science-fiction-Autoren denken als an »science facts«, ernstzunehmende wissenschaftliche Fakten.

Der Grund für die Einführung der Stringtheorie ist mindestens so überzeugend wie die Überlegungen, die zu diesen drei Ideen führten. Tatsächlich wurde die Stringtheorie begrüßt als die wichtigste und spannendste Entwicklung in der theoretischen Physik seit der Entdeckung der Quantenmechanik. Dieser Vergleich ist besonders naheliegend, weil die Geschichte der Quantenmechanik lehrt, daß es durchaus viele Jahrzehnte dauern kann, bis physikalische Revolutionen richtig ausgereift sind. Außerdem hatten die Physiker, die das theoretische Gerüst der Quantenmechanik entwickelten, gegenüber den heutigen Stringtheoretikern einen großen Vorteil: Die Quantenmechanik ließ sich, auch als sie erst teilweise formuliert war, mit Versuchsergebnissen vergleichen. Trotzdem dauerte es fast dreißig Jahre, bis die logische Struktur der Quantenmechanik ausgearbeitet war, und weitere zwanzig Jahre, bis man die spezielle Relativitätstheorie ganz in die Quantentheorie eingegliedert hatte. Nun geht es um den Einbau der allgemeinen Relativitätstheorie, eine weit anspruchsvollere Aufgabe, zumal die Überprüfung durch Experimente sehr viel schwieriger ist. Im Gegensatz zu den Wissenschaftlern, die die Quantentheorie entwickelt haben, liegt der Weg, den die Stringtheoretiker vor sich haben, nicht im hellen Licht detaillierter Experimentalergebnisse. So müssen sich die Stringtheoretiker im Dunkeln zurechtfinden.

Es ist also durchaus denkbar, daß noch eine ganze Generation von Physikern ihr Leben der Erforschung und Entwicklung der Stringtheorie widmen wird, ohne auch nur die Andeutung einer experimentellen Rückkopplung zu erhalten. Die vielen Physiker, die sich in aller Welt intensiv mit der Stringtheorie auseinandersetzen, wissen sehr wohl, daß sie ein nicht unbeträchtliches Risiko eingehen: nämlich unter Umständen ihr Leben lang an einer Aufgabe zu arbeiten, ohne ein eindeutiges Ergebnis zu erzielen. Zweifellos wird es auch weiterhin wichtige theoretische Fortschritte geben, doch wird das ausreichen, um die gegenwärtigen Hindernisse zu überwinden und eindeutige, experimentell überprüfbare Vorhersagen abzuleiten? Werden die indirekten Tests, die wir oben erörtert haben, zu einem wirklich unwiderlegbaren Beweis für die Stringtheorie führen? Diese Fragen sind von zentraler Bedeutung für alle Stringtheoretiker, aber es sind auch Fragen, zu denen sich im Augenblick nichts weiter sagen läßt. Nur die Zeit kann sie beantworten. Die ästhetisch so ansprechende Einfachheit der Stringtheorie, die Art und Weise, wie sie den Konflikt zwischen Gravitation und Quantenmechanik schlichtet, ihre Fähigkeit, alle Bausteine und Kräfte der Natur zu vereinigen, und ihr prinzipiell grenzenloses Vorhersagevermögen – das alles ist so ermutigend und verheißungsvoll, daß es sich lohnt, die geschilderten Risiken einzugehen.

Diese hochgemuten Überlegungen sind immer wieder beflügelt worden durch die Fähigkeit der Stringtheorie, bemerkenswerte neue physikalische Eigenschaften eines auf Strings basierenden Universums zu entdecken – Aspekte, die einen verborgenen und tiefen Zusammenhang im Wirken der Natur offenbaren. Nach dem Sprachgebrauch, den wir uns oben zu eigen gemacht haben, handelt es sich hier in vielen Fällen um Gattungsmerkmale, die unabhängig von den noch unbekannten Einzelheiten Grundeigenschaften eines aus Strings bestehenden Universums sein werden. Die erstaunlichsten dieser Eigenschaften wirken sich nachhaltig auf unser stetig wachsendes Verständnis von Raum und Zeit aus.

Teil IV

Stringtheorie und die
Beschaffenheit der Raumzeit

Kapitel 10

Quantengeometrie

Im Laufe von nur ungefähr zehn Jahren hat Einstein die jahrhunderte-
alte Newtonsche Theorie im Alleingang vom Thron gestoßen und
der Welt die Augen für ein radikal neues und nachweisbar tieferes
Verständnis der Gravitation geöffnet. Fachleute wie Laien ergehen
sich gern in Lobgesängen auf die ungeheure Brillanz und Origina-
lität, die Einstein bewiesen hat, als er die allgemeine Relativitätstheorie entwarf. Trotzdem sollten wir nicht ganz außer acht lassen,
daß günstige historische Umstände entscheidend zu Einsteins Erfolg
beigetragen haben. An erster Stelle ist da der Mathematiker Georg
Bernhard Riemann zu nennen, der zuverlässige geometrische Verfahren zur Beschreibung von gekrümmten Räumen mit beliebigen
Dimensionen geschaffen hat. 1854 hat Riemann in seiner berühmten
Antrittsvorlesung an der Universität Göttingen die Mathematik aus
der Enge des flachen euklidischen Raums hinausgeführt in die demo-
kratische Vielfalt der gekrümmten Flächen, indem er die mathematischen Werkzeuge zur Behandlung ihrer Geometrie entwickelte.
Riemanns Erkenntnissen verdanken wir die mathematischen Mittel
zur quantitativen Analyse gekrümmter Räume, zum Beispiel jener,
die wir in den Abbildungen 3.4 und 3.6 dargestellt haben. Einsteins
geniale Leistung lag in der Erkenntnis, daß diese mathematischen
Methoden maßgeschneidert waren für den Versuch, seine neue Auffassung von der Gravitationskraft zu beschreiben. So zog er den
kühnen Schluß, die Mathematik der Riemannschen Geometrie sei
die natürliche Arena für die Gravitationsphysik.

Doch heute, fast hundert Jahre nach Einsteins Kraftakt, liefert uns
die Stringtheorie eine quantenmechanische Beschreibung der Gravitation, die gezwungen ist, die Relativitätstheorie zu verändern, wenn
die Abstände so klein werden wie die Plancklänge. Da die Riemannsche Geometrie den Kern der allgemeinen Relativitätstheorie aus-
macht, folgt daraus, daß auch die Riemannsche Geometrie verändert werden muß, damit sie auf die neue stringtheoretische Physik
bei kleinen Abständen anwendbar ist. Während die allgemeine Re-

lativitätstheorie behauptet, die gekrümmten Eigenschaften des Universums würden vollständig von der Riemannschen Geometrie beschrieben, hält die Stringtheorie dagegen, dies sei nur der Fall, wenn wir die Raumzeit des Universums bei hinreichend großen Skalen untersuchen. Bei Abständen im Bereich der Plancklänge sei eine neue Geometrie erforderlich, die der Physik der Stringtheorie entspricht. Diese neuen geometrischen Methoden bezeichnen Stringtheoretiker als *Quantengeometrie*.

Anders als im Fall der Riemannschen Geometrie gibt es diesmal leider kein fertiges geometrisches Werk, das irgendwo auf dem Regal eines Mathematikers darauf wartet, von Stringtheoretikern entdeckt und in den Dienst der Quantengeometrie gestellt zu werden. Statt dessen sind heute viele Physiker und Mathematiker damit beschäftigt, die Stringtheorie eingehend zu untersuchen und Stück um Stück einen neuen Zweig der Physik und Mathematik zu entwickeln. Obwohl diese Aufgabe noch lange nicht abgeschlossen ist, haben die stringtheoretischen Untersuchungen schon viele neue geometrische Eigenschaften der Raumzeit zutage gefördert – Eigenschaften, die sicherlich auch Einstein begeistert hätten.

Das Kernstück der Riemannschen Geometrie

Wenn Sie auf einem Trampolin hüpfen, verursacht das Gewicht Ihres Körpers eine Verzerrung der Fläche durch Dehnung der elastischen Fasern des Gewebes. Diese Dehnung ist direkt unter Ihrem Körper am stärksten und läßt zu den Rändern hin nach. Sie können das deutlich erkennen, wenn ein bekanntes Bild wie die Mona Lisa auf das Trampolin gemalt ist. Lastet überhaupt kein Gewicht auf dem Trampolin, dann sieht die Mona Lisa völlig normal aus. Doch wenn Sie auf dem Sportgerät stehen, wird das Bild der Mona Lisa verzerrt, besonders der Teil, der sich direkt unter Ihrem Körper befindet (Abbildung 10.1).

Dieses Beispiel führt uns die wichtigsten Aspekte der Riemannschen Mathematik zur Beschreibung gekrümmter Räume vor Augen. Ausgehend von früheren Arbeiten der Mathematiker Carl Friedrich Gauß, Nikolai Lobatschewski, János Bólyai und anderen, zeigte Riemann, daß sich durch eine sorgfältige Analyse der *Abstände* zwischen allen Orten auf oder in einem Objekt das Ausmaß seiner Krümmung ermitteln läßt. Grob gesagt, je größer die von Ort zu Ort verschiedene Dehnung – je größer die Abweichung von den Ab-

Abbildung 10.1 *Wenn Sie auf dem Mona-Lisa-Trampolin stehen, wird das Bild durch Ihr Gewicht stark verzerrt.*

standsbeziehungen auf einer flachen Form –, desto größer die Krümmung des Objekts. Beispielsweise ist das Trampolin direkt unter Ihrem Körper am stärksten gedehnt, daher sind in diesem Bereich auch die Abstandsbeziehungen am schlimmsten verzerrt. Diese Region des Trampolins weist also die größte Krümmung auf, was Sie auch nicht anders erwartet haben, erleidet die Mona Lisa doch dort die schlimmste Verzerrung, so daß sich anstelle ihres vielgerühmten rätselhaften Lächelns die Andeutung einer Grimasse zeigt.

Einstein übernahm Riemanns mathematische Entdeckungen, indem er sie mit einer exakten physikalischen Interpretation versah. Wie in Kapitel drei erläutert, zeigte er, daß die Krümmung der Raumzeit die Gravitationskraft verkörpert. Mit dieser Interpretation wollen wir uns jetzt ein bißchen genauer auseinandersetzen. Mathematisch drücken sich in der Krümmung der Raumzeit – wie in der Krümmung des Trampolins – die verzerrten Abstandsbeziehungen zwischen ihren *Punkten* aus. Physikalisch ist die Gravitationskraft, die ein Objekt erleidet, ein direkter Ausdruck dieser Verzerrung. Wenn wir das Objekt kleiner und kleiner werden lassen, kommt es zu einer immer stärkeren Annäherung von Physik und Mathematik, weil wir den mathematisch-abstrakten Begriff des Punktes immer mehr mit physikalischer Wirklichkeit füllen. Doch die Stringtheorie setzt dieser Verwirklichung von Riemanns geometrischem Formalismus eine Grenze, da sie verbietet, daß ein Objekt beliebig klein wird. Wenn Sie bei Stringgröße angelangt sind, geht es nicht mehr weiter. Den traditionellen Begriff des Punktteilchens gibt es nicht in der Stringtheorie – eine wesentliche Voraussetzung ihrer Fähigkeit, uns eine Quantentheorie der Gravitation zu liefern. Das zeigt uns ganz konkret, daß die Riemannsche Geometrie, für die die Abstände zwischen Punkten von entscheidender Bedeutung sind, bei ultramikroskopischen Größenskalen von der Stringtheorie abgeändert wird.

Diese Beobachtung wirkt sich nur sehr geringfügig auf die normalen makroskopischen Anwendungen der allgemeinen Relativitätstheorie aus. In kosmologischen Studien behandeln Physiker beispielsweise ganze Galaxien, als wären sie Punkte, da ihre Größe im Verhältnis zum ganzen Universum vernachlässigt werden kann. Bei solch grobkörniger Betrachtungsweise erweist sich die Anwendung der Riemannschen Geometrie als sehr genaue Näherung, wie der Erfolg der allgemeinen Relativitätstheorie in der Kosmologie beweist. Doch bei ultramikroskopischen Größenskalen zeigt die ausgedehnte Beschaffenheit des Strings, daß die Riemannsche Geometrie einfach nicht der geeignete mathematische Formalismus ist. Er muß, wie wir gleich sehen werden, durch die Quantengeometrie der Stringtheorie ersetzt werden, woraus sich vollkommen neue und unerwartete Eigenschaften ergeben.

Ein kosmologischer Spielplatz

Nach dem Urknallmodell der Kosmologie ist das gesamte Universum vor etwa fünfzehn Milliarden Jahren aus einer heftigen kosmischen Explosion hervorgegangen. Wie Hubble entdeckt hat, strömen die »Trümmer« dieser Explosion in Form vieler Milliarden Galaxien noch immer auseinander. Das Universum expandiert. Wir wissen nicht, ob sich diese kosmische Ausdehnungsbewegung auf ewig fortsetzen oder ob eine Zeit kommen wird, wo die Expansion langsam zum Stillstand kommt und sich dann in ein kosmische Implosion verkehrt.

Die Astronomen und Astrophysiker versuchen, diese Frage experimentell zu klären, weil die Antwort von einer Größe abhängt, die sich im Prinzip messen lassen müßte: der durchschnittlichen Dichte im Universum. Wenn diese die sogenannte *kritische Dichte* überschreitet, für unser heutiges Universum rund ein hundertstel milliardstel milliardstel milliardstel (10^{-29}) Gramm pro Kubikzentimeter – ungefähr fünf Wasserstoffatome je Kubikmeter des Universums –, dann wohnt dem Kosmos eine Gravitationskraft inne, die groß genug ist, um die Expansion zum Stillstand zu bringen und umzukehren. Liegt die durchschnittliche Dichte hingegen unter dem kritischen Wert, so ist die gravitative Anziehung zu schwach, um die

Expansion aufzuhalten; die Ausdehnung wird ewig fortdauern. (Wenn Sie die eigene Beobachtung der Welt zugrunde legen, könnten Sie auf den Gedanken kommen, daß die durchschnittliche Dichte des Universums den kritischen Wert bei weitem übertrifft. Vergessen Sie aber nicht, daß Materie – wie Geld – Häufungstendenzen zeigt. Würden wir die durchschnittliche Dichte der Erde, des Sonnensystems oder selbst der Milchstraße als Anhaltspunkt für die des ganzen Universums nehmen, wäre das etwa so, als würden wir die durchschnittliche Finanzsituation der Erdbewohner nach Bill Gates' Nettovermögen beurteilen. Wie es viele Menschen gibt, deren Vermögen zur Bedeutungslosigkeit verblaßt, vergleicht man es mit dem von Bill Gates, und die damit den Durchschnittswert außerordentlich verringern, gibt es ausgedehnte Strecken fast leeren Raums zwischen den Galaxien, die den Wert der durchschnittlichen Dichte extrem drücken.)

Durch sorgfältige Beobachtung der Galaxienverteilung im All können sich die Astronomen einen recht guten Begriff von der durchschnittlichen Menge sichtbarer Materie im Universum machen. Wie sich herausgestellt hat, liegt diese erheblich unter dem kritischen Wert. Es gibt allerdings überzeugende Hinweise – theoretischer wie experimenteller Art –, daß das Universum zusätzlich von sogenannter dunkler Materie erfüllt ist. Diese Materie ist am Prozeß der Kernfusion, dem die Sterne ihre Energie verdanken, nicht beteiligt und strahlt daher auch kein Licht ab. Sie bleibt unsichtbar für die Teleskope der Astronomen. Bisher weiß niemand, worum es sich bei dieser dunklen Materie handelt, von ihrer genauen Menge ganz zu schweigen. Daher herrscht über das Schicksal unseres gegenwärtig expandierenden Universums noch Ungewißheit.

Nehmen wir für die folgenden Überlegungen einmal an, die Dichte überschreite den kritischen Wert, so daß in einer fernen Zukunft die Expansion zum Stillstand kommt und das Universum in sich zusammenstürzt. Zunächst beginnen nach dem Moment des Stillstands alle Galaxien langsam wieder zusammenzurücken. Im Laufe der Zeit nimmt ihre Annäherungsgeschwindigkeit immer weiter zu, bis sie mit schwindelerregender Geschwindigkeit aufeinander zustürzen. Stellen Sie sich das gesamte Universum vor, wie es sich zu einer immer weiter schrumpfenden kosmischen Masse zusammenquetscht. Von einer maximalen Größe, die viele Milliarden Lichtjahre beträgt, schrumpft das Universum auf einen Durchmesser von einigen Millionen Lichtjahren, wobei es jeden Augenblick an Geschwindigkeit zulegt, während *alles* erst auf die Größe einer einzigen

Galaxie zusammengepreßt wird, dann auf die Größe eines einzigen
Sterns, eines Planeten, einer Orange, einer Erbse, eines Sandkorns
und weiter auf die Größe eines Moleküls, eines Atoms und – nach
der allgemeinen Relativitätstheorie – in einem letzten unvorstellbaren Kollaps auf *überhaupt keine Größe*. Nach der konventionellen
Theorie begann das Universum mit einem Urknall aus einem Anfangszustand der Größe null, und wenn es genügend Masse besitzt,
wird es schließlich von einem großen Kollaps in einen ähnlichen
Endzustand absoluter kosmischer Kompression gebracht.

Doch wenn die Ausdehnungen, um die es geht, in etwa der
Plancklänge entsprechen oder sie gar unterschreiten, setzt die Quantenmechanik, wie wir mittlerweile wissen, die Gleichungen der allgemeinen Relativitätstheorie außer Kraft, und wir müssen statt ihrer
die Stringtheorie bemühen. Während Einsteins allgemeine Relativitätstheorie es dem Universum erlaubt, beliebig klein zu werden –
genauso wie die Mathematik der Riemannschen Geometrie einer
abstrakten Form gestattet, so klein zu werden wie mathematisch
irgend möglich –, müssen wir nun natürlich fragen, wie die Stringtheorie dieses Bild verändert. Wie wir gleich sehen werden, gibt es
Anhaltspunkte dafür, daß die Stringtheorie den physikalisch zugänglichen Größenskalen abermals eine Untergrenze setzt und auf völlig
neue Weise zu dem Ergebnis gelangt, das Universum könne nicht auf
eine Größe zusammengepreßt werden, die in einer seiner räumlichen
Dimensionen die Plancklänge unterschreitet.

Nachdem Sie jetzt schon eine gewisse Vertrautheit mit der Stringtheorie gewonnen haben, möchten Sie vielleicht eine Vermutung
äußern, was die Gründe betrifft. Sie wissen, daß man beliebig viele
Punkte – also Punktteilchen – aufeinanderstapeln kann, ohne das
Gesamtvolumen von null zu verändern. Wenn diese Teilchen dagegen wirklich Strings seien, so könnten Sie vorbringen, die in vollkommen zufälliger Ausrichtung zusammengestürzt seien, dann hätten wir es mit einem Klümpchen von einer gewissen Mindestgröße
zu tun, ähnlich einem Knäuel von Gummibändern, dessen Ausdehnung der Plancklänge entspräche. Mit dieser Auffassung wären Sie
auf dem richtigen Weg, würden aber einige wichtige, elegante
Aspekte außer acht lassen, die der Stringtheorie dazu dienen, eine
Mindestgröße für das Universum zu postulieren. In diesen Aspekten
manifestieren sich auf konkrete Weise die neuen, für Strings typischen Effekte und ihr Einfluß auf die Geometrie der Raumzeit.

Um uns diese wichtigen Aspekte zu verdeutlichen, wollen wir
zunächst ein Beispiel betrachten, das auf äußerliche Einzelheiten

verzichtet, ohne die Besonderheiten der neuen Physik zu opfern. Statt alle zehn Raumzeitdimensionen der Stringtheorie zu berücksichtigen – oder auch nur die vier ausgedehnten Raumzeitdimensionen, mit denen wir vertraut sind –, wollen wir uns wieder in unser Gartenschlauchuniversum begeben. Ursprünglich haben wir in Kapitel acht dieses Universum mit zwei Raumdimensionen in einem Kontext eingeführt, der noch nichts mit der Stringtheorie zu tun hatte. Wir wollten nur einige Aspekte von Kaluzas und Kleins Befunden aus den zwanziger Jahren erläutern. Nun wollen wir das Gartenschlauchuniversum als »kosmologisches Spielzeugmodell« verwenden, um die Eigenschaften der Stringtheorie in einem einfachen Kontext kennenzulernen. Später werden wir versuchen, mit Hilfe der hier gewonnenen Erkenntnisse alle Raumdimensionen der Stringtheorie besser zu verstehen. Wir stellen uns vor, die kreisförmige Dimension des Gartenschlauchuniversums sei zunächst groß und gut wahrnehmbar, schrumpfte dann aber immer weiter und weiter, bis das Gartenschlauchuniversum die Gestalt von Line-Land annimmt – und so haben wir eine vereinfachte Teilversion des Großen Endkollapses.

Die Frage, um die es uns geht, lautet, ob die geometrischen und physikalischen Eigenschaften dieses kosmischen Kollapses deutlich unterscheiden zwischen einem Universum, das auf Strings beruht, und einem, das auf Punktteilchen basiert.

Der entscheidende neue Aspekt

Wir müssen nicht weit suchen, um die wesentliche Eigenschaft der neuen Stringphysik zu finden. Ein Punktteilchen, das sich in diesem zweidimensionalen Universum bewegt, kann die Bewegungen ausführen, die in Abbildung 10.2 dargestellt sind: Es kann sich entlang der ausgedehnten Dimension des Gartenschlauchs bewegen, entlang des aufgewickelten Teils des Gartenschlauchs oder in einer beliebigen Kombination aus diesen beiden Grundrichtungen. Eine Stringschleife kann sich ähnlich bewegen, mit einem Unterschied: Sie schwingt, während sie sich auf der Fläche umherbewegt, wie die Abbildung 10.3(a) zeigt. Das ist ein Unterschied, den wir schon des längeren erörtert haben: Seine Schwingungen statten den String mit Eigenschaften wie Masse und Ladungen aus. Das ist zwar ein entscheidender Aspekt der Stringtheorie, aber nicht der Punkt, der uns hier interessiert, denn seine physikalische Bedeutung ist uns bereits bekannt.

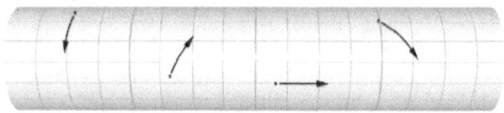

Abbildung 10.2 *Punktteilchen, die sich auf einem Zylinder bewegen.*

Vielmehr gilt unser augenblickliches Interesse einem anderen Unterschied zwischen der Bewegung von Punktteilchen und Strings, einem Unterschied, der unmittelbar von der *Form* des Raums abhängt, durch die sich der String bewegt. Da der String ein ausgedehntes Objekt ist, gibt es neben den bereits erwähnten möglichen Konfigurationen noch eine weitere: Er kann sich um den kreisförmigen Teil des Gartenschlauchuniversums *herumwickeln* – ihn gewissermaßen wie ein Lasso umschlingen, siehe Abbildung 10.3(b).[1] Der String wird weiterhin umhergleiten und schwingen, allerdings wird das in dieser ausgedehnten Konfiguration geschehen. Tatsächlich kann sich der String um den kreisförmigen Anteil des Raums beliebig oft herumwinden, wie ebenfalls die Abbildung 10.3(b) zeigt, und dabei Schwingungen ausführen, während er umhergleitet. Wenn sich ein String in einer solchen aufgewundenen Konfiguration befindet, sagen wir, daß er sich in einem *gewundenen Zustand* fortbewegt. Offensichtlich ist die Existenz gewundener Zustände eine Eigenheit von Strings – bei Punktteilchen gibt es nichts Entsprechendes. Wir wollen nun betrachten, wie sich diese qualitativ neue Bewegungsart von Strings auf diese selbst und auf die geometrischen Eigenschaften der von ihnen umwundenen Dimension auswirkt.

Die Physik gewundener Strings

In unserer bisherigen Erörterung der Stringbewegung haben wir uns stets auf nichtgewundene Strings beschränkt. Strings, die um einen kreisförmigen Raumanteil gewunden sind, gleichen den bisher betrachteten Strings in fast allen Belangen. Ihre Schwingungen tragen wie die ihrer nichtgewundenen Verwandten erheblich zu ihren beobachteten Eigenschaften bei. Der entscheidende Unterschied liegt darin, daß ein gewundener String eine *Mindestmasse* besitzt, die von der Größe der kreisförmigen Dimension und der Anzahl der Umwicklungen bestimmt wird. Die Schwingungsbewegung des Strings bestimmt, wie weit die Stringmasse über diese Mindestmasse hinausgeht.

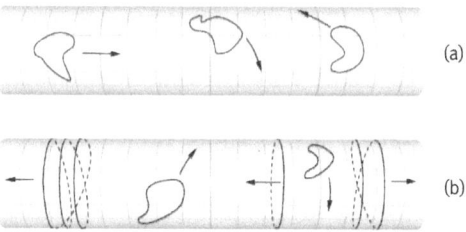

Abbildung 10.3 *Auf einem Zylinder können sich Strings auf zweierlei Weisen bewegen – in »nichtgewundenen« oder »gewundenen« Konfigurationen.*

Der Ursprung dieser Mindestmasse ist nicht schwer zu verstehen. Ein gewundener String besitzt eine Mindestlänge, die bestimmt wird durch den Umfang der kreisförmigen Dimension und die Anzahl der Windungen, die er um sie vollführt. Die Mindestlänge eines Strings legt seine Mindestmasse fest: Je größer diese Länge, desto größer die Masse – einfach weil mehr String vorhanden ist. Da der Umfang eines Kreises seinem Radius proportional ist, sind die Mindestmassen einer Schwingungsmode – das, was wir bislang immer Schwingungsmuster genannt haben – dem Radius des umwundenen Kreises proportional. In Rückgriff auf Einsteins Formel $E = mc^2$, die eine Beziehung zwischen Masse und Energie herstellt, können wir auch sagen, daß die Energie, die in einem gewundenen String enthalten ist, dem Radius der kreisförmigen Dimension proportional ist. (Auch nichtgewundene Strings haben eine winzige Mindestlänge, denn hätten sie die nicht, wären wir wieder im Reich der Punktteilchen. Die gleiche Überlegung könnte uns zu dem Schluß führen, daß auch nichtgewundene Strings eine Mindestmasse besitzen, die zwar winzig, aber ungleich null ist. In gewissem Sinne ist das richtig, doch die quantenmechanischen Effekte, mit denen wir uns in Kapitel sechs beschäftigt haben – Sie erinnern sich vielleicht an die Fernsehshow *Der Preis ist heiß* –, sind in der Lage, diesen Beitrag zur Masse genau aufzuheben. Wie gezeigt, können nichtgewundene Strings auf diese Weise masselosen Teilchen wie Photonen, Gravitonen und anderen entsprechen. In dieser Hinsicht sind gewundene Strings etwas anders.)

Wie beeinflußt die Existenz gewundener Stringkonfigurationen die *geometrischen* Eigenschaften der Dimension, die der String umwindet? Die Antwort, die 1984 von den japanischen Physikern Keiji

Kikkawa und Masami Yamasaki gefunden wurde, ist bizarr und bemerkenswert zugleich.

Betrachten wir die letzten katastrophalen Stadien unserer Variante des Großen Endkollapses im Gartenschlauchuniversum. Wenn der Radius der kreisförmigen Dimension auf die Größe der Plancklänge schrumpft und im Rahmen der allgemeinen Relativitätstheorie auf noch kleinere Größenverhältnisse einläuft, besteht die Stringtheorie auf einer radikalen Neuinterpretation des Geschehens. Die Stringtheorie behauptet, daß *alle* physikalischen Prozesse in einem Gartenschlauchuniversum, bei dem der Radius der kreisförmigen Dimension kürzer als die Plancklänge ist und weiter abnimmt, absolut identisch sind mit physikalischen Prozessen in einem Gartenschlauchuniversum, in dem die kreisförmige Dimension länger als die Plancklänge ist und zunimmt! Mit anderen Worten, während die kreisförmige Dimension versucht, zu Größenskalen unterhalb der Plancklänge zu kollabieren, das heißt, ihre Ausdehnung fortlaufend zu reduzieren, macht ihr die Stringtheorie einen Strich durch die Rechnung und kehrt die geometrischen Verhältnisse um: Die Stringtheorie zeigt, daß diese Entwicklung umformuliert oder – genauer – uminterpretiert werden kann als ein Universum, dessen kreisförmige Dimension zunächst bis zur Plancklänge schrumpft, um dann wieder zu expandieren. Die Stringtheorie schreibt die Gesetze der Geometrie bei kleinen Abständen um, so daß das, was zuvor als vollständiger kosmischer Kollaps galt, nun als eine Art kosmisches Zurückfedern erscheint. Die kreisförmige Dimension kann bis zur Plancklänge schrumpfen. Doch infolge der Windungsmoden enden alle Versuche, weiter zu schrumpfen, in Expansion. Schauen wir uns die Gründe an.

Das Spektrum der Stringzustände*

Die neue Möglichkeit von Konfigurationen gewundener Strings bedeutet, daß sich die Energie eines Strings im Gartenschlauchuniversum aus *zwei* Quellen speist: Schwingungsbewegung und Windungsenergie. Aus den Überlegungen von Kaluza und Klein geht hervor,

---

* Einige der Gedankengänge in diesem und den folgenden Abschnitten sind etwas kompliziert. Lassen Sie sich also nicht entmutigen, wenn Sie der Erklärung hier und da nicht folgen können – vor allem nicht, wenn dies beim ersten Lesen der Fall sein sollte.

daß beide von der Geometrie des Schlauchs abhängen, das heißt
vom Radius seines aufgewickelten, kreisförmigen Anteils – mit
stringtypischen Eigenheiten, da Punktteilchen sich nicht um Dimensionen wickeln können. Unsere erste Aufgabe muß also sein, genau
zu bestimmen, in welcher Weise die Beiträge der Windungen und
Schwingungen eines Strings von der Größe der kreisförmigen
Dimension abhängen. Dazu empfiehlt es sich, die Schwingungsbewegung von Strings in zwei Kategorien zu unterteilen: *Schwerpunktschwingungen* und *gewöhnliche* Schwingungen. Mit gewöhnlichen
Schwingungen sind die üblichen Schwingungen gemeint, die wir
schon wiederholt erörtert und beispielsweise in Abbildung 6.2 dargestellt haben. Mit Schwerpunktschwingungen bezeichnen wir eine
noch einfachere Bewegung: die Gesamtbewegung eines Strings, mit
der er seine Position, nicht aber seine Form verändert.[2] Jede Stringbewegung ist eine Kombination aus Gleiten und Schwingen – aus
Schwerpunktschwingung und gewöhnlicher Schwingung –, doch unsere augenblicklichen Überlegungen werden erleichtert, wenn wir
eine solche Trennung vornehmen. Tatsächlich sind die gewöhnlichen
Schwingungen ohne große Bedeutung für unseren Gedankengang,
daher werden wir ihre Wirkung erst berücksichtigen, nachdem wir
die wichtigsten Argumente vorgetragen haben.

Beginnen wir mit zwei ganz wesentlichen Beobachtungen. Erstens: Die Anregungen der Schwerpunktschwingung eines Strings
besitzen Energien, die dem Radius der kreisförmigen Dimension *umgekehrt* proportional sind. Das folgt unmittelbar aus der quantenmechanischen Unschärferelation: Ein kleinerer Radius grenzt den
String stärker ein und erhöht daher – Ausdruck der quantenmechanischen Klaustrophobie – den Energiegehalt seiner Bewegung. Wenn
also der Radius der kreisförmigen Dimension abnimmt, nimmt die
Bewegungsenergie des Strings notwendigerweise zu: das unüberseh-
bare Merkmal einer umgekehrt proportionalen Beziehung. Zweitens
sind, wie wir im vorhergehenden Abschnitt gesehen haben, die Energien der Windungsmoden dem Radius *direkt* – und nicht umgekehrt – proportional. Wie wir uns erinnern, liegt das daran, daß die
Mindestlänge gewundener Strings und folglich auch ihre Mindestenergie dem Radius proportional ist. Diese beiden Beobachtungen zeigen, daß ein großer Radius große Windungsenergien und geringe
Schwingungsenergien bedeutet, während sich bei kleinem Radius
kleine Windungsenergien und große Schwingungsenergien ergeben.

Das führt uns zu einem entscheidenden Aspekt: Für jeden großen Kreisradius des Gartenschlauchuniversums gibt es einen ent-

sprechenden kleinen Kreisradius, bei dem die Windungsenergien der Strings im ersten Universum gleich den Schwingungsenergien der Strings im zweiten Universum sind und die Schwingungsenergien der Strings im ersten Universum gleich den Windungsenergien der Strings im zweiten sind. Da die physikalischen Eigenschaften von der *Gesamtenergie* einer Stringkonfiguration abhängen – und nicht davon, wie sich die Energie auf die Schwingungs- und Windungsbeiträge aufteilt –, gibt es, *physikalisch gesehen, keinen Unterschied* zwischen diesen *geometrisch unterschiedlichen* Formen des Gartenschlauchuniversums. Und so gelangt die Stringtheorie zu der seltsam anmutenden Behauptung, es gebe keinen Unterschied zwischen einem »dicken« und einem »dünnen« Gartenschlauchuniversum.

Es ist ein kosmisches Sicherungsgeschäft, ähnlich der Strategie, für die Sie sich als kluger Kapitalanleger entscheiden sollten, wenn Sie sich dem folgenden Problem gegenübersähen. Stellen Sie sich vor, Sie erfahren, daß die Kurse zweier an der Wallstreet gehandelter Aktien, sagen wir, eines Unternehmens, das Fitneßgeräte herstellt, und eines Unternehmens, das Bypässe produziert, unauflöslich miteinander verknüpft sind. Heute haben sie beide bei Börsenschluß einen Kurswert von einer Mark notiert, und aus zuverlässiger Quelle haben Sie erfahren, daß der Kurs des einen Unternehmens steigt, wenn der des anderen sinkt, und umgekehrt. Darüber hinaus hat Ihnen Ihr Gewährsmann – der vollkommen vertrauenswürdig ist (sich aber mit seinen Informationen möglicherweise am Rande der Legalität bewegt) – die Eröffnung gemacht, daß die Schlußnotierungen der beiden Unternehmen am folgenden Tag mit absoluter Sicherheit zueinander umgekehrt proportional sein werden. Das heißt, wenn der Schlußkurs der einen Aktie 2 Mark beträgt, dann liegt der der anderen Aktie bei $1/2$ Mark (50 Pfennig), liegt der Schlußkurs der einen Aktie bei 10 Mark, liegt der der anderen bei $1/10$ Mark (10 Pfennig) und so fort. Allerdings weiß Ihr Gewährsmann nicht, welche Aktie bei Börsenschluß hoch und welche niedrig notieren wird. Was tun Sie also?

Nun, Sie investieren sofort Ihr gesamtes Geld an der Börse, wobei Sie es gleichmäßig auf die Aktien dieser beiden Unternehmen verteilen. Wie Sie leicht überprüfen können, indem Sie ein paar Beispiele durchrechnen, kann Ihre Investition nicht an Wert verlieren, egal, was am folgenden Tag passiert. Schlimmstenfalls bleibt ihr Wert unverändert (wenn beide Unternehmen wieder mit 1 Mark schließen). Doch jede Kursbewegung, die Ihrer Insiderinformation entspricht, wird den Wert Ihres Portefeuilles erhöhen. Wenn beispielsweise das

Unternehmen für Fitneßgeräte eine Schlußnotierung von 4 Mark
aufweist und der Schlußkurs der Bypassfirma bei $1/4$ Mark (25 Pfennig) liegt, beträgt ihr gemeinsamer Wert 4,25 Mark (für jedes Aktien-
paar), während es am Vortag nur 2 Mark waren. Für den Gesamtwert spielt es dabei nicht die geringste Rolle, ob das Fitneßunterneh-
men eine hohe und die Bypassfirma eine niedrige Schlußnotierung
aufzuweisen hat oder umgekehrt. Wenn es Ihnen nur um den Gesamtwert geht, sind diese beiden gesonderten Bedingungen finanziell
ununterscheidbar.

Die Situation in der Stringtheorie ist entsprechend, weil sich die
Energie in Stringkonfigurationen aus zwei Quellen speist – Schwingungen und Windungen –, deren Beiträge zur Gesamtenergie eines
Strings im allgemeinen verschieden sind. Doch wie wir unten noch
genauer sehen werden, sind bestimmte Paare geometrisch unter-
schiedlicher Universen – deren Geometrie zu Zuständen hoher
Windungsenergie/niedriger Schwingungsenergie oder niedriger Win-
dungsenergie/hoher Schwingungsenergie führt – *physikalisch* un-
unterscheidbar. Und im Unterschied zu unserem Vergleich aus der
Finanzwelt, in dem wir, wenn wir andere Kriterien als nur das
Gesamtguthaben zugrunde legen, sehr wohl zwischen den beiden
Portefeuilles unterscheiden könnten, gibt es zwischen den beiden
Stringszenarien absolut keine Unterscheidungsmöglichkeit.

Um den Vergleich mit der Stringtheorie schlüssiger zu machen,
müßten wir uns eigentlich überlegen, was geschehen würde, wenn
wir unser Geld bei der ursprünglichen Investition nicht gleichmäßig
zwischen den beiden Unternehmen aufteilen, sondern, sagen wir,
1 000 Aktien des Fitneßunternehmens und 3 000 Aktien der Bypassfirma erwerben würden. In diesem Fall hinge der Gesamtwert Ihres
Aktienpakets tatsächlich davon ab, welches Unternehmen eine hohe
und welches eine niedrige Schlußnotierung aufweist. Beträgt der
Schlußkurs nämlich 10 Mark (Fitneß) und 10 Pfennig (Bypass), dann
hat Ihre ursprüngliche Investition von 4 000 Mark jetzt einen Wert
von 10 300 Mark. Tritt hingegen der umgekehrte Fall ein – die Börse
schließt bei 10 Pfennig (Fitneß) und 10 Mark (Bypass) – hat Ihr Aktienpaket den wesentlich höheren Wert von 30 100 Mark.

Die Umkehrbeziehung zwischen den Schlußnotierungen dieser
Aktien garantiert indes folgendes: Wenn ein Freund genau »umgekehrt« zu Ihnen investiert, das heißt, 3 000 Aktien des Fitneßunternehmens und 1 000 Aktien der Bypassfirma erwirbt, dann beträgt
der Wert seines Aktienpakets 10 300 Mark bei der Kurssituation
Bypass-hoch/Fitneß-niedrig (genausoviel wie Ihr Aktienpaket bei

Schwingungszahl	Windungszahl	Gesamtenergie
1	1	$1/10 + 10 = 10,1$
1	2	$1/10 + 20 = 20,1$
1	3	$1/10 + 30 = 30,1$
1	4	$1/10 + 40 = 40,1$
2	1	$2/10 + 10 = 10,2$
2	2	$2/10 + 20 = 20,2$
2	3	$2/10 + 30 = 30,2$
2	4	$2/10 + 40 = 40,2$
3	1	$3/10 + 10 = 10,3$
3	2	$3/10 + 20 = 20,3$
3	3	$3/10 + 30 = 30,3$
3	4	$3/10 + 40 = 40,3$
4	1	$4/10 + 10 = 10,4$
4	2	$4/10 + 20 = 20,4$
4	3	$4/10 + 30 = 30,4$
4	4	$4/10 + 40 = 40,4$

Tabelle 10.1 *Ausgewählte Schwingungs- und Windungskonfigurationen eines Strings, der sich in einem Universum bewegt, wie es die Abbildung 10.3 zeigt; der Radius ist* R = 10. *Die Beiträge der Schwingungsenergien sind Vielfache von* 1/10 *und die der Windungsenergien Vielfache von* 10. *Gemeinsam ergeben sie die aufgeführten Gesamtenergien. Die Energieeinheit ist die Planckenergie, so daß beispielsweise der Wert von 10,1 in der letzten Spalte 10,1 mal die Planckenergie bedeutet.*

Fitneß-hoch/Bypass-niedrig) und 30 100 Mark bei Fitneß-hoch/ Bypass-niedrig (wiederum der gleiche Wert wie bei Ihnen in der umgekehrten Situation). Gemessen an dem Gesamtwert beider Aktienpakete, wird also der Austausch der Aktien, die hoch und die niedrig notieren, exakt ausgeglichen durch den Austausch der Anzahl von Aktien, die Sie von jeder Firma besitzen.

Schwingungszahl	Windungszahl	Gesamtenergie
1	1	$10 + 1/10 = 10{,}1$
1	2	$10 + 2/10 = 10{,}2$
1	3	$10 + 3/10 = 10{,}3$
1	4	$10 + 4/10 = 10{,}4$
2	1	$20 + 1/10 = 20{,}1$
2	2	$20 + 2/10 = 20{,}2$
2	3	$20 + 3/10 = 20{,}3$
2	4	$20 + 4/10 = 20{,}4$
3	1	$30 + 1/10 = 30{,}1$
3	2	$30 + 2/10 = 30{,}2$
3	3	$30 + 3/10 = 30{,}3$
3	4	$30 + 4/10 = 30{,}4$
4	1	$40 + 1/10 = 40{,}1$
4	2	$40 + 2/10 = 40{,}2$
4	3	$40 + 3/10 = 40{,}3$
4	4	$40 + 4/10 = 40{,}4$

Tabelle 10.2 *Wie Tabelle 10.1, nur daß der Radius jetzt 1/10 betragen soll.*

Behalten Sie diesen letzten Umstand im Gedächtnis, wenn wir uns nun wieder der Stringtheorie zuwenden und uns anschauen, wie sich die möglichen Stringenergien in einem bestimmten Beispiel verhalten. Stellen Sie sich vor, der Radius der kreisförmigen Gartenschlauchdimension beträgt, sagen wir, das Zehnfache der Plancklänge. Wir schreiben dies als $R = 10$. Um diese kreisförmige Dimension kann sich ein String einmal, zweimal, dreimal und so fort herumwinden. Die Anzahl der Male, die sich der String um eine kreisförmige Dimension wickelt, heißt *Windungszahl.* Die Energie der Windung, die durch die Länge des gewundenen Strings bestimmt wird, ist dem *Produkt* von Radius und Windungszahl proportional. Ferner kann

der String, unabhängig von seiner Windungszahl, Schwingungsbewegungen absolvieren. Da die Schwerpunktschwingungen, auf die
wir uns gegenwärtig konzentrieren, Energien besitzen, die umgekehrt abhängig vom Radius sind, sind sie ganzzahligen Vielfachen
des *reziproken* Radius – 1/R – proportional, was in diesem Fall
einem Zehntel der Plancklänge entspricht. Dieses ganzzahlige Vielfache bezeichnen wir als *Schwingungszahl.*[3]

Sie sehen, daß diese Situation große Ähnlichkeit mit unseren
Erlebnissen an der Wallstreet hat, wobei die Windungs- und die
Schwingungszahl der Aktienmenge entspricht, die wir von jedem der
beiden Unternehmen erwerben, während R und 1/R mit den jeweiligen Schlußnotierungen vergleichbar sind. Wie Sie jetzt den Gesamtwert Ihrer Investition aus der Zahl von Aktien, die Sie von jedem
Unternehmen besitzen, und den Schlußnotierungen mühelos errechnen können, so können wir die Gesamtenergie eines Strings anhand
seiner Schwingungszahl, seiner Windungszahl und dem Radius ermitteln. In Tabelle 10.1 geben wir für ein Gartenschlauchuniversum
mit dem Radius R = 10 ausschnittsweise diese Gesamtenergien bei
verschiedenen Stringkonfigurationen an, die wir durch ihre Win-
dungs- und Schwingungszahlen bezeichnen.

Eine vollständige Tabelle wäre unendlich lang, da die Windungs-
und Schwingungszahlen beliebige ganzzahlige Werte annehmen
können, doch dieser Tabellenausschnitt bietet eine ausreichende
Grundlage für unseren Gedankengang. Aus der Tabelle und den vorstehenden Überlegungen ersehen wir, daß wir uns in einer Situation
mit hoher Windungsenergie und niedriger Schwingungsenergie befinden: Die Windungsenergien sind Vielfache von 10, während die
Schwingungsenergien Vielfache der weit kleineren Zahl 1/10 sind.

Stellen Sie sich nun vor, der Radius der kreisförmigen Dimension
schrumpft, sagen wir, von 10 auf 9,2, auf 7,1 und weiter auf 3,4, auf
2,2, auf 1,1, auf 0,7 bis hinab auf 0,1 (= 1/10), wo dann im Interesse
unserer Überlegungen ein Stillstand eintritt. Für diese geometrisch
ganz andere Form des Gartenschlauchuniversums können wir eine
entsprechende Tabelle von Stringenergien zusammenstellen: Die
Windungsenergien sind jetzt Vielfache von 1/10, während die Schwingungsenergien Vielfache des Kehrwerts 10 sind. Die Ergebnisse sind
in Tabelle 10.2 aufgeführt.

Auf den ersten Blick mögen die beiden Tabellen unterschiedlich
aussehen. Doch eine genauere Prüfung zeigt, daß die Einträge unter
»Gesamtenergie« in Tabelle 10.2 zwar eine andere Reihenfolge aufweisen als in Tabelle 10.1, aber die gleichen Werte besitzen wie die

Einträge der Tabelle 10.1. Um in Tabelle 10.2 den entsprechenden Eintrag für einen Wert in der Tabelle 10.1 zu finden, müssen wir einfach die Schwingungs- und die Windungszahlen vertauschen. Das heißt, die Schwingungs- und Windungsbeiträge spielen komplementäre Rollen, wenn sich der Radius der kreisförmigen Dimension von 10 in $1/10$ verwandelt. Soweit es sich um den Gesamtwert der Stringenergien handelt, gibt es *keinen Unterschied* zwischen diesen verschiedenen Größen der kreisförmigen Dimension. Genauso wie der Austausch von Fitneß-hoch/Bypass-niedrig gegen Bypass-niedrig/Fitneß-hoch exakt ausgeglichen wird durch einen Austausch der Aktienanzahl, die Sie und Ihr Freund von beiden Unternehmen besitzen, so wird der Austausch von Radius 10 und Radius $1/10$ genau ausgeglichen durch den Austausch von Schwingungs- und Windungszahl. Mehr noch, während wir aus Gründen der Einfachheit einen Anfangsradius von $R = 10$ und seinen reziproken Wert von $1/10$ gewählt haben, so gelten die dargelegten Schlußfolgerungen doch genauso für jeden beliebigen Radius und seinen reziproken Wert.[4]

Die Tabellen 10.1 und 10.2 sind unvollständig aus zwei Gründen. Erstens haben wir nur einige wenige der unendlich vielen Möglichkeiten der Windungs- und Schwingungszahlen aufgeführt, die ein String aufweisen kann. Das ist natürlich kein wirkliches Problem – wir könnten die Tabellen so lang machen, wie unsere Geduld es zuläßt, und dabei feststellen, daß die beobachtete Beziehung zwischen ihnen erhalten bleibt. Zweitens haben wir, von der Windungsenergie abgesehen, bislang nur Energiebeiträge betrachtet, die sich aus der Energie der Schwerpunktschwingungen eines Strings ergeben. Jetzt sollten wir jedoch auch die gewöhnlichen Schwingungen einbeziehen, da sich aus ihnen zusätzliche Beiträge zur Gesamtenergie des Strings ergeben und sie überdies die Ladungen bestimmen, die er bezüglich der verschiedenen Kräfte trägt. Allerdings hat man herausgefunden – und das ist von großer Bedeutung –, daß diese Beiträge nicht von der Größe des Radius abhängen. Also selbst wenn wir den Tabellen 10.1 und 10.2 detailliertere Berechnungen der Stringeigenschaften zugrunde legen, ergibt sich exakt das gleiche Bild der Übereinstimmung, da sich die Beiträge der gewöhnlichen Schwingungen in gleicher Weise auf beide Tabellen auswirken. So gelangen wir also zu dem Schluß, daß die Massen und die Ladungen der Teilchen in einem Gartenschlauchuniversum mit dem Radius R vollkommen identisch mit denen in einem Gartenschlauchuniversum mit dem Radius $1/R$ sind. Und da diese Massen und Kraftladungen die fundamentale Physik bestimmen, sind diese beiden geometrisch verschiedenen Universen physikalisch nicht zu unterscheiden. Für jedes Experiment, das in einem solchen Universum durchgeführt wird, gibt es ein entsprechendes Experiment, das in dem anderen Universum durchgeführt werden kann und zu haargenau den gleichen Ergebnissen führt.

Eine Debatte

Nachdem Hänsel und Gretel zu zweidimensionalen Geschöpfen ausgewalzt worden sind, lassen sie sich als Physikprofessoren im Gartenschlauchuniversum nieder. Und nachdem sie konkurrierende Institute gegründet haben, behaupten beide, die Größe der kreisförmigen Dimension bestimmt zu haben. Aber obwohl beide in dem Ruf stehen, ihre Forschungsarbeiten mit großer Sorgfalt durchzuführen, stimmen ihre Schlußfolgerungen nicht überein. Hänsel behauptet, der Radius der kreisförmigen Dimension sei $R = 10$ mal Plancklänge, während Gretel erklärt, der Radius sei $R = 1/10$ mal Plancklänge.

»Gretel«, sagt Hänsel, »wenn die kreisförmige Dimension einen Radius von 10 hat, dann ist, wie ich aufgrund meiner stringtheoretischen Berechnungen weiß, mit den Strings zu rechnen, deren Energien in Tabelle 10.1 aufgelistet sind. Ich habe viele Experimente mit dem neuen Beschleuniger durchgeführt, der Planckenergien erreicht, und sie haben diese Vorhersage exakt bestätigt. Deshalb darf ich mit großer Gewißheit behaupten, daß die kreisförmige Dimension einen Radius von $R = 10$ besitzt.« Um die eigenen Behauptungen zu verteidigen, äußert sich Gretel fast gleichlautend, nur daß sie zu dem Schluß gelangt, die Energien in Tabelle 10.2 würden eindeutig belegen, daß der Radius $R = 1/10$ sei.

Gretel hat eine plötzliche Eingebung und zeigt Hänsel, daß die beiden Tabellen, obwohl unterschiedlich angeordnet, tatsächlich identisch sind. Daraufhin erwidert Hänsel, der wie alle Männer etwas langsamer denkt: »Wie soll das gehen? Ich weiß, daß unterschiedliche Werte für den Radius infolge grundlegender quantenmechanischer Gesetzmäßigkeiten und der Eigenschaften von gewundenen Strings unterschiedliche Werte für Stringenergien und Stringladungen ergeben. Wenn wir in bezug auf letztere übereinstimmen, müssen wir auch hinsichtlich des Radius Einigung erzielen.«

Gretel, erfüllt von den neugewonnenen Erkenntnissen über die Stringphysik, erwidert: »Was du sagst, ist fast, aber nicht ganz rich-

tig. *Im allgemeinen* ist richtig, daß aus zwei verschiedenen Werten
für den Radius auch verschiedene erlaubte Energien folgen. Doch
unter der besonderen Voraussetzung, daß die beiden Werte für den
Radius in reziproker Beziehung zueinander stehen – wie zum Beispiel 10 und $1/10$ –, sind die erlaubten Energien und Ladungen
tatsächlich identisch. Du siehst, was du als Windungsmode bezeichnen würdest, würde ich eine Schwingungsmode nennen, und was du
als Schwingungsmode bezeichnen würdest, würde ich eine Windungsmode nennen. Doch die Natur schert sich nicht um die Sprache,
die wir verwenden. Vielmehr wird die Physik bestimmt durch die
Eigenschaften der *fundamentalen Bestandteile:* der Teilchenmassen
(Energien) und der Ladungen, die die Teilchen besitzen. Und egal, ob
der Radius R oder $1/R$ ist, in der Stringtheorie bleibt sich die vollständige Liste dieser Eigenschaften gleich.«
   In einem Augenblick kühnen Begreifens antwortet Hänsel: »Ich
glaube, ich verstehe. Auch wenn sich die Beschreibung, die du und
ich für die Strings liefern, im einzelnen unterscheiden mögen – ob sie
um die kreisförmige Dimension gewunden sind oder welche Besonderheiten ihre Schwingungsbewegung aufweist –, so ist doch die
vollständige Liste der physikalischen Eigenschaften, die sie an den
Tag legen können, die gleiche. Da die physikalischen Eigenschaften
des Universums auf diesen Eigenschaften seiner fundamentalen
Bausteine beruhen, gibt es keinen Unterschied zwischen Radien, die
in einer inversen Beziehung stehen, gibt es keine Möglichkeit,
zwischen ihnen zu unterscheiden.« Genau.

Drei Fragen

An diesem Punkt könnten Sie einwenden: »Schauen Sie, wenn ich
ein kleines Geschöpf im Gartenschlauchuniversum wäre, würde ich
einfach den Umfang des Schlauchs mit einem Bandmaß messen und
den Radius auf diese Weise zweifelsfrei bestimmen – ohne Wenn und
Aber. Was soll also dieser Unsinn über zwei ununterscheidbare
Möglichkeiten mit verschiedenen Radien? Und wenn die Stringtheorie mit Abständen unterhalb der Plancklänge aufräumt, was soll
dann das Gerede über kreisförmige Dimensionen mit Radien, die
nur Bruchteile der Plancklänge sind? Und schließlich, wo wir schon
einmal dabei sind, wen interessiert eigentlich dieses zweidimensionale Gartenschlauchuniversum – was ergibt sich, wenn wir *alle*
Dimensionen einbeziehen?«

Beginnen wir mit der letzten Frage, weil wir bei ihrer Beantwortung dazu gezwungen sind, uns den beiden ersten zu stellen.

Zwar hat sich unsere Erörterung auf das Gartenschlauchuniversum erstreckt, doch haben wir uns auf eine ausgedehnte und eine aufgewickelte Raumdimension nur aus Gründen der Einfachheit beschränkt. Wenn wir drei ausgedehnte Raumdimensionen und sechs kreisförmige Dimensionen haben – wobei letztere die einfachsten aller Calabi-Yau-Räume sind – ergibt sich haargenau der gleiche Schluß. Alle Kreise haben einen Radius, der, wenn wir ihn durch seinen Kehrwert ersetzen, ein physikalisch identisches Universum hervorbringt.

Diese Schlußfolgerung können wir noch einen Riesenschritt weiterführen. In unserem Universum beobachten wir drei Raumdimensionen, deren jede sich nach allem, was die astronomischen Beobachtungen zeigen, rund 15 Milliarden Lichtjahre ausdehnt (ein Lichtjahr entspricht rund 10 Billionen Kilometern, folglich handelt es sich um eine Entfernung von rund 150 Milliarden Billionen Kilometern). Wie in Kapitel acht erwähnt, haben wir keine Information darüber, was danach geschieht. Wir wissen nicht, ob sie sich unendlich fortsetzen oder sich vielleicht, der Reichweite auch der modernsten Teleskope entzogen, in Gestalt eines Riesenkreises in sich selbst zurückkrümmen. Wäre letzteres der Fall, würde eine Raumreise, die immer der ursprünglich eingeschlagenen Richtung folgte, letztlich das Universum umkreisen und – wie Magellans Weltumseglung – wieder zum Ausgangspunkt zurückführen.

Die ausgedehnten Dimensionen unserer alltäglichen Erfahrung könnten also durchaus Kreisform besitzen und damit der physikalischen Ununterscheidbarkeit von R und $1/R$ unterworfen sein, die die Stringtheorie verlangt. Um einige grob geschätzte Zahlen einzusetzen: Wenn die vertrauten Dimensionen kreisförmig sind, dann müssen ihre Radien ungefähr so groß sein wie die oben erwähnten 15 Milliarden Lichtjahre, also um einen Faktor von rund zehn Billionen Billionen Billionen Billionen Billionen ($R = 10^{61}$) größer als die Plancklänge, und mit der Expansion des Universums wachsen. Stimmt die Stringtheorie und sind die Dimensionen unseres Universums tatsächlich kreisförmig, so ist unser Universum physikalisch identisch mit einem Universum, dessen kreisförmige Dimensionen die unvorstellbar winzigen Radien von rund $1/R = 1/10^{61} = 10^{-61}$ mal Plancklänge haben! *Das sind die bekannten Dimensionen unserer Alltagserfahrung in einer alternativen Erklärung der Stringtheorie.* Tatsächlich werden diese winzigen Kreise, nach der reziproken Ausdrucksweise, im Laufe der Zeit immer kleiner, da mit wachsendem R der Wert von $1/R$ schrumpft. Damit scheinen wir doch endgültig von allen guten Geistern verlassen zu sein. Wie kann das sein? Wie soll ein kräftiger Bursche von einem Meter achtzig in ein solch unglaublich mikroskopisches Universum passen? Wie kann ein solches Pünktchen von einem Universum physikalisch identisch mit den unendlichen Räumen sein, die uns der Blick durchs Teleskop zeigt? Im übrigen führt uns das unausweichlich zur zweiten unserer drei Ausgangsfragen: Angeblich verhindert doch die Stringtheorie, daß wir Abstände unterhalb der Plancklänge erfassen können. Doch wenn eine kreisförmige Dimension den Radius R hat, der größer als die Plancklänge ist, dann ist sein reziproker Wert $1/R$ zwangsläufig ein Bruchteil der Plancklänge. Also was geht hier vor? Die Antwort, die auch auf die erste unserer drei Fragen eingehen wird, beleuchtet einen wichtigen und komplizierten Aspekt von Raum und Entfernung.

Zwei verwandte Entfernungsbegriffe in der Stringtheorie

Abstand oder Entfernung ist ein so grundlegender Begriff für unser Verständnis der Welt, daß wir leicht übersehen, welche Feinheiten er bei näherer Betrachtung offenbart. Angesichts der überraschenden Auswirkungen, die die spezielle und die allgemeine Relativitätstheorie auf unsere Vorstellungen von Raum und Zeit hatten, und angesichts der neuen Eigenschaften, die sich aus der Stringtheorie ergeben, sind wir ein bißchen vorsichtiger geworden – selbst wenn es um die Definition eines so vertrauten Konzepts wie dem der Entfernung geht. Die sinnvollsten Definitionen in der Physik sind die operationalen Definitionen – das heißt Definitionen, die, zumindest im Prinzip, die Möglichkeit bieten, das, was definiert wird, auch zu messen. Ganz gleich, wie abstrakt ein Konzept ist, mit einer operationalen Definition können wir seine Bedeutung in ganz konkreter Weise auf ein Meßverfahren zur Bestimmung dieses Konzeptes zurückführen.

Wie können wir das Entfernungskonzept operational definieren? Im Kontext der Stringtheorie ist die Antwort auf diese Frage ziemlich überraschend. 1988 haben die Physiker Robert Brandenberger von der Brown University und Cumrun Vafa von der Harvard University darauf hingewiesen, daß es zwei verschiedene, jedoch verwandte Entfernungsdefinitionen in der Stringtheorie gibt, wenn eine Raumdimension kreisförmig ist. Jede gibt ein anderes Verfahren zur Entfernungsmessung vor, das bei beiden, grob gesagt, auf dem einfachen Prinzip beruht, daß wir mit einer Sonde, die mit einer konstanten und bekannten Geschwindigkeit unterwegs ist, eine gegebene Entfernung messen können, indem wir messen, wie lange die Sonde braucht, um diese zurückzulegen. Der Unterschied zwischen beiden Verfahren liegt darin, daß sie jeweils andere Sonden wählen. In der ersten Definition werden Strings verwendet, die *nicht* um eine kreisförmige Dimension gewunden sind, während in der zweiten Definition *gewundene* Strings zugrunde gelegt werden. Wir sehen, daß die ausgedehnte Beschaffenheit der fundamentalen Sonde dafür verantwortlich ist, daß es zwei natürliche operationale Entfernungsdefinitionen in der Stringtheorie gibt. In einer Punktteilchen-Theorie, in der es das Konzept der Windung nicht gibt, gäbe es nur *eine* solche Definition.

Inwiefern unterscheiden sich die Ergebnisse der beiden Verfahren? Die Antwort, auf die Brandenberger und Vafa gestoßen sind, ist so überraschend wie kompliziert. Der Grundgedanke, der in dem Ergebnis steckt, läßt sich mit Rückgriff auf die Unschärferelation verstehen. Nichtgewundene Strings können sich frei bewegen und den vollständigen Umfang des Kreises sondieren, eine Länge, die zu R proportional ist. Aufgrund der Unschärferelation sind ihre Energien proportional zu $1/R$ (erinnern Sie sich an Kapitel sechs, wo von der umgekehrten Proportionalität zwischen der Energie einer Sonde und den Abständen, die sie erfassen kann, die Rede war.) Andererseits haben wir gesehen, daß gewundene Strings eine Mindestenergie besitzen, die R proportional ist; aus der Unschärferelation entnehmen wir, daß gewundene Strings Sonden sind, die auch Abstände von der Größenordnung des Kehrwerts von R, $1/R$, zuverlässig messen können. Wenn man mit Strings den Radius einer kreisförmigen Dimension des Raums mißt, dann messen, wie die mathematische Ausarbeitung dieser Idee zeigt, nichtgewundene Strings R, während gewundene Strings $1/R$ messen, wobei wir wie oben die Entfernungen oder Abstände in Vielfachen der Plancklänge angegeben haben. Das Ergebnis jedes Experiments kann mit gleichem Recht für sich in Anspruch nehmen, der Radius des Kreises zu sein. So lernen wir aus der Stringtheorie, daß wir unter Umständen unterschiedliche Resultate erhalten, wenn wir verschiedene Sonden zur Entfernungsmessung nehmen. Tatsächlich gilt diese Eigenschaft für alle Messungen von Längen und Abständen, nicht nur für die Bestimmung der Größe einer kreisförmigen Dimension. Die Ergebnisse, die uns gewundene und nichtgewundene Stringsonden liefern, sind zueinander umgekehrt proportional.[5]

Wenn die Stringtheorie unser Universum beschreibt, warum sind wir dann diesen beiden möglichen Entfernungsbegriffen in der wissenschaftlichen Erfassung unserer Alltagswelt noch nicht begegnet? Immer wenn wir über Entfernungen sprechen, geschieht dies in Übereinstimmung mit unserer Erfahrung, daß es nur einen Entfernungsbegriff gibt und nicht den geringsten Hinweis auf die Existenz eines zweiten. Warum ist uns die andere Möglichkeit bisher entgangen? Die Antwort lautet, daß sich die beiden verschiedenen Entfernungsbegriffe zwar in unseren bisherigen Überlegungen als grundsätzlich gleichberechtigt herausgestellt haben, daß es aber in der Praxis einen sehr wichtigen Unterschied zwischen den beiden gibt: Immer wenn R (und damit auch $1/R$) von dem Wert 1 (der wiederum 1 mal Plancklänge bedeutet) deutlich abweicht, dann ist eines der Verfahren zur Entfernungsmessung, die unsere operationalen Definitionen ausmachen, außerordentlich schwer auszuführen, während das andere außerordentlich leicht umzusetzen ist. Wir haben immer nur das leichte Verfahren ausgeführt und hatten keine Ahnung, daß es noch eine andere Möglichkeit gab.

Der Schwierigkeitsgrad der beiden Verfahren ist deshalb so unterschiedlich, weil die verwendeten Sonden höchst verschiedene Massen besitzen – hohe Windungsenergie entspricht niedriger Schwingungsenergie und umgekehrt –, wenn der Radius R (und damit auch $1/R$) deutlich von der Plancklänge (das heißt, $R = 1$) abweicht. »Hoher« Energie entsprechen hier bei Radien, die extreme Unterschiede zur Plancklänge aufweisen, unglaublich massereiche Sonden – beispielsweise um einen Faktor von vielen Milliarden schwerer als das Proton –, während »niedrige« Energie Massen entspricht, die nur noch einen Hauch über null liegen. Unter solchen Bedingungen unterscheiden sich die beiden Verfahren ganz außerordentlich in Hinblick auf ihre Schwierigkeit, da allein die Erzeugung der schweren Stringkonfigurationen gegenwärtig weit jenseits unserer technischen Möglichkeiten liegt. Praktisch läßt sich also nur eines der beiden Verfahren durchführen – dasjenige, welches die leichteren der beiden Stringkonfigurationen verwendet. Und dieses Verfahren liegt implizit auch allen unseren Erörterungen von Abständen und Entfernungen im bisherigen Text dieses Buches zugrunde. Dies ist der Entfernungsbegriff, auf dem unsere intuitive Erfahrung aufbaut.

Wenn wir einmal den praktischen Gesichtspunkt beiseite lassen, dann können wir in einem Universum, das von der Stringtheorie regiert wird, Entfernungen mit jedem der beiden Verfahren messen. Wenn Astronomen die »Größe des Universums« messen, untersuchen sie zu diesem Zweck Photonen, die den ganzen Kosmos durchmessen haben und zufällig in den Teleskopen der Astronomen gelandet sind. In dieser Situation sind die Photonen die *leichten* Stringmoden. Dabei ergibt sich das oben erwähnte Ergebnis von 10^{61} mal Plancklänge. Wenn die Stringtheorie stimmt und wenn die drei Raumdimensionen unserer Alltagserfahrung tatsächlich kreisförmig sind, müßten Astronomen mit ganz anderen (und gegenwärtig noch nicht existierenden Geräten) eigentlich in der Lage sein, die Ausdehnung des Himmels mit schweren, gewundenen Stringmoden zu messen und ein Ergebnis zu ermitteln, das der reziproke Wert dieser gewaltigen Entfernung ist. In diesem Sinne können wir uns das Universum also entweder riesengroß vorstellen, wie wir es normalerweise tun, oder ungeheuer winzig. Nach den leichten Stringmoden ist das Universum groß und in Expansion begriffen. Nach den schweren Moden ist es winzig und dabei, sich zusammenzuziehen. Das ist kein Widerspruch; vielmehr haben wir zwei verschiedene, aber gleichermaßen vernünftige Entfernungsdefinitionen. Infolge unserer technischen Beschränkungen sind wir mit der ersten Definition sehr viel vertrauter, trotzdem handelt es sich in beiden Fällen um Konzepte von gleicher Gültigkeit.

Nun können wir die Frage von vorhin beantworten: Wie sollen so große Menschen in ein so kleines Universum hineinpassen? Wenn wir die Größe eines Menschen messen und einen Meter achtzig ermitteln, bedienen wir uns notgedrungen der leichten Stringmoden. Um seine Größe mit der des Universums zu vergleichen, müssen wir das gleiche Meßverfahren benutzen, wodurch sich für das Universum wie oben eine Größe von 15 Milliarden Lichtjahren ergibt, ein Ergebnis, das beträchtlich größer als ein Meter achtzig ist. Zu fragen, wie ein solches Geschöpf in das »winzige« Universum paßt, das die Messung durch schwere Stringmoden ergibt, heißt, eine sinnlose Frage zu stellen – heißt, Äpfel und Birnen zu vergleichen. Da wir jetzt zwei Entfernungsbegriffe haben – je nachdem ob wir leichte oder schwere Stringsonden verwenden –, dürfen wir nur Meßergebnisse vergleichen, die auf die gleiche Weise ermittelt worden sind.[6]

Eine Mindestgröße

Es war ein recht schwieriger Weg bis hierhin, aber dafür sind wir jetzt für den entscheidenden Punkt gewappnet. Wenn wir dabei bleiben, Entfernungen »auf die leichtere Weise« zu messen – das heißt, indem wir die leichteren Stringmoden verwenden statt der schweren –, dann werden wir *immer* Ergebnisse erzielen, die größer als die Plancklänge sind. Spielen wir zum Beweis einmal den hypothetischen Großen Endkollaps für die drei ausgedehnten Dimensionen durch, wobei wir annehmen wollen, daß sie kreisförmig sind. Nehmen wir weiterhin an, daß zu Beginn unseres Gedankenexperiments die nichtgewundenen Stringmoden die leichteren sind. Durch ihre Verwendung wird festgelegt, daß das Universum einen ungeheuer großen Radius hat und daß es im Laufe der Zeit schrumpft. Bei diesem Schrumpfungsprozeß werden die nichtgewundenen Moden schwerer und die gewundenen Moden leichter. Schrumpft der Radius bis zur Plancklänge – wo R den Wert 1 annimmt –, haben die Windungs- und Schwingungsmoden vergleichbare Massen. Die beiden Verfahren zur Entfernungsmessung weisen den gleichen Schwierigkeitsgrad auf und ergeben darüber hinaus das gleiche Resultat, weil 1 sein eigener Kehrwert ist.

Wenn der Radius weiter schrumpft, werden die gewundenen Moden leichter als die nichtgewundenen Moden und müssen nun, da wir uns immer für den »leichteren Weg« entscheiden, zur Entfernungsmessung verwendet werden. Nach dieser Meßmethode, die den *reziproken Wert* des mit den nichtgewundenen Moden ermittelten Ergebnisses ergibt, *ist der Radius größer als die Plancklänge und wächst weiter an.* Darin kommt einfach folgendes zum Ausdruck: Wenn R – die Größe, die von nichtgewundenen Strings gemessen wird – zu 1 schrumpft und noch kleiner wird, dann wächst $1/R$ – die Größe, die von gewundenen Strings gemessen wird – auf 1 an und wird größer. Falls wir also immer die leichten Stringmoden – die »leichte« Methode der Entfernungsmessung – verwenden, ist der Mindestwert, auf den wir stoßen, die Plancklänge.

Insbesondere wird ein Endkollaps bis zur Größe null vermieden, da der Radius eines Universums, das mit Sonden aus leichten Stringmoden vermessen wird, immer größer als die Plancklänge sein muß. Statt also die Plancklänge auf dem Weg zu immer kleineren Größen hinter sich zu lassen, schrumpft der von den leichtesten Stringmoden gemessene Radius bis zur Plancklänge und beginnt dann sofort wieder zu wachsen. Der Endkollaps wird durch ein Zurückfedern ersetzt.

Die Verwendung leichter Stringmoden zur Entfernungsmessung deckt sich mit unserem herkömmlichen Längenbegriff – demjenigen, den es schon lange vor der Entdeckung der Stringtheorie gab. *Diesem* Abstandsbegriff haben wir es, wie Kapitel fünf gezeigt hat,

zu verdanken, daß sich unüberwindliche Probleme mit den heftigen
Quantenfluktuationen ergeben, sobald Abstände unterhalb der
Plancklänge ins Spiel kommen. Die Betrachtungen in diesem Kapitel
zeigen uns erneut, daß die Stringtheorie diese extrem kurzen Ab-
stände vermeiden kann. Im physikalischen Kontext der allgemeinen
Relativitätstheorie und in dem entsprechenden mathematischen
Kontext der Riemannschen Geometrie gibt es nur ein einziges Abstandskonzept, und das läßt beliebig kleine Werte des Abstands zu.
Im physikalischen Kontext der Stringtheorie und entsprechend im
Kontext der im Entstehen begriffenen Quantengeometrie gibt es
zwei Abstandsbegriffe. Durch die sorgfältige Verwendung beider
finden wir ein Abstandskonzept, das sich bei großen Abständen sowohl mit unserer Intuition als auch mit der allgemeinen Relativitätstheorie verträgt, das aber radikal von ihnen abweicht, wenn die Abstände klein werden. Besonders Abstände unterhalb der Plancklänge
werden völlig unzugänglich.

Da diese Überlegungen recht diffizil sind, wollen wir einen zentralen Aspekt noch einmal betonen. Wenn wir die Unterscheidung zwischen der »leichten« und der »schweren« Methode der Längenmessung verschmähen und uns, sagen wir, weiterhin an die nichtgewundenen Moden halten, wenn R kleiner wird als die Plancklänge, dann
könnte es tatsächlich den Anschein haben, als wären wir in der Lage,
einen Abstand unterhalb der Plancklänge zu ermitteln. Doch die
obenstehenden Überlegungen lehren uns, daß wir das Wort »Abstand« im letzten Satz mit Bedacht interpretieren müssen, weil es
zwei verschiedene Bedeutungen haben kann, von denen sich nur eine
mit unserer herkömmlichen Vorstellung deckt. In dem Fall, wo R
kleiner wird als die Plancklänge, wir aber weiterhin nichtgewundene
Strings verwenden (obwohl sie inzwischen schwerer geworden sind
als die gewundenen Strings), verwenden wir die »schwere« Methode
zur Abstandsmessung, woraus folgt, daß die Bedeutung von »Entfernung« sich *nicht* mit unserer üblichen Verwendungsweise des
Begriffs deckt. Doch es geht in dieser Erörterung um weit mehr als
semantische Fragen oder die Bequemlichkeit von Messungen. Selbst
wenn wir uns dazu entschließen, den unüblichen Entfernungsbegriff
zu verwenden und folglich mit einem Radius hantieren, der kürzer
als die Plancklänge ist, sind die *physikalischen Konsequenzen*, mit
denen wir es zu tun bekommen – das haben die vorstehenden Abschnitte gezeigt –, identisch mit denen eines Universums, in dem der
Radius nach der herkömmlichen Abstandsvorstellung größer als die
Plancklänge ist (wie es beispielsweise die exakte Übereinstimmung

zwischen den Tabellen 10.1 und 10.2 belegt). Ausschlaggebend ist die
Physik und nicht die Sprache.

Von diesen Ideen ausgehend, haben Brandenberger, Vafa und
andere vorgeschlagen, die kosmologischen Gesetze so umzuschrei-
ben, daß wir es weder beim Urknall noch beim eventuellen Großen
Endkollaps mit einem Universum von der Größe null zu tun haben,
sondern mit einem, das in allen Dimensionen eine Plancklänge weit
ausgedehnt ist. Das ist sicherlich ein sehr verlockender Vorschlag zur
Vermeidung der mathematischen, physikalischen und logischen Rätsel eines Universums, das aus einem Punkt von unendlicher Dichte
hervorgeht oder zu einem solchen zusammenstürzt. Gewiß wird unsere begriffliche Phantasie auch schon auf eine harte Probe gestellt,
wenn wir uns ausmalen sollen, wie das ganze Universum zu einem
winzigen Klümpchen von Planckgröße zusammengepreßt wird,
doch die Fortsetzung dieses Vorgangs bis zur Größe null sprengt mit
Sicherheit alle Grenzen unserer Vorstellungskraft. Wie wir in Kapitel
vierzehn erörtern werden, steckt die Stringkosmologie zwar noch in
ihren Kinderschuhen, ist aber eine verheißungsvolle Disziplin und
könnte eines Tages sehr viel plausiblere Alternativen zum herrschen-
den Urknallmodell liefern.

Wie allgemein ist diese Schlußfolgerung?

Was ist, wenn die Raumdimensionen nicht kreisförmig sind? Sind
die bemerkenswerten Schlußfolgerungen über die Mindestausdeh-
nung in der Stringtheorie auch dann noch gültig? Das kann niemand
mit Sicherheit sagen. Der entscheidende Aspekt der kreisförmigen
Dimensionen ist der Umstand, daß sie die Möglichkeit gewundener
Strings zulassen. Solange die Raumdimensionen – unabhängig von
den Einzelheiten ihrer Form – es den Strings möglich machen, sie zu
umwinden, müßten die meisten unserer Schlußfolgerungen gültig
bleiben. Doch was wäre, wenn zwei dieser Dimensionen die Form
von Kugelflächen hätten? In diesem Fall könnten die Strings nicht in
einer gewundenen Konfiguration »gefangen« werden, weil sie stets
»abrutschen« könnten, so wie ein Gummiband von einem Basket-
ball gleiten kann. Schränkt die Stringtheorie trotzdem die Größe ein,
auf die diese Dimensionen schrumpfen können?

Zahlreiche Untersuchungen scheinen zu zeigen, daß die Antwort
davon abhängt, ob eine ganze Raumdimension schrumpft (wie in
den Beispielen dieses Kapitels) oder (wovon in den Kapiteln elf und

dreizehn die Rede sein wird) ob nur ein isolierter Abschnitt des Raums kollabiert. Nach allgemeiner Auffassung der Stringtheoretiker gibt es, unabhängig von der Form, *tatsächlich* eine Mindestgröße, die den Kollaps einschränkt, solange wir es mit dem Schrumpfungsprozeß einer ganzen Raumdimension zu tun haben. Diese Vermutung zu bestätigen wird ein wichtiges Ziel der weiteren Forschung sein, weil es sich unmittelbar auf eine ganze Anzahl von anderen Aspekten der Stringtheorie auswirkt, unter anderem auch auf ihre Bedeutung für die Kosmologie.

Spiegelsymmetrie

Durch die allgemeine Relativitätstheorie hat Einstein ein Verbindungsglied zwischen der Gravitationsphysik und der Geometrie der Raumzeit hergestellt. Auf den ersten Blick verstärkt und erweitert die Stringtheorie diese Verbindung zwischen Physik und Geometrie, weil die Eigenschaften schwingender Strings – ihre Masse und die Ladungen, die sie bezüglich der verschiedenen Kräfte tragen – weitgehend von den Eigenschaften der aufgewickelten Raumdimensionen bestimmt werden. Allerdings haben wir gerade gesehen, daß die Quantengeometrie – die Verbindung zwischen Geometrie und Physik in der Stringtheorie – mit einigen Überraschungen aufwartet. In der allgemeinen Relativitätstheorie und in der »konventionellen« Geometrie ist ein Kreis mit dem Radius R von dem mit einem Radius $1/R$ schlicht und einfach verschieden, doch in der Stringtheorie sind sie ununterscheidbar. Das ermutigt uns, einen Schritt weiter zu gehen und zu fragen, ob es möglicherweise geometrische Formen des Raums gibt, die sich noch radikaler unterscheiden – nicht nur in der Größe, sondern auch in der Form –, im Rahmen der Stringtheorie aber trotzdem ununterscheidbar sind.

1988 machte Lance Dixon vom Stanford Linear Accelerator Center in diesem Zusammenhang eine entscheidende Entdeckung, die weiterentwickelt wurde durch Wolfgang Lerche vom CERN, Vafa von der Harvard University und Nicholas Warner, der damals am Massachusetts Institute of Technology war. Ausgehend von ästhetischen Argumenten, die sich an Symmetrieprinzipien orientierten, wagten diese Physiker die kühne Vermutung, es müsse möglich sein, daß zwei verschiedene Calabi-Yau-Räume, die für die aufgewickelten Zusatzdimensionen der Stringtheorie ausgesucht werden, Universen mit identischen physikalischen Eigenschaften ergeben.

Sie können sich eine Vorstellung davon machen, wie diese zunächst ziemlich weit hergeholte Behauptung tatsächlich zutreffen könnte, indem Sie sich ins Gedächtnis rufen, daß die Zahl der Löcher in den Calabi-Yau-Zusatzdimensionen die Zahl der Familien bestimmt, in die sich die Schwingungszustände der Strings aufgliedern. Diese Löcher entsprechen den Löchern, die man in einem Torus oder in seinen mehrhenkligen Vettern findet, wie die Abbildung 9.1 zeigt. Die Darstellung auf einer zweidimensionalen Buchseite zeigt leider nicht, daß ein sechsdimensionaler Calabi-Yau-Raum Löcher mit einer Vielzahl von Dimensionen haben kann. Zwar verweigern sich solche Löcher unseren Mitteln der bildlichen Dar- und Vorstellung, sie lassen sich aber durchaus mit bewährten mathematischen Werkzeugen beschreiben. Die Anzahl der Teilchenfamilien, die sich aus Stringschwingungen ergeben, ist nur abhängig – und das ist ein entscheidender Aspekt – von der Gesamtzahl der Löcher, nicht der Anzahl der Löcher mit bestimmten Dimensionen. (Deshalb brauchten wir beispielsweise bei unserer Erörterung in Kapitel neun nicht zwischen den verschiedenen Locharten zu unterscheiden.) Stellen Sie sich also zwei Calabi-Yau-Räume vor, in denen die Anzahl von Löchern, nach Dimensionalität aufgeschlüsselt (eindimensionale Löcher, zweidimensionale Löcher etc.), verschieden ist, die aber die gleiche Gesamtzahl von Löchern aufweisen. Da sie für mindestens eine Lochdimension unterschiedlich viele Löcher besitzen, unterscheiden sich die beiden Calabi-Yaus in der Form. Doch da sie die gleiche Gesamtzahl von Löchern haben, bringen beide ein Universum mit der *gleichen Anzahl von Familien* hervor. Das ist natürlich nur eine einzige physikalische Eigenschaft. Die Übereinstimmung *aller* physikalischen Eigenschaften ist eine sehr viel schärfere Forderung, doch diese Beobachtung vermittelt uns zumindest eine Ahnung davon, wie die Vermutung von Dixon, Lerche, Vafa und Warner zutreffen könnte.

Im Herbst 1987 bekam ich eine Postdoktorandenstelle am Fachbereich Physik der Harvard University, wo mein Büro im gleichen Flur wie Vafas Büro lag. Da ich mich in meiner Dissertation mit den physikalischen und mathematischen Eigenschaften von aufgewickelten Calabi-Yau-Dimensionen in der Stringtheorie beschäftigt hatte, hielt mich Vafa ständig über seine Arbeit auf diesem Gebiet auf dem laufenden. Als er im Herbst 1988 in meinem Büro vorbeischaute und mich über die Vermutung informierte, die Lerche, Warner und er aufgestellt hatten, war ich fasziniert und skeptisch zugleich. Faszinierend war der Gedanke, daß ihre Vermutung, wenn sie zutraf, eine ganz neue Forschungsrichtung in der Stringtheorie eröffnen konnte. Die Skepsis erwuchs aus dem Wissen, daß Hypothesen eine Sache sind, die bewiesenen Eigenschaften einer Theorie hingegen eine ganz andere.

In den folgenden Monaten dachte ich häufig über ihre Vermutung nach und war, ehrlich gesagt, schon halb davon überzeugt, daß sie falsch war. Doch überraschenderweise sollte ich meine Ansicht durch ein Forschungsprojekt vollkommen ändern, das anscheinend gar nichts mit der beschriebenen Vermutung zu tun hatte und das ich zusammen mit Ronen Plesser durchführte, damals ein Student an der Harvard University und heute Dozent am Weizmann Institute und an der Duke University. Plesser und ich suchten nach Methoden, die uns erlaubten, einen gegebenen Calabi-Yau-Raum mathematisch so zu manipulieren, daß bislang unbekannte Calabi-Yau-Räume daraus entstehen. Unser besonderes Interesse galt einer Methode, die man als *Orbifold-Konstruktion* bezeichnet und die ursprünglich Mitte der achtziger Jahre von Dixon, Jeffrey Harvey von der University of Chicago, Vafa und Witten entwickelt worden war. Grob gesagt, handelt es sich um ein Verfahren, bei dem verschiedene Punkte eines Calabi-Yau-Raums zusammengeklebt werden, und zwar nach mathematischen Regeln, die sicherstellen, daß daraus ein neuer Calabi-Yau-Raum entsteht. Das wird in Abbildung 10.4 schematisch dargestellt. Die mathematischen Methoden, die Manipulationen wie denen der Abbildung 10.4 zugrunde liegen, sind äußerst kompliziert. Daher haben die Stringtheoretiker dieses Verfahren bisher nur im Zusammenhang mit einfachsten Räumen gründlich untersucht – den höherdimensionalen Spielarten der Doughnutversion, die wir in Abbildung 9.1 gezeigt haben. Plesser und ich gingen jedoch davon aus, daß durch einige interessante neue Erkenntnisse von Doron Gepner, damals Harvard University, die theoretischen Voraussetzungen gegeben waren, die Technik des Orbifoldens auf weniger spezielle, kompliziertere Calabi-Yau-Räume anzuwenden, wie den, der in Abbildung 8.9 zu sehen ist.

Nachdem wir uns einige Monate lang intensiv mit diesem Gedanken auseinandergesetzt hatten, gelangten wir zu einem überraschenden Schluß. Wenn wir bestimmte Gruppen von Punkten in der richtigen Weise verklebten, unterschied sich der so erzeugte Calabi-Yau-Raum vom ursprünglichen auf eine verblüffende Weise: Die Anzahl der Löcher mit geradzahliger Dimensionalität des neuen Calabi-Yau-Raums war gleich der Anzahl der Löcher mit ungeradzahliger Dimensionalität des ursprünglichen Raums und umgekehrt. Insbe-

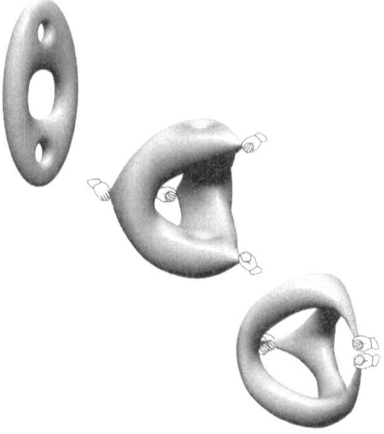

Abbildung 10.4 *Orbifolden ist ein Verfahren, bei dem ein neuer Calabi-Yau-Raum erzeugt wird, indem man verschiedene Punkte eines ursprünglichen Calabi-Yau-Raums miteinander verklebt.*

sondere folgte daraus, daß die Gesamtzahl der Löcher – und damit die Zahl der Teilchenfamilien – für beide Räume *gleich* ist, obwohl der Austausch von gerade und ungerade bedeutet, daß die Form und die fundamentalen geometrischen Eigenschaften der Calabi-Yau-Räume grundverschieden sind.[7]

Überrascht und beflügelt von der augenscheinlichen Übereinstimmung mit der Hypothese von Dixon, Lerche, Vafa und Warner, wandten Plesser und ich uns nun der Schlüsselfrage zu: Stimmen die beiden verschiedenen Calabi-Yau-Räume, abgesehen von der Anzahl der Teilchenfamilien, auch in den übrigen physikalischen Eigenschaften miteinander überein? Nach zwei weiteren Monaten detaillierter und mühsamer mathematischer Analysen, in denen wir Anregungen und Zuspruch von Graham Ross, meinem Doktorvater in Oxford, und Vafa erhielten, konnten Plesser und ich die Frage mit einem entschiedenen Ja beantworten. Aus mathematischen Gründen, die mit dem Austausch von gerade und ungerade zu tun haben, haben Plesser und ich den Terminus *Spiegel-Mannigfaltigkeiten* geprägt, um die physikalisch äquivalenten, jedoch geometrisch unterschiedlichen Calabi-Yau-Räume zu beschreiben.[8] Die beiden Räume, die zu einem solchen gespiegelten Paar von Calabi-Yau-Räumen

gehören, sind nicht im engeren Sinne Spiegelbilder voneinander, so
wie wir sie aus unserer Alltagserfahrung kennen. Doch obgleich sie
unterschiedliche geometrische Eigenschaften besitzen, führen sie zur
Entstehung ein und desselben physikalischen Universums, wenn sie
für die Extradimensionen in der Stringtheorie verwendet werden.

Die Wochen nach der Entdeckung dieses Resultats waren eine
Zeit extremer Unruhe. Plesser und ich wußten, daß wir auf einer
wichtigen neuen Erkenntnis der Stringtheorie saßen. Wir hatten
nachgewiesen, daß die enge Verbindung zwischen Geometrie und
Physik, die Einstein begründet hatte, durch die Stringtheorie erheblich modifiziert wurde: Grundverschiedene geometrische Formen,
die in der allgemeinen Relativitätstheorie ganz andere physikalische
Eigenschaften nach sich ziehen würden, führen in der Stringtheorie
zu identischen physikalischen Konsequenzen. Doch was war, wenn
wir einen Fehler gemacht hatten? Was war, wenn sich ihre physikalischen Eigenschaften doch auf irgendeine versteckte Weise unterschieden, die uns entgangen war? Als wir unsere Ergebnisse beispielsweise Yau vorlegten, erklärte er höflich, aber bestimmt, daß uns ein
Fehler unterlaufen sein müsse; mathematisch betrachtet, seien unsere Ergebnisse viel zu ungewöhnlich, um stimmen zu können. Seine
Einschätzung machte uns sehr nachdenklich. Einen Fehler zu begehen, wenn es um eine geringfügige oder nebensächliche Behauptung
geht, die wenig Aufmerksamkeit erregt, ist eine Sache. Doch unser
Ergebnis eröffnete eine völlig neue und unerwartete Forschungsrichtung und würde daher eine heftige Reaktion herausfordern. Wenn
wir uns irrten, würden alle davon erfahren.

Doch nachdem wir unser Ergebnis mehrfach überprüft und
durchgerechnet hatten, waren wir sehr zuversichtlich und veröffentlichten unseren Bericht. Einige Tage später klingelte das Telefon in
meinem Harvard-Büro. Es war Philip Candelas von der University of
Texas, der mich sogleich fragte, ob ich säße. Als ich ihn dessen versicherte, erzählte er mir, daß Monika Lynker und Rolf Schimmrigk,
zwei seiner Studenten, etwas herausgefunden hätten, was mich vom
Hocker hauen würde. Bei der sorgfältigen Untersuchung einer riesigen Menge von computererzeugten Calabi-Yau-Räumen hätte sich
herausgestellt, daß fast alle der Räume paarweise aufträten, wobei
sich die Mitglieder der Paare exakt durch den Austausch der Zahlen
von geraden und ungeraden Löchern unterschieden. Daraufhin erwiderte ich, das würde mich nicht vom Stuhl hauen, denn Plesser
und ich seien zu haargenau demselben Ergebnis gelangt. Wie sich
herausstellte, ergänzten sich Candelas' Arbeit und unsere: Wir waren

einen Schritt weiter gegangen, indem wir gezeigt hatten, daß die physikalischen Eigenschaften eines Spiegelpaars identisch sind, während
Candelas und seine Studenten nachgewiesen hatten, daß eine signifi-
kant größere Anzahl von Calabi-Yau-Formen als Spiegelpaare auftreten. Durch die beiden Arbeiten – Candelas' und unsere – war die
Spiegelsymmetrie der Stringtheorie entdeckt worden.[9]

Physik und Mathematik der Spiegelsymmetrie

Die Lockerung der festen und eindeutigen Beziehung zwischen der
Geometrie des Raums und der beobachteten Physik gehört zu den
auffälligen Paradigmenwechseln, welche die Stringtheorie nach sich
gezogen hat. Doch es geht in diesen Entwicklungen um weit mehr als
nur eine Veränderung der philosophischen Einstellung. Vor allem die
Spiegelsymmetrie erweist sich als außerordentlich nützlich, um sowohl die Physik der Stringtheorie als auch die Mathematik der
Calabi-Yau-Räume besser zu verstehen.

Die Mathematiker, die auf dem Gebiet der algebraischen Geometrie arbeiten, haben sich schon lange vor der Entdeckung der Stringtheorie aus rein mathematischen Gründen mit Calabi-Yau-Räumen
beschäftigt. Sie haben viele Eigenschaften dieser geometrischen
Räume herausgearbeitet, ohne im geringsten an eine künftige physikalische Anwendung zu denken. Doch die Mathematiker mußten
feststellen, daß es für sie schwer, ja unmöglich war, bestimmte
Aspekte der Calabi-Yau-Räume ganz zu erfassen. Das änderte sich
mit der Entdeckung der Spiegelsymmetrie in der Stringtheorie erheblich. Im wesentlichen verkündet die Spiegelsymmetrie, daß bestimmte
Paare von Calabi-Yau-Räumen, Paare, von denen man ursprünglich
annahm, sie stünden nicht in der mindesten Beziehung zueinander,
durch die Stringtheorie in einen engen Zusammenhang gebracht
werden. Hergestellt wird diese Beziehung durch das gemeinsame
physikalische Universum, das sich aus ihnen ergibt, wenn man einen
der beiden Partner für die aufgewickelten Zusatzdimensionen auswählt. Diese bis dahin nicht vermutete Wechselbeziehung erweist sich
als ein eminent wichtiges Werkzeug der Physik und Mathematik.

Stellen Sie sich beispielsweise vor, Sie berechnen eifrig die physikalischen Eigenschaften – Teilchenmassen und Kraftladungen –, die
sich aus einer möglichen Calabi-Yau-Wahl für die zusätzlichen
Dimensionen ergeben. Die Frage, wie sich Ihre Ergebnisse im einzelnen mit den experimentellen Beobachtungen decken, bereitet Ihnen

nicht viel Kopfzerbrechen, weil sich diese Überprüfung, wie wir
gesehen haben, zum gegenwärtigen Zeitpunkt aus zahlreichen theoretischen und technischen Gründen wohl kaum machen läßt. Statt
dessen nehmen Sie ein Gedankenexperiment vor, in dem Sie fragen,
wie die Welt aussehen *würde*, wenn ein bestimmter Calabi-Yau-
Raum ausgewählt *würde*. Eine Zeitlang kommen Sie gut voran,
doch dann stoßen Sie mitten in Ihrer Arbeit auf eine mathematische
Rechnung von unüberwindlicher Schwierigkeit. Niemand, noch
nicht einmal der brillanteste Mathematiker der Welt, weiß hier
weiter. Sie sitzen fest. Dann aber erkennen Sie, daß dieser Calabi-
Yau-Raum einen Spiegelpartner besitzt. Da jedes Element eines Spiegelpaars mit identischen physikalischen Konsequenzen verknüpft ist,
wird Ihnen klar, daß es egal ist, mit welchem von beiden Sie Ihre
Rechnung durchführen. Daher ersetzen Sie die schwierige Rechnung, die den ursprünglichen Calabi-Yau-Raum zum Gegenstand
hatte, durch eine Rechnung mit seinem Spiegelpartner, weil Sie mit
Sicherheit davon ausgehen können, daß das Ergebnis Ihrer Rechnung – die Physik – gleich sein wird. Auf den ersten Blick könnten
Sie meinen, die neue Version Ihrer Rechnung werde genauso schwierig sein wie die ursprüngliche. Doch da erwartet Sie eine angenehme
Überraschung: Obwohl sich am Ergebnis nichts ändert, entdecken
Sie, daß die Rechnung im einzelnen ganz anders aussieht. In einigen
Fällen verwandelt sich eine entsetzlich schwierige Berechnung in eine
ganz einfache mathematische Operation, sobald Sie es mit dem gespiegelten Calabi-Yau-Raum zu tun haben. Es gibt keine einfache Erklärung dafür, aber fest steht, daß es – zumindest bei bestimmten Berechnungen – geschieht, wobei sich der Schwierigkeitsgrad manchmal geradezu dramatisch verringert. Was das bedeutet, ist natürlich
klar: Sie sitzen nicht mehr fest.

Es ist etwa so, als würde von Ihnen verlangt, die Apfelsinen, die
ungeordnet in einer Riesenkiste – 15 Meter lang und breit und 3 Meter hoch – liegen, genau zu zählen. Sie fangen an, sie einzeln zu
zählen, merken aber rasch, daß es auf diese Weise viel zu mühsam
ist. Glücklicherweise kommt ein Freund vorbei, der anwesend war,
als die Apfelsinen geliefert wurden. Er erzählt Ihnen, sie seien sorgfältig in kleineren Kisten verpackt gewesen (von denen er eine zufällig in Händen hält). Gestapelt seien es 20 Kisten in der Länge, 20
in der Breite und 20 in der Höhe gewesen. Ein rascher Überschlag im
Kopf sagt Ihnen, daß es folglich 8 000 Kisten waren. Nun müssen Sie
nur noch herausbekommen, wie viele Apfelsinen sich in jeder Kiste
befunden haben. Auch das ist kein großes Problem: Sie borgen sich

die Kiste einfach von Ihrem Freund aus und füllen sie mit Apfelsinen, so können Sie sich ihrer gewaltigen Zählaufgabe fast ohne Anstrengung entledigen. Durch intelligente Reorganisation der Rechnung konnten Sie sie wesentlich vereinfachen.

Bei zahlreichen Rechnungen in der Stringtheorie ist die Situation ähnlich. Von einem Calabi-Yau-Raum her gesehen, kann eine Rechnung unter Umständen eine enorme Anzahl schwieriger mathematischer Schritte umfassen. Überträgt man die Rechnung jedoch auf seinen Spiegelpartner, erweist sie sich möglicherweise als längst nicht so aufwendig, so daß sie sich ohne große Mühe durchführen läßt. Diese Entdeckung, die Plesser und ich gemacht hatten, wurde anschließend auf höchst eindrucksvolle Weise in die Praxis umgesetzt von Candelas und seinen Mitarbeitern Xenia de la Ossa und Linda Parkes von der University of Texas sowie Paul Green von der University of Maryland. Sie zeigten, daß sich Rechnungen von fast unvorstellbarer Schwierigkeit mit Hilfe weniger Seiten Algebra und eines Arbeitsplatzrechners bewältigen ließen, wenn man die Spiegelperspektive wählte.

Das war auch für Mathematiker eine höchst spannende Entwicklung, handelte es sich doch bei einigen dieser Berechnungen genau um diejenigen, mit denen sie schon seit vielen Jahren nicht weitergekommen waren. Die Stringtheorie hatte einen Weg zu ihrer Lösung eröffnet – jedenfalls behaupteten das die Physiker.

Nun muß man wissen, daß die Beziehung zwischen Mathematikern und Physikern von einem gesunden und im allgemeinen freundlichen Konkurrenzgeist bestimmt ist. Wie sich herausstellte, arbeiteten zwei norwegische Mathematiker – Geir Ellingsrud und Stein Arild Strømme – zufällig an einer der zahlreichen Rechnungen, die Candelas und seine Mitarbeiter mit Hilfe der Spiegelsymmetrie erfolgreich gelöst hatten. Grob gesagt, ging es darum, die Zahl von Sphären zu berechnen, die sich ins Innere eines bestimmten Calabi-Yau-Raums »packen« lassen – ein Problem, das eine gewisse Ähnlichkeit mit unserem Apfelsinenbeispiel hat. Bei einem Treffen von Physikern und Mathematikern, das 1991 in Berkeley stattfand, erklärte Candelas, das Ergebnis, zu dem seine Gruppe mit Hilfe von Stringtheorie und Spiegelsymmetrie gelangt sei, laute 317 206 375. Nun gaben Ellingsrud und Strømme das Ergebnis ihrer überaus schwierigen Rechenoperation bekannt: 2 682 549 425. Tagelang redeten sich Mathematiker und Physiker die Köpfe heiß: Wer hatte recht? Die Frage wuchs sich zum echten Testfall für die quantitative Zuverlässigkeit der Stringtheorie aus. Einige meinten – nicht ganz

ernst –, dieser Test sei fast so gut wie eine experimentelle Überprüfung der Stringtheorie. Im übrigen gingen Candelas' Ergebnisse
weit über das eine numerische Resultat hinaus, das Ellingsrud und
Strømme vorgelegt hatten. Candelas und seine Mitarbeiter behaupteten, auch viele andere Fragen beantwortet zu haben, die außerordentlich schwierig waren – so schwierig, daß bisher kein Mathematiker je versucht hatte, sie anzugehen. Doch konnte man den
Ergebnissen der Stringtheorie trauen? Die Konferenz endete mit
einem fruchtbaren Meinungsaustausch zwischen Mathematikern
und Physikern, aber ohne Beilegung der Meinungsverschiedenheit
zwischen beiden Lagern.

Etwa einen Monat später kursierte unter den Teilnehmern der
Konferenz von Berkeley eine E-mail, deren Betreff lautete: *Die Physik siegt!* Ellingsrud und Strømme hatten einen Fehler in ihrem
Computerprogramm gefunden und waren nach seiner Beseitigung
zu Candelas' Ergebnis gelangt. Seither ist die quantitative Zuverlässigkeit der stringtheoretischen Spiegelsymmetrie vielen mathematischen Tests unterzogen worden: Sie hat sie alle glänzend bestanden.
In jüngster Zeit, fast zehn Jahre nach der Entdeckung der Spiegelsymmetrie durch die Physiker, haben die Mathematiker große Fortschritte bei dem Versuch erzielt, deren mathematische Grundlagen
zu beschreiben. Ausgehend von wichtigen Beiträgen der Mathematiker Maxim Kontsevich, Yuri Manin, Gang Tian, Jun Li und Alexander Givental, haben Yau und seine Mitarbeiter Bong Lian und
Kefeng Liu schließlich einen strengen mathematischen Beweis für die
Formeln gefunden, mit deren Hilfe die Sphären im Inneren von
Calabi-Yau-Räumen gezählt werden. So sind Probleme gelöst
worden, mit denen sich die Mathematiker schon seit langem herumschlagen.

Von den Einzelheiten dieses Erfolgs abgesehen, zeigen die beschriebenen Ereignisse vor allem, welche Rolle die Physik heute in
der modernen Mathematik spielt. Lange Zeit haben Physiker die
mathematischen Archive »durchforstet«, weil sie nach Werkzeugen
suchten, mit denen sie die Modelle der physikalischen Welt konstruieren und analysieren konnten. Heute, nach der Entdeckung der
Stringtheorie, beginnt die Physik, ihre Schulden abzutragen und die
Mathematik mit leistungsfähigen neuen Verfahren zu versorgen, mit
denen diese ihre ungelösten Probleme angehen kann. So bietet die
Stringtheorie nicht nur einen einheitlichen theoretischen Rahmen für
die Physik, sondern knüpft möglicherweise auch eine ganz neue und
enge Beziehung zur Mathematik.

Kapitel 11

Risse in der Raumzeit

Wenn Sie ein Gummituch immer weiter dehnen, wird es früher oder später reißen. Dieser schlichte Tatbestand hat zahlreiche Physiker im Laufe der Jahre zu der Frage veranlaßt, ob Gleiches nicht auch für das Gewebe des Raums gelten könnte, aus dem das Universum besteht. Mit anderen Worten: Können sich in der Raumzeit Risse bilden, oder ist das einfach eine irrige Vorstellung, die darauf beruht, daß wir den Vergleich mit dem Gummituch zu wörtlich nehmen?

Einsteins Relativitätstheorie sagt: Nein, die Raumzeit kann nicht reißen.[1] Die Gleichungen der allgemeinen Relativitätstheorie sind fest in der Riemannschen Geometrie verwurzelt, und die analysiert, wie wir im vorangehenden Kapitel festgestellt haben, Verzerrungen in den Abstandsbeziehungen zwischen benachbarten Orten im Raum. Um sinnvoll über die Abstandsbeziehungen sprechen zu können, muß das Substrat des Raums – dies verlangt der zugrundeliegende mathematische Formalismus – *glatt* sein. Das hat zwar eine exakte mathematische Bedeutung, doch es genügt, wenn wir uns hier an die alltagssprachliche Bedeutung des Wortes halten, denn sie erfaßt das Wesentliche: keine Falze, keine Löcher, keine separaten Stücke, die aneinander»haften«, und keine Risse. Wenn die Raumzeit solche Unregelmäßigkeiten zeigt, verlieren die Gleichungen der allgemeinen Relativitätstheorie ihre Gültigkeit und signalisieren, daß irgendeine Spielart einer kosmischen Katastrophe eintritt – irgendein fatales Ergebnis, daß unser wohlgesittetes Universum allem Anschein nach vermeidet.

Das hat phantasievolle Theoretiker im Laufe der Jahre nicht daran gehindert, die Möglichkeit ins Auge zu fassen, daß eine neue Formulierung der Physik, die über Einsteins klassische Theorie hinausginge und die Quantenphysik berücksichtigte, Löcher, Risse und Verschmelzungen der Raumzeit zulassen könnte. Tatsächlich hat die Erkenntnis, daß die Quantenphysik bei kleinen Abständen zu heftigen Fluktuationen führt, einige Physiker zu der Spekulation veranlaßt, daß Löcher und Risse eine ganz normale mikroskopische

Eigenschaft der Raumzeit sein könnten. Das Konzept der *Wurmlöcher* (eine Vorstellung, mit der jeder Liebhaber der Fernsehserie *Star Trek: Deep Space Nine* vertraut ist) geht von solchen Überlegungen aus. Der Gedanke ist einfach: Stellen Sie sich vor, Sie sind der Vorstandsvorsitzende eines Großunternehmens, dessen Firmensitz sich im neunzehnten Stockwerk eines der Türme vom New Yorker World Trade Center befindet. Durch einen dummen Zufall der Firmengeschichte ist eine Abteilung Ihres Unternehmens, mit der Sie immer enger zusammenarbeiten müssen, im neunzehnten Stockwerk des anderen Turms untergebracht. Da es unpraktisch ist, eines der Büros zu verlegen, machen Sie einen naheliegenden Vorschlag: die beiden Büros durch eine Brücke zwischen beiden Türmen zu verbinden. Auf diese Weise können sich die Angestellten mühelos zwischen den beiden Büros bewegen, ohne ganz hinunterfahren zu müssen und dann wieder hoch in den neunzehnten Stock.

Ein Wurmloch spielt eine ganz ähnliche Rolle: Es ist eine Brücke oder ein Tunnel, der eine Abkürzung von einer Region des Universums zu einer anderen darstellt. Wählen wir ein zweidimensionales

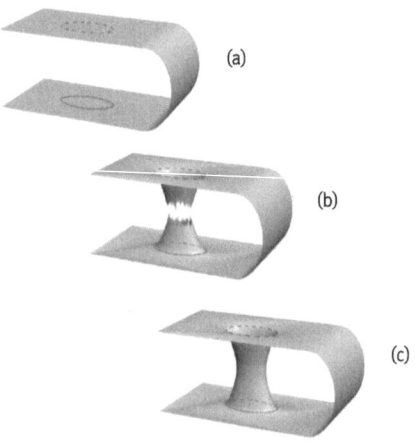

Abbildung 11.1 *(a) In einem »U-förmigen« Universum besteht die einzige Möglichkeit, von einem Ende zum anderen zu gelangen, darin, den ganzen Kosmos zu durchqueren. (b) Der Raum reißt, und es beginnen die beiden Enden eines Wurmlochs zu wachsen. (c) Die beiden Wurmlochenden verschmelzen miteinander und bilden eine neue Brücke – eine Abkürzung –, die von einem Ende des Universums zum anderen führt.*

Modell und stellen wir uns ein Universum vor, das eine Form hat,
wie sie Abbildung 11.1 zeigt. Wenn Ihre Unternehmenszentrale sich
in der Nähe des unteren Kreises in 11.1(a) befindet, können Sie in das
Büro ihrer Unternehmensabteilung, das in der Nähe des oberen
Kreises liegt, nur gelangen, indem sie den gesamten U-förmigen Weg
zurücklegen, der von einem Ende des Universums zum anderen
führt. Doch wenn der Raum reißen kann, wäre es möglich, daß sich
Löcher wie in 11.1(b) bilden. Könnten diese Löcher nun Fühler »aus-
fahren«, die miteinander zu dem in 11.1(c) gezeigten Gebilde verschmelzen, dann wäre eine Raumbrücke entstanden, die die beiden
zuvor durch große Entfernungen getrennten Regionen miteinander
verbindet. Das ist ein Wurmloch. Wie Ihnen sicherlich aufgefallen
ist, besitzt das Wurmloch eine gewisse Ähnlichkeit mit der Brücke
des World Trade Centers, allerdings gibt es einen wesentlichen Unterschied: Die Brücke des World Trade Centers würde eine Region des
existierenden Raums durchqueren – den Raum zwischen zwei Türmen. Bei der Entstehung des Wurmlochs wird dagegen eine *neue*
Raumregion erzeugt, denn der gebogene zweidimensionale Raum in
Abbildung 11.1(a) ist *alles*, was es gibt (im Kontext unserer zweidimensionalen Analogie). Regionen, die sich nicht auf der Membran
befinden, belegen nur die Unzulänglichkeit der Abbildung, die das
U-förmige Universum darstellt, als wäre es ein Objekt in unserem
höherdimensionalen Universum. Das Wurmloch schafft neuen
Raum – es steckt ein neues räumliches Territorium ab.

Gibt es Wurmlöcher im Universum? Das weiß niemand. Und
wenn es sie gibt, herrscht völlige Unklarheit darüber, ob sie nur in
mikroskopischer Form vorkommen oder (wie in *Deep Space Nine*)
riesige Raumregionen umfassen können. Doch um die Frage, ob sie
Phantasie oder Wirklichkeit sind, überhaupt in Angriff nehmen zu
können, ist auf jeden Fall zuvor zu klären, ob die Raumzeit reißen
kann oder nicht.

Schwarze Löcher sind ein weiteres überzeugendes Beispiel dafür,
daß die Raumzeit bis an die Grenzen ihrer Belastbarkeit gedehnt
werden kann. Aus Abbildung 3.7 haben wir ersehen, daß das gewaltige Gravitationsfeld des Schwarzen Lochs eine so extreme Krümmung der Raumzeit hervorruft, daß sie im Innersten des Schwarzen
Lochs abgeschnürt oder durchlöchert zu sein scheint. Anders als im
Fall des Wurmlochs gibt es viele experimentelle Anhaltspunkte, die
für die Existenz Schwarzer Löcher sprechen. Daher ist die Frage, was
in ihrem Innersten wirklich geschieht, keine reine Spekulation, sondern durchaus wissenschaftlich motiviert. Es sei noch einmal gesagt:

Unter solchen extremen Bedingungen verlieren die Gleichungen der allgemeinen Relativitätstheorie ihre Gültigkeit. Einige Physiker meinen, es gebe dort tatsächlich eine Art Durchlöcherung, nur seien wir vor dieser kosmischen »Singularität« durch den Ereignishorizont des Schwarzen Lochs geschützt, der alles daran hindert, dem Zugriff seiner Gravitation zu entfliehen. Diese Überlegung veranlaßte Roger Penrose von der Oxford University, die »Hypothese der kosmischen Zensur« aufzustellen, nach der solche Unregelmäßigkeiten der Raumzeitprinzipien nur dann auftreten können, wenn sie unserem Blick durch den Schleier eines Ereignishorizonts ein für allemal entzogen sind. Andere Physiker dagegen meinten vor der Entdeckung der Stringtheorie, eine angemessene Verschmelzung von Quantenmechanik und allgemeiner Relativitätstheorie werde zeigen, daß die scheinbare Durchlöcherung des Raums in Wahrheit durch Quantenphänomene beseitigt – gewissermaßen »gestopft« – würde.

Mit der Entdeckung der Stringtheorie und der harmonischen Verschmelzung von Quantenmechanik und Gravitation sind wir endlich in der Lage, diese Fragen zu untersuchen. Bisher konnten die Stringtheoretiker noch keine vollständigen Antworten liefern, doch in den letzten Jahren sind Probleme, die eng mit diesen Fragen zusammenhängen, in der Tat gelöst worden. Im vorliegenden Kapitel wollen wir ein bemerkenswertes Ergebnis der Stringtheorie erörtern: Sie hat nämlich zum ersten Mal schlüssig gezeigt, daß unter bestimmten physikalischen Bedingungen – die sich allerdings in einiger Hinsicht von Wurmlöchern und Schwarzen Löchern unterscheiden – die Raumzeit reißen kann.

Eine verheißungsvolle Möglichkeit

1987 machten Shing-Tung Yau und sein Student Gang Tian, heute am Massachusetts Institute of Technology, eine interessante mathematische Beobachtung. Mit Hilfe eines bekannten mathematischen Verfahrens stellten sie fest, daß sich bestimmte Calabi-Yau-Räume in andere verwandeln lassen, indem man ihre Oberfläche durchlöchert und sie dann nach einem genau vorgegebenen mathematischen Muster vernäht.[2] Grob gesagt, ermittelten sie eine bestimmte Art von zweidimensionaler Kugelfläche – wie der Oberfläche eines Wasserballs –, die sich im Inneren eines ursprünglichen Calabi-Yau-Raums befand, wie es die Abbildung 11.2 zeigt. (Ein Wasserball ist, wie alle uns vertrauten Objekte, dreidimensional. Hier geht es jedoch

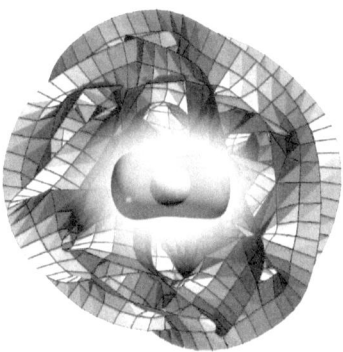

Abbildung 11.2 *Die hervorgehobene Region im Inneren des Calabi-Yau-Raums enthält eine Kugelfläche.*

allein um seine Oberfläche. Wir lassen außer acht, wie dick das Material ist, aus dem er besteht, und wie groß das Volumen ist, das er umschließt. Punkte auf der Oberfläche des Wasserballs lassen sich bestimmen, indem man zwei Zahlen angibt – »geographische Breite« und »geographische Länge« –, ganz so, wie wir Punkte auf der Erdoberfläche lokalisieren. Deshalb ist die *Oberfläche* des Wasserballs, wie die Oberfläche des im vorigen Kapitel erörterten Gartenschlauchs, *zweidimensional*.) Dann untersuchten sie, was geschieht, wenn man die Sphäre schrumpfen läßt, bis sie zu einem einzigen Punkt eingeschnürt ist, wie es die Formenfolge in Abbildung 11.3 erkennen läßt. Diese und folgende Abbildungen des Kapitels vereinfachen wir, indem wir uns auf das wichtigste »Stück« des Calabi-Yau-Raums konzentrieren. Dabei sollten Sie aber im Hinterkopf behalten, daß die Verformungen innerhalb eines größeren Calabi-Yau-Raums stattfinden, wie er in der Abbildung 11.2 zu sehen ist. Schließlich untersuchten Tian und Yau, wie es ist, wenn sie dem Calabi-Yau-Raum am Ort der Einschnürung einen kleinen Riß beibrachten (Abbildung 11.4[a]), ihn öffneten und mit einer anderen wasserballähnlichen Form verklebten (Abbildung 11.4[b]), die sie anschließend wieder zu einer hübschen runden Form aufblähten (Abbildung 11.4[c] und [d]).

Mathematiker nennen diese Sequenz von Manipulationen einen *Flop-Übergang*. Es ist so, als würde die ursprüngliche Wasserballform »gefloppt«, in eine neue Ausrichtung innerhalb des ganzen

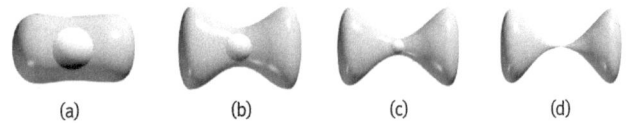

(a)   (b)   (c)   (d)

Abbildung 11.3 *Eine Kugelfläche im Inneren eines Calabi-Yau-Raums schrumpft zu einem Punkt, wobei sie den Raum abschnürt. Wir vereinfachen diesen Vorgang und die folgenden Abbildungen, indem wir nur einen Teil des vollständigen Calabi-Yau-Raums zeigen.*

Calabi-Yau-Raums »gewendet«, in gewisser Weise von innen nach außen gekehrt. Yau, Tian und andere stellten fest, daß der neue Calabi-Yau-Raum, der durch einen solchen Flop hergestellt wird (Abbildung 11.4[d]) von dem ursprünglichen Calabi-Yau-Raum der Abbildung 11.3(a) *topologisch verschieden* ist. Das ist die Formulierung, deren sich Mathematiker bedienen, um zum Ausdruck zu bringen, daß es absolut keine Möglichkeit gibt, den ursprünglichen Calabi-Yau-Raum der Abbildung 11.3(a) in den endgültigen Calabi-Yau-Raum der Abbildung 11.4(d) zu verformen, ohne das Gewebe des Calabi-Yau-Raums in irgendeinem Zwischenstadium zu zerreißen.

Aus mathematischer Sicht ist dieses Verfahren von Yau und Tian von Interesse, weil es eine Möglichkeit darstellt, aus bekannten Calabi-Yau-Räumen neue zu erzeugen. Doch sein größter Nutzen liegt auf physikalischem Gebiet, wo es die faszinierende Frage aufwirft: Könnte es sein, daß die Sequenz, die die Abbildungen 11.3(a) bis 11.4(d) zeigen, nicht nur ein abstrakter mathematischer Prozeß ist, sondern in der Natur wirklich auftritt? Könnte es sein, daß die Raumzeit im Gegensatz zu Einsteins Erwartungen doch *reißen und sich anschließend in der beschriebenen Weise reparieren kann*?

Die Spiegelperspektive

Nachdem Yau 1987 diese mathematischen Entdeckungen gemacht hatte, forderte er mich zwei Jahre lang immer wieder auf, über die möglichen physikalischen Erscheinungsformen der Flop-Übergänge nachzudenken. Ich tat es nicht. Mir schien, als wären die Flop-Übergänge einfach abstrakte mathematische Konstrukte ohne die geringste Bedeutung für die Physik der Stringtheorie. Ausgehend von den

(a)   (b)   (c)   (d)

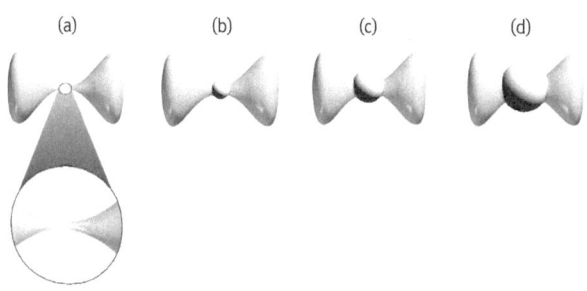

Abbildung 11.4 *Ein abgeschnürter Calabi-Yau-Raum reißt und bildet eine Kugelfläche aus, die die Fläche glättet. Die ursprüngliche Kugel der Abbildung 11.3 ist »gefloppt«, gewendet.*

Überlegungen in Kapitel zehn, wo wir feststellten, daß kreisförmige Dimensionen einen Mindestradius besitzen, könnte man in der Tat meinen, daß die Stringtheorie es der Kugelfläche in Abbildung 11.3 nicht gestattet, bis zu einer punktförmigen Einschnürung zu schrumpfen. Allerdings war in Kapitel zehn auch schon kurz erwähnt worden, daß, anders als beim Kollaps einer vollständigen Raumdimension, beim Kollaps eines Raumstücks – in diesem Fall eines kugelflächenförmigen Anteils eines Calabi-Yau-Raums – unsere Überlegungen zu kleinen und großen Radien nicht direkt anwendbar sind. Trotzdem: Obwohl dieses Argument für den Ausschluß von Flop-Übergängen einer näheren Nachprüfung nicht standhält, erschien die Möglichkeit von Rissen in der Raumzeit ziemlich unwahrscheinlich.

Doch 1991 stellten sich der norwegische Physiker Andy Lütken und Paul Aspinwall, einst mein Studienkollege in Oxford und heute Professor an der Duke University, eine Frage, die sich als äußerst interessant erwies: Wenn der Raum des Calabi-Yau-Anteils unseres Universums einem raumzerreißenden Flop-Übergang unterworfen wäre, wie würde dieser Vorgang aus der Sicht des gespiegelten Calabi-Yau-Raums aussehen? Um den Grund für diese Frage zu verstehen, müssen Sie sich daran erinnern, daß die beiden Calabi-Yau-Räume eines Spiegelpaars (wenn sie für die Zusatzdimensionen gewählt werden) identische physikalische Konsequenzen haben, während der Schwierigkeitsgrad der mathematischen Verfahren, die ein Physiker anwenden muß, um die entsprechende Physik herauszufinden, bei den beiden Spiegelpartnern sehr unterschiedlich ausfallen kann. Aspinwall und Lütken überlegten, daß der mathematisch komplizierte Flop-Übergang der Abbildungen 11.3 und 11.4 eine weit einfachere Spiegelbeschreibung haben könnte – eine Beschreibung, die unter Umständen einen klareren Eindruck von der assoziierten Physik vermitteln würde.

Zu dem Zeitpunkt, als sie sich an die Arbeit machten, verstand man die Spiegelsymmetrie noch nicht hinreichend, um die gestellte Frage exakt beantworten zu können. Dennoch stellten Aspinwall und Lütken fest, daß es in der Spiegelbeschreibung zunächst einmal nichts gab, was auf katastrophale physikalische Konsequenzen bei Raumrissen im Rahmen von Flop-Übergängen schließen ließ. Etwa zur gleichen Zeit sahen Plesser und ich uns durch die Arbeit über Spiegelpaare von Calabi-Yau-Räumen (siehe Kapitel zehn) unerwarteterweise veranlaßt, ebenfalls über Flop-Übergänge nachzudenken. In der Mathematik weiß man seit langem, daß die Verheftung verschiedener Punkte, wie sie die Abbildung 10.4 zeigt – in diesem Fall diente das Verfahren der Konstruktion von Spiegelpaaren –, zu geometrischen Situationen führt, die mit der Einschnürung und Durchlöcherung in den Abbildungen 11.3 und 11.4 identisch sind. Physikalisch konnten Plesser und ich jedoch keine damit zusammenhängende Katastrophe entdecken. Angeregt durch Aspinwalls und Lütkens Beobachtungen (sowie eine frühere Arbeit, die sie zusammen mit Graham Ross erstellt hatten), erkannten Plesser und ich dann, daß wir die Einschnürung mathematisch auf zwei verschiedene Arten reparieren konnten. Die eine führte zu dem Calabi-Yau-Raum in Abbildung 11.3(a), während die andere den der Abbildung 11.4(d) erzeugte. Daraus schlossen wir, daß die Entwicklung, die in den Abbildungen 11.3(a) bis 11.4(d) dargestellt ist, doch in der Natur vorkommen könnte.

Ende 1991 setzte sich, zumindest bei einigen Stringtheoretikern, allmählich die Überzeugung durch, daß der Raum *tatsächlich* reißen kann. Doch niemand verfügte über die technischen Voraussetzungen, diese verblüffende Möglichkeit tatsächlich zu beweisen.

Langsame Fortschritte

1992 versuchten Plesser und ich immer wieder einmal zu zeigen, daß es in der physikalischen Realität zu raumzerreißenden Flop-Übergängen kommen kann. Unsere Berechnungen ergaben vielversprechende Indizien, aber einen eindeutigen Beweis konnten wir nicht finden. Im Laufe des Frühjahrs suchte Plesser das Institute for Advanced Study in Princeton auf, um dort einen Vortrag zu halten. Bei dieser Gelegenheit berichtete er Witten in einem privaten Gespräch von unseren jüngsten Versuchen, die Mathematik der raumzerreißenden Flop-Übergänge im Rahmen der Physik der Stringtheorie umzusetzen. Nachdem Plesser unsere Ideen zusammengefaßt hatte, wartete er auf Wittens Reaktion. Witten wandte sich von der Wandtafel ab und sah zum Bürofenster hinaus. Nachdem er ein oder zwei Minuten geschwiegen hatte, richtete er seinen Blick wieder auf Plesser und meinte, wenn sich unsere Ideen bewahrheiten sollten, »wäre das spektakulär«. Das beflügelte uns natürlich. Doch als sich nach einiger Zeit noch immer keine Erfolge einstellen wollten, wandten wir uns beide wieder eigenen stringtheoretischen Projekten zu.

Trotzdem wollte mir die Möglichkeit von raumzerreißenden Flop-Übergängen einfach nicht aus dem Kopf gehen. Je öfter ich im Laufe der nächsten Monate darüber nachdachte, desto sicherer wurde ich, daß sie mit den anderen Teilen der Stringtheorie untrennbar verknüpft sein müßte. Die vorläufigen Berechnungen, die Plesser und ich vorgenommen hatten, ließen ebenso wie die höchst aufschlußreichen Diskussionen, die Plesser und ich mit David Morrison, einem Mathematiker von der Duke University, geführt hatten, eigentlich nur den Schluß zu, daß die Spiegelsymmetrie in natürlicher Weise für unsere These sprach. Als ich die Duke University besuchte, entwarfen Morrison und ich dann eine Strategie für den Beweis, daß Flop-Übergänge in der Stringtheorie vorkommen können. Als hilfreich erwiesen sich dabei die Beiträge von Sheldon Katz von der Oklahoma State University, der damals ebenfalls an der Duke zu Besuch weilte. Doch als wir uns dann hinsetzten, um die erforderlichen Rechnungen durchzuführen, stellten sie sich als außerordentlich aufwendig heraus. Selbst der schnellste Computer der Welt hätte mehr als hundert Jahre gebraucht, um sie durchzuführen. Wir hatten zwar Fortschritte erzielt, brauchten aber offenkundig eine neue Idee, um die Wirksamkeit unserer Rechenmethode erheblich zu verbessern. Unwissentlich lieferte uns Victor Batyrev, ein Mathematiker von der Universität Essen, eine solche Idee durch zwei Aufsätze, die er im Frühjahr und Sommer des Jahres 1992 veröffentlichte.

Seit es Candelas und seinen Mitarbeitern gelungen war, mit Hilfe der Spiegelsymmetrie das in Kapitel zehn beschriebene Problem der Sphärenzählung so elegant zu lösen, interessierte sich Batyrev sehr für die Spiegelsymmetrie. Als Mathematiker fand er jedoch die

Methoden, die Plesser und ich verwendet hatten, um Spiegelpaare von Calabi-Yau-Räumen zu entdecken, äußerst unbefriedigend. Obwohl unserem Ansatz Werkzeuge zugrunde lagen, die Stringtheoretikern durchaus vertraut sind, hatte Batyrev, wie er mir später erzählte, eher den Eindruck, daß es sich um »Schwarze Magie« handle. Darin kommt der tiefreichende kulturelle Unterschied zwischen Physik und Mathematik zum Ausdruck. Je stärker die Stringtheorie die Grenzen zwischen beiden Disziplinen verwischt, desto deutlicher treten die gravierenden Verschiedenheiten in Sprache, Methoden und Vorgehensweisen zutage. Physiker ähneln eher zeitgenössischen Komponisten: Auf der Suche nach Lösungen sind sie bereit, die herkömmlichen Regeln zu brechen und die Gewohnheiten ihres Publikums auf eine harte Probe zu stellen. Mathematiker ähneln klassischen Komponisten: Sie arbeiten meist mit einem sehr viel strengeren Regelwerk und weigern sich, den nächsten Schritt zu tun, solange der vorhergehende nicht mit der erforderlichen Strenge bewiesen ist. Jede Vorgehensweise hat ihre Vor- und Nachteile. Jede eröffnet einen eigenen Weg zur Kreativität. Wie beim Vergleich von zeitgenössischer und klassischer Musik läßt sich nicht sagen, daß der eine Ansatz richtig und der andere falsch wäre – die Methoden, für die man sich entscheidet, sind im wesentlichen eine Frage des Geschmacks und der Ausbildung.

Batyrev schickte sich an, die Konstruktion von Spiegel-Mannigfaltigkeiten in einem herkömmlicheren mathematischen Kontext zu versuchen, und er hatte Erfolg. Ausgehend von einer früheren Arbeit von Shi-Shyr Roan, einem Mathematiker aus Taiwan, entdeckte er ein systematisches mathematisches Verfahren zur Erzeugung von Calabi-Yau-Paaren, die sich spiegelbildlich entsprechen. Seine Konstruktionsmethode läuft letztlich auf das Verfahren hinaus, das Plesser und ich in den betrachteten Beispielen verwendet haben, stellt es aber in einen allgemeineren Kontext und formuliert es in einer Weise, die den Mathematikern vertrauter ist.

Die Kehrseite von Batyrevs Ansätzen ist, daß sie auf mathematische Aspekte zurückgreifen, von denen die meisten Physiker noch nie etwas gehört haben. Mir persönlich ging es zum Beispiel so, daß ich zwar verstand, worauf seine Argumente hinausliefen, aber erhebliche Schwierigkeiten hatte, viele wichtige Einzelheiten zu begreifen. Eines jedoch war klar: Es bestand durchaus die Möglichkeit, daß die von ihm entwickelten Methoden richtig verstanden und angewendet, einen neuen Ansatz zur Behandlung der raumzerreißenden Flop-Übergänge liefern konnten.

Von diesen Arbeiten angeregt, beschloß ich im Spätsommer 1992, mich wieder voll und ganz dem Problem der Flops zu widmen. Von Morrison hatte ich erfahren, daß er von der Duke University freigestellt werden würde, um ein Jahr am Institute for Advanced Study zu verbringen, und ich wußte, daß auch Aspinwall als Postdoktorand dort sein würde. Nach ein paar Telefonanrufen und E-mails hatte ich eine Freistellung von der Cornell University erwirkt, so daß ich den Herbst 1992 ebenfalls am Institut in Princeton verbringen konnte.

Eine Strategie schält sich heraus

Wer die Absicht hat, sich lange und intensiv zu konzentrieren, kann kaum einen geeigneteren Ort finden als das Institute for Advanced Study. Das 1930 gegründete Institut liegt einige Kilometer vom Campus der Princeton University entfernt inmitten wogender Felder am Rande eines idyllischen Waldes. Es heißt, man könne in dem Institut nicht von seiner Arbeit abgelenkt werden, weil es einfach keine Ablenkungen gebe.

Nachdem Einstein Deutschland 1933 verlassen hatte, ging er an das Institut und blieb dort für den Rest seines Lebens. Es bedarf keiner großen Phantasie, um ihn sich dort vorzustellen, wie er an diesem ruhigen, einsamen, fast asketischen Ort über die einheitliche Feldtheorie nachdachte. Die Tradition tiefsinniger Gedankenarbeit prägt die Atmosphäre, die je nach den Fortschritten, die man bei der eigenen Arbeit erzielt, beflügelnd oder bedrückend sein kann.

Kurz nach unserer Ankunft im Institut schlenderten Aspinwall und ich die Nassau Street entlang (die Hauptgeschäftsstraße des Städtchens Princeton) und versuchten, uns auf ein Restaurant zum Dinner zu einigen. Kein ganz leichtes Unterfangen, denn Paul betreibt den Fleischverzehr mit der gleichen Leidenschaft wie ich den Fleischverzicht. Während wir so die Straße entlanggingen und uns gegenseitig über neuere Ereignisse in unserem Leben informierten, fragte er mich unvermittelt, ob ich irgendwelche neuen Ideen hätte, was die Arbeit angehe. Ja, erwiderte ich, und meiner Meinung nach gehe es um eine äußerst wichtige Sache, denn ich hätte vor zu beweisen, daß das Universum, wenn es von der Stringtheorie zutreffend beschrieben werde, raumzerreißende Flop-Übergänge erleiden könne. Ich beschrieb ihm auch, welche Strategie ich bisher verfolgt hatte und daß ich seit neuestem hoffte, Batyrevs Arbeit könnte uns die fehlenden Stücke liefern. Ich dachte, ich würde offene Türen ein-

rennen und Paul würde begeistert sein von diesen Aussichten. Doch
das war er ganz und gar nicht. In der Rückschau bin ich geneigt, sein
Widerstreben weitgehend auf unser jahrelanges, gutmütiges intellek-
tuelles Kräftemessen zurückzuführen, bei dem jeder für die Ideen des
anderen den Advocatus Diaboli spielt. Jedenfalls hatte er sich schon
nach wenigen Tagen anders besonnen, so daß wir unsere ungeteilte
Aufmerksamkeit auf die Flops richten konnten.

Inzwischen war auch Morrison eingetroffen, und wir setzten uns
im Teeraum des Instituts zusammen, um eine Strategie festzulegen.
Auf das Hauptziel hatten wir uns schnell geeinigt: Wir mußten her-
ausfinden, ob die Entwicklung von Abbildung 11.3(a) zu Abbildung
11.4(d) in unserem Universum tatsächlich stattfinden kann. Allerdings war es nicht möglich, die Frage direkt in Angriff zu nehmen,
weil die Gleichungen, die diese Entwicklung beschreiben, außerordentlich schwierig sind, vor allem an dem Punkt, an dem der Riß
im Raum auftritt. Statt dessen beschlossen wir, das Problem von
einer ganz anderen Seite anzugehen, das heißt, wir hielten uns an
die Spiegelbeschreibung und hofften, die betreffenden Gleichungen würden sich dort besser handhaben lassen. Das ist schematisch
dargestellt in Abbildung 11.5, wo die obere Reihe die ursprüngliche
Entwicklung von Abbildung 11.3(a) bis Abbildung 11.4(d) zeigt und
die untere Reihe die gleiche Entwicklung aus der Perspektive des
gespiegelten Calabi-Yau-Raums wiedergibt. Wie einige von uns sich
schon gedacht hatten, erweist sich die Stringphysik auch in diesem
Fall in der Spiegelversion als wohlgesittet und vermeidet alle
katastrophalen Situationen. Wie Sie sehen können, scheint es in der
unteren Reihe der Abbildung 11.5 keinerlei Einschnürungen oder
Risse zu geben. Doch die wirkliche Frage, die sich uns angesichts
dieser Beobachtung stellte, lautete: Sprengten wir mit unseren Berechnungen nicht einfach den Anwendbarkeitsrahmen der Spiegelsymmetrie? Zwar entsprechen der obere und der untere Calabi-Yau-
Raum ganz links in der Abbildung 11.5 identischen physikalischen
Eigenschaften, doch sind deshalb auch während aller Schritte der
Entwicklung bis zu rechten Seite der Abbildung 11.5 – wobei
zwangsläufig die Stadien Einschnürung-Riß-Reparatur durchlaufen
werden – die physikalischen Konsequenzen der ursprünglichen und
der gespiegelten Perspektive identisch?

Zwar hatten wir gute Gründe für die Annahme, daß die leistungsfähige Spiegelbeziehung für die Formenprogression bis zum Riß in
dem oberen Calabi-Yau-Raum der Abbildung 11.5 gilt, hatten aber
keine Ahnung, ob die oberen und die unteren Calabi-Yau-Räume

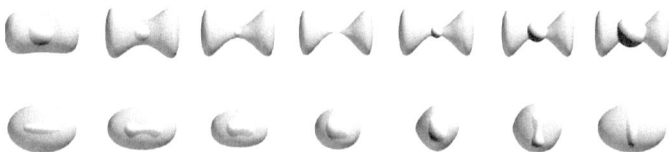

Abbildung 11.5 *Ein raumzerreißender Flop-Übergang (obere Reihe) und seine, wie wir annehmen, gespiegelte Darstellung (untere Reihe).*

auch nach dem Auftreten des Risses eine Spiegelform ergeben. Das ist eine entscheidende Frage, denn wenn die Spiegelbeziehung erhalten bleibt, dann bedeutet das Ausbleiben einer Katastrophe in der Spiegelperspektive, daß auch in der ursprünglichen Perspektive keine Katastrophe vorkommt. Damit hätten wir bewiesen, daß der Raum in der Stringtheorie reißen kann. Uns war klar, daß sich diese Frage auf eine Rechnung reduzieren ließ: Es galt, die physikalischen Eigenschaften des Universums zu ermitteln, dessen Extradimensionen zu dem Calabi-Yau-Raum der oberen Reihe, nach dem Riß, zusammengerollt sind (beispielsweise zu dem oberen rechten Calabi-Yau-Raum in der Abbildung 11.5). Dieselbe Prozedur mußten wir für die angenommene Spiegelversion (den unteren rechten Calabi-Yau-Raum in Abbildung 11.5) durchführen. Anschließend hatten wir nur noch festzustellen, ob diese Eigenschaften gleich waren.

Auf diese Berechnungen verwendeten Aspinwall, Morrison und ich im Herbst 1992 unsere ganze Energie.

Spätabends auf Einsteins Spuren

Edward Wittens messerscharfer Verstand präsentiert sich mit Zurückhaltung und leiser Stimme, die allerdings häufig einen trockenen, fast ironischen Unterton annimmt. Er gilt allgemein als Nachfolger Einsteins in der Rolle des bedeutendsten lebenden Physikers. Einige Kollegen würden sogar noch weiter gehen und ihn als den größten Physiker aller Zeiten bezeichnen. Er hat ein unstillbares Verlangen nach schwierigsten physikalischen Problemen und übt ungeheuren Einfluß auf die Richtung aus, welche die stringtheoretische Forschung einschlägt.

Umfang und Tiefe von Wittens Produktivität sind legendär. Seine Frau Chiara Nappi, die ebenfalls als Physikerin an dem Institut arbeitet, beschreibt anschaulich, wie Witten am häuslichen Küchentisch sitzt, im Geiste bis an die Grenzen stringtheoretischer Erkenntnis wandert, dann zurückkehrt und nur zu Stift und Papier greift, um ein oder zwei komplizierte Einzelheiten zu überprüfen.[3] Eine andere Geschichte wird von einem Physiker erzählt, der nach der Promotion einen Forschungsauftrag am Institut hatte und den Sommer über in einem Büro neben Wittens Büro saß. Plastisch schildert er, wie frustrierend es für ihn war, sich am Schreibtisch langsam und mühevoll mit komplexen stringtheoretischen Rechnungen herumzuschlagen und gleichzeitig zu hören, wie Witten nebenan im immer gleichen, nie ermüdenden Rhythmus einen wegweisenden Aufsatz nach dem anderen aus dem Kopf direkt in die Tastatur seines Computers hämmerte.

Etwa eine Woche nach meiner Ankunft unterhielt ich mich mit Witten im Garten des Instituts, und er fragte mich nach meinen Forschungsplänen. Ich erzählte ihm von den raumzerreißenden Flops und der Strategie, der wir zu folgen gedachten. Er horchte auf, als ich ihm unsere Ideen schilderte, meinte dann aber bedenklich, die Berechnungen würden wohl entsetzlich schwierig sein. Außerdem wies er auf eine mögliche Schwachstelle in unserer Strategie hin. Sein Einwand hing mit einer Arbeit zusammen, die er vor einigen Jahren mit Vafa und Warner durchgeführt hatte. Letztlich hatte das Problem für unseren Ansatz zwar nur marginale Bedeutung, doch es lenkte Wittens Denken auf Fragen, die, wie sich später herausstellte, mit unseren Fragestellungen verwandt waren und sie ergänzten.

Aspinwall, Morrison und ich beschlossen, unsere Rechnung in zwei Teile zu zerlegen. Da bot sich natürlich an, zunächst die physikalischen Konsequenzen zu ermitteln, die mit dem letzten Calabi-Yau-Raum in der oberen Reihe der Abbildung 11.5 assoziiert sind, und anschließend mit dem Calabi-Yau-Raum in der unteren Reihe der Abbildung 11.5 genauso zu verfahren. Wenn die Spiegelbeziehung durch den Riß in dem oberen Calabi-Yau-Raum nicht zerstört wird, dann sollten diese beiden letzten Calabi-Yau-Räume mit identischen physikalischen Konsequenzen verknüpft sein – genauso wie die beiden ersten Calabi-Yau-Räume, aus denen sie sich entwickelt haben. (Wenn man das Problem auf diese Art formuliert, vermeidet man die äußerst schwierigen Rechnungen, die bei dem oberen Calabi-Yau-Raum in dem Augenblick erforderlich werden, wo der Riß auftritt.) Dagegen erweist sich die Berechnung der Physik, die mit dem letzten Calabi-Yau-Raum in der oberen Reihe assoziiert ist, als relativ einfach. Die eigentliche Schwierigkeit dieses Pro-

gramms liegt darin, zunächst die *exakte Form* des endgültigen
Calabi-Yau-Raums in der unteren Reihe der Abbildung 11.5 zu er-
mitteln – die vermeintliche Spiegelversion des oberen Calabi-Yau-
Raums – und dann die mit ihm assoziierte Physik herauszufinden.

Ein Verfahren zur Bewältigung der zweiten Aufgabe – die physikalischen Eigenschaften zu ermitteln, die dem letzten Calabi-Yau-
Raum in der unteren Reihe entsprechen – war einige Jahre zuvor von
Candelas entwickelt worden. Sein Verfahren war jedoch sehr
rechenaufwendig, und uns wurde rasch klar, daß wir ein äußerst
»cleveres« Computerprogramm brauchten, um das Verfahren in unserem besonderen Fall anwenden zu können. Aspinwall, der nicht
nur ein namhafter Physiker, sondern auch ein phänomenaler Pro-
grammierer ist, übernahm diesen Teil der Aufgabe, während Morrison und ich uns an die erste Aufgabe setzten, das heißt, den Versuch
unternahmen, die exakte Form des, wie wir hofften, gespiegelten
Calabi-Yau-Raums zu ermitteln.

Hier erhofften wir uns großen Nutzen von Batyrevs Arbeit. Doch
abermals wirkte sich die kulturelle Differenz zwischen Mathematikern und Physikern – in diesem Fall zwischen Morrison und mir –
sehr hinderlich auf alle Fortschritte aus. Nur wenn wir die Kräfte
beider Disziplinen vereinigten, konnte es uns gelingen, die *mathematische* Gestalt der unteren Calabi-Yau-Räume zu finden, die – falls
Flop-Risse tatsächlich zum Repertoire der Natur gehörten – dem
gleichen *physikalischen* Universum entsprechen mußten wie die
oberen Calabi-Yau-Räume. Doch keiner von uns beherrschte die
Sprache des anderen genügend, um die Klarheit herzustellen, die wir
brauchten, um unser Ziel zu erreichen. Es blieb uns nichts anderes
übrig, als in den sauren Apfel zu beißen: Wir mußten beide einen
Kompaktkurs im Fachgebiet des jeweils anderen absolvieren. Daher
beschlossen wir, tagsüber, so gut es ging, die Rechnung voranzutreiben, während wir uns abends einem Einzelunterricht unterzogen
und dabei jeweils die Rolle des Lehrenden und Lernenden tauschten:
Ich machte Morrison ein oder zwei Stunden lang mit den einschlägigen physikalischen Sachverhalten vertraut, er mich anschließend genauso lange mit den entsprechenden mathematischen Fakten. Gegen
23 Uhr machten wir Schluß.

Einen Tag um den andern hielten wir eisern an unserem Programm fest. Die Fortschritte waren langsam, doch ganz allmählich
konnten wir erkennen, wie sich die Teile des Puzzles zusammen-
fügten. Inzwischen machte Witten erhebliche Fortschritte bei dem
Versuch, die Schwachstelle neu zu formulieren, die er in unserem Ge-

spräch entdeckt hatte. Seine Arbeit lieferte eine neue und leistungsfähigere Methode, die Physik der Stringtheorie mit der Mathematik
der Calabi-Yau-Räume zu verknüpfen. Aspinwall, Morrison und ich
hatten fast täglich informelle Treffen mit Witten, bei denen er uns
neue Erkenntnisse präsentierte, die sich aus seinem Ansatz ergaben.
Im Laufe der Wochen stellte sich allmählich heraus, daß seine
Arbeit, obwohl sie einen ganz anderen Ausgangspunkt hatte als die
unsere, immer eindeutiger auf das Problem der Flop-Übergänge hin-
auslief. So war es für Aspinwall, Morrison und mich klar, daß wir
unsere Rechnungen bald abschließen mußten, wenn uns Witten
nicht zuvorkommen sollte.

Von Six-Packs und arbeitsreichen Wochenenden

Nichts ist für die Konzentrationsfähigkeit eines Physikers so förder-
lich wie eine gesunde Dosis Konkurrenz. Wir verdoppelten unsere
Anstrengungen. Dabei ist anzumerken, daß das für Morrison und
mich etwas ganz anderes bedeutete als für Aspinwall. Aspinwall ist
eine merkwürdige Mischung aus den Umgangsformen der englischen Oberklasse – was wohl damit zusammenhängt, daß er insgesamt zehn Jahre in Oxford studiert hat – und der Schalkhaftigkeit
eines Lausbuben. Was die Arbeitsgewohnheiten angeht, so ist er
wohl der bestorganisierte Physiker, den ich kenne. Während viele
von uns bis spät in die Nacht arbeiten, hört er spätestens um 17 Uhr
auf. Viele Physiker arbeiten an den Wochenenden, Aspinwall nie.
Das schafft er, weil er hochintelligent und effizient ist. Die Anstrengungen zu verdoppeln, das hieß für ihn einfach, die Produktivität
seiner Arbeit zu erhöhen.

Inzwischen war es Anfang Dezember. Morrison und ich unter-
richteten uns nun schon seit einigen Monaten, und allmählich begann sich unsere Mühe auszuzahlen. Wir waren kurz davor, die
exakte Form des gesuchten Calabi-Yau-Raums herauszufinden.
Aspinwall hatte das Computerprogramm gerade fertig und wartete
nun auf unser Ergebnis, das seinem Programm als Input dienen
sollte. Eines Donnerstagabends waren Morrison und ich uns sicher,
daß wir jetzt in der Lage sein würden, den betreffenden Calabi-Yau-
Raum zu ermitteln. Auch das reduzierte sich auf eine Prozedur, für
die ein eigenes, ziemlich einfaches Computerprogramm erforderlich
war. Am Freitagnachmittag hatten wir das Programm geschrieben
und überprüft. Spät am Abend hatten wir unser Resultat.

Doch es war nach 17 Uhr, und es war Freitag. Aspinwall war nach Hause gegangen und würde nicht vor Montag wieder im Institut erscheinen. Ohne sein Computerprogramm kamen wir nicht weiter. Doch weder Morrison noch ich wollten das ganze Wochenende warten. Wir waren kurz davor, auf die lang debattierte Frage, ob Raumrisse im Gewebe des Kosmos auftreten können, eine Antwort zu finden – da war die Spannung einfach zu groß. Also riefen wir Aspinwall zu Hause an. Zuerst weigerte er sich, doch nach längerem Murren willigte er ein, am nächsten Morgen im Institut zu erscheinen, vorausgesetzt, wir spendierten ihm ein Six-Pack Bier. Wir erklärten uns einverstanden.

Der Augenblick der Wahrheit

Wie vorgesehen trafen wir uns am Samstagmorgen im Institut. Die Sonne schien, wir waren heiterer Stimmung und zu Scherzen aufgelegt. Ich hatte nicht erwartet, daß Aspinwall tatsächlich kommen würde. Als er es dann doch tat, war ich die nächsten fünfzehn Minuten mit dem Versuch beschäftigt, die Bedeutung des Ereignisses zu würdigen – war es doch das erste Mal, daß er am Wochenende im Büro war. Er versicherte mir, es werde nie wieder vorkommen.

In dem Büro, das Morrison und ich uns teilten, hockten wir uns vor Morrisons Computer. Aspinwall erklärte Morrison, wie man sein Programm auf den Bildschirm holte, und zeigte uns, wie die Daten einzugeben waren. Morrison bereitete die Ergebnisse, die wir am Abend zuvor erzielt hatten, entsprechend auf, und dann fingen wir an.

Die besondere Rechnung, die wir durchführten, lief, einfach gesagt, darauf hinaus, daß wir die Masse einer bestimmten Teilchenart bestimmten – das spezifische Schwingungsmuster eines Strings ermittelten –, während dieser sich durch ein Universum mit jenem Calabi-Yau-Anteil bewegte, den zu bestimmen wir den ganzen Herbst gebraucht hatten. Entsprechend der oben dargelegten Strategie hofften wir, daß sich diese Masse mit dem Ergebnis einer ähnlichen Rechnung decken würde, die wir an dem aus dem raumzerreißenden Flop-Übergang resultierenden Calabi-Yau-Raum vornahmen. In letzterem Fall handelte es sich um eine relativ leichte Rechnung, die wir schon Wochen vorher durchgeführt hatten. In den besonderen Einheiten, die wir verwendeten, war das Ergebnis 3.

Da wir nun die vermeintliche Spiegel-Berechnung numerisch auf einem Computer durchführten, erwarteten wir, einen Wert zu erhalten, der sehr nahe bei 3 lag, aber nicht genau 3 war – 2,999999 vielleicht oder 3,000001. Die winzige Differenz ergibt sich aus Rundungsfehlern.

Morrison saß am Computer und sein Finger schwebte über der Enter-Taste. Die Spannung wuchs; schließlich sagte er: »Also los!« und setzte die Rechnung in Gang. Nach zwei Sekunden präsentierte der Rechner seine Antwort: 8,999999. Ich sah unsere Felle davonschwimmen. Konnte es sein, daß die raumzerreißenden Flop-Übergänge die Spiegelbeziehung zerstörten, so daß mit einiger Wahrscheinlichkeit davon auszugehen war, daß sie nicht stattfinden konnten? Doch fast augenblicklich wurde uns allen klar, daß da offenbar etwas Merkwürdiges vor sich ging. Wenn die beiden Formen im Hinblick auf ihre physikalischen Konsequenzen wirklich nicht übereinstimmten, dann war es extrem unwahrscheinlich, daß die Computerberechnung ein Ergebnis zutage förderte, das einer ganzen Zahl so nahe kam. Falls unsere Annahmen falsch waren, gab es nicht den geringsten Grund, irgend etwas anderes als eine zufällige Ziffernfolge zu erwarten. Wir hatten zwar eine falsche Antwort bekommen, aber eine, die nahelegte, daß uns vielleicht nur ein einfacher arithmetischer Fehler unterlaufen war. Aspinwall und ich gingen an die Tafel, und schon nach kurzer Zeit hatten wir den Fehler entdeckt: In der »einfacheren« Rechnung, die wir einige Wochen zuvor durchgeführt hatten, war uns ein Faktor von 3 entgangen: Das richtige Ergebnis war 9. Das Computerresultat hatte also genau den Wert, den wir uns erhofft hatten.

Natürlich hatte diese im nachhinein erzielte Übereinstimmung nur eingeschränkte Überzeugungskraft. Wenn man genau weiß, welches Ergebnis man braucht, ist es oft allzu leicht, einen Rechenweg hinzuschreiben, bei dem es auch wirklich herauskommt. Wir mußten noch ein Beispiel durchrechnen. Da wir schon alle erforderlichen Computerprogramme hatten, stellte das keine große Schwierigkeit dar. Wir berechneten für den oberen Calabi-Yau-Raum eine weitere Teilchenmasse, wobei wir diesmal sorgfältig darauf achteten, keinen Fehler zu begehen. Das Ergebnis lautete 12. Erneut versammelten wir uns um den Computer und setzten ihn in Gang. Sekunden später warf er 11,999999 aus. *Übereinstimmung.* Wir hatten gezeigt, daß die hypothetische Spiegelversion *tatsächlich* die Spiegelversion ist und daß folglich raumzerreißende Flop-Übergänge wirklich zur Physik der Stringtheorie gehören.

Ich sprang von meinem Stuhl auf und lief eine Jubelrunde durchs Büro, Morrison saß strahlend hinter seinem Computer, nur Aspinwall reagierte gelassen. »Sehr schön, aber ich wußte, daß es klappt«, sagte er ruhig. »Wo ist mein Bier?«

Wittens Ansatz

Am Montag darauf suchten wir Witten auf und berichteten ihm von unserem Erfolg. Er freute sich sehr über unser Ergebnis. Wie sich herausstellte, hatte auch er eine Möglichkeit gefunden, das Vorkommen von Flop-Übergängen in der Stringtheorie zu beweisen. Sein Beweis ist ganz anders als der unsere und trägt erheblich zum Verständnis der Frage bei, warum Risse im Raum keine katastrophalen Konsequenzen haben.

Sein Ansatz führt vor Augen, wie unterschiedlich Punktteilchentheorien und Stringtheorie auf solche Risse reagieren. Der entscheidende Unterschied liegt darin, daß es in der Nähe des Risses zwei Arten von Stringbewegungen gibt, hingegen nur eine Bewegung von Punktteilchen. Ein String kann sich nämlich entlang des Risses fortbewegen wie ein Punktteilchen, aber er kann den Riß auch umfangen, während er sich bewegt, wie in Abbildung 11.6 dargestellt. Im wesentlichen offenbart Wittens Analyse, daß Strings, die den Riß umfangen – ein Vorgang, der sich in einer Punktteilchentheorie nicht ereignen kann –, das umgebende Universum gegen die katastrophalen Auswirkungen abschirmen, die andernfalls einträten. Als wäre die Weltfläche des Strings – die zweidimensionale Fläche, die ein String bei seiner Bewegung durch den Raum überstreicht (Kapitel sechs) – eine Schutzhülle, die die verheerenden Konsequenzen der Degeneration des Raums verhindert.

Nun fragen Sie vielleicht: Was ist, wenn so ein Riß auftritt und keine Strings in seiner Nachbarschaft vorhanden sind, um ihn abzuschirmen? Möglicherweise befürchten Sie auch, daß in dem Augenblick, wo es zu einem Riß kommt, ein String – diese unendlich dünne Schleife – ein ebenso wirksamer Schutz gegen die katastrophalen Folgen wäre wie ein Hula-Hoop-Reifen gegen eine Splitterbombe. Die Antwort auf beide Fragen ergibt sich aus einer zentralen Eigenschaft der Quantenmechanik, die wir in Kapitel vier erörtert haben. Dort haben wir gesehen, daß sich nach Feynmans Formulierung der Quantenmechanik ein Objekt – egal, ob ein Teilchen oder ein String – von A nach B bewegt, indem es alle Wege, die möglich sind,

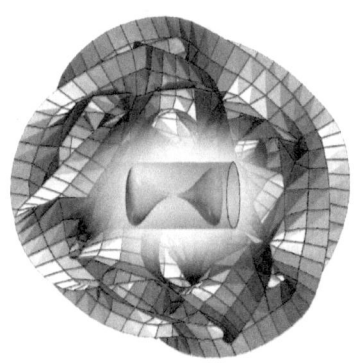

Abbildung 11.6 *Die Weltfläche, die von einem String überstrichen wird, bildet eine Art Schutzschild und hebt auf diese Weise die potentiell katastrophalen Effekte auf, die mit einem Riß im Raum verknüpft sind.*

»ausbaldowert«. Die resultierende Bewegung, die wir beobachten, ist eine Kombination *aller* Möglichkeiten, wobei die relativen Beiträge jedes möglichen Weges durch die Mathematik der Quantenmechanik genau bestimmt werden. Sollte die Raumzeit reißen, dann gehören zu den möglichen Wegen bewegter Strings auch jene Wege, bei denen sich der String um den Riß windet – Wege wie der, den Abbildung 11.6 zeigt. Selbst wenn in dem Augenblick, wo der Riß auftritt, keine Strings in der Nähe zu sein scheinen, berücksichtigt die Quantenmechanik die physikalischen Auswirkungen aller Stringbahnen, die möglich sind, und dazu gehört eine Anzahl (eine unendliche Zahl, um genau zu sein) von abschirmenden Wegen, die den Riß umwinden. Durch diese Beiträge kommt es, wie Witten nachgewiesen hat, zur exakten Aufhebung der kosmischen Katastrophe, die der Riß sonst hervorrufen würde.

Im Januar 1993 brachten Witten und wir unsere Aufsätze gleichzeitig in dem Internetarchiv in Umlauf, das solche physikalischen Arbeiten augenblicklich weltweit verfügbar macht. Aus höchst unterschiedlichen Perspektiven beschrieben die beiden Aufsätze die ersten Beispiele für *topologieverändernde Übergänge* – der Fachbegriff für die raumzerreißenden Prozesse, auf die wir gestoßen waren. Die seit langem diskutierte Frage, ob der Raum reißen kann, war von der Stringtheorie quantitativ entschieden worden.

Konsequenzen

Wir haben viel Aufhebens von der Erkenntnis gemacht, daß Risse im Raum auftreten können, ohne daß es zu Katastrophen kommt. Doch was *geschieht tatsächlich*, wenn das Gewebe des Raums reißt? Welche Konsequenzen lassen sich beobachten? Wie wir gesehen haben, hängen viele Eigenschaften der Welt um uns herum von der Feinstruktur der aufgewickelten Dimensionen ab. Daher sollte man meinen, daß die recht erheblichen Umwandlungen von einem Calabi-Yau-Raum in einen anderen, wie sie in Abbildung 11.5 zu beobachten sind, beträchtliche physikalische Wirkungen nach sich ziehen müßten. Durch die niedrigerdimensionalen Zeichnungen, mit denen wir die Räume veranschaulichen, wirkt die Umwandlung allerdings etwas komplizierter, als sie tatsächlich ist. Wenn wir uns die sechsdimensionale Geometrie bildlich vorstellen könnten, würden wir erkennen, daß der Raum zwar wirklich reißt, dies aber relativ unspektakulär geschieht. Der Riß ähnelt eher zierlichem Mottenfraß als dem brutalen Aufklaffen einer engen Hose bei einer allzu heftigen Kniebeuge.

Aus den Arbeiten von Witten und von uns geht hervor, daß physikalische Eigenschaften wie die Zahl der Familien von Stringschwingungen und die Teilchenarten in jeder Familie von diesen Prozessen nicht in Mitleidenschaft gezogen werden. Durch die Entwicklung eines Calabi-Yau-Raums im Anschluß an einen Riß können allenfalls die genauen Werte der Massen einzelner Teilchen beeinflußt werden – die Energien möglicher Schwingungsmuster von Strings. Unsere Aufsätze haben gezeigt, daß diese Massen in dem Maße, wie sich die geometrische Form des Calabi-Yau-Anteils des Raums verändert, kontinuierlichen Schwankungen unterworfen sind – einige werden größer, andere kleiner. Doch von vorrangiger Bedeutung ist der Umstand, daß diese variierenden Massen beim Auftreten des Risses keine fatalen sprunghaften Veränderungen, keine katastrophalen Extremwerte oder andere ungewöhnliche Eigenschaften offenbaren. Aus physikalischer Sicht weist der Augenblick, da es zum Riß kommt, keine besonderen Merkmale auf.

Diese Tatsache wirft zwei Fragen auf. Erstens: Wir haben uns mit Raumrissen beschäftigt, die in der zusätzlichen sechsdimensionalen Calabi-Yau-Komponente des Universums auftreten. Kann es auch in den drei ausgedehnten Raumdimensionen unserer Alltagserfahrung zu solchen Rissen kommen? Die Antwort lautet mit an Sicherheit grenzender Wahrscheinlichkeit Ja. Schließlich ist Raum Raum – egal,

ob er eng zu einem Calabi-Yau-Raum aufgewickelt ist oder sich in
der atemberaubenden Weite entfaltet, die wir in einer klaren Sternen-
nacht erblicken. Tatsächlich haben wir oben gesehen, daß auch die
vertrauten Raumdimensionen durchaus zu einem riesigen geschlossenen Gebilde aufgewickelt sein könnten, das sich irgendwo auf der
anderen Seite des Universums in sich selbst zurückkrümmt, und daß
daher die Unterscheidung zwischen Dimensionen, die aufgewickelt
sind, und anderen, die es nicht sind, etwas künstlich verfährt. Zwar
beruhte Wittens wie unsere Analyse auf bestimmten mathematischen Eigenschaften von Calabi-Yau-Räumen, doch das Ergebnis –
daß der Raum reißen kann – ist sicherlich von allgemeinerer Anwendbarkeit.

Zweitens: Könnte ein solcher die Topologie verändernder Riß
heute oder morgen auftreten? Könnte er sich in der Vergangenheit
ereignet haben? Ja. Wenn wir heute die Massen von Elementarteilchen messen, erweisen sich ihre Werte als über die Zeit recht stabil.
Doch für die frühesten Epochen nach dem Urknall postulieren selbst
bestimmte Theorien, die nicht auf Strings beruhen, Zeiträume,
während deren sich die Massen der Elementarteilchen verändert
haben. Aus stringtheoretischer Sicht könnten in diesen Perioden
durchaus die in diesem Kapitel erörterten topologieverändernden
Risse aufgetreten sein. Betrachten wir die gegenwärtigen Verhältnisse, so läßt die beobachtete Stabilität der Elementarteilchenmassen
darauf schließen, daß ein die Topologie verändernder Riß im Raum,
wenn er sich denn gegenwärtig in unserem Universum zutrüge,
außerordentlich langsam vonstatten gehen müßte – so langsam, daß
seine Auswirkung auf die Massen der Elementarteilchen geringfügi-
ger wäre als die Empfindlichkeit unserer gegenwärtigen Geräte. Solange diese Bedingung eingehalten wird, könnte unser Universum
sich bemerkenswerterweise auch gerade jetzt inmitten eines solchen
Zerreißvorgangs befinden. Erfolgte er langsam genug, würden wir
noch nicht einmal merken, daß er überhaupt stattfindet. Das ist
einer der seltenen Fälle in der Physik, wo der Mangel an auffälligen beobachtbaren Phänomenen der Anlaß zu großer Aufregung ist.
Der Mangel an beobachtbaren katastrophalen Konsequenzen bei
einer so ungewöhnlichen geometrischen Entwicklung illustriert, wie
weit die Stringtheorie bereits über Einsteins Erwartungen hinausgelangt ist.

Kapitel 12

Jenseits der Strings:
Auf der Suche nach der M-Theorie

Im Laufe seiner langen Suche nach einer einheitlichen Theorie überlegte Einstein einmal, »ob ›Gott die Welt auch anders gemacht haben
könnte‹, ob also der Zugang zu logischer Einfachheit überhaupt
Freiheit zuläßt«.[1] Mit dieser Bemerkung artikulierte er eine Auffassung, die gegenwärtig immer mehr Anhänger unter Physikern findet:
Wenn es eine endgültige Theorie der Natur gäbe, so wäre eines der
überzeugendsten Argumente, die sie für ihre besondere Form ins
Feld führen könnte, die Tatsache, daß sie gar nicht anders sein
könnte. Die letztgültige Theorie müßte die Form, die sie hat, besitzen,
weil sie das einzige Erklärungsmodell wäre, welches das Universum
beschreiben könnte, ohne an inneren Widersprüchen oder logischen
Absurditäten zu scheitern. Eine solche Theorie würde darlegen, daß
die Dinge sind, wie sie sind, weil sie so zu sein *haben*. Jede noch so
geringe Abweichung von dieser Form muß zu einer Theorie führen,
die – wie die Aussage »Dieser Satz ist eine Lüge« – den Keim zu ihrer
eigenen Zerstörung in sich trägt.

Wenn uns der Nachweis gelänge, daß der Aufbau des Universums
derart unvermeidlich ist, brächte uns das ein gutes Stück voran bei
unserer Suche nach Antworten auf einige der Fragen, die die
Menschheit seit unvordenklichen Zeiten beschäftigen. Im Zentrum
dieser Fragen steht das größte Geheimnis: Wer oder was traf die
scheinbar unzähligen Entscheidungen, die für die Planung unseres
Universums offenbar erforderlich waren? Die Unvermeidlichkeit
würde diese Fragen beantworten, indem sie die Wahlmöglichkeiten
aufhöbe. Denn Unvermeidlichkeit heißt ja, daß es keine Entscheidungen gibt. Unvermeidlichkeit würde verkünden, daß das Universum nicht anders sein kann, als es ist. Wie wir in Kapitel vierzehn
erörtern werden, gibt es keine Gewähr dafür, daß das Universum
tatsächlich so folgerichtig angelegt ist. Trotzdem bildet die Suche
nach einer derartigen Rigidität der Naturgesetze den Kern des Ver-
einheitlichungsprogramms, dem sich die moderne Physik verschrie-
ben hat.

Ende der achtziger Jahre hatte es den Anschein, als hätten die Physiker, obwohl sie mit der Stringtheorie ein beinahe einheitliches Bild des Universums lieferten, das Klassenziel nicht ganz erreicht. Dafür gab es zwei Gründe. Erstens machten sie, wie in Kapitel sieben kurz erwähnt, die Entdeckung, daß es tatsächlich *fünf* verschiedene Versionen der Stringtheorie gab. Vielleicht erinnern Sie sich, daß wir sie *Typ I, Typ IIA, Typ IIB, O(32) heterotisch* (oder einfach O-heterotisch) und $E_8 \times E_8$ *heterotisch* (oder einfach E-heterotisch) nannten. Sie teilen viele Grundeigenschaften – ihre Schwingungsmuster bestimmen die möglichen Massen und Kraftladungen, sie sind auf die Existenz von insgesamt zehn Raumzeitdimensionen angewiesen, ihre aufgewickelten Dimensionen müssen einen Calabi-Yau-Raum bilden und so weiter –, und aus diesem Grund sind wir in den vorhergehenden Kapiteln nicht weiter auf die Unterschiede zwischen ihnen eingegangen. Trotzdem zeigten Untersuchungen in den achtziger Jahren, daß sie sich sehr wohl unterscheiden. Genauere Auskunft über ihre Eigenschaften erhalten Sie in den Anmerkungen am Schluß, hier reicht es, wenn wir wissen, daß sie in der Art und Weise, wie sie sich die Supersymmetrie einverleiben, und in den vorkommenden Schwingungsmustern differieren.[2] (Beispielsweise kennt die Stringtheorie vom Typ I neben den geschlossenen Schleifen, auf die wir uns beschränkt haben, auch offene Strings mit zwei losen Enden.) Das war sehr unangenehm für die Stringtheoretiker, denn so eindrucksvoll es ist, einen ernsthaften Vorschlag für die Weltformel zu haben, mit fünf Vorschlägen gleichzeitig ist wenig Staat zu machen.

Die zweite Abweichung von der Unvermeidlichkeit fällt weniger ins Auge. Um sie richtig zu verstehen, müssen Sie wissen, daß alle physikalischen Theorien aus zwei Teilen bestehen. Im ersten Teil werden alle fundamentalen Ideen der Theorie gesammelt und gewöhnlich durch mathematische Gleichungen zum Ausdruck gebracht. Den zweiten Teil der Theorie machen die Lösungen dieser Gleichungen aus. Grundsätzlich haben einige Gleichungen eine und nur eine Lösung, während andere mehr als eine Lösung besitzen (unter Umständen weit mehr). (Um ein einfaches Beispiel zu geben: Die Gleichung »zwei mal einer bestimmten Zahl gleich zehn« hat nur eine Lösung: fünf. Dagegen hat die Gleichung »null mal einer bestimmten Zahl gleich null« unendlich viele Lösungen, denn null mal einer *beliebigen* Zahl ist null.) Also selbst wenn die Forschung in eine einzige Theorie mit einem einzigen Gleichungssystem mündete, könnte die Unvermeidlichkeit Schiffbruch erleiden, weil die Gleichungen unter Umständen viele verschiedene Lösungen aufwiesen.

Ende der achtziger Jahre schien dies bei der Stringtheorie der Fall zu sein. Als man die Gleichungen untersuchte, stellte man fest, daß sie *tatsächlich* in allen fünf Stringtheorien viele Lösungen besitzen – beispielsweise viele verschiedene Möglichkeiten, die Zusatzdimensionen aufzuwickeln –, wobei jede Lösung einem Universum mit verschiedenen Eigenschaften entspricht. Die meisten dieser Universen scheinen allerdings, obwohl sie sich als gültige Lösungen aus den Gleichungen der Stringtheorie ergeben, für die Welt in der Form, wie wir sie kennen, ohne Bedeutung zu sein.

Es sah so aus, als wären diese Abweichungen von der Unvermeidlichkeit eine unglückliche Grundeigenschaft der Stringtheorie. Doch die Forschungsarbeiten, die seit Mitte der neunziger Jahre durchgeführt werden, geben sehr begründeten Anlaß zu der Hoffnung, daß diese Eigenschaften unter Umständen nur die Art und Weise widerspiegeln, wie die Stringtheoretiker die Theorie analysieren. Kurz gesagt: Die Gleichungen der Stringtheorie sind so kompliziert, daß niemand ihre exakte Form kennt. Bisher ist es nur gelungen, Näherungsformen der Gleichungen zu entwickeln. Der Unterschied zwischen einer Stringtheorie und der anderen liegt in diesen Näherungsgleichungen. Sie führen im Kontext der verschiedenen Theorien zu dieser Fülle von Lösungen, diesem Überfluß an ungewollten Universen.

Seit 1995 (seit dem Beginn der zweiten Superstringrevolution) mehren sich die Hinweise darauf, daß die exakten Gleichungen, deren genaue Form sich noch immer unserem Zugriff entzieht, die Probleme lösen und damit der Stringtheorie das Siegel der Unvermeidlichkeit verleihen könnten. Tatsächlich ist bereits zur Zufriedenheit der meisten Stringtheoretiker nachgewiesen worden, daß alle fünf Stringtheorien eine enge Verwandtschaft aufweisen, sobald wir ihre exakten Gleichungen verstehen. Wie die Strahlen des Seesterns sind alle Stringtheorien Teil einer größeren Einheit, deren genaue Eigenschaften gegenwärtig intensiv erforscht werden. Heute ist man davon überzeugt, daß es nicht fünf verschiedene Stringtheorien gibt, sondern daß es nur *eine* Theorie gibt, die alle fünf in einem einzigen theoretischen Rahmen vereinigt. Wie immer, wenn sich neue Klarheit aus der Entdeckung bislang verborgener Beziehungen ergibt, vermittelt uns diese Vereinigung eine neue und höchst aufschlußreiche Ausgangsbasis für das weitere stringtheoretische Verständnis des Universums.

Um diese Erkenntnisse zu erklären, müssen wir uns mit einigen der schwierigsten und neuesten Entwicklungen in der Stringtheorie auseinandersetzen. Wir müssen verstehen, welche Näherungen bei

der Untersuchung der Stringtheorie verwendet werden und welchen
Einschränkungen sie unterworfen sind. Bis zu einem gewissen Grade
müssen wir uns auch mit den ausgefuchsten Techniken vertraut
machen – den sogenannten *Dualitäten* –, mit deren Hilfe Physiker
einige dieser Näherungsrechnungen umgehen können. Schließlich
müssen wir noch der raffinierten Argumentation folgen, die mit
Hilfe dieser Techniken zu den bemerkenswerten Erkenntnissen
führt, von denen oben die Rede war. Aber machen Sie sich keine
Sorgen. Den schwierigsten Teil der Arbeit haben die Stringtheoretiker
schon erledigt, so daß wir uns hier damit zufriedengeben können,
ihre Ergebnisse zu erklären.

Doch da wir in diesem Kapitel viele scheinbar isolierte Einzelteile
erörtern und zusammenfügen müssen, ist die Gefahr besonders
groß, daß wir den Wald vor lauter Bäumen aus dem Blick verlieren.
Wenn Sie also in diesem Kapitel irgendwann das Gefühl haben, die
Erörterung verliere sich ein bißchen zu sehr in Einzelheiten, und Sie
den Wunsch verspüren, zu den Schwarzen Löchern (Kapitel dreizehn) oder der Kosmologie (Kapitel vierzehn) vorzublättern, dann
schauen Sie sich einfach noch einmal kurz den folgenden Abschnitt
an, der die wichtigsten Erkenntnisse der zweiten Superstringrevolution zusammenfaßt.

Eine Zusammenfassung der zweiten Superstringrevolution

Das erste Ergebnis der zweiten Superstringrevolution ist in den Abbildungen 12.1 und 12.2 zusammengefaßt. In Abbildung 12.1 sehen
wir die Situation, wie sie sich darstellte, bevor man die jüngst entdeckten Möglichkeiten kannte, (partiell) über die Näherungsmethoden hinauszugehen, mit denen man herkömmlicherweise die Stringtheorie untersucht hat. Wir erkennen, daß man sich die fünf Stringtheorien vollkommen getrennt dachte. Doch die Einsichten, die sich
aus der neueren Forschung ergeben haben, lassen darauf schließen,
daß wir uns alle Stringtheorien wie die fünf Arme des Seesterns als
Teilaspekte einer einzigen, allumfassenden Rahmentheorie vorzustellen haben. (Tatsächlich werden wir am Ende des vorliegenden
Kapitels sehen, daß sich diesem System sogar eine sechste Theorie –
ein sechster Arm – einverleiben läßt.) Aus Gründen, die sich im Fortgang unserer Überlegungen deutlicher herauskristallisieren werden,
hat diese übergreifende Rahmentheorie den vorläufigen Namen
M-Theorie erhalten. Abbildung 12.2 zeigt eine entscheidende Etappe

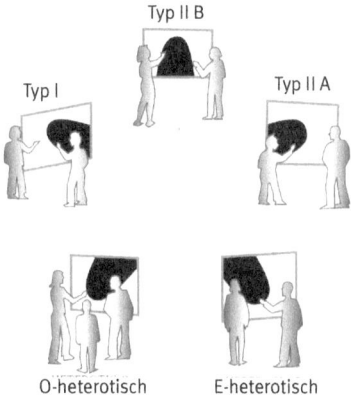

Abbildung 12.1 *Viele Jahre lang glaubten die Physiker, die an den fünf Stringtheorien arbeiteten, sie hätten es mit vollkommen separaten Theorien zu tun.*

auf der Suche nach der Weltformel: Scheinbar unzusammenhängende Fäden in der stringtheoretischen Forschung sind hier zu einem einzigen Muster verwoben worden – einer einzigen, allumfassenden Theorie, die durchaus die lange gesuchte Weltformel sein könnte.

Obwohl noch viel Arbeit zu tun bleibt, sind bereits zwei wesentliche Eigenschaften der M-Theorie entdeckt worden. Erstens: Die M-Theorie hat *elf* Dimensionen (zehn des Raums und eine der Zeit). Ähnlich wie Kaluza festgestellt hat, daß eine zusätzliche Raumdimension eine unerwartete Vereinigung von allgemeiner Relativitätstheorie und Elektromagnetismus zuließ, so machten die Stringtheoretiker die Entdeckung, daß eine weitere Raumdimension in der Stringtheorie – zusätzlich zu den neun räumlichen und der einen zeitlichen, die wir im letzten Kapitel erörtert haben – die Möglichkeit zu einer höchst befriedigenden Synthese aller fünf Versionen der Theorie eröffnet. Hinzu kommt, daß diese zusätzliche Raumdimension nicht einfach aus dem Hut gezaubert wird. Vielmehr haben die Stringtheoretiker erkannt, daß der Argumentationsgang, der in den siebziger und achtziger Jahren zu der Annahme führte, Stringtheorien lebten in einer Zeitdimension und neun Raumdimensionen, nur *approximativ* war und daß exakte Berechnungen, die jetzt durchgeführt werden können, noch eine weitere, bislang übersehene räumliche Dimension zutage fördern.

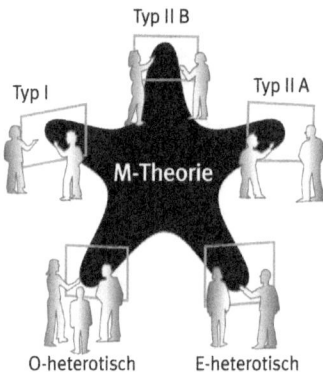

Abbildung 12.2 *Die Ergebnisse der zweiten Superstringrevolution haben gezeigt, daß alle fünf Stringtheorien tatsächlich Teil eines einzigen, einheitlichen Gebäudes sind, das den vorläufigen Namen M-Theorie trägt.*

Zweitens: Die M-Theorie enthält neben schwingenden Strings noch andere Objekte – schwingende *zwei*dimensionale Membranen, *drei*dimensionale Klümpchen (»Drei-Branen« genannt) und eine Vielzahl weiterer Bestandteile. Wie die elfte Dimension, so werden auch diese Eigenschaften der M-Theorie sichtbar, sobald man die Rechnungen von den Näherungsmethoden befreit, auf die man bis Mitte der neunziger Jahre angewiesen war.

Von diesen und einer Vielzahl anderer Einsichten abgesehen, die wir in den letzten Jahren gewonnen haben, sind viele zentrale Aspekte der M-Theorie bislang noch äußerst *mysteriös* – eine der Bedeutungen, die man für das »M« vorgeschlagen hat. Physiker in der ganzen Welt sind gegenwärtig intensiv damit beschäftigt, die Voraussetzungen für ein vollständigeres Verständnis der M-Theorie zu entwickeln. Das könnte durchaus das zentrale Anliegen der Physik im 21. Jahrhundert werden.

Eine Näherungsmethode

Die Grenzen der Methoden, mit denen Physiker die Stringtheorie untersuchen, hängen direkt mit der sogenannten *Störungstheorie* zusammen. Das ist ein komplizierter Name für den Versuch, ein Problem mit Hilfe einer Näherung zu lösen und dann diese Näherung systematisch zu verfeinern, indem man Schritt für Schritt den bislang vernachlässigten Einzelheiten immer größere Aufmerksamkeit schenkt. Das Verfahren spielt eine wichtige Rolle in vielen Bereichen der naturwissenschaftlichen Forschung und war ein wesentliches Element zum Verständnis der Stringtheorie. Es ist aber auch, wie wir gleich zeigen möchten, ein Phänomen, das uns häufig im Alltag begegnet.

Stellen Sie sich vor, eines Tages gibt Ihr Auto seinen Geist auf und Sie bringen es in die Werkstatt. Nachdem der Automechaniker es durchgecheckt hat, macht er Ihnen eine traurige Eröffnung. Das Auto braucht einen neuen Zylinderkopf, der im allgemeinen mit Arbeitslohn um die 1500 DM kostet. Das ist eine vernünftige Näherung, von der Sie annehmen dürfen, daß sie präzisiert wird, wenn sich herausstellt, welche Arbeiten im einzelnen erforderlich sind. Einige Tage später, nachdem der Mechaniker Zeit gehabt hat, noch einige zusätzliche Tests durchzuführen, gibt er Ihnen einen genaueren Kostenvoranschlag: 1650 DM. Er erläutert Ihnen, daß Sie auch ein neues Ventil brauchen, das mit Arbeitslohn 150 DM kostet. Als Sie das Auto schließlich abholen, hat er eine genaue Aufstellung gemacht und legt Ihnen eine Rechnung von 1768,23 DM vor. Sie umfasse, so erklärt er, neben den 1500 DM für den neuen Zylinderkopf und den 150 DM für das Ventil weitere 86 DM für einen Ventilatorriemen, 30 DM für ein Batteriekabel und 2,23 DM für einen Bolzen. Die ursprüngliche Näherungszahl von 1500 DM ist durch die Berücksichtigung von immer neuen Einzelheiten nach und nach verfeinert worden. In physikalischer Ausdrucksweise bezeichnet man diese Einzelheiten als *Störungen* der ursprünglichen Schätzung.

Bei angemessener und effektiver Anwendung der Störungstheorie weist schon der ursprüngliche Schätzwert eine vernünftige Nähe zum Endergebnis auf. Wenn dann die ursprünglich vernachlässigten Einzelheiten nach und nach berücksichtigt werden, gehen sie nur als kleine Korrekturen in das Ergebnis ein. Doch manchmal, wenn Sie eine Rechnung bezahlen sollen, weist diese eine erschreckende Differenz zum Kostenvoranschlag, der ursprünglichen Schätzung, auf. Auch wenn Sie dann versucht sein sollten, etwas gefühlsbetontere Ausdrücke zu verwenden, in der Physik bezeichnet man das als *Versagen der Störungstheorie*. Gemeint ist damit, daß die ursprüngliche Annäherung kein vernünftiger Anhaltspunkt für das Endergebnis war, weil die »Verfeinerungen« keine relativ kleinen Abweichungen beigetragen haben, sondern große Veränderungen.

Wie schon in den vorangegangenen Kapiteln kurz erwähnt, haben wir uns bisher mit stringtheoretischen Aspekten beschäftigt, die auf einer perturbativen – störungstheoretischen – Methode beruhen, wie sie der Mechaniker verwendet hat. Das »unvollständige Verständnis« der Stringtheorie, von dem wir von Zeit zu Zeit gesprochen haben, beruht in der einen oder anderen Weise auf dieser Näherungsmethode. Wir wollen uns diesen wichtigen Aspekt klarmachen, indem wir die Störungstheorie in einem Kontext betrachten, der einerseits weniger abstrakt ist als die Stringtheorie, aber andererseits näher an der stringtheoretischen Anwendung als das Beispiel aus der Autowerkstatt.

Ein klassisches Beispiel für Störungstheorie

Der Versuch, die Bewegung der Erde durch das Sonnensystem zu verstehen, ist ein klassisches Beispiel für die Anwendung eines störungstheoretischen Ansatzes. Bei so weiträumigen Verhältnissen brauchen wir nur die Gravitationskraft zu berücksichtigen, doch wenn wir keine weiteren Näherungen vornehmen, müssen wir uns mit außerordentlich komplizierten Gleichungen herumschlagen. Wie wir gehört haben, besagt sowohl Newtons als auch Einsteins Theorie, daß alle Körper auf alle anderen einen Gravitationseinfluß ausüben. Das führt rasch zu einem unübersichtlichen und mathematisch viel zu komplizierten Tauziehen aller gegen alle, an dem die Erde, die Sonne, der Mond und alle anderen Planeten beteiligt sind – genaugenommen kommen sogar noch alle anderen Himmelskörper im Universum dazu. Wie Sie sich vorstellen können, ist es unmöglich, alle diese Einflüsse exakt zu berücksichtigen und so die genaue Bewegung der Erde zu bestimmen. Tatsächlich reichen schon drei himmlische Teilnehmer aus, und die Gleichungen werden so kompliziert, daß niemand in der Lage ist, sie vollständig zu lösen.[3]

Trotzdem *können* wir die Bewegung der Erde durch das Sonnensystem mit großer Genauigkeit vorhersagen, indem wir eine Störungsrechnung vornehmen. Durch ihre enorme Masse und durch ihre außerordentliche Nähe zur Erde – im Vergleich zur Entfernung aller anderen Sterne – übt die Sonne den bei weitem wichtigsten Einfluß auf die Bewegung der Erde aus. Daher können wir zu einer vernünftigen Schätzung gelangen, indem wir zunächst einmal nur den Gravitationseinfluß der Sonne berücksichtigen. Für viele Zwecke reicht das vollkommen aus. Wenn erforderlich, können wir diese Näherung verfeinern, indem wir nacheinander näherungsweise die Gravitationseffekte der nächstwichtigen Körper einbeziehen – des Mondes und aller Planeten, die der Erde zum gegebenen Zeitraum nahe sind. Auch diese Berechnungen können durchaus schwierig werden, wenn das wachsende Beziehungsgeflecht von Gravitationseinflüssen komplizierter und komplizierter wird; lassen Sie sich dadurch aber nicht den Blick auf das Grundprinzip der Störungstheorie verstellen: Die gravitative Wechselwirkung zwischen Sonne und Erde gibt uns in guter Näherung eine Erklärung für die Bewegung der Erde, während der verbleibende Komplex der anderen Gravitationseinflüsse eine Folge von immer geringfügigeren Korrekturen liefert.

In diesem Beispiel klappt die Störungsrechnung, weil es einen vorherrschenden physikalischen Einfluß gibt, der eine relativ einfache theoretische Beschreibung ermöglicht. Das ist nicht immer der Fall. Wenn wir uns beispielsweise für die Bewegung von drei Sternen vergleichbarer Masse interessieren, die einander umkreisen, also ein sogenanntes Dreifachsternsystem bilden, gibt es keine Gravitationsbeziehung, deren Stärke die der anderen in den Schatten stellt. Folglich gibt es auch keine vorherrschende Wechselwirkung, die als Grundlage einer vernünftigen Schätzung dienen könnte, zu der die anderen Effekte dann nur noch kleinere Verfeinerungen beitragen würden. Wenn wir uns zu einer Störungsrechnung entschlössen, indem wir, sagen wir, die Massenanziehung zwischen zwei Sternen herausgriffen und auf dieser Grundlage unsere Schätzung vornähmen, dann müßten wir schon nach kurzer Zeit das Versagen unseres Ansatzes konstatieren. Unsere Rechnungen würden offenbaren, daß die »Verfeinerung« der vorhergesagten Bewegung, wie sie sich bei Berücksichtigung des dritten Sterns ergibt, *nicht* klein ist, sondern genauso erheblich wie der erste Wert, von dem wir bereits angenommen haben, er stelle für sich genommen eine vernünftige Näherung dar. Das dürfte eigentlich keine Überraschung sein: Die Bewegung von drei Menschen, die Sirtaki tanzen, hat wenig Ähnlichkeit mit der von zwei Menschen, die Tango tanzen. Eine große Verfeinerung bedeutet, daß die ursprüngliche Näherung das Ziel weit verfehlt hat und daß damit die ganze Rechnung auf Sand gebaut war. Dabei gilt es zu beachten, daß der Ansatz nicht nur deshalb zum Scheitern verurteilt ist, weil infolge des dritten Sterns eine große Verfeinerung erforderlich wird. Die große Verfeinerung hat einen beträchtlichen Einfluß auf die Bewegung der beiden anderen Sterne, was sich wiederum erheblich auf die Bewegung des dritten Sterns auswirkt, was dann wieder die beiden anderen beeinflußt und so fort. Alle Fäden in diesem Netz gravitativer Wechselbeziehungen sind von gleicher Bedeutung und müssen gleichzeitig berücksichtigt werden. Vielfach bleibt uns in solchen Fällen nichts anderes übrig, als uns der rohen Kraft von Elektronenrechnern zu bedienen, um die Bewegung zu simulieren, die sich aus diesen vielfältigen Einflüssen ergibt.

Das Beispiel führt uns vor Augen, wie wichtig es ist, daß wir uns bei Anwendung der Störungstheorie fragen, ob die vermeintlich vernünftige Schätzung auch *wirklich* vernünftig ist, und falls das der Fall ist, welche und wie viele feinere Einzelheiten wir einbeziehen müssen, um den gewünschten Grad an Genauigkeit zu erzielen. Wie wir im folgenden erörtern werden, gewinnen diese Fragen besondere Bedeutung, wenn wir die Werkzeuge der Störungstheorie auf die physikalischen Prozesse der Mikrowelt anwenden.

Störungsrechnung und Stringtheorie

In der Stringtheorie erwachsen physikalische Prozesse aus den grundlegenden Wechselwirkungen zwischen schwingenden Strings. Wie wir gegen Ende des sechsten Kapitels gesehen haben,[*] beruhen diese Wechselwirkungen darauf, daß Stringschleifen sich teilen und wieder vereinigen. Das zeigt die Abbildung 6.7, die wir aus Gründen der Bequemlichkeit hier noch einmal als Abbildung 12.3 abdrucken. Stringtheoretiker können ein Rezept angeben, wie sich die schematische Darstellung der Abbildung 12.3 in eine exakte mathematische Formel übersetzen läßt – eine Formel, die zum Ausdruck bringt, wie der Einfluß eines Strings auf die Bewegung eines anderen im einzelnen aussieht. (Diese Formel ist für die fünf verschiedenen Stringtheorien zwar nicht genau dieselbe, doch im Augenblick können wir solche Feinheiten vernachlässigen.) Gäbe es nicht die Quantenmechanik, wäre solch eine Formel alles, was wir über die Wechselwirkung von Strings wissen müßten. Doch das von der Unschärferelation bewirkte mikroskopische Brodeln hat zur Folge, daß vorübergehend kurzlebige String-Antistring-Paare (zwei Strings, die entgegengesetzte Schwingungsmuster ausführen) entstehen können, indem sie sich vom Universum Energie borgen – ein in der Quanten-

---

[*] Leser, die den Abschnitt »Die genauere Antwort« in Kapitel sechs überschlagen haben, sind vielleicht gut beraten, wenn sie den Anfang dieses Abschnitts doch noch einmal überfliegen.

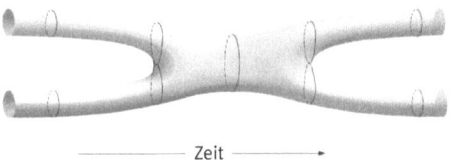

— Zeit ——→

Abbildung 12.3 *Strings wechselwirken, indem sie sich vereinigen und auf-teilen.*

mechanik durchaus erlaubter Vorgang, vorausgesetzt, sie vernichten sich mit gebührender Eile und zahlen so ihr Energiedarlehen zurück. Solche Stringpaare, die aus Quantenfluktuationen zwar geboren werden, aber von geborgter Energie leben und sich daher schon nach kurzer Zeit wieder zu einem einzigen String vereinigen müssen, bezeichnet man als *virtuelle Stringpaare.* So flüchtig die Existenz dieser zusätzlichen Stringpaare auch ist, sie wirkt sich auf die genauen Eigenschaften der Wechselwirkung aus.

Wie, das ist in Abbildung 12.4 schematisch dargestellt: Die beiden ursprünglichen Strings stoßen im Punkt (a) zusammen und verschmelzen zu einem einzigen String. Dieser bewegt sich ein Stück weit, doch in (b) führen die wilden Quantenfluktuationen zur Entstehung eines virtuellen Stringpaars, das ebenfalls ein Stück weit vorankommt, bevor es sich in (c) vernichtet, so daß wieder nur ein String vorliegt. Schließlich setzt dieser in (d) seine Energie frei, indem er sich in zwei Strings teilt, die in neue Richtungen enteilen. Da sich im Mittelpunkt der Abbildung 12.4 eine einzige Schleife befindet, spricht man hier von einem »Ein-Schleifen«-Prozeß. Wie bei der Wechselwirkung, die Abbildung 12.3 zeigt, läßt sich auch diesem Diagramm eine exakte mathematische Formel zuordnen, die zusammenfassend beschreibt, wie sich die Anwesenheit des virtuellen

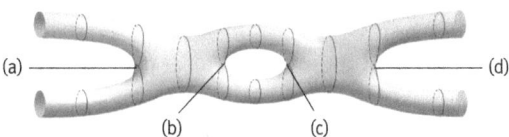

(a) —————   ————— (d)

(b)   (c)

Abbildung 12.4 *Die Quantenhektik kann zur Entstehung (b) und Vernichtung (c) eines String-Antistring-Paars führen, wodurch sich eine kompliziertere Wechselwirkung ergibt.*

Stringpaars auf die Bewegung der beiden ursprünglichen Strings auswirkt.

Doch das ist noch immer nicht die ganze Wahrheit, weil die Quantenfluktuationen virtuelle Strings beliebig oft in ihre flüchtige Existenz katapultieren kann, so daß sich eine Kette von virtuellen Stringpaaren ergibt. Dies entspricht Diagrammen mit mehr und mehr Schleifen, wie in Abbildung 12.5 dargestellt. Alle diese Diagramme sind eine bequeme und einfache Möglichkeit, die beteiligten physikalischen Prozesse abzubilden: Die ankommenden Strings vereinigen sich, Quantenfluktuationen veranlassen den resultierenden einzelnen String, sich in ein virtuelles Stringpaar aufzuteilen, welches eine gewisse Wegstrecke zurücklegt. Die beiden Strings des virtuellen Paars vernichten sich, indem sie zu einem einzigen String verschmelzen, der eine gewisse Wegstrecke zurücklegt und ein weiteres virtuelles Stringpaar erzeugt und so weiter und so fort. Auch hier gibt es wieder für jeden dieser Prozesse eine entsprechende mathematische Formel, die den Effekt auf die Bewegung des ursprünglichen Stringpaars angibt.[4]

Wie der Automechaniker die endgültige Rechnung für die Reparatur Ihres Autos durch eine Verfeinerung seines ursprünglichen Kostenvoranschlags von 1500 DM bestimmte, indem er 150, 86, 30 und 2,23 DM hinzufügte, und wie wir zu einem immer genaueren Verständnis der Erdbewegung gelangen, indem wir die kleineren Effekte

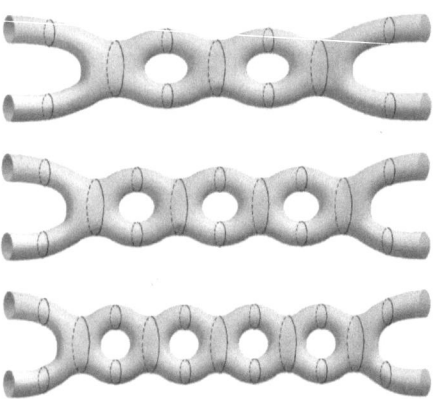

Abbildung 12.5 *Die Quantenhektik kann bewirken, daß eine längere Folge von String-Antistring-Paaren entsteht und sich vernichtet.*

des Mondes und anderer Planeten berücksichtigen, so haben Stringtheoretiker gezeigt, daß sich die Wechselwirkung zwischen zwei
Strings verstehen läßt, indem man die mathematischen Ausdrücke
für Diagramme ohne Schleifen (keine virtuellen Stringpaare), mit
einer Schleife (ein Paar virtueller Strings), mit zwei Schleifen (zwei
Paare virtueller Strings) und so fort addiert, wie in Abbildung 12.6
dargestellt. Daß wir diese Ausdrücke addieren, fügt sich haargenau
in das Feynmansche Bild der Quantenmechanik ein, das wir in Kapitel vier kennengelernt haben: Dort haben wir gesehen, daß ein Teilchen, um von einem Ort zu einem anderen zu gelangen, alle nur
möglichen Wege zwischen diesen beiden Orten durchläuft. Hier, bei
der Wechselwirkung von zwei Strings, finden in gewisser Weise all
die verschiedenen Prozesse, die in Abbildung 12.6 dargestellt sind,
gleichzeitig statt. Genau so, wie wir im Falle des Teilchens die Beiträge all der verschiedenen Wege aufsummieren mußten, müssen wir
hier die Beiträge all der verschiedenen Arten und Weisen aufaddie-
ren, auf die zwei Strings wechselwirken können.

Eine exakte Rechnung verlangt, daß wir all die mathematischen
Ausdrücke addieren, die jedem einzelnen dieser Diagramme mit einer
wachsenden Zahl von Schleifen zugeordnet sind. Doch da es eine
unendliche Zahl solcher Diagramme gibt und da die mit ihnen assoziierten Rechnungen mit steigender Schleifenzahl immer schwieriger
werden, erweist sich die Aufgabe als unlösbar. Statt dessen handhaben die Stringtheoretiker diese Rechnungen in einem störungstheoretischen Rahmen, ausgehend von der Erwartung, daß eine vernünftige Schätzung durch die Null-Schleifen-Prozesse gegeben ist
und daß die Schleifendiagramme zu Verfeinerungen führen, die um
so kleiner werden, je größer die Zahl der Schleifen ist.

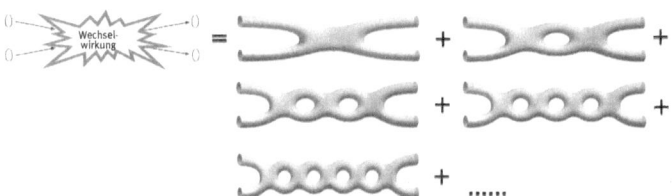

Abbildung 12.6 *Der Gesamteinfluß, den jeder ankommende String auf die
anderen ausübt, ergibt sich aus der Addition der Beiträge von Diagrammen
mit immer mehr Schleifen.*

Tatsächlich ist fast alles, was wir über die Stringtheorie wissen – einschließlich der Dinge, die wir in den vorangegangenen Kapiteln behandelt haben –, mit Hilfe von detaillierten und ausgefeilten Berechnungen unter Verwendung der Störungstheorie entdeckt worden. Doch um auf die Genauigkeit der gefundenen Ergebnisse vertrauen zu können, müssen wir uns davon überzeugen, daß die vermeintlich vernünftigen Schätzungen, die nur die ersten Diagramme in Abbildung 12.6 berücksichtigen, wirklich vernünftig sind. Damit sind wir bei der entscheidenden Frage: Bewegen wir uns mit unserer Schätzung in einem vernünftigen Rahmen?

Ist die vernünftige Schätzung wirklich vernünftig?

Das kommt darauf an. Zwar wird die mit jedem Diagramm assoziierte Formel sehr kompliziert, wenn die Zahl der Schleifen wächst, doch haben die Stringtheoretiker ein grundlegendes und wesentliches Merkmal erkannt. Wie die Stärke eines Seils die Wahrscheinlichkeit bestimmt, mit der heftiges Zerren und Schütteln bewirken, daß es in zwei Stücke zerreißt, so ähnlich gibt es eine Zahl, die die Wahrscheinlichkeit bestimmt, daß Quantenfluktuationen einen einzelnen String veranlassen, sich in zwei Strings zu teilen und so für kurze Zeit ein virtuelles Paar entstehen zu lassen. Diese Zahl bezeichnet man als *String-Kopplungskonstante* (genauer, jede der fünf Stringtheorien hat ihre eigene String-Kopplungskonstante, wie wir in Kürze erörtern werden). Der Name ist recht anschaulich: Die Größe der String-Kopplungskonstante beschreibt, wie eng die Quantenfluktuationen der drei Strings (der ursprünglichen Schleife und der beiden virtuellen Schleifen, in die sie sich aufteilt) miteinander zusammenhängen – wie eng die Strings sozusagen aneinander *gekoppelt* sind. Wie der mathematische Formalismus zeigt, ist die Wahrscheinlichkeit, daß das Quantenbrodeln einen ursprünglichen String veranlaßt, sich zu teilen (und anschließend wieder zu vereinigen), um so größer, je größer die String-Kopplungskonstante ist. Je kleiner die String-Kopplungskonstante, desto weniger wahrscheinlich ist es, daß virtuelle Strings in ihre kurzzeitige Existenz geworfen werden.

Wir werden in Kürze auf die Frage zurückkommen, wie der Wert der jeweiligen String-Kopplungskonstante in den fünf Stringtheorien bestimmt wird, aber zunächst wollen wir klarstellen, was wir eigentlich mit »klein« oder »groß« meinen, wenn von der Größe der String-Kopplungskonstante die Rede ist. Die mathematischen Verfahren, die der Stringtheorie zugrunde liegen, zeigen, daß die Trennungslinie zwischen »klein« und »groß« die Zahl 1 ist, und zwar in folgendem Sinne: Wenn die String-Kopplungskonstante kleiner als 1 ist, dann wird die Wahrscheinlichkeit, daß vorübergehend eine bestimmte Anzahl von virtuellen Stringpaaren entsteht, um so *kleiner*, je größer die Zahl von Stringpaaren ist, mit der wir es zu tun haben – wie die Wahrscheinlichkeit, daß mehrere Blitze an derselben Stelle einschlagen. Wenn die Kopplungskonstante hingegen 1 oder größer ist, wird es mit wachsender Zahl von Stringpaaren zunehmend *wahrscheinlich*, daß diese virtuellen Paare ihren kurzen, aber stürmischen Auftritt erleben.[5] Ist die String-Kopplungskonstante kleiner als 1, so das Fazit, dann werden die Beiträge der verschiedenen Schleifendiagramme um so kleiner, je mehr Schleifen in dem Diagramm zu finden sind. Genau diesen Umstand brauchen wir für die Störungsrechnung, denn er führt dazu, daß wir selbst dann Ergebnisse von vernünftiger Genauigkeit erhalten, wenn wir alle Prozesse bis auf diejenigen mit nur wenigen Schleifen außer acht lassen. Ist hingegen die String-Kopplungskonstante nicht kleiner als 1, dann fallen die Beiträge der Schleifendiagramme mit wachsender Schleifenzahl immer stärker ins Gewicht. Wie im Falle des Dreifachsternsystems wird dadurch die Störungsrechnung ausgehebelt. Die vermeintlich vernünftige Schätzung – der Prozeß ohne Schleifen – erweist sich als hochgradig unvernünftig. (Diese Feststellungen gelten gleichermaßen für alle fünf Stringtheorien – das heißt, der Wert der String-Kopplungskonstante bestimmt in jeder Theorie die Anwendbarkeit der Störungsrechnung.)

Diese Einsicht führt uns zur nächsten entscheidenden Frage: Welchen Wert hat die String-Kopplungskonstante denn nun? (Oder genauer, welche Werte haben die String-Kopplungskonstanten in jeder der fünf Stringtheorien?) *Bislang hat diese Frage noch niemand beantworten können.* Das ist eines der wichtigsten ungelösten Probleme in der Stringtheorie. Wir können sicher sein, daß Schlußfolgerungen, zu denen wir in einem störungstheoretischen Rahmen gelangt sind, nur gerechtfertigt sind, wenn die String-Kopplungskonstante kleiner als 1 ist. Darüber hinaus hat der genaue Wert der String-Kopplungskonstante einen direkten Einfluß auf die Massen und Teilchen, die den verschiedenen Schwingungsmustern der Strings entsprechen. Wir sehen also, daß der Wert der String-Kopplungskonstante viele physikalische Konsequenzen nach sich zieht. Daher wollen wir uns etwas genauer ansehen, warum die so wichtige Frage nach ihrem Wert – in allen fünf Stringtheorien – unbeantwortet bleibt.

Die Gleichungen der Stringtheorie

Die Störungsrechnung, mit der wir bestimmen, wie Strings miteinander wechselwirken, läßt sich auch dazu verwenden, die grundlegenden Gleichungen der Stringtheorie zu bestimmen. Im großen und ganzen legen die Gleichungen der Stringtheorie fest, wie Strings wechselwirken, und umgekehrt bestimmen die Wechselwirkungen der Strings die Gleichungen der Theorie.

Nehmen wir ein Beispiel: In jeder der fünf Theorien gibt es eine Gleichung, die bestimmen soll, welchen Wert die Kopplungskonstante der Theorie hat. Bislang haben die Physiker aber in allen fünf Stringtheorien nur Näherungen dieser Gleichungen finden können, indem sie eine kleine Anzahl von relevanten Stringdiagrammen mit Hilfe der Störungstheorie mathematisch bewertet haben. Nach diesen approximierten Gleichungen nimmt in jeder der fünf Stringtheorien die String-Kopplungskonstante einen Wert an, der mit null multipliziert null ergibt. Das ist ein ziemlich enttäuschendes Ergebnis: Da jede Zahl mal null gleich null ist, läßt sich die Gleichung mit jedem beliebigen Wert der String-Kopplungskonstante lösen. Mithin liefert die approximierte Gleichung für die String-Kopplungskonstante in keiner der fünf Stringtheorien Informationen über deren Wert.

In jeder der fünf Stringtheorien gibt es übrigens eine weitere Gleichung, welche die genaue Form der ausgedehnten und der aufgewickelten Raumzeitdimensionen bestimmen soll. Die approximierte Version dieser Gleichung, über die wir gegenwärtig verfügen, ist weit restriktiver als diejenige, die die String-Kopplungskonstante betrifft, aber auch sie läßt noch viele Lösungen zu. Beispielsweise ergibt sich aus vier ausgedehnten Raumzeitdimensionen und einem beliebigen aufgewickelten, sechsdimensionalen Calabi-Yau-Raum eine ganze Klasse von Lösungen. Und selbst damit sind die Möglichkeiten noch nicht erschöpft. Denkbar ist nämlich auch eine andere Aufteilung zwischen der Zahl der ausgedehnten und der aufgewickelten Dimensionen.[6]

Was können wir mit diesen Ergebnissen anfangen? Es gibt drei Möglichkeiten. Erstens: Obwohl jede Stringtheorie mit Gleichungen ausgestattet ist, denen der Wert ihrer Kopplungskonstante, die Dimensionalität und die exakte geometrische Form der Raumzeit genügen müssen – etwas, was keine andere Theorie von sich behaupten kann –, wäre als schlechteste aller Möglichkeiten denkbar, daß diese Gleichungen auch in ihrer bislang unbekannten exakten Form ein breites Spektrum von Lösungen zulassen, entsprechend einer Theorie mit erheblich eingeschränkter Vorhersagekraft. Wenn das zuträfe, wäre es eine herbe Enttäuschung, denn wir erhoffen uns von der Stringtheorie ja, daß sie uns diese Eigenschaften des Kosmos *erklären* kann, so daß wir nicht gezwungen sind, sie durch experimentelle Beobachtungen zu bestimmen und mehr oder weniger willkürlich in die Theorie einzusetzen. Auf diese Möglichkeit werden wir in Kapitel fünfzehn zurückkommen. Zweitens: Die unerwünschte Flexibilität in den approximierten Stringgleichungen könnte ein Hinweis auf einen verborgenen Fehler in unserer Argumentation sein. Wir versuchen, den Wert der String-Kopplungskonstante selbst mit Hilfe eines störungstheoretischen Ansatzes zu bestimmen. Doch wie oben erörtert, läßt sich die Störungstheorie nur dann sinnvoll anwenden, wenn die Kopplungskonstante kleiner als 1 ist. Folglich könnte unserer Rechnung eine ungerechtfertigte Vermutung bezüglich des eigenen Ergebnisses zugrunde liegen – daß nämlich das Ergebnis kleiner als 1 sein wird. Das Scheitern unserer Bemühungen könnte dann bedeuten, daß diese Annahme falsch ist und die Kopplungskonstante in der betroffenen Stringtheorie möglicherweise größer als 1 ist. Und das könnte für alle fünf Stringtheorien gelten. Drittens: Die unerwünschte Flexibilität könnte nur an unseren Näherungen liegen, wäre aber keine Eigenschaft der exakten Gleichungen. Sogar wenn die Kopplungskonstante in einer gegebenen Stringtheorie kleiner als 1 wäre, könnten die Gleichungen immerhin noch erheblich von den Beiträgen *aller* Diagramme abhängen. Das heißt, die kleinen Verfeinerungen von Diagrammen mit immer mehr Schleifen könnten in ihrer Gesamtheit die approximierten Gleichungen, die viele Lösungen zulassen, nachhaltig modifizieren und dafür sorgen, daß sie in ihrer exakten Form weit restriktiver sind, als es unserer Näherung nach den Anschein hatte.

Anfang der neunziger Jahre brachten die beiden letzteren Möglichkeiten die meisten Stringtheoretiker zu der Auffassung, daß die ausschließliche Verwendung der Störungsrechnung allen weiteren Fortschritten empfindlich im Wege stünde. Der nächste Durchbruch war, darüber waren sich alle Fachleute einig, von einem *nichtperturbativen* Ansatz zu erwarten – einem Ansatz, der nicht auf Näherungsmethoden beruht und daher die Grenzen des störungstheoretischen Rahmens überwinden kann. Noch 1994 schienen solche Methoden ein reiner Wunschtraum zu sein. Doch manchmal werden Wunschträume wahr.

Dualität

Einmal im Jahr kommen Hunderte von Stringtheoretikern aus aller Welt auf einer Konferenz zusammen, um die Ergebnisse des letzten Jahres zusammenzufassen und einzuschätzen, als wie fruchtbar sich die verschiedenen Forschungsrichtungen erwiesen haben. Auf welches Interesse und Engagement die Veranstaltung bei den Teilnehmern stößt, hängt in der Regel davon ab, wie viele Fortschritte im zurückliegenden Jahr erzielt worden sind. Mitte der achtziger Jahre, auf dem Höhepunkt der ersten Superstringrevolution, waren die Tagungen geprägt von ungeheurer Zuversicht und Euphorie. Weit verbreitet war unter Physikern die Hoffnung, daß sie schon bald die Stringtheorie restlos verstanden haben würden und daß diese sich als die endgültige Theorie des Universums erweisen werde. In der Rückschau hat sich diese Erwartung als naiv herausgestellt. Die folgenden Jahre haben gezeigt, daß die Stringtheorie viele komplizierte und vertrackte Aspekte besitzt, deren Verständnis uns sicherlich noch viel Mühe abverlangen wird. Die anfänglichen, unrealistischen Erwartungen rächten sich bitter, denn als die hochgesteckten Hoffnungen sich nicht sofort erfüllten, zeigten sich viele Forscher sehr enttäuscht. Die Stringkonferenzen Ende der achtziger Jahre spiegelten diese Ernüchterung wider – zwar wurden durchaus interessante Ergebnisse vorgetragen, aber die Atmosphäre war bar jeder Inspiration. Einige schlugen sogar vor, die Gemeinschaft der Stringtheoretiker solle die Praxis der jährlichen Konferenz einstellen. Anfang der neunziger Jahre veränderte sich die Situation dann wieder. Dank verschiedener Fortschritte, von denen wir einige in den vorangegangenen Kapiteln besprochen haben, gewann die Stringtheorie wieder an Attraktivität, mit dem Ergebnis, daß auch die Zuversicht der Forscher erneut aufkeimte und wuchs. Trotzdem deutete kaum etwas auf die Ereignisse hin, die sich auf der Stringkonferenz im März 1995 an der University of Southern California zutragen sollten.

Als Edward Witten mit seinem Referat an der Reihe war, trat er an das Rednerpult und hielt einen Vortrag, der die zweite Superstringrevolution auslöste. Unter Berufung auf frühere Arbeiten von Duff, Hull, Townsend und angeregt von Erkenntnissen, auf die Schwarz, der indische Physiker Ashoke Sen und andere gestoßen waren, legte Witten eine Strategie dafür vor, wie man über das störungstheoretische Verständnis der Stringtheorie hinausgelangen konnte. Von zentraler Bedeutung war dabei das Konzept der *Dualität*.

Mit dem Terminus Dualität beschreiben Physiker theoretische Modelle, die scheinbar unterschiedlich sind, aber trotzdem dieselbe Physik beschreiben. Es gibt »triviale« Beispiele für Dualitäten, bei denen scheinbar verschiedene Theorien tatsächlich identisch sind und sich nur durch die Art unterscheiden, in der sie formuliert worden sind. Für jemanden, der nur Deutsch spricht, dürfte die allgemeine Relativitätstheorie nicht sofort zu erkennen sein, wenn ihm Einsteins Theorie auf chinesisch erklärt würde. Ein Physiker hingegen, der beide Sprachen beherrscht, könnte leicht aus der einen in die andere übersetzen und die vollständige Äquivalenz beider Versionen erkennen. Dieses Beispiel bezeichnen wir als »trivial«, weil durch eine solche Übersetzung aus physikalischer Sicht nichts gewonnen wird: Wenn jemand, der Deutsch und Chinesisch gleichermaßen beherrscht, ein schwieriges Problem der allgemeinen Relativitätstheorie untersuchen würde, ändert die Sprache, in der es zum Ausdruck gebracht wird, nichts am Schwierigkeitsgrad. Ein Umschalten von Deutsch auf Chinesisch oder umgekehrt brächte keine neuen physikalischen Erkenntnisse.

Nichttriviale Beispiele für Dualität sind solche, in denen verschiedene Beschreibungen der gleichen physikalischen Situation zu *durchaus* verschiedenen und komplementären physikalischen Einsichten und mathematischen Analysemethoden führen. Tatsächlich haben wir schon zwei Beispiele für Dualität kennengelernt. In Kapitel zehn haben wir erörtert, daß sich in der Stringtheorie ein Universum, das eine Dimension mit einem kreisförmigen Radius von R hat, genausogut als ein Universum mit einer kreisförmigen Dimension des Radius $1/R$ beschreiben läßt. Das sind unterschiedliche geometrische Situationen, die aufgrund der besonderen Eigenschaften der Stringtheorie physikalisch identisch sind. Die Spiegelsymmetrie ist ein zweites Beispiel. Hier ergeben sich aus zwei verschiedenen Calabi-Yau-Versionen der zusätzlichen sechs Raumdimensionen – Universen, die auf den ersten Blick vollkommen verschieden erscheinen – haargenau die gleichen physikalischen Eigenschaften. Die beiden Calabi-Yaus liefern duale Beschreibungen eines einzigen Universums. Anders als im Fall der deutschen und chinesischen Version der Relativitätstheorie gibt es *durchaus* – und das ist der entscheidende Unterschied – wichtige physikalische Erkenntnisse, die aus der Verwendung dieser dualen Beschreibungen folgen, so zum Beispiel eine Mindestgröße für die kreisförmigen Dimensionen und das Vorkommen von topologieverändernden Prozessen in der Stringtheorie.

In seinem Vortrag auf der Stringkonferenz von 1995 hat Witten Belege für eine neue, grundlegende Form von Dualität vorgelegt. Wie zu Anfang dieses Kapitels kurz erwähnt, schlug er vor, daß die fünf Stringtheorien, so verschieden sie in ihrem Grundentwurf aussehen, nur unterschiedliche Weisen sind, dieselbe zugrundeliegende Physik zu beschreiben. Statt es also mit fünf verschiedenen Stringtheorien zu tun zu haben, hätten wir einfach fünf verschiedene Fenster, die sich alle auf diese eine fundamentale Theorie öffneten.

Bevor diese Entwicklungen Mitte der neunziger Jahre einsetzten, gehörte die Möglichkeit einer so grundsätzlichen Dualitätsversion ins Reich physikalischen Wunschdenkens, eine Möglichkeit, über die man kaum sprach, weil sie bei weitem zu unwahrscheinlich schien. Wenn sich zwei Stringtheorien in Hinblick auf entscheidende Einzelheiten ihres Aufbaus unterscheiden, dann ist nur schwer vorstellbar, daß sie einfach verschiedene Beschreibungen der gleichen zugrundeliegenden Physik sind. Trotzdem hat sich mit unserem zunehmenden Verständnis der Stringtheorie eine wachsende Anzahl von Hinweisen darauf ergeben, daß genau dies der Fall ist, genauer: daß alle fünf Stringtheorien *dual* sind. Darüber hinaus hat Witten dargelegt – wir werden noch darauf zurückkommen –, daß auch noch eine sechste Theorie mit im Spiel sein muß.

Diese Entwicklungen sind eng mit den im letzten Abschnitt erörterten Problemen verknüpft, die die Anwendbarkeit der Störungstheorie betreffen. Die fünf Stringtheorien sind nämlich deutlich verschieden im Bereich *schwacher Kopplung* – ein Fachbegriff, der bedeutet, daß die Kopplungskonstante einer Theorie kleiner als 1 ist. Dadurch, daß sie sich allein auf Störungsmethoden beschränkten, waren die Physiker lange Zeit nicht in der Lage anzugeben, welche Eigenschaften diese Stringtheorien denn hätten, wenn ihre Kopplungskonstanten größer als 1 wären – wie sie im Bereich *starker Kopplung* aussähen. Wie wir jetzt erörtern wollen, behaupten Witten und andere, diese entscheidende Frage lasse sich heute beantworten. Überzeugend legen ihre Ergebnisse den Schluß nahe, daß sich unter Einbeziehung einer sechsten Theorie, die noch zu beschreiben sein wird, der Bereich starker Kopplung für jede dieser Theorien durch den Bereich schwacher Kopplung einer anderen beschreiben läßt und umgekehrt.

Was das bedeutet, kann Ihnen vielleicht der folgende Vergleich etwas konkreter vor Augen führen. Stellen Sie sich zwei ziemlich abgeschieden lebende Menschen vor. Der eine mag Eis, hat aber merkwürdigerweise noch nie Wasser (in seiner flüssigen Form) gesehen.

Der andere mag Wasser, hat aber, was ebenso merkwürdig ist, noch nie Eis gesehen. Bei einem zufälligen Zusammentreffen verabreden sie sich zu einem Campingausflug in die Wüste. Beim Aufbruch sind beide gleichermaßen fasziniert von den Vorräten des anderen. Der Eisliebhaber findet die geschmeidig glatte und durchsichtige Flüssigkeit des Wasserliebhabers toll, und der Wasserliebhaber ist begeistert von den ungewöhnlichen Kristallkugeln aus festem Material, die der Eisliebhaber mitgebracht hat. Keiner von ihnen hat die geringste Ahnung, daß es in Wirklichkeit eine tiefere Beziehung zwischen Wasser und Eis gibt; für sie sind das zwei vollkommen verschiedene Stoffe. Doch als sie aufbrechen und in der sengenden Hitze der Wüste unterwegs sind, stellen sie entsetzt fest, daß das Eis sich langsam in Wasser zu verwandeln beginnt. Mit dem gleichen Entsetzen bemerken sie, daß sich das flüssige Wasser in der klirrenden Kälte der Wüstennacht langsam in festes Eis verwandelt. Da wird ihnen klar, daß diese beiden Stoffe – von denen sie ursprünglich annahmen, sie hätten gar nichts miteinander zu tun – in Wirklichkeit in enger Beziehung zueinander stehen.

So ähnlich verhält es sich mit der Dualität der fünf Stringtheorien: Grob gesagt, spielt die String-Kopplungskonstante eine analoge Rolle wie die Temperatur in unserem Wüstenvergleich. Wie Eis und Wasser scheinen auf den ersten Blick auch die fünf Stringtheorien, wenn man sie zu Paaren zusammenfügt, vollkommen verschieden zu sein. Doch wenn wir ihre jeweiligen Kopplungskonstanten verändern, verwandeln sich die Theorien ineinander. Wie Eis zu Wasser wird, wenn wir die Temperatur erhöhen, so kann sich eine Stringtheorie in eine andere verwandeln, wenn wir den Wert ihrer Kopplungskonstante erhöhen. Das ist ein wichtiger Bestandteil der Argumentation, daß alle Stringtheorien duale Beschreibungen einer einzigen fundamentalen Struktur sind – also dessen, was das H_2O für Wasser und Eis bedeutet.

Die Argumente, die zu diesen Ergebnissen führen, gründen sich fast alle auf Symmetrieprinzipien. Schauen wir sie uns etwas näher an.

Die Kraft der Symmetrie

Im Laufe der Jahre wurde nie versucht, die Eigenschaften einer der fünf Stringtheorien bei großen Werten ihrer String-Kopplungskonstanten zu untersuchen, weil niemand eine Vorstellung hatte, wie man das bewerkstelligen sollte, wo doch die Störungsrechnung nicht anwendbar war. Doch Ende der achtziger und Anfang der neunziger Jahre machte man langsame, aber stetige Fortschritte bei dem Versuch, bestimmte Eigenschaften zu bestimmen – unter anderem gewisse Massen und Kraftladungen –, die in den Bereich starker Kopplung gehören, aber trotzdem berechnet werden können. Die Berechnung dieser Eigenschaften, die zwangsläufig über den störungstheoretischen Rahmen hinausgeht, hat eine entscheidende Rolle für die Fortschritte der zweiten Superstringrevolution gespielt und ist eng mit der Macht der Symmetrie verknüpft.

Symmetrieprinzipien verdanken wir wertvolle Einsichten auf vielen Gebieten der physikalischen Welt. Wie gezeigt, berechtigt uns die gut belegte Annahme, daß die physikalischen Gesetze keinem Ort im Universum und keinem Augenblick in der Zeit eine Sonderrolle einräumen, zu dem Schluß, daß die Gesetze, die das Hier und Jetzt bestimmen, auch an jedem anderen Ort und in jedem anderen Augenblick gültig sind. Das ist ein überaus eindrucksvolles Beispiel, doch Symmetrieprinzipien können auch in bescheidenerem Rahmen nicht weniger wichtig sein. Wenn Sie beispielsweise Augenzeuge eines Verbrechens sind, aber nur einen flüchtigen Blick auf die rechte Gesichtshälfte des Täters erhaschen, kann der Polizeizeichner anhand Ihrer Informationen dennoch das ganze Gesicht rekonstruieren – aufgrund der Symmetrie. Zwar gibt es Unterschiede zwischen der linken und der rechten Gesichtshälfte eines Menschen, doch die meisten Gesichter sind so symmetrisch, daß man ein hinreichend gutes Gesamtbild erhält, wenn man das Aussehen der einen Hälfte einfach spiegelverkehrt auf die andere überträgt.

Bei allen diesen höchst verschiedenen Anwendungen besteht das Leistungsvermögen der Symmetrie darin, daß sich mit ihrer Hilfe Eigenschaften *indirekt* bestimmen lassen – was oft viel leichter zu bewerkstelligen ist als direktere Verfahren. Die fundamentalen physikalischen Gesetzmäßigkeiten in der Andromeda-Galaxie könnten wir in Erfahrung bringen, indem wir uns dorthin begeben, einen Planeten suchen, der einen Stern umkreist, Beschleuniger bauen und Experimente der Art durchführen, wie sie auf der Erde vorgenommen werden. Doch das indirekte Verfahren, das Symmetrie bei Veränderung des Schauplatzes voraussetzt, ist viel leichter. Wir könnten auch die Züge der linken Gesichtshälfte des Straftäters in Erfahrung bringen, indem wir ihn aufspüren und diese Hälfte seines Gesichts untersuchen würden. Doch ist es erheblich leichter, sich an die ungefähre Links-rechts-Symmetrie von Gesichtern zu halten.[7]

Die Supersymmetrie ist ein weit abstrakteres Symmetrieprinzip, das die physikalischen Eigenschaften von Elementarteilchen mit unterschiedlichem Spin zueinander in Beziehung setzt. Experimentelle Ergebnisse liefern bestenfalls schwache Anhaltspunkte dafür, daß der Mikrowelt diese Symmetrie eigen ist, aber aus den in Kapitel sieben dargelegten Gründen glauben viele Physiker fest an ihre Existenz. Mit Sicherheit ist die Symmetrie ein integraler Bestandteil der Stringtheorie. In den neunziger Jahren hat sich, ausgehend von bahnbrechenden Arbeiten von Nathan Seiberg vom Institute for Advanced Study, herausgestellt, daß die Supersymmetrie ein äußerst leistungsfähiges Werkzeug ist, das auf indirektem Wege einige sehr schwierige und wichtige Fragen beantworten kann.

Auch ohne die komplizierten Einzelheiten einer Theorie zu verstehen, wissen wir, wenn sie supersymmetrisch ist, daß die Eigenschaften, die sie haben kann, einigen bedeutsamen Einschränkungen unterworfen sind. Nehmen wir eine sprachliche Analogie: Man teilt uns mit, daß auf einem Zettel eine Buchstabenfolge notiert worden ist, in der zum Beispiel der Buchstabe »m« (oder »M«) genau dreimal vorkommt, und daß der Zettel in einem versiegelten Umschlag steckt. Ohne weitere Informationen haben wir keine Möglichkeit, die Sequenz zu erraten – denn nach allem, was uns bekannt ist, könnte es sich um eine zufällige Buchstabenfolge mit drei *m* handeln, etwa *yvcfojzimxidqfqzmmcdi* oder eine von unendlich vielen anderen Möglichkeiten. Stellen Sie sich nun aber vor, Sie würden anschließend noch zwei weitere Hinweise erhalten: Die im Umschlag verborgene Buchstabenfolge ist ein Wort der deutschen Sprache, und sie besitzt die kleinste Anzahl von Buchstaben, die beim Vorkommen von drei *m* (oder *M*) mit der Aussage des ersten Hinweises verträglich ist. Aus der unendlichen Zahl von Buchstabenketten, die anfangs möglich waren, schränken diese Hinweise die Möglichkeiten auf ein *einziges* Wort ein – das kürzeste deutsche Wort, das drei *m* (*M*) enthält: *Mumm.*

Vergleichbare Einschränkungen liefert die Supersymmetrie für Theorien, die diese Symmetrie aufweisen. Stellen Sie sich dazu vor, wir hätten es mit einem Physikrätsel zu tun, das dem eben beschriebenen sprachlichen Rätsel analog ist. Im Inneren einer Schachtel befindet sich ein unbekanntes Etwas, das aber eine bestimmte Ladung trägt. Die Ladung mag zur elektrischen, magnetischen oder zu irgendeiner der anderen Kräfte gehören, doch als konkretes Beispiel wollen wir annehmen, daß es sich um drei Einheiten der elektrischen Ladung handelt. Ohne weitere Informationen läßt sich die Identität des Inhalts nicht bestimmen. Es könnten drei Teilchen mit der Ladung 1 sein, etwa Positronen oder Protonen; es könnten vier Teilchen mit der Ladung 1 sein und ein Teilchen mit der Ladung –1 (wie das Elektron), denn auch diese Kombination hat eine Gesamtladung von drei; es könnten neun Teilchen mit der Ladung ein Drittel sein (wie sie zum Beispiel das up-Quark aufweist), oder es könnten diese neun Teilchen nebst einer beliebigen Zahl ladungsloser Teilchen (etwa der Photonen) sein. Wie im Fall der verborgenen Buchstabenfolge, als wir nur den Hinweis auf die drei *m* hatten, gibt es unendlich viele Möglichkeiten für den Inhalt der Schachtel.

Doch stellen wir uns nun vor, daß wir, wie im Fall des sprachlichen Rätsels, zwei weitere Hinweise erhalten: Die Theorie, die unsere Welt beschreibt, und der Inhalt der Schachtel sind supersymmetrisch, und der Inhalt der Schachtel besitzt die *Mindestmasse*, die mit dem ersten Hinweis, daß es sich um drei Ladungseinheiten handelt, konsistent ist. Auf der Grundlage der Erkenntnisse von E. Bogomol'nyi, Manoj Prasad und Charles Sommerfield hat man gezeigt, daß die Vorgabe eines theoretischen Rahmens (in diesem Falle dem der Supersymmetrie, analog der deutschen Sprache in unserem Beispiel) zusammen mit einer »Minimalbedingung« (der Mindestmasse für eine gegebene elektrische Ladung, analog der gegebenen Mindeswortlänge für eine bestimmte Zahl von *m*) die Möglichkeit eröffnet, die Identität des verborgenen Inhalts *eindeutig* zu bestimmen. Das heißt, Physiker haben nachgewiesen, daß der Inhalt der Schachtel, sobald bekannt ist, daß er so leicht wie möglich ist und dabei die angegebene Ladung trägt, identifizierbar ist. Elementarteilchen mit der Mindestmasse für gegebene Ladungswerte bezeichnet man zu Ehren ihrer drei Entdecker als *BPS-Zustände*.[8]

Entscheidend an den BPS-Zuständen ist der Umstand, daß sich ihre Eigenschaften eindeutig, ohne großen Aufwand und exakt bestimmen lassen, ohne Rückgriff auf die Störungsrechnung. Also selbst dann, wenn die String-Kopplungskonstante groß ist, woraus folgt, daß wir selbst dort, wo Störungsmethoden nicht greifen, in der Lage sind, die exakten Eigenschaften der BPS-Konfigurationen abzuleiten. Häufig bezeichnet man solche Eigenschaften als *nichtperturbative* oder nicht störungstheoretische Massen und Ladungen, da ihre Werte über den störungstheoretischen Rahmen hinaus gültig sind. Aus diesem Grund können Sie BPS auch lesen als »beyond perturbative states«, zu deutsch: »jenseits störungstheoretischer Zustände«.

Den BPS-Bedingungen gehorcht zwar nur ein kleiner Teil der Physik einer gegebenen Stringtheorie bei großem Wert der Kopplungskonstante, trotzdem ermöglichen sie uns, einige der Eigenschaften der Theorie starker Kopplung konkret zu erfassen. Wenn die Kopplungskonstante einer gegebenen Stringtheorie über den störungstheoretisch beschreibbaren Bereich hinaus anwächst, dann halten wir uns mit unserem begrenzten Verständnis eben an die BPS-Zustände. Wir werden feststellen, daß wir mit ihnen – wie mit einigen geschickt ausgesuchten Wörtern einer fremden Sprache – recht weit kommen.

Dualität in der Stringtheorie

Verfahren wir wie Witten und beginnen mit einer der fünf Stringtheorien, etwa der vom Typ I, und stellen wir uns vor, daß alle neun Raumdimensionen flach und entrollt wären. Das ist natürlich keinesfalls realistisch, aber es macht die Erörterung einfacher; wir kommen in Kürze auf die aufgewickelten Dimensionen zurück. Lassen Sie uns mit der Annahme beginnen, daß die String-Kopplungskonstante kleiner als 1 ist. In diesem Fall sind die Methoden der Störungstheorie anwendbar, so daß auf diesem Wege viele Eigenschaften der Theorie mit guter Genauigkeit berechnet werden können. Auch wenn wir den Wert der Kopplungskonstante erhöhen, ihn aber trotzdem noch deutlich kleiner als 1 halten, lassen sich die Störungsmethoden weiterhin anwenden. Die Eigenschaften der Theorie werden sich im einzelnen etwas verändern – beispielsweise der numerische Wert, der mit der Streuung eines Strings an einem anderen verknüpft ist, da die Beiträge der Mehrschleifenprozesse in Abbildung 12.6 größer werden, wenn die Kopplungskonstante anwächst. Doch abgesehen von solchen Veränderungen numerischer Eigenschaften bleibt der physikalische Inhalt der Theorie im großen und ganzen unverändert, solange die Kopplungskonstante im störungstheoretisch beschreibbaren Bereich bleibt.

Wenn wir die String-Kopplungskonstante vom Typ 1 allerdings über den Wert 1 anwachsen lassen, sind die Störungsmethoden nicht mehr anwendbar, so daß wir uns auf die begrenzte Zahl der nichtperturbativen Massen und Ladungen beschränken müssen, die wir auch im Bereich starker Kopplung noch verstehen – eben die BPS-Zustände. Hören wir, was Witten vorgeschlagen und später in gemeinsamer Arbeit mit Joe Polchinski von der University of California in Santa Barbara bestätigt hat: *Diese Merkmale der Stringtheorie*

vom Typ I bei starker Kopplung stimmen exakt mit den entsprechen-
den Eigenschaften der O-heterotischen Stringtheorie überein, wenn
deren String-Kopplungskonstante einen kleinen Wert besitzt. Das
heißt, wenn die Kopplungskonstante des Strings vom Typ I groß ist,
dann sind die besonderen Massen und Ladungen, die wir auch unter
diesen Umständen bestimmen können, exakt gleich denen des
O-heterotischen Strings, wenn dessen Kopplungskonstante klein ist.
Das läßt mit hoher Wahrscheinlichkeit darauf schließen, daß diese
beiden Stringtheorien, die auf den ersten Blick so verschieden wie
Feuer und Wasser zu sein scheinen, in Wirklichkeit dual zueinander
sind. Mit derselben Methode kann man belegen, daß auch der Um-
kehrschluß zutreffen dürfte: Die Physik der Theorie vom Typ I ist bei
kleinen Werten ihrer Kopplungskonstante identisch mit der Physik
der O-heterotischen Theorie, wenn deren Kopplungskonstante
große Werte aufweist.[9] Obwohl die beiden Stringtheorien nichts miteinander zu tun zu haben scheinen, wenn man sie nur mit Hilfe der
Störungsrechnung untersucht, so erkennen wir jetzt doch, daß sich
jede in die andere verwandelt – ähnlich wie die Verwandlung von
Wasser in Eis und umgekehrt –, wenn sich die Werte ihrer Kopplungskonstanten verändern.

Dieses entscheidende Ergebnis völlig neuer Art, wonach sich die
Physik der einen Theorie bei starker Kopplung durch die Physik der
anderen Theorie bei schwacher Kopplung beschreiben läßt, bezeichnet man als *Dualität zwischen stark und schwach.* Wie die anderen,
oben erörterten Dualitäten teilt uns auch diese mit, daß die beiden
beteiligten Theorien nicht wirklich verschieden sind, sondern daß
wir es mit zwei unterschiedlichen Beschreibungen der gleichen
grundlegenden Theorie zu tun haben. Im Gegensatz zur trivialen
deutsch-chinesischen Dualität ist die Dualität der stark-schwachen
Kopplung äußerst gewinnbringend. Wenn die Kopplungskonstante
des einen Mitglieds eines dualen Theoriepaars klein ist, können wir
ihre physikalischen Eigenschaften mit Hilfe bewährter störungstheoretischer Methoden untersuchen. Ist die Kopplungskonstante der
Theorie jedoch groß, so daß die Störungstheorie nicht anwendbar
ist, dann wissen wir jetzt, daß wir auf die duale Beschreibung
zurückgreifen können – eine Beschreibung, bei der die relevante
Kopplungskonstante klein ist – und damit beruhigt die Methoden
der Störungstheorie verwenden können. Die Übersetzung in die
Sprache der dualen Theorie ermöglicht es, eine Theorie quantitativ
zu analysieren, von der wir ursprünglich meinten, sie entzöge sich
unseren Möglichkeiten.

Tatsächlich ist der strenge Beweis, daß die Physik der Stringtheorie vom Typ I bei starker Kopplung identisch ist mit der Physik der O-heterotischen Theorie bei schwacher Kopplung und umgekehrt, äußerst schwer zu führen und noch nicht gelungen. Der Grund ist einfach: Eine Theorie der beiden vermeintlich dualen Theorien ist der störungstheoretischen Analyse entzogen, weil ihre Kopplungs-konstante zu groß ist. Daher lassen sich viele ihrer physikalischen Eigenschaften nicht berechnen. Andererseits ist es genau dieser Um-stand, der die vorgeschlagene Dualität so wertvoll macht, denn wenn sie zuträfe, ergäbe sich ein neues Werkzeug zur Analyse einer Theorie bei starker Kopplung: Die Anwendung von Störungsmetho-den auf ihre duale Beschreibung bei schwacher Kopplung.

Selbst wenn wir nicht beweisen können, daß die beiden Theorien dual sind, so ist die vollkommene Übereinstimmung zwischen den-jenigen Eigenschaften, die wir mit Gewißheit ableiten *können*, ein überzeugendes Indiz dafür, daß die angenommene stark-schwache-Kopplungsbeziehung zwischen der Stringtheorie vom Typ I und der O-heterotischen Stringtheorie stimmt. Tatsächlich haben immer aus-gefeiltere Berechnungen, die vorgenommen wurden, um die vor-geschlagene Dualität zu überprüfen, ausnahmslos zu positiven Er-gebnissen geführt. Die meisten Stringtheoretiker sind der Meinung, daß von dieser Dualität auszugehen sei.

Mit dem gleichen Ansatz lassen sich die Eigenschaften einer der anderen Stringtheorien bei starker Kopplung untersuchen – die des Strings vom Typ IIB. Wie ursprünglich von Hull und Townsend ver-mutet und durch die Untersuchungen zahlreicher anderer Physiker bestätigt, führt dies zu einem nicht minder bemerkenswerten Ergeb-nis: Wenn die Kopplungskonstante des Strings vom Typ IIB immer größer wird, scheinen sich diejenigen physikalischen Eigenschaften, die wir gerade noch verstehen können, exakt mit den Eigenschaften des gleichen Strings – also desjenigen vom Typ IIB – bei schwacher Kopplung zu decken. Mit anderen Worten, der String vom Typ IIB ist *selbstdual*.[10] Eine eingehende Untersuchung führt in überzeugen-der Weise zu folgendem Ergebnis: Wenn die Kopplungskonstante des Strings vom Typ IIB größer als 1 wäre und wenn wir sie dann durch ihren Kehrwert ersetzten (der natürlich kleiner als 1 wäre), dann wäre die resultierende Theorie absolut identisch mit derjenigen, von der wir ausgegangen sind. Es ergibt sich eine ganz ähnliche Situation wie bei dem Versuch, eine kreisförmige Dimension auf eine Länge unterhalb der Planckskala zusammenzupressen: Wenn wir versuchen, der Kopplungskonstante des Strings vom Typ IIB einen

Wert größer als 1 zuzuordnen, dann zeigt die Selbstdualität, daß die resultierende Theorie dem String vom Typ IIB bei einer Kopplung von kleiner als 1 exakt äquivalent ist.

Eine Zusammenfassung bis zu diesem Punkt

Schauen wir einmal, wo wir stehen. Mitte der achtziger Jahre hatten die Physiker fünf verschiedene Superstringtheorien entwickelt. Der Störungsrechnung nach zu urteilen, scheinen sie alle verschieden zu sein. Doch diese Näherungsmethode ist nur gültig, wenn die String-Kopplungskonstante einer gegebenen Stringtheorie kleiner als 1 ist. Eigentlich hatte man erwartet, daß sich der exakte Wert der String-Kopplungskonstante für jede gegebene Stringtheorie berechnen ließe, aber die Form der gegenwärtig zur Verfügung stehenden Näherungsgleichungen schließt diese Möglichkeit aus. Aus diesem Grund ist man bemüht, jede der fünf Stringtheorien für einen möglichst großen Wertebereich ihrer Kopplungskonstante zu untersuchen, sowohl kleiner wie auch größer als 1 – das heißt, bei schwacher wie starker Kopplung. Nun geben die traditionellen Störungsmethoden aber keinen Aufschluß über die Merkmale irgendeiner Stringtheorie bei starker Kopplung.

Doch unlängst ist es gelungen, mit Hilfe der Supersymmetrie einige Eigenschaften einer gegebenen Stringtheorie bei starker Kopplung zu berechnen. Und zur Überraschung fast aller Fachleute scheinen die Eigenschaften des O-heterotischen Strings bei starker Kopplung identisch mit den Eigenschaften des Strings vom Typ I bei schwacher Kopplung zu sein und umgekehrt. Ferner ist die Physik des Strings vom Typ IIB bei starker Kopplung identisch mit seinen eigenen Eigenschaften bei schwacher Kopplung. Die unerwarteten Zusammenhänge ermutigen uns, Witten zu folgen und uns den beiden verbleibenden Stringtheorien zuzuwenden, derjenigen vom Typ IIA und der E-heterotischen, um zu betrachten, wie sie in das allgemeine Bild passen. Hier warten noch ungewöhnlichere Überraschungen auf uns. Um uns gebührend darauf vorzubereiten, müssen wir uns auf eine kleine historische Abschweifung einlassen.

Supergravitation

Ende der siebziger und Anfang der achtziger Jahre, bevor die String-theorie das Interesse der Fachwelt erregte, suchten viele theoretische Physiker nach einer einheitlichen Theorie der Quantenmechanik, der Gravitation und der anderen Kräfte im Rahmen einer auf Punktteil-chen basierenden Quantenfeldtheorie. Man hoffte, die Widersprüche in Punktteilchentheorien, die sowohl Gravitation als auch Quanten-mechanik einschlossen, würden sich dadurch überwinden lassen, daß man Theorien mit einem hohen Maß an Symmetrie untersuchte. 1976 entdeckten Daniel Freedman, Sergio Ferrara und Peter van Nieuwenhuizen, damals alle State University of New York in Stony Brook, daß die supersymmetrischen Theorien am aussichtsreichsten waren, da in ihnen die Neigung von Bosonen und Fermionen, sich gegenseitig aufhebende Quantenfluktuationen hervorzurufen, das heftige mikroskopische Brodeln dämpft. Die Autoren prägten den Terminus *Supergravitation*, um supersymmetrische Quantenfeld-theorien zu beschreiben, die versuchen, die allgemeine Relativitäts-theorie einzubeziehen. Doch allen diesen Versuchen, die allgemeine Relativitätstheorie mit der Quantenmechanik zu vereinigen, blieb der Erfolg letztlich versagt. Trotzdem ließ sich, wie in Kapitel acht erwähnt, aus diesen Untersuchungen eine zukunftsweisende Lektion lernen, eine Lektion, die die Entwicklung der Stringtheorie vorweg-nahm.

Diese Lektion ist wohl am deutlichsten in der Arbeit von Eugene Cremmer, Bernard Julia und Scherk, 1978 alle École Normale Supérieure, zutage getreten und besagte, daß man dem Ziel dann am nächsten kommt, wenn Supergravitationstheorien nicht in vier, sondern in mehr Dimensionen formuliert werden. Besonders ver-heißungsvoll waren Versionen, die nach zehn oder elf Dimensionen verlangten, wobei, wie sich zeigte, elf Dimensionen die Obergrenze markierten.[11] Die Beziehung zu den vier uns bekannten Dimensio-nen wurde wiederum im Rahmen der Kaluza-Klein-Theorie her-gestellt: Die zusätzlichen Dimensionen sind aufgewickelt. In zehn-dimensionalen Theorien, wie etwa der Stringtheorie, muß man sechs der Dimensionen aufwickeln, in der elfdimensionalen Theorie sieben.

Als die Stringtheorie 1984 die physikalische Gemeinschaft im Sturm eroberte, kam es zu einem grundlegenden Sinneswandel in be-zug auf Supergravitationstheorien, die auf Punktteilchen basieren. Wie schon mehrfach erwähnt, sieht auch ein String wie ein Punkt-teilchen aus, wenn wir ihn mit der Genauigkeit untersuchen, zu der wir gegenwärtig und in absehbarer Zukunft fähig sind. Wir können diese umgangssprachliche Äußerung präzisieren: Wenn wir niederenergetische Prozesse in der Stringtheorie untersuchen – Prozesse, die nicht genügend Energie besitzen, um die ultramikroskopische, ausgedehnte Beschaffenheit des Strings zu erfassen –, so können wir einen String näherungsweise als ein strukturloses Punktteilchen sehen, dessen Eigenschaften durch eine herkömmliche, auf Punktteilchen basierende Quantenfeldtheorie beschrieben werden. Diese Näherung können wir natürlich nicht mehr verwenden, sobald wir es mit kleinen Abständen oder hohen Energien zu tun bekommen: Wir wissen, daß bei solchen Verhältnissen die ausgedehnte Beschaffenheit des Strings von entscheidender Bedeutung für seine Fähigkeit ist, die Konflikte zwischen allgemeiner Relativitätstheorie und Quantenmechanik zu lösen – eine Fähigkeit, die auf Punktteilchen basierenden Theorien bekanntlich abgeht. Doch bei Energien, die niedrig genug sind – bei Abständen, die groß genug sind –, treten diese Probleme nicht auf, und häufig wird in diesem Bereich eine Punktteilchen-Näherung durchgeführt, um bestimmte Rechnungen zu vereinfachen oder überhaupt erst zu ermöglichen.

Die Quantenfeldtheorie, durch die man die Stringtheorie in dieser Weise annähern kann, ist keine andere als die zehndimensionale Supergravitation. Die besonderen Eigenschaften der in den siebziger und achtziger Jahren entdeckten zehndimensionalen Supergravitation kann man aus heutiger Sicht als die niederenergetischen Erscheinungsformen der Stringtheorie betrachten. Die Physiker, die die zehndimensionale Supergravitation untersuchten, hatten die Spitze eines sehr tiefen Eisbergs entdeckt – der komplexen Struktur der Superstringtheorie. Tatsächlich stellte sich heraus, daß es vier verschiedene zehndimensionale Supergravitationstheorien gibt, die kleinere Unterschiede in der Art, wie die Supersymmetrie umgesetzt wird, aufweisen. Drei von ihnen sind, wie sich zeigt, Niederenergie-Punktteilchen-Näherungen des Strings vom Typ IIA, des Strings vom Typ IIB und des E-heterotischen Strings. Die vierte erweist sich als Niederenergie-Punktteilchen-Näherung sowohl des Strings vom Typ I wie des O-heterotischen Strings. In der Rückschau war dies der erste Hinweis auf den engen Zusammenhang zwischen diesen beiden Stringtheorien.

Das ergibt ein hübsch geordnetes Bild, nur daß sich kein Plätzchen für die elfdimensionale Supergravitation zu finden scheint. In einer Stringtheorie, die in zehn Dimensionen formuliert wird, ist offenbar kein Raum für eine elfdimensionale Theorie. Jahrelang vertraten daher die meisten, wenn auch nicht alle Stringtheoretiker die Auffassung, die elfdimensionale Supergravitation sei eine mathematische Kuriosität, die in keinerlei Beziehung zur Physik der Stringtheorie stehe.[12]

Vorboten der M-Theorie

Heute sieht man die Sache ganz anders. Auf der Stringkonferenz 1995 brachte Witten vor, wenn man mit dem String vom Typ IIA beginne und seine Kopplungskonstante von einem Wert weit unter 1 auf einen Wert größer als 1 erhöhe, dann habe die Physik, die wir noch untersuchen könnten (im wesentlichen die der BPS-Konfigurationen), eine Niederenergie-Näherung – und zwar die elfdimensionale Supergravitation!

Als Witten diese Entdeckung bekanntgab, versetzte sie die Hörerschaft in höchstes Erstaunen. Sie hat die stringtheoretische Gemeinschaft seither nicht zur Ruhe kommen lassen. Für fast alle Stringtheoretiker war dies eine vollkommen unerwartete Entwicklung. Vielleicht gleicht Ihre erste Reaktion dem Gedanken, der damals den meisten Fachleuten durch den Kopf schoß: *Wie kann eine Theorie, die nur in elf Dimensionen funktioniert, für eine andere Theorie in zehn von Bedeutung sein?*

Die Antwort ist äußerst wichtig. Um sie zu verstehen, müssen wir Wittens Ergebnis etwas genauer beschreiben. Wir wollen zunächst ein eng verwandtes Ergebnis betrachten, das zu einem späteren Zeitpunkt von Witten und Petr Hořava – damals Postdoktorand an der Princeton University – gefunden wurde und das den E-heterotischen String betrifft. Wie die beiden feststellten, hat der E-heterotische String mit starker Kopplung ebenfalls eine elfdimensionale Beschreibung, und die Abbildung 12.7 zeigt, warum: Ganz links in der Abbildung gehen wir davon aus, daß die Kopplungskonstante des E-heterotischen Strings viel kleiner als 1 ist. Das ist der Bereich, den wir in den vorhergehenden Kapiteln beschrieben haben und den Stringtheoretiker seit gut zehn Jahren untersuchen. Wenn wir uns in der Abbildung 12.7 nach rechts bewegen, erhöhen wir die Kopplungskonstante stufenweise. Vor 1995 wußten die Stringtheoretiker, daß die Schleifenprozesse (vgl. Abbildung 12.6) dadurch zunehmend an Gewicht gewinnen und letztlich, bei größer werdender Kopplungskonstante, den ganzen störungstheoretischen Ansatz außer Kraft setzen. Was jedoch niemand vermutet hätte: Wenn wir die

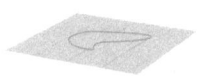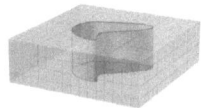

Abbildung 12.7 *Wenn die Kopplungskonstante eines E-heterotischen Strings erhöht wird, tritt eine neue Raumdimension in Erscheinung, und der String selbst dehnt sich zu einer zylindrischen Membranform.*

Kopplungskonstante vergrößern, wird eine neue Dimension sichtbar! Das ist die »senkrechte« Dimension in der Abbildung 12.7. Halten Sie sich vor Augen, daß in dieser Abbildung die zweidimensionale Fläche, mit der wir beginnen, alle neun Raumdimensionen des E-heterotischen Strings darstellt. Daher repräsentiert die neue senkrechte Dimension eine *zehnte* Raumdimension, so daß wir jetzt zusammen mit der Zeit auf insgesamt elf Raumzeitdimensionen kommen.

Im übrigen zeigt Abbildung 12.7 eine tiefgreifende Konsequenz der neuen Dimension. Die *Struktur* des E-heterotischen Strings verändert sich in dem Maße, wie diese Dimension anwächst: Mit der Vergrößerung der Kopplungskonstante wird die eindimensionale Stringschleife zunächst zu einem flachen Band und dann zu einem verformten Zylinder auseinandergezogen! Mit anderen Worten, der E-heterotische String ist *in Wirklichkeit eine zweidimensionale Membran*, deren Breite (die senkrechte Ausdehnung in Abbildung 12.7) von der Größe der Kopplungskonstante bestimmt wird. Seit mehr als zehn Jahren verwenden Stringtheoretiker Störungsmethoden, die fest auf der Annahme beruhen, daß diese Kopplungskonstante sehr klein sei. Wie Witten vorbringt, war es diese Annahme, die dazu geführt hat, daß die fundamentalen Bestandteile aussahen und sich verhielten, als wären sie eindimensional, obwohl sie in Wirklichkeit eine zweite, verborgene Raumdimension besitzen. Wenn man die Annahme fallenläßt, daß die Kopplungskonstante sehr klein ist, und die Physik des E-heterotischen Strings bei großer Kopplungskonstante berücksichtigt, wird die zusätzliche Dimension manifest.

Diese Erkenntnis stellt keine der Schlußfolgerungen in Frage, die wir in den vorangegangenen Kapiteln gezogen haben, zwingt uns aber, sie aus einer neuen Perspektive zu betrachten. Wie verträgt sich das alles beispielsweise mit der einen Dimension der Zeit und den neun des Raumes, die die Stringtheorie verlangt? Wie in Kapitel acht dargelegt, ergibt sich diese Bedingung, wenn wir die unabhängigen

Richtungen zählen, in denen ein String schwingen kann, und ihre Anzahl so wählen, daß sich für die quantenmechanischen Wahrscheinlichkeiten vernünftige Werte ergeben. Die neue Dimension, die wir gerade entdeckt haben, ist *keine*, in der ein E-heterotischer String schwingen kann, denn es handelt sich um eine Dimension, die untrennbar mit der Struktur des »Strings« selbst zusammenhängt. Anders gesagt, der störungstheoretische Rahmen, aus dem sich die Forderung nach einer zehndimensionalen Raumzeit ergab, ging von Anfang an von der Annahme aus, die Kopplungskonstante des E-heterotischen Strings sei klein. Obwohl dies erst viel später erkannt wurde, erzwingt diese Annahme implizit zwei miteinander verträgliche Näherungen: Zum einen, die Breite der Membran in Abbildung 12.7 ist so klein, daß die Membran wie ein String aussieht, zum anderen, die elfte Dimension ist *so* klein, daß sie durch das Raster der Störungsgleichungen fällt. Im Rahmen dieser Näherungsrechnung bietet sich uns das Bild eines von eindimensionalen Strings erfüllten zehndimensionalen Universums. Heute erkennen wir, daß das nur eine approximative Beschreibung eines elfdimensionalen Universums voller zweidimensionaler Membranen ist.

Es hatte mathematische Gründe, daß Witten erstmals auf die elfte Dimension stieß, als er die Eigenschaften des Strings vom Typ IIA bei starker Kopplung untersuchte, aber die Situation ist ganz ähnlich wie beim E-heterotischen String. Auch dort gibt es eine elfte Dimension, deren Größe von der Kopplungskonstante des Strings vom Typ IIA bestimmt wird. Wenn ihr Wert größer wird, wächst auch die neue Dimension an. Dabei, so Witten, streckt sich der String vom Typ IIA nicht zu einem Band, wie im Fall des E-heterotischen Strings, sondern dehnt sich zu einer Art Reifenschlauch, wie die Abbildung 12.8 zeigt. Auch hier argumentiert Witten, man habe die Strings vom Typ IIA nur deshalb so lange als eindimensionale Objekte gesehen, die nur Länge, aber keine weitere Ausdehnung hätten, weil man in den entsprechenden Störungsrechnungen von einer kleinen String-Kopplungskonstante ausgegangen sei. Wenn die Natur *tatsächlich* einen kleinen Wert für diese Kopplungskonstante verlangt, dann sind diese Näherungen zuverlässig. Allerdings haben Witten und andere Physiker während der zweiten Superstringrevolution überzeugende Belege dafür geliefert, daß der »String« vom Typ IIA und der E-heterotische »String« eigentlich zweidimensionale Membranen sind, die in einem elfdimensionalen Universum leben.

Doch was *ist* diese elfdimensionale Theorie? Bei niedrigen Energien (niedrig im Vergleich zur Planckenergie) wird sie, so Witten und

Abbildung 12.8 *Wird die Kopplungskonstante eines Strings vom Typ IIA erhöht, expandiert die eindimensionale Schleife zu einem zweidimensionalen Objekt, das wie die Oberfläche eines Fahrradschlauchs aussieht.*

andere, näherungsweise von einer lange vernachlässigten Quantenfeldtheorie, nämlich der elfdimensionalen Supergravitation beschrieben. Doch wie können wir diese Theorie bei höheren Energien charakterisieren? Diese Frage wird gegenwärtig eingehend untersucht. Aus den Abbildungen 12.7 und 12.8 geht hervor, daß die elfdimensionale Theorie Objekte mit zweidimensionaler Ausdehnung enthält – zweidimensionale Membranen. Und wie wir gleich erörtern werden, spielen auch ausgedehnte Objekte mit noch mehr Dimensionen eine wichtige Rolle. Doch über dieses kunterbunte Mischmasch von Eigenschaften hinaus *weiß niemand, was es mit dieser elfdimensionalen Theorie auf sich hat.* Sind Membranen ihre fundamentalen Bestandteile? Welche charakteristischen Eigenschaften besitzt sie? Welche Beziehung hat sie zu der Physik, die wir kennen? Solange die jeweiligen Kopplungskonstanten klein sind, sind die besten Antworten, über die wir gegenwärtig verfügen, in den vorangehenden Kapiteln beschrieben, denn bei kleinen Kopplungskonstanten gelangen wir wieder zur Theorie der Strings. Doch in den Fällen, in denen die Kopplungskonstanten nicht klein sind, kennt zum gegenwärtigen Zeitpunkt noch niemand die Antwort.

Was immer es mit der elfdimensionalen Theorie auf sich haben mag, Witten hat ihr einstweilen den Namen *M-Theorie* gegeben. Für diesen Namen bekommen Sie so viele Bedeutungen genannt, wie Sie Leute befragen. Einige Beispiele: Mysterium-Theorie, Mutter-Theorie (im Sinne von »Mutter aller Theorien«), Membran-Theorie (da Membranen hier auf alle Fälle eine wesentliche Rolle zu spielen scheinen), Matrix-Theorie (nach einer Arbeit, die Tom Banks und Stephen Shenker von der Rutgers University, Willy Fischler von der University of Texas in Austin und Susskind vorgelegt und in der sie eine neue Interpretation der Theorie vorgeschlagen haben). Doch

auch ohne den Namen der Theorie oder ihre Eigenschaften ganz zu
verstehen, können wir doch eines mit Sicherheit sagen: Die M-Theorie bietet einen einheitlichen Rahmen, in dem sich alle fünf Stringtheorien zusammenfassen lassen.

Die M-Theorie und das Geflecht von Wechselbeziehungen

Es gibt im Englischen ein altes Sprichwort über drei Blinde und einen
Elefanten. Der erste Mann bekommt den Stoßzahn des Elefanten zu
fassen und beschreibt die glatte, harte Oberfläche, die er ertastet.
Der zweite Blinde berührt ein Bein des Tiers. Er beschreibt die harte,
muskulöse Rundung, die er fühlt. Der Dritte hält den Schwanz des
Elefanten und beschreibt das schlanke, sehnige Gebilde, das er in
Händen hält. Da ihre Beschreibungen so verschieden ausfallen und
da keiner der Männer die anderen sehen kann, sind sie der Meinung,
sie hätten jeder ein anderes Tier ergriffen. Viele Jahre lang tappten
die Physiker genauso im dunkeln wie die drei Blinden und glaubten,
die verschiedenen Stringtheorien seien *tatsächlich* verschieden. Doch
jetzt ist ihnen dank der Erkenntnisse der zweiten Superstringrevolution klar geworden, daß die M-Theorie die vereinigende Elefanten-
haut der fünf Stringtheorien ist.

In diesem Kapitel haben wir erörtert, welche Veränderungen sich
in unserem Verständnis der Stringtheorie ergeben, wenn wir uns
über die Grenzen der Störungstheorie hinauswagen – einen theoretischen Rahmen verlassen, den wir in den vorangegangenen Kapiteln
stillschweigend vorausgesetzt hatten. Abbildung 12.9 faßt die Wechselbeziehungen zusammen, die wir bislang besprochen haben, wobei
die Pfeile duale Theorien verbinden. Wie Sie sehen, erhalten wir ein
ganzes Geflecht von Wechselbeziehungen, das aber trotzdem noch
nicht vollständig ist. Durch Einbeziehung der in Kapitel zehn erörterten Dualitäten können wir die noch fehlenden Teile ergänzen.

Sie erinnern sich vielleicht an die Dualität zwischen großem und
kleinem Radius, die eine kreisförmige Dimension des Radius R gegen eine des Radius $1/R$ austauscht. Bislang haben wir einen Aspekt
dieser Dualität übergangen, mit dem wir uns jetzt näher beschäftigen müssen. In Kapitel zehn haben wir die Eigenschaften von
Strings in einem Universum mit einer kreisförmigen Dimension erörtert, ohne genau anzugeben, welche der fünf Stringformulierungen
wir zugrunde gelegt haben. Der Austausch der Windungs- und der
Schwingungsmoden eines Strings erlaube uns, so haben wir argu-

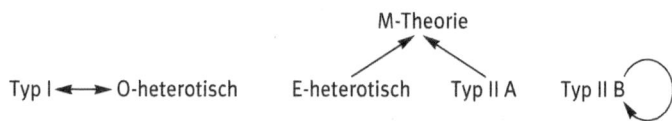

Abbildung 12.9 *Die Pfeile zeigen, welche Theorien dual zueinander sind.*

mentiert, die stringtheoretische Beschreibung eines Universums mit
einer kreisförmigen Dimension vom Radius $1/R$ exakt durch diejenige eines Universums mit einer kreisförmigen Dimension vom Radius R zu ersetzen. Worauf wir nicht näher eingegangen sind, ist der
Umstand, daß die Stringtheorien vom Typ IIA und Typ IIB ebenso
wie der O- und E-heterotische String durch diese Dualität tatsächlich gegeneinander ausgetauscht werden. Das heißt, die exaktere
Formulierung der Dualität zwischen großem und kleinem Radius
muß lauten: Die Physik des Strings vom Typ IIA in einem Universum
mit einer kreisförmigen Dimension vom Radius R ist absolut identisch mit der Physik eines Strings vom Typ IIB in einem Universum
mit einer kreisförmigen Dimension vom Radius $1/R$ (Gleiches läßt
sich vom E-heterotischen und O-heterotischen String sagen). Diese
Konkretisierung der Dualität zwischen großem und kleinem Radius
hat keine wesentlichen Auswirkungen auf die Schlußfolgerungen des
Kapitels zehn, ist aber von großer Bedeutung für unsere augenblicklichen Überlegungen.

Denn durch die Verbindung zwischen den Stringtheorien vom
Typ IIA und IIB sowie zwischen der O-heterotischen und der E-heterotischen Theorie vervollständigt die Dualität zwischen großem
und kleinem Radius das Geflecht der Wechselbeziehungen, wie die
gestrichelten Linien in Abbildung 12.10 zeigen. Diese Abbildung
führt uns vor Augen, daß alle fünf Stringtheorien einschließlich der

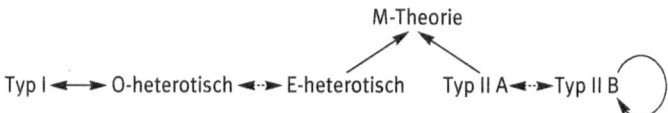

Abbildung 12.10 *Wenn wir die Dualitäten einbeziehen, die die geometrische Form der Raumzeit betreffen (Kapitel zehn), können wir alle fünf
Stringtheorien und die M-Theorie zu einem Netz dualer Theorien verbinden.*

M-Theorie untereinander dual sind. Sie sind alle in einem einzigen theoretischen Rahmen zusammengefaßt und beschreiben ein und dieselbe Physik auf fünf verschiedene Weisen. Für konkrete Anwendungen ist eine der Formulierungen oft weit besser geeignet als eine andere. Beispielsweise läßt sich mit der O-heterotischen Theorie bei schwacher Kopplung weit leichter arbeiten als mit dem String vom Typ I bei starker Kopplung. Das ändert aber nichts daran, daß sie letztlich exakt die gleiche Physik beschreiben.

Das Gesamtbild

Jetzt können wir die beiden Abbildungen – Abbildung 12.1 und 12.2 –, die wir zu Anfang dieses Kapitels eingeführt haben, um die wichtigsten Punkte zusammenzufassen, vollständiger verstehen. In Abbildung 12.1 erkennen wir, daß wir es vor 1995, also bevor wir gelernt hatten, die Dualitäten zu berücksichtigen, mit fünf scheinbar verschiedenen Stringtheorien zu tun hatten. An jeder arbeiteten viele Physiker, doch ohne Verständnis der Dualitäten mußten sie den Eindruck haben, hier ginge es um verschiedene Theorien. In jeder der Theorien gab es eine Anzahl von nicht näher festgelegten Eigenschaften, etwa die Größe ihrer Kopplungskonstante oder die geometrische Form und Größe der aufgewickelten Dimensionen. Man hoffte (und hofft noch), daß sich auch diese unterscheidenden Eigenschaften eindeutig aus der Theorie selbst ergeben würden, doch ohne die Fähigkeit, sie mit den gegenwärtigen Näherungsgleichungen zu ermitteln, blieb nichts anderes übrig, als zunächst einmal die physikalischen Konsequenzen eines ganzen Spektrums von Möglichkeiten zu untersuchen. Das zeigen die schattierten Regionen der Abbildung 12.1 – jeder Punkt in einer solchen Region bezeichnet eine bestimmte Wahl für die Kopplungskonstante und die aufgewickelte Geometrie. Solange wir keine Dualitäten verwenden, arbeiten wir mit fünf unverbundenen (Sammlungen von) Theorien.

Doch in dem Augenblick, da wir all die besprochenen Dualitäten ins Spiel bringen, können wir durch Veränderung der Kopplungs- und geometrischen Parameter von einer Theorie zur anderen wechseln, vorausgesetzt, wir beziehen die vereinheitlichende Zentralregion der M-Theorie ein. Das ist in Abbildung 12.2 dargestellt. Zwar haben wir zur Zeit nur ein sehr eingeschränktes Verständnis der M-Theorie, aber die erwähnten indirekten Argumente sprechen nachdrücklich für die Behauptung, daß die M-Theorie einen ver-

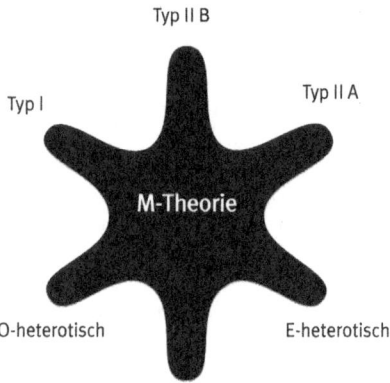

11-D Supergravitation

Abbildung 12.11 *Durch Ausnutzung der Dualitäten vereinigen sich alle fünf Stringtheorien, die elfdimensionale Supergravitation und die M-Theorie zu einem einheitlichen Theoriegebäude.*

einheitlichenden Rahmen für die fünf Stringtheorien liefert, die dem naiven Blick verschieden erscheinen. Ferner haben wir erfahren, daß die M-Theorie außerdem mit einer sechsten Theorie – der elfdimensionalen Supergravitation – eng verwandt ist. Diese Beziehung ist in Abbildung 12.11, einer präziseren Version von Abbildung 12.2, dargestellt.[13]

Abbildung 12.11 zeigt, daß die grundlegenden Ideen und Gleichungen der M-Theorie, obschon sie im Augenblick erst teilweise verstanden sind, alle Formulierungen der Stringtheorie vereinigen. Die M-Theorie ist der theoretische Elefant, der den Stringtheoretikern den Blick auf einen weit umfassenderen theoretischen Rahmen eröffnet hat.

Ein überraschendes Merkmal der M-Theorie: Demokratie in ungeahnten Ausmaßen

Wenn in einer der oberen fünf Halbinseln der Theoriekarte von Abbildung 12.11 die Kopplungskonstante klein ist, scheint das fundamentale Objekt der Theorie ein eindimensionaler String zu sein. Allerdings haben wir gelernt, diesen Umstand aus einem neuen

Blickwinkel zu betrachten: Wenn wir in der Region des E-heterotischen Strings oder des Strings vom Typ IIA beginnen und den Wert
der betreffenden Kopplungskonstanten erhöhen, bewegen wir uns
auf das Zentrum der Karte in Abbildung 12.11 zu, und die scheinbar
eindimensionalen Strings strecken sich zu zweidimensionalen Membranen. Hinzu kommt, daß wir unter Ausnutzung einer mehr oder
weniger komplizierten Folge von Dualitätsbeziehungen, die sowohl
die String-Kopplungskonstanten als auch die detaillierten Formen
der aufgewickelten Raumdimensionen betreffen, stetig und kontinuierlich von einem Punkt der Abbildung 12.11 zu jedem anderen
gelangen können. Wir können aber die zweidimensionalen Membranen, auf die wir in den Regionen der E-heterotischen Stringtheorie
und der Stringtheorie vom Typ IIA gestoßen sind, ununterbrochen
beobachten, während wir zu den Gebieten der drei anderen Stringformulierungen der Abbildung 12.11 wandern. Dabei wird uns klar,
daß nicht nur zwei, sondern jede der fünf Stringformulierungen auch
zweidimensionale Membranen enthält.

Das wirft zwei Fragen auf. Sind zweidimensionale Membranen
die wirklich fundamentalen Bestandteile der Stringtheorie? Und
zweitens, müssen wir, nachdem wir in den siebziger und achtziger
Jahren den kühnen Sprung von nulldimensionalen Punktteilchen zu
eindimensionalen Strings vollzogen und nun erkannt haben, daß
auch die Stringtheorie in Wirklichkeit mit zweidimensionalen
Membranen hantiert, nicht mit der Möglichkeit rechnen, daß es in
der Theorie möglicherweise noch höherdimensionale Bestandteile
gibt? Bei Niederschrift dieses Buches waren die Antworten auf diese
Fragen noch nicht vollständig bekannt, doch die Situation scheint
sich wie folgt darzustellen.

Wir haben uns sehr stark an der Supersymmetrie orientiert, um
jede der fünf Formulierungen der Stringtheorie auch noch jenseits
der störungstheoretischen Gültigkeitsbereiche zu verstehen. Insbesondere werden die Eigenschaften der BPS-Zustände, ihre Massen
und Kraftladungen von der Supersymmetrie eindeutig bestimmt,
was uns erlaubte, einige ihrer Eigenschaften bei starker Kopplung zu
verstehen, ohne direkte Berechnungen von unvorstellbarem Schwierigkeitsgrad vorzunehmen. Zunächst durch die Arbeiten von Horowitz und Strominger und dann durch die wegweisenden Untersuchungen von Polchinski wissen wir heute mehr über diese BPS-
Zustände. Vor allem wissen wir nicht nur, welche Massen und
Kraftladungen sie tragen, sondern haben auch eine klare Vorstellung
davon, wie sie *aussehen*. Das Bild, das sich ergibt, ist vielleicht die

überraschendste Erkenntnis überhaupt. Einige der BPS-Zustände sind eindimensionale Strings, andere zweidimensionale Membranen. Diese Formen sind uns mittlerweile vertraut. Doch die Überraschung liegt darin, daß es andere Formen gibt, die *drei-* oder gar *vier*dimensional sind – tatsächlich umfaßt das Spektrum der Möglichkeiten jede Zahl von Raumdimensionen bis einschließlich *neun*. Die Stringtheorie, die M-Theorie oder wie sie am Ende heißen mag, enthält ausgedehnte Objekte mit einer Vielfalt verschiedener Raumdimensionen. Objekte mit drei Raumdimensionen bezeichnet man als Drei-Branen, Objekte mit vier Raumdimensionen als Vier-Branen und so fort bis zu den Neun-Branen (und, allgemeiner, ein Objekt mit p Raumdimensionen, wobei p für eine ganze Zahl steht, wird als p-Bran* bezeichnet). Manchmal werden Strings, der Logik dieser Terminologie folgend, als Eins-Branen und herkömmliche Membranen als Zwei-Branen bezeichnet. Die Tatsache, daß alle diese ausgedehnten Objekte Bestandteile der Theorie sind, hat Paul Townsend dazu veranlaßt, eine »Demokratie der Branen« auszurufen.

Ungeachtet der Branen-Demokratie nehmen Strings – eindimensionale ausgedehnte Objekte – eine Sonderstellung ein, und zwar aus folgendem Grund. Man hat gezeigt, daß die Masse von ausgedehnten Objekten jeder Dimensionalität, ausgenommen eindimensionale Strings, zu dem Wert der assoziierten String-Kopplungskonstante *umgekehrt* proportional ist, wenn wir uns in einer der fünf Stringregionen der Abbildung 12.11 befinden. Daraus folgt, daß bei schwacher Stringkopplung in jeder der fünf Formulierungen alle Objekte, die Strings ausgenommen, außerordentlich massereich sein werden – viele Größenordnungen schwerer als die Planckmasse. Da sie extrem schwer sind und wir entsprechend $E = mc^2$ eine ungeheuer hohe Energie aufwenden müßten, um sie zu erzeugen, spielen Branen für große Bereiche der Physik so gut wie keine Rolle (was aber nicht für alle Bereiche gilt, wie wir im folgenden Kapitel sehen werden). Doch wenn wir die Halbinseln der Abbildung 12.11 verlassen, werden die höherdimensionalen Branen leichter und daher immer wichtiger.[14]

Daher sollten Sie folgendes Bild vor Augen haben: In der Mittelregion der Abbildung 12.11 haben wir eine Theorie, deren fundamentale Bestandteile nicht einfach Strings oder Membranen sind,

---

* Der Doppelsinn des englischen *p-brane* (Homophon von *pea-brain,* also »Erbsenhirn«) geht im Deutschen leider verloren (A. d. Ü.).

sondern »Branen« mit einer Vielzahl von Dimensionen, und daß alle diese Objekte mehr oder minder gleichberechtigt sind. Gegenwärtig haben wir noch von vielen wichtigen Eigenschaften der vollständigen Theorie eine eher unklare Vorstellung. Eines aber wissen wir mit Gewißheit: Wenn wir uns von der Zentralregion auf eine der Halbinseln begeben, sind nur die Strings (oder die Membranen, die so aufgewickelt sind, daß sie wie Strings aussehen – Abbildung 12.7 und 12.8) so leicht, daß sie die uns bekannte Physik beeinflussen – sie liegen dem Teilchenspektrum der Tabelle 1.1 und den vier Kräften zugrunde, durch die Teilchen wechselwirken. Die Störungsmethoden, mit denen die Stringtheoretiker seit fast zwanzig Jahren arbeiten, sind nicht exakt genug, um auch nur die Existenz der superschweren ausgedehnten Objekte von anderer Dimensionalität zu entdecken. Entsprechend drängten sich die Strings bei unseren Untersuchungen in den Vordergrund, und so erhielt die Theorie den keineswegs demokratischen Namen Stringtheorie. Es sei noch einmal festgestellt: In diesen Regionen der Abbildung 12.11 sind wir durchaus berechtigt, für die meisten Zwecke alle Objekte bis auf die Strings zu vernachlässigen. Im großen und ganzen haben wir im vorliegenden Buch bis hierher genau das getan. Nun erkennen wir allerdings, daß die Theorie in Wirklichkeit viel komplexer ist, als irgend jemand bislang geahnt hat.

Werden durch die neuen Erkenntnisse die offenen Fragen der Stringtheorie gelöst?

Ja und nein. Wir haben unser Verständnis erweitert, indem wir uns von bestimmten Schlußfolgerungen freigemacht haben, die sich in der Rückschau als Folge der Störungstheorie und nicht der eigentlichen Stringphysik herausgestellt haben. Doch die Reichweite unserer Störungsmethoden ist gegenwärtig ziemlich begrenzt. Die Entdeckung der bemerkenswerten Dualitätsbeziehungen eröffnet uns zwar sehr viel weiterreichende Einblicke in die Stringtheorie, trotzdem bleiben noch viele Fragen unbeantwortet. So wissen wir beispielsweise nicht, wie wir über die Näherungsgleichungen für den Wert der String-Kopplungskonstante hinausgelangen sollen – Gleichungen, die, wie wir gesehen haben, zu grob sind, um uns nützliche Informationen zu liefern. Auch in der Frage, warum es ausgerechnet drei ausgedehnte Dimensionen gibt oder wie wir die genaue Form der aufgewickelten Dimensionen zu wählen haben, sind wir keinen Schritt vorangekommen. Dazu brauchen wir leistungsfähigere nichtperturbative Methoden, als wir gegenwärtig besitzen.

Fortschritte haben wir insofern erzielt, als wir eine weit klarere Vorstellung über die logische Struktur und die theoretische Reichweite der Stringtheorie gewonnen haben. Bevor wir über die Erkenntnisse verfügten, die in Abbildung 12.11 zusammengefaßt sind, war uns das Verhalten jeder der Stringtheorien in ihren Bereichen starker Kopplung ein vollkommenes Rätsel. Wie auf alten Karten waren diese Bereiche unvermessenes Gebiet, weiße Flecken, möglicherweise bewohnt von Drachen und Seeungeheuern. Heute wissen wir, daß unsere Reise zur starken Kopplung zwar durch unbekannte Gebiete der M-Theorie führen mag, uns aber letztlich wieder zurück in die vertrauten Gefilde der schwachen Kopplung bringt – wenn auch in einer dualen Beschreibung von etwas, das wir einst nur als eine der anderen Stringtheorien kannten.

Dualität und M-Theorie vereinigen die fünf Stringtheorien und legen eine wichtige Schlußfolgerung nahe. Es könnte sehr gut sein, daß keine weiteren Überraschungen der Art, wie wir sie eben erörtert haben, unserer Entdeckung harren. Sobald ein Kartograph jede Region auf der Erdkugel ausfüllen kann, ist die Karte abgeschlossen und das geographische Wissen im Groben vollständig. Das schließt nicht aus, daß Untersuchungen in der Antarktis oder auf einer isolierten Insel Mikronesiens geographischen oder ethnologischen Wert haben können. Es heißt lediglich, daß das Zeitalter der geographischen Entdeckungen vorüber ist. Das belegt die Tatsache, daß es keine weißen Flecken mehr auf dem Globus gibt. Eine ähnliche Rolle spielt die »Theoriekarte« der Abbildung 12.11 für Stringtheoretiker. Sie deckt den gesamten Bereich der Theorien ab, die sich von irgendeinem der fünf Stringentwürfe aus erreichen lassen. Obwohl wir noch weit von einer vollständigen Kenntnis der Terra incognita der M-Theorie entfernt sind, gibt es keine wirklich weißen Flecken mehr auf der Karte. Wie der Kartograph darf der Stringtheoretiker heute mit vorsichtigem Optimismus behaupten, daß das Gebiet der logisch vernünftigen Theorien, das die wichtigsten Entdeckungen der letzten hundert Jahre umfaßt – spezielle und allgemeine Relativitätstheorie, Quantenmechanik, Eichtheorien der starken, schwachen und elektromagnetischen Kraft, Supersymmetrie, zusätzliche Dimensionen von Kaluza und Klein –, durch die Abbildung 12.11 kartographisch vollständig erfaßt wird.

Die Aufgabe des Stringtheoretikers – oder vielleicht sollten wir besser sagen, des M-Theoretikers – besteht nun in dem Nachweis, daß es tatsächlich einen Punkt auf der Theoriekarte der Abbildung 12.11 gibt, der unser Universum beschreibt. Dazu muß er die vollständigen und exakten Gleichungen finden, deren Lösung diesen einen Punkt auf der Karte bestimmt, und dann die entsprechende Physik so genau verstehen, daß er sie mit experimentellen Ergebnissen vergleichen kann. Dazu hat Witten gesagt: »Sollten wir die M-Theorie – die Physik, die sie verkörpert – eines Tages richtig verstehen, so würde das unser Verständnis der Natur ebenso gründlich verändern wie irgendeine der großen wissenschaftlichen Umwälzungen in der Vergangenheit.«[15] Das ist das Vereinheitlichungsprogramm für das 21. Jahrhundert.

Kapitel 13

Schwarze Löcher:
Aus der Sicht der String/M-Theorie

Der Konflikt zwischen allgemeiner Relativitätstheorie und Quantenmechanik, wie er sich vor der Stringtheorie darstellte, lief unserer instinktiven Erwartung zuwider, daß die Naturgesetze sich bruchlos zu einem zusammenhängenden Ganzen fügen müßten. Doch dieser unerwartete Antagonismus ist mehr als ein abstraktes philosophisches Problem. Die extremen physikalischen Bedingungen, wie sie im Augenblick des Urknalls vorherrschten und innerhalb von Schwarzen Löchern anzutreffen sind, lassen sich ohne eine quantenmechanische Formulierung der Gravitationskraft *nicht* verstehen. Mit der Entdeckung der Stringtheorie haben wir jetzt die Hoffnung, diese schwierigen Probleme lösen zu können. In diesem und dem folgenden Kapitel legen wir dar, wie weit die Stringtheoretiker den Rätseln der Schwarzen Löcher und des Ursprungs des Universums schon auf die Spur gekommen sind.

Schwarze Löcher und Elementarteilchen

Auf den ersten Blick lassen sich kaum zwei Dinge vorstellen, die verschiedener sind als Schwarze Löcher und Elementarteilchen. Gewöhnlich stellen wir uns Schwarze Löcher als denkbar riesenhafte Himmelskörper vor, während Elementarteilchen die winzigsten Erscheinungsformen der Materie sind. Doch in den sechziger und siebziger Jahren haben die Untersuchungen zahlreicher Physiker, unter ihnen Demetrios Christodoulou, Werner Israel, Richard Price, Brandon Carter, Roy Kett, David Robinson, Hawking und Penrose, gezeigt, daß Schwarze Löcher und Elementarteilchen möglicherweise gar nicht so verschieden sind, wie gemeinhin angenommen. In diesen Untersuchungen fanden sich immer überzeugendere Anhaltspunkte für den Sachverhalt, den John Wheeler mit der Äußerung »Schwarze Löcher haben keine Haare« charakterisiert hat. Damit meinte er, daß von einer kleinen Anzahl unterscheidender Merkmale abgesehen, alle Schwarzen Löcher gleich aussehen. Die unterscheidenden Merkmale? Eines ist natürlich die Masse des Schwarzen Lochs. Und die anderen? Wie die Forschung gezeigt hat, handelt es sich dabei um die elektrische Ladung, um bestimmte andere Ladungen, die ein Schwarzes Loch tragen kann, und um seinen Drehimpuls oder Spin. Mehr nicht. Zwei beliebige Schwarze Löcher mit gleichen Massen, Kraftladungen und Spins sind vollkommen identisch. Schwarze Löcher haben keine ausgefallenen »Frisuren« – das heißt keine anderen charakteristischen Merkmale –, durch die sie sich voneinander unterscheiden. Das sollte Sie eigentlich an etwas erinnern: Genau diese Eigenschaften – Masse, Ladungen und Spin – unterscheiden ein Elementarteilchen vom anderen. Die Ähnlichkeit der unterscheidenden Merkmale hat zahlreiche Physiker im Laufe der Jahre immer wieder zu der merkwürdigen Spekulation verführt, daß es sich bei Schwarzen Löchern in Wirklichkeit um gigantische Elementarteilchen handeln könnte.

Tatsächlich gibt es nach Einsteins Theorie keine Mindestmasse für ein Schwarzes Loch. Wenn wir einen Materieklumpen fest genug zusammenpressen, dann zeigt die einfache Anwendung der allgemeinen Relativitätstheorie, daß er zu einem Schwarzen Loch wird. (Je geringer seine Masse, desto stärker muß der Klumpen zusammengequetscht werden.) So können wir ein Gedankenexperiment durchführen, in dem wir mit immer leichteren Materieklümpchen beginnen, sie zu immer kleineren Schwarzen Löchern zusammenpressen und die Eigenschaften der resultierenden Schwarzen Löcher mit den Eigenschaften von Elementarteilchen vergleichen. Wheelers Keine-Haare-These führt uns zu dem Schluß, daß Schwarze Löcher, die wir auf diese Weise hervorrufen, Elementarteilchen sehr ähnlich sehen, wenn ihre Masse klein genug ist. Beide sind winzige Gebilde, die vollständig durch ihre Masse, ihre Ladungen bezüglich der verschiedenen Kräfte und ihren Spin gekennzeichnet sind.

Die Sache hat jedoch einen Haken. Astrophysikalische Schwarze Löcher mit Massen, die die Sonnenmasse viele Male übertreffen, sind so groß und so schwer, daß die Quantenmechanik so gut wie keine Rolle spielt und nur die Gleichungen der allgemeinen Relativitätstheorie erforderlich sind, will man ihre Eigenschaften verstehen. (Wir erörtern hier die Gesamtstruktur des Schwarzen Lochs, nicht die singuläre Stelle im Zentrum des Zusammensturzes, jene Stelle inmitten des Schwarzen Lochs, die so winzig ist, daß sie mit Sicherheit nach einer quantenmechanischen Beschreibung verlangt.) Doch bei unserem Versuch, Schwarze Löcher von immer geringerer

Masse herzustellen, gelangen wir an einen Punkt, wo sie so leicht und klein werden, daß *auch hier* die Quantenmechanik ins Spiel kommt. Das geschieht, wenn die Gesamtmasse des Schwarzen Lochs ungefähr der Planckmasse entspricht oder sie unterschreitet. (Aus der Sicht der Elementarteilchenphysik ist die Planckmasse gewaltig – um einen Faktor von etwa zehn Milliarden Milliarden größer als die Masse eines Protons. Doch im Vergleich zu herkömmlichen Schwarzen Löchern ist die Planckmasse, die in etwa der Masse eines durchschnittlichen Staubkorns entspricht, ziemlich winzig.) Daher scheiterten die Physiker, die über die Verwandtschaft von winzigen Schwarzen Löchern und Elementarteilchen spekulierten, an der Unvereinbarkeit zwischen allgemeiner Relativitätstheorie – der theoretischen Basis dessen, was wir über Schwarze Löcher wissen – und der Quantenmechanik. In der Vergangenheit hat diese Unverträglichkeit alle Fortschritte in dieser Richtung verhindert.

Bringt uns die Stringtheorie weiter?

In der Tat. Durch eine ziemlich unerwartete und raffinierte Beschreibung der Schwarzen Löcher hat die Stringtheorie den ersten theoretisch schlüssigen Zusammenhang zwischen Schwarzen Löchern und Elementarteilchen hergestellt. Die Begründung dieses Zusammenhangs ist ein bißchen verschlungen, aber sie macht uns mit einigen der interessantesten Entwicklungen in der Stringtheorie bekannt, so daß es sich lohnt, diese Mühe auf uns zu nehmen.

Am Beginn steht eine Frage, die scheinbar nichts mit unserem Thema zu tun hat und mit der sich die Stringtheoretiker seit dem Ende der achtziger Jahre herumschlagen. Wenn sechs Raumdimensionen in einem Calabi-Yau-Raum aufgewickelt sind, dann gibt es, wie Mathematiker und Physiker seit langem wissen, im allgemeinen zwei Arten von Kugelflächen, die in den Calabi-Yau-Raum eingebettet sind. Das eine sind die herkömmlichen zweidimensionalen Kugelflächen, die etwa wie die Oberfläche von Wasserbällen aussehen und in den raumzerreißenden Flop-Übergängen des Kapitels elf eine so entscheidende Rolle spielten. Die andere Art ist schwieriger zu beschreiben, aber nicht minder wichtig. Es handelt sich um *drei*dimensionale Kugelflächen – entsprechend der Oberfläche von Wasserbällen, die wir am Meeresstrand eines Universums mit *vier* ausgedehnten Raumdimensionen antreffen könnten. Wie in Kapitel elf erörtert, ist ein normaler Wasserball in unserer Welt insgesamt ein dreidimensionales Objekt, aber seine *Oberfläche* ist wie die eines Gartenschlauchs *zwei*dimensional: Sie brauchen nur zwei Zahlen – geographische Länge und Breite zum Beispiel –, um einen beliebigen Ort auf seiner Oberfläche eindeutig festzulegen. Nun aber stellen wir uns vor, wir hätten noch eine zusätzliche Raumdimension: einen vierdimensionalen Wasserball, dessen Oberfläche *drei*dimensional ist. Da es Ihnen kaum möglich sein dürfte, sich ein Bild von einem solchen Wasserball vorzustellen, halten wir uns vorwiegend an niederdimensionale Analogien, die sich leichter vergegenwärtigen lassen. Doch wie wir jetzt sehen werden, ist ein Aspekt der dreidimensionalen Beschaffenheit der betroffenen Kugelflächen außerordentlich wichtig.

Wie die Gleichungen der Stringtheorie zeigen, ist es möglich, ja wahrscheinlich, daß diese dreidimensionalen Kugelflächen im Laufe der Zeit zu verschwindend kleinem Volumen schrumpfen – kollabieren. Doch was geschähe, so fragten die Stringtheoretiker, wenn der Raum in dieser Weise kollabieren würde? Hätte eine solche Einschnürung des Raumes katastrophale Auswirkungen? Eine Überlegung, die große Ähnlichkeit mit der Frage hat, die wir in Kapitel elf gestellt und gelöst haben, wobei wir es hier allerdings mit kollabierenden dreidimensionalen Kugelflächen zu tun haben, während wir uns in Kapitel elf ausschließlich mit kollabierenden zweidimensionalen Kugelflächen beschäftigt haben. (Genau wie in Kapitel elf gehen wir davon aus, daß nur ein Stück eines Calabi-Yau-Raums schrumpft und nicht der ganze Calabi-Yau-Raum, so daß sich auch hier die Gleichsetzung von kleinem Radius und großem Radius aus Kapitel zehn nicht anwenden läßt.) In diesem Fall ergibt sich der entscheidende qualitative Unterschied aus der Veränderung der Dimensionalität der betrachteten Kugelflächen.[1] Wie wir in Kapitel elf erfahren haben, ist von entscheidender Bedeutung, daß wir Strings, die sich durch den Raum bewegen, wie ein Lasso um eine zweidimensionale Kugelfläche werfen können. Das heißt, die zweidimensionale Weltfläche der Strings kann eine zweidimensionale Kugelfläche vollkommen umgeben, wie in Abbildung 11.6 dargestellt. Das erweist sich als gerade ausreichender Schutz, um eine kollabierende, zweidimensionale Kugelfläche an der Verursachung physikalischer Katastrophen zu hindern. Nun aber betrachten wir die dreidimensionale Kugelfläche anderer Art innerhalb eines Calabi-Yau-Raums, und diese Kugelfläche hat zu viele Dimensionen, als daß ein bewegter String sie umgeben könnte. Wenn Ihr Vorstellungsvermögen streikt, können Sie sich gern an eine Analogie halten, in der die Zahl aller

Dimensionen um eins verringert wurde. Sie dürfen sich dreidimensionale Kugelflächen vergegenwärtigen, als wären sie zweidimensionale Oberflächen auf gewöhnlichen Wasserbällen, solange Sie sich eindimensionale Strings als nulldimensionale Punktteilchen vorstellen. Wie ein nulldimensionales Punktteilchen gar nichts umwickeln kann, schon gar keine zweidimensionale Kugelfläche, so ist auch ein eindimensionaler String nicht in der Lage, eine dreidimensionale Kugelfläche zu umwickeln.

Diese Überlegungen führten die Stringtheoretiker zu der spekulativen Annahme, daß ein katastrophales Ereignis eintreten müßte, wenn eine dreidimensionale Kugelfläche in einem Calabi-Yau-Raum kollabieren sollte, ein Vorgang, der nach den Näherungsgleichungen in der Stringtheorie durchaus möglich, wenn nicht sogar alltäglich ist: Die Näherungsgleichungen der Stringtheorie, die bis zur Mitte der neunziger Jahre entwickelt worden waren, schienen allerdings den Schluß nahezulegen, daß die Gesetzmäßigkeiten des Universums zum Erliegen kämen, falls ein solcher Kollaps stattfinden sollte; offenbar würden die Unendlichkeiten, die von der Stringtheorie im Zaum gehalten wurden, bei einer derartigen Einschnürung des Raumes wieder ihr Unwesen treiben. Einige Jahre lang mußten die Stringtheoretiker mit diesem unbefriedigenden, wenn auch vorläufigen Wissensstand leben. 1995 konnte Andrew Strominger dann nachweisen, daß diese pessimistischen Spekulationen falsch waren.

Im Anschluß an wegweisende Arbeiten von Witten und Seiberg machte sich Strominger die Erkenntnis zunutze, daß die Stringtheorie, wenn sie mit der neuentdeckten Exaktheit der zweiten Superstringrevolution untersucht wird, nicht nur eine Theorie eindimensionaler Strings ist. Er stellte die folgenden Überlegungen an. Ein eindimensionaler String – eine Eins-Bran in der neueren Sprache der Zunft – kann ein eindimensionales Raumstück, etwa einen Kreis, vollkommen umgeben, wie in Abbildung 13.1 dargestellt. (Beachten wir, daß er sich von Abbildung 11.6 unterscheidet, auf der ein eindimensionaler String, während er sich durch die Zeit bewegt, eine zweidimensionale Sphäre umwickelt. Abbildung 13.1 ist als Schnappschuß zu verstehen, der einen einzigen Augenblick in der Zeit einfängt.) Entsprechend sehen wir in Abbildung 13.1, wie eine zweidimensionale Membran – eine Zwei-Bran – eine zweidimensionale Sphäre umwickeln und vollkommen bedecken kann, so wie sich eine Kunststoffolie vollkommen um die Oberfläche einer Apfelsine wickeln läßt. Strominger folgte der Logik dieser Argumente und gelangte zu der Erkenntnis, daß die neuentdeckten dreidimensionalen

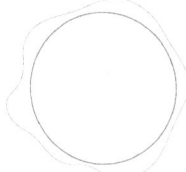 

Abbildung 13.1 *Ein String kann einen eindimensionalen aufgewickelten Bereich des Raums umschlingen, eine zweidimensionale Membran kann einen zweidimensionalen Bereich einwickeln.*

Objekte der Stringtheorie – die Drei-Branen – eine dreidimensionale Sphäre vollkommen umwickeln und bedecken können, wenn sich dieser Vorgang auch schwerer vorstellen läßt. Nun wies Strominger mit einer einfachen physikalischen Rechnung nach, daß die Drei-Bran ein maßgeschneiderter Schutzschild ist und alle potentiell katastrophalen Auswirkungen aufhebt, die sich, wie die Stringtheoretiker bis dato befürchtet hatten, aus dem Kollaps einer dreidimensionalen Kugelfläche ergeben würden.

Das war eine sehr schöne und wichtige Erkenntnis. Doch ihr wirklicher Wert sollte sich erst kurze Zeit später offenbaren.

Vorsätzliche Raumverletzung

Zu den aufregendsten Eigenschaften der Physik gehört die Tatsache, daß sich ihr Wissensstand buchstäblich über Nacht verändern kann. Am Morgen nachdem Strominger seinen Bericht in das elektronische Internetarchiv gestellt hatte, lud ich ihn aus dem World Wide Web herunter und las ihn in meinem Büro an der Cornell University. Mit einem Schlag hatte Strominger sich die spannenden neuen Erkenntnisse der Stringtheorie zunutze gemacht, um eines der schwierigsten Probleme zu lösen, die die Aufwicklung der zusätzlichen Dimensionen in einen Calabi-Yau-Raum betrafen. Doch während ich darüber nachdachte, ging mir auf, daß er möglicherweise nur eine Hälfte der Frage behandelt hatte.

In unserer früheren Arbeit über raumzerreißende Flop-Übergänge, die in Kapitel elf beschrieben wurde, hatten wir einen zweistufigen Prozeß untersucht, in dessen Verlauf sich eine zweidimensionale Kugelfläche zu einem Punkt zusammenschnürt, wobei ein Riß im Raum entsteht. Dann bläht sich die zweidimensionale Sphäre auf neue Weise auf, wodurch der Riß repariert wird. Strominger hatte untersucht, was geschieht, wenn eine dreidimensionale Sphäre zu einem Punkt eingeschnürt wird. Dabei hatte er festgestellt, daß die neu entdeckten ausgedehnten Objekte der Stringtheorie dafür sorgen, daß die physikalischen Verhältnisse auch weiterhin wohlgeordnet bleiben. Doch damit hörte sein Aufsatz auf. Konnte es nicht sein, daß das nur die Hälfte der Wahrheit war und daß es abermals zu einem Riß der Raumzeit mit anschließender Reparatur durch Aufblähung einer Kugelfläche kam?

Dave Morrison weilte während des Frühlingssemesters 1995 bei mir zu Besuch an der Cornell University. An diesem Nachmittag erörterten wir Stromingers Aufsatz. Nach zwei Stunden hatten wir eine ungefähre Vorstellung davon, wie die »zweite Hälfte der Wahrheit« aussehen könnte. Ende der achtziger Jahre hatten die Mathematiker Herb Clemens an der University of Utah, Robert Friedman an der Columbia University und Miles Reid an der University of Warwick einige interessante Erkenntnisse gewonnen, die anschließend von Candelas, Green und Tristan Hübsch in einer Weise angewendet worden waren, die sich für unser Problem als nützlich erwies. Von diesen Arbeiten ausgehend, entdeckten wir die Möglichkeit, daß beim Kollaps einer dreidimensionalen Kugelfläche der Calabi-Yau-Raum reißen und sich anschließend durch erneutes Aufblähen selbst reparieren kann. Dabei kommt es jedoch zu einer bemerkenswerten Überraschung. Während die kollabierte Kugelfläche drei Dimensionen hatte, besitzt die wiederaufgeblähte nur *zwei*. Wie das im einzelnen aussieht, ist schwer vorstellbar, aber wir können eine gewisse Ahnung davon bekommen, indem wir uns an eine nie-

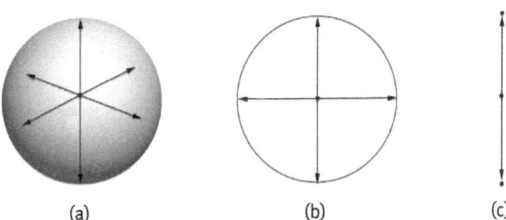

(a)   (b)   (c)

Abbildung 13.2 *Kugelflächen mit Dimensionen, die sich leicht vorstellen lassen – nämlich mit (a) zwei, (b) einer und (c) null Dimensionen.*

derdimensionale Analogie halten. Statt uns den schwer auszumalenden Fall vorzustellen, daß eine dreidimensionale Kugelfläche in sich zusammenfällt und anschließend durch eine zweidimensionale Kugelfläche ersetzt wird, wollen wir uns an das Vorstellungsbild halten, daß eine *ein*dimensionale Kugelfläche kollabiert und durch eine *null*dimensionale Kugelfläche ersetzt wird.

Zunächst einmal, was sind ein- und nulldimensionale Kugelflächen? Eine zweidimensionale Kugelfläche ist eine Ansammlung von Punkten im dreidimensionalen Raum, die den gleichen Abstand von einem gegebenen Mittelpunkt aufweisen, wie die Abbildung 13.2(a) zeigt. Wenn wir diese Idee weiterdenken, ist eine eindimensionale Kugelfläche eine Ansammlung von Punkten im zweidimensionalen Raum (der Oberfläche dieser Seite zum Beispiel), die den gleichen Abstand von einem gegebenen Mittelpunkt haben. Wie in Abbildung 13.2(b) zu erkennen, ist das nichts anderes als ein Kreis. Entsprechend ist eine nulldimensionale Kugelfläche die Ansammlung von Punkten in einem eindimensionalen Raum (Punkten auf einer Linie), die den gleichen Abstand von einem gegebenen Mittelpunkt aufweisen. Wie die Abbildung 13.2(c) zeigt, handelt es sich hier um *zwei Punkte*, wobei der »Radius« der nulldimensionalen Kugelfläche gleich der Entfernung ist, die jeder Punkt zum gemeinsamen Mittelpunkt besitzt. Wir haben es also bei der niederdimensionalen Analogie, von der im vorangegangenen Absatz die Rede war, mit einem Kreis zu tun, der eingeschnürt wird, einen Raumriß erleidet und dann durch eine nulldimensionale Kugelfläche (zwei Punkte) ersetzt wird. Dieser Gedanke wird in Abbildung 13.3 dargestellt.

Stellen wir uns vor, daß wir mit der Oberfläche eines Doughnuts beginnen, in den eine eindimensionale Kugelfläche (ein Kreis) einge-

Abbildung 13.3 *Eine kreisförmige Region eines Doughnuts (Torus) kollabiert zu einem Punkt. Die Oberfläche reißt auf, so daß zwei Durchbruchlöcher entstehen. Eine nulldimensionale Kugelfläche (zwei Punkte) wird »eingeklebt«, ersetzt die ursprüngliche eindimensionale Kugelfläche (den Kreis) und repariert so die zerrissene Oberfläche. Das gestattet die Transformation in eine vollständig andere Form – einen Wasserball.*

bettet ist, wie in Abbildung 13.3, links, eingezeichnet. Nehmen wir
nun an, daß dieser Kreis im Laufe der Zeit kollabiert und zu einer
Einschnürung des Raums führt. Diese Einschnürung können wir
reparieren, indem wir dem Raum gestatten, vorübergehend zu
reißen, und dann die eingeschnürte eindimensionale Kugelfläche –
den kollabierten Kreis – durch eine nulldimensionale Kugelfläche –
zwei Punkte – ersetzen, die die aus dem Riß resultierenden Löcher
in den oberen und unteren Teilen der Form stopfen. Wie die Abbildung 13.3 zeigt, ergibt sich daraus eine Form, die wie eine gekrümmte Banane aussieht und sich durch stetige Verformung (ohne
den Raum zu zerreißen) in die Oberfläche eines Wasserballs verwandeln läßt. Wenn eine eindimensionale Kugelfläche kollabiert und
durch eine nulldimensionale Kugelfläche ersetzt wird, erfährt also,
wie wir sehen, die Topologie des ursprünglichen Doughnuts, das
heißt eine grundlegende Eigenschaft seiner Form, eine radikale Veränderung. Im Kontext der aufgewickelten Raumdimensionen würde
die raumzerreißende Reihe der Abbildung 13.3 zunächst das Universum ergeben, das in Abbildung 8.8 abgebildet ist, und dann nach
und nach zu dem Universum der Abbildung 8.7 führen.

Obwohl es sich um eine niederdimensionale Analogie handelt,
fängt sie die wesentlichen Eigenschaften dessen ein, was Morrison
und ich für die zweite Hälfte von Stromingers Erkenntnis hielten.
Wir hatten den Eindruck, daß nach dem Kollaps einer dreidimensionalen Kugelfläche im Inneren eines Calabi-Yau-Raums der Raum
erst reißen und sich anschließend wieder reparieren würde, indem er
eine zweidimensionale Kugelfläche ausbildete, die zu weit krasseren
topologischen Veränderungen führen würde als denjenigen, die Witten und wir in unserer früheren Arbeit gefunden hatten (vgl. Kapitel
elf). Auf diese Weise könnte sich ein Calabi-Yau-Raum im Prinzip in
einen vollkommen anderen Calabi-Yau-Raum verwandeln – ganz so,
wie sich ein Doughnut in den Wasserball der Abbildung 13.3 verwandelt –, während die Stringphysik sich vollkommen gesittet verhielte. Obwohl sich schon ein erkennbares Bild abzuzeichnen begann, wußten wir, daß es noch wichtige Aspekte auszuarbeiten galt,
bevor wir sicher sein konnten, daß unsere zweite Hälfte der Wahrheit nicht irgendwelche Singularitäten heraufbeschwor – das heißt,
fatale und physikalisch unannehmbare Konsequenzen. Beide hatten
wir an diesem Abend auf dem Heimweg das verhaltene Hochgefühl,
einer wichtigen neuen Entdeckung auf der Spur zu sein.

Es hagelt E-mails

Am nächsten Morgen bekam ich eine E-mail von Strominger, in der er mich bat, zu seinem Aufsatz Stellung zu nehmen. Er schrieb: »Es müßte eine Verbindung zu der Arbeit geben, die Du mit Aspinwall und Morrison durchgeführt hast«, denn wie sich herausstellte, hatte auch er nach einem möglichen Zusammenhang mit dem Phänomen der Topologieveränderung gesucht. Sofort schickte ich ihm eine E-mail, die grob skizzierte, was Morrison und ich uns überlegt hatten. Seine Antwort zeigte, daß er den Gedanken genauso aufregend fand wie Morrison und ich.

Während der nächsten Tage ging ein steter Strom von E-mails zwischen uns dreien hin und her, während wir fieberhaft versuchten, unsere Idee einer einschneidenden raumzerreißenden Topologieveränderung quantitativ zu unterfüttern. Langsam, aber sicher fügte sich alles ins Bild. Am folgenden Mittwoch, eine Woche, nachdem Strominger seine ursprüngliche Erkenntnis ins Internet gestellt hatte, hatten wir den Entwurf eines gemeinsamen Aufsatzes vorliegen, in dem wir die drastische neue Raumtransformation nach dem Kollaps einer dreidimensionalen Kugelfläche beschrieben.

Strominger sollte am folgenden Tag ein Gastseminar in Harvard halten, daher verließ er Santa Barbara schon am frühen Morgen. Wir verabredeten, daß Morrison und ich dem Aufsatz noch den letzten Schliff geben und ihn am Abend ins elektronische Archiv stellen sollten. Um 23 Uhr 45 hatten wir unsere Rechnungen zum x-ten Mal überprüft, alles schien zu stimmen und vollkommen schlüssig zu sein. Also brachten wir den Aufsatz auf seinen elektronischen Weg und verließen das Physikgebäude. Als Morrison und ich zu meinem Auto gingen (ich wollte ihn zu dem Haus fahren, das er für die Dauer des Semesters gemietet hatte), verfielen wir wieder in die alte Gewohnheit, den Advocatus Diaboli zu spielen, das heißt, wir versuchten, uns die herbste Kritik auszumalen, auf die jemand verfallen mochte, der unsere Ergebnisse ablehnte. Nachdem wir bereits Parkplatz und Campus verlassen hatten, wurde uns klar, daß unsere Argumente, so stichhaltig und überzeugend sie auch sein mochten, nicht vollkommen wasserdicht waren. Keiner von uns war der Meinung, die Arbeit könnte wirklich falsch sein, aber wir meinten doch, daß die Art, wie wir unsere Behauptungen vorgebracht, und der Wortlaut, den wir für einige Abschnitte des Aufsatzes gewählt hatten, für jemanden, der unseren Gedanken nicht wohlgesonnen war, Ansatzpunkte für Kritik boten. Es bestand die Möglichkeit, daß dadurch die eigentliche Bedeutung unserer Ergebnisse in den Hintergrund gedrängt würde. Wir gelangten beide zu der Einsicht, daß es besser gewesen wäre, wenn wir unsere Thesen etwas vorsichtiger formuliert und ihre Bedeutung nicht ganz so betont hätten, das heißt, wenn wir es der physikalischen Gemeinschaft überlassen hätten, den Wert unserer Arbeit nach ihrem Inhalt zu beurteilen, anstatt von der Art unserer Präsentation abgelenkt zu werden.

Dann erinnerte Morrison mich daran, daß wir nach den Regeln des elektronischen Archivs noch bis zwei Uhr nachts die Möglichkeit hatten, unseren Aufsatz zu verändern, erst dann würde er im Internet öffentlich zugänglich sein. Augenblicklich wendete ich und fuhr zum Physikgebäude zurück, wo wir die ursprünglich eingereichte Fassung abriefen und uns daran machten, ihren Wortlaut etwas zu entschärfen. Zum Glück war das nicht weiter schwierig. Wir brauchten in entscheidenden Abschnitten nur das eine oder das andere Wort zu verändern, und schon klangen unsere Behauptungen nicht mehr ganz so schroff, ohne daß dabei die wissenschaftliche Aussage in irgendeiner Weise kompromittiert worden wäre. Innerhalb einer Stunde hatten wir das Papier erneut eingereicht und uns darauf geeinigt, auf der Fahrt zu Morrisons Haus kein Wort mehr darüber zu verlieren.

Früh am Nachmittag des folgenden Tages war klar, daß die Reaktion auf unseren Aufsatz begeistert war. Unter den vielen E-mails war auch eines von Plesser mit dem größten Kompliment, das ein Physiker dem anderen machen kann: »Ich wollte, ich wäre selbst darauf gekommen!« Ungeachtet aller Ängste, die uns am Abend zuvor heimgesucht hatten, war es uns gelungen, die stringtheoretische Gemeinschaft davon zu überzeugen, daß der Raum nicht nur die leichten Risse erleiden kann, die wir bereits früher entdeckt hatten (Kapitel elf), sondern auch die weit einschneidenderen Verletzungen, die in Abbildung 13.3 skizziert sind.

Zurück zu Schwarzen Löchern und Elementarteilchen

Was hat das mit Schwarzen Löchern und Elementarteilchen zu tun? Eine Menge. Dazu müssen wir uns die gleiche Frage stellen wie in Kapitel elf: Welche beobachtbaren physikalischen Konsequenzen ergeben sich aus solchen Rissen im Raum? Bei Flop-Übergängen lautete die überraschende Antwort, wie gezeigt, daß eigentlich nicht viel geschieht. Auch bei *Conifold-Übergängen* – der Terminus für die einschneidenden raumzerreißenden Übergänge, die wir jetzt entdeckt hatten – kommt es nicht zur physikalischen Katastrophe (wie es in der herkömmlichen allgemeinen Relativitätstheorie der Fall wäre), doch sind die beobachtbaren Konsequenzen deutlicher ausgeprägt.

Dafür gibt es im wesentlichen zwei Gründe. Erstens machte Strominger, wie gezeigt, die wegweisende Entdeckung, daß eine dreidimensionale Kugelfläche in einem Calabi-Yau-Raum kollabieren kann, ohne daß sich daraus eine Katastrophe entwickelt, weil eine umhüllende Drei-Bran einen perfekten Schutzschild abgibt. Aber wie sieht eine solche Branenhülle eigentlich aus? Die Antwort liefert eine frühere Arbeit von Horowitz und Strominger, die nachgewiesen haben, daß die um die dreidimensionale Kugelfläche »verschmierte« Drei-Bran ein Gravitationsfeld erzeugt, welches für Wesen wie uns, die nur die drei ausgedehnten Raumdimensionen wahrnehmen, wie das Gravitationsfeld eines Schwarzen Lochs aussieht.[2] Das ist *nicht* leicht ersichtlich und stellt sich erst bei einer eingehenden Analyse der Gleichungen heraus, die das Verhalten von Branen bestimmen. Es sei noch einmal gesagt: Solche höherdimensionalen Konfigurationen lassen sich nur schwer auf zweidimensionales Papier bannen, daher kann Abbildung 13.4 nur eine ungefähre Vorstellung vermitteln, indem sie eine niederdimensionale Analogie mit zweidimensionalen Kugelflächen verwendet. Wir sehen, daß sich eine zwei-

Abbildung 13.4 *Wenn eine Bran sich um eine Kugel wickelt, die sich innerhalb der aufgewickelten Dimensionen befindet, erscheint sie in den uns vertrauten ausgedehnten Dimensionen als Schwarzes Loch.*

dimensionale Membran um eine zweidimensionale Kugelfläche
verschmieren kann (diese befindet sich ihrerseits innerhalb eines
Calabi-Yau-Raums, der an einer bestimmten Stelle in den ausgedehnten Dimensionen lokalisiert ist). Jemand, der durch die ausgedehnten Dimensionen auf diese Stelle blickt, spürt die Branenhülle
durch ihre Masse und die Ladungen, die sie trägt – Eigenschaften,
die, wie Horowitz und Strominger nachgewiesen haben, den gleichen
Eindruck erwecken würden wie die Anwesenheit eines Schwarzen
Lochs. Mehr noch, 1995 hat Strominger in einem einflußreichen
Artikel die Auffassung vertreten, daß die Masse der Drei-Bran – das
heißt, die Masse des Schwarzen Lochs – zu dem Volumen der von ihr
umhüllten dreidimensionalen Kugelfläche proportional ist: Je größer
das Volumen der Kugelfläche, desto größer die als Hülle dienende
Drei-Bran und desto größer auch ihre Masse. Entsprechend gilt: Je
kleiner das Volumen der Kugelfläche, desto kleiner auch die Masse
der Drei-Bran, die die Kugelfläche umhüllt. Wenn diese kollabiert,
scheint eine Drei-Bran, die die Kugelfläche umhüllt und als
Schwarzes Loch wahrgenommen wird, immer leichter zu werden. Ist
die dreidimensionale Kugelfläche zu einem eingeschnürten Punkt
kollabiert, dann ist das entsprechende Schwarze Loch – Sie werden
es kaum glauben – masselos. So rätselhaft das auch klingt – was um
alles in der Welt ist ein *masseloses* Schwarzes Loch? –, wir werden
zeigen, daß dieses mysteriöse Gebilde durchaus in den vertrauten
Gefilden der Stringphysik heimisch ist.

Zweitens müssen wir uns daran erinnern, daß, wie in Kapitel
neun dargelegt, die Zahl der Löcher in einem Calabi-Yau-Raum die
Zahl der niederenergetischen und daher massearmen String-Schwingungsmuster bestimmt – die Muster, die möglicherweise die Teilchen
in Tabelle 1.1 und die Kraftträger erklären. Da die raumzerreißenden
Conifold-Übergänge die Löcherzahl verändern (so zum Beispiel in
Abbildung 13.3, wo das Loch des Doughnut durch den Prozeß des
Reißens und Reparierens beseitigt wird), können wir eine Verände-
rung in der Zahl der niederenergetischen Schwingungsmuster erwar-
ten. Als Morrison, Strominger und ich diese Frage eingehend untersuchten, stellten wir in der Tat fest, daß sich die Zahl der masselosen
String-Schwingungsmuster genau um eins erhöht, wenn eine neue
zweidimensionale Kugelfläche die eingeschnürte dreidimensionale
Kugelfläche in den aufgewickelten Calabi-Yau-Dimensionen ersetzt.
(Das Beispiel des Doughnuts in Abbildung 13.3, der sich in einen
Wasserball verwandelt, könnte Sie zu der Auffassung verleiten, daß
die Zahl der Löcher – und damit der Schwingungsmuster – ab-

nimmt, doch das erweist sich als eine irreführende Eigenschaft der niederdimensionalen Analogie.)

Um die Beobachtungen der beiden vorangegangenen Absätze miteinander zu verbinden, können Sie sich eine Reihe von Schnappschüssen eines Calabi-Yau-Raums vorstellen, in dem die Größe einer bestimmten dreidimensionalen Kugelfläche immer weiter abnimmt. Die erste Beobachtung ergibt, daß eine Drei-Bran, die diese dreidimensionale Kugelfläche umhüllt – und uns als Schwarzes Loch erscheint –, immer mehr Masse verliert, bis sie am Ende des Kollapses masselos ist. Doch, wie wir oben gefragt haben, was bedeutet das? Die Antwort ergibt sich, wenn wir die zweite Beobachtung heranziehen. Unsere Arbeit hat gezeigt, daß das neue masselose String-Schwingungsmuster, das sich aus dem raumzerreißenden Conifold-Übergang ergibt, *die mikroskopische Beschreibung eines masselosen Teilchens ist, in das sich das Schwarze Loch verwandelt hat.* So gelangten wir zu dem Schluß, daß bei dem raumzerreißenden Conifold-Übergang eines Calabi-Yau-Raums ein ursprünglich massebehaftetes Schwarzes Loch immer leichter wird, bis es masselos wird und sich damit in ein masseloses Teilchen verwandelt – etwa ein masseloses Photon –, das in der Stringtheorie nichts anderes ist als ein einzelner String, der ein bestimmtes Schwingungsmuster ausführt. Auf diese Weise hat die Stringtheorie zum ersten Mal explizit einen direkten, konkreten und quantitativ unanfechtbaren Zusammenhang zwischen Schwarzen Löchern und Elementarteilchen hergestellt.

Wenn Schwarze Löcher »schmelzen«

Der von uns entdeckte Zusammenhang zwischen Schwarzen Löchern und Elementarteilchen hat große Ähnlichkeit mit einer Erscheinung, die wir alle aus unserer Alltagserfahrung kennen und die in der Wissenschaft als Phasenübergang bezeichnet wird. Ein einfaches Beispiel für einen Phasenübergang haben wir im letzten Kapitel erwähnt: Wasser kann in festem (Eis), flüssigem (flüssiges Wasser) und gasförmigem Zustand (Dampf) vorkommen. Das sind die *Aggregatzustände* oder *Phasen* des Wassers, und die Umwandlung von einer Phase in die andere wird als *Phasenübergang* bezeichnet. Morrison, Strominger und ich haben gezeigt, daß es eine enge mathematische und physikalische Verwandtschaft zwischen solchen Phasenübergängen und den raumzerreißenden Conifold-Übergängen zwischen einem Calabi-Yau-Raum und einem anderen gibt. Wie jemand, der noch nie zuvor flüssiges Wasser oder festes Eis erlebt hat, nicht sofort erkennen würde, daß es sich um zwei Phasen des gleichen Stoffes handelt, war den Physikern vordem nicht klar gewesen, daß die Art von Schwarzen Löchern, die wir untersuchten, und Elementarteilchen in Wirklichkeit zwei Phasen des gleichen fundamentalen Stringmaterials sind. Während die Umgebungstemperatur bestimmt, in welcher Phase das Wasser vorliegt, entscheidet die Topologie – die essentielle Gestalt – der zusätzlichen Calabi-Yau-Dimensionen darüber, ob bestimmte physikalische Konfigurationen innerhalb der Stringtheorie als Schwarze Löcher oder als Elementarteilchen in Erscheinung treten. Das heißt, in der ersten Phase, dem ursprünglichen Calabi-Yau-Raum (der, sagen wir, der Eisphase entspricht), stellen wir fest, daß bestimmte Schwarze Löcher vorhanden sind. In der zweiten Phase, dem zweiten Calabi-Yau-Raum (der der flüssigen Phase des Wassers entspricht), haben diese Schwarzen Löcher einen Phasenübergang durchlaufen – sie sind gewissermaßen »geschmolzen« – und sind dabei zu fundamentalen String-Schwingungsmustern geworden. Das Zerreißen des Raums durch Conifold-Übergänge führt uns von einem Calabi-Yau-Raum zum anderen. Wir sehen also, daß Schwarze Löcher und Elementarteilchen wie Wasser und Eis nur die beiden Seiten einer Medaille sind. Damit ist offensichtlich, daß sich Schwarze Löcher problemlos in den Rahmen der Stringtheorie fügen.

Absichtlich verwenden wir für diese gravierenden raumzerreißenden Verwandlungen die gleiche Wasseranalogie wie für die Verwandlungen von einer der fünf Formulierungen der Stringtheorie in eine andere (Kapitel zwölf), weil es einen fundamentalen Zusammenhang zwischen den beiden gibt. Wie Sie sich erinnern, haben wir durch Abbildung 12.11 zum Ausdruck gebracht, daß die fünf Stringtheorien dual zueinander sind und daher unter dem Dach einer einzigen übergreifenden Theorie vereinigt sind. Aber bleibt die Fähigkeit, stetig von einer Beschreibung zur anderen überzugehen – an einem beliebigen Punkt auf der Karte der Abbildung 12.11 zu beginnen und jeden anderen zu erreichen –, auch dann noch erhalten, wenn wir zulassen, daß sich die zusätzlichen Dimensionen zu irgendeinem Calabi-Yau-Raum aufwickeln? Bevor man die Möglichkeit der hier beschriebenen einschneidenden Topologieveränderungen kannte, glaubte man die Frage mit Nein beantworten zu müssen, wußte man doch von keiner physikalisch sinnvollen Möglichkeit, einen Calabi-Yau-Raum in einen anderen zu verformen. Doch heute ist klar, daß wir die Frage bejahen müssen: Diese physikalisch vernünftigen, raumzerreißenden Conifold-Übergänge ermöglichen uns, jeden gegebenen Calabi-Yau-Raum in einen beliebigen anderen zu verwandeln. Durch die Veränderung der Kopplungskonstanten und der aufgewickelten Calabi-Yau-Geometrie erkennen wir wiederum, daß die betreffenden Stringtheorien verschiedene Phasen einer einzigen Theorie sind. Selbst nachdem wir alle zusätzlichen Dimensionen aufgewickelt haben, bleibt die Einheit von Abbildung 12.11 unangetastet.

Die Entropie Schwarzer Löcher

Seit vielen Jahren spekulieren namhafte theoretische Physiker über die Möglichkeit raumzerreißender Prozesse und über einen Zusammenhang zwischen Schwarzen Löchern und Elementarteilchen. Während sich diese Spekulationen zunächst nach Science-fiction anhörten, hat die Entdeckung der Stringtheorie mit ihrer Fähigkeit zur Vereinigung von allgemeiner Relativitätstheorie und Quantenmechanik die Möglichkeit eröffnet, diese Idee zu einem zentralen Forschungsanliegen zu machen. Dieser Erfolg ermutigt uns zu der Frage, ob nicht auch andere geheimnisvolle Eigenschaften unseres Universums, die sich seit Jahrzehnten hartnäckig allen Antworten verweigern, dem Erklärungsvermögen der Stringtheorie erliegen könnten. Als besonders hartnäckig hat sich die Frage nach der *Entropie Schwarzer Löcher* erwiesen. An diesem Beispiel konnte die Stringtheorie ihre Leistungsfähigkeit auf besonders eindrucksvolle Weise unter Beweis stellen, löste sie doch damit ein höchst bedeutsames Problem, an dem sich die physikalische Gemeinschaft rund fünfundzwanzig Jahre lang die Zähne ausgebissen hatte.

Entropie ist ein Maß für Unordnung oder Zufälligkeit. Wenn sich auf Ihrem Schreibtisch beispielsweise turmhoch aufgeschlagene Bücher, halbgelesene Artikel, alte Zeitungen und Reklamesendungen stapeln, befindet er sich in einem Zustand großer Unordnung oder *hoher Entropie*. Ist er dagegen vollständig aufgeräumt – sind die Artikel in alphabetisch beschrifteten Ordnern, die Zeitungen in chronologischer Reihenfolge, die Bücher nach Autoren geordnet und die Stifte in den dafür vorgesehenen Haltern –, dann befindet sich Ihr Schreibtisch in einem Zustand großer Ordnung oder *niedriger Entropie*. Dieses Beispiel verdeutlicht zwar den Grundgedanken, doch Physiker haben eine exaktere quantitative Definition der

Entropie entwickelt, mit deren Hilfe sie die Entropie eines physikalischen Systems durch einen bestimmten numerischen Wert beschreiben können: Große Zahlen bedeuten mehr Entropie, kleine Zahlen weniger Entropie. Zwar sind die Einzelheiten etwas kompliziert, doch im Prinzip gibt die Zahl an, wie oft sich die Teile eines gegebenen physikalischen Systems umsortieren lassen, ohne sein allgemeines Erscheinungsbild zu verändern. Wenn Ihr Schreibtisch sauber und aufgeräumt ist, muß fast jede Veränderung der Anordnung – der Reihenfolge der Zeitungen, Bücher und Artikel, der Aufbewahrung der Stifte in den Haltern – den extrem geordneten Zustand stören. Das erklärt, warum er eine niedrige Entropie besitzt.

Natürlich fehlt es der Feststellung, daß die Anordnung von Büchern, Artikeln und Zeitungen auf einem Schreibtisch verändert wird – und der Entscheidung, welche Veränderung der Anordnung »das allgemeine Erscheinungsbild« nicht beeinträchtigt – an wissenschaftlicher Exaktheit. Bei der exakten Entropiedefinition, die die Physiker seit Beginn des zwanzigsten Jahrhunderts entwickelt haben, wird berechnet, wie oft sich die mikroskopischen quantenmechanischen Eigenschaften der Elementarteilchen eines physikalischen Systems verlagern können, ohne sich auf dessen makroskopische Eigenschaften (etwa seine Gesamtenergie oder seinen Druck) auszuwirken. Die Einzelheiten sind nicht wichtig, solange Sie im Gedächtnis behalten, daß Entropie ein genau definiertes quantenmechanisches Konzept ist, welches die allgemeine Unordnung eines physikalischen Systems exakt mißt.

1970 hat Jacob Bekenstein, damals Doktorand bei John Wheeler in Princeton, eine kühne These aufgestellt. Er äußerte die bemerkenswerte Vermutung, daß Schwarze Löcher Entropie haben könnten – und zwar eine ganze Menge. Bekensteins Ausgangspunkt war der ehrwürdige und gründlich belegte *Zweite Hauptsatz der Thermodynamik*, der besagt, daß die Entropie eines geschlossenen Systems zwar zunehmen oder gleichbleiben, aber niemals abnehmen kann. Alles hat die Tendenz zu größerer Unordnung: Selbst wenn Sie Ihren überquellenden Schreibtisch aufräumen, also seine Entropie verringern, so wächst doch die Gesamtentropie an, unter anderem die Ihres Körpers und die der Luft in Ihrem Arbeitszimmer. Denn um Ihren Schreibtisch aufzuräumen, müssen Sie Energie aufwenden, das heißt, Sie müssen einige der geordneten Fettmoleküle in Ihrem Körper zerlegen, damit Ihre Muskeln die nötige Energie bekommen. Außerdem gibt Ihr Körper, während Sie aufräumen, Wärme ab, die die Luftmoleküle in der umgebenden Luft in heftigere Bewegung und größere Unordnung bringen. Zählt man alle diese Effekte zusammen, gleichen Sie die Entropieabnahme auf Ihrem Schreibtisch mehr als aus: Die Gesamtentropie nimmt zu.

Doch was geschieht, so das Prinzip der Bekensteinschen Frage, wenn Sie Ihren Schreibtisch in der Nähe des Ereignishorizontes eines Schwarzen Lochs aufräumen und eine Vakuumpumpe in Gang setzen, die die frisch angeregten Luftmoleküle aus dem Zimmer in die verborgenen Tiefen eines Schwarzen Lochs absaugt? Wir können die Frage noch radikaler stellen: Was ist, wenn die Pumpe alle Luft, alles, was auf dem Schreibtisch liegt, und sogar diesen selbst in das Schwarze Loch befördert, so daß Sie in einem kalten, luftleeren und gründlich aufgeräumten Zimmer zurückbleiben? Da die Entropie in Ihrem Zimmer unter diesen Umständen sicherlich abnehmen würde, gelangte Bekenstein zu dem Schluß, daß der Zweite Hauptsatz der Thermodynamik nur dann erfüllt wäre, wenn das Schwarze Loch Entropie besäße. Wenn Materie in das Schwarze Loch gepumpt würde, so Bekenstein, müßte seine Entropie genügend anwachsen, um die beobachtete Entropieabnahme außerhalb des Schwarzen Lochs auszugleichen.

Tatsächlich konnte sich Bekenstein mit seiner These auf ein berühmtes Ergebnis von Stephen Hawking berufen. Hawking hatte nachgewiesen, daß die Fläche des Ereignishorizontes – erinnern wir uns, das ist die Fläche ohne Wiederkehr, die ein Schwarzes Loch umhüllt – bei jeder physikalischen Wechselwirkung anwächst. Egal, ob ein Asteroid in ein Schwarzes Loch fällt, ob das Oberflächengas eines nahen Sterns vom Schwarzen Loch eingesogen wird oder ob zwei Schwarze Löcher kollidieren und sich vereinigen – hier und in allen anderen Fällen nimmt die Gesamtfläche des Ereignishorizontes zu. Bekenstein schloß aus der unaufhaltsamen Entwicklung zu einer größeren Gesamtfläche auf einen Zusammenhang mit der unaufhaltsamen Entwicklung zu größerer Gesamtentropie, wie sie der Zweite Hauptsatz der Thermodynamik verlangt. Die Fläche des Ereignishorizontes eines Schwarzen Lochs sei, so Bekenstein, ein genaues Maß für seine Entropie.

Bei näherer Betrachtung zeigten sich jedoch zwei Gründe, die die meisten Physiker veranlaßten, Bekensteins Idee abzulehnen. Erstens: Schwarze Löcher scheinen zu den Objekten mit dem höchsten Maß an Ordnung und Organisation im ganzen Universum zu gehören. Sobald die Masse, die Kraftladungen und der Spin des Schwarzen Lochs gemessen sind, hat man seine Identität exakt ermittelt. Angesichts einer so geringen Zahl von unterscheidenden Merkmalen scheint ein Schwarzes Loch gar nicht genügend Struktur zu besitzen, um überhaupt Unordnung aufweisen zu können. Zweitens stieß Bekensteins These auf Ungläubigkeit, weil Entropie in der Form, wie wir sie oben diskutiert haben, ein quantenmechanisches Konzept ist, während Schwarze Löcher bis in die jüngste Zeit fest dem klassischen Lager zugerechnet wurden, dem der allgemeinen Relativitätstheorie. Anfang der siebziger Jahre, ohne eine Möglichkeit, allgemeine Relativitätstheorie und Quantenmechanik miteinander zu vereinbaren, schien es ungeschickt zu sein – um es vorsichtig zu formulieren –, von einer möglichen Entropie Schwarzer Löcher zu sprechen.

Wie schwarz ist schwarz?

Wie sich herausstellte, war auch Hawking die Analogie zwischen dem Gesetz von der Flächenzunahme des Ereignishorizontes und dem Gesetz von der Entropiezunahme aufgefallen, aber er hatte sie als bloßen Zufall abgetan. Nähme man die Analogie zwischen den Gesetzen Schwarzer Löcher und den Hauptsätzen der Thermodynamik nämlich ernst, so brachte Hawking vor und stützte sich dabei auf sein Gesetz von der Flächenzunahme des Ereignishorizontes und andere Ergebnisse, die er zusammen mit James Bardeen und Brandon Carter entdeckt hatte, dann wäre man nicht nur gezwungen, nicht nur die Fläche des Ereignishorizontes eines Schwarzen Lochs mit Entropie gleichzusetzen, sondern müßte dem Schwarzen Loch auch eine Temperatur zuweisen (deren exakter Wert davon abhinge, wie stark das Gravitationsfeld des Schwarzen Lochs am Ereignishorizont wäre). Doch wenn die Temperatur eines Schwarzen Lochs nicht gleich null wäre, dann *müßte* man – und wäre sie noch so gering – nach den fundamentalsten und bewährtesten Prinzipien der Physik davon ausgehen, daß das Schwarze Loch Strahlung aussendet, wie jedes Objekt mit einer Temperatur ungleich null (diesen Effekt sehen wir im Alltag deutlich an sehr heißen Objekten, etwa einem glühenden Feuerhaken). Doch Schwarze Löcher sind, wie jedermann weiß, schwarz. Also dürfen sie, wie man meinte, gar nichts aussenden. Hawking war mit der weit überwiegenden Zahl seiner Kollegen der Auffassung, daß Bekensteins These damit endgültig widerlegt sei. Lieber war Hawking zu der Annahme bereit, daß Entropie schlicht und einfach verlorengehen könne – wenn nämlich Materie, die diese Entropie besitze, in ein Schwarzes Loch falle. Soviel zum Zweiten Hauptsatz der Thermodynamik.

Dies war der Stand der Dinge, bis Hawking 1974 eine wirklich erstaunliche Entdeckung machte. Schwarze Löcher, so erklärte er wenig später, seien *nicht* vollkommen schwarz. Wenn man die Quantenmechanik außer acht läßt und sich nur an die Gesetze der klassischen allgemeinen Relativitätstheorie hält, dann lassen Schwarze Löcher, wie man rund sechzig Jahre zuvor festgestellt hatte, tatsächlich nichts – noch nicht einmal Licht – aus ihrer Gravitationsumklammerung entkommen. Doch die Berücksichtigung der Quantenmechanik führt zu einer folgenreichen Revision dieser Schlußfolgerung. Obwohl Hawking nicht über eine quantenmechanische Version der allgemeinen Relativitätstheorie verfügte, konnte er die beiden theoretischen Werkzeuge so weit kombinieren, daß sie ihm zwar nur genäherte, aber für den Bereich makroskopischer Schwarzer Löcher durchaus zuverlässige Ergebnisse lieferten. Und das wichtigste Ergebnis, auf das er dabei stieß, besagte, daß Schwarze Löcher aufgrund quantenmechanischer Effekte Strahlung aussenden.

Die Rechnungen sind lang und mühsam, doch Hawkings Grundidee ist einfach. Wie wir gesehen haben, sorgt die Unschärferelation dafür, daß das Vakuum des leeren Raums ein brodelnder, schäumender Hexenkessel von virtuellen Teilchen ist, die vorübergehend in die Existenz katapultiert werden und sich anschließend wieder vernichten. Dieses unruhige Quantenverhalten findet auch in der Raumregion unmittelbar vor dem Ereignishorizont eines Schwarzen Lochs statt. Hawking erkannte jedoch, daß die ungeheure Gravitationskraft eines Schwarzen Lochs ein Paar, sagen wir, virtueller Photonen soweit auseinanderreißen kann, daß eines der Photonen in das Schwarze Loch gezogen wird. Nachdem der Partner in den Schwarzen Abgrund gerissen worden ist, hat das andere Photon des Paares niemanden mehr, mit dem gemeinsam es sich vernichten kann. Statt dessen erhält es, so wies Hawking nach, einen Energiestoß von der Gravitationskraft des Schwarzen Lochs, so daß es, während sein Partner in das Loch stürzt, nach außen schießt, fort von dem Schwarzen Loch. Wenn jemand das Schwarze Loch aus sicherer Entfernung betrachtet, dann, so Hawking, rufen diese auseinandergerissenen virtuellen Photonenpaare in ihrer Gesamtwirkung – wir haben es mit einem Vorgang zu tun, der sich rund um den Ereignishorizont ständig wiederholt – den Eindruck einer kontinuierlichen Strahlung hervor, die von dem Schwarzen Loch ausgeht. Schwarze Löcher *glimmen*.

Hawking konnte sogar die Temperatur berechnen, die ein ferner Beobachter der emittierten Strahlung zuschreiben würde. Tatsäch-

lich stellte er fest, daß sie von der Stärke des Gravitationsfeldes am
Ereignishorizont des Schwarzen Lochs bestimmt wird. Damit hatte
sich die vorgeschlagene Analogie zwischen den physikalischen Gesetzen Schwarzer Löcher und den Gesetzen der Thermodynamik
vollkommen bestätigt.[3] Bekenstein hatte recht: Hawkings Ergebnisse zeigten, daß die Analogie ernst zu nehmen war. Tatsächlich belegten seine Ergebnisse, daß wir es mit weit mehr als einer Analogie
zu tun haben – es ist eine *Identität*. Ein Schwarzes Loch *hat* eine
Entropie. Ein Schwarzes Loch *hat* eine Temperatur. Und die Gesetze
der Dynamik Schwarzer Löcher sind einfach das, was sich aus den
herkömmlichen thermodynamischen Gesetzen in einem außerordentlich extremen Gravitationskontext ergibt. Das war die Bombe,
die Hawking 1974 platzen ließ.

Um Ihnen eine Vorstellung von den Größenordnungen zu geben, um die es hier geht: Bei sorgfältiger Berücksichtigung aller
Einzelheiten besitzt ein Schwarzes Loch von etwa dreifacher Sonnenmasse eine Temperatur von ungefähr einem hundertmillion-
stel Grad über Null – nicht null, aber auch nicht weit davon entfernt.
Schwarze Löcher sind also nicht schwarz, aber fast. Leider ist die
Strahlung, die ein Schwarzes Loch aussendet, aus diesem Grund
äußerst schwach, so schwach, daß sie experimentell nicht nachweisbar ist. Es gibt allerdings eine Ausnahme. Hawkings Berechnungen haben nämlich auch gezeigt, daß ein Schwarzes Loch um so wär-
mer ist und um so stärker strahlt, je geringer seine Masse ist. Beispielsweise würde ein Schwarzes Loch, das so leicht wie ein kleiner
Asteroid wäre, ungefähr so heftig strahlen wie eine Wasserstoff-
bombe von einer Million Megatonnen bei der Explosion, wobei
seine Strahlung im Gammastrahlenbereich des elektromagnetischen
Spektrums konzentriert wäre. Astronomen haben den Nachthimmel nach solcher Strahlung abgesucht, aber abgesehen von einigen
sehr vagen Möglichkeiten nichts entdeckt. Woraus zu schließen ist,
daß solche Schwarzen Löcher mit geringer Masse, wenn es sie denn
gibt, sehr selten sind.[4] Das sei, wie Hawking gern scherzt, sehr
schade, denn wenn die Strahlung Schwarzer Löcher, die seine Arbeit vorhersage, entdeckt würde, erhielte er zweifellos den Nobelpreis.[5]

Im Kontrast zu seiner extrem geringen Temperatur von nicht einmal einem millionstel Grad ist die Entropie eines Schwarzen Lochs
von, sagen wir, drei Sonnenmassen gewaltig: Sie entspricht der ungeheuren Zahl von einer Eins mit 78 Nullen! Und es gilt: Je mehr
Masse das Schwarze Loch hat, desto größer seine Entropie. Damit

hat Hawking eindeutig bewiesen, daß in einem Schwarzen Loch ein enormes Maß an Unordnung herrscht.

Doch Unordnung von was? Wie gezeigt, scheinen Schwarze Löcher extrem einfache Objekte zu sein, so daß wir uns fragen müssen, wodurch diese überwältigende Unordnung hervorgerufen wird. Zu dieser Frage konnten Hawkings Berechnungen keinerlei Auskunft geben. Mit seiner partiellen Vereinigung von allgemeiner Relativitätstheorie und Quantenmechanik ließen sich numerische Werte für die Entropie von Schwarzen Löchern finden, aber keinerlei Erkenntnisse über die mikroskopische Bedeutung dieser Zahlen gewinnen. Fast fünfundzwanzig Jahre lang versuchten einige der bedeutendsten Physiker ihrer Zeit zu verstehen, welche möglichen mikroskopischen Eigenschaften von Schwarzen Löchern ihre Entropie erklären könnten. Doch ohne eine zuverlässige und vollständige Vereinigung von Quantenmechanik und allgemeiner Relativitätstheorie ließ sich bestenfalls hier und da eine Antwort ahnen, das Rätsel aber blieb ungelöst.

Auftritt Stringtheorie

So war es zumindest bis zum Januar 1996, als Strominger und Vafa – ausgehend von Ergebnissen, auf die Susskind und Sen gestoßen waren – einen Aufsatz mit dem Titel »Microscopic Origin of the Bekenstein-Hawking-Entropy« im elektronischen Internetarchiv veröffentlichten. In dieser Arbeit gelang es den beiden Forschern mit Hilfe der Stringtheorie, die mikroskopischen Bestandteile einer bestimmten Klasse von Schwarzen Löchern zu bestimmen und die mit ihnen assoziierte Entropie exakt zu berechnen. In ihrer Arbeit machten sie sich die neuentdeckte Fähigkeit zunutze, die Störungsmethoden, auf die man in den achtziger und frühen neunziger Jahren angewiesen war, teilweise zu umgehen. Ihr Ergebnis deckte sich exakt mit der Vorhersage von Bekenstein und Hawking und vervollständigte damit ein Bild, das zwanzig Jahre zuvor begonnen worden war.

Strominger und Vafa untersuchten die Klasse der sogenannten *extremalen* Schwarzen Löcher. Das sind Schwarze Löcher, die eine bestimmte Ladung besitzen – Sie können Sie sich als elektrische Ladung vorstellen – und gleichzeitig die kleinste Masse haben, die für ein Schwarzes Loch dieser Ladung möglich ist. Die Definition zeigt, daß sie eng verwandt mit den in Kapitel zwölf erörterten BPS-

Zuständen sind. Tatsächlich haben sich Strominger und Vafa diese Ähnlichkeit gründlich zunutze gemacht. Sie zeigten, daß sich bestimmte extremale Schwarze Löcher konstruieren lassen – theoretisch natürlich –, indem man mit einer Anzahl von BPS-Branen (die bestimmte, genau festgelegte Dimensionen haben) beginnt und diese, einem exakten mathematischen Rezept folgend, miteinander verbindet. Genauso wie man ein Atom konstruieren kann – natürlich wiederum nur theoretisch –, indem man mit einer Anzahl von Quarks und Elektronen beginnt und sie dann, einem exakten Plan folgend, zu Protonen und Neutronen anordnet, die von Elektronen umkreist werden, lassen sich, wie Strominger und Vafa zeigten, einige der neuentdeckten Objekte der Stringtheorie so zusammenfügen, daß sie bestimmte Schwarze Löcher bilden.

Tatsächlich sind Schwarze Löcher nur ein mögliches Endprodukt der Sternenentwicklung. Nachdem ein Stern in Jahrmilliarden der Kernfusion seinen gesamten Kernbrennstoff verbraucht hat, besitzt er nicht mehr die Kraft – den nach außen gerichteten Druck –, um der gewaltigen, nach innen drängenden Kraft der Gravitation zu widerstehen. Unter den vielfältigsten Bedingungen führt diese Situation zu einer dramatischen Implosion der gewaltigen Sternenmasse. Unaufhaltsam stürzt sie unter dem eigenen Gewicht zusammen und bildet ein Schwarzes Loch. Im Gegensatz zu diesem realistischen Entstehungsszenario schlugen Strominger und Vafa Schwarze »Designer-Löcher« vor. Dabei ließen sie den komplexen Entstehungsprozeß realistischer Schwarzer Löcher außen vor und zeigten, daß sich das Endprodukt – in der Vorstellung des Theoretikers – in systematischer Weise konstruieren läßt. Dazu wird ein exakt bestimmtes Sortiment jener Branen, die sich aus der zweiten Superstringrevolution ergeben haben, langsam und sorgfältig miteinander verknüpft.

Der Wert dieses Ansatzes zeigte sich sofort. Ohne die theoretische Kontrolle über die mikroskopische Konstruktion ihrer Schwarzen Löcher zu verlieren, konnten Strominger und Vafa leicht und direkt berechnen, auf wie viele verschiedene Arten und Weisen die mikroskopischen Bestandteile des Schwarzen Lochs umgeordnet werden können, ohne seine allgemeinen, beobachtbaren Eigenschaften – seine Masse und seine Ladung – zu verändern. Diese Zahl konnten sie dann mit der Fläche des Ereignishorizontes vergleichen – der von Bekenstein und Hawking vorhergesagten Entropie des Schwarzen Lochs. Als Strominger und Vafa das taten, stellten sie eine vollkommene Übereinstimmung fest. Zumindest für die Klasse der extremalen Schwarzen Löcher war es ihnen gelungen, die mikroskopischen Bestandteile anzugeben und die entsprechende Entropie mit Hilfe der Stringtheorie exakt vorherzusagen. Ein fünfundzwanzig Jahre altes Rätsel war gelöst.[6]

Viele Stringtheoretiker sehen darin einen wichtigen und überzeugenden Beleg für die Gültigkeit ihrer Theorie. Noch ist unser Verständnis der Stringtheorie nicht umfassend genug, um konkrete Voraussagen, sagen wir, für die Masse eines Quarks oder eines Elektrons zu erhalten, die wir unmittelbar und direkt mit den experimentellen Beobachtungen vergleichen könnten. Doch jetzt sehen wir, daß die Stringtheorie die erste grundlegende Erklärung für eine lange bekannte Eigenschaft von Schwarzen Löchern liefert – eine Erklärung, an der sich Physiker mit konventionelleren Theorien viele Jahre lang vergeblich versucht hatten. Diese Eigenschaft von Schwarzen Löchern steht in engem Zusammenhang mit Hawkings Vorhersage, daß sie Strahlung emittieren, und das ist eine Vorhersage, die sich im Prinzip experimentell bestätigen lassen müßte. Natürlich setzt das voraus, daß wir irgendwo am Himmel ein Schwarzes Loch mit absoluter Sicherheit orten und dann Geräte bauen, die empfindlich genug sind, um die emittierte Strahlung zu entdecken. Wenn das Schwarze Loch leicht genug ist, dann läge diese Maßnahme durchaus im Bereich der heutigen technischen Möglichkeiten. Obwohl die entsprechenden experimentellen Programme noch keinen Erfolg zu verzeichnen haben, ist das ein erneuter Beleg dafür, daß sich die Kluft zwischen Stringtheorie und konkreten, empirisch überprüfbaren Aussagen über die natürliche Welt überbrücken läßt. Sogar Sheldon Glashow – in den achtziger Jahren ein erklärter Gegner der Stringtheorie – hat unlängst erklärt: »Wenn Stringtheoretiker über Schwarze Löcher sprechen, hat man fast den Eindruck, daß sie über beobachtbare Phänomene sprechen – das ist schon beeindruckend.«[7]

Die verbleibenden Rätsel der Schwarzen Löcher

Trotz dieser eindrucksvollen Entwicklungen bleiben im Zusammenhang mit Schwarzen Löchern noch zwei Rätsel von zentraler Bedeutung offen. Das erste betrifft die Konsequenzen Schwarzer Löcher für das Konzept des Determinismus. Zu Beginn des neunzehnten Jahrhunderts hat der französische Mathematiker Pierre-Simon de Laplace die strengste und weitreichendste Formulierung des Uhr-

werkuniversums gefunden, das aus Newtons Bewegungsgesetzen
folgt:

> Eine Intelligenz, welche für einen gegebenen Augenblick alle in der Natur
> wirkenden Kräfte sowie die gegenseitige Lage der sie zusammensetzenden
> Elemente kennte und überdies umfassend genug wäre, um diese gegebe-
> nen Größen der Analysis zu unterwerfen, würde in derselben Formel die
> Bewegungen der größten Weltkörper wie des leichtesten Atoms um-
> schließen; nichts würde ihr ungewiß sein und Zukunft und Vergangen-
> heit würde ihr offen vor Augen liegen.[8]

Mit anderen Worten, wenn Sie die Aufenthaltsorte und Geschwindigkeiten aller Teilchen im Universum zu einem gegebenen Zeitpunkt kennen würden, so könnten Sie – zumindest im Prinzip – mit
Hilfe von Newtons Bewegungsgesetzen ihre Aufenthaltsorte und
Geschwindigkeiten zu jedem früheren oder künftigen Zeitpunkt
bestimmen. Nach dieser Auffassung ergeben sich absolut alle Ereignisse – von der Entstehung der Sonnen bis zur Kreuzigung Christi
und der Bewegung Ihrer Augen bei der Erfassung dieser Buchstaben –
direkt aus den genauen Aufenthaltsorten und Geschwindigkeiten
der Bestandteile des Universum einen Augenblick nach dem Urknall.
Die philosophische Vorstellung, daß sich das Universum in dieser
rigiden Ordnung entfaltet hätte, wirft eine Vielzahl schwierigster
Probleme hinsichtlich des freien Willens auf, wurde aber mit der
Entdeckung der Quantenmechanik weitgehend entkräftet: Wir
haben gesehen, daß die Heisenbergsche Unschärferelation den
Laplaceschen Determinismus untergräbt, weil wir prinzipiell unfähig
sind, gleichzeitig die genauen Aufenthaltsorte und Geschwindigkeiten der Bestandteile des Universums zu bestimmen. Statt mit Hilfe
all seiner klassischen Eigenschaften beschreiben wir ein System mit
Hilfe quantenmechanischer Wellenfunktionen, die uns mitteilen, mit
welcher Wahrscheinlichkeit ein gegebenes Teilchen hier oder dort ist
beziehungsweise diese oder jene Geschwindigkeit besitzt.

Das Scheitern des Laplaceschen Entwurfs bedeutete jedoch nicht
das vollkommene Ende für das Konzept des Determinismus. Überläßt man ein System sich selbst, dann entwickeln sich die Wellenfunktionen – die Wahrscheinlichkeitswellen der Quantenmechanik –
nach exakten mathematischen Regeln in der Zeit, Regeln, die etwa
in Form der Schrödinger-Gleichung oder in der ihrer exakteren relativistischen Verwandten, der Dirac-Gleichung oder der Klein-Gordon-
Gleichung, vorgegeben sind. Wir sehen also, daß der Laplacesche
Determinismus durch einen *Quantendeterminismus* ersetzt wird:
Wenn ein intelligentes Superwesen, das »allwissend genug« ist, die

Wellenfunktionen aller Elementarteilchen des Universums zu einem gegebenen Zeitpunkt kennen würde, könnte es die Wellenfunktionen zu jedem früheren oder künftigen Zeitpunkt angeben. Der Quantendeterminismus besagt, daß die *Wahrscheinlichkeit*, mit der ein bestimmtes Ereignis zu einem gegebenen Zeitpunkt eintreten wird, durch die Wellenfunktionen zu einem beliebigen früheren Zeitpunkt vollkommen *bestimmt* wird. Der probabilistische Aspekt der Quantenmechanik entschärft den Laplaceschen Determinismus zwar erheblich, indem er die Unvermeidlichkeit der Konsequenzen durch ihre Wahrscheinlichkeit ersetzt, trotzdem ist die zeitliche Entwicklung dieser Wahrscheinlichkeiten im konventionellen Rahmen der Quantentheorie vollkommen bestimmt.

1976 hat Hawking erklärt, selbst diese gemäßigte Form des Determinismus werde durch die Existenz Schwarzer Löcher in Frage gestellt. Abermals sind die Rechnungen, die dieser Aussage zugrunde liegen, höchst umfangreich, der Grundgedanke aber ist ziemlich einfach. Wenn etwas in ein Schwarzes Loch stürzt, wird seine Wellenfunktion in gewisser Weise ebenfalls »hineingezogen«. Das aber bedeutet, daß unser hypothetisches Superwesen, so »umfassend« sein Wissen auch sei, in seinem Bemühen, die Wellenfunktionen aller künftigen Zeitpunkte zu bestimmen, zum Scheitern verurteilt ist. Wenn wir die Zukunft vollständig vorhersagen wollen, müssen wir zum gegenwärtigen Zeitpunkt alle Wellenfunktionen vollständig kennen. Doch wenn sich einige in die Abgründe von Schwarzen Löchern davongemacht haben, sind auch die Informationen, die sie enthalten, verloren.

Auf den ersten Blick scheint diese Komplikation, die sich aus der Existenz Schwarzer Löcher ergibt, nicht weiter erwähnenswert. Da alles, was hinter dem Ereignishorizont von Schwarzen Löchern liegt, vom Rest des Universums abgeschnitten ist, müßten wir doch eigentlich all das völlig ignorieren können, was nun einmal das Pech hatte hineinzufallen. Und können wir philosophisch nicht einfach die Auffassung vertreten, das Universum habe die Informationen, die die Objekte enthielten, als sie im Schwarzen Loch verschwanden, ja nicht wirklich verloren? Daß sie sich einfach in einer Raumregion befinden, die wir als vernunftbegabte Wesen um jeden Preis zu vermeiden trachten? Bevor Hawking klar wurde, daß Schwarze Löcher gar nicht vollkommen schwarz sind, lautete die Antwort auf diese Fragen Ja. Doch sobald Hawking die Welt davon in Kenntnis gesetzt hatte, daß Schwarze Löcher strahlen, veränderte sich das Bild. Strahlung trägt Energie, folglich nimmt die Masse eines Schwarzen Lochs,

während es strahlt, kontinuierlich ab – es verdampft langsam. Dabei
schrumpft der Abstand zwischen dem Zentrum des Lochs und
seinem Ereignishorizont allmählich. Während dieser »eiserne Vor-
hang« Stück um Stück zurückweicht, erscheinen Raumregionen, die
vorher vollkommen abgeschnitten waren, wieder auf der kosmischen Bildfläche. Es ist sogar denkbar, daß das Objekt, das wir be-
trachten, letztlich seinen Ereignishorizont verliert und dann gar kein
Schwarzes Loch mehr ist. Damit zeigt sich, daß es sich bei unseren
Überlegungen zum Informationsverlust keineswegs um müßige
Gedankenspiele handelt: Kommen die Informationen, die in den
Objekten enthalten waren, als sie ins Schwarze Loch stürzten – die
Daten, von denen wir meinten, sie würden im Inneren des Schwarzen
Lochs weiterexistieren –, wieder zum Vorschein, während das
Schwarze Loch verdampft? Von der Antwort auf diese Frage hängt
es ab, ob der Quantendeterminismus seine Gültigkeit behält oder ob
Schwarze Löcher ein noch stärkeres Zufallselement in die Entwick-
lung unseres Universums einfließen lassen.

Während der Niederschrift dieses Buches herrscht in bezug auf
diese Frage keine Einigkeit in der physikalischen Gemeinschaft.
Viele Jahre lang hat Hawking mit aller Entschiedenheit die Auffassung vertreten, daß die Information nicht wieder auftaucht – daß
Schwarze Löcher Informationen vernichten. Dadurch scheine, so
Hawking, »eine neue Ebene der Unvorhersagbarkeit in die Physik
einzuziehen, die weit über die üblicherweise mit der Quantentheorie
verknüpfte Unsicherheit hinausgeht«.[9] Tatsächlich hat Hawking
zusammen mit Kip Thorne vom California Institute of Technology
eine entsprechende Wette gegen John Preskill, ebenfalls California
Institute of Technology, abgeschlossen: Hawking und Thorne behaupten, die Information sei für immer verloren, während Preskill
dagegen hält und meint, die Information tauche wieder auf,
während das Schwarze Loch strahle und schrumpfe. Der Einsatz?
Ebenfalls Information: »Der Gewinner erhält vom Verlierer eine En-
zyklopädie seiner Wahl.«

Noch ist die Wette nicht entschieden, aber Hawking hat unlängst
eingeräumt, das neue, aus der Stringtheorie gewonnene Verständnis
Schwarzer Löcher – so wie wir es oben erörtert haben – zeige, daß
die Information möglicherweise doch wieder zum Vorschein kommen könnte.[10] Neu ist der Gedanke, daß bei der Art von Schwarzen
Löchern, die zunächst von Strominger und Vafa untersucht wurden
und in der Folge von vielen anderen Physikern, die konstituierenden
Branen in der Lage seien, Informationen zu speichern und wieder-

zugeben. Diese Erkenntnis, so erklärte Strominger vor kurzem, »hat viele Stringtheoretiker dazu verführt, den Sieg schon auszurufen – zu behaupten, die Informationen würden beim Verdampfen des Schwarzen Lochs zurückgewonnen. Ich halte diesen Schluß für übereilt. Es bleibt noch viel zu tun, bevor wir entscheiden können, ob es sich wirklich so verhält.«[11] Abschließend meinte Vafa, er sei »in dieser Frage Agnostiker – sie kann so oder so ausgehen«.[12] Jedenfalls ist sie ein zentrales Anliegen der gegenwärtigen Forschung. Hören wir Hawking:

> Die meisten Physiker möchten glauben, daß sie [die Information] nicht verlorengeht, wäre die Welt dann doch sicherer und vorhersagbarer. Doch ich denke, daß man, nimmt man Einsteins allgemeine Relativitätstheorie ernst, die Möglichkeit einrechnen muß, daß die Raumzeit sich zu Knoten verschlingt und daß in diesen Falten Information verlorengehen kann. Zu entscheiden, ob Information tatsächlich verlorengeht, ist eine der wichtigsten Fragen, die sich der theoretischen Physik heute stellen.[13]

Das zweite ungelöste Rätsel Schwarzer Löcher betrifft die Beschaffenheit der Raumzeit im Innersten des Lochs.[14] Eine direkte Anwendung der allgemeinen Relativitätstheorie, die auf Schwarzschilds Arbeit aus dem Jahr 1916 zurückgeht, zeigt, daß die enorme Energie, die im Innersten des Schwarzen Lochs zusammengepreßt wird, der Raumzeit eine Art enormen Riß beibringt und sie zu einem Zustand unendlicher Krümmung verzerrt – sie wird von einer Raumzeitsingularität durchlöchert. Da alle Materie, die den Ereignishorizont durchquert, unaufhaltsam zum Zentrum des Schwarzen Lochs gezogen wird und da sie, einmal dort, keine Zukunft mehr besitzt, hat man daraus geschlossen, daß im Herzen eines Schwarzen Lochs die Zeit selbst zum Stillstand komme. Andere Physiker haben im Laufe der Jahre die Eigenschaften untersucht, die bestimmte Schwarze Löcher im Innersten besitzen, und sind dabei auf die phantastische Möglichkeit gestoßen, daß sich dort ein Tor zu einem anderen Universum befinden könnte, welches an dieser schmalen Stelle im Zentrum eines Schwarzen Loches mit unserem Universum verbunden wäre. Dem liegt, grob gesagt, der Gedanke zugrunde, daß dort, wo die Zeit in unserem Universum zum Stillstand kommt, die Zeit in einem anhängenden Universum beginnt.

Mit einigen der Konsequenzen dieser den Geist verwirrenden Möglichkeit wollen wir uns im nächsten Kapitel befassen. Im Augenblick soll uns ein anderer wichtiger Punkt beschäftigen. Dazu müssen wir uns an eine Erkenntnis von zentraler Bedeutung er-

innern: Die Extreme von riesiger Masse und winziger Größe, die zu
unvorstellbarer Dichte führen, sind mit Einsteins klassischer Theorie
allein nicht mehr zu beschreiben; dazu muß auch die Quantentheorie herangezogen werden. Das führt uns zu der Frage: Was kann die
Stringtheorie zur Erklärung der Raumzeitsingularität im Innersten
eines Schwarzen Lochs beitragen? Eine Frage, die gegenwärtig intensiv erforscht wird, die aber, wie die Frage des Informationsverlusts,
noch nicht entschieden ist. Die Stringtheorie geht sehr souverän mit
einer Vielzahl von anderen Singularitäten um – den Löchern und
Rissen im Raum, die wir in Kapitel elf und im ersten Teil dieses
Kapitels behandelt haben.[15] Doch wenn Sie eine Singularität verstanden haben, haben Sie noch längst nicht alle verstanden. Das
Gewebe unseres Universums kann auf viele verschiedene Weisen auf-
rippeln, löchrig werden und zerreißen. Der Stringtheorie verdanken
wir aufschlußreiche Erkenntnisse in bezug auf einige dieser Singularitäten, aber andere, darunter auch die Singularität Schwarzer
Löcher, haben sich bislang allen Zugriffen der Stringtheoretiker entzogen. In erster Linie dafür verantwortlich ist wiederum die Ange-
wiesenheit auf Störungsmethoden, die verhindern, daß Stringtheoretiker exakt und vollständig untersuchen können, was tief im Inneren
eines Schwarzen Lochs geschieht.

Doch angesichts der enormen Fortschritte auf dem Gebiet der
nichtperturbativen Methoden und ihrer Anwendung auf andere
Aspekte Schwarzer Löcher sind Stringtheoretiker guten Mutes, daß
sie in nicht allzu ferner Zukunft den Tiefen des Schwarzen Lochs
ihre Geheimnisse werden entreißen können.

Kapitel 14

Kosmologische Gedankenspiele

Seit ihren frühesten Anfängen verspürt die Menschheit den leiden-
schaftlichen Drang, den Ursprung des Universums zu verstehen. Es
gibt vielleicht keine andere Frage, die alle kulturellen und zeitlichen
Grenzen so mühelos überwindet und die die Vorstellungskraft unserer
fernsten Vorfahren ebenso beflügelt hat, wie sie heute die Forschung
moderner Kosmologen motiviert. Tief verwurzelt ist die kollektive
Sehnsucht nach einer Erklärung – warum es ein Universum gibt, wie
es die Gestalt angenommen hat, die wir vor Augen haben, und
welches logische Prinzip seiner Entwicklung zugrunde liegt. Erstaun-
licherweise ist die Menschheit nun an einen Punkt gelangt, wo sich
allmählich die wissenschaftlichen Voraussetzungen zur Beantwortung einiger dieser Fragen abzeichnen.

Nach der gegenwärtig anerkannten wissenschaftlichen »Schöp-
fungstheorie« herrschten im Universum in den ersten Augenblicken
seiner Existenz extremste Bedingungen – allen voran enorme Temperatur und Dichte. Zum Verständnis solcher Bedingungen sind, wie
uns inzwischen hinreichend bekannt, sowohl die Quantenmechanik
als auch die Gravitation erforderlich, daher bietet die Geburt des
Universums ein weites Betätigungsfeld für die neuen Methoden und
Erkenntnisse der Superstringtheorie. Darauf werden wir gleich zu
sprechen kommen, doch zunächst wollen wir die Kosmologie betrachten, wie sie sich vor der Stringtheorie präsentierte – das sogenannte *Standardmodell der Kosmologie.*

Das Standardmodell der Kosmologie

Die moderne Theorie von den kosmischen Ursprüngen entstand
etwa fünfzehn Jahre nach der Veröffentlichung von Einsteins allgemeiner Relativitätstheorie. Während Einstein sich weigerte, die
eigene Theorie beim Wort zu nehmen und anzuerkennen, daß ihr
zufolge das Universum weder ewig noch statisch ist, war Alexander

Friedmann dazu bereit. Wie in Kapitel drei dargelegt, entdeckte Friedmann, was heute als Urknall-Lösung der Einsteinschen Gleichungen bezeichnet wird – eine Lösung, die besagt, daß das Universum unter heftigsten Begleiterscheinungen aus einem Zustand unendlicher Kompression hervorgegangen ist und sich noch heute in der Expansionsphase dieser Urexplosion befindet. Einstein war sich so sicher, daß derartige zeitabhängige Lösungen keine Ergebnisse seiner Theorie sein könnten, daß er einen kurzen Artikel publizierte, in dem er behauptete, einen fatalen Fehler in Friedmanns Arbeit gefunden zu haben. Etwa acht Monate später konnte Friedmann Einstein jedoch davon überzeugen, daß es keinen solchen Fehler gab. Einstein nahm seinen Einwand öffentlich, aber ungewöhnlich knapp zurück. Offenkundig war er nicht der Meinung, Friedmanns Ergebnisse könnten die geringste Bedeutung für unser Universum haben. Doch rund fünf Jahre später bestätigten Hubbles Beobachtungen von einigen Dutzend Galaxien mit dem 252-Zentimeter-Teleskop des Mount-Wilson-Observatoriums, daß das Universum tatsächlich expandiert. Friedmanns Arbeit, die von den Physikern Howard Robertson und Arthur Walker in eine systematischere und ökonomischere Form gebracht wurde, bildet noch immer die Grundlage der modernen Kosmologie.

Etwas ausführlicher besagt die moderne Theorie von den kosmischen Ursprüngen folgendes: Vor etwa 15 Milliarden Jahren entstand das Universum eruptionsartig aus einem enorm energiereichen, singulären Ereignis, das allen Raum und alle Materie ausspie. (Geben Sie sich keine Mühe, den Urknall zu lokalisieren, denn er hat stattgefunden, wo Sie sich jetzt befinden, und an jeder anderen Stelle; am Anfang waren alle Orte, die wir jetzt als getrennt wahrnehmen, ein und derselbe Ort.) 10^{-43} Sekunden nach dem Urknall – also nach der sogenannten *Planckzeit* – betrug die Temperatur nach einschlägigen Berechnungen 10^{32} Kelvin, etwa zehn Billionen Billionen Mal heißer als die innersten Regionen der Sonne. Mit der Zeit expandierte das Universum und kühlte ab; dabei begann das ursprünglich homogene, extrem heiße kosmische Urplasma Wirbel und Klumpen zu bilden. Ungefähr eine hunderttausendstel Sekunde nach dem Urknall war die Materie so weit abgekühlt (auf ungefähr zehn Billionen Kelvin – rund eine Million mal heißer als im Inneren der Sonne), daß sich Quarks zu Dreiergruppen zusammenfinden und auf diese Weise Protonen und Neutronen bilden konnten. Rund eine hundertstel Sekunde später herrschten Bedingungen, die es den leichtesten Elementen des Periodensystems gestatteten, sich aus dem abkühlenden Teilchenplasma herauszukristallisieren. Während der nächsten drei Minuten, als sich das siedende Universum auf ungefähr eine Milliarde Grad abkühlte, bildeten sich vor allem die Atomkerne von Wasserstoff und Helium sowie Spuren von Deuterium (»schwerem« Wasserstoff) und Lithium. Diese Periode bezeichnet man als »Ära der Kernreaktionen« oder »primordiale Nukleosynthese«.

Ein paar hunderttausend Jahre lang passierte nicht viel anderes als weitere Expansion und Abkühlung. Doch als die Temperatur auf einige tausend Grad abgesunken war, war die Geschwindigkeit der wild umherschießenden Elektronen so weit gedrosselt, daß diese von den Atomkernen, vornehmlich natürlich Wasserstoff- und Helium- kernen, eingefangen werden konnten; so entstanden die ersten elek- trisch neutralen Atome. Das war ein Augenblick von großer Bedeu- tung: Von nun an wurde das Universum nämlich im großen und ganzen durchsichtig. Bevor die Elektronen eingefangen wurden, war das Universum von einem dichten Plasma elektrisch geladener Teil- chen erfüllt – einige mit positiver Ladung, etwa die Atomkerne, andere mit negativer Ladung, etwa die Elektronen. Photonen, die ja mit elektrisch geladenen Teilchen wechselwirken, wurden unablässig in dem dicken Brei aus geladenen Teilchen hin und her gestoßen, so daß sie kaum längere Wege zurücklegen konnten, bevor sie wieder abgelenkt oder absorbiert wurden. Durch das Hindernis der gela- denen Teilchen, die die freie Bewegung der Photonen weitgehend einschränkten, dürfte das Universum weitgehend undurchsichtig ge- wesen sein, etwa wie ein dichter Morgennebel oder ein heftiger Schneesturm. Doch als die negativ geladenen Teilchen die positiv geladenen Kerne zu umkreisen begannen, so daß elektrisch neutrale Atome entstanden, verschwanden die geladenen Hindernisse und der dichte Nebel lichtete sich. Von da an konnten sich die Photonen des Urknalls so gut wie ungehindert ausbreiten, so daß allmählich die vollständige Ausdehnung des Universums in Sicht kam.

Ungefähr eine Milliarde Jahre später, als das Universum seine un- gestümen Anfänge weitgehend überwunden und sich beruhigt hatte, begannen sich unter dem Einfluß der Schwerkraft Galaxien, Sterne und schließlich Planeten aus den Urelementen zu bilden. Heute, rund fünfzehn Milliarden Jahre nach dem Urknall, können wir bei- des bestaunen – die Majestät des Kosmos und unsere Fähigkeit, eine logische und experimentell überprüfbare Theorie des kosmischen Ursprungs zu entwickeln.

Doch wie glaubwürdig ist die Urknalltheorie tatsächlich?

Der Urknall auf dem Prüfstand

Beim Blick durch ihre leistungsstärksten Teleskope können Astronomen das Licht sehen, das von Galaxien und Quasaren nur wenige Milliarden Jahre nach dem Urknall ausgestrahlt wurde. So sind sie in der Lage, die von der Urknalltheorie behauptete Expansion des Universums zu überprüfen – eine Prüfung, die die Theorie mit Glanz und Gloria besteht. Um die Theorie für noch frühere Zeiten zu testen, müssen Physiker und Astronomen zu indirekteren Methoden greifen. Einer der raffiniertesten Ansätze macht sich die sogenannte *kosmische Hintergrundstrahlung* zunutze.

Wenn Sie jemals einen Fahrradreifen angefaßt haben, nachdem Sie ihn kräftig aufgepumpt hatten, dann wissen Sie, daß er sich warm anfühlt. Ein Teil der Energie, die Sie bei Ihren Pumpbewegungen aufgewendet haben, ist in Wärmeenergie umgesetzt worden und hat dafür gesorgt, daß die Lufttemperatur im Reifen gestiegen ist. Das ist Ausdruck eines allgemeineren Phänomens: Unter einer Vielzahl von Ausgangsbedingungen erwärmen sich Dinge, wenn sie komprimiert werden. Umgekehrt zeigt sich, daß Dinge, die expandieren, sich dabei abkühlen. Eine praktische Anwendung dieses Prinzips finden wir in Kühlschränken und Klimaanlagen: Dort durchlaufen Kühlflüssigkeiten einen Kreislauf von Kompression und Ausdehnung (sowie Verdampfung und Kondensation), mit dessen Hilfe etwa die Wärme aus dem Kühlschrankinneren nach außen abgeführt wird. Doch auch im kosmologischen Maßstab ist diese Gesetzmäßigkeit von grundlegender Bedeutung.

Nachdem Elektronen und Kerne sich zu Atomen zusammengeschlossen haben, können sich Photonen, wie wir oben gesehen haben, ungehindert durch das Universum bewegen – in ihrer Gesamtheit bilden sie eine Art Gas. Dieses Photonengas ist in seinem »Behälter«, dem Universum, gleichmäßig verteilt. Während das Universum expandiert, dehnt sich auch das Photonengas aus, und genau so, wie die Temperatur eines herkömmlichen Gases (etwa der Luft in einem Fahrradreifen) bei Ausdehnung abnimmt, kühlt auch das Photonengas mit der Expansion des Universums immer weiter ab. Wie schon in den fünfziger Jahren George Gamow und seine Studenten Ralph Alpher und Robert Hermann vermutet und wie Mitte der sechziger Jahre Robert Dicke und Jim Peebles genauer ausgearbeitet haben, müßte unser heutiges Universum von einem fast gleichförmigen Meer dieser Urphotonen erfüllt sein, die sich während der letzten fünfzehn Milliarden Jahre kosmischer Expansion auf wenige Grad über dem absoluten Nullpunkt abgekühlt haben sollten.[1] 1965 machten Arno Penzias und Robert Wilson von den Bell Laboratories in New Jersey zufällig eine der bedeutendsten Entdeckungen unserer Zeit, als sie bei den Entwicklungsarbeiten an einer Antenne für Nachrichtensatelliten auf eben dieses Nachglühen des Urknalls stießen. Neuere Forschungsarbeiten haben sowohl die theoretischen wie die experimentellen Ergebnisse verbessert – eine Entwicklung, die ihren Höhepunkt Anfang der neunziger Jahre in den Messungen des Satelliten COBE (Cosmic Background Explorer) der NASA fand. Dessen Daten bestätigen mit einem überwältigenden Maß an Genauigkeit, daß das Universum *tatsächlich* von einer Hintergrundstrahlung erfüllt ist (könnten unsere Augen Lichtwellen im Mikrowellenbereich wahrnehmen, würden wir ein diffuses Glimmen in der Welt um uns herum sehen), deren Temperatur bei ungefähr 2,7 Grad über dem absoluten Nullpunkt liegt und damit genau den Erwartungen der Urknalltheorie entspricht. Etwas anschaulicher: In *jedem* Kubikmeter des Universums, einschließlich desjenigen, in dem Sie sich gerade befinden, gibt es im Durchschnitt etwa 400 Millionen Photonen, die gemeinsam das ungeheure kosmische Meer von Hintergrundstrahlung bilden – das Echo der Schöpfung. Ein Teil des »Schnees«, den Sie auf Ihrem Fernsehschirm sehen, wenn Sie einen Sender einstellen, der sein Programm beendet hat, wird durch das schwache Nachglühen des Urknalls hervorgerufen. Diese Übereinstimmung zwischen Theorie und Experiment bestätigt die Thesen der Urknallkosmologie zurück bis zu jenem Zeitpunkt, wo die Photonen sich erstmals frei durch das Universum zu bewegen begannen – einige hunderttausend Jahre nach dem Urknall.

Können wir Tests entwickeln, die die Urknalltheorie zu noch früheren Zeiten überprüfen? Durchaus. Durch die Anwendung von Erkenntnissen der Kernphysik und Thermodynamik kann die Physik klare Vorhersagen über die relative Häufigkeit der leichten Elemente machen, die während der Ära der Kernreaktionen, zwischen einer hundertstel Sekunde und einigen Minuten nach dem Urknall, erzeugt worden sind. Nach der Theorie hätten beispielsweise rund 23 Prozent des Universums aus Helium zusammengesetzt sein müssen. Durch Messung der Heliumhäufigkeit in Sternen und Nebeln und unter Berücksichtigung des Heliums, das im Laufe der Zeit im Inneren von Sternen entstanden ist, haben Astronomen eindrucksvolle Anhaltspunkte dafür gefunden, daß diese Vorhersage vollkommen richtig ist. Vielleicht noch eindrucksvoller ist die Vorhersage und Bestätigung der Deuteriumhäufigkeit, da es im Grunde außer dem

Urknall keinen astrophysikalischen Prozeß gibt, der das zwar geringe, aber meßbare Vorhandensein von Deuterium im ganzen Kosmos erklären könnte. Die Bestätigung dieser Häufigkeiten – in jüngerer Zeit auch noch der des Lithiums – ist ein überzeugender Beleg dafür, daß wir die Physik des frühen Universums bis zurück zur Entstehung der ersten Atomkerne verstehen.

Das ist so eindrucksvoll, daß man fast überheblich werden könnte. Alle Daten, die wir besitzen, bestätigen eine kosmische Theorie, die in der Lage ist, das Universum von ungefähr einer hundertstel Sekunde nach dem Urknall bis zur Gegenwart, etwa fünfzehn Milliarden Jahre danach, zu beschreiben. Dennoch sollten wir nicht vergessen, daß sich das neugeborene Universum mit phänomenaler Geschwindigkeit entwickelt hat. Winzige Bruchteile einer Sekunde – Bruchteile, die *viel* kleiner waren als eine hundertstel Sekunde – bildeten kosmische Epochen, in denen überdauernde Merkmale der Welt geprägt wurden. Daher haben die Physiker versucht, die Grenze noch weiter hinauszuschieben und das Universum zu immer früheren Zeitpunkten zu erklären. Da das Universum um so kleiner, heißer und dichter wird, je weiter wir in der Zeit zurückgehen, wurde eine exakte quantenmechanische Beschreibung der Materie und der Kräfte immer wichtiger. Wie uns frühere Kapitel in anderen Zusammenhängen gezeigt haben, läßt sich mit einer auf Punktteilchen basierenden Quantenfeldtheorie arbeiten, bis die Teilchenenergien in etwa den Bereich der Planckenergie erreichen. In der Kosmologie war das der Fall, als das gesamte bekannte Universum ein Klümpchen von Planckgröße war und damit eine Dichte besaß, die so groß war, daß sie sich jeder Metapher und jedem erhellenden Vergleich verweigert: Die Dichte des Universums nach einer Planckzeit war einfach *kolossal*. Bei solchen Energien und Dichten lassen sich Gravitation und Quantenmechanik nicht mehr als zwei getrennte Gegebenheiten behandeln, wie es in der Quantenfeldtheorie, die von Punktteilchen ausgeht, der Fall ist. Statt dessen müssen wir, dies die zentrale Botschaft des vorliegenden Buches, bei solchen enormen Energien und jenseits davon die Stringtheorie heranziehen. Zeitlich ausgedrückt: Wir stoßen auf derartige Energien und Dichten, wenn wir uns mit Zeitpunkten befassen, die früher als eine Planckzeit, als 10^{-43} Sekunden nach dem Urknall liegen. Folglich ist diese früheste Epoche das kosmologische Spielfeld der Stringtheorie.

Wir wollen uns diesem Zeitraum nähern, indem wir zunächst betrachten, wie sich das Universum gemäß dem kosmologischen Standardmodell im Zeitraum zwischen einer Planckzeit und einer hundertstel Sekunde nach dem Urknall entwickelt hat.

Von der Planckzeit bis zu einer hundertstel Sekunde nach dem Urknall

Kapitel sieben (vor allem Abbildung 7.1) hat uns gezeigt, daß die starke, die schwache und die elektromagnetische Kraft offenbar in der extrem heißen Umwelt des frühen Universums miteinander verschmolzen waren. Wenn man ausrechnet, wie sich die Stärken dieser Kräfte mit der Energie und Temperatur verändern, dann zeigt sich, daß sie vor einem Weltalter von 10^{-35} Sekunden eine einzige »große vereinheitlichte« oder »Superkraft« waren. In diesem Stadium war das Universum viel symmetrischer als heute. Wie bei der Homogenität, die eintritt, wenn wir verschiedene Metalle erwärmen, bis sie eine glatte, geschmolzene Flüssigkeit bilden, so verschwinden auch alle Unterschiede, die wir heute zwischen diesen Kräften beobachten, angesichts der extremen Energie und Temperaturverhältnisse im sehr frühen Universum. Doch als sich das Universum im Laufe der Zeit ausdehnte und abkühlte, hat sich diese Symmetrie, wie die Formeln der Quantenfeldtheorie zeigen, in einer Reihe ziemlich plötzlicher Schritte rasch verringert, bis sich schließlich die ziemlich asymmetrische Form herausbildete, die uns geläufig ist.

Welche physikalische Gesetzmäßigkeit einer solchen Symmetrieverminderung oder *Symmetriebrechung*, wie der physikalische Fachbegriff lautet, zugrunde liegt, ist nicht schwer zu begreifen. Stellen Sie sich einen großen Behälter vor, der mit Wasser gefüllt ist. Die H_2O-Moleküle sind gleichmäßig über den Behälter verteilt, und egal, aus welchem Blickwinkel Sie das Wasser betrachten, es sieht immer gleich aus. Beobachten Sie den Behälter jetzt, während Sie die Temperatur verringern. Zunächst geschieht nicht viel. Bei mikroskopischen Größenverhältnissen nimmt die Durchschnittsgeschwindigkeit der Wassermoleküle ab, doch das ist eigentlich alles. Doch wenn Sie die Temperatur auf null Grad Celsius absenken, haben Sie plötzlich ein höchst auffälliges Geschehen vor Augen. Das flüssige Wasser beginnt zu gefrieren und sich in festes Eis zu verwandeln. Wie im vorangegangenen Kapitel erwähnt, ist das ein einfaches Beispiel für einen Phasenübergang. Für unseren augenblicklichen Zusammenhang ist entscheidend, daß der Phasenübergang die Symmetrie der H_2O-Moleküle verringert. Während flüssiges Wasser aus allen Blickwinkeln gleich aussieht – es scheint rotationssymmetrisch zu sein –, bietet festes Eis einen anderen Anblick. Es hat eine kristalline Gitterstruktur, die, wenn Sie sie mit der nötigen Genauigkeit betrachten, wie jeder Kristall aus unterschiedlichen Richtungen unterschiedlich aussieht. Der Phasenübergang hat die Rotationssymmetrie des Stoffes verringert oder »gebrochen«.

Zwar haben wir damit nur ein vertrautes Beispiel erörtert, doch das Prinzip läßt sich verallgemeinern: Bei einer Temperaturabsenkung durchlaufen viele physikalische Systeme einen Phasenübergang, der in der Regel eine Abnahme, eine »Brechung« bis dahin vorliegender Symmetrien bewirkt. Tatsächlich kann ein System eine Reihe von Phasenübergängen durchleben, wenn seine Temperatur sich hinreichend verändert. Abermals liefert das Wasser ein einfaches Beispiel. Wenn wir mit H_2O beginnen, das eine Temperatur von mehr als 100 Grad besitzt, ist es ein Gas: Dampf. In dieser Form besitzt das System eine noch größere Symmetrie als in der flüssigen Phase, weil die einzelnen H_2O-Moleküle aus der zusammengedrängten Lage in der Flüssigkeit befreit sind. Statt dessen schießen sie alle völlig gleichberechtigt im Container umher, ohne irgendwelche Klumpen oder »Cliquen« zu bilden, Gruppen von Molekülen, die sich untereinander enger zusammenschließen als mit den restlichen Molekülen. Sind die Temperaturen hoch genug, so herrscht molekulare Demokratie. Wenn wir das System auf unter 100 Grad Celsius abkühlen, bilden sich natürlich Wassertropfen, weil ein Phasenübergang vom gasförmigen zum flüssigen Zustand stattfindet und die Symmetrie verringert wird. Gehen wir mit der Temperatur noch weiter herunter, kommt es zu keinen erwähnenswerten Ereignissen, bis wir null Grad erreichen. Dann findet, wie oben beschrieben, der Phasenübergang von flüssigem Wasser zu festem Eis statt, der eine weitere plötzliche Symmetrieabnahme bewirkt.

Nach Meinung der Physiker hat sich das Universum zwischen einer Planckzeit und einer hundertstel Sekunde nach dem Urknall ganz ähnlich verhalten, indem es zumindest zwei analoge Phasenübergänge erlebt hat: Bei Temperaturen über 10^{28} Kelvin traten die schwache, die starke und die elektromagnetische Kraft als eine einzige Kraft in Erscheinung und zeigten dabei das höchste ihnen mögliche Maß an Symmetrie. (Am Ende dieses Kapitels werden wir erörtern, wie die Stringtheorie auch noch die Gravitation in diesen Hochtemperatur-Vereinigungsprozeß einbringt.) Doch als die Temperatur unter 10^{28} Kelvin fiel, durchlebte das Universum einen Phasenübergang, der dazu führte, daß sich die drei Kräfte in verschiedener Form aus ihrem Vereinigungszustand herauslösten. Ihre relativen Stärken und die Art, wie sie auf Materie einwirkten, begannen sich auseinanderzuentwickeln. So wurde durch die Abkühlung des Universums die Symmetrie der Kräfte gebrochen, die bei höheren Temperaturen vorlag. Allerdings zeigt die Arbeit von Glashow, Salam und Weinberg (siehe Kapitel fünf), daß nicht die gesamte Hochtemperatursymmetrie aufgehoben wurde: Die schwache und die elektromagnetische Kraft blieben noch immer miteinander vereinigt. Als das Universum weiter expandierte und abkühlte, geschah zunächst nichts weiter Aufregendes, bis 10^{15} Kelvin erreicht wurden – eine Temperatur, die immerhin noch rund hundert Millionen mal so heiß wie im Zentrum der Sonne war. Da durchlief das Universum einen weiteren Phasenübergang, der nunmehr die elektromagnetische und die schwache Kraft betraf: Bei dieser Temperatur lösten auch sie sich aus ihrer bis dahin vorliegenden, symmetrischen Vereinigung heraus, und mit der weiteren Abkühlung des Universums wurden die Unterschiede zwischen diesen beiden Kräften immer ausgeprägter. Die beiden Phasenübergänge sind verantwortlich dafür, das in unserer Welt scheinbar drei verschiedene Kräfte – die schwache, die starke und die elektromagnetische – am Werke sind, obwohl uns der Blick in die kosmische Vergangenheit zeigt, daß alle drei in Wirklichkeit eng miteinander verwandt sind.

Ein kosmologisches Rätsel

Diese Kosmologie nach der Planckära liefert einen eleganten, in sich schlüssigen und mathematisch überschaubaren Rahmen zum Verständnis des Universums zurück bis zu einem Zeitpunkt, der nur durch einen winzigen Augenblick vom Urknall getrennt ist. Doch wie die meisten erfolgreichen Theorien werfen unsere neuen Erkenntnisse noch weitergehende Fragen auf. Es stellt sich heraus, daß einige dieser Fragen das kosmologische Standardszenario in der erläuterten Form zwar nicht außer Kraft setzen, aber doch einige unschöne Aspekte in den Blick rücken, die darauf hinweisen, daß wir wohl eine noch tiefergehende Theorie brauchen. Konzentrieren wir uns auf einen dieser Aspekte – das sogenannte *Horizontproblem*, das zu den wichtigsten Fragen der modernen Kosmologie gehört.

Eingehende Untersuchungen der kosmischen Hintergrundstrahlung haben gezeigt, daß die Temperatur der Strahlung unabhängig von der Himmelsrichtung, in die die Meßantenne zeigt, bis auf Abweichungen von rund einem tausendstel Prozent gleich ist. Wenn Sie einen Augenblick nachdenken, wird Ihnen klar werden, daß das außerordentlich merkwürdig ist: Warum sollten verschiedene Orte im Universum, die durch ungeheure Entfernungen getrennt sind, Temperaturen haben, die sich praktisch gar nicht unterscheiden? Eine scheinbar natürliche Lösung dieses Rätsels wäre die Überlegung, daß zwei diametral entgegengesetzte Orte im Kosmos heute zwar durch ungeheure Entfernungen voneinander geschieden sind, aber, wie Zwillinge, die man bei der Geburt getrennt hat, in den frühesten Augenblicken des Universums (wie alles andere auch) sehr dicht zusammen waren. Da sie aus einem gemeinsamen Ursprung stammen, könnten Sie meinen, es sei letztlich gar nicht so überraschend, daß sie physikalische Eigenschaften wie zum Beispiel ihre Temperatur gemeinsam haben.

Nach dem Standardmodell der Urknallkosmologie greift dieses Argument nicht. Das hat folgenden Grund: Eine Schüssel mit heißer Suppe kühlt sich allmählich auf Zimmertemperatur ab, weil sie in Berührung mit der kälteren Luft in der Umgebung ist. Wenn Sie lange genug warten, werden sich die Temperatur von Suppe und Luft durch ihren gegenseitigen Kontakt angleichen. Befindet sich die Suppe dagegen in einem Thermosbehälter, bleibt sie natürlich viel länger warm, weil sie weit weniger Verbindung zur Außenwelt hat. Wir sehen also, daß ein Temperaturausgleich zwischen zwei Körpern von längerem und unbeeinträchtigtem Kontakt zwischen ihnen abhängt. Um die Annahme zu überprüfen, daß die Orte im Raum, die heute durch riesige Entfernungen getrennt sind, infolge eines ursprünglichen Kontaktes heute die gleiche Temperatur haben, müssen wir daher untersuchen, wie gut ihr Energie- oder auch Informationsaustausch im frühen Universum war. Da die beiden Orte um so näher zusammen waren, je weiter wir zurückgehen, glauben Sie vielleicht, die Kommunikation zwischen ihnen sei früher viel besser gewesen – um so besser, je früher der Zeitpunkt. Doch die räumliche Nähe ist nur die eine Seite der Wahrheit, die andere ist die zeitliche Dauer.

Um uns das etwas deutlicher vor Augen zu führen, lassen Sie uns einen »Film« der kosmischen Expansion ansehen, aber schauen wir ihn uns rückwärts an: Er läuft also von heute zurück zum Augenblick des Urknalls. Da die Lichtgeschwindigkeit der Ausbreitungsgeschwindigkeit jedes Signals und jeder Information eine Obergrenze setzt, kann die Materie in zwei Regionen des Alls nur dann Wärmeenergie ausgetauscht und damit eine gemeinsame Temperatur angenommen haben, wenn der Abstand zwischen den Regionen zu einem gegebenen Zeitpunkt kleiner war als die Entfernung, die das Licht seit dem Urknall zurückgelegt haben konnte. Und so sehen wir, während wir den Film in der Zeit rückwärts laufen lassen, daß es eine knappe Entscheidung gibt zwischen der Frage einerseits, wie nahe sich unsere Regionen kommen, und der Frage andererseits, wie weit wir die Uhr zurückdrehen müssen, damit sie so nah aneinander heranrücken. Wenn wir beispielsweise unseren Film auf weniger als eine Sekunde nach dem Urknall zurücklaufen lassen müssen, um zwischen unseren beiden Raumregionen einen Abstand von 300 000 Kilometern herzustellen, dann wären sie sich zwar viel nähergerückt, hätten aber trotzdem keine Möglichkeit, sich gegenseitig zu beeinflussen, weil das Licht eine ganze Sekunde brauchte, um die Entfernung zwischen ihnen zurückzulegen.[2] Wenn wir ihren Abstand sehr viel weiter reduzieren würden, sagen wir, auf 300 Kilometer, und wenn wir dazu den Film auf weniger als eine tausendstel Sekunde zurücklaufen lassen müßten, stünden wir vor dem gleichen Dilemma: Die Regionen könnten sich nicht beeinflussen, weil das Licht nicht in der Lage wäre, die 300 Kilometer, die sie trennen, in weniger als einer tausendstel Sekunde zurückzulegen. So können wir nach Belieben fortfahren: Lassen wir den Film auf weniger als eine milliardstel Sekunde zurücklaufen, können sie sich noch immer nicht beeinflussen, weil das Licht seit dem Urknall nicht genügend Zeit gehabt hat, die 30 Zentimeter zwischen ihnen hinter sich zu bringen. Wie wir sehen, reicht es also nicht aus, daß zwei Punkte im Universum immer näher zusammenrücken, wenn wir uns rückwärts in der Zeit auf den Urknall zubewegen: Deshalb müssen sie nicht unbedingt die Möglichkeit zu dem Wärmekontakt gehabt haben, der – wie derjenige zwischen Suppe und Luft – notwendig ist, um beide auf die gleiche Temperatur zu bringen.

Man hat nachgewiesen, daß genau dieses Problem im Standardmodell des Urknalls auftritt. Eingehende Berechnungen zeigen, daß Raumregionen, die heute durch weite Entfernungen getrennt sind, nicht den Austausch von Wärmeenergie hätten bewerkstelligen können, der erklären würde, warum sie heute die gleiche Temperatur haben. Da das Wort *Horizont* eine Grenze bezeichnet, bis zu der wir sehen können – im irdischen Kontext: Licht, das von einem Objekt ausgesandt wurde, das sich von uns aus gesehen hinter dem Horizont befindet, kann uns nicht erreichen –, nennen die Physiker die ungeklärte Gleichförmigkeit der Temperatur über die riesigen Entfernungen des Kosmos das »Horizontproblem«. Das Rätsel bedeutet nicht, daß die kosmologische Standardtheorie falsch ist. Doch die Gleichförmigkeit der Temperatur läßt mit hoher Wahrscheinlichkeit darauf schließen, daß uns ein wichtiger Abschnitt der kosmologischen Geschichte verborgen geblieben ist. 1979 schrieb der Physiker Alan Guth, heute am Massachusetts Institute of Technology, das fehlende Kapitel.

Inflation

Die Wurzel des Horizontproblems ist die Tatsache, daß wir den kosmischen Film bis zum Anfang der Zeit zurücklaufen lassen müssen, um zwei weit voneinander getrennte Regionen des Universums nahe zusammenzubringen. So weit zurück, daß keinem physikalischen Einfluß genügend Zeit geblieben wäre, um von einer Region in die andere zu gelangen. Die Schwierigkeit liegt also darin, daß das Universum nicht rasch genug schrumpft, wenn wir den kosmologischen Film zurücklaufen lassen und uns dem Urknall nähern.

Soweit der Grundgedanke, doch es lohnt sich, die Dinge etwas genauer zu betrachten. Das Horizontproblem rührt letztlich daher, daß es dem Universum geht wie einem Ball, den wir nach oben werfen – die rückwärtsziehende Kraft der Gravitation *bremst* die Expansionsgeschwindigkeit des Universums *ab*. Daraus folgt beispielsweise, daß wir, um den Abstand zwischen zwei Punkten im Kosmos zu halbieren, unseren Film mehr als zur Hälfte rückwärts laufen lassen müssen. Wir sehen also, daß wir über die Hälfte der Zeit seit dem Urknall brauchen, um den Abstand zu halbieren. Weniger Zeit seit dem Urknall bedeutet – proportional gesehen –, daß es für die beiden Regionen *schwieriger* ist, miteinander zu kommunizieren, obwohl sie einander nähergerückt sind.

Wenn wir das im Gedächtnis behalten, ist Guths Lösung des Horizontproblems einfach zu beschreiben. Er hat eine andere Lösung der Einsteinschen Gleichungen gefunden, nach der das frühe Universum kurze Zeit eine ungeheuer schnelle Expansion durchläuft – es gibt eine Zeitspanne, während deren es sich mit einer unerwarteten *exponentiellen* Expansionsrate »aufbläht«. Im Gegensatz zum Ball, der langsamer wird, wenn er nach oben geworfen wird, *beschleunigt* sich die exponentielle Expansion. Wenn wir den kosmischen Film rückwärts laufen lassen, verwandelt sich die rasch beschleunigte Expansion in eine rasch verzögerte Kontraktion. Um (während der exponentiellen Epoche) den halben Abstand zwischen zwei Orten im Kosmos herzustellen, müssen wir den Film also weniger als zur Hälfte zurücklaufen lassen – viel weniger sogar. Wenn wir den Film nicht so weit zurücklaufen lassen müssen, folgt daraus, daß die beiden Regionen mehr Zeit für den Wärmeaustausch und damit – wie die heiße Suppe und die Luft – reichlich Gelegenheit gehabt haben, ihre Temperatur auszugleichen.

Durch Guths Entdeckung und die späteren Ergänzungen von Andrei Linde, heute an der Stanford University, Paul Steinhardt und Andreas Albrecht, damals University of Pennsylvania, und vielen anderen wurde das kosmologische Standardmodell zur *inflationären* Kosmologie erweitert. Die entscheidende Veränderung gegenüber dem kosmologischen Standardmodell war: Während eines winzigen Zeitausschnitts –. von ungefähr 10^{-36} bis 10^{-34} Sekunden nach dem Urknall – hat sich das Universum um den kolossalen Faktor von mindestens 10^{30} ausgedehnt, während es in dem gleichen Zeitraum nach dem Standardszenario nur ein Faktor von rund hundert gewesen wäre. In einem unvorstellbar kurzen Zeitintervall, rund einer billionstel billionstel billionstel Sekunde nach dem Urknall, hat sich das Universum um einen größeren Prozentsatz ausgeweitet als in den fünfzehn Milliarden Jahren danach. Vor dieser Expansion war die Materie, die sich heute in weit voneinander entfernten Regionen des Universums befindet, sehr viel näher zusammen als nach dem kosmologischen Standardmodell, so daß sich ohne Probleme eine gemeinsame Temperatur einstellen konnte. Durch Guths turbulente kosmologische Inflation – auf die dann wieder die alltäglichere Expansion des kosmologischen Standardmodells folgte – kamen die ungeheuren Abstände zwischen diesen Raumregionen zustande, die wir heute wahrnehmen. So hat die kurze, aber folgenreiche inflationäre Abänderung des kosmologischen Standardmodells das Horizontproblem gelöst (und mit ihm eine Reihe weiterer Probleme, auf die wir hier nicht eingegangen sind) und erfreut sich heute der allgemeinen Anerkennung der Kosmologen.[3]

In Abbildung 14.1 fassen wir die Geschichte des Universums von einem Augenblick kurz nach der Planckära bis zur Gegenwart zusammen, so wie die heutige Theorie sie sieht.

Kosmologie und Superstringtheorie

In der Abbildung 14.1 bleibt zwischen dem Urknall und dem Ende der Planckära ein Wimpernschlag, auf den wir noch nicht eingegangen sind. Durch blinde Anwendung der Gleichungen der allgemeinen Relativitätstheorie auf diesen Zeitabschnitt ist man zu dem Ergebnis gekommen, daß das Universum um so kleiner, heißer und

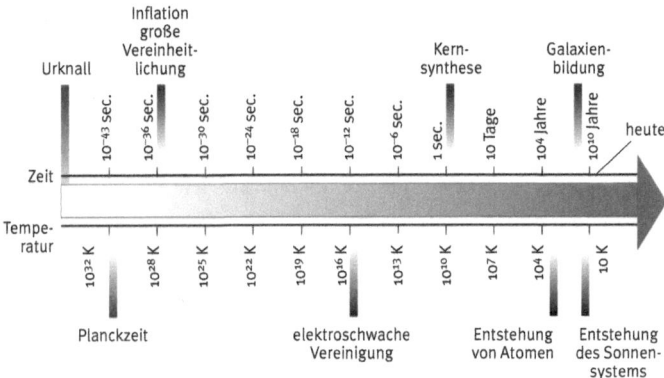

Abbildung 14.1 *Eine Zeitleiste, die einige wichtige Augenblicke in der Geschichte des Universums zeigt.*

dichter wird, je weiter wir seine Entwicklung in Richtung Urknall zurückverfolgen. Zur Zeit null, wenn auch die Ausdehnung des Universums null wird, nehmen Temperatur und Dichte unendliche Werte an, womit uns unmißverständlich signalisiert wird, daß dieses theoretische Modell des Universums, das tief im klassischen Gravitationskonzept der allgemeinen Relativitätstheorie verwurzelt ist, seine Gültigkeit vollständig verliert.

Die Natur weist uns nachdrücklich darauf hin, daß wir unter solchen Bedingungen allgemeine Relativitätstheorie und Quantenmechanik miteinander vereinigen müssen – mit anderen Worten, daß wir uns an die Stringtheorie zu halten haben. Zum gegenwärtigen Zeitpunkt befindet sich die Forschung, die sich mit der Bedeutung der Stringtheorie für die Kosmologie beschäftigt, noch in einem sehr frühen Entwicklungsstadium. Die Störungsmethoden können hier, wenn überhaupt, nur grobe Anhaltspunkte liefern – die Energien, Temperaturen und Dichten in diesen Extrembereichen fordern eine weit exaktere Analyse. Zwar hat uns die zweite Superstringrevolution einige nichtperturbative Techniken beschert, doch es wird noch einige Zeit dauern, bis sie so weit vervollkommnet sind, daß sie sich für derartige kosmologische Berechnungen eignen. Dennoch sind in den letzten zehn Jahren die ersten Schritte in Richtung eines Verständnisses der Stringkosmologie gemacht worden. Schauen wir uns die Ergebnisse an.

Offenbar hat die Stringtheorie drei Möglichkeiten, wesentliche Veränderungen am kosmologischen Standardmodell vorzunehmen. Soweit die gegenwärtige Forschung erkennen läßt, geht aus der Stringtheorie hervor, daß es eine Mindestgröße gibt, die das Universum nicht unterschreiten kann. Das hat weitreichende Folgen für unser Verständnis des Universums im Augenblick des Urknalls selbst, also zu dem Zeitpunkt, wo nach der Standardtheorie das Universum bis zur Größe null schrumpft. Zweitens bringt die Stringtheorie eine Dualität zwischen kleinem und großem Radius ins Spiel (dies hängt eng mit der kleinstmöglichen Größe zusammen), die, wie wir gleich sehen werden, auch für die Kosmologie höchst bedeutsame Konsequenzen hat. Schließlich setzt die Stringtheorie mehr als vier Raumzeitdimensionen voraus, weshalb wir, wenn wir Kosmologie betreiben, gehalten sind, uns mit der Evolution aller dieser Dimensionen zu befassen. Auf diese Punkte wollen wir nun etwas genauer eingehen.

Am Anfang war ein Klümpchen von Planckgröße

Ende der achtziger Jahre erzielten Robert Brandenberger und Cumrun Vafa die ersten wichtigen Ergebnisse, die zeigten, wie die Berücksichtigung dieser stringtypischen Eigenschaften das kosmologische Standardmodell verändern könnten. Dabei machten sie zwei wichtige Entdeckungen. Erstens: Wenn wir die Uhr rückwärts laufen lassen und uns dem Anfang nähern, steigt die Temperatur kontinuierlich an, bis die Ausdehnung des Universums in alle Richtungen etwa der Plancklänge entspricht. Dann aber erreicht die Temperatur ein *Maximum* und beginnt *abzunehmen*. Der Grund erschließt sich auch der intuitiven Vorstellung. Stellen Sie sich (wie Brandenberger und Vafa es taten) aus Gründen der Einfachheit vor, daß alle Raumdimensionen des Universums kreisförmig sind. Wenn wir die Uhr rückwärts laufen lassen und der Radius aller dieser Kreise schrumpft, nimmt die Temperatur des Universums zu. Doch wenn jeder Radius sich bei seinem Kollaps der Plancklänge nähert und sie dann unterschreitet, so ist das im Rahmen der Stringtheorie, wie wir wissen, physikalisch identisch damit, daß die Radien bis zur Plancklänge schrumpfen und dann zurückfedern und wieder anwachsen. Da die Temperatur sinkt, wenn das Universum expandiert, können wir erwarten, daß der Versuch, das Universum auf Ausmaße unterhalb der Plancklänge zusammenzupressen, zum Scheitern verurteilt ist: Die Temperatur hört auf zu steigen, erreicht einen Höchstwert und fällt wieder. Mit Hilfe detaillierter Berechnungen haben Brandenberger und Vafa den Nachweis geführt, daß genau dies geschieht. Daraus haben sie das folgende kosmologische Bild entwickelt. Am Anfang sind alle Raumdimensionen der Stringtheorie eng aufgewickelt und haben die kleinstmögliche Ausdehnung, die in etwa der Plancklänge entspricht. Temperatur und Energie sind hoch, aber nicht unendlich – die Stringtheorie vermeidet die Absurditäten eines unendlichen zusammengepreßten Ausgangspunktes von der Größe Null. In diesem Anfangsmoment des Universums sind alle Raumdimensionen der Stringtheorie vollkommen gleichberechtigt – alle sind sie in vollkommen symmetrischer Weise zu einem mehrdimensionalen Klümpchen von Planckgröße aufgewickelt. Etwa zur Planckzeit durchläuft das Universum laut Brandenberger und Vafa eine erste Phase der Symmetriebrechung – drei Raumdimensionen werden zur Expansion ausgewählt, während die anderen ihre ursprüngliche Größe im Bereich der Planckskala behalten. Diese drei Raumdimensionen sind anschließend gleichzusetzen mit denen des inflationären Kosmologieszenarios. Von da an bestimmt die Evolution nach der Planckära, wie sie in Abbildung 14.1 zusammengefaßt ist, das Bild, und diese drei Dimensionen expandieren zu ihrer heute beobachteten Form.

Warum drei?

Eine Frage, die sich sofort aufdrängt, lautet: Wie kommt es, daß die Symmetriebrechung ausgerechnet drei der Raumdimensionen für die Expansion auswählt? Liefert die Stringtheorie für die Tatsache, daß sich nur drei der Raumdimensionen zu beobachtbarer Größe ausgedehnt haben, einen prinzipiellen Grund und erklärt, warum nicht irgendeine andere Zahl von (vier, fünf, sechs und so fort) Raumdimensionen oder auch, noch symmetrischer, gleich alle expandiert sind? Brandenberger und Vafa haben eine mögliche Erklärung genannt. Erinnern Sie sich, daß die Dualität zwischen kleinem und großem Radius in der Stringtheorie darauf beruht, daß wenn eine Dimension wie ein Kreis aufgewickelt ist, die Möglichkeit besteht, daß sich ein String um sie herumwindet. Brandenberger und Vafa erkannten, daß solche gewundenen Strings die von ihnen umwundenen Dimensionen an der Expansion behindern – wie Gummibänder, die um einen Fahrradschlauch gewickelt sind. Auf den ersten Blick legt das den Schluß nahe, daß alle Dimensionen gleichermaßen an der Expansion gehindert werden, denn die Strings können sie alle umwickeln und tun es auch. Doch wenn ein gewundener String und sein Antistring-Partner (im Prinzip ein String, der die Dimension in umgekehrter Richtung umwindet) einander berühren, vernichten sie sich augenblicklich und erzeugen dabei einen *nichtgewundenen* String. Finden diese Prozesse mit der nötigen Geschwindigkeit und genügend häufig statt, dann werden die gummibandartigen Einschnürungen aufgehoben, so daß die betroffenen Dimensionen expandieren können. Brandenberger und Vafa haben die These geäußert, zu dieser Befreiung von den Fesseln gewundener Strings sei es nur in drei Raumzeitdimensionen gekommen, und zwar aus folgendem Grund.

Stellen Sie sich zwei Punktteilchen vor, die eine eindimensionale Linie entlangrollen, wie sie beispielsweise durch die räumliche Ausdehnung von Line-Land gebildet wird. Wenn sie nicht zufällig gleiche Geschwindigkeiten haben, holt das eine das andere früher oder später ein, und es kommt zur Kollision. Rollen dieselben Punktteilchen aber zufällig auf einer zweidimensionalen Ebene wie der räumlichen Ausdehnung von Flächenland umher, ist es durchaus wahrscheinlich, daß sie nie kollidieren: Die zweite Raumdimension eröffnet eine neue Welt von Bahnen für jedes Teilchen, von denen die meisten einander nicht am gleichen Punkt zur gleichen Zeit kreuzen. In drei, vier oder jeder höheren Zahl von Dimensionen wird es zunehmend unwahrscheinlich, daß die beiden Teilchen sich jemals begegnen. Brandenberger und Vafa erkannten, daß es sich entsprechend verhält, wenn wir Punktteilchen durch Stringschleifen ersetzen, die um räumliche Dimensionen gewunden sind. Der Vorgang läßt sich zwar beträchtlich schwerer vorstellen, aber wenn es *drei* (oder weniger) kreisförmige Raumdimensionen gibt, ist die Wahrscheinlichkeit groß, daß zwei gewundene Strings miteinander kollidieren – analog zur Situation der beiden Teilchen, die sich in einer Dimension bewegen. Dagegen wird in vier oder mehr räumlichen Dimensionen die Wahrscheinlichkeit von Stringkollisionen immer geringer und geringer – analog zur Situation der beiden Teilchen, die sich in zwei oder mehr Dimensionen bewegen.[4]

So ergibt sich das folgende Bild: In dem ersten Augenblick des Universums ruft der Bewegungsdrang, der mit der hohen, aber endlichen Temperatur einhergeht, in allen kreisförmigen Dimensionen das Bestreben hervor, sich auszudehnen. Bei diesem Versuch schnüren die gewundenen Strings die Expansion so ein, daß die

Radien wieder die ursprüngliche Planckgröße annehmen. Früher oder später wird eine zufällige Wärmefluktuation drei der Dimensionen veranlassen, sich vorübergehend stärker auszudehnen als die anderen. Die vorstehenden Überlegungen zeigen, daß bei den Strings, die diese Dimensionen umwinden, die Wahrscheinlichkeit einer Kollision sehr hoch ist. An ungefähr der Hälfte der Kollisionen sind String-Antistring-Paare beteiligt, was zu Vernichtungsprozessen führt, welche die Einschnürung fortlaufend lockern, so daß sich diese Dimensionen immer weiter entfalten können. Je größer ihre Ausdehnung, desto geringer die Wahrscheinlichkeit, daß sie neuerlich von Strings umwunden werden, denn ein String braucht mehr Energie, um eine größere Dimension zu umschlingen. Daher gewinnt die Expansion eine unaufhaltsame Eigendynamik: Je größer die Dimensionen werden, desto stärker geht ihre Einschnürung zurück. Es läßt sich vorstellen, daß diese drei Raumdimensionen jetzt ihre Entwicklung fortsetzen, wie es in den vorangegangenen Abschnitten beschrieben wurde, und im Zuge ihrer Expansion eine Größe erreichen, die den Ausmaßen des gegenwärtig beobachtbaren Universums entspricht oder sie sogar übertrifft.

Kosmologie und Calabi-Yau-Räume

Aus Gründen der Einfachheit haben sich Brandenberger und Vafa alle Raumdimensionen kreisförmig vorgestellt. Solange die kreisförmigen Dimensionen so groß sind, daß sie sich außerhalb unserer gegenwärtigen Beobachtungsmöglichkeiten in sich zurückkrümmen, ist, wie in Kapitel acht erwähnt, die Annahme, daß auch die ausgedehnten Dimensionen kreisförmig sind, mit den Eigenschaften des Universums, in dem wir leben, durchaus zu vereinbaren. Was die Dimensionen anbelangt, die klein bleiben, so wäre ein realistischeres Szenario, daß sie in einen komplizierten Calabi-Yau-Raum aufgewickelt sind. Natürlich lautet die Kardinalfrage: In welchen Calabi-Yau-Raum? Und wie ist es dazu gekommen, daß ausgerechnet dieser besondere Calabi-Yau-Raum entstand? Bislang hat niemand diese Frage beantworten können. Allerdings können wir, indem wir die drastischen topologieverändernden Prozesse, die wir im vorangegangenen Kapitel beschrieben haben, mit den hier erörterten kosmologischen Erkenntnissen verbinden, einen Vorschlag machen, wie eine Antwort in groben Zügen aussehen könnte: Wir wissen, daß sich ein Calabi-Yau-Raum auf dem Wege raumzerreißender Coni-

fold-Übergänge in jeden anderen Calabi-Yau-Raum verwandeln
kann. Daher läßt sich vorstellen, daß in den hektischen, extrem
heißen Augenblicken nach dem Urknall die aufgewickelten Calabi-
Yau-Anteile des Raums zwar klein bleiben, aber recht stürmische
Zeiten durchleben: Immer aufs neue reißen sie, reparieren sich und
durchlaufen so eine lange Folge von Metamorphosen, verwandeln
sich von einem Calabi-Yau-Raum in den nächsten. Als das Universum abkühlt und drei der Raumdimensionen sich ausdehnen, verlangsamen sich diese Calabi-Yau-Verwandlungen, bis die Extradimensionen schließlich in Form eines bestimmten Calabi-Yau-Raums
zur Ruhe kommen, aus dem sich, wenn alles glattgeht, die physikalischen Eigenschaften ergeben, die wir in unserer Welt beobachten.
Damit stellt sich für die Physiker die Aufgabe, die Entwicklung des
Calabi-Yau-Anteils des Raums so genau zu verstehen, daß sie seine
gegenwärtige Form aus theoretischen Prinzipien ableiten können.
Angesichts der neuentdeckten Fähigkeit von Calabi-Yau-Räumen,
sich in andere Calabi-Yau-Räume zu verwandeln, ist es denkbar, daß
die Auswahl eines der vielen möglichen Calabi-Yau-Räume letztlich
ein kosmologisches Problem ist.[5]

Vor dem Anfang?

Da ihnen die exakten Gleichungen der Stringtheorie fehlten, waren
Brandenberger und Vafa in ihren kosmologischen Untersuchungen
auf zahlreiche Näherungen und vereinfachende Annahmen angewiesen. Dazu meinte Vafa unlängst:

> Unsere Arbeit zeigt, daß die Stringtheorie ganz neue Möglichkeiten bie-
> tet, hartnäckige Probleme des kosmologischen Standardmodells anzuge-
> hen. Beispielsweise erkennen wir, daß das Problem einer Anfangssingu-
> larität durch die Stringtheorie gänzlich vermieden werden kann. Doch
> angesichts der Schwierigkeiten, auf die wir bei unserer gegenwärtigen
> Kenntnis der Stringtheorie stoßen, solche extremen Situationen verläß-
> lich zu berechnen, vermittelt unsere Arbeit nur einen ersten Eindruck von
> der Stringkosmologie und ist beileibe noch nicht das letzte Wort in dieser
> Angelegenheit.[6]

Seit Brandenberger und Vafa ihre Arbeit vorgelegt haben, sind kon-
tinuierliche Fortschritte im Verständnis der Stringkosmologie erzielt
worden, wozu ganz wesentlich Gabriele Veneziano und sein Mitarbeiter Maurizio Gasperini von der Universität Turin beigetragen
haben. Gasperini und Veneziano haben eine eigene, sehr interessante

Version der Stringkosmologie entwickelt, die einige Merkmale mit
dem oben beschriebenen Szenario gemeinsam hat, sich in anderen
aber deutlich unterscheidet. Wie Brandenberger und Vafa legen sie
die Erkenntnis zugrunde, daß es in der Stringtheorie eine Mindestlänge gibt, die nicht unterschritten werden kann, und vermeiden auf
diese Weise die unendliche Temperatur und die unendliche Energiedichte, die sowohl im kosmologischen Standardmodell wie auch in
der Inflationstheorie auftreten. Doch statt daraus den Schluß zu
ziehen, das Universum beginne als extrem heißes Klümpchen von
Planckgröße, vertreten Gasperini und Veneziano die Auffassung, das
Universum müsse eine *Vorgeschichte* haben – man müsse lange vor
dem Augenblick ansetzen, den man bisher als »Zeitpunkt Null« betrachtet hätte. Erst gegen Ende dieser Vorgeschichte sei der kosmische Embryo von Planckgröße entstanden.

Nach diesem sogenannten *Pre-big-bang*-Szenario – den theoretischen Mutmaßungen über das Geschehen vor dem Urknall – hat das
Universum in einem ganz anderen Zustand begonnen, als es das kosmologische Standardmodell vorhersagt. Gasperinis und Venezianos
Arbeit läßt darauf schließen, daß am Anfang kein extrem heißes und
eng aufgewickeltes Klümpchen war, sondern ein kalter und im
wesentlichen *unendlich großer* Raum. Den Gleichungen der Stringtheorie zufolge ist es dann – ähnlich wie in Guths Inflationsepoche –
zu einer Instabilität gekommen, die jeden Punkt des Universums veranlaßte, sich rasch von jedem anderen zu entfernen. Wie die beiden
Forscher nachweisen, bewirkte das eine immer stärkere Krümmung
des Raums, die zu einer spektakulären Zunahme von Energiedichte
und Temperatur führte.[7] Nach einiger Zeit hätte dann eine milli-
metergroße dreidimensionale Region *innerhalb* dieser riesigen Weite
genauso aussehen können wie das superheiße und dichte Körnchen,
das das Ergebnis von Guths inflationärer Expansion ist. Durch die
Standardexpansion des herkömmlichen Urknallmodells ist aus
diesem Körnchen das ganze uns vertraute Universum entstanden. Da
im übrigen die Pre-big-bang-Epoche ihre eigene inflationäre Expansion einschließt, ist Guths Lösung des Horizontproblems automa-
tisch im kosmologischen Pre-big-bang-Szenario enthalten. Veneziano: »Die Stringtheorie serviert uns eine Version der Inflationskos-
mologie auf einem silbernen Tablett.«[8]

Die Superstringkosmologie entwickelt sich rasch zu einem le-
bendigen und ergiebigen Forschungsgebiet. Beispielsweise hat das
Pre-big-bang-Szenario bereits eine heftige, aber fruchtbare Debatte
losgetreten, und es ist noch keineswegs klar, welche Rolle es eines

Tages in dem kosmologischen Modell spielen wird, das schließlich aus der Stringtheorie hervorgehen wird. Inwieweit sich aus der Stringtheorie hieb- und stichfeste kosmologische Erkenntnisse gewinnen lassen, wird zweifellos entscheidend von dem Vermögen der Physiker abhängen, alle Aspekte der zweiten Superstringrevolution in den Griff zu bekommen. Welche kosmologischen Konsequenzen hat beispielsweise die Existenz von fundamentalen höherdimensionalen Branen? Wie verändern sich die kosmologischen Eigenschaften, die wir erörtert haben, wenn die Stringtheorie zufällig eine Kopplungskonstante besitzt, deren Wert uns weiter in die Mitte der Abbildung 12.11 befördert als in eine der peninsularen Regionen? Mit anderen Worten: Wie wirkt sich die vollständig entwickelte M-Theorie auf die frühesten Augenblicke des Universums aus? Diese Frage von zentraler Bedeutung wird gegenwärtig intensiv untersucht. Eine wichtige Erkenntnis hat sich dabei schon ergeben.

M-Theorie und Vereinigung aller Kräfte

In Abbildung 7.1 haben wir gezeigt, wie sich bei Temperaturen, die hoch genug sind, die Stärken der schwachen, der starken und der elektromagnetischen Kraft angleichen. Wie paßt die Stärke der Gravitationskraft in dieses Bild? Vor der Entwicklung der M-Theorie konnten Stringtheoretiker den Nachweis führen, daß sich die Gravitationskraft fast, aber nicht ganz mit den anderen vereinigt, wie in Abbildung 14.2 dargestellt. Nun konnte man zwar diese Abweichung beseitigen, indem man, neben anderen Kunstgriffen der Zunft, den gewählten Calabi-Yau-Raum sorgfältig anglich, aber bei dieser Art nachträglicher Feinabstimmung fühlen sich Physiker immer eher unwohl. Da beim heutigen Wissensstand niemand genau angeben kann, welche Gestalt die Calabi-Yau-Dimensionen haben müssen, dürfte es gefährlich sein, auf Lösungen zu bauen, die so entscheidend von den Einzelheiten der Form abhängen.

Witten hat jedoch gezeigt, daß die zweite Superstringrevolution eine weit robustere Lösung liefert. Als er die Frage untersuchte, wie die Stärken der Kräfte sich verändern, wenn die String-Kopplungskonstante nicht unbedingt klein gehalten werden muß, fand er heraus, daß die Kurve der Gravitationskraft auch ohne eine maßgeschneiderte Angleichung des Calabi-Yau-Anteils des Raums leicht in einer Weise verändert werden kann, daß sie sich mit denen der anderen Kräfte trifft, wie die Abbildung 14.2 zeigt. Obwohl es für ein end-

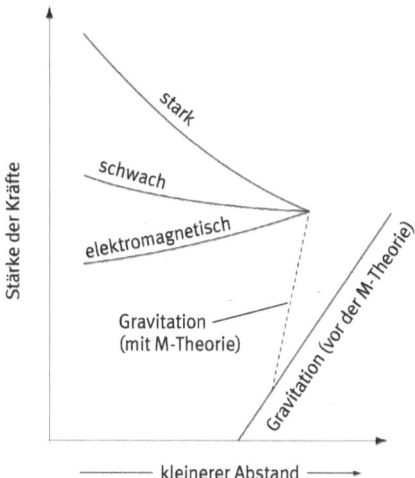

Abbildung 14.2 *Im Rahmen der M-Theorie können die Stärken aller vier Kräfte in natürlicher Weise zusammenlaufen.*

gültiges Urteil noch viel zu früh ist, hat es doch den Anschein, als ließe sich die kosmologische Vereinigung leichter erreichen, wenn man sich den umfassenderen Rahmen der M-Theorie zunutze macht.

Die in diesem und den vorangegangenen Abschnitten erörterten Entwicklungen bedeuten die ersten, etwas vorläufigen Schritte zum Verständnis der kosmologischen Konsequenzen der String/M-Theorie. Die Stringtheoretiker hoffen darauf, daß in den kommenden Jahren die nichtperturbativen Werkzeuge der String/M-Theorie geschärft werden und daß sich aus ihrer Anwendung auf kosmologische Fragen sehr weitreichende Erkenntnisse ergeben werden.

Doch da wir im Augenblick keine Methoden zur Verfügung haben, die uns ein vollständiges stringtheoretisches Verständnis der Kosmologie ermöglichen, wollen wir uns auf einige allgemeine Überlegungen beschränken, die die Rolle der Kosmologie bei der Suche nach der Weltformel betreffen. Wir wollen nicht verhehlen, daß einige dieser Gedanken etwas spekulativeren Charakter haben als vieles von dem, was wir bisher erörtert haben, doch sie werfen Fragen auf, die jede Theorie, die Anspruch auf Endgültigkeit erhebt, beantworten müßte.

Kosmologische Spekulationen und Weltformel

Die Kosmologie spricht uns auf einer tiefen, emotionalen Ebene an, weil wir – zumindest einige von uns – der Meinung sind, wenn wir eines Tages verstanden hätten, wie alles angefangen hat, dann hätten wir die größte dem Menschen mögliche Annäherung an die Antwort auf das *Warum* erreicht – auf die Frage, *warum* alles angefangen hat. Damit soll nicht gesagt sein, daß die moderne Naturwissenschaft das Wie mit dem Warum verknüpfen kann – das kann sie nicht, und es ist durchaus möglich, daß ein solcher Versuch auch nie gelingen wird. Allerdings verspricht die Kosmologie, uns den Schauplatz dieses Warums – die Geburt des Universums – so vollständig wie keine andere Wissenschaft zu beschreiben. Das erlaubt uns zumindest, uns ein wissenschaftlich fundiertes Bild davon zu machen, in welchem Rahmen diese Fragen gestellt werden. Manchmal ist eine gründliche Vertrautheit mit einer Frage der beste Ersatz für die Antwort, die uns verschlossen bleibt.

Im Zusammenhang mit der Suche nach der Weltformel bereiten diese sehr theoretischen Überlegungen den Boden für weit konkretere Gedanken. Wie uns die Dinge im Universum heute erscheinen – ganz rechts auf der Zeitleiste der Abbildung 14.1 –, hängt gewiß von den fundamentalen Gesetzen der Physik ab, könnte aber auch von Aspekten der kosmologischen Entwicklung bestimmt sein – ganz links auf der Zeitleiste –, die möglicherweise dem Zugriff auch der besten Theorie entzogen bleiben.

Es ist nicht schwer, sich das vorzustellen. Überlegen Sie, was beispielsweise geschieht, wenn Sie einen Ball in die Luft werfen. Die Gesetze der Mechanik und der Schwerkraft bestimmen die anschließende Bewegung des Balls, doch wo der Ball landen wird, können wir nicht auschließlich mit Hilfe dieser Gesetze bestimmen. Dazu müssen wir auch wissen, mit welcher Geschwindigkeit – mit welchem Geschwindigkeitsbetrag und welcher Bewegungsrichtung – der Ball Ihre Hand verlassen hat. Das heißt, wir müssen die *Anfangsbedingungen* der Ballbewegung kennen. Entsprechend hat auch das Universum sogenannte kontingente Eigenschaften, Eigenschaften, die nicht zwangsläufig aus den grundlegenden Naturgesetzen folgen, sondern zum Beispiel Resultat eines historischen Entwicklungsprozesses sind: Daß sich hier ein Stern oder dort ein Planet gebildet hat, ist der Endpunkt einer komplizierten Ereigniskette, die wir im Prinzip zurückverfolgen könnten bis zu einer Eigenschaft, die das Universum aufwies, als alles anfing. Doch es ist denkbar, daß noch grundle-

gendere Merkmale des Universums, vielleicht sogar die Eigenschaften der fundamentalen Materie- und Kraftteilchen, Ergebnis einer
historischen Entwicklung sind, die ihrerseits von den Anfangsbedingungen des Universums abhängt.

Tatsächlich haben wir schon eine mögliche Verkörperung dieser
Idee in der Stringtheorie kennengelernt: Als sich das heiße, frühe
Universum entwickelte, haben die Extradimensionen möglicherweise eine Gestalt nach der anderen angenommen, bis sie schließlich, als die Dinge sich hinreichend abgekühlt hatten, in Form eines
bestimmten Calabi-Yau-Raums zur Ruhe kamen. Doch wie bei dem
Ball, den wir in die Luft werfen, hängt das Resultat dieser Reise
durch die Gesamtheit aller möglichen Calabi-Yau-Räume möglicherweise von den genauen Begleitumständen ab, unter denen die Reise
angetreten wurde. Da die Form des resultierenden Calabi-Yau-
Raums entscheidend dafür ist, welche Teilchenmassen wir im Universum vorfinden und welches die Eigenschaften der fundamentalen
Kräfte sind, ist offensichtlich, daß die kosmologische Entwicklung
und der Anfangszustand des Universums von maßgeblicher Bedeutung für die Physik unserer heutigen Welt sein können.

Wir wissen nicht, welches die Anfangsbedingungen des Universums waren, wir wissen noch nicht einmal, mit welchen Ideen,
welchen Begriffen und in welcher Sprache wir sie beschreiben
müßten. Der wüste Anfangszustand einer *unendlichen* Dichte und
Temperatur, der aus dem kosmologischen Standardmodell und der
herkömmlichen Inflationstheorie folgt, dürfte zum Ausdruck bringen, daß diese Theorien dort ihre Gültigkeit verlieren und keine zutreffende Beschreibung der tatsächlichen physikalischen Verhältnisse
liefern. Die Stringtheorie bietet einen Ausweg aus dieser Sackgasse,
indem sie einen Weg aufzeigt, wie solche unendlichen Extreme
vermieden werden können. Trotzdem, niemand kann mit Sicherheit
sagen, wie alles tatsächlich begonnen hat. Unsere Unwissenheit setzt
sich sogar auf einer höheren Ebene fort: Wir wissen noch nicht einmal, ob die Frage nach den Anfangsbedingungen überhaupt sinnvoll
ist oder ob sie – wie der Versuch, anhand der Relativitätstheorie zu
bestimmen, mit welcher Kraft Sie den Ball in die Luft geworfen
haben – eine Frage ist, die sich auf immer dem Zugriff jeder Theorie
entzieht. Es hat tapfere Versuche gegeben, etwa von Hawking und
James Hartle von der University of California in Santa Barbara, die
Frage nach den kosmologischen Anfangsbedingungen unter dem
Dach der physikalischen Theorie heimisch zu machen, doch keiner
dieser Versuche hat zu wirklich schlüssigen Ergebnissen geführt. Im

Rahmen der String/M-Theorie ist unser kosmologisches Verständnis noch viel zu rudimentär, als daß wir entscheiden könnten, ob unser Kandidat für die »Weltformel« wirklich Anspruch auf diesen Titel erheben und seine eigenen kosmologischen Anfangsbedingungen bestimmen kann, wodurch er sie in den Status eines physikalischen Gesetzes erheben würde. Das ist eine entscheidende Frage der künftigen Forschung.

Doch auch abgesehen von dem Problem der Anfangsbedingungen und ihrer Auswirkungen auf das nachfolgende Schicksal der kosmischen Entwicklung, haben unlängst einige höchst spekulative Thesen weitere Aspekte ins Spiel gebracht, die ebenfalls das Erklärungsvermögen einer endgültigen Theorie – einer Weltformel – einschränken könnten. Niemand weiß, ob diese Ideen richtig oder falsch sind, und ganz gewiß sind sie gegenwärtig den äußersten Randgebieten der Physik zuzuordnen. Aber sie machen – wenn auch auf eine recht provozierende und spekulative Weise – auf ein Hindernis aufmerksam, auf das möglicherweise jede vermeintlich endgültige Theorie stoßen wird.

Der Grundgedanke ist der folgende: Stellen Sie sich vor, das, was wir *das* Universum nennen, wäre in Wirklichkeit nur ein winziger Teil eines viel weiteren kosmischen Gebiets, wäre nur eines unter einer Riesenzahl von Inseluniversen, die sich über ein gewaltiges kosmisches Archipel verstreuen. Obwohl das etwas weit hergeholt klingt – und vielleicht auch ist –, hat Andrei Linde einen konkreten Mechanismus vorgeschlagen, der ein solch gigantisches Über-Universum hervorgebracht haben könnte. Linde hat nämlich entdeckt, daß die kurze, aber entscheidende Eruption inflationärer Expansion, von der oben die Rede war, möglicherweise nicht nur einmal stattgefunden hat. Die Bedingungen einer inflationären Expansion könnten sich, so Linde, wiederholt in isolierten, über den ganzen Kosmos verstreuten Regionen ergeben haben, so daß es in ihnen zu einer jähen, inflationären Größenausdehnung gekommen sei und sie sich anschließend zu neuen und separaten Universen entwickelt hätten. In jedem dieser Universen würde sich der Entwicklungsprozeß fortsetzen, jedes davon würde seinerseits immer neue Universen gebären, so daß ein unendliches Geflecht sich aufblähender kosmischer Räume entstünde. Hier wird die Terminologie zwar ein bißchen unhandlich, aber wir wollen trotzdem dem physikalischen Sprachgebrauch folgen und diesen erheblich erweiterten Universumsbegriff als *Multiversum* bezeichnen, während jedes seiner konstituierenden Teile Universum heißt.

Dabei gibt es einen entscheidenden Aspekt: Während, wie wir in Kapitel sieben dargelegt haben, alles, was wir wissen, dafür spricht, daß überall in unserem Universum durchgängig dieselbe Physik gilt, muß das nicht unbedingt auf diese anderen Universen zutreffen, solange sie von uns getrennt oder zumindest so weit entfernt sind, daß ihr Licht nicht genügend Zeit hat, uns zu erreichen. Es wäre durchaus vorstellbar, daß sich die Physik von einem Universum zum anderen unterscheidet. In einigen könnten die Unterschiede geringfügig sein: Beispielsweise könnte die Elektronenmasse oder die Stärke der starken Kraft um ein tausendstel Prozent größer oder kleiner als in unserem Universum sein. In anderen wären die physikalischen Unterschiede vielleicht deutlicher ausgeprägt: ein up-Quark könnte dort zehnmal soviel wiegen wie in unserem Universum, oder die elektromagnetische Kraft zehnmal so stark sein, wie wir es messen – dazu kommen all die weitreichenden Konsequenzen, die solche Abweichungen für die Sterne und das Leben in der uns bekannten Form hätten (wovon andeutungsweise in Kapitel eins die Rede war). In wieder anderen Universen wären die physikalischen Unterschiede möglicherweise noch spektakulärer: Der Katalog der Elementarteilchen und Kräfte könnte von dem unseren vollkommen verschieden sein; wenn wir von der Stringtheorie ausgehen, ist auch denkbar, daß eine andere Zahl von ausgedehnten Dimensionen vorliegt, etwa enge Universen mit gar keiner oder nur einer großen Raumdimension und andere, weit ausufernde Universen mit acht, neun oder sogar zehn ausgedehnten Dimensionen. Wir können unserer Phantasie freien Lauf lassen und sogar annehmen, daß sich selbst die fundamentalen Gesetze von einem Universum zum nächsten erheblich unterscheiden – das Spektrum der Möglichkeiten ist endlos.

Entscheidend ist folgendes: Wenn wir dieses riesige Labyrinth von Universen durchkämmen, werden wir feststellen, daß diese Universen in ihrer großen Mehrheit kein Leben beherbergen können oder zumindest nichts, was auch nur entfernte Ähnlichkeit mit Leben der uns bekannten Art hat. Bei einschneidenden Veränderungen der vertrauten Physik liegt das auf der Hand: Wenn unser Universum beispielsweise wirklich aussähe wie das Gartenschlauchuniversum, würde kein Leben in der uns bekannten Form existieren können. Doch schon verhältnismäßig geringfügige Modifikationen der Physik würden zum Beispiel die herkömmliche Sternentstehung be- oder gar verhindern, so daß die Sterne ihre Rolle als kosmische Brennöfen und Fabriken komplexer, im Wortsinn lebenswichtiger Atome wie Kohlenstoff und Sauerstoff, die normalerweise von

Supernovaausbrüchen durchs All geschleudert werden, nicht mehr
wahrnehmen könnten. Wenn wir jetzt fragen, warum die Kräfte und
Teilchen der Natur gerade die Eigenschaften haben, die wir beobachten, kristallisiert sich angesichts einer so empfindlichen Abhängigkeit des Lebens von Einzelheiten der physikalischen Situation eine
mögliche Antwort heraus: Im gesamten Multiversum lassen diese
Eigenschaften eine erhebliche Schwankungsbreite erkennen; sie
können in anderen Universen verschieden sein und *sind* es auch. Die
Besonderheit der Kombination von Teilchen- und Kräfteeigenschaf-
ten, die wir beobachten, liegt genau darin, daß sie die Entstehung
von Leben ermöglichen. Und Leben, insbesondere intelligentes
Leben, ist eine Vorbedingung dafür, daß überhaupt die Frage gestellt
werden kann, warum unser Universum diese besonderen Eigenschaften und keine anderen besitzt. Einfach ausgedrückt: Die Dinge
in unserem Universum sind, wie sie sind, weil wir sonst nicht da
wären, sie zu bemerken. Wie die Gewinner eines großangelegten
Russischen Roulettes, deren Überraschung darüber, daß sie gewonnen haben, durch die Erkenntnis gedämpft wird, daß sie, hätten sie
nicht gewonnen, keine Gelegenheit hätten, überrascht zu sein, weil
es sie nicht mehr gäbe – wie die Gewinner eines solchen tödlichen
Roulettespiels fühlen wir uns durch die Multiversum-Hypothese ein
wenig von unserem Drang erlöst, unbedingt erklären zu wollen,
warum unser Universum so ist, wie es ist.

Die Argumentation ist die Spielart einer Idee, die als *anthropisches Prinzip* bekannt ist. So wie sie hier wiedergegeben worden ist,
steht sie in krassem Widerspruch zum Traum von einer strengen,
unbegrenzt vorhersagefähigen und einheitlichen Theorie, in der die
Dinge so sind, wie sie sind, weil das Universum nicht hätte anders
sein können. Statt ein ästhetisch vollkommenes Gebilde zu sein, in
dem sich mit unübertrefflicher Eleganz eines zum anderen fügt,
entwerfen Multiversum und anthropisches Prinzip das Bild einer
wüsten Anhäufung von Universen mit einem unstillbaren Drang
nach Vielfalt. Die Frage, ob das Multiversum-Bild stimmt, dürfte
sich, wenn überhaupt, nur unter größten Schwierigkeiten klären
lassen. Selbst wenn es andere Universen gibt, ist sehr gut vorstellbar,
daß wir nie mit ihnen in Berührung kommen. Doch das Konzept des
Multiversums weitet den Horizont dessen, »was da draußen ist«,
gewaltig und stellt Hubbles Erkenntnis, daß die Milchstraße nur eine
Galaxie unter vielen ist, weit in den Schatten. Das rückt zumindest
die Möglichkeit in den Blick, daß wir zu viel von einer Weltformel
erwarten.

Wir sollten von der Weltformel verlangen, daß sie eine quanten-mechanisch widerspruchsfreie Beschreibung aller Kräfte und aller Materie liefert. Wir sollten von ihr verlangen, daß sie eine schlüssige Kosmologie innerhalb unseres Universums entwirft. Doch wenn das Multiversumkonzept zutrifft – ein gewaltiges Wenn –, dann wäre die Erwartung überzogen, daß sie uns auch die detaillierten Eigenschaften der Teilchenmassen, Ladungen und Stärken der Kräfte erklärt.

Doch selbst wenn wir die spekulative Voraussetzung des Multiversums akzeptieren, ist die Schlußfolgerung, damit sei unser Vorhersagevermögen entscheidend beschnitten, keineswegs zwingend. Der Grund ist, einfach gesagt, daß wir, wenn wir schon unserer Phantasie freien Lauf lassen und uns die Freiheit nehmen, ein Multiversum für möglich zu halten, uns auch beim Ersinnen von Mitteln und Wegen, die scheinbare Zufälligkeit des Multiversums zu zähmen, keinen Zwang antun müssen. Ohne die Regeln wissenschaftlichen Denkens übermäßig zu strapazieren, ließe sich beispielsweise vorstellen, daß wir – sollte das Bild vom Multiversum stimmen – in der Lage sein könnten, den Geltungsbereich unserer Weltformel entscheidend auszuweiten. Diese »erweiterte Weltformel« könnte uns dann genau sagen, wie und warum die Werte der fundamentalen Parameter über die einzelnen Universen des Multiversums verteilt sind.

Radikaler sind da schon die Überlegungen, die Lee Smolin von der Penn State University angestellt hat. Unter dem Eindruck der Ähnlichkeit zwischen den Bedingungen des Urknalls und den Verhältnissen in Schwarzen Löchern – beide durch die ungeheure Dichte zusammengepreßter Materie gekennzeichnet – hat er die Vermutung geäußert, daß jedes Schwarze Loch der Keim zu einem neuen Universum sein könnte, welches durch eine urknallartige Explosion in die Existenz katapultiert werde, aber hinter dem Ereignishorizont auf immer unserem Blick entzogen bleibe. Doch Smolin hat nicht nur einen neuen Mechanismus vorgeschlagen, wie ein Multiversum funktionieren könnte, sondern ein weiteres neues Element ins Spiel gebracht – eine kosmische Version der Genmutation –, durch das er die mit dem anthropischen Prinzip verknüpften wissenschaftlichen Einschränkungen umgeht.[9] Wenn im Inneren eines Schwarzen Lochs ein neues Universum entsteht, so Smolin, dann sind seine physikalischen Attribute, etwa die Massen der Teilchen und die Stärken der Kräfte, mit denen des Mutteruniversums eng verwandt, aber nicht identisch. Da Schwarze Löcher aus erloschenen Sternen entstehen und die Sternentstehung und -entwicklung von den genauen Werten der Teilchenmassen und Kraftstärken abhängt, wird die Fruchtbarkeit eines gegebenen Universums – die Zahl der Schwarzlochnachkommenschaft, die es hervorbringen kann – entscheidend von diesen Parametern bestimmt. Kleine Veränderungen in den Parametern der von ihnen erzeugten Universen bewirken daher, daß einige der Nachkommen zur Produktion von Schwarzen Löchern geeigneter sind als ihr Mutteruniversum und daher selber eine größere Zahl von Universen erzeugen.[10] Nach vielen »Generationen« ist die Nachkommenschaft von Universen mit besonderer Eignung zur Produktion von Schwarzen Löchern so zahlreich, daß sie die Population des Multiversums entscheidend prägt. Smolin braucht sich also nicht auf das anthropische Prinzip zu berufen, sondern schlägt einen dynamischen Mechanismus vor, der im Durchschnitt die Parameter jeder nächsten Generation von Universen immer näher an bestimmte Werte heranführt – die Werte, die für die Produktion Schwarzer Löcher optimal sind.

Dieser Ansatz liefert uns eine andere Methode, mit der sich, sogar im Kontext des Multiversums, die fundamentalen Materie- und Kräfteparameter erklären lassen. Wenn Smolin mit seiner Theorie recht hätte und wenn unser Universum ein typisches Mitglied eines reifen Multiversums wäre (gewaltige »Wenns«, die natürlich mit vielen Fragezeichen versehen sind), dann müßten die Parameter der Teilchen und Kräfte, die wir messen, für die Produktion von Schwarzen Löchern optimiert sein. Jede geringfügige Veränderung dieser Parameter würde also die Bildung Schwarzer Löcher erschweren. Man hat damit begonnen, diese Vorhersage zu untersuchen und gegenwärtig noch keine Einigung in bezug auf ihre Gültigkeit erzielt. Doch selbst wenn Smolins Hypothese sich als falsch erweisen sollte, so würde das nur bedeuten, daß eine von vielen Formen gescheitert wäre, die die endgültige Theorie, die Weltformel, annehmen kann. Auf den ersten Blick könnte es scheinen, als fehle es der Weltformel an der nötigen Strenge. Vielleicht entdecken wir, daß sie eine Vielzahl von Universen beschreiben kann, die größtenteils keinerlei Bedeutung für die von uns bewohnte Welt haben. Darüber hinaus läßt sich vorstellen, daß diese Vielzahl von Universen tatsächlich physikalisch in die Tat umgesetzt worden ist, das heißt, daß das Multiversum wirklich existiert – womit unser Vorhersagevermögen auf den ersten Blick entscheidend geschwächt wäre. In Wirklichkeit zeigt die obige Erörterung jedoch, daß sich eine endgültige Erklärung dennoch erreichen läßt, solange wir nicht nur die letztgültigen Gesetze, sondern auch ihre Bedeutung für die kosmologische Entwicklung in einem unerwartet großen Maßstab verstehen.

Zweifellos werden die kosmologischen Konsequenzen der String/ M-Theorie bis weit ins 21. Jahrhundert hinein ein wichtiges Forschungsgebiet bleiben. Ohne Beschleuniger, die in der Lage sind, Energien im Bereich der Planckskala zu erzeugen, werden wir uns in der empirischen Forschung immer mehr auf den Urknall als den kosmischen Beschleuniger und seine im ganzen Universum verteilten Relikte verlassen müssen. Mit Glück und Ausdauer werden wir vielleicht eines Tages die Antworten auf unsere Fragen finden: wie das Universum angefangen hat, warum es sich zu der Form entwickelt hat, die wir am Himmel und auf der Erde wahrnehmen, und vieles andere. Es liegt natürlich noch sehr viel unvermessenes Terrain zwischen unserem heutigen Standort und der Region, in der die vollständigen Antworten auf diese fundamentalen Fragen auf uns warten. Doch da es gelungen ist, mit Hilfe der Superstringtheorie eine Quantentheorie der Gravitation zu entwickeln, besteht begründeter Anlaß zu der Hoffnung, daß wir heute über die theoretischen Werkzeuge verfügen, die wir brauchen, um in die weiten Gebiete des Unbekannten vorzustoßen. Vielleicht – und gewiß nur unter großen Mühen und nach mancherlei Rückschlägen – finden wir dort die Antworten auf einige der grundlegendsten Fragen, die die Menschheit je gestellt hat.

Teil V

Vereinigung
im 21. Jahrhundert

Kapitel 15

Aussichten

In einigen Jahrhunderten wird sich die Superstringtheorie – oder das, was im Rahmen der M-Theorie daraus geworden sein wird – möglicherweise so weit von unserer heutigen Formulierung entfernt haben, daß sie selbst die führenden Forscher unserer Zeit nicht wiedererkennen würden. Bei der Suche nach der Weltformel könnten wir durchaus feststellen, daß die Stringtheorie nur einer von vielen wichtigen Schritten auf dem Weg zu einer weit umfassenderen Beschreibung des Kosmos ist – einer Beschreibung, deren Grundgedanken sich von allen unseren bisherigen theoretischen Entwürfen radikal unterscheiden. Die Wissenschaftsgeschichte lehrt uns, daß die Natur immer dann, wenn wir denken, wir hätten alles herausgefunden, eine faustdicke Überraschung in petto hat, die uns dazu zwingt, an den Gesetzmäßigkeiten, die wir in der Welt wahrzunehmen meinen, erhebliche und manchmal grundsätzliche Veränderungen vorzunehmen. Bis wir dann wieder, wie wohl viele vor uns, in einem Anfall von Überheblichkeit annehmen, ausgerechnet wir würden in jener Epoche der Menschheitsgeschichte leben, in der die Suche nach den endgültigen Gesetzen des Universums endlich zum Abschluß komme. Dazu Witten:

> Ich habe den Eindruck, wir sind dem Kern der Stringtheorie so nahe, daß ich mir – in den Augenblicken größten Optimismus – vorstelle, die endgültige Form der Theorie könnte jeden Tag vom Himmel fallen und im Schoße irgendeines Physikers landen. Realistischer betrachtet, denke ich, daß wir gegenwärtig eine Theorie entwickeln, die tiefer und weiter reicht als alles, was wir vorher hatten, und daß irgendwann weit im 21. Jahrhundert, wenn ich zu alt bin, um noch irgendeinen nützlichen Gedanken zu diesem Thema zu fassen, jüngere Physiker werden entscheiden müssen, ob wir tatsächlich die endgültige Theorie gefunden haben.[1]

Obwohl wir noch immer die Nachbeben der zweiten Superstringrevolution verspüren und alle Hände voll damit zu tun haben, die Fülle von neuen Einsichten zu verarbeiten, die sie uns verschafft hat, sind sich die meisten Stringtheoretiker darin einig, daß es wahrscheinlich einer dritten und möglicherweise sogar vierten solchen theoretischen Umwälzung bedarf, bis wir die ganze Leistungsfähigkeit der Stringtheorie nutzen können. Erst dann werden wir beurteilen können, ob sie wirklich als Weltformel in Frage kommt. Wie gezeigt, verdanken wir der Stringtheorie bereits ein bemerkenswert neues Bild von den Gesetzmäßigkeiten des Universums. Doch es gibt noch immer beträchtliche Hindernisse und lose Fäden, die zu überwinden und zu verknüpfen sicherlich zu den Hauptaufgaben für die Stringtheoretiker des 21. Jahrhunderts zählen wird. Daher werden wir in diesem Schlußkapitel nicht erzählen können, wie die Geschichte von der Suche der Menschheit nach den fundamentalsten Gesetzen des Universums zu Ende geht, denn die Suche geht weiter. Statt dessen wollen wir den Blick auf die Zukunft der Stringtheorie richten und die fünf zentralen Fragen erörtern, mit denen sich die Stringtheoretiker auf der Suche nach der Weltformel werden auseinandersetzen müssen.

Welches Grundprinzip liegt der Stringtheorie zugrunde?

In den letzten hundert Jahren haben wir eine Lektion von besonderer Bedeutung gelernt: Die Gesetze der Physik sind mit Symmetrieprinzipien verknüpft. Die spezielle Relativitätstheorie beruht auf der Symmetrie, die das Relativitätsprinzip ausdrückt – die Symmetrie zwischen allen Beobachter-Standpunkten, die relativ zueinander mit konstanter Geschwindigkeit bewegt sind. Die Gravitationskraft, wie sie von der allgemeinen Relativitätstheorie beschrieben wird, beruht auf dem Äquivalenzprinzip – der Verallgemeinerung des Relativitätsprinzips auf alle möglichen Beobachter-Standpunkte, unabhängig von der Komplexität ihrer Bewegungszustände. Die starke, die schwache und die elektromagnetische Kraft beruhen wiederum auf den noch abstrakteren Prinzipien der Eichsymmetrien.

Wie dargelegt, räumen Physiker Symmetrieprinzipien gern einen Sonderstatus ein, indem sie ihnen das ultimative Erklärungsvermögen zusprechen. Nach dieser Auffassung gibt es die Gravitation, *damit* alle möglichen Beobachter-Standpunkte vollkommen gleichberechtigt sind – das heißt, damit das Äquivalenzprinzip gültig ist. Entsprechend gibt es die schwache, die starke und die elektromagnetische Kraft, damit die Natur die mit ihnen verknüpften Eichsymmetrien respektiert. In gewisser Weise verlagert dieser Ansatz natürlich nur das Problem – fragten wir vorher, warum eine bestimmte Kraft existiert, können wir nun fragen, warum die Natur die entsprechende Symmetrie aufweist. Aber es ist doch ein gewisser Fortschritt, insbesondere dann, wenn die fragliche Symmetrie völlig natürlich erscheint. Warum sollte zum Beispiel das Bezugssystem eines Beobachters anders behandelt werden als das eines anderen Beobachters? Es scheint sehr viel natürlicher, wenn die Gesetze des Universums mit allen Beobachter-Standpunkten gleich verfahren. Das wird durch das Äquivalenzprinzip und die Einführung der Gravitation in die Struktur des Kosmos erreicht. Wie wir in Kapitel fünf dargelegt haben, haben die Eichsymmetrien, die den drei nichtgravitativen Kräften zugrunde liegen, eine ähnliche Existenzberechtigung, wenn sich das auch nur mit einem gewissen mathematischen Hintergrundwissen ganz verstehen läßt.

Die Stringtheorie führt uns auf eine noch tiefere Erklärungsebene, weil sich alle diese Symmetrieprinzipien nebst einem weiteren – der Supersymmetrie – aus der Struktur der Stringtheorie ergeben. Wenn die Wissenschaftsgeschichte einen anderen Verlauf genommen hätte und die Physiker hundert Jahre früher auf die Stringtheorie gestoßen wären, dann wäre ohne weiteres vorstellbar, daß man diese Symmetrieprinzipien erst bei der Untersuchung der Stringtheorie entdeckt hätte. Dabei sollten Sie sich aber klarmachen, daß uns das Äquivalenzprinzip zwar ansatzweise erklärt, warum die Gravitation vorhanden ist, und die Eichsymmetrien uns eine Ahnung vermitteln, warum die schwache, die starke und die elektromagnetische Kraft vorhanden sind, daß diese Symmetrien im Kontext der Stringtheorie aber *Konsequenzen* sind. Obwohl ihre Bedeutung dadurch keineswegs geschmälert wird, sind sie ein Teil dessen, was sich in einem weit größeren theoretischen Rahmen ergibt.

Bei diesen Überlegungen kristallisiert sich vor allem eine Frage heraus: Ist die Stringtheorie selbst die unvermeidliche Konsequenz eines umfassenderen Prinzips – nicht unbedingt eines Symmetrieprinzips –, so wie das Äquivalenzprinzip unausweichlich zur allgemeinen Relativitätstheorie führt oder die Eichsymmetrien uns zur schwachen, starken und elektromagnetischen Kraft bringen? Gegenwärtig weiß noch niemand eine Antwort auf diese Frage. Um zu begreifen, wie wichtig solch eine Antwort wäre, brauchen wir uns nur vorzustellen, Einstein hätte ohne jenen glücklichen Gedanken aus dem Jahr 1907, der ihn zur Erkenntnis des Äquivalenzprinzips brachte, versucht, die allgemeine Relativitätstheorie zu formulieren. Zwar wäre es nicht unmöglich gewesen, die allgemeine Relativitätstheorie zu formulieren, ohne zuvor auf diese entscheidende Einsicht gestoßen zu sein, aber es wäre sicherlich außerordentlich schwierig gewesen. Das Äquivalenzprinzip liefert einen schlüssigen und äußerst hilfreichen organisatorischen Rahmen zur Untersuchung der Gravitationskraft. Bei der Beschreibung der allgemeinen Relativitätstheorie in Kapitel drei beispielsweise haben wir uns entscheidend auf das Äquivalenzprinzip gestützt. Seine Rolle in dem mathematischen Formalismus der Theorie ist sogar noch zentraler.

Gegenwärtig sind Stringtheoretiker in der Situation, in der sich Einstein ohne das Äquivalenzprinzip befunden hätte. Seit Venezianos hellsichtiger Vermutung aus dem Jahr 1968 ist die Theorie Stück um Stück ausgebaut worden – Entdeckung um Entdeckung und Revolution um Revolution. Doch ein zentrales Organisationsprinzip, das alle diese Entdeckungen und alle anderen Eigenschaften der Theorie in einem einzigen übergreifenden Rahmen systematisch zusammenfaßt – einem Rahmen, der uns vor Augen führt, daß das Vorhandensein jedes einzelnen Elements absolut unvermeidlich ist –, ein solches Organisationsprinzip fehlt noch. Die Entdeckung dieses Prinzips wäre ein entscheidendes Ereignis in der Entwicklung der Stringtheorie, würde sie doch die innere Gesetzmäßigkeit der Theorie in ganz neuer Klarheit sichtbar werden lassen. Natürlich steht nicht fest, daß es ein solches Grundprinzip tatsächlich gibt, doch aus der Geschichte der Physik in den letzten hundert Jahren schöpfen die Stringtheoretiker große Hoffnung, daß es der Fall ist. In der nächsten Entwicklungsphase der Stringtheorie kommt es vor allem darauf an, daß wir ihr »Unvermeidlichkeitsprinzip« finden – die Grundidee, aus der sich die ganze Theorie notwendigerweise ergibt.[2]

Was sind Raum und Zeit tatsächlich, und können wir ohne sie auskommen?

In allen vorangegangenen Kapiteln haben wir ausgiebig von den Konzepten »Raum« beziehungsweise »Raumzeit« Gebrauch gemacht. In Kapitel zwei war die Rede von Einsteins Erkenntnis, daß Raum und Zeit unauflöslich miteinander verwoben sind, weil die Bewegung eines Objekts durch den Raum – so das überraschende Ergebnis – seine Bewegung durch die Zeit beeinflußt. In Kapitel drei haben wir unser Verständnis vertieft, indem wir betrachteten, welche Rolle die Raumzeit laut der allgemeinen Relativitätstheorie im Kosmos spielt, und feststellten, daß die exakte Form der Raumzeit die Gravitationskraft von Ort zu Ort überträgt. Die heftigen

Quantenfluktuationen der Raumzeit auf kleinsten Größenskalen machten deutlich, wie in Kapitel vier und fünf erörtert, daß zu ihrer Beschreibung eine weitere Theorie erforderlich ist. So gelangten wir zur Stringtheorie. Schließlich haben wir in zahlreichen folgenden Kapiteln gesehen, daß das Universum nach der Stringtheorie viel mehr Dimensionen besitzt, als wir wahrnehmen. Diese Dimensionen sind teilweise zu winzigen, aber komplizierten Formen aufgewickelt, die komplizierte Verwandlungen erleben können, wobei der Raum löchrig wird, reißt und sich dann selbst repariert.

Durch graphische Darstellungen – zum Beispiel in den Abbildungen 3.4, 3.6 und 8.10 – haben wir versucht, diese Ideen zu veranschaulichen, indem wir in unseren Zeichnungen den Eindruck erweckt haben, als sei die Raumzeit eine Art Stoff, aus dem das Universum geschneidert ist. Diese Bilder besitzen ein erhebliches Erklärungsvermögen; sie werden auch von Physikern regelmäßig als Vorstellungshilfen bei weit abstrakteren Überlegungen verwendet. Obwohl der Anblick solcher Abbildungen einen gewissen Eindruck von Bedeutung vermittelt, kann sich der Betrachter trotzdem fragen: Was ist unter dem Stoff oder Gewebe des Universums *wirklich* zu verstehen?

Das ist eine tiefgründige Frage, die in der einen oder anderen Form seit Hunderten von Jahren Gegenstand hitziger Debatten ist. Newton erklärte Raum und Zeit zu ewigen und unwandelbaren Bestandteilen des Kosmos, Urgegebenheiten, die allen Fragen und Erklärungen entzogen seien. In den *Prinzipien* heißt es dazu: »Der absolute Raum, seiner Natur nach ohne Beziehung zu irgend etwas Äußerem, bleibt immer gleichartig und unbeweglich ... Die absolute, wahre und mathematische Zeit, an sich und ihrer Natur nach ohne Beziehung zu irgend etwas Äußerem, fließt gleichmäßig dahin ...«[3] Gottfried Wilhelm Leibniz und andere meldeten lautstark Protest an, indem sie behaupteten, Raum und Zeit seien lediglich Buchhaltungsmaßnahmen – eine bequeme Methode, um die Beziehungen zwischen Objekten und Ereignissen im Universum zusammenzufassen. Der Aufenthaltsort eines Objekts im Raum und in der Zeit habe Bedeutung nur im Vergleich zum Aufenthaltsort eines anderen Objekts. Raum und Zeit seien die Sprache, in der diese Beziehungen ausgedrückt würden, nicht mehr. Zwar hat sich Newtons Auffassung, unterstützt durch seine experimentell so erfolgreichen drei Bewegungsgesetze, mehr als hundert Jahre lang behauptet, trotzdem kommt Leibniz' Vorstellung, die später von dem österreichischen Physiker Ernst Mach weiterentwickelt wurde, dem heutigen Bild sehr viel näher. Wie gezeigt, hat Einsteins spezielle und allgemeine Relativitätstheorie ein für allemal mit dem Konzept eines absoluten und universellen Begriffs von Raum und Zeit aufgeräumt. Aber wir können noch immer fragen, ob das geometrische Modell der Raumzeit, das eine so entscheidende Rolle in der allgemeinen Relativitätstheorie und der Stringtheorie spielt, nur ein bequemes Kürzel für die räumlichen und zeitlichen Beziehungen zwischen verschiedenen Orten ist oder ob wir tatsächlich von der Vorstellung auszugehen haben, daß wir in *etwas* eingebettet sind, wenn wir von unserem Eingetauchtsein in die Raumzeit reden.

Zwar begeben wir uns damit auf spekulativen Boden, können aber feststellen, daß sich in der Stringtheorie eine Antwort auf diese Frage abzeichnet. Das Graviton, das kleinste Paket der Gravitationskraft, ist ein bestimmes String-Schwingungsmuster. Und wie sich das sichtbare Licht – um ein Beispiel für ein elektromagnetisches Feld zu nehmen – aus einer enormen Zahl von Photonen zusammensetzt, so besteht ein Gravitationsfeld aus einer enormen Zahl von Gravitonen, das heißt aus einer riesigen Zahl von Strings, die das Graviton-Schwingungsmuster ausführen. Gravitationsfelder ihrerseits sind in der Verzerrung der Raumzeit kodiert. So liegt der Schluß nahe, daß die Raumzeit selbst aus einer gewaltigen Zahl von Strings besteht, die alle das gleiche, geordnete Graviton-Schwingungsmuster ausführen. Physikalisch wird eine solche enorme, organisierte Anordnung von gleich schwingenden Strings als *kohärenter Zustand* von Strings bezeichnet. Das ist ein ziemlich poetisches Bild – die Strings, die *Saiten* der Stringtheorie als die Fäden des Raumzeitgewebes –, aber es sei angemerkt, daß eine konkrete Umsetzung dieser Idee noch aussteht.

Trotzdem, die Beschreibung der Raumzeit als Stoff, der aus Strings gewebt ist, führt uns zu folgender Frage: Ein normales Stück Stoff entsteht dadurch, daß jemand einzelne Fäden, den Rohstoff gewöhnlicher Textilien, sorgfältig verwebt. Entsprechend können wir uns fragen, ob es eine rohe Vorstufe des Raumzeitgewebes gibt – eine Konfiguration der Strings des kosmischen Gewebes, in der sie sich noch nicht zu der organisierten Form der Raumzeit zusammengefunden haben. Berücksichtigen Sie dabei, daß es etwas ungenau ist, sich diesen Zustand als eine ungeordnete Menge einzelner schwingender Strings vorzustellen, die sich noch nicht zu einem geordneten Ganzen gefügt haben, weil das nach unserer üblichen Denkweise eine Vorstellung von Raum und Zeit voraussetzt – den Raum, in dem ein String schwingt, und das Fortschreiten der Zeit, das uns gestattet, seine Formveränderungen von Augenblick zu Augenblick zu verfolgen. Doch in dem Rohzustand, in dem sich die Strings befinden, bevor sie sich zu dem geordneten, kohärenten Tanz zusammenfinden, der sie zu den konstituierenden Elementen der Raumzeit macht, *gibt es keine Realisierung von Raum und Zeit.* Selbst unsere Sprache ist nicht in der Lage, diese Ideen zum Ausdruck zu bringen, denn es gibt noch nicht einmal einen Begriff des *Vorher*. In gewisser Weise sind die einzelnen Strings »Scherben« von Raum und Zeit, und nur wenn sie in bestimmter Weise koordinierte Schwingungen aufnehmen, bilden sich Raum und Zeit im herkömmlichen Sinne.

Der Versuch, sich einen solchen strukturlosen Urzustand vorzustellen, in dem es keinen Begriff von Raum oder Zeit in der uns bekannten Form gibt, überfordert die Vorstellungskraft der meisten Menschen (jedenfalls die meine). Wie jener Photograph in Stephen Wrights Anekdote, der besessen ist von der Idee, eine Nahaufnahme vom Horizont zu machen, werden wir in einen grundsätzlichen Widerspruch verwickelt, wenn wir versuchen, uns ein Universum vorzustellen, das *ist*, aber ohne die Konzepte von Raum oder Zeit auskommt. Trotzdem müssen wir diese Ideen wohl irgendwie zu Ende denken, bevor wir die Stringtheorie richtig bewerten können. Unsere augenblickliche Formulierung der Stringtheorie setzt nämlich die Existenz von Raum und Zeit voraus, in denen sich die Strings (und die anderen fundamentalen Objekte der M-Theorie) umherbewegen und schwingen. So können wir die physikalischen Eigenschaften der Stringtheorie in einem Universum ableiten, das eine Dimension der Zeit, eine bestimmte Anzahl ausgedehnter Raumdimensionen (meist geht man von drei aus) und zusätzliche Dimensionen besitzt, die zu einer der von den Gleichungen der Theorie erlaubten Formen aufgewickelt sind. Doch damit sind wir in einer ähnlichen Situation wie ein Kunstkritiker, der das kreative Talent einer Malerin beurteilt, indem er verlangt, daß sie »nach Zahlen malt«. Natürlich wird sie hier und da eine persönliche Note einfügen, aber dadurch, daß wir ihre Arbeit derart einengen, können wir nur einen schmalen Ausschnitt ihrer Fähigkeiten beurteilen. Da der Triumph der Stringtheorie in der natürlichen Eingliederung der Quantenmechanik und Gravitation besteht und da die Gravitation an die Form von Raum und Zeit gebunden ist, laufen die Stringtheoretiker wie der Kunstkritiker Gefahr, die Theorie auf einen bereits vorhandenen Raumzeit-Rahmen einzuengen. Wie wir unserer Malerin gestatten sollten, auf einer leeren Leinwand zu arbeiten, sollten wir der Stringtheorie die Möglichkeit geben, ihre Raumzeit-Arena selbst zu *schaffen*, indem wir sie in einer raum- und zeitlosen Konfiguration beginnen lassen.

Wenn man die Theorie an einem so voraussetzungslosen Ausgangspunkt – möglicherweise zu einer Zeit vor dem Urknall (wobei uns bewußt ist, daß wir in Ermangelung eines anderen sprachlichen Bezugssystems wieder zeitliche Begriffe verwenden) – beginnen läßt, wird sie vielleicht, so hofft man, ein Universum beschreiben, in welchem ein Hintergrund von kohärenten Stringschwingungen entsteht, auf den sich dann die konventionelleren Begriffe von Raum und Zeit anwenden lassen. Ein solches Szenario, wenn es sich denn umsetzen ließe, würde zeigen, daß Raum, Zeit und, damit verknüpft, Dimensionalität keine unabdingbaren, grundlegenden Elemente des Universums sind. Sie wären dann eher bequeme Begriffe, die aus einem grundlegenderen, ursprünglicheren Zustand erwüchsen.

Neueste Forschungsarbeiten zur M-Theorie von Stephen Shenker, Edward Witten, Tom Banks, Willy Fischler, Leonard Susskind und vielen, vielen anderen haben gezeigt, daß die sogenannte *Null-Bran* – möglicherweise das fundamentalste Objekt der M-Theorie, das sich bei großen Abständen wie ein Punktteilchen verhält, aber bei kleinen Abständen ganz andere Eigenschaften offenbart – unter Umständen einen ersten Eindruck von diesem raum- und zeitlosen Reich offenbart. Während Strings erkennen lassen, daß die konventionellen Begriffe des Raums unterhalb der Planckskala aufgehoben sind, führen die Null-Branen, wie die Arbeiten dieser Forscher zeigen, zwar im wesentlichen zu dem gleichen Schluß, eröffnen aber einen winzigen Ausblick auf die neuen, unkonventionellen Bedingungen, die hier gelten. Untersuchungen dieser Null-Branen lassen darauf schließen, daß hier die gewöhnliche Geometrie durch eine sogenannte *nichtkommutative Geometrie* ersetzt wird, deren Konzepte zu großen Teilen von dem französischen Mathematiker Alain Connes entwickelt worden sind.[4] In seiner Geometrie werden die konventionellen Vorstellungen von Raum und Abstand zwischen Punkten aufgehoben, so daß wir uns in einer ganz anderen begrifflichen Landschaft befinden. Trotzdem hat man nachgewiesen, daß auch hier der konventionelle Raumbegriff wieder auftaucht, wenn wir uns auf Größenverhältnisse oberhalb der Plancklänge konzentrieren. Wahrscheinlich ist auch die nichtkommutative Geometrie noch immer von dem vollkommen voraussetzungslosen Zustand entfernt, von dem oben die Rede war, aber sie deutet doch an, wie ein vollständiger theoretischer Rahmen zur Eingliederung von Raum und Zeit aussehen könnte.

Die mathematische Methode zu finden, mit der sich die String-theorie ohne Rückgriff auf einen schon vorher gegebenen Begriff von Raum und Zeit formulieren läßt, ist eine der wichtigsten Aufgaben, die sich den Stringtheoretikern stellt. Wenn wir verstünden, wie Zeit und Raum in die Welt kommen, wären wir der Beantwortung der entscheidenden Frage, welche geometrische Form *tatsächlich* entsteht, einen riesigen Schritt näher gekommen.

Wird die Stringtheorie zu einer Neuformulierung der Quantenmechanik führen?

Das Universum wird mit unglaublicher Genauigkeit von den Prinzipien der Quantenmechanik bestimmt. Trotzdem haben die Physiker in den letzten fünfzig Jahren, wenn es um die Formulierung von Theorien ging, die Tendenz gezeigt, die Quantenmechanik eher stiefmütterlich zu behandeln. Bei der Entwicklung von Theorien beginnen die Physiker nämlich oft in einer rein klassischen Sprache, die Quantenwahrscheinlichkeiten, Wellenfunktionen und dergleichen außer acht läßt – in einer Sprache, die für Physiker zu Maxwells oder sogar Newtons Zeit vollkommen verständlich gewesen wäre –, und arbeiten in dieses klassische Grundgerüst dann Quantenkonzepte ein. Das ist eine naheliegende Vorgehensweise, spiegelt sie doch direkt unsere Erfahrungen mit der Welt wider. Auf den ersten Blick scheint das Universum nun einmal von Gesetzen beherrscht zu werden, die sich mit Hilfe klassischer Konzepte wie dem von Teilchen, die zu jeder Zeit eine wohldefinierte Position und Geschwindigkeit haben, formulieren lassen. Erst bei eingehender mikroskopischer Betrachtungsweise wird offenbar, daß wir diese vertrauten klassischen Vorstellungen verändern müssen. Die Geschichte der physikalischen Entdeckungen führte von der klassischen Physik zu den Veränderungen, die durch die quantenmechanischen Erkenntnisse notwendig wurden, und dieser Fortgang wiederholt sich in der Art und Weise, wie Physiker noch heute ihre Theorien entwickeln.

Das ist nicht zuletzt bei der Stringtheorie der Fall. Der mathematische Formalismus, der der Stringtheorie zugrunde liegt, beginnt mit Gleichungen, die die Bewegung eines winzigen, unendlich dünnen *klassischen* Fadens beschreiben – Gleichungen, die weitgehend schon vor dreihundert Jahren von Newton hätten aufgeschrieben werden können. Diese Gleichungen werden dann *quantisiert*. Das heißt, durch ein systematisches Verfahren, das die Physiker im Laufe von mehr als fünfzig Jahren entwickelt haben, werden die klassischen Gleichungen in eine quantenmechanische Form gebracht, so daß Wahrscheinlichkeiten, Unschärfe, Quantenfluktuationen und so fort Eingang finden. In Kapitel zwölf haben wir eine Anwendung dieses Verfahrens kennengelernt: Die Schleifenprozesse (vgl. Abbildung 12.6) bringen Quantenkonzepte in die Stringbeschreibung ein – in diesem Fall die vorübergehende quantenmechanische Erzeugung virtueller Stringpaare –, wobei die Schleifenzahl ein Maß dafür ist, wie weitgehend quantenmechanische Effekte berücksichtigt werden.

Diese Strategie – mit einer Beschreibung im Rahmen einer klassischen Theorie zu beginnen und erst anschließend die quantenmechanischen Eigenschaften einzubauen – hat sich viele Jahre lang als außerordentlich fruchtbar erwiesen. Sie liegt beispielsweise dem Standardmodell der Teilchenphysik zugrunde. Doch es ist möglich und allem Anschein nach sogar wahrscheinlich, daß diese Methode nicht für die Behandlung so weitreichender Theorien wie der String- und der M-Theorie ausreicht. Der Grund ist einfach: Sobald wir uns klargemacht haben, daß das Universum von quantenmechanischen Prinzipien regiert wird, müssen unsere Theorien auch von Anfang an quantenmechanisch sein. Bisher sind wir mit der klassischen Grundsteinlegung unserer Theorien durchgekommen, weil wir nicht tief genug in die Grundstruktur des Universums eingedrungen sind, als daß sich dieser grobkörnige Ansatz als irreführend hätte erweisen können. Doch angesichts der Verständnisebene, auf der wir mit der String/M-Theorie operieren, könnte es durchaus sein, daß wir mit der kampferprobten Strategie nicht mehr weiterkommen.

Solche Anhaltspunkte können wir entdecken, wenn wir einige der Einsichten, die sich aus der zweiten Superstringrevolution ergeben haben (vgl. Abbildung 12.11), Revue passieren lassen. Wie in Kapitel zwölf erörtert, zeigen die Dualitäten, die der Einheit der fünf Stringtheorien zugrunde liegen, daß physikalische Prozesse, die mit einer der Stringformulierungen verknüpft sind, in der dualen Sprache jeder der anderen Theorien wiedergegeben werden können. Diese Neuinterpretation erweckt zunächst den Eindruck, sie habe wenig mit der ursprünglichen Beschreibung zu tun, doch darin spiegelt sich einfach die Wirksamkeit der Dualität. Dank der Dualität läßt sich ein physikalischer Prozeß auf viele verschiedene Weisen beschreiben. Diese Ergebnisse sind kompliziert und bemerkenswert, doch eine ihrer Eigenschaften, die sich durchaus als ihre wichtigste entpuppen könnte, ist bislang unerwähnt geblieben.

Die Übersetzungsvorschriften von einer Stringtheorie in die andere, die sich aus den Dualitäten ergeben, betreffen häufig Vorgänge,
die, in einer der fünf Stringtheorien beschrieben, *stark* von der Quantenmechanik abhängig sind (beispielsweise Stringwechselwirkun-
gen, die nicht stattfinden könnten, wenn die Welt von der klassischen Physik und nicht der Quantenmechanik regiert würde). Solch
ein Vorgang wird dann so umformuliert, daß er aus der Perspektive
einer der anderen Stringtheorien nur *schwach* von der Quantenmechanik abhängig ist (beispielsweise ein Vorgang, dessen exakte
numerische Eigenschaften zwar von Quantenaspekten beinflußt
werden, dessen qualitative Form aber große Ähnlichkeit mit seinem
Erscheinungsbild in einer rein klassischen Welt hat). Die Quantenmechanik ist also eng verflochten mit den Dualitätssymmetrien, die
der String/M-Theorie zugrunde liegen: Es sind *inhärent quantenmechanische Symmetrien*, da eine der dualen Beschreibungen stark von
Quantenaspekten beeinflußt wird. Das unterstreicht nachdrücklich,
daß die vollständige Formulierung der String/M-Theorie – eine Formulierung, die entscheidend auf der Einbeziehung der neuentdeckten Dualitätssymmetrien beruht – nicht, wie bislang üblich, klassisch
beginnen kann, um erst anschließend quantisiert zu werden. Eine
klassische Grundsteinlegung wird notwendigerweise die Dualitätssymmetrien unberücksichtigt lassen müssen, da diese nur bei Einbeziehung der Quantenmechanik gültig sind. Allem Anschein nach
muß die vollständige Formulierung der String/M-Theorie mit der
traditionellen Vorgehensweise brechen und von Anfang an eindeutig
quantenmechanischen Charakter haben.

Gegenwärtig weiß niemand, wie das geschehen soll. Doch für
viele Stringtheoretiker steht fest, daß eine derartige Verankerung
der quantenmechanischen Prinzipien in der theoretischen Beschreibung des Universums die nächste große Umwälzung für unser Verständnis der Welt bedeuten wird. So meint Cumrun Vafa: »Ich
glaube, daß eine Neuformulierung der Quantenmechanik viele ihrer
Rätsel lösen wird. Allgemein geht man wohl davon aus, daß die
unlängst entdeckten Dualitäten auf einen neuen, geometrischeren
Rahmen der Quantenmechanik schließen lassen, in dem Raum,
Zeit und Quanteneigenschaften untrennbar miteinander verbunden
sind.«[5] Und Edward Witten: »Ich glaube, der logische Status der
Quantenmechanik wird sich in einer Weise verändern, wie sich der
logische Status der Gravitation gewandelt hat, als Einstein das
Äquivalenzprinzip entdeckt hat. Dieser Prozeß ist bei der Quantenmechanik noch lange nicht abgeschlossen, doch ich denke, man wird

eines Tages auf unsere Zeit zurückblicken als die Epoche, wo er begann.«[6]

Mit vorsichtigem Optimismus dürfen wir hoffen, daß eine Neuformulierung der Quantenmechanik im Rahmen der Stringtheorie einen leistungsfähigeren Formalismus hervorbringen wird, der in der Lage sein wird, uns viele Fragen zu beantworten – wie das Universum angefangen hat, zum Beispiel, und warum es so etwas wie Raum und Zeit gibt. Vielleicht kommen wir dann auch der Beantwortung der Leibnizschen Frage einen Schritt näher – warum es überhaupt etwas gibt und nicht nichts.

Läßt sich die Stringtheorie experimentell überprüfen?

Von den vielen Eigenschaften der Stringtheorie, die wir in den vorangegangenen Kapiteln erörtert haben, sind die folgenden drei die vielleicht wichtigsten, die Sie sich unbedingt einprägen sollten. Erstens: Gravitation und Quantenmechanik gehören untrennbar zu den Gesetzmäßigkeiten des Universums, daher muß jede Theorie, die Anspruch darauf erhebt, so etwas wie eine Weltformel zu sein, beide vereinigen. Der Stringtheorie gelingt das. Zweitens: In den letzten hundert Jahren hat die physikalische Forschung gezeigt, daß es andere Konzepte gibt – viele von ihnen experimentell bestätigt –, die allem Anschein nach von zentraler Bedeutung für unser Verständnis des Universums sind. Dazu gehören der Spin, die Einteilung der Materieteilchen in Familien, Botenteilchen, Eichsymmetrie, Äquivalenzprinzip, Symmetriebrechung und Supersymmetrie – um nur einige zu nennen. Drittens: Im Unterschied zu konventionelleren Theorien wie dem Standardmodell mit seinen neunzehn freien Parametern, die nach Maßgabe experimenteller Ergebnisse angepaßt werden können, besitzt die Stringtheorie keine frei wählbaren Parameter. Im Prinzip müßten ihre Konsequenzen endgültig sein – sie müßten eindeutige Tests ermöglichen, so daß sich klar entscheiden ließe, ob die Theorie richtig oder falsch ist.

Auf dem Weg von »im Prinzip« bis zu »in der Praxis« türmen sich viele Hindernisse. In Kapitel neun haben wir einige technische Hindernisse beschrieben, etwa die Schwierigkeiten, die sich ergeben, wenn wir die Form der Extradimensionen bestimmen wollen. In den Kapiteln zwölf und dreizehn haben wir diese und andere Hindernisse in einen größeren Zusammenhang gestellt – die Notwendigkeit

eines genaueren Verständnisses der Stringtheorie –, was uns, wie gezeigt, in natürlicher Weise zur M-Theorie führt. Zweifellos wird
noch viel Mühe und nicht weniger Kreativität erforderlich sein, um
die String/M-Theorie gründlich zu verstehen.

Auf jedem Schritt des Weges haben sich die Stringtheoretiker um
experimentell beobachtbare Konsequenzen ihrer Theorie bemüht
und werden es auch weiterhin tun. Wie in Kapitel neun erörtert, dürfen wir die bestehenden Möglichkeiten, experimentelle Belege für
die Stringtheorie zu finden, nicht außer acht lassen – so gering die
Erfolgsaussichten im Augenblick auch sein mögen. Wenn wir tiefer
in die Stringtheorie eindringen, werden wir hier und da zweifellos
auf andere Prozesse und Eigenschaften stoßen, die indirekte experimentelle Nachweise ermöglichen.

Vor allem aber wäre, wie in Kapitel neun dargelegt, die Bestätigung der Supersymmetrie – durch die Entdeckung von Superpartner-
teilchen – ein ganz wichtiger Schritt auf dem Weg zur Bestätigung
der Stringtheorie. Wie berichtet, wurde die Supersymmetrie bei der
theoretischen Untersuchung der Stringtheorie entdeckt und ist ein
zentraler Bestandteil der Theorie. Ihre experimentelle Bestätigung
wäre ein überzeugender Anhaltspunkt, fast ein Indizienbeweis für
die Existenz der Strings. Mehr noch: Der Nachweis der Superpartner-
Teilchen würde uns vor neue Aufgaben stellen, da die Entdeckung
der Supersymmetrie weit mehr nach sich ziehen würde als nur eine
Antwort auf die Ja-Nein-Frage, ob dieses Symmetrieprinzip in unserer Welt überhaupt eine Rolle spielt. Die Massen und Ladungen der
Superpartner-Teilchen würden uns exakt vor Augen führen, wie die
Supersymmetrie in die Naturgesetze verflochten ist. Die Stringtheo-
retiker müßten untersuchen, ob sich die neuen Erkenntnisse mit der
Stringtheorie vertragen oder sich gar durch sie erklären lassen.
Natürlich können wir noch optimistischer sein und hoffen, daß in-
nerhalb der nächsten zehn Jahre – noch bevor der Large Hadron
Collider in Genf in Betrieb genommen wird – unser Verständnis der
Stringtheorie so entscheidende Fortschritte gemacht haben wird,
daß sich noch vor der erhofften Entdeckung der Superpartner detaillierte Vorhersagen hinsichtlich ihrer Eigenschaften machen ließen.
Die Bestätigung solcher Vorhersagen wäre ein Ereignis von historischer Bedeutung für die Wissenschaft.

Gibt es Grenzen des Erklärungsvermögens?

Alles zu erklären, und sei es nur in dem bescheidenen Sinne, daß wir alle Aspekte der Kräfte und die fundamentalen Bestandteile des Universums verstehen, ist eine der größten Aufgaben, die sich die Wissenschaft je gestellt hat. Zum ersten Mal verfügen wir mit der Stringtheorie über ein Werkzeug, das umfassend und erklärungsmächtig genug sein könnte, um dieser Aufgabe gerecht zu werden. Aber werden wir jemals alle Versprechungen der Theorie einlösen und beispielsweise die Massen der Quarks oder die Stärke der elektromagnetischen Kraft berechnen können – Größen, deren genaue Werte für das Universum von so eminenter Bedeutung sind? Wie bei den Aufgaben, die in den vorangegangenen Abschnitten beschrieben wurden, sind auch hier auf dem Weg zu diesen Zielen zahlreiche Hindernisse zu überwinden – gegenwärtig ist das schwierigste die vollständige, nichtperturbative Formulierung der String/M-Theorie.

Nehmen wir an, es wäre uns gelungen, die String/M-Theorie im Rahmen einer neuen und weit verständlicheren Formulierung der Quantenmechanik zu begreifen – könnte unser Versuch, die Massen der Teilchen und die Stärken der Kräfte zu berechnen, dann immer noch fehlschlagen? Ist es denkbar, daß wir uns, um ihre Werte zu ermitteln, noch immer an experimentelle Messungen statt an theoretische Berechnungen halten müßten? Und hätten wir nicht daraus unter Umständen den Schluß zu ziehen, daß es keinen Zweck hat, nach einer noch grundlegenderen Theorie zu suchen, sondern daß es einfach *keine* Erklärung für diese beobachteten Eigenschaften der Wirklichkeit gibt?

Darauf muß die Antwort selbstverständlich Ja lauten. Einstein hat einmal gesagt, das Unbegreifliche an der Welt sei ihre Begreiflichkeit.[7] Die Einsicht, wie erstaunlich unsere Fähigkeit ist, das Universum überhaupt zu verstehen, geht leicht verloren in einer Zeit, die von so raschen und eindrucksvollen Fortschritten geprägt ist. Doch der Verstehbarkeit des Universums könnten durchaus Grenzen gezogen sein. Vielleicht müssen wir uns damit abfinden, daß es auch dann noch, wenn wir die tiefste Verständnisebene erreicht haben, die die Naturwissenschaft zu bieten hat, Aspekte des Universums gibt, die unerklärt bleiben. Vielleicht müssen wir einsehen, daß das Universum bestimmte Eigenschaften hat, weil der Zufall oder göttlicher Ratschluß es so gewollt haben. Der Erfolg der wissenschaftlichen Methode in der Vergangenheit hat uns zu der Annahme verführt, daß wir, wenn wir nur genügend Zeit und Mühe aufwenden, *zwangsläu-*

fig die Rätsel der Natur werden lösen können. Daher wäre es ein bei-
spielloses Ereignis, eines, auf das uns die Erfahrungen der Vergangenheit nicht vorbereitet haben, wenn wir an die absolute Grenze
des wissenschaftlichen Erklärungsvermögens stießen – die sorgfältig
zu unterscheiden ist von allen Hindernissen technischer Art oder von
der sich ständig verlagernden Front der aktuellen Forschung.

So wichtig diese Frage für unsere Suche nach der Weltformel auch
ist, im Augenblick läßt sie sich noch nicht beantworten. Unter
Umständen wird sich die Möglichkeit, daß unserem wissenschaftlichen Erklärungsvermögen Grenzen gesetzt sind, nie ausschließen
lassen. Beispielsweise haben wir gesehen, daß selbst dem spekulativen
Konzept des Multiversums, das auf den ersten Blick jeder wissenschaftlichen Erklärung klare Grenzen zu setzen scheint, dadurch bei-
zukommen ist, daß man ähnlich spekulative Theorien ersinnt, die
zumindest im Prinzip das Vorhersagevermögen wiederherstellen.

Unsere Überlegungen haben gezeigt, daß der Kosmologie eine besondere Bedeutung zukommt, wenn es gilt, die Konsequenzen einer
Weltformel zu bestimmen. Wie erwähnt, ist die Superstringkosmologie ein junges Feld, sogar gemessen an dem jugendlichen Alter der
Stringtheorie selbst. Zweifellos wird sie auch in den kommenden
Jahren Gegenstand intensiver Forschung sein und wahrscheinlich
rascher an Bedeutung gewinnen als die meisten anderen Felder unserer Disziplin. Wenn wir im Laufe der Zeit neue Erkenntnisse über die
Eigenschaften der String/M-Theorie erhalten, können wir auch
immer besser beurteilen, welche Folgen dieser vielversprechende Ansatz zur Vereinheitlichung unserer Theorien für die Kosmologie hat.
Natürlich ist es möglich, daß uns unsere Untersuchungen eines Tages
davon überzeugen, daß unserem wissenschaftlichen Erklärungsvermögen tatsächlich Grenzen gesetzt sind. Umgekehrt ist aber auch
denkbar, daß sie ein neues Zeitalter einläuten – ein Zeitalter, in dem
wir stolz verkünden dürfen, daß endlich eine fundamentale Erklärung des Universums gefunden wurde.

Nach den Sternen greifen

Obwohl wir durch unsere technischen Möglichkeiten an die Erde
und ihre unmittelbaren Nachbarn im Sonnensystem gebunden sind,
ist es uns durch die Kraft des Denkens und des Experiments gelungen, in die entlegensten Winkel des inneren und äußeren Raums
vorzudringen. Vor allem in den letzten hundert Jahren haben die kol-

lektiven Bemühungen zahlreicher Physiker einige der bestgehüteten
Geheimnisse der Natur enthüllt. Und einmal offenbar geworden,
haben uns diese »Erklärungskeime« Einblicke in eine Welt gewährt,
die wir zu kennen meinten, deren Großartigkeit wir uns jedoch nicht
annähernd haben träumen lassen. Ein Gradmesser für die Bedeutung
einer physikalischen Theorie ist, ob und in welchem Maße es ihr
gelingt, Aspekte unseres Weltbildes, die bisher unwandelbar erschienen, in Frage zu stellen. Danach übertrifft die Bedeutung der Quantenmechanik und der Relativitätstheorien die kühnsten Erwartungen: Wellenfunktionen, Wahrscheinlichkeiten, Tunneleffekt, die
unablässig brodelnden Energiefluktuationen des Vakuums, die Vereinigung von Raum und Zeit zur Raumzeit, die Relativität der
Gleichzeitigkeit, die Krümmung der Raumzeit, Schwarze Löcher,
der Urknall. Wer hätte gedacht, daß sich das intuitive, mechanische
Weltbild Newtons, sein Uhrwerkuniversum, eines Tages als so hoff-
nungslos provinziell herausstellen würde – daß sich unter der Oberfläche der Dinge, wie sie sich unserer Alltagserfahrung präsentieren,
eine völlig neue und die Sinne verwirrende Welt verbirgt?

Doch selbst diese paradigmenerschütternden Entdeckungen sind
lediglich Teil einer größeren, allumfassenden Entwicklung. In der
festen Überzeugung, daß es möglich sein müsse, die Gesetze des
Großen und des Kleinen zu einem schlüssigen Ganzen zusammenzufügen, sind die Physiker unermüdlich auf der Suche nach der sich
ihnen so hartnäckig entziehenden einheitlichen Theorie. Noch ist die
Suche nicht abgeschlossen, doch durch die Superstringtheorie und
ihre Weiterentwicklung zur M-Theorie sind endlich die Voraussetzungen gegeben, die Quantenmechanik, die allgemeine Relativitätstheorie, die starke, die schwache und die elektromagnetische Kraft
miteinander zu verbinden. Und diese Entwicklungen stellen unsere
bisherige Weltsicht auf eine geradezu abgründige Art in Frage:
Stringschleifen und oszillierende Klümpchen, die die gesamte Schöpfung zu Schwingungsmustern vereinigen, wobei letztere akribisch in
einem Universum ausgeführt werden, welches zahlreiche verborgene
Dimensionen besitzt, die wiederum extreme Verformungen durch-
machen, in deren Verlauf der Raum Risse erleidet und sich selbst
reparieren kann. Wer hätte ahnen können, daß die Verschmelzung
von Gravitation und Quantenmechanik zu einer einheitlichen Theorie aller Materie und aller Kräfte unsere Auffassung von den Gesetzmäßigkeiten des Universums derart revolutionieren würde?

Kein Zweifel, wir müssen uns auf noch größere Überraschungen
gefaßt machen, wenn wir unsere Suche nach einer vollständigen und

mathematisch zu bewältigenden Superstringtheorie fortsetzen. Bereits jetzt hat uns die nähere Untersuchung der M-Theorie kurze Blicke auf einen seltsamen neuen Bereich des Universums eröffnet, der bei Abständen unterhalb der Plancklänge sichtbar wird und offenbar die Begriffe von Zeit und Raum nicht kennt. Am anderen Ende der Größenskala zeichnet sich, wie wir gesehen haben, die Möglichkeit ab, daß unser Universum nur eine von unzähligen Schaumblasen ist, die die Oberfläche eines riesigen, brodelnden Meers namens Multiversum bilden. Diese Ideen sind im Augenblick noch äußerst spekulativ, könnten aber den nächsten, entscheidenden Schritt in unserem Verständnis des Universums ankündigen.

Über dem Blick in die Zukunft und der Vorfreude auf all die wunderbaren Entdeckungen, die sie noch für uns bereithalten mag, sollten wir nicht vergessen, auch zurückzublicken und gebührend zu würdigen, welch staunenswerte Reise wir zurückgelegt haben. Die Suche nach den fundamentalen Gesetzen des Universums ist ein spezifisch menschliches Unterfangen, das Geist und Gemüt auf eine harte Probe stellt, sie aber auch für ihre Anstrengungen belohnt. Einstein hat die eigenen Bemühungen einmal sehr lebendig beschrieben: »Aber das ahnungsvolle, Jahre währende Suchen im Dunkeln mit seiner gespannten Sehnsucht, seiner Abwechslung von Zuversicht und Ermattung und seinem endlichen Durchbrechen zur Klarheit, das kennt nur, wer es selber erlebt hat.«[8] Das läßt sich sicherlich auf alle menschlichen Bemühungen übertragen. Wir sind alle, jeder auf seine Art, Wahrheitssucher und möchten wissen, warum wir hier sind. Während wir gemeinsam den Berg der Erkenntnis erklimmen, steht jede Generation fest auf den Schultern der vorhergehenden, tapfer bemüht, den Gipfel zu erreichen. Ob einer unserer Nachkommen einmal auf dem Gipfel stehen und das elegante Universum in seiner ungeheuren Weite mit einem Blick von unendlicher Klarheit umfangen wird, können wir nicht vorhersagen. Doch da jede Generation ein Stück höher klettert als die vorhergehende, hat Jacob Bronowski sicherlich recht, wenn er sagt: »In jedem Zeitalter gibt es einen Wendepunkt: Da entsteht eine neue Art der Betrachtung und der Bewältigung der Zusammenhänge in der Welt.«[9] Wenn wir, die Angehörigen der gegenwärtigen Generation, staunend die Welt aus unserer neuen Perspektive betrachten – »in unserer neuen Art, die Zusammenhänge in der Welt zu bewältigen« –, dann erfüllen wir unseren Teil der Aufgabe, fügen unsere Sprosse in die Leiter, die es der Menschheit erlaubt, nach den Sternen zu greifen.

Anmerkungen

Kapitel 1
Von Strings gefesselt

1 Die Tabelle unten ist eine Erweiterung der Tabelle 1.1. Sie enthält die Massen und Kraftladungen der Teilchen aller drei Familien. Jede Quarksorte kann drei mögliche Ladungen der starken Kraft tragen, die, sehr phantasievoll, mit Farbnamen bezeichnet werden; sie stehen für die numerischen Ladungswerte der starken Kraft. Bei den Ladungen der schwachen Kraft, die hier verzeichnet sind, handelt es sich eigentlich um die »dritte Komponente« des schwachen Isospinvektors. (Nicht aufgeführt haben wir die »rechtshändigen« Komponenten der Teilchen – sie unterscheiden sich dadurch, daß sie keine schwache Ladung tragen.)

Familie 1

Teilchen	Masse	elektrische Ladung	schwache Ladung	starke Ladung
Elektron	0,00054	-1	$-1/2$	0
Elektron-Neutrino	$< 10^{-8}$	0	$1/2$	0
up-Quark	0,0047	$2/3$	$1/2$	rot, grün, blau
down-Quark	0,0074	$-1/3$	$-1/2$	rot, grün, blau

Familie 2

Teilchen	Masse	elektrische Ladung	schwache Ladung	starke Ladung
Myon	0,11	-1	$-1/2$	0
Myon-Neutrino	$< 0,0003$	0	$1/2$	0
charm-Quark	1,6	$2/3$	$1/2$	rot, grün, blau
strange-Quark	0,16	$-1/3$	$-1/2$	rot, grün, blau

Familie 3

Teilchen	Masse	elektrische Ladung	schwache Ladung	starke Ladung
Tauon	1,9	−1	$-1/_2$	0
Tauon-Neutrino	< 0,033	0	$1/_2$	0
top-Quark	189	$2/_3$	$1/_2$	rot, grün, blau
bottom-Quark	5,2	$-1/_3$	$-1/_2$	rot, grün, blau

2 Neben der in Abbildung 1.1 gezeigten Schleifenform (sogenannten *ge-schlossenen Strings*) können Strings auch zwei frei bewegliche Enden be-sitzen (*offene Strings*). Um unsere Darlegungen zu vereinfachen, werden wir uns überwiegend mit geschlossenen Strings beschäftigen, obwohl im wesentlichen alles, was wir sagen, auf beide Arten von Strings zutrifft.

3 Albert Einstein 1942 in einem Brief an einen Freund, zitiert in: Tony Hey und Patrick Walter, *Einstein's Mirror,* Cambridge 1997.

4 Steven Weinberg, *Der Traum von der Einheit des Universums,* München 1995, S. 60f.

5 Persönliches Gespräch mit Edward Witten am 11. Mai 1998.

Kapitel 2
Raum, Zeit und das Auge des Betrachters

1 Die Anwesenheit massebehafteter Körper wie der Erde kompliziert die Angelegenheit durch das Auftreten von Gravitationskräften. Da wir uns hier mit der Bewegung in horizontaler – nicht in vertikaler – Richtung befassen, können und werden wir die Anwesenheit der Erde außer acht lassen. Im nächsten Kapitel werden wir die Gravitation eingehender erörtern.

2 Genauer gesagt, ist die Geschwindigkeit konstant, mit der sich Licht durch ein Vakuum bewegt, also durch völlig leeren Raum. In einem Me-dium, etwa Luft oder Glas, ist die Lichtgeschwindigkeit geringer – ver-gleichbar dem Umstand, daß ein Stein, den Sie in hohem Bogen ins Meer werfen, seine Geschwindigkeit erheblich verringert, sobald er in das dichtere Medium Wasser eintaucht. Für unsere Erklärung der speziellen Relativitätstheorie ist dieser Verlangsamungseffekt allerdings ohne jede Bedeutung, und wir werden ihn im folgenden zu Recht ignorieren.

3 Für den mathematisch vorgebildeten Leser merken wir an, daß sich diese Beobachtungen in quantitative Aussagen umwandeln lassen. Wenn bei-

spielsweise die bewegte Lichtuhr die Geschwindigkeit v besitzt und ihr Photon t Sekunden braucht, um den Hin- und Rückweg zurückzulegen (mit unserer ruhenden Lichtuhr gemessen), dann hat die bewegte Lichtuhr in der Zeit, die ihr Photon braucht, um zum unteren Spiegel zurückzukehren, die Entfernung vt zurückgelegt. Nun können wir mit dem Satz des Pythagoras ausrechnen, daß die Länge jedes der diagonalen Wege in Abbildung 2.3 $\sqrt{(vt/2)^2 + h^2}$ beträgt, wobei h der Abstand zwischen den beiden Spiegeln unserer Lichtuhr ist (im Text sind es fünfzehn Zentimeter). Die beiden diagonalen Wege haben zusammen also eine Länge von $2\sqrt{(vt/2)^2 + h^2}$. Da die Lichtgeschwindigkeit einen konstanten Wert besitzt, den man üblicherweise mit c bezeichnet, braucht das Licht $2\sqrt{(vt/2)^2 + h^2}/c$, um die Doppeldiagonale zurückzulegen. Damit haben wir die Gleichung $t = 2\sqrt{(vt/2)^2 + h^2}/c$, die sich nach t auflösen läßt, was $t = 2h/\sqrt{c^2 - v^2}$ ergibt. Um Verwechslungen zu vermeiden, wollen wir das als $t_{bewegt} = 2h/\sqrt{c^2 - v^2}$ schreiben, wobei der tiefgestellte Index angibt, daß es sich um die Zeit handelt, die ein Tick auf der bewegten Uhr braucht. Die Zeit, die ein Tick auf unserer ruhenden Uhr benötigt, ist dagegen $t_{ruhend} = 2h/c$. Ein bißchen Algebra macht daraus $t_{bewegt} = t_{ruhend}/\sqrt{1 - v^2/c^2}$, was unmittelbar vor Augen führt, daß ein Tick auf der bewegten Uhr länger dauert als ein Tick auf der ruhenden Uhr. Zwischen zwei gegebenen Ereignissen kommt es folglich auf der bewegten Uhr insgesamt zu weniger Ticks als auf der ruhenden Uhr, womit für den bewegten Beobachter weniger Zeit verstrichen ist.

4 Falls Sie eher zu überzeugen sind, wenn das Experiment in einer Umgebung durchgeführt wird, die nicht ganz so exotisch ist wie ein Teilchenbeschleuniger, dann betrachten Sie das folgende Experiment. Im Oktober 1971 ließen J.C. Hafele, damals an der Washington University in St. Louis, und Richard Keating vom United States Naval Observatory Caesium-Atomuhren ungefähr vierzig Stunden auf kommerziellen Verkehrsflugzeugen um die Erde fliegen. Wenn man einige Zusatzeffekte berücksichtigt, die sich aus der Anwesenheit von Gravitationsfeldern ergeben (wir kommen im nächsten Kapitel darauf zurück), dann behauptet die spezielle Relativitätstheorie, daß die Zeit, die auf den bewegten Atomuhren verstrichen ist, um einige hundert milliardstel Sekunden kürzer ist, als ihre ruhenden Gegenstücke auf der Erde anzeigen. Genau das haben Hafele und Keating festgestellt: Für eine bewegte Uhr *verlangsamt sich die Zeit tatsächlich*.

5 Obwohl Abbildung 2.4 richtig darstellt, wie ein Objekt in Richtung seiner Bewegung schrumpft, gibt das Bild nicht wieder, was wir tatsächlich sähen, wenn ein Objekt fast mit Lichtgeschwindigkeit an uns vorbeischösse (vorausgesetzt, unsere Augen oder photographische Ausrüstung wären empfindlich genug, um überhaupt etwas zu sehen!). Um etwas zu sehen, muß unser Auge – oder unsere Kamera – Licht auffangen, daß von der Oberfläche des Objekts zurückgeworfen wird. Doch da das re-

flektierte Licht von verschiedenen Stellen auf dem Objekt zu uns gelangte, würde uns das Licht, das wir zu einem gegebenen Zeitpunkt
sehen, auf Wegen von verschiedener Länge erreichen. Das würde zu
einer optischen Täuschung der relativistischen Art führen, bei der das
Objekt uns zugleich verkürzt und gedreht erschiene.

6 Für den mathematisch vorgebildeten Leser merken wir an, daß wir aus
   dem Ortsvektor der Raumzeit, dem Vierervektor $x = (ct, x_1, x_2, x_3) = (ct, \vec{x})$
   die Vierer-Geschwindigkeit $u = dx/d\tau$, ableiten können, wobei τ die Ei-
   genzeit ist, die durch $d\tau^2 = dt^2 - c^{-2}(dx_1^2 + dx_2^2 + dx_3^2)$ definiert wird. Dann
   ist die »Geschwindigkeit durch die Raumzeit«, der Betrag des Vierer-
   Vektors u, $\sqrt{((c^2 dt^2 - d\vec{x}^2)/(dt^2 - c^{-2}d\vec{x}^2))}$, gerade gleich der Lichtge-
   schwindigkeit c. Nun können wir aber die Gleichung $c^2 (dt/d\tau)^2 - (d\vec{x}/d\tau)^2 = c^2$ umformen in $c^2 (d\tau/dt)^2 + (d\vec{x}/dt)^2 = c^2$. Dies zeigt, daß
   wenn die Geschwindigkeit eines Objekts durch den Raum, $\sqrt{(d\vec{x}/dt)^2}$,
   anwächst, gleichzeitig eine Abnahme von $d\tau/dt$ stattfinden muß. Letzteres ist aber gerade so etwas wie die Geschwindigkeit des Objekts durch
   die Zeit (die Rate, mit der die Zeit auf der eigenen Uhr des Objekts verstreicht, $d\tau$, verglichen mit der Rate auf unserer ruhenden Uhr, dt).

Kapitel 3
Von Krümmungen und Kräuselwellen

1 Isaac Newton, *Sir Isaac Newton's Mathematical Principle of Natural
   Philosophy and His System of the World*, Bd. 1, Berkeley 1962, S. 634
   (das Zitat ist in keiner der zugänglichen deutschen Ausgaben enthalten).

2 Etwas genauer: Einstein war klar, daß das Äquivalenzprinzip so lange
   gültig ist, wie Ihre Beobachtungen auf eine hinreichend kleine Raumregion beschränkt sind – das heißt, solange Ihr »Abteil« klein genug ist.
   Das hat folgenden Grund. Stärke (und Richtung) von Gravitationsfeldern können sich von Ort zu Ort ändern. Wir aber stellen uns vor,
   daß Ihr ganzes Abteil als eine einzige Einheit beschleunigt wird und daß
   daher Ihre Beschleunigung ein gleichförmiges Gravitationsfeld simuliert.
   Allerdings: Je kleiner Ihr Abteil wird, desto weniger Platz ist für Schwankungen eines veränderlichen Gravitationsfeldes vorhanden. Folglich läßt
   sich das Äquivalenzprinzip immer besser anwenden. Den Unterschied
   zwischen dem gleichförmigen Gravitationsfeld, das von einem beschleunigten Beobachtersystem simuliert wird, und einem nicht gleichförmigen
   »wahren« Gravitationsfeld, das durch eine Ansammlung von massebehafteten Körpern hervorgerufen wird, bezeichnet man als »Gezeiten-
   feld« (da ein Feld dieser Art den gravitativen Einfluß des Mondes auf die
   Gezeiten der Erde erklärt). Die vorliegende Anmerkung läßt sich also in
   der Feststellung zusammenfassen, daß sich Gezeitenfelder um so weniger bemerkbar machen, je kleiner Ihr Abteil wird, so daß beschleunigte

Bewegung und ein »wahres« Gravitationsfeld immer weniger unterscheidbar sind.

3 Albert Einstein, zitiert in: Albrecht Fölsing, *Albert Einstein*, Frankfurt/M. 1995, S. 356f.

4 John Stachel, »Einstein and the Rigidly Rotating Disk«, in: *General Relativity and Gravitation*, hg. von A. Held, New York 1980, S. 1.

5 Analysen der Galactica 2000 oder des »starren rotierenden Bezugssystems«, wie es unter Physikern heißt, sind oft etwas verwirrend. Tatsächlich herrscht bis auf den heutigen Tag keine Einigkeit in bezug auf einige Feinheiten dieses Beispiels. Im Text haben wir uns an den Geist der Einsteinschen Analyse gehalten; diese Perspektive wollen wir in den Anmerkungen beibehalten und versuchen, zwei Aspekte zu klären, die Sie womöglich als verwirrend empfunden haben. Erstens haben Sie sich vielleicht gefragt, warum der Umfang des Karussells nicht der gleichen Längenkontraktion unterworfen ist wie das Lineal und sich daher bei Hans' Messung die gleiche Länge ergibt, die ursprünglich festgestellt wurde. Hier müssen Sie berücksichtigen, daß in unserer gesamten Erörterung immer nur von einem rotierenden Karussell die Rede war: Nie haben wir uns mit dem ruhenden Karussell befaßt. Aus unserer Perspektive als Beobachter in Ruhe ergibt sich also als einziger Unterschied zwischen unserer und Hans' Messung, daß Hans' Lineal längenverkürzt ist. Die rotierende Galactica 2000 rotierte, als wir unsere Messung vornahmen, und rotiert, während wir beobachten, wie Hans die seine vornimmt. Da wir sehen, daß sein Lineal verkürzt ist, wissen wir auch, daß er es öfter anlegen muß, um den ganzen Umfang zu erfassen; folglich ermittelt er eine größere Länge. Die Lorentz-Kontraktion des Karussellumfangs wäre nur dann von Bedeutung, wenn wir die Eigenschaften der rotierenden mit denen der ruhenden Scheibe verglichen, doch das ist ein Vergleich, den wir nicht brauchen.

Zweitens: Ungeachtet des Umstands, daß wir das Karussell nicht im Ruhezustand untersuchen müssen, fragen Sie sich vielleicht doch, was denn *tatsächlich* geschehen würde, wenn die Scheibe langsamer würde und zum Stillstand käme. Nun, es sieht so aus, als müßten wir bei veränderten Geschwindigkeiten mit Veränderungen des Umfangs infolge von Lorentz-Kontraktionen verschiedenen Ausmaßes rechnen. Doch wie läßt sich das mit einem gleichbleibenden Radius in Einklang bringen? Das ist ein kompliziertes Problem, dessen Lösung mit dem Umstand zusammenhängt, daß es in der wirklichen Welt keine *vollkommen starren* Körper gibt. Wirkliche Objekte können sich strecken und biegen und sich dadurch den Streckungen und Kontraktionen anpassen, auf die wir in unserem Zusammenhang gestoßen sind; wäre das nicht der Fall, dann würde, wie Einstein dargelegt hat, eine rotierende Metallscheibe, die man in einer rotierenden Form gösse und abkühlen ließe, auseinanderbrechen, wenn man anschließend ihre Rotationsgeschwindigkeit veränderte. Zur weiteren Geschichte des starren rotierenden Bezugssystems vgl. Stachel, »Einstein and the Rigidly Rotating Disk«.

6 Der unterrichtete Leser wird bemerkt haben, daß in dem Beispiel der Karussellfahrt auf Galactica 2000, das heißt, im Falle eines gleichförmig rotierenden Bezugssystems, die gekrümmten dreidimensionalen Raumabschnitte Teil einer vierdimensionalen Raumzeit sind, die insgesamt ungekrümmt ist.

7 Hermann Minkowski, zitiert in: Fölsing, *Albert Einstein,* S. 215.

8 Interview mit John Wheeler, 27. Januar 1998.

9 Doch auch so sind die vorhandenen Atomuhren genau genug, um solche winzigen – und noch winzigere – Zeitverzerrungen zu entdecken. Beispielsweise haben 1976 Robert Vesson und Martin Levine vom Harvard-Smithsonian Astrophysical Observatory in Zusammenarbeit mit Mitarbeitern der National Aeronautics and Space Administration (NASA) eine Atomuhr, die ungefähr auf eine billionstel Sekunde genau ging, von einer Rakete in den Weltraum tragen lassen. Sie hofften zeigen zu können, daß bei zunehmender Höhe der Rakete (und entsprechender Abnahme der Erdschwere) eine identische Atomuhr auf der Erde (die also noch deren unverminderter Gravitation unterworfen war) langsamer gehen würde. Indem sie Mikrowellensignale hin- und herschickten, konnten die Forscher vergleichen, wie schnell die beiden Atomuhren tickten. Tatsächlich zeigte sich bei der Maximalhöhe von fast 10 000 Kilometern, daß die Atomuhr in der Rakete um einen Faktor von rund eins plus vier Milliardstel schneller ging als ihr Pendant auf der Erde, was von den theoretischen Vorhersagen nur um weniger als ein hundertstel Prozent abwich.

10 Mitte des neunzehnten Jahrhunderts entdeckte der französische Naturwissenschaftler Urbain Jean Joseph Le Verrier, daß der Planet Merkur auf seiner Bahn um die Sonne eine leichte Abweichung aufweist, die von Newtons Gravitationsgesetz nicht vorhergesagt wird. Mehr als fünfzig Jahre lang spielten Physiker zur Erklärung dieser Anomalität in der Perihelverschiebung des Merkurs (was schlicht und einfach bedeutet, daß der Merkur am Ende jeder Umlaufbahn nicht ganz dort auftaucht, wo er nach Newtons Theorie auftauchen müßte) alle Möglichkeiten durch – den Gravitationseinfluß eines unentdeckten Planeten oder Planetenrings, eines unentdeckten Mondes, die Auswirkung von interplanetarischem Staub, die Abplattung der Sonne –, aber keine war so überzeugend, daß sie allgemeine Anerkennung gefunden hätte. 1915 berechnete Einstein die Perihelverschiebung des Merkurs mit Hilfe der gerade entdeckten allgemeinen Relativitätstheorie und stieß auf ein Resultat, das nach eigenem Bekunden sein Herz schneller schlagen ließ. Das Ergebnis, das die allgemeine Relativitätstheorie lieferte, deckte sich exakt mit den Beobachtungen. Dieser Erfolg war sicherlich ein entscheidender Grund dafür, daß Einstein so viel Vertrauen zu seiner Theorie hatte, doch alle

Welt erwartete die Bestätigung einer *Vorhersage* und nicht die Erklärung einer bereits bekannten Anomalie. Zu weiteren Einzelheiten vgl. Abraham Pais, *Raffiniert ist der Herrgott ... Albert Einstein. Eine wissenschaftliche Biographie,* Braunschweig 1986.

11 Robert P. Crease und Charles C. Mann, *The Second Creation,* New Brunswick, N.J., 1966, S. 39.

12 Überraschenderweise zeigen neuere und genauere Untersuchungen der Geschwindigkeit der kosmischen Expansion, daß in unserem Universum die kosmologische Konstante tatsächlich sehr klein, aber ungleich null sein könnte.

Kapitel 4
Mikroskopische Mysterien

1 Richard Feynman, *Vom Wesen physikalischer Gesetze,* München 1993, S. 159f.

2 Zwar hat Plancks Arbeit das Rätsel der unendlichen Energie gelöst, doch offenbar war dies gar nicht der Anlaß seiner Untersuchungen gewesen. Vielmehr war Planck bemüht, ein verwandtes Problem zu verstehen: Wie erklären sich die experimentellen Ergebnisse, die zeigen, wie sich die Energie in einem heißen Backofen – einem »schwarzen Strahler«, um genau zu sein – über verschiedene Bereiche von Wellenlängen verteilt? Genauere Einzelheiten zur Geschichte dieser Entwicklungen findet der interessierte Leser in: Thomas Kuhn, *Black-Body Theory and the Quantum Discontinuity, 1894–1912,* Oxford 1978.

3 Ein wenig genauer: Planck hat gezeigt, daß Wellen, deren kleinster Energiegehalt ihren vermeintlichen *durchschnittlichen* Energiebetrag (nach der Thermodynamik des neunzehnten Jahrhunderts) übersteigt, exponentiell unterdrückt werden.

4 Die Planckkonstante beträgt $6,626 \times 10^{-34}$ J $\times$ s.

5 Timothy Ferris, *Coming of Age in the Milky Way,* New York 1989, S. 289.

6 Stephen Hawking, Vortrag beim Amsterdamer Symposium über Gravitation, Schwarze Löcher und Stringtheorie, 21. Juni 1997.

7 Es sei angemerkt, daß sich aus der Feynmanschen Formulierung die herkömmliche, auf Wellenfunktionen beruhende Formulierung ableiten läßt und umgekehrt. Die beiden Formulierungen sind also vollkommen äquivalent. Trotzdem sind die Schwerpunkte, die beide Ansätze durch die verwendeten Konzepte und Begriffe sowie durch ihre Interpretation des Quantengeschehens setzen, ziemlich unterschiedlich, auch wenn sie zu absolut gleichen Ergebnissen gelangen.

8 Richard Feynman, *QED. Die seltsame Theorie des Lichts und der Materie,* München 1992, S. 21.

Kapitel 5
Notwendigkeit einer neuen Theorie:
Allgemeine Relativitätstheorie versus Quantenmechanik

1 Stephen Hawking, *Eine kurze Geschichte der Zeit*, Reinbek 1991, S. 218
2 Richard Feynman, zitiert in: Timothy Ferris, *The Whole Shebang*, New York 1997, S. 97.
3 Falls Sie noch immer darüber staunen, daß all dies in einer leeren Raumregion geschehen kann, müssen Sie sich klarmachen, daß die Unschärferelation die Möglichkeit einschränkt, wie »leer« eine Raumregion sein kann. Sie modifiziert, was wir unter leerem Raum verstehen. Bei Wellenstörungen in einem Feld (etwa elektromagnetischen Wellen, die sich im elektromagnetischen Feld bewegen) zeigt die Unschärferelation, daß die Amplitude einer Welle und die Rate, mit der sich die Amplitude verändert, der gleichen Einschränkung unterworfen sind wie der Ort und die Geschwindigkeit eines Teilchens: Je genauer die Amplitude bestimmt wird, desto größer ist unsere Unkenntnis in bezug auf die Rate, mit der sich die Amplitude verändert. Wenn wir nun sagen, daß eine Raumregion leer ist, dann meinen wir in der Regel damit unter anderem, daß sich keine Wellen durch sie hindurchbewegen und daß alle Felder den Wert null haben. In einer plumpen, aber letztlich nützlichen Ausdrucksweise können wir sagen, daß die Amplituden aller Wellen, die sich durch die Region bewegen, exakt null sind. Doch wenn wir die Amplituden genau kennen, so folgt aus der Unschärferelation, daß die Veränderungsrate vollkommen unbestimmt ist und praktisch jeden Wert annehmen kann. Wenn sich aber die Amplituden verändern, so folgt daraus, daß sie im nächsten Augenblick *nicht mehr null* sein werden, obwohl die Raumregion noch immer »leer« ist. *Im Mittel* wird das Feld *noch immer* null sein, weil sein Wert an einigen Orten positiv und anderen negativ ist. Doch das ist nur ein Mittelwert. Aus der quantenmechanischen Unschärfe folgt, daß die Energie des Feldes – selbst in einer leeren Raumregion – Schwankungen nach oben und nach unten aufweist, wobei die Fluktuationen um so größer werden, je kleiner die Abstände und die Zeitskalen werden, bei denen die Region untersucht wird. Die Energie, die sich in solchen momentanen Feldfluktuationen verkörpert, kann unter Berücksichtigung von $E = mc^2$ in flüchtiger Erzeugung von Paaren aus Teilchen und Antiteilchen in Masse umgesetzt werden, wobei sich diese rasch wieder vernichten, so daß die mittlere Energie unverändert bleibt.
4 Obwohl die ursprüngliche Gleichung, die Schrödinger niederschrieb – jene, die die spezielle Relativitätstheorie einschloß –, sich für die Beschreibung der quantenmechanischen Eigenschaften der Elektronen in Wasserstoffatomen als unzureichend erwies, erkannte man doch rasch, daß sie sehr nützlich sein kann, wenn man sie in anderen Zusammen-

hängen verwendet, was noch heute geschieht. Doch zu dem Zeitpunkt, als Schrödinger seine Gleichung veröffentlichte, waren ihm Oskar Klein und Walter Gordon bereits zuvorgekommen. Daher heißt seine relativistische Gleichung heute »Klein-Gordon-Gleichung«.

5 Für den mathematisch vorgebildeten Leser merken wir an, daß die Symmetrieprinzipien, die in der Teilchenphysik Anwendung finden, in der Sprache der Gruppentheorie formuliert werden, insbesondere mit Hilfe von Lie-Gruppen. Elementarteilchen werden in Darstellungen verschiedener Gruppen eingeordnet, und die Gleichungen, die ihre zeitliche Entwicklung bestimmen, müssen die assoziierten Symmetrietransformationen respektieren. Bei der starken Kraft heißt diese Symmetrie SU(3) (sie entspricht der Verallgemeinerung der gewöhnlichen dreidimensionalen Drehungen auf einen komplexen Raum). Die drei Farben einer gegebenen Quarksorte transformieren sich gemäß einer dreidimensionalen Darstellung. Die Verschiebung (von Rot, Grün, Blau zu Gelb, Indigoblau, Violett), von der im Text die Rede war, ist, genauer formuliert, eine SU(3)-Transformation, die auf die »Farbkoordinaten« eines Quarks wirkt. Eine Eichsymmetrie ist eine Symmetrie, in der die Transformationen raumzeitabhängig sein können: In diesem Fall erfolgt eine von Ort zu Ort und von Zeitpunkt zu Zeitpunkt unterschiedliche »Drehung« der Quarkfarben.

6 Auch als die Physiker die Quantentheorien der drei nichtgravitativen Kräfte entwickelten, führten bestimmte ihrer Rechnungen zu unendlichen Ergebnissen. Im Laufe der Zeit stellten sie jedoch fest, daß sich diese Unendlichkeiten durch ein Werkzeug beseitigen ließen, das man als *Renormierung* bezeichnet. Die Unendlichkeiten, die sich bei dem Versuch ergeben, die allgemeine Relativitätstheorie und die Quantenmechanik zu verschmelzen, sind weit schwerwiegender und durch die Renormierungs-Kur nicht zu heilen. Unendliche Resultate signalisieren, wie man in jüngerer Zeit erkannt hat, daß mit einer Theorie ein Bereich untersucht wird, der nicht mehr in den Grenzen ihrer Anwendbarkeit liegt. Da sich die heutige Forschung zum Ziel gesetzt hat, eine Theorie zu finden, deren Anwendungsbereich im Prinzip unbegrenzt ist – die »endgültige« Theorie, die Weltformel –, suchen die Physiker also nach einer Theorie, die keine unendlichen Ergebnisse produziert, ganz gleich, wie extrem das untersuchte physikalische System ist.

7 Die Größe der Plancklänge läßt sich anhand einer simplen Überlegung verstehen, die auf sogenannten *Dimensionsbetrachtungen* beruht. Ihnen liegt folgender Gedanke zugrunde: Wird eine Theorie als eine Sammlung von Gleichungen formuliert, dann müssen die abstrakten Symbole mit physikalischen Eigenschaften der Welt verknüpft werden, wenn die Theorie eine Beziehung zur Wirklichkeit haben soll. Vor allem müssen wir ein Einheitensystem haben, so daß wir zu einem Symbol, das, sagen wir, eine Länge bezeichnet, über eine Skala verfügen, mit deren Hilfe

sich der Wert interpretieren läßt. Konkret: Wenn davon die Rede ist, eine bestimmte Länge sei »5«, dann müssen wir wissen, ob darunter 5 Zentimeter, 5 Kilometer, 5 Lichtjahre usw. zu verstehen sind. In einer Theorie, die allgemeine Relativitätstheorie und Quantenmechanik einbezieht, ergibt sich eine natürliche Wahl der Einheiten von selbst, und zwar aus folgendem Grund. Die allgemeine Relativitätstheorie beruht auf zwei Naturkonstanten: der Lichtgeschwindigkeit c und der Newtonschen Gravitationskonstante G. Die Quantenmechanik hängt von einer Naturkonstante ab: der Planckschen Konstante beziehungsweise, in leicht anderer Definition, $\hbar = h/2\pi$. Wenn wir die Einheiten dieser Konstanten untersuchen (so ist c, um nur ein Beispiel zu nennen, eine Geschwindigkeit, wird also ausgedrückt in Weg durch Zeit), dann erkennen wir, daß die Kombination $\sqrt{\hbar G/c^3}$ ihrer Einheit nach eine Länge ist; tatsächlich sind es $1{,}616 \times 10^{-33}$ Zentimeter. Das ist die Plancklänge. Da in ihre Definition charakteristische Gravitations- und Raumzeitgrößen eingehen (G und c) und sie daneben auch eine quantenmechanische Abhängigkeit besitzt ($\hbar$), stellt sie eine natürliche Skala für alle Messungen – eine natürliche Längeneinheit – in jeder Theorie dar, die versucht, allgemeine Relativitätstheorie und Quantenmechanik miteinander zu kombinieren. Wenn wir im Text den Begriff »Plancklänge« verwenden, ist er oft als Näherung gemeint, das heißt, er soll andeuten, daß es sich um Längen handelt, die nur um wenige Größenordnungen von 10^{-33} Zentimetern abweichen.

8 Gegenwärtig gibt es neben der Stringtheorie noch zwei weitere sehr intensiv betriebene Versuche zur Verschmelzung der allgemeinen Relativitätstheorie und der Quantenmechanik. Der eine findet unter Leitung von Roger Penrose an der Oxford University statt und wird als *Twistortheorie* bezeichnet. Das andere Verfahren – das teilweise von Penroseschen Arbeiten inspiriert ist – wird im wesentlichen von einer Gruppe unter der Leitung von Abhay Ashtekar an der Pennsylvania State University vorangetrieben und trägt den Namen Methode der *Neuen Variablen*. Obwohl wir auf diese anderen Ansätze im vorliegenden Buch nicht weiter eingehen werden, sei angemerkt, daß sie nach Meinung einiger Physiker letztlich alle auf die gleiche Lösung zur Verschmelzung von allgemeiner Relativitätstheorie und Quantenmechanik zulaufen könnten.

Kapitel 6
Nichts als Musik: Die Grundlagen der Superstringtheorie

1 Fachleute unter den Lesern werden bemerken, daß sich dieses Kapitel nur mit der *perturbativen* Stringtheorie beschäftigt; nichtperturbativen Aspekten werden wir uns erst in den Kapiteln zwölf und dreizehn zuwenden.

2 Interview mit John Schwarz, 23. Dezember 1997.

3 Ähnliche Vorschläge haben unabhängig voneinander Tamiaki Yoneya sowie Korkut Bardakci und Martin Halpern unterbreitet. Auch der schwedische Physiker Lars Brink hat erheblich zur frühen Entwicklung der Stringtheorie beigetragen.

4 Interview mit John Schwarz, 23. Dezember 1997.

5 Interview mit Michael Green, 20. Dezember 1997.

6 Das Standardmodell schlägt zwar einen Mechanismus vor, durch den Teilchen Masse erwerben – den *Higgs*-Mechanismus, der seinen Namen dem schottischen Physiker Peter Higgs verdankt. Doch für jemanden, der die genauen Teilchenmassen erklären will, verlagert sich damit nur die Aufgabe: Jetzt muß er die Eigenschaften eines hypothetischen »massegebenden Teilchens« erklären – des sogenannten *Higgs-Bosons*. Gegenwärtig laufen Versuche, dieses Teilchen experimentell zu entdek-ken, doch auch wenn man es finden und seine Eigenschaften messen sollte, wären das wiederum nur *Inputdaten* für das Standardmodell, für die die Theorie keine Erklärung anbietet.

7 Für den mathematisch vorgebildeten Leser merken wir an, daß sich die Assoziation zwischen den Schwingungsmustern von Strings und Kraftla-dungen genauer beschreiben läßt, und zwar auf folgende Art: Wenn die Bewegung eines Strings gequantelt wird, lassen sich die Schwingungs-zustände, wie immer bei quantenmechanischen Systemen, durch Vekto-ren in einem Hilbertraum darstellen. Die Basisvektoren lassen sich durch ihre Eigenwerte bezüglich eines Satzes von kommutierenden hermite-schen Operatoren charakterisieren. Zu diesen Operatoren gehört der Hamilton-Operator, dessen Eigenwerte die Energie und damit die Masse des Schwingungszustands angeben, und außerdem Operatoren, die ver-schiedene Eichsymmetrien der Theorie erzeugen. Die Eigenwerte bezüg-lich letzterer Operatoren geben die Ladungen an, die ein Schwingungs-zustand bezüglich der mit der Symmetrie assoziierten Kraft trägt.

8 Ausgehend von Erkenntnissen, die sich aus der zweiten Superstringre-volution ergaben (von der in Kapitel zwölf zu reden sein wird), haben Witten und vor allem Joe Lykken vom Fermi National Accelerator La-boratory eine winzige, aber denkbare Lücke in dieser Schlußfolgerung entdeckt. Lykken, der dieser Erkenntnis nachgegangen ist, hat die These geäußert, es könnte möglich sein, daß Strings unter weit geringerer Spannung stünden und daher weit größer seien, als ursprünglich ange-nommen. So groß, daß sie von den Teilchenbeschleunigern der nächsten Generation beobachtet werden könnten. Wenn sich diese vage Möglich-keit bewahrheiten sollte, dann bestünde die höchst spannende Aussicht, daß die in diesem und den folgenden Kapiteln erörterten Aspekte der Stringtheorie in den nächsten zehn Jahren experimentell bestätigt wer-den könnten. Doch selbst in dem »konventionelleren« Szenario der Stringtheorie, nach dem sich die Länge von Strings in der Regel in der

Größenordnung von 10^{-33} Zentimetern bewegt, gibt es indirekte Methoden, nach Strings zu suchen, die wir in Kapitel neun erörtern werden.

9 Fachleute werden bemerken, daß das Photon, das bei einer Kollision zwischen einem Elektron und einem Positron erzeugt wird, ein virtuelles Photon ist und daher seine Energie schon bald wieder freisetzen muß, indem es sich in ein Teilchen-Antiteilchen-Paar aufspaltet.

10 Natürlich beruht die Wirkung einer Kamera darauf, daß sie Photonen einfängt, die von den Zielobjekten zurückgeworfen werden, und sie auf einem photographischen Film aufzeichnet. Wir verwenden die Kamera in diesem Beispiel symbolisch, da wir uns nicht vorstellen, es würden Photonen von den kollidierenden Strings reflektiert werden. Statt dessen möchten wir in Abbildung 6.7(c) einfach die ganze Geschichte der Wechselwirkung aufzeichnen. Übrigens sollten wir noch auf einen weiteren unauffälligen Aspekt eingehen, den der Text unter den Tisch fallen läßt. In Kapitel vier haben wir erfahren, daß wir die Quantenmechanik auch mit dem Feynmanschen Pfadintegral-Formalismus beschreiben können. Dabei untersuchen wir die Bewegung von Objekten, indem wir die Beiträge *aller* Bahnen aufsummieren – aller möglichen Bahnen, die von einem gegebenen Ausgangsort zu einem gegebenen Bestimmungsort führen (wobei jeder Bahnbeitrag von Feynman mit einem statistischen Gewicht versehen wird). In den Abbildungen 6.6 und 6.7 zeigen wir *eine* aus der unendlichen Zahl möglicher Bahnen, denen Punktteilchen (Abbildung 6.6) oder Strings (Abbildung 6.7) auf ihrem Weg vom Ausgangs- zum Bestimmungsort folgen. Die Erörterung in diesem Abschnitt gilt jedoch genauso für alle anderen möglichen Bahnen und damit für den ganzen quantenmechanischen Prozeß selbst. (Feynmans Formulierung einer auf Punktteilchen basierenden Quantenmechanik im theoretischen Rahmen der Pfadintegralmethode wurde durch Stanley Mandelstam von der University of California in Berkeley und dem russischen Physiker Alexander Polyakov, der heute dem physikalischen Fachbereich der Princeton University angehört, auf die Stringtheorie erweitert.)

Kapitel 7
Das »Super« in Superstrings

1 Albert Einstein, zitiert in: Abraham Pais, *Ich vertraue auf Intuition. Der andere Albert Einstein*, Heidelberg 1995, S. 154.

2 Genauer bedeutet ein Spin oder Eigendrehimpuls von $1/2$, daß der Beitrag des Spins zum *Drehimpuls* des Elektrons $\hbar/2$ beträgt.

3 Die Entdeckung und Entwicklung der Supersymmetrie hat eine komplizierte Geschichte. Neben den im Text genannten Forschern haben

wesentlichen Anteil R. Haag, M. Sohnius, J.T. Lopuszanski, Y.A. Gol'fand, E.P. Lichtman, J.L. Gervais, B. Sakita, V.P. Akulov, D.V. Volkov, V.A. Soroka und viele andere. Einige ihrer Arbeiten sind dokumentiert in: Rosanne di Stefano, *Notes on the Conceptual Development of Supersymmetry*, Institute for Theoretical Physics, State University of New York in Stony Brook, Vorabdruck ITP-SB-8878.

4 Für den mathematisch vorgebildeten Leser merken wir an, daß bei dieser Erweiterung die vertrauten kartesischen Koordinaten der Raumzeit durch neue »Quantenkoordinaten«, sagen wir u und v, ergänzt werden, die *antikommutieren*: $u \times v = -v \times u$. Die Supersymmetrie läßt sich dann als Translationen in dieser quantenmechanisch erweiterten Form der Raumzeit vorstellen.

5 Für den Leser, der sich für die Einzelheiten dieser physikalischen Frage interessiert, sei folgendes angemerkt. In der Anmerkung 6 des Kapitels sechs haben wir erwähnt, daß das Standardmodell ein »massegebendes Teilchen« vorschlägt – das Higgs-Boson –, welches die Teilchen der Tabellen 1.1 und 1.2 mit ihren beobachteten Massen ausstattet. Das kann nur klappen, wenn das Higgs-Teilchen selbst nicht zu schwer ist. Aus entsprechenden Untersuchungen wissen wir, daß seine Masse auf keinen Fall um einen Faktor von mehr als tausend größer als die Protonenmasse sein darf. Nun tragen aber Quantenfluktuationen erheblich zur Masse der Higgs-Teilchen bei und steigern ihren Wert potentiell bis zur Planckskala. Man hat jedoch herausgefunden, daß sich dieses Ergebnis, das einen empfindlichen Mangel des Standardmodells aufdecken würde, vermeiden läßt, wenn bestimmte Parameter im Standardmodell (vor allem die sogenannte nackte Masse des Higgs-Teilchens) so fein abgestimmt werden – mit relativen Abweichungen von weniger als 10^{-15} –, daß sie die Effekte dieser Quantenfluktuationen auf die Masse des Higgs-Teilchens aufheben.

6 Bemerkenswert an der Abbildung 7.1 ist der Umstand, daß die Stärke der schwachen Kraft zwischen denjenigen der starken und der elektromagnetischen Kraft abgebildet ist, während wir oben gesagt haben, daß sie schwächer als beide ist. Der Grund dafür ist in der Tabelle 1.2 zu suchen, in der wir gesehen haben, daß die Botenteilchen der schwachen Kraft ziemlich massereich sind, während die der starken und der elektromagnetischen Kraft masselos sind. Intrinsisch ist die Stärke der schwachen Kraft (gemessen an ihrer Kopplungskonstante – ein Gedanke, mit dem wir uns in Kapitel zwölf beschäftigen werden) wie in Abbildung 7.1 angegeben, doch ihre massereichen Botenteilchen sind träge Übermittler ihres Einflusses und beeinträchtigen ihre Wirkung. In Kapitel 14 werden wir betrachten, wie sich die Gravitationskraft in Abbildung 7.1 einfügen läßt.

7 Edward Witten, Vortrag im Rahmen der Heinz Pagels Memorial Lecture Series, Aspen, Colorado, 1997.

8   Zu einer eingehenden Erörterung dieser und verwandter Überlegungen vgl. Steven Weinberg, *Der Traum von der Einheit des Universums*, München 1993.

Kapitel 8
Mehr Dimensionen, als das Auge sieht

1   Das ist ein einfacher Gedanke, aber da die Ungenauigkeit der Alltagssprache manchmal zu Mißverständnissen führt, ist es angebracht, zwei Punkte zu klären. Erstens: Wir nehmen an, daß die Ameise gezwungen ist, auf der *Oberfläche* des Gartenschlauchs zu leben. Könnte sich die Ameise einen Weg ins *Innere* des Schlauchs graben – könnte sie in das Gummimaterial des Schlauchs eindringen –, brauchten wir drei Zahlen, um ihre Position zu bestimmen, denn wir müßten auch angeben, wie tief sie sich eingegraben hätte. Wenn die Ameise dagegen nur auf der Oberfläche des Schlauchs lebt, genügen zwei Zahlen zur Angabe ihres Aufenthaltsortes. Das führt uns zu unserem zweiten Punkt. Auch wenn die Ameise auf der Schlauchoberfläche lebt, könnten wir, wenn wir wollten, ihren Aufenthaltsort mit *drei* Zahlen angeben: den üblichen Links-rechts-, Vorwärts-rückwärts- und Aufwärts-abwärts-Positionen unseres vertrauten dreidimensionalen Raums. Doch sobald wir wissen, daß die Ameise auf der Oberfläche des Schlauchs lebt, stellen die beiden im Text genannten Zahlen die sparsamste Möglichkeit dar, den Aufenthaltsort der Ameise eindeutig zu bestimmen. Das meinen wir, wenn wir sagen, die Oberfläche des Schlauchs sei zweidimensional.

2   Überraschenderweise haben die Physiker Savas Dimopoulos, Nima Arkani-Hamed und Gia Dvali, gestützt auf eine frühere Arbeit von Ignatios Antoniadis und Joseph Lykken, dargelegt, daß selbst aufgewickelte Extradimensionen, die bis zu einem Millimeter groß wären, in unseren bisherigen Experimenten hätten unentdeckt bleiben können. Bei ihrer Sondierung der Mikrowelt machen die Teilchenbeschleuniger nämlich Gebrauch von der starken, schwachen und elektromagnetischen Kraft. Die Gravitationskraft, die bei technisch zugänglichen Energien unglaublich schwach ist, bleibt im allgemeinen unbeachtet. Wenn sich die aufgewickelten Extradimensionen vor allem auf die Gravitationskraft auswirken (wofür, wie sich herausstellt, in der Stringtheorie einiges spricht), dann könnten sie, so merken Dimopoulos und seine Mitarbeiter an, in den heutigen Experimenten durchaus übersehen werden. In neuen, sehr empfindlichen Gravitationsexperimenten wird man demnächst nach solchen »großen« aufgewickelten Dimensionen suchen. Ein positives Ergebnis wäre eine der größten Entdeckungen aller Zeiten.

3   Edwin A. Abbott, *Flächenland*, Bad Salzdetfurth 1990.

4 Daniel Z. Freedman und Peter van Nieuwenhuizen, »Die verborgenen Dimensionen der Raumzeit«, in: Jürgen Ehlers und Gerhard Börner (Hg.), *Gravitation, Raum-Zeit-Struktur und Wechselwirkung*, Heidelberg 1987, S. 66.

5 Ebenda.

6 Ebenda.

7 Man hat festgestellt, daß sich besonders eine Eigenschaft des Standardmodells sehr schwer in eine höherdimensionale Formulierung eingliedern läßt – seine sogenannte Händigkeit oder *Chiralität*. Um die Erörterung nicht unnötig zu belasten, haben wir das Konzept im Haupttext nicht behandelt, wollen das aber hier für den interessierten Leser kurz nachholen. Stellen Sie sich vor, Ihnen würde jemand einen Film von einem bestimmten wissenschaftlichen Experiment zeigen und Sie vor die ungewöhnliche Aufgabe stellen, zu entscheiden, ob der Kameramann das Experiment direkt aufgenommen oder seine Kamera auf das Bild des Experimentes in einem Spiegel gerichtet hat. Da der Kameramann sehr geschickt war, gibt es keine verräterischen Anzeichen dafür, daß ein Spiegel im Spiel war. Könnten Sie diese Aufgabe lösen? Mitte der fünfziger Jahre haben die theoretischen Arbeiten von T.D. Lee und C.N. Yang sowie die experimentellen Ergebnisse von C.S. Wu und Mitarbeitern gezeigt, daß Sie die Aufgabe lösen *könnten*, vorausgesetzt, der Film würde ein geeignetes Experiment zeigen. Ihre Arbeit hat nämlich gezeigt, daß die Gesetze des Universums nicht vollkommen spiegelsymmetrisch sind: Die spiegelbildlichen Versionen mancher Prozesse – derjenigen, die direkt von der schwachen Kraft abhängig sind – *kommen in unserer Welt nicht vor*, wohl aber der ursprüngliche Prozeß. Wenn Sie also beim Betrachten des Films einen dieser verbotenen Prozesse entdeckten, würden Sie wissen, daß Sie nur ein Spiegelbild des Experimentes und nicht dieses selbst sähen. Da Spiegel links und rechts vertauschen, hat die Arbeit von Lee, Yang und Wu bewiesen, daß das Universum nicht vollkommen links-rechts-symmetrisch ist. Physikalisch ausgedrückt: Das Universum ist *chiral*. Diese Eigenschaft des Standardmodells (und damit vor allem die schwache Kraft) bereitete den Physikern bei dem Versuch, sie in eine höherdimensionale Supergravitation einzugliedern, fast unüberwindliche Schwierigkeiten. Um allen Mißverständnissen vorzubeugen, weisen wir darauf hin, daß wir in Kapitel zehn ein stringtheoretisches Konzept namens »Spiegelsymmetrie« erörtern werden. Dort hat das Wort »spiegeln« jedoch eine ganz andere Bedeutung als hier.

8 Für den mathematisch vorgebildeten Leser merken wir an, daß eine Calabi-Yau-Mannigfaltigkeit eine kompakte Kähler-Mannigfaltigkeit ist, deren erste Chern-Klasse verschwindet. 1957 äußerte Calabi die Vermutung, daß sich auf jeder solchen Mannigfaltigkeit eine Ricci-flache Metrik finden läßt; eine Annahme, die Yau 1977 beweisen konnte.

9 Der Abdruck dieser Abbildung erfolgte mit freundlicher Genehmigung von Andrew Hanson von der Indiana University und wurde vorgenommen mit Hilfe des 3-D-Graphikpakets von *Mathematica*.

10 Für den mathematisch vorgebildeten Leser sei gesagt, daß dieser besondere Calabi-Yau-Raum ein dreidimensionaler Schnitt durch eine Hyperfläche vom Grad fünf im komplexen vierdimensionalen projektiven Raum ist.

Kapitel 9
Der unwiderlegbare Beweis: Experimentalspuren

1 Edward Witten, »Reflections on the Fate of Spacetime«, *Physics Today*, April 1996, S. 24.

2 Interview mit Edward Witten, 11. Mai 1998.

3 Sheldon Glashow und Paul Ginsparg, »Desperately Seeking Superstrings?«, *Physics Today*, Mai 1986, S. 7.

4 Sheldon Glashow, in: A. Zichichi (Hg.), *The Superworld I*, New York 1990, S. 250.

5 Sheldon Glashow, *Interactions*, New York 1988, S. 335.

6 Richard Feynman, in: Paul C.W. Davies und Julian R. Brown (Hg.), *Superstrings. Eine allumfassende Theorie?* Basel 1989, S. 229.

7 Howard Georgi in: Paul Davies (Hg.), *The New Physics*, Cambridge 1989, S. 446.

8 Interview mit Edward Witten, 4. März 1998.

9 Interview mit Cumrun Vafa, 12. Januar 1998.

10 Murray Gell-Mann, zitiert in: Robert P. Crease und Charles C. Mann, *The Second Creation*, New Brunswick 1996, S. 414.

11 Interview mit Sheldon Glashow, 28. Dezember 1997.

12 Interview mit Sheldon Glashow, 28. Dezember 1997.

13 Während des Interviews merkte Georgi weiterhin an, daß die experimentelle Widerlegung der Voraussagen zum Protonenzerfall, die sich aus der ersten der von ihm und Glashow vorgeschlagenen großen vereinheitlichten Theorien (GUT, vergleiche Kapitel sieben) ergeben, einen wichtigen Faktor für seine Reserviertheit gegenüber der Stringtheorie darstellte. Etwas bitter meinte er, seine vereinheitlichte Theorie sei in einen Energiebereich vorgedrungen, der weit über die Gültigkeitsbereiche der anderen Theorien hinausging, und als sich ihre Voraussage als falsch erwiesen habe – als er »von der Natur zurückgepfiffen« worden sei –, habe sich seine Haltung gegenüber Theorien, die sich in Bereiche extrem hoher Energien vorwagten, drastisch verändert. Als ich ihn fragte, ob eine experimentelle Bestätigung seiner vereinheitlichten Theorie ihn dazu hätte bewegen können, gleich damals zum Angriff auf die Planckskala zu blasen, antwortete er: »Ja, wahrscheinlich hätte es das.«

14 David Gross, »Superstrings and Unification«, in: R. Kotthaus und J. Kühn (Hg.), *Proceedings of the XXIV International Conference on High Energy Physics*, Berlin 1988, S. 329.

15 Dabei sollte man die (nicht sehr große) Chance im Hinterkopf behalten, daß Strings – wie in Anmerkung 8 zu Kapitel sechs ausgeführt – möglicherweise wesentlich länger sind, als ursprünglich angenommen, und damit schon in den nächsten Jahrzehnten in Teilchenbeschleunigern direkt nachgewiesen werden könnten.

16 Dem mathematisch vorgebildeten Leser wollen wir die folgende präzise Formulierung dieser Aussage nicht vorenthalten: Die Zahl der Teilchenfamilien ergibt sich, wenn man den Betrag der Eulerschen Charakteristik des Calabi-Yau-Raums halbiert. Die Eulersche Charakteristik ist dabei die alternierende Summe der Dimensionen der Homologiegruppen einer Mannigfaltigkeit – wobei die Homologiegruppen dem entsprechen, was wir oben salopp »mehrdimensionale Löcher« genannt haben. Drei Teilchenfamilien erhält man demnach für Calabi-Yau-Räume, deren Euler-Charakteristik +6 oder –6 ist.

17 Interview mit John Schwarz, 23. Dezember 1997.

18 Für den mathematisch vorgebildeten Leser sei angemerkt, daß wir uns hier auf Calabi-Yau-Räume mit nichttrivialer Fundamentalgruppe endlicher Ordnung beziehen, wobei die Ordnung in bestimmten Fällen die Nenner der nichtganzzahligen Ladungen bestimmt.

19 Interview mit Edward Witten, 4. März 1998.

20 Für Fachleute sei angemerkt, daß einige dieser Prozesse die Erhaltung der Leptonenzahl und die CPT-Symmetrie verletzen.

Kapitel 10
Quantengeometrie

1 Der Vollständigkeit halber merken wir an, daß zwar die meisten Aussagen, die wir bis zu dieser Stelle im Text getroffen haben, sowohl für offene Strings (Strings mit zwei losen Enden) als auch für geschlossene Strings (auf die wir uns konzentriert haben) zutreffen, wir aber hier an einem Punkt angelangt sind, an dem ein grundlegender Unterschied zwischen diesen beiden Arten von Strings offenbar zu werden scheint – schließlich kann sich ein offener String nicht unentwirrbar um eine kreisförmige Dimension winden. Nichtsdestoweniger haben Joe Polchinski von der University of California in Santa Barbara und zwei seiner Studenten, Jian-Hui Dai und Robert Leigh, gezeigt, wie sich auch offene Strings in natürlicher Weise in die in diesem Kapitel vorgestellten Überlegungen einfügen lassen – ein Ergebnis, das in der zweiten Superstringrevolution eine wichtige Rolle spielte.

2 Falls Sie sich fragen, warum wir denn, wenn es sich wirklich nur um eine geradlinige Bewegung handelt, überhaupt von Schwingung reden, sei angemerkt, daß einer solchen Bewegung in der Quantenmechanik eine Wahrscheinlichkeitswelle entspricht, deren Schwingungsfrequenz vom Impuls des bewegten Objekts abhängt (vergleiche Kapitel vier). Wir vermeiden es hier zwar in der Regel, die Strings als Quantenwellen zu beschreiben; an dieser Stelle erweist es sich aber als vorteilhaft, diese Verbindung zumindest in der Benutzung des Begriffs der Schwerpunktschwingung anklingen zu lassen und für die Bewegungen, die zur Energie des Strings beitragen – egal, ob Schwerpunktbewegung oder innere Schwingungen –, denselben Begriff zu verwenden.

3 Falls Sie sich wundern, warum die möglichen Energien der Schwerpunktschwingung ganzzahlige Vielfache von $1/R$ sind, sollten Sie an die Ausführungen über Quantenmechanik in Kapitel vier – insbesondere an das Lagerhaus – zurückdenken. Dort haben wir gelernt, daß in der Quantenmechanik Energie, wie Geld, nur in Paketen auftritt – in ganzzahligen Vielfachen der verschiedenen Energie-Währungen. Im Falle der Schwerpunktschwingung ist die grundlegende Energieeinheit gerade $1/R$, wie wir im Text unter Berufung auf die Unschärferelation gezeigt haben. Folglich sind die möglichen Energiewerte ganzzahlige Vielfache von $1/R$.

4 Mathematisch gesehen, ergeben sich die Entsprechungen der Stringenergien in einem Universum mit Radius R und einem mit Radius $1/R$ aus dem Umstand, daß alle möglichen Energiewerte von der Form $n/R + mR$ sind, wobei n die Schwingungszahl und m die Windungszahl ist. Dieser Ausdruck bleibt unverändert, wenn man zum einen n mit m, zum anderen R mit $1/R$ vertauscht – mit anderen Worten, man vertauscht Schwingungszahl und Windungszahl und geht vom Radius R zu seinem Kehrwert über. In unseren Ausführungen arbeiten wir in Planck-Einheiten, aber wir können ebensogut mit herkömmlicheren Einheiten operieren, indem wir die Energieformel mit Hilfe von $\sqrt{\alpha'}$, der sogenannten Stringskala, umschreiben (die Stringskala ist von der Größenordnung der Plancklänge, 10^{-33} Zentimeter). Mit ihrer Hilfe können wir die Energiewerte von Strings schreiben als $n/R + mR/\alpha'$; ein Ausdruck, der unverändert bleibt, wenn man sowohl n und m als auch R und α'/R – letztere nun in konventionelleren Längeneinheiten ausgedrückt – vertauscht.

5 Sie mögen sich fragen, wie es möglich ist, daß wir mit Hilfe eines Strings, der sich den ganzen langen Weg um einen Kreis mit Radius R windet, als Meßergebnis für den Radius $1/R$ erhalten können? Der scheinbare Widerspruch, der hier angesprochen wird, löst sich auf, sobald wir erkennen, daß die Frage nicht präzise genug formuliert ist: Wenn wir sagen, der String winde sich um einen Kreis vom Radius R, dann liegt dieser Aussage notwendigerweise eine Abstandsdefinition zugrunde (die dem Ausdruck »Radius R« einen Sinn verleiht). Aber die dabei verwendete

Abstandsdefinition ist jene, die aus dem Kontext ungewundener String-moden – also Schwingungsmoden – stammt. Nur wenn man diese Defi-nition zugrunde legt, erhält man die Aussage, die gewundenen String-konfigurationen umschlängen eine der kreisförmigen Dimensionen. Doch der anderen Definition entsprechend, jener, die aus dem Kontext der gewundenen Strings stammt, sind die gewundenen Moden genauso eng im Raum lokalisiert wie die Schwingungsmoden gemäß ihrer Ab-standsdefinition, und der Radius der gewundenen Definition, den die Windungszustände »spüren«, ist $1/R$, wie im Text ausgeführt.

Diese Beschreibung gibt einen gewissen Eindruck, warum die von ge-wundenen und ungewundenen Strings gemessenen Abstände zueinander umgekehrt proportional sind; da sich dieser Umstand dem intuitiven Verständnis aber nicht unbedingt erschließt, sei er hier für den mathe-matisch interessierteren Leser noch etwas genauer beschrieben. In der herkömmlichen Quantenmechanik der Punktteilchen hängen Orte und Impulse (und damit letztlich auch bestimmte Energien) über eine Fouriertransformation zusammen: Ein Eigenzustand im Ortsraum $|x\rangle$ auf einem Kreis mit Radius R kann definiert werden als $|x\rangle = \sum_n e^{ix \cdot p(n)} |p(n)\rangle$, wobei $p(n) = n/R$ gilt und $|p(n)\rangle$ ein Impulseigenzustand zum Impuls $p(n)$ ist (das direkte Analogon dessen, was wir als Schwer-punkt-Schwingungszustand eines Strings bezeichnet haben, bei dem sich ein String als Ganzes bewegt, ohne seine Form zu ändern). Aber in der Stringtheorie haben wir eine zweite Möglichkeit, Eigenzustände im Ortsraum $|\tilde{x}\rangle$ zu definieren, und zwar mit Hilfe der gewundenen String-moden als $|\tilde{x}\rangle = \sum_m e^{i\tilde{x} \cdot \tilde{p}(m)} |\tilde{p}(m)\rangle$, wobei $|\tilde{p}(m)\rangle$ ein Windungs-Eigenzu-stand mit $\tilde{p}(m) = mR$ ist. Aus diesen Definitionen folgt unmittelbar, daß x periodisch mit Periode $2\pi R$ ist, während $\tilde{x}$ periodisch mit Periode $2\pi/R$ ist, mit anderen Worten: x entspricht der Ortskoordinate auf einem Kreis mit Radius R, $\tilde{x}$ der Ortskoordinate auf einem Kreis mit Ra-dius $1/R$. Noch direkter können wir jetzt die beiden Wellenpakete $|x\rangle$ und $|\tilde{x}\rangle$ hernehmen und sie sich in der Zeit weiterentwickeln lassen, ent-sprechend unserer operationalen Abstandsdefinition. Da die zeitliche Entwicklung eines Zustands mit Energie E wesentlich durch einen Pha-senfaktor Et bestimmt wird, sehen wir, daß die vergangene Zeit – und damit der Radius des Kreises – für die Schwingungsmoden $t \sim 1/E \sim R$, für die Windungsmoden $t \sim 1/E \sim 1/R$ ist.

6 Für diejenigen Leser, die sich über den Umstand wundern, daß in der Sprache der reziproken Geometrie Objekte einer bestimmten Ausdehnung in das Innere von Objekten numerisch kleinerer Ausdehnung passen können, sei angemerkt, daß wir auch hier den Sprachgebrauch generell umdrehen müssen: In der Sprache der $1/R$-Geometrie paßt ein Objekt genau dann in das Innere eines anderen, wenn seine numerisch ausge-drückte Ausdehnung größer ist. In der $1/R$-Sprache hat das Universum eine numerisch kleinere Ausdehnung als alle Objekte, die dennoch in

ihm enthalten sind. Etwas systematischer ausgedrückt: Von zwei Objekten A und B, deren Ausdehnung in unserer Beschreibung entweder für beide größer oder für beide kleiner als die Plancklänge ist, müßten wir, dem Alltagssinn folgend, daß größere Objekte kleinere enthalten können, genau dann sagen, B sei größer als A, wenn der Unterschied zwischen der Ausdehnung von B und der Plancklänge größer ist als der Unterschied zwischen der Ausdehnung von A und der Plancklänge.

7 Für den mathematisch vorgebildeten Leser merken wir an, daß die Zahl der Familien von Stringschwingungen, wie schon in Anmerkung 16 zu Kapitel neun ausgeführt, gleich der Hälfte des Betrages der Euler-Charakteristik der betreffenden Calabi-Yau-Mannigfaltigkeit ist. Diese entspricht hier dem Betrag der Differenz zwischen $h^{2,1}$ und $h^{1,1}$, wobei $h^{p,q}$ hier für die (p,q)-Hodge-Zahl steht, die Dimension einer der mit dem komplexen Ableitungsoperator assoziierten Kohomologiegruppen auf Kähler-Mannigfaltigkeiten. Während wir also im Haupttext von der Gesamtzahl der Löcher sprechen, zeigt sich bei genauerem Hinsehen, daß die Anzahl der Familien vom Betrag der Differenz zwischen der Zahl der gerade- und der ungeradedimensionalen Löcher abhängt. Der Schluß, daß hier korrespondierende Calabi-Yau-Räume zu denselben physikalischen Eigenschaften führen, bleibt weiterhin gültig: So führen etwa zwei Calabi-Yau-Mannigfaltigkeiten, die sich nur durch den Austausch der Werte für $h^{2,1}$ und $h^{1,1}$ unterscheiden, zur selben Zahl von Teilchenfamilien.

8 Daß hier von »Spiegel-Mannigfaltigkeiten« gesprochen wird, hat den folgenden Hintergrund: Man kann die Hodge-Zahlen – die die verschiedendimensionalen Löcher eines Calabi-Yau-Raums charakterisieren – in natürlicher Weise als rautenförmiges Zahlenschema aufschreiben, das wegen seiner Form auch »Hodge-Diamant« heißt. Wir nennen zwei Calabi-Yau-Räume »Spiegel-Mannigfaltigkeiten«, wenn die ihnen zugeordneten Hodge-Diamanten durch Spiegelung auseinander hervorgehen.

9 Der Ausdruck »Spiegelsymmetrie« wird in der Physik auch in völlig anderem Zusammenhang verwendet, etwa bei der Frage nach der Händigkeit (Chiralität) des Universums – der Frage, ob das Universum links-rechts-symmetrisch ist (vgl. Anmerkung 7 zu Kapitel acht).

Kapitel 11
Risse in der Raumzeit

1 Der mathematisch vorgebildete Leser wird bemerken, daß es hier um die Frage geht, ob sich die Topologie des Raumes verändern kann. Obwohl unser Sprachgebrauch dynamische Topologieveränderungen nahelegt, möchten wir festhalten, daß wir eigentlich allgemeiner eine Ein-Parameter-Familie von Raumzeiten betrachten, deren Topologie sich in Abhängig-

keit von diesem Parameter verändert. Strenggenommen muß dieser Parameter nicht der Zeit entsprechen, obwohl wir ihn in gewissen Grenzfällen mit der Zeit gleichsetzen können.

2 Für den mathematisch vorgebildeten Leser sei angemerkt: Zunächst kontrahiert man rationale Kurven in der Calabi-Yau-Mannigfaltigkeit, um dann, sofern gewisse Voraussetzungen erfüllt sind, die sich ergebenden Singularitäten mittels verschiedener kleiner Auflösungen wieder zu beseitigen.

3 K.C. Cole, *New York Times Magazine*, 18. Oktober 1987, S. 20.

Kapitel 12
Jenseits der Strings: Auf der Suche nach der M-Theorie

1 Albert Einstein, zitiert in: John D. Barrow, *Theorien für alles. Die Suche nach der Weltformel*, Reinbek bei Hamburg 1994, S. 24.

2 Die Unterschiede zwischen den fünf Stringtheorien kann man, kurzgefaßt, wie folgt beschreiben. Zunächst muß man wissen, daß sich die Schwingungsmoden auf Strings in natürlicher Weise aufteilen lassen in solche, die gegen den Uhrzeigersinn laufen, und solche, die im Uhrzeigersinn um den String laufen – im folgenden kurz als »Linksläufer« und »Rechtsläufer« bezeichnet. Der Unterschied zwischen den Theorien vom Typ IIA und vom Typ IIB besteht darin, daß in letzterer eine bestimmte charakteristische Eigenschaft bei Rechtsläufern und Linksläufern dieselbe ist, bei ersterer dagegen in gewissem, mathematisch genau definiertem Sinne entgegengesetzt. Das kann man sich am einfachsten anhand der Spins der resultierenden Schwingungsmuster vorstellen: Der Spin aller Teilchen der IIB-Theorie ist gleich orientiert (sie haben dieselbe Händigkeit oder Chiralität), während in der IIA-Theorie alle beiden möglichen Orientierungen des Spins (entsprechend Linkshändigkeit und Rechtshändigkeit) auftreten. Trotz dieses Unterschieds gelingt es beiden Theorien, die Erfordernisse der Supersymmetrie zu erfüllen. Die beiden heterotischen Theorien unterscheiden sich in ähnlicher, aber noch drastischerer Art und Weise. Ihre Rechtsläufer sehen aus wie die der Stringtheorie vom Typ II (betrachtet man nur die Rechtsläufer, gibt es keinen Unterschied zwischen den Typen IIA und IIB), aber ihre Linksläufer sind die der ursprünglichen bosonischen Stringtheorie. Obwohl die bosonische Stringtheorie, wählt man sie sowohl für die Links- wie auch die Rechtsläufer, zu unlösbaren Problemen führt, haben David Gross, Jeffrey Harvey, Emil Martinec und Ryan Rhom (zu jener Zeit sämtlich an der Princeton University und als »Princeton String Quartet« bekannt) 1985 gezeigt, daß man in Kombination mit dem Typ II-String vollkommen vernünftige Resultate erhält. Der merkwürdigste Aspekt dieser Kombination ist, daß der bosonische String – wie seit den Arbei-

ten von Claude Lovelace von der Rutgers University 1971, von Richard
Brower von der Boston University, Peter Goddard von der Universität
Cambridge und Charles Thorn von der Florida University in Gainesville
1972 bekannt ist – in einer 26-dimensionalen Raumzeit lebt, Superstrings dagegen, wie bereits erwähnt, in einer 10-dimensionalen. Das
macht den heterotischen String zu einem seltsamen Hybriden – einer
Heterosis, von deren Schwingungsmoden die Linksläufer in 26, die
Rechtsläufer dagegen in nur 10 Dimensionen leben! Bevor Sie versuchen, dieser merkwürdigen Verbindung Sinn abzutrotzen: Gross und
seine Kollegen haben gezeigt, daß die 16 Extradimensionen des bosonischen Anteils in einer von nur zwei möglichen Weisen zu ganz bestimmten höherdimensionalen Doughnuts aufgewickelt sein müssen – eine der
Möglichkeiten entspricht der E-heterotischen Theorie, die andere der
O-heterotischen. Die 16 Extradimensionen solchermaßen zusammengerollt, benimmt sich die Theorie, als gebe es nur 10 (ausgedehnte) Raumdimensionen, wie im Fall der Typ II-Theorien. Auch diese beiden heterotischen Theorien enthalten eine bestimmte Art von Supersymmetrie.
Zu guter Letzt: Die Theorie vom Typ I ist ein Vetter der Theorie vom
Typ IIB, mit dem wichtigen Zusatz, daß sie, außer den geschlossenen
Stringschleifen, die wir in den vorangehenden Kapiteln besprochen
haben, auch sogenannte offene Strings enthält, Strings mit zwei losen
Enden.

3 Wenn wir in diesem Kapitel von »exakten« Antworten reden, etwa der
»exakten« Erdbewegung, meinen wir in Wirklichkeit die exakten Voraussagen irgendwelcher physikalischen Größen im Rahmen einer bestimmten Theorie. Bis wir die wirklich grundlegenden Naturgesetze
kennen – vielleicht ist das heute schon der Fall, vielleicht wird es niemals
so sein –, werden alle unsere Theorien selbst nur näherungsweise der
Realität entsprechen. Aber diese Art von Näherung soll in diesem Kapitel
völlig außen vor bleiben – uns geht es nur um den Umstand, daß es
schwierig bis unmöglich sein kann, einer gegebenen Theorie exakte
Voraussagen zu entlocken. Statt dessen sind wir oft gezwungen, physikalische Aussagen der Theorie mit Hilfe von Näherungsmethoden wie der
hier beschriebenen Störungsrechnung abzuleiten.

4 Diese Diagramme sind die stringtheoretische Version der sogenannten
Feynman-Diagramme, die Richard Feynman als eine Art mathematische
Kurzschrift für Störungsrechnungen in Punktteilchen-Quantenfeldtheo-
rien erfunden hat.

5 Genauer gesagt, entspricht die Anwesenheit eines virtuellen Stringpaares –
also jeder Schleife eines gegebenen Diagramms – unter anderem einer
Multiplikation mit der String-Kopplungskonstante: Je größer die Anzahl
von Schleifen, desto größer die Potenz, in der die Kopplungskonstante
auftritt. Ist die Kopplungskonstante kleiner als 1, werden ihre höheren
Potenzen von Potenz zu Potenz immer kleiner; entsprechend ist der

Beitrag eines Diagramms um so kleiner, je mehr Schleifen es enthält. Ist die Kopplungskonstante größer oder gleich eins, sind auch ihre höheren Potenzen gleich oder größer als eins, und entsprechend sind die Beiträge von Diagrammen, die eine größere Anzahl von Schleifen enthalten, größer oder gleich den Beiträgen von Diagrammen mit weniger Schleifen.

6 Für den mathematisch vorgebildeten Leser sei angemerkt, daß diese Gleichung von der Raumzeit fordert, sie müsse eine Ricci-flache Metrik zulassen. Zerlegen wir die Raumzeit in das kartesische Produkt von einem vierdimensionalen Minkowskiraum und einer sechsdimensionalen, kompakten Kähler-Mannigfaltigkeit, dann entspricht dies gerade der Forderung, der kompakte Anteil möge eine Calabi-Yau-Mannigfaltigkeit sein. Dies ist der Grund, warum Calabi-Yau-Räume in der Stringtheorie eine so wichtige Rolle spielen.

7 Natürlich gibt es letztlich keine absolute Garantie für den Erfolg dieser Herangehensweise. Genauso wie zum Beispiel Gesichter in der Regel nicht vollständig links-rechts-symmetrisch sind, könnte es im Prinzip sein, daß in ganz anderen Regionen des Alls andere grundlegende Naturgesetze gelten. Darauf werden wir in Kapitel vierzehn noch kurz zurückkommen.

8 Fachleute unter den Lesern werden bemerken, daß diese Aussage das Vorliegen von $N=2$-Supersymmetrie voraussetzt.

9 Etwas genauer gesagt: Wenn wir die Kopplungskonstante der O-heterotischen Theorie mit »g_{HO}« und die der Typ I-Theorie mit »g_I« bezeichnen, dann gilt, daß die Theorien physikalisch ununterscheidbar sind, solange $g_{HO} = 1/g_I$, entsprechend $g_I = 1/g_{HO}$: Ist eine der Kopplungskonstanten groß, so ist die andere klein.

10 Diese Dualität ist sehr eng mit der oben erwähnten Dualität zwischen Kreisradien R und $1/R$ verwandt. Bezeichnen wir die Kopplungskonstante der IIB-Theorie mit g_{IIB}, dann bedeutet die Dualitätsannahme, daß die Werte g_{IIB} und $1/g_{IIB}$ dieselbe Physik beschreiben. Wenn g_{IIB} groß ist, ist $1/g_{IIB}$ klein, und umgekehrt.

11 Eine Theorie mit mehr als 11 Dimensionen, von denen alle bis auf vier zusammengerollt sind, führt zwangsläufig zu Teilchen, deren Spin größer als 2 ist – sowohl Experiment wie Theorie sprechen eindeutig gegen die Existenz solcher Teilchen.

12 Eine bemerkenswerte Ausnahme stellt die Arbeit von Duff, Paul Howe, Takeo Inami und Kelley Stelle (1987) dar, die aufbauend auf frühere Ergebnisse von Eric Bergshoeff, Ergin Sezgin und Townsend, argumentierten, es bestehe ein fundamentaler Zusammenhang zwischen zehndimensionaler Stringtheorie und elfdimensionaler Physik.

13 Genauer gesagt, sollte man das Diagramm als Darstellung einer einzigen Theorie lesen, die von einer Reihe von Parametern abhängt. Diese Parameter schließen die Kopplungskonstanten und geometrische Größen ein. Im Prinzip sollte es möglich sein, im Rahmen der Theorie auszurechnen,

welche genauen Werte diese Parameter annehmen – wie groß die Kopplungskonstante ist und welche Form die Raumzeitgeometrie hat –, aber mit unserem gegenwärtigen eingeschränkten Verständnis der Theorie ist uns dies noch nicht möglich. Solange wir nicht wissen, welches die richtigen Parameterwerte sind, ist es sinnvoll, die Eigenschaften der Theorie für einen möglichst weiten Wertebereich zu untersuchen. Wählt man Werte, die in einem der sechs Ausläuferbereiche der Abbildung 12.11 liegen, dann sind die Eigenschaften der Theorie gerade die von einer der fünf Stringtheorien oder der elfdimensionalen Supergravitation, wie eingezeichnet. Für Werte in der Mittelregion wird die Physik von der bislang noch sehr mysteriösen M-Theorie bestimmt.

14 Es sollte allerdings angemerkt werden, daß die Anwesenheit von Branen auch die uns vertraute Physik in den Ausläufern des Diagramms auf exotische Weise modifizieren kann. So ist etwa vorgeschlagen worden, daß unsere drei ausgedehnten Raumdimensionen in Wirklichkeit einer großen, ausgedehnten Drei-Bran entsprechen. Wenn dies der Fall ist, findet unser Alltag im Inneren einer dreidimensionalen Membran statt. Diese und ähnliche Möglichkeiten zu untersuchen ist Gegenstand aktueller Forschung.

15 Interview mit Edward Witten, 11. Mai 1998.

Kapitel 13
Schwarze Löcher: Aus der Sicht einer String/M-Theorie

1 Fachleute unter den Lesern werden erkennen, daß die Spiegelsymmetrie eine kollabierende dreidimensionale Kugelfläche auf dem einen Calabi-Yau-Raum auf eine kollabierende zweidimensionale Kugelfläche auf dem gespiegelten Calabi-Yau-Raum abbildet – was uns scheinbar zu den in Kapitel elf diskutierten Flops zurückbringt. Der Unterschied liegt darin, daß diese Spiegelsymmetrie das antisymmetrische Tensorfeld $B_{\mu\nu}$ – den Realteil der Kählerform auf dem gespiegelten Calabi-Yau-Raum – zum Verschwinden bringt, was zu einer weit drastischeren Art von Singularität führt als der in Kapitel elf diskutierten.

2 Genauer gesagt, sind dies Beispiele für extremale Schwarze Löcher – Schwarze Löcher, deren Masse, gemessen an den elektrischen und sonstigen Ladungen, die sie tragen, minimal ist, genau wie im Falle der BPS-Zustände in Kapitel zwölf. Ähnliche Schwarze Löcher werden bei der nun folgenden Diskussion der Entropie Schwarzer Löcher eine entscheidende Rolle spielen.

3 Die Strahlung, die ein Schwarzes Loch abgibt, hat genau dieselben Eigenschaften wie die Strahlung in einem idealisierten heißen Ofen – wie in dem Schlüsselproblem, das, wie in Kapitel vier besprochen, die Entstehung der Quantenmechanik einläutete.

4 Es zeigt sich, daß die Schwarzen Löcher, die bei raumzerreißenden Conifold-Übergängen auftreten, unabhängig davon, wie leicht sie werden, keine Hawkingstrahlung emittieren, da sie extremal sind.

5 Stephen Hawking, Vortrag auf dem Amsterdamer Symposium über Gravitation, Schwarze Löcher und Strings, 21. Juni 1997.

6 In ihrer ursprünglichen Rechnung fanden Strominger und Vafa, daß es ihre mathematische Arbeit wesentlich vereinfachte, wenn sie mit fünf – nicht vier – ausgedehnten Raumzeitdimensionen arbeiteten. Nachdem sie ihre Berechnung der Entropie eines solchen hypothetischen fünfdimensionalen Schwarzen Lochs abgeschlossen hatten, stellten sie zu ihrer Überraschung fest, daß bislang noch kein Theoretiker im Rahmen der allgemeinen Relativitätstheorie solche fünfdimensionalen Schwarzen Löcher beschrieben hatte. Da ihre einzige Möglichkeit, ihre Ergebnisse für die Entropie zu bestätigen, darin bestand, sie mit der Fläche des Ereignishorizontes solch eines fünfdimensionalen Lochs zu vergleichen, machten sich Strominger und Vafa daran, diese Größe nun erstmals auszurechnen. Nachdem ihnen dies gelungen war, war es ein Leichtes zu zeigen, daß ihre mikroskopisch-stringtheoretische Berechnung der Entropie vollkommen mit dem übereinstimmte, was Hawkings Beziehung, von der Fläche des Ereignishorizontes ausgehend, voraussagte. Dabei ist ein durchaus erwähnenswerter Aspekt, daß Strominger und Vafa während ihrer Entropierechnungen noch nicht wußten, welches Ergebnis diese Rechnungen sinnvollerweise replizieren sollten, war doch die klassische Lösung, mit der ein Vergleich möglich gewesen wäre, zu jenem Zeitpunkt noch gar nicht entdeckt. Seither haben eine Reihe anderer Forscher, zu nennen wäre hier insbesondere Curtis Callan aus Princeton, die Entropierechnungen auf die uns vertrautere vierdimensionale Raumzeit verallgemeinert – sämtliche Rechnungen stimmen mit Hawkings Voraussagen exakt überein.

7 Interview mit Sheldon Glashow, 29. Dezember 1997.

8 Pierre Simon de Laplace, *Philosophischer Versuch über die Wahrscheinlichkeit*, herausgegeben von R. v. Mises, Frankfurt a.M. 1966, S. 1f.

9 Stephen Hawking und Roger Penrose, *Raum und Zeit*, Reinbek bei Hamburg 1998, S. 55.

10 Stephen Hawking, Vortrag auf dem Amsterdamer Symposium über Gravitation, Schwarze Löcher und Strings, 21. Juni 1997.

11 Interview mit Andrew Strominger, 29. Dezember 1997.

12 Interview mit Cumrun Vafa, 12. Januar 1998.

13 Stephen Hawking, Vortrag auf dem Amsterdamer Symposium über Gravitation, Schwarze Löcher und Strings, 21. Juni 1997.

14 Diese Fragen hängen ebenfalls mit dem Paradox des Informationsverlustes zusammen, haben doch einige Physiker spekuliert, es könnte in den innersten Tiefen des Schwarzen Lochs ein »Nugget« geben, einen

Klumpen, in dem alle Information gespeichert ist, die die innerhalb des Horizonts gefangene Materie in das Loch getragen hat.

15 Da bei den in diesem Kapitel angesprochenen raumzerreißenden Conifold-Übergängen ebenfalls Schwarze Löcher in Erscheinung treten, könnte man meinen, in diesem Zusammenhang müsse man sich ebenfalls über die Schwarzloch-Singularitäten Gedanken machen. Bedenken Sie aber, daß der Conifold-Riß in dem Moment stattfindet, wo das Schwarze Loch alle seine Masse abgegeben hat, und deswegen nicht direkt mit den Schwarzloch-Singularitäten betreffenden Fragen zusammenhängt.

Kapitel 14
Kosmologische Gedankenspiele

1 Genauer gesagt, sollte das Universum von Photonen erfüllt sein, deren Spektrum genau dem eines sogenannten »Schwarzen Strahlers« entspricht – eines aus der Thermodynamik bekannten idealisierten Körpers, der Licht jeglicher Wellenlänge perfekt absorbiert. Dieses Spektrum ist genau das der Hawking-Strahlung eines Schwarzen Lochs – wie wir seit Hawking wissen – und das eines idealen heißen Ofens – wie wir seit Planck wissen.

2 Diese Ausführungen vermitteln zwar ein ungefähres Gefühl dafür, worum es geht, vernachlässigen dafür aber einige nicht ganz so offensichtliche Eigenschaften der Lichtausbreitung in einem expandierenden Universum, die man in exakten numerischen Rechnungen berücksichtigen muß. Insbesondere verhindert die von der speziellen Relativitätstheorie gesetzte Geschwindigkeitsbegrenzung, nach der die Lichtgeschwindigkeit eine obere Grenzgeschwindigkeit darstellt, nicht, daß sich zwei Photonen, die – von der expandierenden Raumzeit mitgeführt – voneinander wegfliegen, insgesamt gesehen mit einer Geschwindigkeit größer als der Lichtgeschwindigkeit voneinander entfernen. Beispielsweise wären 300 000 Jahre nach dem Urknall Orte im Universum, die rund 900 000 Lichtjahre voneinander entfernt waren, durchaus in der Lage gewesen, sich gegenseitig zu beeinflussen, obwohl ihre Entfernung mehr als 300 000 Lichtjahre betrug – in dem zusätzlichen Faktor 3 macht sich die Ausdehnung der dazwischenliegenden Raumzeit bemerkbar. Das bedeutet, daß zu der Zeit, wo wir den kosmischen Film bis zum Zeitpunkt von 300 000 Jahren nach dem Urknall zurückgedreht haben, zwei Orte im All lediglich etwas weniger als 900 000 Lichtjahre entfernt sein müssen, damit die Möglichkeit gegenseitiger Beeinflussung ihrer Temperaturen besteht. Trotz dieser Korrekturen zu den Zahlenwerten bleiben die grundlegenden Eigenschaften der Probleme, um die wir uns in diesem Zusammenhang gekümmert haben, dieselben.

3 Die Entdeckung des Modells zur inflationären Kosmologie und die Probleme, die sich damit lösen lassen, werden detailliert und lebendig erörtert in: Alan H. Guth, *Die Geburt des Kosmos aus dem Nichts. Die Theorie des inflationären Universums*, München 1999.

4 Für den mathematisch vorgebildeten Leser sei angemerkt, daß hinter diesem Schluß die folgenden Überlegungen stehen: Wenn die Summe der Raumzeitdimensionen der (möglicherweise mehrdimensionalen) Bahnen zweier Objekte größer oder gleich der Anzahl der Dimensionen der Raumzeit ist, in der sie sich bewegen, dann werden sich ihre Bahnen im allgemeinen schneiden. Punktteilchen zum Beispiel bewegen sich auf eindimensionalen Raumzeitbahnen (sogenannten Weltlinien), die Summe der Bahndimensionen für zwei Teilchen ist folglich zwei. Die Raumzeitdimension von Line-Land ist ebenfalls zwei, die Bahnen zweier Punktteilchen in Line-Land werden sich deswegen im allgemeinen schneiden (solange ihre Geschwindigkeiten nicht exakt gleich gewählt wurden). Analoge Überlegungen kann man für Strings anstellen: Deren Raumzeitbahnen sind zweidimensional (ihre Weltflächen); die Dimensionssumme für zwei Strings ist dementsprechend vier, so daß sich die Bahnen von Strings, die sich in einer vierdimensionalen Raumzeit bewegen (drei Raumdimensionen, eine Zeitdimension), im allgemeinen schneiden werden.

5 Mit der Entdeckung der M-Theorie und der Erkenntnis, daß dort eine elfte Dimension im Spiel ist, haben die Stringtheoretiker auch angefangen zu überlegen, wie man sieben Dimensionen in mehr oder weniger gleichberechtigter Art und Weise aufrollen kann. Die Räume, die hier in Frage kommen, heißen Joyce-Mannigfaltigkeiten, benannt nach Domenic Joyce von der Universität Oxford, dem wir die ersten Techniken zur mathematischen Konstruktion dieser Gebilde verdanken.

6 Interview mit Cumrun Vafa, 12. Januar 1998.

7 Fachleute unter den Lesern werden bemerken, daß unsere Beschreibung vom sogenannten String-Bezugssystem aus stattfindet, in dem die Zunahme der Krümmung in der Phase vor dem Urknall auf eine (Dilaton-getriebene) Zunahme der Stärke der Gravitationskraft zurückzuführen ist. Vom sogenannten Einstein-Bezugssystem aus würde diese Evolution als beschleunigende Kontraktionsphase beschrieben. (String-Bezugssystem und Einstein-Bezugssystem hängen dabei nicht, wie man dem Namen nach denken könnte, über eine bloße Koordinatentransformation, sondern über eine konforme Transformation zusammen).

8 Interview mit Gabriele Veneziano, 19. Mai 1998.

9 Smolin erläutert seine Ideen in dem Buch *Warum gibt es die Welt? Die Evolution des Kosmos*, München 1999.

10 In der Stringtheorie könnte diese Art von Entwicklung dadurch angetrieben werden, daß die Form der aufgewickelten Dimensionen von Mutter- zu Tochteruniversum leicht variiert. Unsere die raumzerreißen-

den Conifold-Übergänge betreffenden Ergebnisse zeigen uns, daß sich eine Calabi-Yau über eine Kette solcher kleiner Veränderungen in eine beliebige andere Calabi-Yau verwandeln kann, so daß das Multiversum die Gesamtheit der reichen Möglichkeiten, die ihm string-basierte Universen bieten, ausnutzen kann. Nach hinreichend häufiger Fortpflanzung müßten wir nach Smolins Hypothese erwarten, daß der Calabi-Yau-Anteil eines typischen Universums so geformt ist, daß er eine maximale »Vermehrungsfreudigkeit« des Universums gewährleistet.

Kapitel 15
Aussichten

1 Interview mit Edward Witten, 4. März 1998.
2 Einige Theoretiker sehen in dem sogenannten Holographieprinzip, das Susskind und der berühmte niederländische Physiker Gerard 't Hooft entwickelt haben, eine Andeutung dieser Idee. Genauso wie ein Hologramm, ausgehend von einem speziellen zweidimensionalen Film, ein dreidimensionales Bild wiedergeben kann, haben Susskind und 't Hooft vorgeschlagen, daß die physikalischen Geschehnisse, wie wir sie um uns herum erleben, vielleicht bereits durch die physikalischen Gesetze einer niederdimensionaleren Welt vollständig festgelegt sind. Dies klingt zunächst so merkwürdig, als versuche man das Portrait eines Menschen zu malen, indem man nur von seinem Schatten ausgeht. Doch vielleicht können wir dieses Prinzip – und Susskinds und 't Hoofts Motivation – wenigstens ein bißchen verstehen, wenn wir uns noch einmal der in Kapitel dreizehn beschriebenen Entropie Schwarzer Löcher zuwenden. Erinnern Sie sich, daß die Entropie eines Schwarzen Lochs vollständig durch den Flächeninhalt seines Ereignishorizontes bestimmt wird – nicht durch das Raumvolumen, das dieser Horizont umschließt. Es scheint fast, als sei der Horizont in dem Sinne eine Art Hologramm, daß er die gesamte Information, die im dreidimensionalen Inneren des Schwarzen Lochs vorhanden ist, festhält. Susskind und 't Hooft haben diese Idee auf das Universum als Ganzes verallgemeinert und vorgeschlagen, daß alles, was im »Inneren« des Universums geschieht, lediglich Ausdruck der Anfangsdaten und dynamischen Gleichungen ist, die auf der weit entfernten, das Universum einschließenden Grenzfläche leben. Vor einigen Jahren haben Arbeiten des Physikers Juan Maldacena von der Harvard University sowie wichtige Folgebeiträge von Witten und den Physikern Steven Gubser, Igor Klebanov und Alexander Polyakov aus Princeton gezeigt, daß die Stringtheorie dieses Holographieprinzip enthält. Es scheint, als existiere für ein Universum, das den Gesetzen der Stringtheorie folgt, eine äquivalente Beschreibung durch die Physik auf eben solch einer Grenzfläche – einer Grenzfläche, die notwendigerweise

niederdimensionaler ist als das Universum, das sie umschließt. Die genaue Art und Weise, in der dies der Fall sein könnte, wird zur Zeit noch lebhaft erforscht. Einige Stringtheoretiker vermuten, daß ein vollständiges Verständnis des holographischen Prinzips und der Rolle, die es in der Stringtheorie spielt, die dritte Superstringrevolution auslösen könnte.

3 Isaac Newton, *Die mathematischen Prinzipien der Physik,* übersetzt und herausgegeben von Volkmar Schüller, Berlin 1999, S. 28.

4 Wenn Sie mit den Grundbegriffen der linearen Algebra vertraut sind, können Sie sich vereinfacht vorstellen, Sie ersetzten die herkömmlichen kartesischen Koordinaten, deren Produkt von der Reihenfolge der Faktoren unabhängig ist, durch Matrizen, bei denen das Produkt von der Reihenfolge der Faktoren abhängt.

5 Interview mit Cumrun Vafa, 12. Januar 1998.

6 Interview mit Edward Witten, 11. Mai 1998.

7 Albert Einstein, »Physik und Realität«, in: Journal of the Franklin Institute (1936), 221, S. 313.

8 Albert Einstein, *Mein Weltbild*, Frankfurt a. M. 1955, S. 138.

9 Jacob Bronowski, *Der Aufstieg des Menschen. Stationen unserer Entwicklungsgeschichte*, Frankfurt a. M. 1976, S. 24.

Glossar der Fachbegriffe

Die *kursiven Wörter* verweisen auf Glossarbegriffe.

Absoluter Nullpunkt. Die niedrigstmögliche Temperatur, entspricht etwa –273 Grad Celsius; Nullpunkt auf der *Kelvin-Skala*.

Allgemeine Relativitätstheorie. Einsteins Theorie der Gravitation, nach der die *Raumzeit* die Gravitationskraft durch ihre *Krümmung* vermittelt.

Amplitude. Die größte Auslenkung einer Schwingung während einer Schwingungsperiode, die größte Höhe eines Wellenbergs beziehungsweise die größte Tiefe eines Wellentals.

Anfangsbedingungen. Daten, die den Anfangszustand eines physikalischen Systems beschreiben.

Anthropisches Prinzip. Eine Erklärung dafür, daß das Universum die Eigenschaften hat, die wir beobachten: Wären die Eigenschaften anders, hätte wahrscheinlich kein Leben entstehen können, und dann wären wir nicht vorhanden, um das Universum zu beobachten.

Antimaterie, Antiteilchen. Für jede Sorte von Teilchen gibt es eine entsprechende Sorte Antiteilchen, die dieselbe Masse besitzen, aber genau die entgegengesetzten *Ladungen* bezüglich der elektrischen, der *starken* und der *schwachen Kraft*. Materie, die anstatt aus Teilchen aus deren Antiteilchen besteht, heißt Antimaterie.

Äquivalenzprinzip. Zentraler Begriff der *allgemeinen Relativitätstheorie*, nach der sich eine beschleunigte Bewegung nicht vom Aufenthalt in einem Gravitationsfeld unterscheiden läßt, solange die beobachteten Regionen klein genug sind. Das Ä. verallgemeinert das *Relativitätsprinzip*, indem es zeigt, daß alle Beobachter, unabhängig von ihrem Bewegungszustand, behaupten können, in Ruhe zu sein, solange sie die Anwesenheit eines entsprechend starken Gravitationsfeldes postulieren.

Atom. Fundamentaler Baustein der uns umgebenden Materie, der aus einem *Kern* (mit *Protonen* und *Neutronen*) und einer Hülle aus *Elektronen* besteht.

Aufgewickelte Dimension. Eine räumliche *Dimension*, die keine beobachtbare, makroskopische Ausdehnung im Raum besitzt; eine räumliche Dimension, die zu winziger Größe zusammengeknüllt oder aufgewickelt ist und daher direkter Entdeckung entzogen ist.

Ausgedehnte Dimension. Eine *Dimension* des Raums (oder der *Raumzeit*), die groß genug ist, um direkt beobachtet werden zu können; solche Dimensionen kennen wir aus unserer Alltagserfahrung, im Gegensatz zu *aufgewickelten Dimensionen*.

Beobachter. Idealisierte Person oder Apparatur, oft hypothetischer Natur, die relevante Eigenschaften eines physikalischen Systems mißt.

Beschleuniger. Siehe *Teilchenbeschleuniger*.

Beschleunigung. Eine Veränderung der *Geschwindigkeit*, das heißt des Geschwindigkeitsbetrags und/oder der Bewegungsrichtung eines Objekts.

Boson. Ein Teilchen oder das Schwingungsmuster eines Strings mit ganzzahligem *Spin*; typischerweise ein *Botenteilchen*.

Bosonische Stringtheorie. Die früheste der Stringtheorien; enthält *Schwingungsmuster*, die sämtlich *Bosonen* entsprechen.

Botenteilchen. Kleinste Pakete eines *Feldes* in einer Quantenfeldtheorie; mikroskopische Übermittler einer Kraft.

BPS-Zustände. Bestimmte Konfigurationen in einer *supersymmetrischen* Theorie; ihre charakteristischen Eigenschaften lassen sich exakt durch Argumente bestimmen, die die *Supersymmetrie* ausnutzen.

Bran. Alle ausgedehnten Objekte, die in der *Stringtheorie* auftreten. Eine Eins-Bran ist ein *String*, eine Zwei-Bran eine Membran, eine Drei-Bran hat drei ausgedehnte Raumdimensionen und so fort. Allgemein: Eine p-Bran hat p Raumdimensionen.

Calabi-Yau-Raum, Calabi-Yau-Form. Eine bestimmte Art von Raum, in den die zusätzlichen Dimensionen, die die *Stringtheorie* verlangt, in Übereinstimmung mit den Erfordernissen dieser Theorie *aufgewickelt* werden können.

Chiral, Chiralität, Händigkeit. Eigenschaft von Theorien der Elementarteilchenphysik, daß links- und rechtshändige Teilchen unterschiedlich behandelt werden, so daß das entsprechende Universum nicht ganz links-rechts-symmetrisch ist.

Conifold-Übergang. Bestimmte Entwicklung des *Calabi-Yau*-Anteils des Raums, in deren Verlauf der Raum reißt und sich repariert, jedoch im Rahmen der *Stringtheorie* mit gemäßigten und akzeptablen physikalischen Konsequenzen. Die zugrundeliegenden Risse sind schlimmer als bei einem *Flop-Übergang*.

Dimension. a) Eine unabhängige Achse oder Richtung im Raum oder der *Raumzeit*. Der vertraute Raum, der uns umgibt, besitzt drei Dimensionen (links-rechts, vorwärts-rückwärts, aufwärts-abwärts) und die vertraute *Raumzeit* vier (neben den drei genannten Achsen noch die Zeitachse Vergangenheit-Zukunft). Die *Superstringtheorie* verlangt, daß das Universum noch weitere Raumdimensionen aufweist. b) Qualität einer physikalischen Größe, etwa im Zusammenhang mit Dimensionsbetrachtungen: ein Abstand zum Beispiel hat die Dimension Länge.

Drei-Bran. Siehe *Bran*.

Dreidimensionale Kugelfläche. Siehe *Kugelfläche*.

Dual, Dualität, Dualitätssymmetrien. Der Umstand, daß zwei oder mehr Theorien verschieden erscheinen, tatsächlich aber zu gleichen physikalischen Konsequenzen führen.

Dualität stark – schwach. Der Umstand, daß eine *stark gekoppelte* Theorie *dual* ist zu einer anderen, *schwach gekoppelten* Theorie.

E-heterotische Theorie (E8×E8 heterotische Theorie). Eine der fünf *Superstringtheorien*; arbeitet mit geschlossenen Strings, deren rechtslaufende Schwingungsbewegungen denen des Strings vom Typ II und deren linkslaufende Schwingungsbewegungen denen des *bosonischen Strings* ähneln. Unterscheidet sich in wichtiger, aber nicht leicht zu erklärender Weise von der *O-heterotischen Theorie*.

Eichsymmetrie. *Symmetrie*prinzip, das der quantenmechanischen Beschreibung der elektromagnetischen, der starken und der schwachen Kernkraft zugrunde liegt; die Symmetrie äußert sich in der Invarianz eines physikalischen Systems bei verschiedenen Veränderungen der Werte der *Ladungen* – Veränderungen, die von Ort zu Ort und Augenblick zu Augenblick anders ausfallen können.

Ein-Schleifen-Prozeß. Beitrag zur *Störungsrechnung*, bei dem die Bahnen der beteiligten virtuellen *Strings* (oder Teilchen – in einer auf Punktteilchen basierenden Theorie) eine Schleife bilden.

Elektromagnetische Eichsymmetrie. *Eichsymmetrie*, die der *Quantenelektrodynamik* zugrunde liegt.

Elektromagnetische Kraft. Eine der vier fundamentalen Kräfte, eine Vereinigung der elektrischen und magnetischen Kraft; sie wirkt zwischen Teilchen, die elektrische *Ladungen* tragen.

Elektromagnetische Strahlung. Energie, die in Form *elektromagnetischer Wellen* übertragen wird.

Elektromagnetische Welle. Eine wellenartige Störung in einem *elektromagnetischen Feld*; alle diese Wellen breiten sich mit Lichtgeschwindigkeit aus. Sichtbares Licht, Röntgenstrahlen, Mikrowellen und Infrarotstrahlung sind Beispiele dafür.

Elektromagnetisches Feld. *Feld* der *elektromagnetischen Kraft*, das man sich als aus elektrischen und magnetischen Kraftlinien an jedem Punkt im Raum bestehend denken kann.

Elektron. Negativ geladenes Teilchen, das in der Regel den *Kern* eines *Atoms* umkreist.

Elektroschwache Quantentheorie, elektroschwache Theorie. *Relativistische Quantenfeldtheorie*, die die *schwache Kraft* und die *elektromagnetische Kraft* in einem einheitlichen theoretischen Rahmen beschreibt.

Elfdimensionale Supergravitation. Verheißungsvolle höherdimensionale Variante der *Supergravitation*, die in den siebziger Jahren entwickelt wurde, anschließend in Vergessenheit geriet und in jüngster Zeit wiederentdeckt wurde, weil sie, wie gezeigt werden konnte, ein wichtiger Teil der *Stringtheorie* ist.

Entropie. Ein Maß für die Unordnung eines physikalischen Systems; mikroskopisch: die Zahl der unterschiedlichen Anordnungen der mikroskopischen Bestandteile eines Systems, die zum selben makroskopischen Erscheinungsbild führen.

Ereignishorizont. Die einbahnstraßenartige Oberfläche eines *Schwarzen Lochs*. Ist er einmal überquert, sorgen die Gesetze der Gravitation dafür, daß es kein Zurück gibt, kein Entkommen aus der machtvollen Gravitationsumklammerung des Schwarzen Lochs.

Extremale Schwarze Löcher. *Schwarze Löcher* mit der höchsten *Ladung*, die bei einer gegebenen Gesamtmasse möglich ist.

Familien. Die Materieteilchen lassen sich in drei Gruppen einteilen, deren jede als Familie bezeichnet wird. Die Teilchen jeder Familie unterscheiden sich von den entsprechenden Teilchen der vorhergehenden dadurch, daß sie schwerer sind, tragen aber die gleichen *Ladungen* bezüglich elektrischer, schwacher und starker Kraft.

Feld, Kraftfeld. *Makroskopische* Beschreibung des Einflusses, den eine Kraft ausübt; wird beschrieben durch die Angabe einer Reihe von Zahlen an jedem Punkt des Raums, die die Stärke und Richtung der dort auf ein Teilchen wirkenden Kraft zum Ausdruck bringen.

Fermion. Ein Teilchen oder ein Schwingungsmuster eines *Strings*, dessen *Spin* ein ungeradzahliges Vielfaches von $1/2$ ist (etwa $1/2$, $3/2$); typischerweise ein Materieteilchen.

Feynmansches Pfadintegral. Siehe *Pfadintegral*.

Flach. Den Gesetzen der euklidischen Geometrie unterworfen; eine Form wie zum Beispiel die Oberfläche einer vollkommen glatten Tischplatte und ihre höherdimensionalen Erweiterungen.

Flop-Übergang. Entwicklung des *Calabi-Yau*-Anteils des Raums, in deren Verlauf der Raum reißt und sich repariert, jedoch im Rahmen der *Stringtheorie* mit gemäßigten und akzeptablen physikalischen Konsequenzen.

Frequenz. Die Zahl vollständiger Wellenzyklen, die eine Welle pro Zeiteinheit durchläuft.

Geschlossener String. Ein *String*, der die Form einer geschlossenen Schleife hat.

Geschwindigkeit. Der Geschwindigkeitsbetrag und die Bewegungsrichtung eines Objekts, zu einer Größe zusammengefaßt.

Glatt, glatter Raum. Eine Raumregion, in der der Raum flach oder leicht gekrümmt ist, ohne Einschnürungen, Risse oder Falten irgendwelcher Art aufzuweisen.

Gluon. Kleinstes Paket des *starken Kraftfelds*; *Botenteilchen* der starken Kraft.

Gravitationskraft. Die schwächste der vier fundamentalen Naturkräfte. Zunächst wurde sie durch Newtons Gravitationstheorie, später genauer durch Einsteins *allgemeine Relativitätstheorie* beschrieben.

Graviton. Kleinstes Paket des gravitativen *Felds*; *Botenteilchen* der *Gravitationskraft*.

Große Vereinheitlichte Theorien. Klasse von Theorien, die die Naturkräfte, die Gravitation ausgenommen, in einem einzigen theoretischen Rahmen miteinander verschmelzen.

Großer Endkollaps. Eine hypothetische Zukunft des Universums, in der die gegenwärtige Expansion zum Stillstand kommt, sich umkehrt und damit endet, daß aller Raum und alle Materie in sich zusammenstürzen; eine Umkehr des *Urknalls*.

Heterotisch. Siehe *E-heterotische* und *O-heterotische Theorie*.

Höherdimensionale Supergravitation. Klasse von Supergravitationstheorien, die in mehr als vier Raumzeitdimensionen formuliert sind.

Horizontproblem. Kosmologisches Rätsel; beruht darauf, daß Regionen des Universums, die durch riesige Entfernungen getrennt sind, trotzdem fast identische Eigenschaften haben – so zum Beispiel die Temperatur. Die *inflationäre Kosmologie* bietet eine Lösung.

Inflation, inflationäre Kosmologie. Modifikation der ersten Augenblicke des herkömmlichen kosmologischen *Urknall*modells; das Universum erlebt einen kurzen Moment lang eine enorm beschleunigte Expansion.

Interferenzmuster. Wellenmuster, das bei der Überlagerung und Vermischung von Wellen verschiedenen Ursprungs entsteht.

Kaluza-Klein-Theorie. Klasse von Theorien, die mit zusätzlichen *aufgewickelten Dimensionen* und der *Quantenmechanik* arbeiten.

Kelvin-Skala. Eine Temperaturskala, bei der die Temperaturen relativ zum *absoluten Nullpunkt* angegeben werden; ein Temperaturunterschied von einem Grad Kelvin entspricht einem Unterschied von einem Grad Celsius.

Kern. Das Zentralobjekt eines *Atoms*, das aus *Protonen* und *Neutronen* besteht.

Klein-Gordon-Gleichung. Eine grundlegende Gleichung der *relativistischen Quantenfeldtheorie*.

Kopplungskonstante. Parameter, der die charakteristische Stärke einer Kraft beschreibt. Siehe auch *String-Kopplungskonstante*.

Kosmische Hintergrundstrahlung. Charakteristische Mikrowellenstrahlung, die das Universum durchdringt. Entstanden ist sie während des *Urknalls*; mit der Expansion des Universums dünnte sie aus, wurde immer energieärmer und »kälter«.

Kosmologische Konstante. Ein Zusatz zu den ursprünglichen Gleichungen der *allgemeinen Relativitätstheorie*, die, wählt man einen speziellen Wert, ein statisches Universum garantiert; sie läßt sich als konstante Energiedichte des Vakuums interpretieren.

Krümmung. Die Abweichung eines Objekts, des Raums oder der *Raumzeit* von einer *flachen* Form und daher von den geometrischen Gesetzen, die Euklid festgelegt hat.

Kugelfläche. Oberfläche einer Kugel. Die Oberfläche einer alltäglichen dreidimensionalen Kugel hat zwei Dimensionen (die durch zwei Zahlen bezeichnet werden können, etwa »geographische Länge« und »geographische Breite« wie auf der Erdoberfläche). Jedoch läßt sich der Begriff der Kugelfläche auf die Oberfläche von Kugeln in einer beliebigen Zahl von Dimensionen verallgemeinern. »Eindimensionale Kugelfläche« ist eine phantasievolle Bezeichnung für einen Kreis; eine nulldimensionale Kugelfläche besteht aus zwei Punkten (wie im Text erklärt). Eine dreidimensionale Kugelfläche ist schwerer vorzustellen. Sie ist die Oberfläche einer vierdimensionalen Kugel.

Ladung. Eigenschaft eines Teilchens, die festlegt, wie es auf eine bestimmte Kraft reagiert. Beispielsweise bestimmt die elektrische Ladung eines Teilchens, wie es auf die *elektromagnetische Kraft* reagiert.

Laplacescher Determinismus. Das Universum als Uhrwerk: Ist der Zustand des Universums zu einem gegebenen Zeitpunkt vollkommen bekannt, dann ist sein Zustand zu allen vergangenen und zukünftigen Zeitpunkten vollkommen determiniert.

Lichtuhr. Eine hypothetische Uhr, die die verstrichene Zeit mißt, indem sie zählt, wie viele vollständige Rundreisen ein einzelnes *Photon* zwischen zwei Spiegeln zurücklegt.

Lorentz-Kontraktion. Besonderheit, die sich aus der *speziellen Relativitätstheorie* ergibt; ein bewegtes Objekt erscheint einem ruhenden Beobachter, der dessen Länge mißt, in Richtung der Bewegung verkürzt.

Makroskopisch. Bezeichnet Größenskalen, wie sie für die Alltagswelt typisch sind, oder noch weiträumigere Verhältnisse; oft als Gegenteil von mikroskopisch gebraucht.

Masseloses Schwarzes Loch. In der Stringtheorie eine besondere Form des *Schwarzen Lochs*, das anfangs eine große Masse gehabt haben kann, dann aber immer leichter geworden ist, weil ein Stück des *Calabi-Yau*-Anteils des Raums schrumpfte. Wenn dieser Raumanteil zu einem Punkt geschrumpft ist, hat das ursprünglich massereiche Schwarze Loch keine verbleibende Masse – es ist masselos. In diesem Zustand hat es die üblichen Eigenschaften von Schwarzen Löchern wie etwa den *Ereignishorizont* verloren.

Maxwellsche Elektrodynamik, Maxwellsche Theorie. Theorie, die Elektrizität und Magnetismus vereinigt; beruht auf dem Konzept des *elektromagnetischen Feldes*, das Maxwell in den achtziger Jahren des neunzehnten Jahrhunderts entwickelt hat. Maxwells Theorie zeigt, daß Licht ein Beispiel für eine *elektromagnetische Welle* ist.

Mehrdimensionales Loch. Eine Erweiterung der Art von Loch, die sich in einem Doughnut befindet, auf höherdimensionale Entsprechungen.

Mehrfachdoughnut, mehrhenkliger Doughnut. Eine Erweiterung des Doughnuts (Torus) zu einer Form mit mehr als einem Loch oder Henkel.

M-Theorie. Die Theorie, die aus der *zweiten Superstringrevolution* hervorgeht und die die vorhergehenden *Superstringtheorien* und die *elfdimensionale Supergravitation* in einem einzigen umfassenden Kontext vereinigt. Die M-Theorie scheint elf *Raumzeitdimensionen* vorzusehen; viele ihrer Eigenschaften sind allerdings noch nicht im einzelnen verstanden.

Multiversum. Hypothetische Erweiterung des Kosmos, mit dem Ergebnis, daß unser Universum nur eines unter einer Riesenzahl von separaten und unterschiedlichen Universen ist.

Neutrino. Teilchenart, die weder elektrische noch starke *Ladungen* trägt und nur der *schwachen Kraft* unterworfen ist.

Neutron. Elektrisch neutrales Teilchen, typischerweise im *Kern* eines *Atoms* anzutreffen; besteht aus drei *Quarks* (zwei down-Quarks und einem up-Quark).

Newtonsche Bewegungsgesetze. Gesetze, die die Bewegung von Körpern unter Krafteinfluß beschreiben, wobei sie voraussetzen, daß Raum und Zeit absolut und unwandelbar sind. Diese Gesetze galten unverändert, bis Einstein die *spezielle Relativitätstheorie* entdeckt hatte, die zeigt, daß die Newtonsche Theorie nur eine Näherung für den Grenzfall kleinerer Geschwindigkeiten ist.

Nichtperturbativ. Eigenschaften oder Ergebnisse einer Theorie, deren Gültigkeit nicht von Näherungsverfahren wie *Störungsrechnungen* abhängig ist; ein exaktes Merkmal einer Theorie.

Nulldimensionale Kugelfläche. Siehe *Kugelfläche*.

Offener String. Ein *String* mit zwei freien Enden.

O-heterotische Theorie, O(32) heterotische Theorie. Eine der fünf *Superstringtheorien*; arbeitet mit geschlossenen Strings, deren rechtslaufende Schwingungsbewegungen denen des Strings vom Typ II und deren linkslaufende Schwingungsbewegungen denen des *bosonischen Strings* ähneln. Unterscheidet sich in wichtiger, aber nicht leicht zu erklärender Weise von der *E-heterotischen Theorie*.

Pfadintegral. Eine mögliche Formulierung der *Quantenmechanik*, die davon ausgeht, daß Teilchen von einem Punkt zu einem anderen gelangen, indem sie alle zwischen den Punkten denkbaren Wege zurücklegen; die Summe der Beiträge aller dieser Wege ist das Pfadintegral.

Phase. Wenn der Begriff in Hinblick auf Materie verwendet wird, beschreibt er deren mögliche Aggregatzustände: feste, flüssige und gasförmige Phase. Allgemein dient er zur Beschreibung eines physikalischen Systems, bei dem Schlüsselgrößen verändert werden

(Temperatur, Wert der *String-Kopplungskonstante*, Form der *Raumzeit*), wobei bestimmte Wertebereiche dieser Größen charakteristische Eigenschaften zeigen.

Phasenübergang. Übergang eines physikalischen Systems von einer *Phase* zu einer anderen.

Photoeffekt. Phänomen, bei dem *Elektronen* aus einer Metalloberfläche herausgeschlagen werden, wenn man diese mit Licht bestrahlt.

Photon. Kleinstes Paket des *elektromagnetischen Felds*; *Botenteilchen* der *elektromagnetischen Kraft*; kleinstes Lichtpaket.

Planckenergie. Ungefähr 550 Kilowattstunden. Die Energie, die erforderlich ist, um Abstände bei Größenskalen der *Plancklänge* zu erfassen. Die typische Energie eines schwingenden *Strings* in der *Stringtheorie*.

Plancklänge. Rund 10^{-33} Zentimeter. Die Größenskala, unterhalb deren die *Quantenfluktuationen* in der *Raumzeit* gewaltig würden; entspricht der Größe eines typischen *Strings* in der *Stringtheorie*.

Planckmasse. Rund das zehn Milliarden Milliardenfache der Masse eines *Protons*; rund ein hundertstel tausendstel Gramm; ungefähr die Masse eines kleinen Staubkorns. Das typische Massenäquivalent eines angeregten *Strings* in der *Stringtheorie*.

Plancksche Konstante. Bezeichnet durch das Symbol h, eine alternative Definition ist $\hbar = h/2\pi$. Die Plancksche Konstante ist ein fundamentaler Parameter in der *Quantenmechanik*. Sie bestimmt die Größe der diskreten Einheiten von Energie, Masse, *Spin* und so fort, in die die mikroskopische Welt aufgeteilt ist. Ihr Wert ist $h = 6{,}626 \times 10^{-34} \, J \times s$ beziehungsweise $\hbar = 1{,}05 \times 10^{-34} \, J \times s$.

Planckspannung. Ungefähr 10^{39} Tonnen. Die Spannung eines typischen *Strings* in der *Stringtheorie*.

Planckzeit. Rund 10^{-43} Sekunden. Zeitdauer nach dem Urknall, nach der die Ausdehnung des Universums ungefähr einer *Plancklänge* entsprach. Genauer: die Zeit, die Licht braucht, um eine *Plancklänge* zurückzulegen.

Primordiale Nukleosynthese, Urknall-Kernsynthese. Erzeugung von Atomkernen während der ersten drei Minuten nach dem *Urknall*.

Proton. Positiv geladenes Teilchen, das sich typischerweise im *Kern* eines *Atoms* befindet und aus drei *Quarks* besteht (zwei up-Quarks und einem down-Quark).

Quanten. Die kleinsten physikalischen Einheiten, in die sich bestimmte Größen nach den Gesetzen der Quantenmechanik unterteilen lassen. Beispielsweise sind *Photonen* die Quanten des *elektromagnetischen Felds*.

Quantenchromodynamik (QCD). *Relativistische Quantenfeldtheorie* der *starken Kraft* und der *Quarks*.

Quantendeterminismus. Eigenschaft der *Quantenmechanik*: Ist der Quantenzustand eines Systems zu einem gegebenen Zeitpunkt bekannt, dann ist sein Quantenzustand zu allen vergangenen und zukünftigen Zeitpunkten eindeutig festgelegt.

Quantenelektrodynamik (QED). *Relativistische Quantenfeldtheorie* der *elektromagnetischen Kraft* und der *Elektronen*.

Quantenfeldtheorie. Siehe *relativistische Quantenfeldtheorie*.

Quantenfluktuationen. Turbulentes Verhalten eines Systems bei mikroskopischen Größenskalen infolge der *Unschärferelation*.

Quantengeometrie. Abänderung der *Riemannschen Geometrie*, die erforderlich ist, um die Physik des Raums bei *ultramikroskopischen Größenskalen*, wo Quanteneffekte große Bedeutung erlangen, exakt zu beschreiben.

Quantengravitation. Eine Theorie, die *Quantenmechanik* und *allgemeine Relativitätstheorie* erfolgreich vereinigt. Die *Stringtheorie* ist ein Beispiel für eine Theorie der Quantengravitation.

Quantenklaustrophobie. Siehe *Quantenfluktuationen*.

Quantenmechanik. Ein theoretischer Rahmen, dessen Gesetze das Verhalten des Universums bei sehr kleinen Abständen bestimmen, insbesondere bei den mikroskopischen Größenverhältnissen von *Atomen* und Elementarteilchen. Zu den ungewohnten Phänomenen, die für die Quantenmechanik charakteristisch sind, gehören *Unschärfe, Tunneleffekt, Quantenfluktuationen* und der *Welle-Teilchen-Dualismus*.

Quantenschaum. Siehe *Raumzeitschaum*.

Quark. Ein Materieteilchen, das der Wirkung der *starken Kraft* unterworfen ist. Quarks kommen in sechs Sorten vor (up, down, charm, strange, top, bottom) und drei »Farben« (rot, grün, blau), ihren *Ladungen* bezüglich der *starken Kraft*.

Raumzeit. Eine Vereinigung von Raum und Zeit, die sich ursprünglich aus der *speziellen Relativitätstheorie* ergibt. Läßt sich vorstellen als das »Gewebe«, aus dem das Universum besteht; sie ist der dynamische Schauplatz, auf dem sich die Ereignisse des Universums abspielen.

Raumzeitschaum. Nach konventioneller Punktteilchen-Auffassung der hektische, brodelnde Charakter der *Raumzeit* bei *ultramikroskopischen Größenskalen*. Vor der *Stringtheorie* ein entscheidender Grund für die Unvereinbarkeit von *Quantenmechanik* und *allgemeiner Relativitätstheorie*.

Raumzerreißender Flop-Übergang. Siehe *Flop-Übergang*.

Relativistische Quantenfeldtheorie. Eine quantenmechanische Theorie von Feldern, etwa des *elektromagnetischen Felds*, die die *spezielle Relativitätstheorie* einbezieht.

Relativitätsprinzip. Zentraler Begriff der *Relativitätstheorie*, nach der die physikalischen Gesetze für alle *Beobachter*, die mit konstanter Geschwindigkeit relativ zueinander bewegt sind, die gleiche Form haben; daher ist jeder dieser Beobachter gleichermaßen zu der Behauptung berechtigt, er befinde sich in Ruhe. Dieses Prinzip wird in der *allgemeinen Relativitätstheorie* zum *Äquivalenzprinzip* erweitert.

Resonanz. Einer der natürlichen Schwingungszustände eines physikalischen Systems.

Reziproker Wert. Kehrwert einer Zahl; der reziproke Wert von 3 ist beispielsweise $1/3$, der Kehrwert von $1/2$ ist 2.

Riemannsche Geometrie. Mathematischer Rahmen zur Beschreibung gekrümmter Flächen und Räume beliebiger Dimension; ist entscheidend für die Beschreibung der *Raumzeit* in Einsteins *allgemeiner Relativitätstheorie*.

Schaum. Siehe *Raumzeitschaum*.

Schrödinger-Gleichung. Gleichung, die die zeitliche Entwicklung von *Wellenfunktionen* in der *Quantenmechanik* bestimmt.

Schwach gekoppelte Stringtheorie. Theorie, deren *String-Kopplungskonstante* kleiner als 1 ist.

Schwache Eichsymmetrie. *Eichsymmetrie*, die der *schwachen Kraft* zugrunde liegt.

Schwache Kraft, schwache Kernkraft. Eine der vier fundamentalen Kräfte, vor allem bekannt für ihre Beteiligung an bestimmten radioaktiven Zerfällen.

Schwache Eichbosonen. Kleinste Pakete des schwachen Kraftfelds; *Botenteilchen* der *schwachen Kraft*; je nach Sorte als W- oder Z-Bosonen bezeichnet.

Schwarzes Loch. Ein Objekt, dessen ungeheures Gravitationsfeld alles, was ihm zu nahe kommt (näher als der *Ereignishorizont* des Schwarzen Lochs), erfaßt und nicht wieder losläßt.

Schwarzschildlösung. Lösung für die Gleichungen der *allgemeinen Relativitätstheorie* bei kugelsymmetrischer Materieverteilung; eine Konsequenz dieser Lösung ist die mögliche Existenz *Schwarzer Löcher*.

Schwerpunktschwingung. Die Bewegung eines *Strings* als Ganzes, bei der er seine Form nicht verändert.

Schwingungsmode, Schwingungsmuster. Die genaue Anzahl von Wellenbergen und -tälern sowie die *Amplitude*, die die Schwingung eines *Strings* kennzeichnen.

Schwingungszahl. Ganze Zahl, die die Energie der *Schwerpunktschwingung* eines *Strings* angibt; die Energie seiner Gesamtbewegung im Gegensatz zu derjenigen, die mit Formveränderungen verknüpft ist.

Singularität. Ort, an dem der Raum oder die *Raumzeit* eine Art verheerenden Riß erleidet.

Spezielle Relativitätstheorie. Einsteins Gesetze von Raum und Zeit in Abwesenheit von Gravitation (siehe auch *allgemeine Relativitätstheorie*).

Spiegelsymmetrie. Im Kontext der *Stringtheorie* eine *Symmetrie*, die zeigt, daß zwei verschiedene *Calabi-Yau-Räume*, von denen man weiß, daß sie ein spiegelsymmetrisches Paar sind, die gleichen physikalischen Konsequenzen ergeben, wenn sie für die *aufgewickelten Dimensionen* der *Stringtheorie* ausgewählt werden.

Spin. Charakteristischer Eigendrehimpuls von Elementarteilchen, der entweder ganzzahlig oder halbzahlig ist (in Einheiten der *Planckkonstante h*). Welchen Spin ein gegebenes Elementarteilchen trägt, hängt davon ab, um welche Sorte Teilchen es sich handelt.

Standardmodell der Kosmologie. *Urknall*theorie in Verbindung mit dem Verständnis der Naturkräfte (ohne die Gravitation), wie es im *Standardmodell der Teilchenphysik* formuliert ist.

Standardmodell der Teilchenphysik, Standardmodell, Standardtheorie. Eine außerordentlich erfolgreiche Theorie der fundamentalen Kräfte (ohne die Gravitation) und ihrer Wirkung auf Materie. Praktisch die Vereinigung von *Quantenchromodynamik* und *elektroschwacher Theorie*.

Stark gekoppelte Stringtheorie. Theorie, deren *String-Kopplungskonstante* größer als 1 ist.

Starke Kraft, starke Kernkraft. Stärkste der vier fundamentalen Kräfte; hält die *Quarks* im Inneren von *Protonen* und *Neutronen* zusammen und verklammert Protonen und Neutronen im Inneren von Atomkernen. Die *Eichsymmetrie*, die der *starken Kraft* zugrunde liegt, ist verknüpft mit der Invarianz eines physikalischen Systems bei Transformationen der Farbladungen von *Quarks*.

Störungsrechnung, Störungstheorie. Verfahren zur Vereinfachung eines schwierigen Problems: Zunächst wird eine Näherungslösung gesucht, die man anschließend verbessert, indem man nach und nach systematisch anfangs nicht berücksichtigte Effekte als Korrekturen mit einbezieht.

Strahlung. Energie, die durch Wellen oder Teilchen transportiert wird.

String. Fundamentales eindimensionales Objekt, das der wesentliche Bestandteil der *Stringtheorie* ist.

String-Kopplungskonstante. Eine (positive) Zahl, die bestimmt, wie hoch die Wahrscheinlichkeit ist, daß ein gegebener *String* sich in zwei Strings aufteilt oder daß sich zwei Strings zu einem vereinigen – die grundlegenden Prozesse der *Stringtheorie*. Jede Stringtheorie hat ihre eigene String-Kopplungskonstante, deren Wert sich durch eine Gleichung bestimmen lassen sollte. Augenblicklich verstehen wir solche Gleichungen noch nicht hinreichend, um irgendwelche nützlichen Informationen daraus gewinnen zu können. Kopplungskonstanten kleiner als 1 lassen darauf schließen, daß die *Störungsrechnungen* vernünftig anwendbar sind.

Stringmode. Eine mögliche Konfiguration (*Schwingungsmuster, Windungsmode*), die ein *String* annehmen kann.

Stringtheorie. *Vereinheitlichte Theorie* des Universums, die postuliert, daß die fundamentalen Bausteine der Natur keine nulldimensionalen Punktteilchen sind, sondern winzige eindimensionale Fäden, die man als *Strings* bezeichnet. Der Stringtheorie gelingt die harmonische Vereinigung von *Quantenmechanik* und *allgemeiner Relativitätstheorie*, also der bereits bekannten Gesetze des Großen und des Kleinen, die unter allen anderen Umständen unverträglich sind. Oft Kurzform der Bezeichnung *Superstringtheorie*.

Stringtheorie vom Typ I. Eine der fünf *Superstringtheorien*; umfaßt sowohl *offene* als auch *geschlossene Strings*.

Stringtheorie vom Typ IIA. Eine der fünf *Superstringtheorien*; umfaßt *geschlossene Strings* mit links-rechts-symmetrischen *Schwingungsmustern*.

Stringtheorie vom Typ IIB. Eine der fünf *Superstringtheorien*; umfaßt *geschlossene Strings* mit links-rechts-antisymmetrischen *Schwingungsmustern*.

Supergravitation. Klasse von Punktteilchen-Theorien, die eine Kombination aus *allgemeiner Relativitätstheorie* und *Supersymmetrie* darstellen.

Superstringtheorie. Stringtheorie, die die *Supersymmetrie* einbezieht.

Supersymmetrie. Ein Symmetrieprinzip, das die Eigenschaften von Teilchen mit ganzzahligem *Spin* (*Bosonen*) zu denen mit halbzahligem Spin (*Fermionen*) in Beziehung setzt.

Supersymmetrische Quantenfeldtheorie. *Quantenfeldtheorie*, die die *Supersymmetrie* einbezieht.

Supersymmetrisches Standardmodell. Erweiterung des *Standardmodells der Teilchenphysik* durch Einschluß der *Supersymmetrie*. Umfaßt eine Verdoppelung der bekannten Elementarteilchen.

Symmetrie. Der Umstand, daß bestimmte Eigenschaften eines physikalischen Systems gleichbleiben, wenn das System in bestimmter Art und Weise verändert wird. Beispielsweise ist eine *Kugel* rotationssymmetrisch, weil sich ihr Erscheinungsbild nicht verändert, wenn sie gedreht wird.

Symmetriebrechung. Eine Verringerung der *Symmetrien*, die ein System zu besitzen scheint, gewöhnlich verbunden mit einem *Phasenübergang*.

Tachyon. Teilchen, dessen (quadrierte) Masse negativ ist; sein Vorhandensein in einer Theorie läßt in der Regel auf logische Widersprüche schließen.

Teilchenbeschleuniger. Anlage, die Teilchen fast auf Lichtgeschwindigkeit beschleunigt und sie dann mit anderen Teilchen zusammenstoßen läßt, um ihren materiellen Aufbau zu ermitteln.

Thermodynamik. Gesetze, die im neunzehnten Jahrhundert entwickelt wurden, um Aspekte der Wärme, Arbeit, Energie, *Entropie* und ihre wechselseitige Abhängigkeit in einem physikalischen System zu beschreiben.

Topologie. Einteilung von Formen in Klassen, deren Mitglieder sich ineinander verformen lassen, ohne daß ihre Struktur in irgendeiner Weise zerrissen wird.

Topologieverändernder Übergang. Entwicklung des Raums, bei der es zu Rissen kommt; dadurch verändert sich die *Topologie* des Raums.

Topologisch verschieden. Zwei Formen, die sich nicht ineinander verformen lassen, ohne ihre Struktur in irgendeiner Weise zu zerreißen.

Torus. Die zweidimensionale Oberfläche eines Doughnuts oder eines Fahrradschlauchs.

Tunneleffekt. Phänomen in der *Quantenmechanik*: Objekte können Hindernisse überwinden, die nach den klassischen Gesetzen der Newtonschen Physik unpassierbar sein müßten.

Ultramikroskopische Größenskalen. Im Sprachgebrauch dieses Buches: Längenskalen, die kleiner als die *Plancklänge* sind (sowie Zeitskalen, die kleiner als die *Planckzeit* sind).

Unendlichkeiten. Im Kontext dieses Buches: Typisches unsinniges Ergebnis, das auftritt, wenn Berechnungen, die sowohl die *allgemeine Relativitätstheorie* als auch die *Quantenmechanik* zugrunde legen, in einem Punktteilchen-Kontext vorgenommen werden.

Unschärferelation. Von Heisenberg entdecktes Prinzip der *Quantenmechanik*, nach dem es Eigenschaften des Universums gibt, etwa den Ort und die *Geschwindigkeit* eines Teilchens, die sich nicht beide zusammen mit letzter Genauigkeit ermitteln lassen. Solche unscharfen oder unbestimmten Aspekte der mikroskopischen Welt werden um so gravierender, je kleiner die betrachteten Abstände und Zeitskalen sind. Teilchen und Felder schwanken und springen zwischen Werten, die sich in Übereinstimmung mit der Unschärferelation befinden. Daraus folgt, daß die mikroskopische Welt eine brodelnde, turbulente Arena ist, ein schäumendes Meer von *Quantenfluktuationen*.

Urknall. Gegenwärtig allgemein akzeptierte Theorie, daß das expandierende Universum vor rund 15 Milliarden Jahren in einem Zustand enormer Energie, Dichte und Kompression begonnen hat.

Urknall-Kernsynthese. Siehe *primordiale Nukleosynthese*.

Vereinheitlichte Theorie, vereinheitlichte Feldtheorie. Jede Theorie, die alle vier Kräfte und alle Materie in einem einzigen, allumfassenden Kontext beschreibt.

Virtuelle Teilchen. Teilchen, die vorübergehend aus dem Vakuum entstehen; sie verdanken ihre Existenz, gemäß der *Unschärferelation*, geborgter Energie und vernichten sich rasch, womit sie das Energiedarlehen zurückzahlen.

W-Bosonen. Siehe *schwache Eichbosonen*.

Wellenfunktion. Wahrscheinlichkeitswellen, auf die sich die *Quantenmechanik* gründet.

Wellenlänge. Der Abstand zwischen aufeinanderfolgenden Wellenbergen beziehungsweise -tälern.

Welle-Teilchen-Dualismus. Grundmerkmal der *Quantenmechanik*, nach der bestimmte Objekte sowohl wellenartige als auch teilchenartige Eigenschaften besitzen.

Weltfläche. Zweidimensionale Fläche, die von einem *String* im Zuge seiner Bewegung überstrichen wird.

Weltformel (TOE, »Theory of Everything«, allumfassende Theorie). Eine quantenmechanische Theorie, die alle Kräfte und alle Materie umfaßt.

Windungsenergie. Die Energie eines *Strings*, die sich daraus ergibt, daß er um eine kreisförmige *Dimension* des Raums gewunden ist.

Windungsmode. Eine Stringkonfiguration, die um eine kreisförmige *Raumdimension* gewickelt ist.

Windungszahl. Zahl, die angibt, wie oft ein *String* um eine kreisförmige Raumdimension gewunden ist.

Wurmloch. Eine röhrenähnliche Raumregion, die eine Region des Universums mit einer anderen verbindet.

Z-Bosonen. Siehe *schwache Eichbosonen*.

Zeitdehnung. Umstand, der sich aus der *speziellen Relativitätstheorie* ergibt: Für einen bewegten *Beobachter* verlangsamt sich der Zeitablauf.

Zwei-Bran. Siehe *Bran*.

Zweidimensionale Kugelfläche. Siehe *Kugelfläche*.

Zweite Superstringrevolution. Phase in der Entwicklung der *Stringtheorie*, die um 1995 einsetzte und in der man bestimmte *nichtperturbative* Aspekte der Theorie zu verstehen begann.

Zweiter Hauptsatz der Thermodynamik. Gesetz, nach dem die Gesamtentropie eines geschlossenen Systems nicht mit der Zeit abnehmen kann.

Literatur

Abbott, Edwin A., *Flächenland*, Bad Salzdetfurth 1990.

Barrow, John D., *Theorien für Alles. Die Suche nach der Weltformel*, Reinbek bei Hamburg 1994.

Bronowski, Jacob, *Der Aufstieg des Menschen. Stationen unserer Entwicklungsgeschichte*, Frankfurt/M. 1976.

Clark, Ronald W., *Einstein: Leben und Werk*, Tübingen 1974.

Crease, Robert P., und Charles C. Mann, *The Second Creation*, New Brunswick 1996.

Davies, P.C.W., *Die Urkraft. Auf der Suche nach einer einheitlichen Theorie der Natur*, Hamburg 1987.

Davies, P.C.W., und J. Brown, *Superstrings. Eine allumfassende Theorie?* Basel 1989.

Deutsch, David, *Die Physik der Welterkenntnis. Auf dem Weg zum universellen Verstehen*, Basel 1996.

Ehlers, Jürgen, und Gerhard Börner (Hg.), *Gravitation*, 2., überarb. Aufl. Heidelberg 1996.

Einstein, Albert, *Grundzüge der Relativitätstheorie*, Braunschweig 1990.

ders., *Über die spezielle und die allgemeine Relativitätstheorie*, Braunschweig 1992.

Ferris, Timothy, *Kinder der Milchstrasse. Die Entwicklung des modernen Weltbildes*, Basel 1989.

ders., *The Whole Shebang*, New York 1997.

Fölsing, Albrecht, *Albert Einstein*, Frankfurt/M. 1995.

Feynman, Richard, *Vom Wesen physikalischer Gesetze*, München 1993.

Gamow, George, *Mr. Tompkins' seltsame Reisen durch Kosmos und Mikrokosmos*, Braunschweig 1993.

Gell-Mann, Murray, *Das Quark und der Jaguar. Vom Einfachen zum Komplexen. Die Suche nach einer neuen Erklärung der Welt*, München 1994.

Glashow, Sheldon, *Interactions*, New York 1988.

Guth, Alan H., *Die Geburt des Kosmos aus dem Nichts. Die Theorie des inflationären Universums*, München 1999.

Hawking, Stephen, *Eine kurze Geschichte der Zeit*, Reinbek bei Hamburg 1991.

ders., und Roger Penrose, *Raum und Zeit*, Reinbek bei Hamburg 1998.

Hey, Tony, und Patrick Walters, *Einstein's Mirror*, Cambridge 1997.

Höfling, Oskar, und Pedro Waloschek, *Die Welt der kleinsten Teilchen: Vorstoß zur Struktur der Materie*, Reinbek bei Hamburg 1994.

Kaku, Michio, *Jenseits von Einstein. Die Suche nach der Theorie des Universums*, Frankfurt/M. 1996.

ders., *Im Hyperraum. Eine Reise durch Zeittunnel und Paralleluniversen*, Reinbek bei Hamburg 1998.

Lederman, Leon, und Dick Teresi, *Das schöpferische Teilchen. Der Grundbaustein des Universums*, München 1993.

Lindley, David, *Das Ende der Physik. Vom Mythos der großen vereinheitlichten Theorie*, Basel 1994.

ders., *Where does the Weirdness Go?*, New York 1996.

Overbye, Dennis, *Das Echo des Urknalls. Kernfragen der modernen Kosmologie*, München 1991.

Pais, Abraham, *Raffiniert ist der Herrgott*, Braunschweig 1986.

Penrose, Roger, *Computerdenken. Des Kaisers neue Kleider oder Die Debatte um künstliche Intelligenz, Bewußtsein und die Gesetze der Physik*, Heidelberg 1991.

Rees, Martin J., *Before the Beginning*, Reading, Mass., 1997.

Smolin, Lee, *Warum gibt es die Welt? Die Evolution des Kosmos*, München 1999.

Thorne, Kip, *Gekrümmter Raum und verbogene Zeit. Einsteins Vermächtnis*, München 1994.

Weinberg, Steven, *Die ersten drei Minuten. Der Ursprung des Universums*, München 1980.

ders., *Der Traum von der Einheit des Universums*, München 1993.

Wheeler, John A., *Gravitation und Raumzeit. Die vierdimensionale Ereigniswelt der Relativitätstheorie*, Heidelberg 1992.

Register

Die *kursiven Ziffern* verweisen auf Bildlegenden.

Nachwort zur Jubiläumsausgabe

Vor einem Vierteljahrhundert beendete ich *Das elegante Universum* mit einer Handvoll Fragen, von denen ich annahm, sie könnten den Forschern auf der weiteren Suche nach einem tieferen Verständnis der Naturgesetze als Orientierung dienen. Vielleicht haben Sie diese Fragen gerade in Kapitel 15 gelesen, oder aber es ist so viele Jahre her, dass Sie sich kaum noch erinnern. Deshalb eine kurze Gedächtnishilfe:

Welches Grundprinzip liegt der Stringtheorie zugrunde?
Was sind Raum und Zeit tatsächlich, und können wir ohne sie auskommen?
Wird die Stringtheorie zu einer Neuformulierung der Quantenmechanik führen?
Lässt sich die Stringtheorie experimentell überprüfen?
Gibt es Grenzen des Erklärungsvermögens?

Natürlich wäre es schön für mich, wenn ich diese Fragen jetzt beantworten könnte, doch leider muss hier die Feststellung genügen, dass mein jüngeres Selbst seinem älteren damit keine guten Vorlagen geliefert hat. Es würde mich nicht überraschen, wenn der Zeitrahmen für die Beantwortung dieser entscheidenden Fragen – vor allem, wenn wir »Stringtheorie« als die differenzierteste Auffassung von Gravitation und Quantenmechanik verstehen, die die Wissenschaftler einer gegebenen Epoche entwickeln können – sich am Ende nach Jahrhunderten und nicht nach Jahrzehnten bemisst.

Selbst unter diesen Umständen haben die Stringtheoretiker in den letzten fünfundzwanzig Jahren eindrucksvolle Fortschritte an so vielen Fronten erzielt, dass ich mich hier, da ich nur ein Nachwort und keine veritable Fortsetzung schreibe, einer überwältigenden Fülle von Material gegenübersehe. Bei der Sichtung der Fortschritte, die

ich behandeln möchte, habe ich die Entwicklungen bevorzugt, die
die Kernthemen von *Das elegante Universum* betreffen, während
ich schweren Herzens all die wunderbaren Arbeiten außer Acht gelassen habe, die unerwartete Erkenntnisse über nur marginal damit
zusammenhängende Aspekte betreffen. Ähnliche Beschränkungen
habe ich mir bei meiner Neigung auferlegt, alle wissenschaftlichen
Punkte zusammenzustellen und sie dann zu einer in sich schlüssigen
Beschreibung von Forschungsentwicklungen zu verbinden. Dieses
Vorgehen würde ein ganzes Buch verlangen und wäre verfehlt, denn
mir geht es hier um einen relativ leicht lesbaren Forschungsüber-
blick, der sich auf die Höhepunkte eines Vierteljahrhunderts beschränkt.

Angesichts dieser Gesichtspunkte habe ich beschlossen, die Höhepunkte in drei allgemeine Kategorien einzuteilen: Experimentalergebnisse, Aspekte des Multiversums, und – besonders spektakulär – das
Forschungsfeld mit der sperrigen Bezeichnung AdS/CFT-Korrespon-
denz. Nach Erörterung dieser Entwicklungen greife ich am Ende
noch einmal die oben erwähnten abschließenden Fragen aus dem
Eleganten Universum auf, wobei ich ausführe, welche Erkenntnisse
sich aus den dargestellten Fortschritten der Forschung für jede Frage
ergeben.

Entdeckungen in der Teilchenphysik

Als ich das erste gebundene Exemplar von *Das elegante Universum*,
frisch aus der Druckerei, in Händen hielt, war der Large Hadron
Collider in Genf noch ein Jahrzehnt von seiner Inbetriebnahme entfernt. Damals ahnte natürlich noch niemand, dass der Beschleuniger
im September 2008, neun Jahre nach Aufnahme seiner Arbeit, plötzlich wieder abgeschaltet werden musste. Eine winzige gelockerte
Verbindung bewirkte eine elektrische Überlastung, die dazu führte,
dass zwei supraleitende Magneten überhitzten und sich einige Bau-
teile verbogen. Daraufhin musste die Anlage rund ein Jahr lang geschlossen bleiben, doch Ende 2009 kam der Large Hadron Collider
leistungsfähiger denn je zurück und beschleunigte Protonen in seinem 27 Kilometer langen Tunnel – einem der leersten und kältesten
Bereiche des Sonnensystems – in entgegengesetzten Richtungen auf
Geschwindigkeiten nahe der des Lichts. Die Energien bei den Kollisionen dieser Protonen lagen weit über denen, die bis dahin im Labor erreicht worden waren.

Als der Collider in Betrieb genommen wurde, fasste ich in einer Gastkolumne für die *New York Times* die wichtigsten Gründe für den Bau der Anlage zusammen: Es galt, das Higgs-Teilchen zu finden, die Supersymmetrie zu bestätigen, Belege für die Extradimensionen des Raums zu entdecken und auf völlig Unerwartetes zu stoßen. Bewusst habe ich den einzelnen Zielen, die die Welt dazu veranlassten, fünf Milliarden Dollar für den Collider bereitzustellen, nicht gleiche Wahrscheinlichkeiten eingeräumt (sie sind oben in abnehmender Reihenfolge ihrer vermuteten Wahrscheinlichkeit aufgelistet). Außerdem habe ich noch ein anderes mögliches Ergebnis berücksichtigt: dass wir gar nichts finden. Dazu merkte ich an, dass nichts zu finden ein denkbar radikales Ergebnis sein würde, bedeute es doch, einige lang gehegte und sehr überzeugende Ideen über Bord werfen zu müssen. Aber es wäre auch eine große Herausforderung gewesen: Ein Ausrufungszeichen in der Überschrift »Collider findet nichts!« hätte umgehend eine Menge Klicks von Physikern, aber sicherlich von niemandem sonst heraufbeschworen.

Wie allgemein bekannt, meinte der Collider es gut mit Physikern wie Journalisten. Bei einer stürmischen Pressekonferenz am 4. Juli 2012 in der Genfer Anlage wurden die Sprecher Fabiola Gianotti und Joe Incandela von Hunderten Forschern, einschließlich des dreiundachtzigjährigen Peter Higgs, umringt, als die Entdeckung dieses so scheuen, nach ihm benannten Teilchens offiziell bekannt gegeben wurde. Die Kamera, die dieses Ereignis festhielt, zeigte einen tief bewegten Higgs (die Person), dem die Tränen in den Augen standen. Higgs war nicht der einzige Forscher, der an der Vorhersage des Higgs-Teilchens beteiligt war – Erwähnung verdienen auch François Englert (der sich später den Nobelpreis mit Higgs teilte), Robert Brout, Gerald Guralnik, Carl Hagen, Tom Kibble und zweifellos noch andere. Aber Higgs' Reise entsprach wohl dem direktesten Weg zum Ziel, dem Weg, von dem alle Theoretiker träumen.

In den 1960er Jahren rangen Higgs und andere mit der Frage, wie verschiedene Teilchen Masse erwarben, die von zentraler Bedeutung für das im Entstehen begriffene Standardmodell der Teilchenphysik waren. Rätselhaft war der Umstand, dass die den theoretischen Gleichungen zugrunde liegenden Symmetrieprinzipien offenbar verlangten, dass die Teilchen, wie etwa das Photon, masselos waren, wo doch die Daten eindeutig zeigten, dass die Teilchen massebehaftet waren. Angesichts wachsender Diskrepanzen zwischen Theorie und Experiment fand Higgs einen gemeinsamen Nenner: Wenn der Raum mit einem Feld angefüllt ist, so wie Dampf sich in einer Sauna ausbreitet, können die Gleichungen ihre masselose Symmetrie bewahren, während die Teilchen Masse von einem Umwelteinfluss aufnehmen – eine Art exotische Reibung, die entsteht, wenn die Teilchen sich durch das dichte Higgs-Feld drängen.

Wie Higgs erkannte, musste dieses unsichtbare, raumfüllende Feld, wenn sein Vorschlag richtig war, eine sichtbare Signatur haben: ein winziges, aber dichtes »Nugget« des Feldes würde sich als Teilchen erweisen – das Higgs-Teilchen. Und wie sollte man das Teilchen herausschlagen (genauer: Energie in eine Teilchenerregung des Higgs-Feldes verwandeln)? Eine Möglichkeit bestünde darin, Protonen in energiereichen Kollisionen aufeinanderprallen zu lassen, die das Higgs-Feld durcheinanderwirbeln – wie eine Bauchlandung das Wasser aufspritzen lässt – und einen Sprühnebel von Teilchen erzeugen, der laut den Berechnungen das Higgs-Teilchen enthalten sollte. Fast ein halbes Jahrhundert nachdem Peter Higgs seine Arbeit geschrieben hatte, gelang es dem Large Hadron Collider tatsächlich, Higgs-Teilchen auf diese Art zu produzieren.

Die Odyssee von einem Rätsel, in dem Theorie und Experiment unversöhnlich nebeneinanderstanden, zu einem mathematischen Vorschlag ihrer Versöhnung und dann – am wichtigsten – zu Experimentaldaten, die die mathematischen Entwürfe bestätigten, ist genau jene Art von Odyssee, für die Theoretiker höchste Hochachtung hegen. Doch egal, wie schön unsere Gleichungen, wie bestechend unsere Ideen sind, zur Beschreibung der Realität eignen sie sich nur, wenn Experimente bestätigen, dass dies der Fall ist. Die Bestätigung des Higgs-Teilchens gehört zu den bedeutendsten modernen Beispielen, die zeigen, wie uns die Mathematik zur Erkenntnis der Realität führen kann. Viele Forscher sahen sich durch sie veranlasst, von der Entdeckung weiterer mathematisch vorhergesagter Teilchen auszugehen, wobei man annahm, dass besonders der Nachweis der in Kapitel 7 erörterten Superpartner-Teilchen nicht mehr lange auf sich warten lassen würde.

Supersymmetrie

Das »Super« in Superstringtheorie bezeichnet eine tiefere mathematische Symmetrie, die Supersymmetrie. Wenn Sie sich die Einzelheiten noch einmal vor Augen halten wollen, können Sie in Kapitel 7 nachschlagen, doch die einzigen Aspekte, die wir hier brauchen, sind: Erstens, nur die supersymmetrische Version der Stringtheorie hat die Möglichkeit, unsere Welt zu beschreiben, und zweitens, die Supersymmetrie verlangt eine Fülle von Teilchen, die die Zahl der bislang entdeckten weit überschreitet. Denn jedes bis heute gefundene Teilchen braucht ein Partnerteilchen: Für das Elektron ist das vorhergesagte Teilchen das s-Elektron, für das Neutrino das s-Neutrino und für Quarks die s-Quarks. Diese »s-Teilchen« sind die »Superpartner« der bekannten Teilchen.

Obwohl die Supersymmetrie im Rahmen der Stringtheorie entwickelt wurde, fanden die Physiker anschließend eine Version, die sich auf die Quantenfeldtheorie anwenden lässt, besonders auf die außerordentlich erfolgreiche Quantenfeldtheorie der bekannten Teilchen, das Standardmodell. Die supersymmetrische Spielart des Standardmodells sagt ebenfalls Superpartner-Teilchen voraus, der Grund, warum selbst Nicht-Stringtheoretiker sie jetzt zu den wichtigen Zielen des Large Hadron Collider zählen. Ohne besonderes Interesse an der Stringtheorie könnte man sich natürlich fragen, warum Physiker überhaupt daran interessiert sein sollten, ihr erfolgreiches Standardmodell so abzuändern, dass es die Supersymmetrie einbezieht.

Ein Grund dafür wird in Kapitel 7 erklärt: Mit der Supersymmetrie nähern sich die Stärken der elektromagnetischen schwachen und starken Kraft bei kleinen Abständen weitgehend demselben Wert an – ein bedeutender Hinweis auf die Vereinheitlichung. Doch ein noch gewichtigeres Argument für die Supersymmetrie hängt mit der Higgs-Saga zusammen. Lange bevor das Higgs-Teilchen experimentell entdeckt wurde, rechneten Physiker aus, dass die Higgs-Masse sehr empfänglich für die Quanteneinflüsse der vielen anderen Teilchen sein würde, mit denen sie wechselwirkten. Tatsächlich hätten die Quanteneinflüsse die Higgs-Masse um einen Faktor vergrößern müssen, der den im Large Hadron Collider erzielten Wert Abermilliarden Mal übertraf (die gemessene Masse des Higgs-Teilchen entspricht ungefähr dem 125-Fachen der Protonenmasse). Die Supersymmetrie bot eine Lösung für diese Diskrepanz: Danach beeinflussten auch die Superpartner-Teilchen die Higgs-Masse, allerdings würden die neuen Beiträge, den Berechnungen zufolge, diejenigen der gewöhnlichen Teilchen *aufheben* und damit die Entwicklung zu einer weit höheren Higgs-Masse unterbinden.

Im Laufe der Jahre fanden viele Physiker großen Gefallen an dieser Rolle der Supersymmetrie. Außerdem waren nicht wenige fasziniert von ihrer mathematischen Struktur, die, wie in Kapitel 7 dargelegt, einen natürlichen Höhepunkt des jahrelangen Bestrebens darstellt, Symmetrieprinzipien in die Physik zu integrieren. Aus meinem Studium in den 1980er Jahren erinnere ich mich noch an das weitverbreitete Gefühl, dass die Supersymmetrie einfach zu schön sei, um falsch zu sein. Daher schien es nur eine Frage der Zeit, bis man Superpartner-Teilchen erzeugte, das Problem der Higgs-Masse löste und eine intrinsische Eigenschaft der Stringtheorie bestätigte. Überall in den Physik-Departments der Welt wurden Champagnerflaschen für den großen Tag bereitgestellt.

Wo stehen wir also nach all diesen Jahren?

Nun, mehr als ein Jahrzehnt nach der Entdeckung des Higgs-Teilchens mit dem Large Hadron Collider, würde die Schlagzeile, die die anschließenden Fortschritte zusammenfasste, in der Tat lauten: »Collider findet nichts!« Die Jagd geht weiter, denn die anstrengende Suche nach den Superpartnern ist ein langes und mühsames Geschäft. Aber was sind die Folgen, wenn der Trend fortdauert und die Superpartner-Teilchen sich nicht zeigen?

Ganz konkret stehen die Physiker dann wieder vor dem Rätsel der Higgs-Masse: Ohne die Aufhebung durch die Superpartner-Teilchen muss man einen anderen Mechanismus finden, der die Higgs-Masse am Explodieren hindert. Doch am wichtigsten für unsere Überlegung ist die Frage, was das Fehlen von Superstring-Teilchen für die Stringtheorie bedeuten würde.

Kämen wir also zu dem Schluss, die Stringtheorie lasse sich ausschließen, wäre ich hocherfreut. Nicht darüber, dass die Stringtheorie falsch wäre, sondern erfreut, weil die Frage, wie wichtig die Stringtheorie für die Beschreibung der Realität ist, ein für alle Mal geklärt wäre. Auf diesen Punkt lege ich großen Wert, weil die enge Beziehung eines Forschers zu einer Theorie leicht als das Bestreben missverstanden werden kann, an der Theorie selbst angesichts vernichtender Gegenbeweise festzuhalten. Obwohl ich also darauf vertraue, dass die Reise durch die frühen Kapitel, auf der Sie mich begleitet haben, diese Einstellung schon klargemacht haben dürften, lassen Sie mich das noch einmal in aller Deutlichkeit sagen: Ich fühle mich weder der Stringtheorie verpflichtet noch irgendeinem anderen Versuch, das tiefere Wirken der Natur zu erklären. Mein Bestreben in der Wissenschaft ist darauf gerichtet, der Wahrheit näher zu kommen. Wenn die Daten – oder in diesem Fall der Mangel an Daten – die Stringtheorie ausschließen könnten, wäre das ein eindeutiger Fortschritt in Richtung Wahrheit, den ich freudig begrüßen würde. Verstehen Sie mich nicht falsch, ich wäre enttäuscht, weil die Mathematik der Stringtheorie das Versprechen, eine einheitliche, vorhersagefähige und bestätigte Beschreibung der Realität zu liefern, nicht eingelöst hätte. Aber dieses Gefühl würde gegenüber der tiefen Genugtuung verblassen, jetzt – und nicht in einem Jahr oder in zehn Jahren oder in fünfundzwanzig Jahren – zu erfahren, dass die Gemeinschaft der Stringtheoretiker ihre Zeit und Energie besser anderen Dingen widmen sollte.

Vielleicht verfügen wir eines Tages über Beweise, die die Stringtheorie ausschließen, aber das Unvermögen, die Supersymmetrie zu finden, wird sicherlich nicht dafür verantwortlich sein. Die Größenverhältnisse sind schuld. Um das zu verstehen, müssen Sie sich an Kapitel 6 (das Beispiel des Pfirsichkerns) und an die umgekehrte Wechselbeziehung zwischen Länge und Energie erinnern: Um kleinere und immer kleinere Abstände zu untersuchen, brauchen wir größere und immer größere Energien. In der Stringtheorie ist die wichtigste Größenskala die Planck-Skala, deren Länge einem Milliardstel eines Milliardstel der Größe eines Atomkerns entspricht und deren Energie sich auf eine Milliarde Milliarden Protonenmassen beläuft. Im Gegensatz dazu kann der Large Hadron Collider bei höchster Leistung nur Längen messen, die nicht größer sind als ein Tausendstel der Größe eines Atomkerns, wobei seine Energie lediglich dem Zehntausendfachen einer Protonenmasse entspricht. Daher brauchen wir zur Messung der Planck-Skala einen Beschleuniger, der eine Million Milliarden Mal so leistungsfähig ist wie der Large Hadron Collider.

Wenn wir einen für die Planck-Skala geeigneten Collider besäßen und wenn die Stringtheorie eine zutreffende Theorie der Natur wäre, würde sich die Supersymmetrie in den Daten zeigen. Doch durch die heutige grobe Technik (grob im Vergleich zur Planck-Skala) können die supersymmetrischen Merkmale der Stringtheorie leicht verdeckt werden, so wie die Quanteneigenschaften der atomaren Welt durch die vergleichsweise groben Größenverhältnisse unserer Alltagswelt verschleiert werden. Konkret könnte es sein, dass die Superpartner-Teilchen existieren, ihre Masse aber weit unter den Zugriffsmöglichkeiten des Colliders liegen, was erklärt, warum wir sie noch nicht entdeckt haben.

Das ist noch keine neue Erkenntnis. Schon bei den frühesten Forschungsarbeiten über Supersymmetrie erkannten die Theoretiker, dass die grundlegenden Gleichungen die Masse der Superpartner-Teilchen nicht genau angaben, und daher war immer damit zu rechnen, dass die Leistung des Large Hadron Colliders nicht ausreicht, um sie zu erzeugen. Obwohl ich wie viele meiner Kollegen die Möglichkeit für gering erachtete, gab es damals Theoretiker, die die Auffassung vertraten, die Stringtheorie scheine überschwere Superpartner zu *bevorzugen*, die viel zu massereich seien, um vom Large Hadron Collider oder von irgendwelchen auch nur annähernd realistischen Beschleunigern der Zukunft erzeugt zu werden. Es lohnt sich, einen Augenblick innezuhalten und die Gründe für ihre Auffassung zu betrachten, zumal die Daten sie heute eher zu bestätigen scheinen.

In Kapitel 8 habe ich beschrieben, wie die Extradimensionen der Stringtheorie zu winzigen Längen weit unterhalb der Grenze direkter Beobachtbarkeit zusammengerollt werden. Wie ich außerdem bemerkte, haben die Theoretiker, als sich die Forschung während der späten 1980er Jahre und danach weiterentwickelte, immer neue potenzielle Formen für die Extradimensionen entdeckt. Eines aber blieb: Allen Formen, die ich im *Eleganten Universum* erörterte – die Calabi-Yau-Formen –, ist gemeinsam, dass die Supersymmetrie weiterhin von zentraler Bedeutung für sie ist. In dem Forschungsbericht, der die Calabi-Yau-Formen in die Stringtheorie einführte, machten es die Autoren zur *Bedingung*, dass die Extradimensionen die Supersymmetrie beschützen, um dafür zu sorgen, dass ihre winzige Geometrie den Quantennebel lichtet, der sonst die Superpartner verdecken würde, und angesichts dieser Bedingung führte die Mathematik sie zu den Calabi-Yau-Formen.

Aber neben den Calabi-Yau-Formen gibt es noch sehr viele andere Möglichkeiten, die die Stringtheorie gut verwenden könnte (Formen also, mit denen sich die Gleichungen der Stringtheorie lösen lassen), und solche Formen schützen die supersymmetrische Eigenschaft nicht vor Verdeckung. Für den Fall, dass solche Extradimensionen gewählt werden, sagt die Stringtheorie *nicht* vorher, dass die Superpartner-Teilchen im Leistungsbereich des Large Hadron Colliders liegen – oder irgendeines anderen Beschleunigers, der in absehbarer Zukunft gebaut werden könnte. Mehr noch, es gibt viel mehr Formen, die die Supersymmetrie verdecken, als solche, die sie beschützen. In der Vergangenheit widerstrebte es Forschern (wie mir), sich mit etwas anderem als dem Fall der unverdeckten Supersymmetrie zu beschäftigen, weil sie von der mathematischen Schönheit der Supersymmetrie, ihrer Fähigkeit, das Rätsel der Higgs-Masse anzugehen, Wege zu einer natürlichen Vereinheitlichung der Kraftstärken zu entwickeln und sogar schlüssige Ansätze zur Erklärung der dunklen Materie zu liefern, zutiefst beeindruckt waren. Doch da der Large Hadron Collider keinerlei Anhaltspunkte für die

Existenz von Superpartnern präsentieren kann, verändert sich diese Einstellung. Die Forscher erweitern den Horizont ihrer Studien und berücksichtigen eine größere Vielfalt von Formen, in denen die Supersymmetrie nicht mehr bewahrt ist. Statt also zum Ausschluss der Stringtheorie selbst zu führen, bewirkt der Umstand, dass keine Superpartner gefunden werden, die Veränderung verschiedener Forschungsagenden innerhalb der Stringtheorie.

Wenn wir einmal von den Einzelheiten absehen, besteht die Herausforderung, die durch diese Entwicklungen unterstrichen wird, darin, dass die Stringtheorie keine spezifischen, eindeutigen Voraussagen liefert, die mit der gegenwärtigen Technologie zu überprüfen sind. Viele von uns hatten gehofft, dass die Entdeckung der Superpartner-Teilchen sich als der erste Durchbruch in einer Reihe weiterer erweisen würde, die uns, Entdeckung für Entdeckung, aus der Physik des Standardmodells hinaus- und näher an die Stringtheorie heranführen würden. Doch wie ich vor fünfundzwanzig Jahren in Kapitel 7 schrieb, das Ziel, die Superpartner zu finden, war immer nur eine wohlbegründete Hoffnung, aber keine eindeutige Vorhersage. Ohne Gleichungen, die eindeutige Werte für die Massen der Superpartner angeben, ist die Wahrscheinlichkeit groß, dass die Resultate außerhalb der Reichweite heutiger und höchstwahrscheinlich auch künftiger Collider liegen.

Wenn Beschleuniger bis in die Nähe der Planck-Skala kämen, wären wir in einer ganz anderen Situation, da direkte Tests der Stringtheorie möglich wären. Wir wären immer noch auf ein genaueres Verständnis der Theorie angewiesen, um Berechnungen und Daten eingehender vergleichen zu können, aber unter diesen fiktiven Bedingungen würde sich die Theoriebildung am Experiment orientieren, wie sie es über lange Zeiträume der Physikgeschichte getan hat. Wenn wir wieder die Realität der heutigen Technologie ins Auge fassen, fünfzehn Größenordnungen von der Planck-Skala entfernt, ist der direkte experimentelle Bezug unwahrscheinlich.

Physik oder Metaphysik?

Bedeutet der Mangel an überprüfbaren teilchenphysikalischen Vorhersagen, dass die Stringtheorie ins Reich der Metaphysik gehört? Kritiker der Stringtheorie haben – gelegentlich mit etwas übertriebenem Eifer – die Auffassung geäußert, die Antwort sei Ja. Ich denke, solche Einschätzungen haben wenig Wert. Jeder Ansatz in der Quantengravitation, Stringtheorie oder anderen Bereichen wird im Kern von physikalischen Gegebenheiten ausgehen, die unmittelbar mit der Planck-Skala in Zusammenhang stehen, und da diese Skala so weit jenseits unserer technischen Möglichkeiten liegt, wird die Entwicklung experimenteller Tests außerordentlich schwierig sein. Das liegt in der Natur der meisten ehrgeizigen Forschungsfelder, bewegt man sich dort doch an den äußersten Grenzen unseres Wissens. Aber es bedeutet sicherlich nicht, dass die Forschung nicht mehr als Physik gelten kann und aufgegeben werden sollte.

Doch wie lässt sich die Stringtheorie ohne Bezug zum Experiment beurteilen? Wir sollten dem Beispiel der Forscher folgen, für die am meisten auf dem Spiel steht: der jungen Wissenschaftler, die über ihre Forschungslaufbahn entscheiden, und die gestandenen Vertreter des Fachs, die bestrebt sind, den Erkenntnisstand zu verbessern. Auch ohne ausdrücklichen Auftrag sind diese Forscher natürlich ständig bemüht, die Fortschritte und Leistungen in ihrem Forschungsfeld zu verfolgen und zu bewerten. Im Laufe der Jahre haben solche Einschätzungen einige Wissenschaftler zu der Überzeugung gebracht, dass die Fortschritte auf experimentellem Gebiet zu langsam für ihre Erwartungen seien, worauf sie ihr Forschungsfeld verließen. Doch andere – tatsächlich so viele, dass man der Stringtheorie vorgeworfen hat, zu viele hochbegabte Wissenschaftler abzuwerben – haben den Eindruck gewonnen, dass hier neue theoretische Entdeckungen und physikalische Erkenntnisse so rasch und faszinierend aufeinanderfolgen, dass sie sich entschlossen und begeistert in die Arbeit stürzen.

Entscheidend ist, dass es hier kein Richtig und Falsch gibt. Es ist eine Frage des persönlichen wissenschaftlichen Geschmacks. Wer Wert darauf legt, an Projekten zu arbeiten, die in einem engen und fortlaufenden Dialog mit Experimentaldaten stehen, sollte die Stringtheorie meiden und seine Energie anderen Forschungsfeldern widmen. Doch wer sich mit ungelösten Problemen an der Berührungsfläche unserer beiden grundlegenden physikalischen Theorien – Quantenmechanik und allgemeine Relativitätstheorie – auseinandersetzen möchte, sollte sich mit der Stringtheorie (oder einem der konkurrierenden Ansätze) beschäftigen. Alle anderen müssen diese Entscheidungen respektieren. Unsere besten und intelligentesten Forscher sollten frei wählen können, wo sie ihre Begabung zur Entfaltung bringen wollen.

Vor solchen Entscheidungen stehend, haben mich einige junge Forscher trotzdem gefragt, wann die Stringtheorie nach meiner Einschätzung mit realistischen Daten aufwarten könne. In den frühen Tagen der Stringtheorie brachte ich in meinen Antworten die oben beschriebene Einstellung zum Ausdruck: dass wir alle auf einen engeren Bezug zu Experimentaldaten hofften, aber dass wir nun einmal keine Kristallkugeln hätten und dass deshalb jeder Forscher für sich entscheiden müsse, ob er sich diesem Feld guten Mutes widmen könne, auch wenn sich der Bezug während seiner produktiven Jahre nicht einstellen sollte. Seither hat sich meine Antwort geändert. Ich betone immer noch, wie wichtig die Frage des experimentellen Bezugs ist, weise aber auch darauf hin, dass ein beeindruckender Durchbruch, die Bedeutung dieser Frage verändert hat. Ich werde das Ergebnis gleich ausführlicher beschreiben, aber hier ist die Kurzfassung: *Wir haben jetzt überzeugende Belege dafür, dass Stringtheorie und Quantenfeldtheorie – schockierenderweise – verschiedene Sprachen sind, die ein und denselben physikalischen Sachverhalt ausdrücken.* Infolgedessen wirft der experimentelle Glanz der Quantenfeldtheorie einen neu entdeckten experimentellen Lichtschimmer auf die Stringtheorie. Damit kein Missverständnis entsteht: Um die Stringtheorie experimentell zu bestätigen, müssen wir die Richtigkeit einer eindeutigen stringtheoretischen Vorhersage beweisen. Aber die unerwartete Äquivalenz zwischen Stringtheorie und dem am gründlichsten überprüften System der Physikgeschichte – die Quantenfeldtheorie – ist ein überzeugender Beleg dafür, dass wir, wenn wir über die Stringtheorie arbeiten, Physik betreiben, nicht aber Metaphysik.

Das Unbehagen an der dunklen Energie

Schlagen Sie irgendein Lehrbuch über Kosmologie auf, und Sie werden unvermeidlich auf einen Parameter mit der Bezeichnung »q« stoßen, der als *Bremsparameter* bezeichnet wird. Wie der Name verrät, gibt der Bremsparameter an, mit welcher Rate die Expansion des Raums sich im Laufe der Zeit verlangsamt. Wie die Gravitation die Aufwärtsbewegung eines nach oben geworfenen Apfels verlangsamt, bremst die Gravitation die Expansion des Raums nach außen ab. Zumindest war das die Annahme, von der die meisten Kosmologen ausgingen.

Die Messung des Bremsparameters ist schwierig, doch kurz nach der Veröffentlichung von *Das elegante Universum* vollbrachten zwei Forschungsteams die Aufgabe. Durch Verwendung der scheinbaren Helligkeit von Supernovae als ferne Meilensteine und ihre Rotverschiebungen als ferne Tachometer bestimmten die Astronomen, wie sich die Expansionsgeschwindigkeit des Raums mit der Zeit verändert hat. Als die Forschungsgruppen ihre Ergebnisse näher betrachteten, gerieten sie kollektiv ins Grübeln, denn nach ihren unabhängigen Analysen war der Bremsparameter negativ. Das kam völlig unerwartet. Wie eine negative Überziehung eine positive Bilanz bezeichnet, so bedeutet ein negativer Bremsparameter eine positive Beschleunigung. Nach mehrfacher Überprüfung auf mögliche Rechenfehler, Fehlfunktion eines Detektors oder andere peinliche Missgeschicke erkannten beide Teams, dass sie eine der revolutionärsten Entdeckungen in der Geschichte der Astronomie gemacht hatten: Die Expansionsrate des Raums wird nicht langsamer, sondern schneller.

Bei ihren Bemühungen, die kosmische Beschleunigung zu erklären, stellten die Theoretiker fest, dass Einstein schon vor achtzig Jahren die entscheidende Vorarbeit geleistet hatte. Damals vertrat Einstein die irrige, aber weitverbreitete Auffassung, das Universum sei, im größten Maßstab betrachtet, statisch. Gewiss, Sterne mochten intrinsische Bewegungen aufweisen, aber wie Wassermoleküle ständig in Bewegung seien und das Wasser in einem Glas doch ruhig und unveränderlich erscheine, so verhalte es sich auch mit dem Kosmos, wenn wir ihn in seiner Gesamtheit betrachteten. Allerdings stand Einstein vor dem Problem, dass seine eigenen Gleichungen einen solchen statischen Kosmos nicht zuließen. Der Grund ist einfach und einleuchtend: Wenn die Gravitation eine universelle Anziehungskraft ist, gibt es kein Gleichgewicht zwischen der nach innen wirkenden und der nach außen gerichteten Kraft. Und ohne ein solches Gleichgewicht ist ein statischer Kosmos unmöglich.

In dem Bestreben, dieses Gleichgewicht herzustellen, fügte Einstein 1917 einen neuen Term in die Gleichungen der allgemeinen Relativitätstheorie ein, die sogenannte *kosmologische Konstante* (Kapitel 3), die in kosmischem Maßstab eine *abstoßende* Spielart der Gravitation liefert und dazu dient, der üblichen anziehenden Version der Gravitation entgegenzuwirken. Doch 1930 stellten Edwin Hubbles astronomische Beobachtungen das Bild auf den Kopf. Als Hubble tiefer in den Kosmos hineinblickte als je ein Mensch vor ihm, konnte er beweisen, dass der Raum nicht statisch ist, sondern *expandiert*. Damit hatte sich die Frage des Gleichgewichts erledigt, und Einstein ließ die kosmologische Konstante fallen.

Heute, fast hundert Jahre später, haben die Astronomen noch tiefer geblickt und mit ihren Beobachtungen abermals alles verändert.

Eine Beschleunigung der kosmischen Expansion zwingt zu dem Schluss, dass in kosmischem Maßstab irgendetwas einen Druck nach außen ausübt. Die abstoßende Gravitation der kosmologischen Konstanten ist – wenn groß genug gewählt, um die nach innen wirkende Anziehungskraft der Gravitation nicht nur auszugleichen, sondern sogar zu übertreffen – der ideale Kandidat für diese Aufgabe.

Physikalisch betrachtet, stellt die kosmologische Konstante eine diffuse, unsichtbare und einheitliche Energie dar, die den Raum wie Luft durchdringt. Das ist eine notwendige Bedingung, weil Klumpen von Masse und Energie, wie etwa Sterne und Planeten, eine nach innen gerichtete Gravitationsanziehung ausüben, hingegen diffuse und einheitliche Energie einen nach außen gerichteten Gravitationsdruck entfaltet. Wenn wir postulieren, dass der Raum genau die richtige Menge dieser diffusen Energie aufweist, kann der nach außen gerichtete Gravitationsdruck die beobachtete beschleunigte Expansion erklären. Um der Möglichkeit Rechnung zu tragen, dass die diffuse Energie nicht konstant ist, sondern sich mit der Zeit langsam verändert, hat man in neuerer Zeit die kosmologische Konstante durch den Begriff *Dunkle Energie* ersetzt.

Bislang wurde die Dunkle Energie noch nicht direkt nachgewiesen. Man hat nur indirekt auf sie geschlossen, indem man die beschleunigte Ausweitung des Raums mithilfe der verstärkten abstoßenden Gravitation erklärte. Doch diese Erklärung hat ihre eigene verwirrende Frage aufgeworfen. Die genaue Menge Dunkler Energie wird ermittelt, indem man ihren Wert auf die Beobachtungsdaten abstimmt, unter anderem die Expansionsrate des Raums, Messungen der Hintergrundstrahlung und so fort. Doch wir theoretischen Physiker haben unsere eigenen Möglichkeiten, mithilfe unserer grundlegenden Gleichungen die Menge an Dunkler Energie zu berechnen. Die Dunkle Energie – oder zumindest ein Teil der Dunklen Energie – entsteht aus den Quantenschwingungen, die allen Bestandteilen der Natur inhärent sind – ein Umstand, der selbst den leeren Raum mit einer alles durchdringenden, aber unsichtbaren Energie ausstattet.

Hier ergibt sich das Problem. Wenn wir die Quantenbeiträge aller Felder der Natur zusammenrechnen, unterscheidet sich das Ergebnis von der Menge der Dunklen Energie, die sich aus den astronomischen Daten ergibt. Und ich hätte kursiv schreiben sollen: *unterscheidet sich*. Im Vergleich zu den Daten ist das errechnete Resultat gigantisch, denn es übertrifft den durch Beobachtung bestimmten Wert um etwa 120 Größenordnungen. Natürlich kommt es darauf an, wie man diese Werte ausdrückt. Einige werden sagen, die Abweichung betrage »nur« 60 Größenordnungen. Wir müssen uns nicht über Unterschiede eines Exponenten streiten. Egal, wie man ihn ausdrückt, der Unterschied zwischen dem auf Beobachtungen basierenden Wert der Dunklen Energie und dem mathematisch errechneten Wert ist ungeheuer und übertrifft bei Weitem alles, was die Liste der größten Diskrepanzen zwischen Theorie und Beobachtung in der Wissenschaftsgeschichte enthalten könnte.

Die Physiker haben sich bemüht, das Missverhältnis durch Überprüfung der mathematischen Berechnungen zu verringern, indem sie neue hypothetische Einflüsse oder Symmetrien (wie zum Beispiel die Supersymmetrie) berücksichtigten, aber keine dieser Untersuchungen hat zu einer überzeugenden Lösung geführt. Das hat einige Forscher dazu veranlasst, eine radikalere und höchst strittige Möglichkeit ins Auge zu fassen: dass unser Universum nur eines von vielen ist, die sich in einem Multiversum befinden.

Stringtheorie und Multiversum

Bei seiner berühmten Frage, »ob Gott bei der Erschaffung des Universums eine Wahl hatte«, ging es Einstein weniger um göttliche Optionen als darum, ob die Welt einzigartig sei – oder nicht. Hätten die physikalischen Eigenschaften der Realität – Massen und elektrische Ladungen der Teilchen, die Menge der Dunklen Energie und so fort – anders sein können, oder hätte solche Flickschusterei ein fundamentales Gleichgewicht gestört und die derart veränderte Realität daran gehindert, jemals zur Existenz zu gelangen?

Das weiß niemand. Doch die Hoffnung stirbt zuletzt. In den frühen Tagen der Stringtheorie spekulierte man aufgeregt darüber, ob die Gleichungen so fein aufeinander abgestimmt seien, dass die Mathematik ihre Flexibilität verliere und nur noch eine einzige Realität liefere. Die Möglichkeit faszinierte die Wissenschaftler, weil sie die Hoffnung weckte, dass die Wirklichkeit in keiner Hinsicht beliebig oder zufällig sei. Für alles, was sei, gebe es einen Grund, und bei ausreichender Sorgfalt könnten die Forscher diesen Grund entdecken.

Die weitere Forschung in der Stringtheorie räumte mit der These von der Einzigartigkeit des Universums auf. Während die grundlegenden Gleichungen der Stringtheorie streng sind, sind es die Lösungen dieser Gleichungen nicht. Die in Kapitel 8 erörterte, außerordentlich lange Liste für Formen der Extradimensionen, deren jede für eine Lösung der Stringtheorie steht, ist ein Musterbeispiel für die Flexibilität der Theorie. Ohne eine mathematische Richtlinie oder Grundlage zur Auswahl einer Form aus der langen Liste von Möglichkeiten löst sich die scheinbare Strenge der Stringtheorie auf wie ein fester Zuckerwürfel im heißen Morgenkaffee.

Auf den ersten Blick ist dieser Mangel an Einzigartigkeit enttäuschend, ähnlich der Erkenntnis, dass ein Sammelstück, das man für ein Unikat hielt, in Wahrheit in vielen Versionen von unterschiedlichsten Formen und Größen vorkommt. Allerdings hat die verärgerte Reaktion von Forschern weit tiefere Gründe als die Vorliebe eines Sammlers für Unikate. Wäre unsere Realität die einzige Realität, ließen sich unerklärte Merkmale wie die detaillierten Eigenschaften von Grundgegebenheiten, etwa der Dunklen Energie, mit einer lässigen Gebärde entmystifizieren: Es liege einfach daran, dass die Realität nicht anders sein könne, als sie sei. Durch die Dekonstruktion der diese Strenge stützenden mathematischen Architektur sollte sich erklären lassen, warum die Bestandteile diese Eigenschaften haben und keine anderen. Die Vorstellung eines solchen Ergebnisses lässt das Herz eines Theoretikers rascher schlagen. Doch sobald sich die Flexibilität der Stringtheorie offenbarte, wurden die lässigen Gebärden durch verlegenes Schulterzucken ersetzt. Die Erklärung der Eigenschaften der Natur musste verschoben werden.

Auf den Stringtheoretiker Leonard Susskind traf das alles nicht zu. Susskind, einer der Begründer der Stringtheorie, den wir in Kapitel 6 kennenlernten, ging dieses Problem auf neue und nicht unumstrittene Weise an. Sein Vorschlag geht nicht einfach davon aus, dass die Stringtheorie nicht nur ein einziges Universum vorhersagt, sondern auf den ähnlichen, aber erst kürzlich entdeckten Aspekt, dass die Stringtheorie möglicherweise eine riesige Zahl von Universen zulässt. In Kapitel 8 schätzte ich, dass die Zahl verschiedener möglicher Formen für Extradimensionen in die Zehntausende gehen könnte. Obwohl wir es hier schon mit einer sehr langen Liste von Möglichkeiten zu tun haben, ist die Zahl seither noch weit stärker angewachsen, als irgendjemand vorhersehen konnte.

Wie die Forscher erkannten, können die in Kapitel 12 erörterten Branen, ähnlich einem Elektron, das seine Umgebung mit einem elektrischen Feld, einer Art elektrischem »Nebel«, durchdringt, ihre Umgebung in einen »Brannebel« hüllen, den Physiker als »Branfluss« bezeichnen. Diese Flüsse können sich durch die verschiedenen Löcher in einer Calabi-Yau-Form schlängeln und sie mehrfach umwickeln. Verschiedene mathematische Konsistenzbedingungen schränken

die Zahl der Wicklungen auf ungefähr zehn ein. Wenn wir (wie in
Kapitel 8 dargelegt) eine maximale Zahl von etwa 500 Löchern annehmen, beläuft sich die Zahl möglicher Calabi-Yau-Formen, jetzt
um die verschiedenen potenziellen Wicklungen von Branflüssen ver-
mehrt, auf 10^{500} – eine unfassbar große Zahl.

Wenn Ihr Herz an einem einzigen Universum hängt und Sie dann
auf 10^{500} mögliche Universen kommen, dürfte das ein ziemlicher
Schock sein. Doch Susskind forderte eine andere Einstellung – die
Forscher sollten die unerwartete Vielfalt von Erklärungen begrüßen,
die die Stringtheorie für den gemessenen Wert der Dunklen Energie
produzierte. Dem lag folgende Überlegung zugrunde:

Die verschiedenen, den unterschiedlichen Formen der Extradimensionen entsprechenden Universen haben in der Regel verschiedene
Werte für die Teilcheneigenschaften – verschiedene Teilchenmassen, verschiedene Teilchenladungen, verschiedene Teilchenwechselwirkungen und so fort. Ihrerseits werden diese Unterschiede verschiedene Quantenschwingungen der Grundbestandteile und daher
verschiedene Beiträge – in Größenordnung und Vorzeichen – zur Ge-
samtmenge der Dunklen Energie hervorbringen. Daher, so folgerte
Susskind, sollte man eine Liste aller sich ergebenden Werte für die
Dunkle Energie in allen möglichen String-Universen aufstellen und
aus Gründen der Einfachheit die Einheit so wählen, dass sie zwischen
1 und -1 liegen. Angesichts so vieler Möglichkeiten werden die verschiedenen Werte für die Dunkle Energie das Intervall zwischen 1
und -1 ziemlich einheitlich ausfüllen. In eine numerische Reihenfolge
gebracht, werden sie charakteristische Abstände aufweisen, die sich
aus dem Kehrwert der Zahl von Universen errechnen. Da die Zahl
der Universen in der Größenordnung von 10^{500} liegt, werden die Abstände so klein sein, dass sich innerhalb der Genauigkeit einer jeden
Messung der Dunklen Energie notwendigerweise einige Universen
(tatsächlich viele Universen) in der Liste befinden, deren Dunkle
Energie sich mit dem beobachteten Wert in hohem Maße deckt.

Das ist sehr bemerkenswert. Der Nachweis, dass die Stringtheorie sich in Einklang mit den Messungen der Dunklen Energie befinden kann, ist von wesentlicher Bedeutung. Aber um noch etwas
weiterzukommen, müssen wir beweisen, dass das besondere String-
Universum mit dem richtigen Wert für die Dunkle Energie nicht nur
existieren könnte, sondern auch tatsächlich existiert. Dabei ist Susskind folgendermaßen vorgegangen:

Wir stellen uns vor, dass jedes stringtheoretisch mögliche Universum ein reales Universum ist, das in einer größeren Realität exis-

tiert – dem *String-Multiversum*. Das ist zwar eine radikale Annahme, aber Susskind rechtfertigt sie, indem er sich auf die inflationäre Kosmologie beruft (Kapitel 14), nach der, wie verschiedene mathematischen Studien gezeigt haben, der Urknall möglicherweise kein einmaliges Ereignis gewesen ist. Vielmehr könnten sich Urknalle wiederholt ereignet haben – und möglicherweise auch weiterhin ereignen –, wobei sie ein Universum nach dem anderen hervorgebracht haben, die jetzt das sogenannte *inflationäre Multiversum* bevölkern. Mit der Verschmelzung von inflationärer Kosmologie und Stringtheorie schlägt Susskind ein kombiniertes Multiversum vor, in dem ein inflationärer Urknall nach dem anderen ein String-Universum nach dem anderen produziert (jedes mit anderer Form und Flusszahl für die Extradimensionen), und sorgt so dafür, dass jedes der möglichen String-Universen ein reales Universum wird. Infolgedessen gleicht die Stringtheorie sich den gemessenen Werten der Dunklen Energie nicht nur im Prinzip an, sondern das String-Universum befindet sich sogar in der Praxis mit ihr in Einklang.

Das ist ein weiterer beachtlicher Schritt in die richtige Richtung, aber wie können wir dafür sorgen, dass wir Menschen uns hier auf dem Planeten Erde in einem der String-Universen befinden, das den gemessenen Wert der Dunklen Energie aufweist? An dieser Stelle leisten uns die Einsichten von Nobelpreisträger Steven Weinberg unschätzbare Dienste. Weinberg erkannte, dass die meisten Werte für Dunkle Energie auf Universen schließen ließen, die nicht die geringste Ähnlichkeit mit dem unseren hatten – Universen ohne Galaxien, Sterne und Planeten. Der Grund ist, dass die gewöhnliche anziehende Gravitation unentbehrlich für die Bildung dieser astronomischen Strukturen ist, denn sie zieht das Material zu immer größeren Klumpen zusammen. Doch in Universen, deren Dunkle Energie sich erheblich von der unseren unterscheidet, wirkt der abstoßende Gravitationseinfluss diesem Prozess entgegen: Der nach außen gerichtete Druck der Dunklen Energie verhindert die Zusammenballung von Material und damit die Bildung astrophysikalischer Körper. Ohne Galaxien, Sterne und Planeten kann sich kein Leben entwickeln. Die Schlussfolgerung? Wir befinden uns einfach deshalb in einem Universum, dessen Dunkle Energie dem gemessenen Wert entspricht, weil wir uns in keinem anderen Universum hätten entwickeln können.

Dieser Ansatz, auf den ich am Ende von Kapitel 14 kurz eingegangen bin, heißt anthropisches Prinzip. Es stützt sich auf das bekannte Faktum der Beobachtungsverzerrung: Was man in einer

beliebigen Stichprobe sieht oder misst, ist möglicherweise nicht re-
präsentativ für das Ganze. Verwendet man beispielsweise ein Netz
mit Maschen von 30 Zentimetern, verzerrt man die Messung von
Forellenlängen, weil sich mit dem Netz keine kleineren Fische fangen lassen. Das anthropische Prinzip verkörpert die äußerste Spielart der Beobachtungsverzerrung, indem es darauf hinweist, dass wir
Menschen nur Wirklichkeiten beobachten können, die mit unserer
Wirklichkeit in Einklang stehen. Aus diesem Grund ist die Band-
breite der Eigenschaften, die uns begegnen können, erheblich eingegrenzt.

Auf den ersten Blick mag dieses Argument nichtssagend oder
sogar tautologisch erscheinen: Wir sehen, was wir sehen, weil wir,
würde es sich anders verhalten, nicht da wären, um es zu sehen.
Doch dieses Urteil ist eine Vorspiegelung des Ein-Universum-Den-
kens. In einem Multiversum ist die Frage, warum wir Menschen
dieses Universum bewohnen und nicht irgendein anderes, durchaus
sinnvoll, und wenn einige oder die meisten dieser Universen unserer
Lebensform keine Existenzgrundlage bieten, ist die Beobachtungsverzerrung sicherlich in der Antwort zu berücksichtigen.

Trotzdem erregt das anthropische Prinzip heftigen Widerspruch.
Für einige Kritiker ist die Vorstellung, wir könnten einer umfassenderen Realität angehören, die aus vielen, vielleicht sogar unendlich vielen, ungesehenen Universen besteht, nichts als ungezügelte
Science-Fiction. Zu Recht bringen sie vor, dass wir, gehörten wir
zu einem Multiversum, nicht beweisen könnten, dass es andere
Universen gebe. Und wie könnten wir, da Naturwissenschaft grundsätzlich auf Experiment und Beobachtung angewiesen sei, recht-
fertigen, dass wir uns auf Gegebenheiten beriefen, die diesem Kontakt prinzipiell entzogen seien?

Zwar lässt sich diese Kritik nicht mit einem schlagenden Argument entkräften, doch es gibt einige aufschlussreiche Antworten.
Erstens, es ist zwar unwahrscheinlich, aber nicht unmöglich, dass
wir eines Tages Beobachtungsbelege für die Existenz anderer Universen haben werden. Beispielsweise müsste ein Zusammenstoß
zwischen unserem Universum und einem anderen theoretisch durch
eine flüchtige Spur nachzuweisen sein, die die Bagatell-Kollision in
der Hintergrundstrahlung hinterlässt. Zweitens, häufig dringt die
naturwissenschaftliche Forschung in Bereiche vor, die der Beobachtung nicht zugänglich sind. Beispielsweise schließen unsere fort-
schrittlichsten kosmologischen Theorien Bereiche ein, deren Abstand
so groß ist, dass ihr Licht seit dem Urknall noch nicht genügend Zeit

gehabt hat, uns zu erreichen, oder uns sogar – nach einigen kosmologischen Szenarien – wohl nie erreichen wird. Obwohl solche Bereiche der Beobachtung nicht zugänglich sind, sehen die meisten
Forscher kein Problem darin, sie einzubeziehen, weil sie zu Theorien
mit anderen Vorhersagen gehören, die sich beobachten und bestätigen lassen. Drittens, unabhängig von jener Art Realität, die die Wissenschaft traditionell bevorzugt, bleibt es dabei, dass wir *in Wirklichkeit* Teil eines Multiversums sein könnten. Und wenn dem so
wäre, müssten wir wohl die Kriterien für wissenschaftlich gültige
Ideen überdenken. Letztlich entscheidet die Realität, welche Ideen
maßgeblich sind.

In ähnlicher Weise entscheidet die Realität auch darüber, welche
Fragen Erklärungen grundsätzlich zulassen. An einer bekannten
Episode aus der Wissenschaftsgeschichte wird dieser Gesichtspunkt
sehr deutlich. Jahrzehntelang suchte Johannes Kepler nach einer auf
fundamentalen Prinzipien beruhenden Erklärung, warum die Erde
ihre besondere Entfernung zur Sonne aufweist. Ohne Erfolg. In der
Rückschau können wir erklären, warum. Denn heute wissen wir,
dass es eine große Zahl von Sonnensystemen mit einer großen Zahl
von Planeten gibt, die in einer großen Zahl von verschiedenen Abständen um ihre Wirtssterne kreisen. In diesen Abständen spiegeln
sich die komplexe Dynamik und historische Zufälligkeit, die die Bildung der einzelnen Sonnensysteme bestimmte – nicht irgendein
prinzipielles Muster der Grundlagenphysik. Tatsächlich ergibt sich
die Erklärung, warum wir auf einem Planeten leben, der 150 Millionen Kilometer von unserer Sonne entfernt ist, nicht aus einer mathematischen Ableitung, die auf grundlegenden physikalischen Gesetzen beruht, sondern aus einem anthropischen Argument: Befände
sich die Erde näher an der Sonne, wären die irdischen Verhältnisse
zu heiß für unsere Evolution gewesen; befände sie sich weiter entfernt, wären die Verhältnisse zu kalt gewesen. Als Kepler meinte,
der Abstand zwischen Erde und Sonne müsse sich durch physikalische Gesetze erklären lassen, verlangte er zu viel. Die Vielfalt der
Planetenentfernungen im Kosmos verdeutlicht, dass es keine solche
grundsätzliche Erklärung gibt.

Entsprechend haben viele Physiker große Mühen darauf verwandt, den Wert der Dunklen Energie zu erklären, weil sie – wie
Kepler in Hinblick auf die Erde-Sonne-Entfernung – meinten, es
müsse eine Erklärung geben, die auf grundlegenden physikalischen
Gesetzen beruhe. Doch die Vielfalt der Universen im Multiversum,
deren jedes einen anderen Wert für die Dunkle Energie aufweist,

würde bedeuten, dass die modernen Physiker, ganz wie Kepler, zu viel verlangten. Es würde keine solche Erklärung für den gemessenen Wert der Dunklen Energie geben, weil die Dunkle Energie sich in verschiedenen Universen unterscheiden könnte und würde. Wie bei Planetenentfernungen müssten wir uns an eine anthropische Erklärung halten: Der Umstand, dass wir Menschen die Beobachtungen durchführen, verzerrt die Ergebnisse, weil wir notwendigerweise in einem Universum leben, dessen Bedingungen – darunter auch der Wert der Dunklen Energie – notwendigerweise mit unserer Existenz zu vereinbaren sein müssen. Kurzum, die Dunkle Energie weist ihren gemessenen Wert auf, weil wir, gäbe es eine erhebliche Abweichung, nicht vorhanden wären, um ihn zu messen. In einem Multiversum ist dieses Argument schlüssig.

Bewertung des Multiversums

Inzwischen ist die heftige zwanzigjährige Kontroverse zwischen Multiversum-Experten und Einzel-Universum-Anhängern in eine ruhige Koexistenz übergegangen. Zum gegenwärtigen Zeitpunkt jedenfalls. Daher möchte ich die relativ friedliche Stimmung der gegenwärtigen Entspannung nutzen, um meine Meinung darzulegen.

Ein Multiversum in unseren Erklärungsrahmen einzuführen, ist ein radikaler Schritt. Erklärungen zu entwerfen, die eine Vielzahl von Universen einbeziehen, ist ein Taktikwechsel, den wir nicht auf die leichte Schulter nehmen dürfen. Daher sollten wir uns gemeinschaftlich und kontinuierlich um besser standardisierte Erklärungen für Merkmale wie Stärke der Dunklen Energie bemühen, um das erstaunliche Missverhältnis zwischen Theorie und Beobachtung zu verringern. Wenn uns das gelingt, wird der Zwang, radikalere Erklärungen wie das Multiversum in Betracht zu ziehen, nicht mehr so stark sein.

Doch wenn wir scheitern und uns Fortschritte ständig durch scheinbar unüberwindliche Hindernisse verbaut zu sein scheinen, sollten wir uns auch an weniger übliche Ansätze wie das Multiversum halten. Durch die Weiterentwicklung der mathematischen Beschreibung des Multiversums werden wir die Prozesse, die ein Multiversum hervorbringen könnten (etwa die inflationäre Kosmologie), zweifellos besser verstehen oder vielleicht auf Hindernisse stoßen, die die Wahrscheinlichkeit eines Multiversums erheblich einschränken. Tatsächlich deuten einschlägige Forschungsarbeiten bereits auf

eine – wenn auch strittige – Möglichkeit hin, die das Bild grundlegend verändern könnte: Neuere Berechnungen lassen die Möglichkeit erkennen, dass die meisten, wenn nicht alle, der 10^{500} Kandidaten für String-Universen möglicherweise unter einem kleinen Mangel
leiden. Die mathematischen Verfahren, mit denen diese Kandidaten
als Mitglieder im Multiversum errechnet wurden, sind verlässlich,
aber approximativ, und indirekte Anhaltspunkte lassen jetzt darauf
schließen, dass die Näherungen möglicherweise nicht ausreichen,
wenn sie auf die sehr großen Energieskalen ausgedehnt werden, die
in der Stringtheorie entscheidend sind. In diesem Fall würde die Liste
der Kandidaten für String-Universen erheblich verringert, womit das
»Multi« in Multiversum deutlich schrumpfen würde.

Bislang haben Stringtheoretiker in der Frage, ob das richtig sei,
noch keine Einigung erzielt, aber es erhellt einen viel wichtigeren
Punkt: Die Stringtheoretiker führen ihre Untersuchungen durch,
ohne sich im Geringsten zu scheuen, frühere Theorien einfach fallen
zu lassen, wenn neuere Untersuchungen es verlangen. Nur eine derart unvoreingenommene Forschung wird uns in die Lage versetzen,
die Hypothese des Multiversums rational zu beurteilen, statt von
subjektiven Vorurteilen auszugehen, die festlegen, wie seriöse Wissenschaft zu sein habe.

Dualität

Die letzte Entwicklung, die wir betrachten wollen, ist zweifellos die
überraschendste und hat während der letzten beiden Jahrzehnte die
String-Forschung am stärksten beeinflusst. Wie oben erwähnt, veränderte das wichtigste Ergebnis – Ende der 1990er Jahre in einem
Papier von Juan Maldacena veröffentlicht und seither AdS/CFT-
Korrespondenz genannt – unsere Vorstellung von der Beziehung
zwischen Stringtheorie und dem herkömmlicheren Ansatz der Quantenfeldtheorie, sodass nun Erkenntnisse aus der Quantenfeldtheorie
unser Verständnis der Stringtheorie erweitern könnten. Während
der letzten zwanzig Jahre hat Maldacenas Arbeit Steven Weinbergs
nobelpreisgekrönte Arbeit über elektroschwache Wechselwirkungen in den Schatten gestellt und wird jetzt häufiger zitiert als irgendeine andere Veröffentlichung in der Geschichte der theoretischen Physik.

Die AdS/CFT-Korrespondenz, die ich jetzt aus Bequemlichkeits-
gründen als Maldacena-Dualität bezeichnen werde, ist ein extremes

Beispiel für die Dualitäten, denen wir in den Kapiteln 10 bis 12 begegnet sind. Erinnern wir uns, dass mit »Dualität« eine Situation bezeichnet wird, in der eine gegebene physikalische Theorie auf zwei (oder mehr) Arten beschrieben werden kann, die völlig verschieden erscheinen, aber trotzdem absolut identische physikalische Sachverhalte zum Ausdruck bringen. Betrachten wir ein triviales Beispiel, die Zahl der Eier in einer amerikanischen Standardpackung: »twelve« auf Englisch, »باره« auf Urdu. Die Zeichenketten in dem englischen und dem Urdu-Ausdruck sind verschieden, und doch bringen die beiden je anders ausfallenden Repräsentationen den gleichen Begriff zum Ausdruck. Natürlich liefert in diesem Fall die »duale« Darstellungsweise der Eierzahl keine neue Erkenntnis, da sie nur eine einfache Übersetzung von einer Sprache in die andere ist.

Ein etwas weniger triviales Beispiel haben wir, wenn wir Mengen mithilfe arabischer und römischer Zahlen bezeichnen. Wenn wir das Beispiel der Eier wieder aufnehmen, können wir die Zahl in einer Standardpackung durch 12 oder XII ausdrücken. Abermals gilt: Die symbolischen Repräsentationen sind vollkommen verschieden, aber 12 und XII bezeichnen die gleiche abstrakte Menge, daher können wir sagen, dass das arabische und das römische System beide eine duale Beschreibung der natürlichen Zahlen liefern. Bei einigen Aufgaben, etwa der Kennzeichnung verschiedener Abschnitte in einem Buch, spielt es kaum eine Rolle, für welche Beschreibung man sich entscheidet. Im vorliegenden Buch hat sich der Verlag beispielsweise für die Verwendung beider entschieden (arabische Ziffern für Kapitel und römische Ziffern für Teile). Doch es gibt andere Aufgaben, bei denen die Entscheidung durchaus eine Rolle spielt, weil eine Beschreibung weit einleuchtender ist als die andere. Versuchen Sie einmal, Ihre Steuererklärung mit römischen Ziffern auszufüllen, und sie werden rasch sehen, was ich meine.

In der Stringtheorie sind wir auf ähnliche Situationen gestoßen, etwa wenn es für ein einzelnes physikalisches System mehrere mathematische Beschreibungen gibt. Solche stringtheoretischen Dualitäten können leistungsfähig und weitreichend sein. Wie in Kapitel 12 erörtert, gab es bis Mitte der 1990er Jahre eine Handvoll verschiedener Spielarten der Stringtheorie, die die Frage aufwarfen, warum eine Theorie, die mit dem Anspruch auftrat, die Physik zu vereinigen, in verschiedenen Versionen vorkam. Diese Frage beantworteten die Forscher, indem sie bewiesen, dass so, wie »twelve« und »باره« verschieden erscheinen und doch duale Beschreibungen derselben

Zahl sind, auch verschiedene Spielarten der Stringtheorie anscheinend verschieden sind und sich dennoch als duale Beschreibungen derselben zugrunde liegenden Theorie erweisen.

Ein weiteres Musterbeispiel für String-Dualitäten, das ich im *Eleganten Universum* anführe, ist die Spiegelsymmetrie, auf die ich in Kapitel 11 eingehe. Diese Dualitäten, Paare von unterschiedlichen Calabi-Yau-Formen für die Extradimensionen, die ein Mathematiker (bevor er über Spiegelsymmetrien informiert wäre) ohne zu zögern als verschieden bezeichnen würde (verschiedene Geometrien und verschiedene Topologien), beschreiben trotzdem ein und dieselbe physikalische Realität. Einstein wäre von dieser Dualität sehr überrascht gewesen, weil die singuläre Verknüpfung zwischen der mathematischen Form der Raumzeit und der Gravitationsphysik das Herzstück der allgemeinen Relativitätstheorie ist. Die Dualität der Spiegelsymmetrie beendet diese singuläre Beziehung durch den Beweis, dass zwei verschiedene mathematische Formen zu einer identischen stringphysikalischen Beschreibung führen können.

Im Gegensatz zu Dualitäten, die lediglich eine direkte Übersetzung sind (wie »twelve« und »ﺓﺭﺸﻋ«), können duale Beschreibungen, die durch ein Paar von Calabi-Yau-Formen geliefert werden, tiefere Einsichten ermöglichen. Ein Beispiel dafür haben wir in Kapitel 11 betrachtet, als wir feststellten, dass bestimmte Berechnungen extrem schwierig sind, wenn sie mit einer einzigen Calabi-Yau-Form durchgeführt werden, aber sehr einfach, wenn man die duale Calabi-Yau-Form nimmt. Gehen wir über die Analogie mit arabischen und römischen Ziffern hinaus, in der nur arabische Ziffern einen Rechenvorteil bieten, gibt es andere Berechnungen, die außerordentlich schwierig sind, wenn man die duale Calabi-Yau-Form verwendet, jedoch extrem leicht, wenn man mit der ursprünglichen Calabi-Yau-Form arbeitet. Wenn wir beide Formen des dualen Paars nutzen, gelangen wir also zu Ergebnissen, die wir auf andere Art nicht gewinnen könnten.

Das verdeutlicht, dass uns bei intelligenter Nutzung der String-Dualitäten mehrere mathematische Beschreibungen zur Verfügung stehen und zu Erkenntnissen führen, die mit einer mathematischen Formulierung nur schwer oder gar nicht zu gewinnen wären. Es ist, als ob jede mathematische Beschreibung nur über eine eigene Menge von Puzzleteilen verfügt und als könne man nur durch eine Kombination der Erkenntnisse aus den dualen Beschreibungen das Puzzle vollständig zusammensetzen. Darin liegt die Stärke der Dualität.

Maldacena-Dualität

Die von Juan Maldacena vorgeschlagene Dualität deckt sich mit dem Beispiel der Spiegel-Calabi-Yau-Formen, aber vertritt auch die Äquivalenz zweier mathematischer Beschreibungen, deren scheinbare Verschiedenheit weit extremer ist. Jede der Calabi-Yau-Formen, die ein Spiegelpaar bilden, besitzt nämlich sechs Dimensionen – die Zahl der Extradimensionen, die von der Stringtheorie verlangt wird. Maldacenas Entdeckung lieferte überzeugende Belege für die Dualität zweier mathematischer Beschreibungen, die nicht nur auf Universen mit unterschiedlichen Zahlen von räumlichen Dimensionen gelten, sondern sich auch an unterschiedlichen physikalischen Bezugssystemen orientieren. Genauer: Die *Maldacena-Dualität setzt die Physik der Stringtheorie in einem Universum mit der Quantenfeldtheorie der Punktteilchen in einem anderen Universum gleich, das eine Raumdimension weniger besitzt.*

Um zu begreifen, was das heißt, wollen wir eine Version der Maldacena-Dualität betrachten, die wir uns bildlich vorstellen können. Denken wir uns, dass Abbildung NW 1a ein ganzes Universum darstellt, das sich auf der *Oberfläche* einer riesigen Kugel befindet. Wie Sie Abbildung NW 1b entnehmen können, besitzt die Kugeloberfläche zwei Dimensionen, die Sie sich als die Linien der Längen- und Breitengrade vorstellen können, mit denen ein kosmischer Karto-

Abbildung NW 1a *Ein Kugeluniversum*

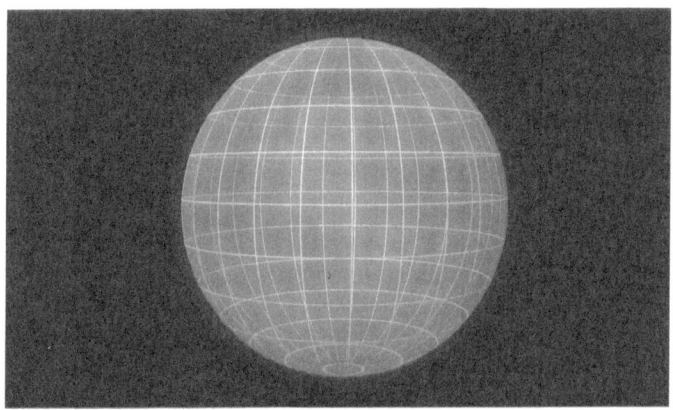

Abbildung NW 1b *Die Oberfläche des Kugeluniversums*

Abbildung NW 1c *Das Innere des Kugeluniversums*

graph Standorte bezeichnen könnte. Wir müssen uns auch das *Innere* der Kugel vor Augen halten; zu diesem Zweck wollen wir, wie in Abbildung NW 1c gezeigt, die obere Hälfte der Kugel ausblenden, damit das Innere der Kugel sichtbar ist. Stellen wir uns nun vor, dass es dort noch einmal ein ganzes Universum gibt, das sich im Inneren der Kugel befindet – die schraffierte Region in Abbildung NW 1c (in der, wiederum zur besseren Erkennbarkeit, der obere Teil der Kugel entfernt ist) –, ein Bereich, der drei räumliche Dimensionen hat, da man neben Länge und Breite auch die radiale Abmessung braucht, um anzugeben, in welchen verschiedenen Entfernungen sich Orte vom Mittelpunkt der Kugel befinden können.

In diesen Abbildungen wird deutlich, was Maldacena mit seiner Dualität behauptet: *Eine Stringtheorie, die im dreidimensionalen Inneren des Kugeluniversums formuliert wird, ist dual – vollkommen äquivalent mit einer auf der zweidimensionalen Oberfläche des Kugeluniversums formulierten Quantenfeldtheorie der Punktteilchen.* Dies ist schematisch in Abbildung NW 2 dargestellt.

Eine außergewöhnliche Behauptung. Zwei mathematische Beschreibungen, die auf unterschiedlichen Bausteinen beruhen (das innere Universum basiert auf Strings und das Oberflächenuniversum auf Punktteilchen) und sich in verschieden vielen räumlichen Dimensionen befinden (das innere Universum in drei und das Oberflächenuniversum in zwei), sind laut Maldacena verschiedene Formulierungen desselben physikalischen Sachverhalts. Begreift man diese Universen als reale Welten, könnten jedes Experiment und jede Beobachtung, die in einem dieser Universen durchgeführt würden, nach einer entsprechenden Übersetzung in die Sprache des dualen Universums in diesem dualen Universum ein identisches Resultat erzielen. Es gäbe kein Experiment und keine Beobachtung, die diese beiden Wirklichkeiten unterschieden.

Ich habe mich auf das niedrigdimensionale Beispiel der zweidimensionalen Oberfläche und des dreidimensionalen Inneren einer

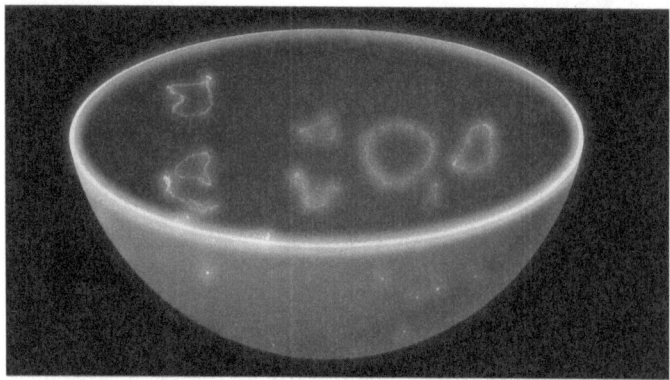

Abbildung NW 2 *Die Maldacena-Dualität*

Kugel beschränkt, weil wir sie uns, wie in den Abbildungen NW 1 und 2 gezeigt, bildlich vorstellen können. Allgemeiner setzt die Maldacena-Dualität die Quantenfeldtheorie auf der Oberfläche bestimmter höherdimensionaler Universen mit der Stringtheorie im Inneren dieser Universen gleich. Da die Oberfläche jeder Form immer eine Dimension weniger aufweist als das Innere der Form (weitgehend so wie im visualisierbaren Fall der Abbildungen NW 1), liegt eine Übereinstimmung zwischen Quantenfeldtheorie und Stringtheorie in Universen vor, deren Dimensionen sich um eins unterscheiden.

Die Maldacena-Dualität kam nicht aus heiterem Himmel. Sie ist der Höhepunkt eines langjährigen Projekts von Susskind und dem Nobelpreisträger Gerard 't Hooft, die nach der Lösung eines schwierigen Rätsels der Schwarzen Löcher suchten: Wenn etwas in ein Schwarzes Loch fällt, ist es dann dauerhaft aus der Realität gelöscht und im Widerspruch zu Quantenprinzipien (Auslöschungen verhindern die Berechnung künftiger Quantenwahrscheinlichkeiten aus vergangenen), oder überdauert seine Essenz (sein Informationsgehalt) in irgendeiner Form? Nach vielem Hin und Her und einem fünfundzwanzigjährigen Streit mit Stephen Hawking legten Susskind und 't Hooft mit ihrem *holographischen Prinzip* eine Lösung vor. Die Geschichte dieser bahnbrechenden Einsicht ist in Susskinds fesselndem Buch *Der Krieg um das Schwarze Loch* nachzulesen. Hier mögen die Grundgedanken genügen. Ganz ähnlich wie das Hologramm auf einer dünnen, zweidimensionalen Plastikkarte bei geeigneter Beleuchtung ein dreidimensionales Bild erzeugt, ist nach dem holographischen Prinzip auf der dünnen, zweidimensionalen Grenzfläche eines Schwarzen Lochs ein physikalisches Geschehen codiert, das im dreidimensionalen Inneren des Schwarzen Lochs stattfindet. Entsprechend hinterlässt etwas, das in ein Schwarzes Loch fällt, eine geisterhafte Essenz auf der Grenzfläche des Schwarzen Lochs, seinem Ereignishorizont. Mit anderen Worten, das Objekt wird nicht aus der Realität gelöscht.

Als Susskind und t' Hooft ihre schlüssigen Argumente für das holographische Prinzip entwickelten, verallgemeinerten sie ihren Entwurf, nach dem das physikalische Geschehen im Inneren einer *jeden* Region, ob Schwarzes Loch oder nicht, durch das physikalische Geschehen auf der Oberfläche dieser Region codiert werden kann. Doch erst Maldacenas Arbeit brachte den entscheidenden Durchbruch. Wie berichtet, wird in der Maldacena-Dualität eine mathematisch exakte Äquivalenz zwischen der Physik auf der Oberfläche eines Universums und der Physik in seinem Inneren formuliert und damit das holographische Prinzip direkt verkörpert.

Maldacena entdeckte diese Dualität bei mathematischen Studien über ein hypothetisches Universum von sehr spezieller innerer Form (fünfdimensionaler *Anti–de-Sitter-Raum*, erweitert um eine fünfdimensionale Kugelfläche, die nur indirekt dazu diente, die erforderlichen zehn Dimensionen der Stringtheorie zu erreichen) und entsprechend einer sehr speziellen Quantenfeldtheorie auf der Oberfläche dieses Universums (eine geeichte *konforme Feldtheorie*, die ein besonders hohes Maß an Symmetrie aufweist). Durch Forschungsarbeiten vieler Physiker ist die Maldacena-Dualität auf zahlreiche andere Beispiele angewendet worden, und die holographische Äquivalenz zwischen den Beschreibungen von Innerem und Oberfläche gilt weithin als allgemeine Eigenschaft der Physik. Sollte das auf unser Universum zutreffen, könnten Sie und ich und alle anderen Menschen mathematisch als holographische Projektionen von Ereignissen beschrieben werden, die auf einer dünnen und uns in weiter Ferne umgebenden Hülle angesiedelt sind.

Wenn Sie bis zu diesem Punkt noch kein erstauntes »Wow« ausgestoßen haben, liegt es vermutlich daran, dass Sie durch meine Andeutungen an früheren Stellen dieses Nachworts bereits etwas vorbereitet wurden, oder daran, dass die Einzelheiten etwas zu ungewöhnlich sind. Wie dem auch sei, lassen Sie mich in drei kurzen Abschnitten, die wichtigsten Konsequenzen der Maldacena-Dualität darlegen.

Die Dimensionalität des Raums

In Kapitel 8 beschäftigten wir uns mit der Möglichkeit, dass der Raum mehr als die drei Dimensionen der Alltagserfahrung hat. Erinnern wir uns an den Grundgedanken: Dimensionen können ausgedehnt und gut sichtbar sein oder kompakt aufgewickelt und schwer zu erkennen. Auf diese Weise kann ein Universum mehr räumliche Dimensionen haben, als der direkten Beobachtung zugänglich sind. Allerdings gibt es eine einfache, aber wichtige Einschränkung. Würden wir ein solches Universum bewohnen und sollte eine dieser aufgewickelten Dimensionen an Größe zunehmen (und klebten wir nicht an einer der in Kapitel 12 erörterten Branen), würden wir es merken, weil sich die Physik veränderte. Dimensionen lassen sich verstecken, wenn sie klein genug sind, aber makroskopische Dimensionen beeinflussen die uns zugängliche Physik tiefgreifend. Infolgedessen glaubten wir lange, dass zwei Theorien mit einer verschiedenen Anzahl makroskopischer Dimensionen unterschiedliche Universen beschrieben.

Die Maldacena-Dualität geht davon aus, dass dieser Schluss falsch ist. Die Oberfläche der Kugel und das Innere der Kugel haben eine unterschiedliche Zahl von räumlichen Dimensionen. Doch für diesen Unterschied sind keine aufgewickelten Dimensionen verantwortlich. Die radiale Dimension kann groß und ausgedehnt sein, und doch sind die beiden Universen – eines auf der zweidimensionalen Oberfläche und das andere in dem dreidimensionalen Inneren existierend – äquivalent. Abermals folgt daraus, dass alle in den beiden Universen gewonnenen Experimental- und Beobachtungsergebnisse identisch sein müssen.

Während Einstein in der Dimensionalität des Raums die intrinsische Qualität eines Universums sah, zeigt Maldacenas Dualität, dass es nicht so sein muss.

Stringtheorie und Quantenfeldtheorie

Seit mehr als einem halben Jahrhundert ist die Quantenfeldtheorie für Physiker das wichtigste mathematische Bezugssystem zum Verständnis der Elementarteilchen. Natürlich können Sie Ihr Gedächtnis in Kapitel 5 auffrischen, doch in der Sprache der Quantenfeldtheorie ist ein Teilchen, etwa ein Elektron, das kleinste Päckchen oder Bündel eines entsprechenden Feldes, in diesem Fall des Elektronenfeldes. Die Quantenfeldtheorie ist ein äußerst erfolgreicher, experimentell bestätigter Ansatz, der erklärt, wie die starke, die schwache und die Kernkraft auf Materie einwirken. Doch wie am Ende von Kapitel 5 dargelegt, hat die Theorie trotz ihrer glänzenden Erfolge kläglich versagt, als sie auf das Gravitationsfeld angewandt wurde. Dieses Scheitern war der Grund, warum die Stringtheorie so überschwänglich begrüßt wurde, versprach sie doch, Quantenmechanik und Gravitation in Einklang zu bringen. Daraus schlossen die meisten Forscher, man könne nur, wenn man die Quantenfeldtheorie aufgebe und stattdessen stringtheoretische Überlegungen zugrunde lege, zu einer reibungslosen Vereinigung von allgemeiner Relativitätstheorie und Quantenfeldtheorie kommen.

Maldacenas Erkenntnis zwingt uns nun dazu, diese Schlussfolgerung zu überdenken, weil in der Maldacena-Dualität unter den betreffenden Bedingungen Quantenfeldtheorie und Stringtheorie *gleich-gesetzt werden.* Wie 12 und XII denselben Zahlbegriff repräsentieren, so können Stringtheorie und Quantenfeldtheorie denselben physikalischen Zusammenhang zum Ausdruck bringen. Das ist eine fantastische Entdeckung. Daraus wird ersichtlich, dass die Stringtheorie zwar einen radikalen Bruch mit der Quantenfeldtheorie des Punktteilchens darzustellen schien, dieser Eindruck aber täuscht.

Wenn wir die in Kapitel 12 entwickelten Ideen und Formulierungen verwenden, wird das Bild klarer, sodass wir es etwas genauer beschreiben können. Wenn wir die Maldacena-Dualität eingehender analysieren, stellen wir fest, dass die Störungsanalyse der dualen Stringtheorie immer dann einspringen kann, wenn die Kopplungskonstanten zu groß für die Störungsanalyse bestimmter Quantenfeldtheorien sind (bei der sogenannten starken Kopplung). Immer wenn wir also den gründlich erforschten Bereich der perturbativen Quantenfeldtheorie verlassen und kühn in die Wildnis der starken Kopplung eindringen, befinden wir uns auf einem Gebiet, das von der perturbativen Stringtheorie beschrieben wird.

Da die weit überwiegende Mehrheit der Quantenfeldforschung das Gebiet betrifft, auf dem der Störungsansatz gültig ist, kann nicht überraschen, dass wir, sobald wir diese Grenzen überschreiten, auf Unerwartetes stoßen. Überraschend ist allerdings, dass dieses Unerwartete die Stringtheorie ist.

Gravitieren oder nicht gravitieren

Unter anderem kann sich die Stringtheorie rühmen, dass sich Einsteins allgemeine Relativitätstheorie aus ihr ableiten lässt. Wie wir in Kapitel 5 gesehen haben, erhält eine angemessen formulierte Theorie schwingender Fäden zwangsläufig einen vibrierenden String mit genau den Eigenschaften, die ein Graviton verlangt, das Quantenteilchen, das erforderlich ist, um die Gravitationskraft zu übertragen.

Nicht weniger bekannt ist die Unfähigkeit der Quantenfeldtheorie, die Gravitationskraft einzubeziehen. In der Vergangenheit mündeten alle Versuche, Einsteins allgemeine Relativitätstheorie mit der Quantenmechanik zu vereinigen, in unsinnigen mathematischen Ergebnissen.

Trotzdem kommt die Maldacena-Dualität zu dem Ergebnis, dass die beiden mathematischen Formulierungen – Stringtheorie und Quantenfeldtheorie – genau die gleichen Realitäten beschreiben. Da-

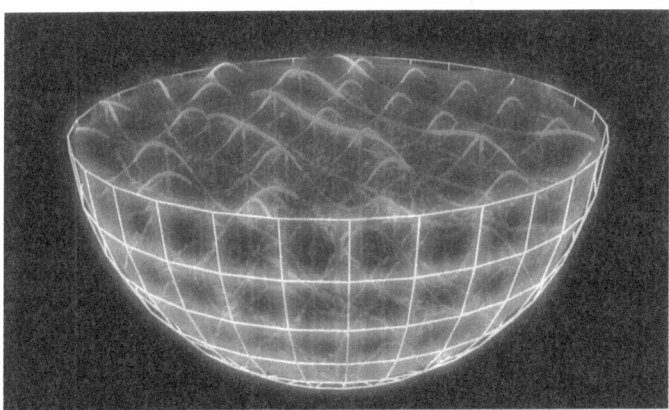

Abbildung NW 3 *Die beiden Universen*

raus folgt, dass eine Theorie, in der die Gravitation von entscheidender Bedeutung ist (Stringtheorie), mit einer Theorie identisch sein kann, in der die Gravitation gar nicht vorkommt (Quantenfeldtheorie). Deutlich zu erkennen in Abbildung NW 3, wo das innere Universum auf schwingenden Strings basiert und daher die Gravitationskraft einbezieht, während das Oberflächenuniversum auf Quantenteilchen basiert und daher die Gravitationskraft ausschließt. Dafür kann sich im Inneren des Universums Raumgefüge verwerfen und krümmen, während im äußeren Universum das Gefüge starr ist. Trotzdem gibt es für jede Vorhersage, die sich aus der eines dieser Universen beschreibenden Mathematik ergibt, eine identische Vorhersage, die sich aus der Mathematik des anderen Universums ableiten lässt. Die Sprache und Begriffe, mit denen diese Vorhersagen beschrieben werden, sowie die entsprechenden mathematischen Verfahren, die zur Berechnung der Vorhersagen dienen, sind in den beiden Beschreibungen vollkommen verschieden. Doch angemessen übersetzt werden die beiden Beschreibungen vollständig übereinstimmen.

Daraus folgt, dass die Frage, ob die Gravitation Teil der Beschreibung eines Universums ist, davon abhängen kann, wie die Beschreibung formuliert ist. Selbst wenn eine Formulierung die Gravitation nicht berücksichtigt, kann dies in einer vollständig äquivalenten Formulierung durchaus der Fall sein.

Duale Einsichten

In den Jahrzehnten nach Maldacenas Arbeiten haben die theoretischen Physiker einen immer größeren Bestand an überzeugenden Beweisen für die Richtigkeit der Dualität zusammengetragen und sie auf unterschiedlichste Art verwendet. Zu den wichtigsten Anwendungen auf die Themen früherer Kapitel gehören Schwarze Löcher und das Gefüge der Raumzeit. Es folgen einige kurze Beispiele, die einen Eindruck davon vermitteln sollen, welche weitreichenden Einsichten diese Anwendungen ermöglichen.

Edward Witten, unser Held aus früheren Kapiteln, hat das innere Universum mathematisch so modifiziert, dass es ein Schwarzes Loch einschloss, und gefragt, wie die entsprechende Modifikation des Oberflächenuniversums aussehen würde. Seine Antwort: Das Oberflächenuniversum wäre eine modifizierte Quantenfeldtheorie mit einer Temperatur ungleich null. Das ist eine fundamentale Erkenntnis, weil sie die überzeugendste Lösung für das oben angesprochene Rätsel Schwarzer Löcher liefert: Verstoßen Schwarze Löcher gegen die Gesetze der Quantenphysik, indem sie Informationen verschlingen, die verhindern, dass künftige Wahrscheinlichkeiten in Gänze von denen der Vergangenheit bestimmt werden? Obwohl das holographische Prinzip einen Mechanismus liefert, der (durch Codierung auf der Oberfläche des Schwarzen Lochs) dafür sorgt, dass Information nicht im Schlund eines gefräßigen Mechanismus verloren geht, bringt erst Wittens Entdeckung die endgültige Lösung. Da ein Schwarzes Loch in einem Universum mit einer heißen Quantenfeldtheorie in einem anderen physikalisch völlig identisch ist und da lange bekannt ist, dass Theorien letzterer Art die üblichen Regeln der Quantenmechanik genau befolgen, können wir schließen, dass auch Schwarze Löcher die Regeln der Quantenmechanik genau befolgen müssen.

Das zweite Beispiel stammt von dem kanadischen Physiker Mark Van Raamsdonk und bietet Einsicht in die Beziehung zwischen Raumzeitgefüge und Quantenverschränkung – Einsteins »spukhafte Fernwirkung«, die Teilchen an weit entfernten Orten miteinander verbindet. Raamsdonk fand heraus, dass eine Quantenverschränkung im Oberflächenuniversum einer räumlichen Konnektivität im inneren Universum entspricht. Insbesondere gelangte Raamsdonk in seiner mathematischen Argumentation zu dem Schluss, dass, da die Zerteilung der quantenmechanischen Verschränkungslinien die Oberflächentheorie verändere, das Raumgefüge im Inneren gezerrt und

gequetscht werde wie ein in die Länge gezogener Klumpen Hüpf-
knete. In dem Maße, wie die Oberflächenverschränkung zunehmend
zerstört wird, verstärken sich die korrespondierenden Verzerrungen
im Innenraum und führen letztlich zu dessen Zerfall. Angesichts dieser Anwendung ergibt sich aus der Maldacena-Dualität der Schluss,
dass das Raumzeitgewebe durch die Fäden der Quantenverschränkung zusammengehalten wird.

Im dritten Beispiel zeigt sich schließlich eine verblüffende Beziehung zwischen zwei Arbeiten, die Einstein bereits 1935 schrieb. In
der einen untersuchte er zusammen mit Nathan Rosen und Boris
Podolsky die Quantenverschränkung, und in der anderen führte er
nur mit Rosen das Konzept der Wurmlöcher (hypothetische Tunnel
durch das Raumzeitgefüge, die Abkürzungen zwischen weit auseinanderliegenden Orten darstellen) ein. Trotz des fast identischen Au-
torenkollektivs deuteten Einstein und seine Kollegen mit keinem
Wort an, dass es irgendeinen inhaltlichen Zusammenhang zwischen
den beiden Veröffentlichungen gebe. Doch wenn ich mir eine etwas
suggestive Zuspitzung erlaube und eine Verschränkung als »eine
Quantenverbindung zwischen weit auseinanderliegenden Orten«
und ein Wurmloch als »eine allgemeinrelativistische Abkürzung zwischen weit auseinanderliegenden Orten« bezeichne, werden Sie nicht
umhinkönnen, einen solchen Zusammenhang für möglich zu halten.
Tatsächlich haben Maldacena und Susskind, auf viele der oben erwähnten Resultate gestützt, die Meinung vertreten, Verschränkung
und Wurmlöcher – Quantenverbindungen und allgemeinrelativistische Abkürzungen – seien duale Beschreibungen der gleichen Physik
und brächten uns daher dem Verständnis der Quantennatur der
Raumzeit einen Schritt näher.

Maldacenas Arbeit hat Zehntausende Nachfolgestudien angeregt, daher konnte ich nur an der Oberfläche kratzen. Ich denke, in
den kommenden Jahren werden Erkenntnisse, die sich aus diesen
Einsichten ergeben, von zentraler Bedeutung für das nächste Kapitel
unseres Verständnisses sein.

Die fünf Fragen

Zum Abschluss wollen wir die Antworten auf die fünf Fragen aktu-
alisieren, mit denen wir die ursprüngliche Ausgabe des *Eleganten
Universums* beschlossen haben. Ich werde sie in der Reihenfolge behandeln, die den inzwischen gemachten Fortschritten entspricht:

Lässt sich die Stringtheorie experimentell überprüfen?

Vor fünfundzwanzig Jahren konzentrierte ich mich in meiner Antwort auf die Entdeckung der Superpartner, von denen wir uns die Bestätigung der Supersymmetrie erhofften. Wie berichtet, warten wir darauf noch immer, aber es kann durchaus noch geschehen. Die Bestätigung der Supersymmetrie wäre ein Meilenstein in unserem Verständnis der Theorie. Mit Begeisterung würde die physikalische Gemeinschaft diesen Berührungspunkt zwischen Stringtheorie und Experiment begrüßen. Doch wie dargelegt wäre das nicht der entscheidende Beweis für die Gültigkeit der Stringtheorie. So wie die vergebliche Suche nach Superpartnern die Stringtheorie nicht widerlegen würde, wäre die erfolgreiche Suche auch keine Bestätigung der Theorie.

Ein Blick in die Zukunft zeigt, dass Forscher verschiedene empirische Möglichkeiten entdeckt haben – unter anderem schwache astronomische Signaturen (charakteristische Muster in der Hintergrundstrahlung, in denen sich die gestreckten Formen von Strings offenbaren), Signaturen in Gravitationswellen (möglicherweise Abdrücke der von der Stringtheorie verlangten Extradimensionen) und die Möglichkeit neuer, aufschlussreicher Daten vom Large Hadron Collider. Aber ich möchte hier nicht den Eindruck erwecken, die Stringtheoretiker verharrten in gespannter Erregung, ungeduldig die Experimentalergebnisse erwartend, die die Theorie bestätigen würden. Das ist nicht der Fall. Objektiv betrachtet, haben Stringtheoretiker noch keine endgültigen und eindeutigen Vorhersagen aus der Theorie abgeleitet und rechnen daher nicht mit unmittelbar bevorstehenden experimentellen Ergebnissen.

Die Stringtheorie verdankt die Aufmerksamkeit, die ihr entgegengebracht wird, ihren mathematischen Errungenschaften. Damit ist nicht nur die mühelose Vereinigung von Gravitation und Quantenmechanik gemeint, sondern auch ihre Fähigkeit, zahlreiche in langen Jahrzehnten mühsam errungene Forschungsergebnisse zu bestätigen und zu verinnerlichen. Die in Kapitel 13 behandelte Entropie Schwarzer Löcher ist ein Musterbeispiel dafür, wie sich die Ergebnisse langwieriger früherer Arbeiten – in diesem Fall von Stephen Hawking – wie selbstverständlich durch stringtheoretische Berechnungen herleiten lassen. Die Stringtheorie ist in der Folge sogar noch über Hawkings Arbeit hinausgegangen, indem sie Ergänzungen zur Entropie Schwarzer Löcher beitrug, die sich mit Hawkings Methoden nicht ableiten ließen. Das ist eines von vielen Beispielen für die

Fähigkeit der Stringtheorie, eine große Vielzahl unabhängiger theoretischer Ergebnisse einzubeziehen und sie dann weiterzuentwickeln. Zwar gibt es keinen Ersatz für experimentelle und beobachtungsbasierte Bestätigung, doch die breite Konsistenz theoretischer Befunde ist ein wichtiges diagnostisches Werkzeug. Befände sich die Stringtheorie hingegen im Widerspruch zu einer Vielzahl theoretischer Arbeiten, würde sie von den meisten Physikern wohl aufgegeben.

Was sind Raum und Zeit tatsächlich, und können wir ohne sie auskommen?

Die Ausführungen, die ich in Kapitel 15 zu dieser Frage machte, sind heute größtenteils noch so gültig, wie sie es waren, als ich sie vor Jahrzehnten niederschrieb. Erinnern wir uns kurz: So wie ein elektromagnetisches Feld aus einer Vielzahl von Photonen zusammengesetzt ist, so setzt sich ein Gravitationsfeld aus einer Vielzahl von Gravitonen zusammen. Aufgrund der engen Beziehung zwischen Gravitationsfeld und Raumzeit können wir nun umgekehrt annehmen, das Raumzeitgefüge entstehe aus einer hochorganisierten Anordnung einer Riesenansammlung von Gravitonen. Diese Beschreibung lässt vermuten, dass wir uns einen Bereich vorstellen können, in dem die Gravitonen noch nicht zu einem solchen Muster organisiert sind, in dem das Raumzeitgewebe erst zusammengeheftet werden muss, was bedeuten würde, dass es einen physikalischen Bereich gäbe, der außerhalb des traditionellen Bezugssystems von Zeit und Raum läge.

Zwar sollte dieser Ansatz auch weiterhin erforscht werden, doch direktere Fortschritte in unserem Bemühen, das Gefüge des Kosmos zu verstehen, haben wir durch die Beschäftigung mit Dualitäten erzielt. Die in den Kapiteln 10 und 11 erörterten Dualitäten haben bereits gezeigt, dass sich in Universen, die sich nach Form und Größe erheblich unterscheiden, die gleiche Physik formulieren lässt, was mit hoher Wahrscheinlichkeit darauf schließen lässt, dass die Raumzeit selbst keine fundamentale Eigenschaft ist. Das holographische Prinzip und die Maldacena-Dualität führen sogar noch weiter, wenn aus ihnen folgt, dass sich die gleiche Physik in Universen mit verschiedenen Dimensionen formulieren lässt. Das alles deutet nachdrücklich darauf hin, dass die Raumzeit zwar eine bequeme Sprache zur Formulierung physikalischer Theorien bietet, aber keine Hinweise auf die zentralen Eigenschaften einer Theorie liefert.

Also denke ich, dass wir ohne die Raumzeit auskommen können? Unbedingt. Angesichts all der eben aufgezählten Anhaltspunkte gehe ich davon aus, dass wir eines Tages unsere Theorien ohne Berücksichtigung der Raumzeit entwerfen können und anschließend feststellen werden, dass wir innerhalb bestimmter Formulierungen zu einer Raumzeitinterpretation gelangen können. Aber ich nehme an, dass Raum und Zeit nicht zu den Grundlagen der Theorie gehören werden.

Welches Grundprinzip liegt der Stringtheorie zugrunde?

Als ich mich während des Studiums mit der Stringtheorie beschäftigte, war die Kenntnis der Quantenfeldtheorie unentbehrlich. Viele mathematische Techniken, die bei der Analyse der Stringtheorie eine Rolle spielen, haben entsprechende Versionen, die im Rahmen der Quantenfeldtheorie entwickelt worden sind. Trotzdem gab es grundsätzliche Unterschiede zwischen Stringtheorie und Quantenfeldtheorie, von denen wir viele in früheren Kapiteln betrachtet haben. Diese Unterschiede ermöglichten der Stringtheorie die Quantisierung der Gravitation, während die Quantenfeldtheorie ins Stocken geriet. Jedenfalls brachten uns Jahrzehnte der Analyse zu dieser Überzeugung.

Zwar ist diese Beschreibung ein brauchbarer historischer Bericht, aber ich würde sie heute nicht mehr verwenden. Denn wie in diesem Nachwort dargelegt, haben wir erfahren, dass es zwischen Stringtheorie und Quantenfeldtheorie einen engen Zusammenhang gibt. Daher stellt sich die Frage, warum es die Stringtheorie geschafft hat, Gravitation und Quantenmechanik zu vereinigen, die Quantenfeldtheorie jedoch nicht. Das ist eine grundlegende Frage, mit der sich die Physiker noch immer auseinandersetzen, doch hier ist eine Teilantwort.

Lange hatten Physiker versucht, die Gravitationsgleichungen der allgemeinen Relativitätstheorie in die Quantenfeldtheorie einzugliedern. Das klappte nicht, und die Maldacena-Dualität hat uns dafür eine neue Erklärung geliefert: Quantenmechanik schließt, zumindest unter bestimmten Bedingungen, Gravitation ein. In der Maldacena-Dualität ist die Oberflächentheorie eine Quantenfeldtheorie, aber unbehelligt von jedem Versuch, auch noch Einsteins Gravitationsgleichungen in das Gemisch zu klatschen. Und doch ist diese Quantenfeldtheorie äquivalent zu einer Theorie – der Stringtheorie –, aus der sich Einsteins Gleichungen mühelos ableiten lassen. Insofern gleicht der Versuch, Einsteins Gravitationsgleichungen in die Quantenfeldtheorie zu zwängen, der Ausrichtung einer Hochzeit für jemanden, der schon heimlich verheiratet ist. Die Quantenfeldtheorie auf der Oberfläche des Kugeluniversums hat sich schon heimlich die Gravitation einverleibt. Statt die Gravitation gewaltsam in die Quantenfeldtheorie zu stopfen, ein Ansatz, der fehlgeschlagen ist, scheinen die neuen Erkenntnisse zu besagen, dass die Gravitation bereits in die Tiefenstruktur der Quantenmechanik eingearbeitet ist.

Die Stringtheorie hat den Vorteil, dass wir dank ihrer schwingenden Fäden diese Verbindung leichter erkennen können. Wie in Kapitel 5 berichtet, *folgt* die allgemeine Relativitätstheorie aus der Quantenmechanik schwingender Strings. In Einklang mit der neuen Erkenntnis quetschen wir die Gravitation nicht gewaltsam in diesen quantenmechanischen Rahmen. Sie zeigt sich von allein.

Zwar liefern diese Ergebnisse keine vollständige Antwort auf die Frage nach dem Grundprinzip der Stringtheorie, aber sie bringen uns auf dem Weg dorthin ein gutes Stück voran.

Wird die Stringtheorie zu einer Neuformulierung
der Quantenmechanik führen?

Nahezu ein Jahrhundert lang hat die Quantenmechanik sich relativ unerschütterlich behauptet. Ursprünglich wurden die grundlegenden Gleichungen entwickelt, um einzelne Teilchen und Atome zu beschreiben. Und doch, obwohl die Quantenmechanik seither auf außerordentlich komplexe Situationen angewendet worden ist – viele Teilchen wechselwirken durch viele Felder –, hat der grundlegende mathematische Formalismus unversehrt überlebt. Zwar ist vergangene Leistung keine Garantie für künftigen Erfolg, trotzdem wird ein vernünftiger Mensch darauf setzen, dass die Quantenmechanik ihren Triumphzug auch in Zukunft fortsetzt.

Allerdings rechne ich damit, dass Forschungsarbeiten über Stringtheorie und Gravitation unser Wissen von der Quantenmechanik vertiefen werden. Insofern hat die Maldacena-Dualität einen entscheidenden Umstand beleuchtet: Zumindest unter bestimmten Bedingungen ist die Gravitation in die Struktur der Quantentheorie eingeflochten. Wir wissen noch nicht, wie allgemein diese Verbindung ist, aber es ist sicherlich möglich, dass alle Quantenfeldtheorien duale Beschreibungen in Gestalt von Gravitationssystemen haben. Tatsächlich wäre denkbar, dass die Gravitation selbst eine Konsequenz der Quantenphysik ist. Sollten sich diese Spekulationen als richtig erweisen, könnten sie unsere Auffassung zur Frage nach dem Grundprinzip der Stringtheorie durchaus verändern. Vielleicht fehlt uns *in Wirklichkeit* nicht das Grundprinzip der Stringtheorie, sondern das Grundprinzip der Quantenmechanik – ein Prinzip, in dem sich möglicherweise eine tiefe und fundamentale Verbindung zwischen Gravitation und Quant offenbart. Gäbe es ein solches Prinzip, ließe sich die Stringtheorie gegebenenfalls eines Tages als eine einzige aufschlussreiche Erscheinungsform dieses Prinzips verstehen, eine mathematische Struktur, in der die Verbindung zwischen Gravitation und Quant manifest würde. Aber die eigentliche Lehre – der wirkliche Lohn, der wahre Fortschritt – hätte von Anfang an darin gelegen, das tiefere, das fundamentale Prinzip der Quantenmechanik zu verstehen.

Gibt es Grenzen des Erklärungsvermögens?

Als ich diese Frage am Ende des Kapitels 15 formulierte, überlegte ich, ob es möglicherweise physikalische Eigenschaften der Welt – etwa die exakten Eigenschaften der Elementarteilchen – gebe, die unserem Erklärungsvermögen auf immer entzogen bleiben würden. Da die Beantwortung dieser Frage noch immer genauso schwierig ist wie damals, als ich sie zum ersten Mal stellte, möchte ich sie heute abschließend aus einem etwas anderen Blickwinkel betrachten, indem ich berücksichtige, welche Rolle die Mathematik und die Wissenschaft im Allgemeinen für die Wahrheitserkenntnis spielen.

In den lange zurückliegenden Tagen, als ich *Das elegante Universum* schrieb, habe ich kaum zwischen der Mathematik, die Wirklichkeit beschreibt, und der Wirklichkeit selbst unterschieden. Stillschweigend habe ich vorausgesetzt, die Mathematik habe ihre eigene objektive Existenz, sie sei »dort draußen«. Wenn bestimmte mathematische Gleichungen physikalische Eigenschaften der Welt vorhersagen, die auf viele Dezimalstellen genau mit den Experimentaldaten übereinstimmen, entsteht natürlich der Eindruck, die Mathematik sei nicht nur real, sondern bestimme auch, wie sich Wirklichkeit verhalte und entfalte.

Unter theoretischen Physikern ist diese Ansicht nicht ungewöhnlich. Aber im Laufe der Jahre habe ich mich einer ganz anderen Auffassung angenähert: Die Mathematik ist keineswegs »dort draußen«, sondern ein Produkt des menschlichen Geistes. Zweifellos kann die Mathematik Merkmale der Außenwelt beschreiben, aber nach meiner Meinung verdanken wir diese Fähigkeit der Vorliebe unseres Verstandes, objektive Zusammenhänge zu suchen und Ordnungen zu erkennen. Diese Vorliebe ist wiederum eine durch natürliche Selektion entstandene Eigenschaft, denn intelligenzbegabte Wesen, die Muster im Verhalten von Dingen erkennen können, haben einen Vorteil im unerbittlichen Kampf ums Überleben.

Vor relativ kurzer Zeit – evolutionär betrachtet – hat sich unser Muster-affiner Geist weit hinaus über die Bedürfnisse bloßen Überlebens entwickelt. Wir haben abstraktere Spielarten von Mustern erkannt und die Sprache zur präzisen Beschreibung dieser Muster entdeckt. Diese Sprache ist natürlich die Mathematik, eine Sprache, die geschaffen wurde, um Mehrdeutigkeit in ihren Sätzen zu minimieren, Subjektivität in ihren Aussagen zu vermeiden und festzulegen, dass die logische Deduktion eindeutige Schlussfolgerungen aus frei gewählten Annahmen ableitet. Diese Strenge und Unnachgiebigkeit sind entscheidend dafür, dass die Mathematik objektive Eigenschaften der Außenwelt beschreiben kann.

Trotzdem verstehe ich die mathematischen Gleichungen selbst nicht als intrinsische Eigenschaften der Wirklichkeit. Gleichungen sind menschliche Versuche, eine objektive Ordnung auszudrücken, ein Ausdruck, der im besten Fall Näherung oder Idealisierung ist. Die Entwicklung der Gravitationsgleichungen war eine beeindruckende Leistung von Newton, Einstein hat sie verändert, und die Stringtheorie schlägt weitere Verbesserungen vor – eine Folge von Überarbeitungen, die prinzipiell verdeutlicht, wie die Wissenschaft fortschreitet. In solchen Überarbeitungen manifestieren sich Verbesserungen unserer Beschreibung der zugrunde liegenden Regeln der Wirklichkeit, aber ich denke, dass der Unterschied zwischen Beschreibung der Wirklichkeit und der Wirklichkeit an sich fortbestehen wird.

Die Dualitäten, die wir in der Stringtheorie entdeckt haben, machen diese Sichtweise noch interessanter. Sollte die »endgültige« Theorie mehrere mathematische Formulierungen liefern, die sich grundlegend unterscheiden (Zahl der räumlichen Dimensionen, Beschaffenheit der fundamentalen Bestandteile, Kräfte, die manifest sind, und so fort), aber trotzdem absolut ununterscheidbar in ihren Vorhersagen für beobachtbare Größen sind, wie würde sich dann ein eingefleischter Vertreter der Auffassung »Mathematik ist Wirklichkeit« zwischen ihnen entscheiden? Jede als eine Entscheidung zu betrachten und davon auszugehen, dass sich Beschreibungen derselben Wirklichkeit natürlich unterscheiden können, scheint die nächstliegende Interpretation zu sein.

So betrachtet, ging es in dem Narrativ, das wir in diesem und den vorhergehenden Kapiteln untersucht haben, nicht darum, die Wahrheit an sich zu enthüllen, sondern zu zeigen, wie leidenschaftlich der Mensch bemüht ist, in der überwältigenden Komplexität physikalischer Realität Zusammenhänge zu erkennen. Zugegeben, die Fülle an Zusammenhängen, die wir auf diese Weise zusammentrugen, ist atemberaubend; das Vorhersagevermögen, das wir erreicht haben, indem wir solche Muster mathematisch formulierten, ist beeindruckend. Verständlicherweise führen uns derartige Erfolge in Versuchung, unsere musterverarbeitenden Gleichungen mit der Wirklichkeit selbst zu verwechseln. Was könnte aufregender sein als die Vorstellung, unsere schlichte Spezies habe das Buch der Natur entziffert? Doch solche Vermischung bürdet der mathematischen Beschreibung eine Rolle auf, für die sie gar nicht bestimmt ist.

Um also auf die Frage zurückzukommen, die diesem Abschnitt als Überschrift dient – wie es mit den möglichen Grenzen dessen, was wir erklären können, steht –, so wird nur die Zeit zeigen können, ob wir uns auf dem Weg in eine ausweglose Sackgasse befinden. Gegenwärtig können wir unseren Optimismus bewahren und uns in dem Glauben wiegen, unsere Forschung werde ihrem Erklärungsvermögen auch weiterhin immer neue Gebiete erschließen. Dennoch folgt aus der oben geschilderten Betrachtungsweise, dass selbst das grenzenlose Erklärungsvermögen in Hinblick auf die Beschaffenheit der Wirklichkeit eingeschränkt sein könnte.

Abschließende Bewertung

Eine der unangenehmsten Tätigkeiten im Dasein eines Hochschullehrers ist die Benotung von Studenten. Im Laufe der Jahre habe ich zahlreiche Methoden gefunden, diese lästige Aufgabe auf ein Mindestmaß zu beschränken. Doch nachdem fünfundzwanzig Jahre vergangen sind, seit ich meiner Begeisterung für die Stringtheorie auf den Seiten des *Eleganten Universums* freien Lauf ließ, und die Theorie selbst alt genug für die Teilnahme an Olympischen Spielen geworden ist, könnte eine Notenbewertung eine kurze, wenn auch subjektive Einschätzung geben, die erkennen lässt, wo die Theorie heute steht. Also folgt hier das Zeugnis der Stringtheorie.

Auf dem Gebiet der Vereinigung – sowohl in Hinblick auf die Vereinigung von Gravitation und Quantenmechanik wie die Vereinigung aller Kräfte und Materie in einer einzigen Theorie – gebe ich der Stringtheorie eine 1+. Die Stringtheorie überwindet die schwierigen Hürden, die frühere Bemühungen um Vereinigung beeinträchtigten, und beweist damit, zumindest auf dem Papier, dass sich der Traum von der Vereinigung verwirklichen lässt.

Im Bereich der experimentellen oder beobachtenden Belege muss die Benotung vorläufig bleiben. Würde sie ausschließlich am gegenwärtigen Stand vorgenommen werden, fiele sie schlecht aus, doch die kürzlich entdeckte Verbindung mit der wahrlich zur Genüge bestätigten Quantenfeldtheorie legt den Gedanken nahe, dass wir hier mit unserer Bewertung abwarten sollten.

Im Bereich unseres Wissens über Schwarze Löcher gebe ich der Stringtheorie eine 2+. Berechnungen der Entropie Schwarzer Löcher (Kapitel 13) sowie die holographische Beschreibung Schwarzer Löcher, die sich auf die oben dargestellte Maldacena-Dualität stützt, sind Höhepunkte des aktuellen Forschungsprogramms, das uns bedeutende Einsichten in die Struktur Schwarzer Löcher und ihrer Ereignishorizonte vermittelt hat. Allerdings ist es in diesem Programm noch nicht gelungen, die rätselhafte Physik der Singularitäten in den Schwarzen Löchern zu entschlüsseln, was die Note, die sonst eine 1 wäre, etwas beeinträchtigt. Doch von dieser Einschränkung abgesehen, hat unser Wissen über Schwarze Löcher beeindruckende Fortschritte gemacht.

Auf dem Gebiet der Behandlung von Singularitäten gebe ich der Stringtheorie eine 1+. Angesichts der Unfähigkeit, die Singularität von Schwarzen Löchern zu erklären, kommen Sie vielleicht auf die Idee, mein Urteil unterliege dem Einfluss einer gewissen Noteninflation, doch das stimmt nicht. Schwarze Löcher stehen – wie der Urknall – für eine bestimmte Art von Singularitäten. Für die hat die Stringtheorie keine Lösung gefunden. Aber es gibt andere Singularitäten – etwa Risse und Löcher der in den Kapiteln 11 und 13 eingehend erörterten Extradimensionen, für die sie durchaus welche liefert. In diesen Beispielen sind mathematisch kontrollierte Berechnungen entwickelt worden, in denen wir deutlich erkennen können, wie die Stringtheorie ausbessert, was sonst verheerende Raumzeitrisse wären – wegweisende Leistungen, die einen bedeutenden Schritt vorwärts darstellen.

Zur Vervollständigung des Zeugnisses schließlich die Beiträge zur reinen Mathematik: Hier gebe ich der Stringtheorie eine 1+. Das wird vielleicht nicht jeder für eine wichtige Kategorie halten, aber wenn die Physik neue mathematische Ausblicke eröffnen kann, ist das ein wichtiger und befriedigender Beitrag. Außerdem sind mathematische Beiträge von zeitloser Geltung, da sie nicht der Ungewissheit experimenteller Bestätigung unterworfen sind. Einmal bewiesen, sind mathematische Resultate unangreifbar. Die in Kapitel 10 besprochenen Einsichten der Spiegelsymmetrie sind ein konkretes Beispiel für die Fähigkeit der Stringtheorie, neue Gebiete der Mathematik zu erschließen. Seither haben sich Ideen, die sich auf die Stringtheorie zurückführen lassen, erheblich auf Entwicklungen vieler Bereiche ausgewirkt, unter anderem der algebraischen Geometrie und Topologie, indem sie neue Techniken und Ansätze vermittelten, die die Horizonte mathematischer Erkenntnis erweiterten. Nicht umsonst wurde Edward Witten, ein Chefarchitekt der Stringtheorie, als einziger Physiker mit der Fields-Medaille, der höchsten Ehrung in der Mathematik, ausgezeichnet.

Obwohl das Zeugnis zeigt, dass es in der Stringtheorie Bereiche gibt, von denen ich mir mehr Fortschritte erhofft hätte, insbesondere in Hinblick auf experimentelle Vorhersagen, haben wir dort auch zahlreiche andere Gebiete, auf denen die Fortschritte sogar meine allzu optimistischen Erwartungen übertroffen haben. Auch wenn mich die versicherungsmathematischen Realitäten möglicherweise davon abhalten werden, eine Aktualisierung für die fünfzigjährige Jubiläumsausgabe des *Eleganten Universums* zu schreiben, werde ich es tun, wenn ich dann noch unter den Lebenden weile – eine Aufgabe, für die mich die vergangenen fünfundzwanzig Jahre mit noch größerer Zuversicht und Begeisterung erfüllt haben.